BIOQUÍMICA HUMANA

BIOQUÍMICA HUMANA

CURSO BÁSICO

SEGUNDA EDICIÓN

José M. Macarulla
CATEDRÁTICO DE BIOQUÍMICA DE LA
UNIVERSIDAD DEL PAIS VASCO

Félix M. Goñi
CATEDRÁTICO DE BIOQUÍMICA DE LA
UNIVERSIDAD DEL PAIS VASCO

EDITORIAL REVERTÉ, S. A.
Barcelona-Bogotá-Buenos Aires-Caracas-México

Propiedad de:
EDITORIAL REVERTÉ, S. A.
Loreto, 13-15, Local B
08029 Barcelona
Tel: (34) 93 419 33 36
Fax: (34) 93 419 51 89
E-mail: reverte@reverte.com
Internet: http://www.reverte.com

Edición en español

REIMPRESIÓN: Mayo de 2003

Impreso en España - Printed in Spain

ISBN: 978-84-291-5553-2

Depósito legal: SE-3321-2003

Impresión: Publidisa

PRÓLOGO A LA SEGUNDA EDICIÓN

Al presentar en el mercado esta BIOQUÍMICA HUMANA *nos movíamos, una vez más, entre la ilusión y el desasosiego de competir con las numerosas y excelentes versiones de esta materia, plenamente acreditadas en el mundo universitario. Sin embargo, persistimos en nuestra tarea con el firme propósito de conseguir aquellas cualidades de concisión, amenidad, sencillez, rigor científico y validez didáctica que sancionasen positivamente nuestra audacia de autores e introdujesen nuestro texto como uno más entre los ya existentes.*

Muy pronto las felicitaciones de prestigiosos colegas —sobre todo de Facultades de Medicina— y las sugerencias y críticas de alumnos que utilizaban nuestra BIOQUÍMICA HUMANA, *nos devolvieron el sosiego y la paz. Agotadas la primera y segunda impresiones del libro, procedemos a esta segunda edición, ampliando algunos esquemas, sobre todo del metabolismo de azúcares, y actualizando algunos puntos, entre otros, introduciendo el virus del SIDA —como modelo de retrovirus— y corrigiendo las inevitables erratas de cualquier obra impresa.*

Reiteramos las observaciones que hicimos para la primera edición: el diseño del libro permite estudiarlo a distintos niveles de profundidad. Las figuras añaden, a menudo, detalles no incluidos en el texto básico, y lo mismo ocurre con los problemas y prácticas de laboratorio. En el aspecto médico, el libro contiene interesantes complementos y aplicaciones clínicas, e incluso presenta un índice alfabético con unas 280 enfermedades y síntomas patológicos que guardan relación directa con la bioquímica.

Entre los agradecimientos, no podemos olvidar a Editorial Reverté por la confianza absoluta que siempre ha demostrado en nuestro trabajo, aun antes de conocerlo, y por su proverbial esmero en la edición de los textos científicos. A M.ª Nieves, Alicia, Dña. Eloísa, Isabel, Marisol, a Ana Macarulla y a otras personas porque, de un modo u otro, han colaborado en la génesis de este libro. A todos ellos, muchas gracias.

J. M. MACARULLA
F. M. GOÑI

ÍNDICE ANALÍTICO

Parte V: FISIOLOGÍA MOLECULAR

APÉNDICES

PARTE I

CONCEPTOS Y TÉCNICAS GENERALES

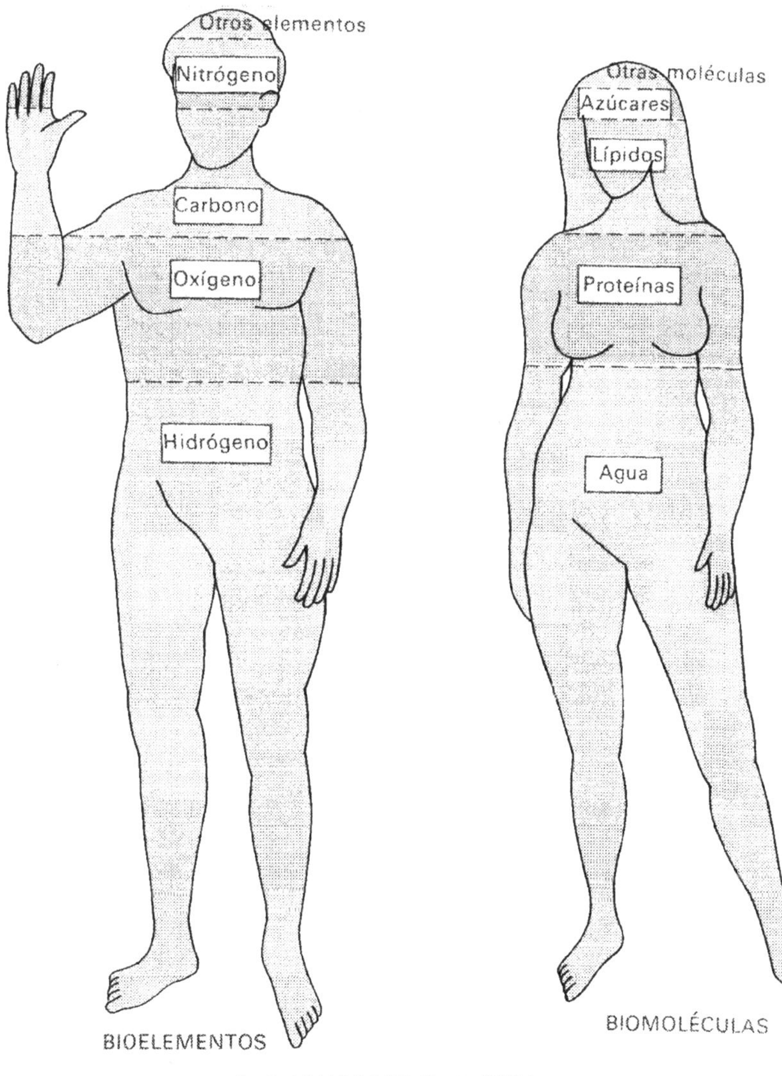

QUE COMPONEN EL CUERPO HUMANO

CAPÍTULO **1**

BIOQUÍMICA, BIOELEMENTOS Y BIOMOLÉCULAS

1.1. BIOQUÍMICA

Definiciones

- Es la ciencia que explica la vida utilizando el lenguaje de la química.
- Es la ciencia que estudia los procesos biológicos a nivel molecular (por eso se le llama a menudo **biología molecular**).
- Es la ciencia que estudia la naturaleza y comportamiento de la materia viva utilizando técnicas químicas, físicas y biológicas.

Tal y como ha quedado expuesto, la bioquímica puede parecer una concepción excesivamente abstracta del fenómeno vital: sin embargo, lo cierto es que, al incorporar la terminología y los métodos de la química, la bioquímica nos ofrece una visión extremadamente profunda y objetiva del hecho biológico. Naturalmente, un mejor conocimiento de la vida del hombre facilita la comprensión más detallada de la enfermedad y, en definitiva, nos conduce a una vida más saludable. La bioquímica ha contribuido de manera decisiva a convertir a la Medicina, considerada antes como el «*arte de curar*» en la moderna *ciencia de la enfermedad.*

COMPLEMENTOS 1.1

BIOQUÍMICA Y MEDICINA

Una Medicina más tecnificada no conduce necesariamente a una Medicina más deshumanizada. La Medicina más «*humana*» es, ante todo, la que cura mejor, y un conocimiento detallado de las causas de la enfermedad es el primer paso para un tratamiento adecuado.

Al incorporar el lenguaje y los métodos de la química, la bioquímica hace al ser vivo accesible al estudio experimental cuantitativo, y permite obtener de dicha experimentación conclusiones de valor universal.

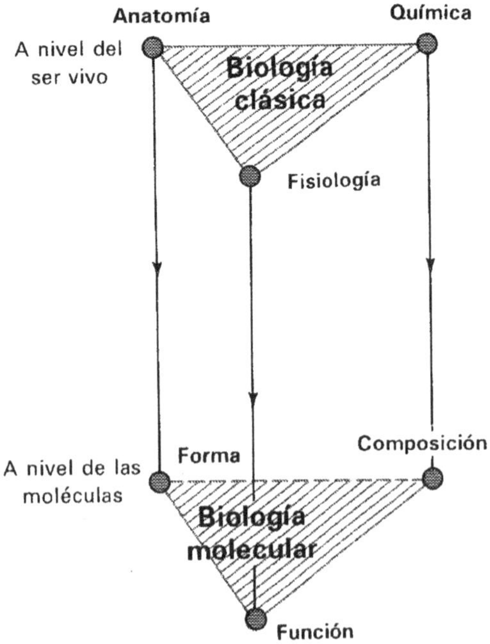

Todo ser vivo, y también cualquiera de sus moléculas integrantes, debe ser considerado al menos desde tres puntos de vista:

- Su composición química
- Su morfología o conformación espacial
- Su función

A nivel humano, estos tres puntos de vista corresponden, respectivamente, a la *química*, la *anatomía* y la *fisiología*. También a nivel molecular distinguiremos la composición, la conformación y la función. La parte de la bioquímica que estudia la composición y conformación de las moléculas se llama **bioquímica estructural**, y la que centra su atención en el funcionamiento y transformaciones de estas moléculas constituye la **bioquímica dinámica** o **metabolismo.**

1.2. BIOELEMENTOS

Los elementos químicos que constituyen los seres vivos son integrantes comunes de la corteza terrestre, si bien en la materia viva y en el mundo inanimado se hallan en proporciones muy diferentes. En ambos casos el agua (H_2O) es la sustancia predominante, por lo que los elementos hidrógeno (H)* y oxígeno (O) ocupan los dos primeros puestos en orden de abundancia.

Aparte del H y el O, las proporciones de los demás elementos son esencialmente distintas en uno y otro caso. En el mundo mineral o inorgánico, las rocas y las tierras son fundamentalmente silicatos insolubles de metales muy variados, mientras que la materia orgánica contiene casi exclusivamente, aparte de agua, derivados hidrogenados del carbono; en los seres vivos, los metales sólo se presentan en forma de sales —ya sean solubles o estructurales— o como catalizadores específicos en cantidades ínfimas.

* En el *Apéndice B*-1 se hallará una tabla con los nombres y símbolos de todos los elementos químicos.

REVISIÓN 1.1

DEFINICIONES

Átomo: es la unidad química de materia. Consta de un *núcleo,* formado por protones y neutrones, y una *corteza* compuesta por electrones. Casi toda la masa del átomo se halla localizada en el núcleo. Un átomo se caracteriza por el número de protones de su núcleo: es el llamado *número atómico.* El número de electrones de la corteza es igual al número de protones del núcleo.

Elemento químico: es un conjunto de átomos iguales entre sí, es decir, con el mismo número de protones. Dos átomos con el mismo número de protones pero distinto número de neutrones son *isótopos* del mismo elemento.

Unidad de masa atómica: Como los átomos son tan pequeños, las unidades de masa de uso común (kilogramo, gramo, ...) resultan desmesuradamente grandes para medir sus masas. En su lugar se recurre a la unidad atómica de masa, llamada *dalton* (dal). Un dalton es la doceava parte de la masa del átomo de carbono 12(^{12}C), es decir el isótopo de C que contiene 6 neutrones además de sus 6 protones característicos. Un gramo equivale a $6{,}022 \times 10^{23}$ dal (es decir, aproximadamente, un 6 seguido de 23 ceros, o 600 000 trillones de daltons).

Masa atómica: es la masa de un átomo expresada en daltons. Viene a coincidir con la suma del número de protones más el número de neutrones de su núcleo. Este número suele expresarse mediante un índice que precede al símbolo del elemento, por ejemplo ^{12}C.

Ion: es un átomo o grupo de átomos con carga eléctrica neta. Es decir, con un número de electrones distinto del número de protones. Los iones que tienen carga negativa se llaman **aniones** y los que tienen carga positiva, **cationes.*** Así el anión cloruro (Cl^-) contiene un electrón en exceso, mientras que en el catión amonio (NH_4^+) falta un electrón para igualar el número total de protones.

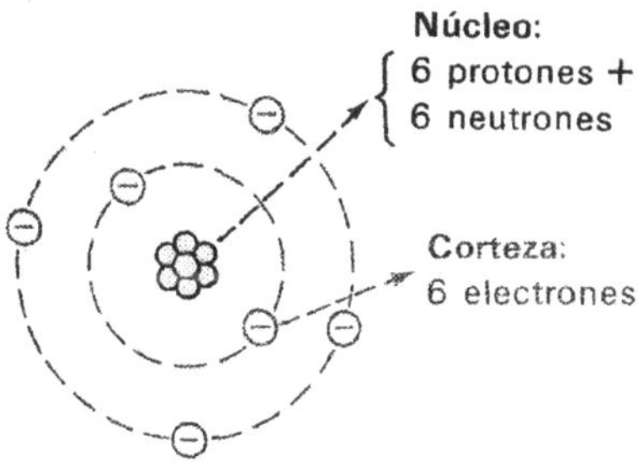

Átomo de carbono: $^{12}_{6}C$

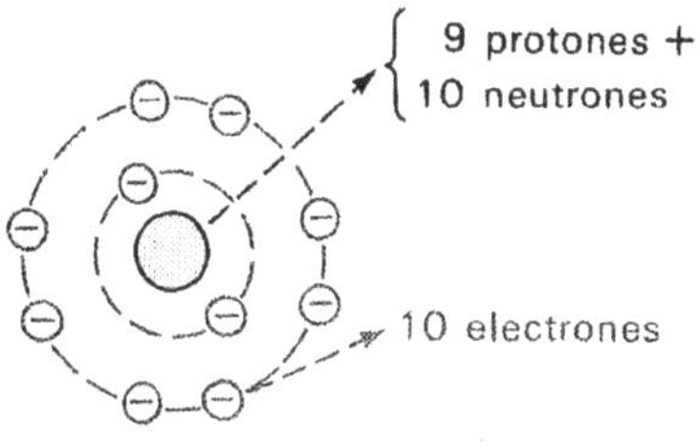

Anión fluoruro: $^{19}_{9}F^-$

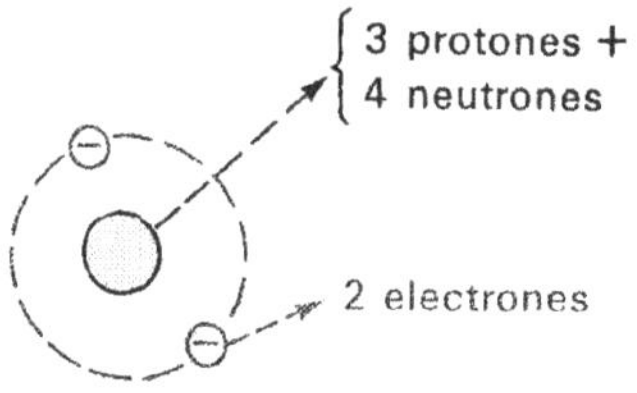

Catión litio: $^{7}_{3}Li^+$

Los elementos químicos, considerados como parte integrante de los seres vivos, se denominan **bioelementos,** o también **elementos biogenéticos.** Casi todos ellos están situados en la primera mitad del *sistema periódico.*** es decir, entre los elementos más ligeros.

* Los aniones tienen carga eléctrica negativa y van al *ánodo* (polo positivo). Los cationes tienen carga positiva y van al *cátodo* (polo negativo).

** El *sistema periódico* es una ordenación secuencial de los distintos elementos químicos, por orden creciente de número atómico, de forma que los elementos situados en la misma columna muestran propiedades parecidas.

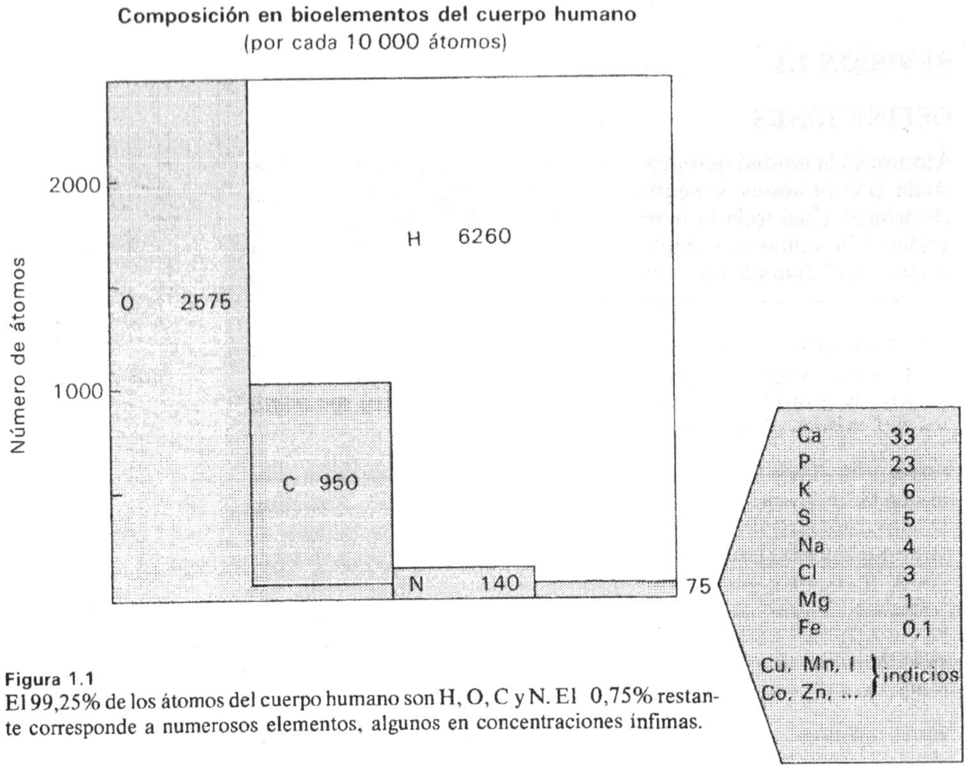

Figura 1.1
El 99,25% de los átomos del cuerpo humano son H, O, C y N. El 0,75% restante corresponde a numerosos elementos, algunos en concentraciones ínfimas.

1.2.1. Bioelementos que integran el cuerpo humano

La composición en bioelementos de todos los seres vivos es básicamente similar aunque en casos concretos pueden existir discrepancias llamativas (por ejemplo, el iodo parece ser indispensable para los vertebrados, pero no para otros animales). El cuerpo humano contiene los mismos bioelementos que el resto de los seres vivos. En el hombre son indispensables al menos una treintena de elementos químicos, que se hallan en proporciones muy diversas. En la figura 1.1 se representa gráficamente la distribución de los principales bioelementos en el cuerpo humano. Se aprecia que los cuatro elementos principales (C, H, O, N) constituyen el 99,25% del total. En el 0,75% restante se incluyen bioelementos tan importantes como fósforo, azufre, cloro, iodo, sodio, potasio, calcio, hierro y otros.

1.2.2. Funciones específicas de algunos bioelementos

Aunque la mayoría de las funciones biológicas de los elementos químicos se irán exponiendo con detalle a lo largo del libro, conviene adelantar aquí que estas funciones son muy variadas. Así se distinguen:

• *Funciones plásticas o estructurales.* Hay elementos que integran la arquitectura del cuerpo humano (huesos, tejidos fibrosos, tegumentos, vísceras, etc.). Entre estos cabe citar C, H, O, N, P, S y Ca.

• *Funciones catalíticas.** Elementos muy variados, a veces en concentraciones pequeñísimas, desarrollan funciones catalíticas específicas. Así, por ejemplo, el hierro actúa en el transporte de oxígeno y de electrones, el zinc es parte integrante de algunos enzimas, el iodo forma parte de las hormonas tiroideas, el cobalto se halla en la molécula de vitamina B_{12}, etc.

• *Funciones osmóticas.* Varios elementos intervienen, en forma iónica, en fenómenos osmóticos (distribución de agua en compartimentos intra y extracelulares), mantenimiento de potenciales de membrana, y otros efectos relacionados. Revisten especial importancia el Na^+ (predominantemente extracelular), K^+ (sobre todo intracelular) y Cl^- (también extracelular).

1.3. BIOMOLÉCULAS

Los átomos se enlazan unos con otros para formar moléculas. Las moléculas integrantes de los seres vivos se denominan **biomoléculas** o **principios inmediatos.**

REVISIÓN 1.2

DEFINICIONES

Molécula: Es la unidad física de materia. Está constituida por un grupo de átomos enlazados según una estructura determinada y en una proporción fija. La molécula es la parte más pequeña de una sustancia pura que conserva sus propiedades.

Sustancia pura: Conjunto de moléculas iguales (por ejemplo: agua, H_2O).

Mezcla: Conjunto de moléculas diferentes (por ejemplo: azúcar disuelto en agua).

Masa molecular: Es la masa de una molécula expresada en daltons (ver Revisión 1.1). La masa molecular se obtiene sumando las masas atómicas de todos los átomos integrantes. Así, la masa atómica del oxígeno (O) es 16, y la masa molecular de la molécula de oxígeno (O_2) es 32.

Mol o molécula-gramo: Es un conjunto de $6{,}022 \times 10^{23}$ moléculas. Como consecuencia, la masa de un mol de cualquier sustancia es un número de gramos igual al número que expresa su masa molecular. Por ejemplo, la masa de la molécula de oxígeno son 32 daltons, y un mol de oxígeno pesa 32 gramos.

Determinación de la masa molecular del etanol (C_2H_6O)

Átomo	Masa atómica		N.º de átomos por molécula		Masa total (dal)
C	12	.	2	=	24
H	1	.	6	=	6
O	16	.	1	=	16
Masa de la molécula C_2H_6O				=	46 dal

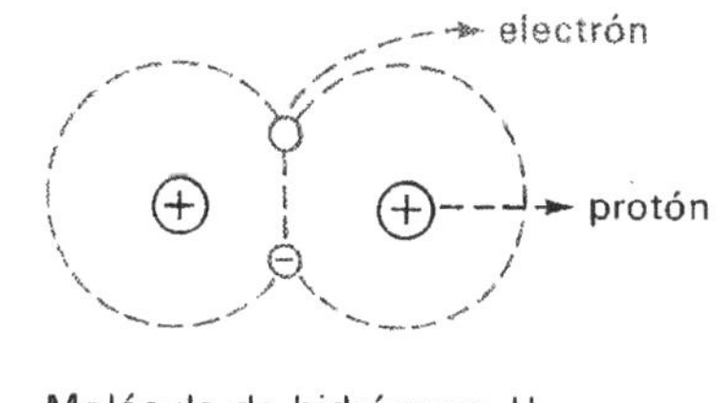

Molécula de hidrógeno: H_2

* Los catalizadores son sustancias que facilitan las reacciones químicas, sin consumirse en ellas.

El tamaño y la masa de las biomoléculas son muy variables; desde el agua, de masa molecular 18 dal, hasta el ácido desoxirribonucleico (DNA), de varios millones de daltons.

Con un criterio químico, se pueden distinguir las biomoléculas inorgánicas y las orgánicas.

Biomoléculas inorgánicas
- *Agua*
- *Gases,* como el oxígeno (O_2) y el dióxido de de carbono (CO_2).
- *Aniones,* como fosfato ($HPO_4^=$) y bicarbonato (HCO_3^-).
- *Cationes,* como el amonio (NH_4^+).

Biomoléculas orgánicas
- *Azúcares,* como la glucosa o el almidón.
- *Lípidos,* como las grasas neutras o el colesterol.
- *Proteínas,* como la insulina o la hemoglobina.
- *Ácidos nucleicos,* DNA y RNA.
- *Otras,* muy variadas, que se denominan *metabolitos intermediarios,* como el ácido cítrico y la urea.

1.3.1. **Las principales biomoléculas en el cuerpo humano**

La principal biomolécula integrante del cuerpo humano es el agua, que constituye alrededor de las dos terceras partes del peso

Composición en biomoléculas de una célula humana
(en gramos por cada 1 000 gramos de material celular)

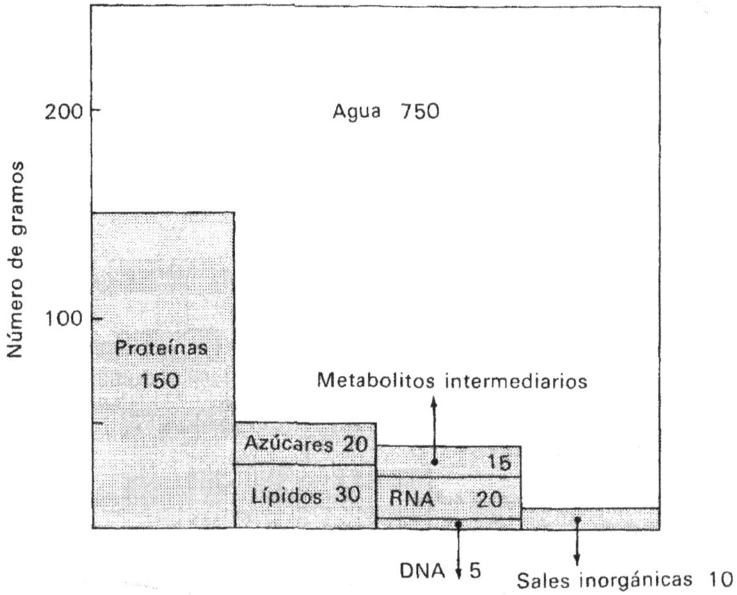

Figura 1.2
Aunque existe una amplia variabilidad entre las diferentes células, el principal componente celular siempre es el agua, seguida por las proteínas. El 10% restante se distribuye entre las demás biomoléculas.

total. La otra tercera parte está formada por multitud de biomoléculas orgánicas. Sólo una pequeña fracción corresponde a sales e iones inorgánicos. Así, considerando una célula humana no especializada, podemos esquematizar su composición de biomoléculas en peso, por 1000 g de material celular, como se indica en la figura 1.2. Las células especializadas presentarían los mismos componentes en proporciones distintas; por ejemplo, en una célula adiposa habría una mayor proporción de lípidos, y en una célula hepática, abundarían los azúcares (en forma de glucógeno).

1.3.2. Tipos de enlaces en las biomoléculas

Las biomoléculas consisten en grupos de átomos enlazados entre sí. Vamos ahora a considerar brevemente la forma en que los átomos se enlazan. En las biomoléculas se pueden distinguir esquemáticamente dos tipos de enlace, iónico y covalente.

El **enlace iónico** se debe a la atracción (*electrostática*) que experimentan dos iones de carga opuesta. Por ejemplo, el anión cloruro (Cl^-) y el catión sodio (Na^+) se relacionan por un enlace iónico o salino.

El **enlace covalente** se produce cuando dos elementos comparten electrones (electrones de valencia). Es el caso más común en bioquímica. Cuando en una fórmula no se indica la presencia de cargas eléctricas positivas o negativas, los enlaces implicados son covalentes. En la biomolécula dibujada al margen, el aminoácido alanina, los trazos continuos representan enlaces covalentes, y la línea de puntos, un enlace iónico entre dos átomos de la misma molécula.

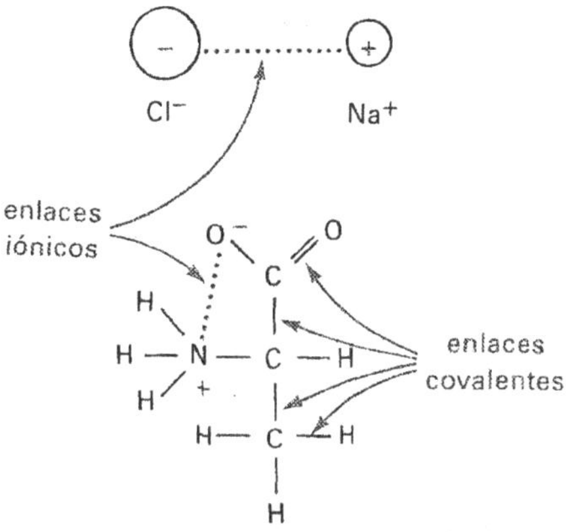

Alanina
(un aminoácido)

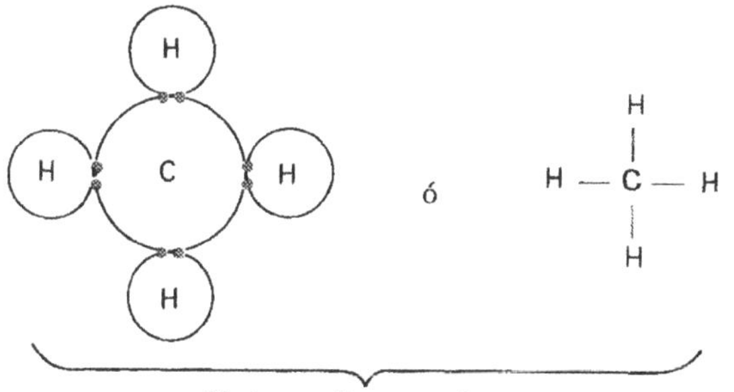

Metano: Cuatro enlaces sencillos C—H

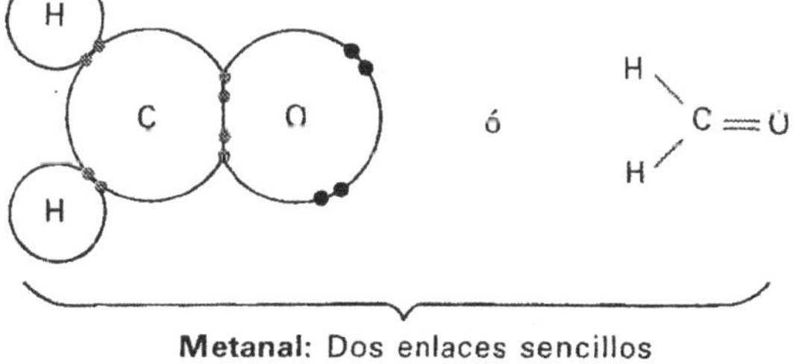

Metanal: Dos enlaces sencillos C—H y un enlace doble C=O

La formación de enlaces iónicos requiere que los átomos implicados cedan electrones (convirtiéndose en cationes) o capten electrones (convirtiéndose en aniones). El carbono, por su posición central en el sistema periódico, no tiene tendencia ni a ceder ni a captar electrones, sino a compartirlos, dando origen a enlaces covalentes. Las cadenas formadas por átomos de carbono constituyen el «*esqueleto*» de las biomoléculas orgánicas, y por esta razón en bioquímica predominan con mucho los enlaces covalentes.

Según el número de electrones que se comparten, los enlaces covalentes pueden ser *sencillos, dobles* o *triples*. En el enlace sencillo, se comparten dos electrones, en el doble, cuatro, y en el triple seis. En las biomoléculas que componen el cuerpo humano predomina el enlace sencillo, y el enlace triple es muy raro.

El enlace sencillo permite la libre rotación en torno a él de los átomos enlazados, mientras que el enlace doble no la permite imponiendo rigidez a la molécula.

1.3.3. Isomería

Las biomoléculas se caracterizan no sólo por los átomos que las integran sino por la posición que éstos ocupan en el espacio. Se

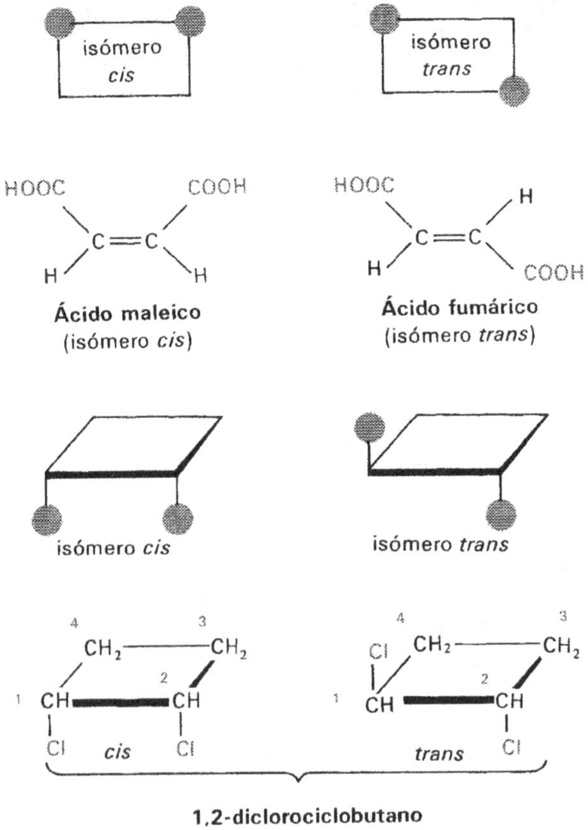

pueden dar biomoléculas diferentes compuestas por los mismos átomos, pero orientados de distinta manera; se dice que estas biomoléculas son **isómeros** entre sí. Los isómeros suelen tener propiedades físicas y químicas diferentes. Hay dos tipos de isomería de interés especial en bioquímica, la **isomería geométrica,** o **cis-trans** y la **isomería óptica** o **estereoisomería.**

La **isomería geométrica** se produce cuando la molécula presenta una estructura rígida; en este caso, dos átomos o grupos de átomos determinados pueden ocupar posiciones relativas próximas en el espacio (*isómero cis*) o alejadas (*isómero trans*). La rigidez de la molécula puede deberse a la presencia de un enlace doble o a la existencia de un anillo. Dos átomos o grupos de átomos pueden estar al mismo lado del enlace, o del anillo (*isómero cis*), o a distintos lados (*isómero trans*).

La **isomería óptica** o estereoisomería se produce cuando la molécula es asimétrica, es decir, carece de plano de simetría. El nombre de **isómeros ópticos** alude a la propiedad que presentan las moléculas asimétricas de desviar el plano de la luz polarizada (*poder rotatorio*).

El caso más sencillo de molécula asimétrica se produce cuando un átomo de carbono está unido a cuatro sustituyentes (átomos o grupos de átomos) distintos; se dice que la molécula posee un *carbono asimétrico.* Los cuatro enlaces de un carbono, al menos si

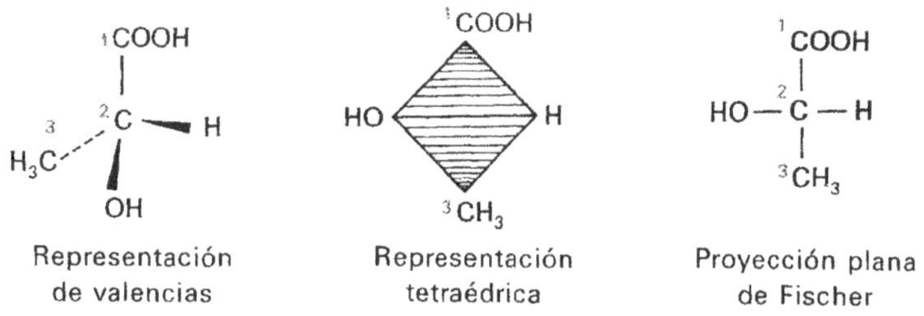

Figura 1.3
Diferentes formas de representar una molécula con un carbono asimétrico; por ejemplo, el ácido L-láctico.

se trata de enlaces sencillos, están dirigidos hacia los vértices de un teórico tetraedro, cuyo centro ocuparía el carbono. Así se comprende que, si algunos de los sustituyentes fueran iguales, el tetraedro tendría uno o varios planos de simetría, mientras que si los cuatro son diferentes, no habrá ningún plano de simetría. En el ácido láctico, representado en la figura 1.3, los cuatro sustituyentes del carbono 2 son diferentes, por lo que la molécula es asimétrica. Se suelen utilizar tres tipos de representaciones: la de valencias, la tetraédrica y la proyección plana de Fischer. Conviene señalar que, en la representación de valencias, los enlaces de trazo grueso «sobresalen» del papel, hacia el observador.

Cuando la molécula es asimétrica, como en el caso del ácido láctico (ver al margen), se pueden presentar dos isómeros ópticos. Por convenio se llama *isómero D* al que, en las representaciones tetraédricas o de Fischer, tiene el –OH hacia la derecha, e *isómero L,* al que lo tiene hacia la izquierda. Estas dos formas D y L no son superponibles, sino que cada una de ellas es *imagen especular* de la otra, como la mano derecha lo es de la izquierda (Fig. 1.4).

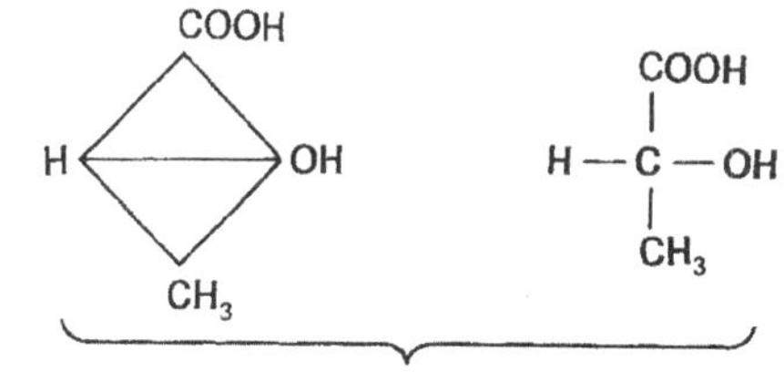

Ácido D-láctico
(*isómero D*)

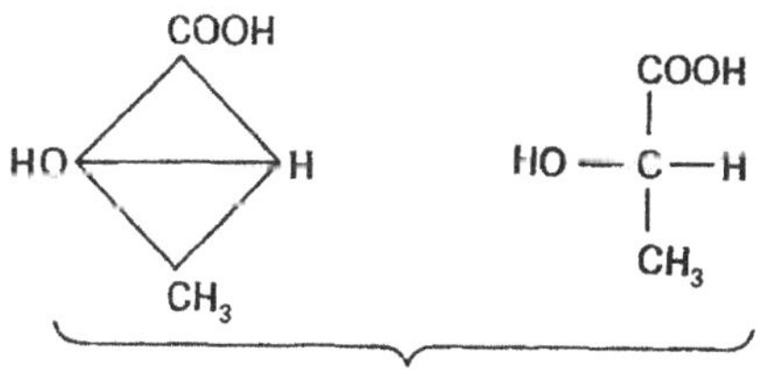

Ácido L-láctico
(*isómero L*)

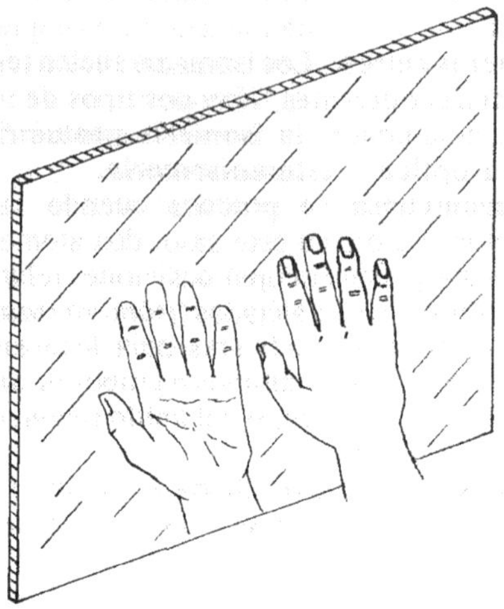

Figura 1.4
La imagen que la mano derecha refleja en un espejo corresponde a la mano izquierda. Ambas manos no son iguales sino que la una es imagen especular de la otra, al igual que los *isómeros especulares, antípodas* o *enantiomorfos.*

Aunque, atendiendo a las proyecciones de Fischer, pudiera parecer que el isómero D es idéntico al isómero L, pero visto por detrás, la correspondiente representación tetraédrica demuestra lo contrario. Las fórmulas de las biomoléculas asimétricas vienen normalmente representadas según la proyección de Fischer, y por lo tanto es fácil decir a primera vista si una molécula asimétrica es D o L atendiendo a la posición del grupo −OH.

De los dos isómeros D y L, uno de ellos desviará el plano de la luz polarizada hacia la derecha, *isómero* (+) o *dextrógiro,* y el otro lo hará hacia la izquierda, *isómero* (—) o *levógiro.* No hay ninguna relación entre que un isómero sea D o L y que sea dextrógiro o levógiro, a pesar de la desafortunada coincidencia de las iniciales. Así, por ejemplo, el ácido D-láctico es levógiro: D-(—)-láctico y, por el contrario, su isómero L es dextrógiro: L-(+)-láctico. La naturaleza D o L la indica la proyección de Fischer y el carácter dextrógiro o levógiro, la desviación de la luz polarizada en el polarímetro.

Glucosa en proyección de Fischer (los asteriscos señalan los carbonos asimétricos)

Es frecuente en bioquímica que una molécula presente más de un carbono asimétrico, como ocurre en los azúcares. En estos casos las posibilidades de isomería óptica se multiplican, como se verá en el capítulo correspondiente.

1.3.4. Fuerzas intermoleculares

En la célula viva, lo mismo que en el organismo humano, las biomoléculas no actúan independientemente sino que ejercen interacciones mutuas. Estas fuerzas intermoleculares suelen ser más débiles que los enlaces covalentes, pero no por ello tienen menor importancia biológica. Las principales son:

a) **Fuerzas electrostáticas:** hacen que partículas de carga opuesta —aniones y cationes— se atraigan. La fuerzas electrostáticas obedecen la «*ley de Coulomb*», son más intensas cuanto menor es la distancia que separa ambos iones.

b) **Puentes o enlaces de hidrógeno:** dos átomos muy electronegativos —por ejemplo, oxígeno o nitrógeno— pueden mantenerse unidos a través de un hidrógeno situado entre ambos. Este hidrógeno está unido de modo covalente a uno de los átomos electronegativos, pero también sufre atracción por el otro. Los dos átomos electronegativos están separados por una distancia aproximada de 3 Å:* el hidrógeno se halla a 1 Å del átomo unido covalentemente y a 2 Å del otro.

Los enlaces de H son los principales responsables de la estructura espacial de las proteínas y de los ácidos nucleicos y controlan la transmisión de los caracteres genéticos a nivel bioquímico.

c) **Fuerzas de Van der Waals:** son fuerzas muy débiles que hacen que las distintas moléculas se atraigan hasta una distancia óptima llamada *distancia de contacto.* Si por cualquier causa las moléculas se aproximan más, las fuerzas de Van der Waals originan una intensa repulsión mutua.

d) **Interacciones hidrofóbicas:** las moléculas o grupos de átomos apolares o hidrofóbicos tienden a agruparse entre sí en un medio acuoso, como suele ser el de los líquidos biológicos. Estas moléculas, al aproximarse mutuamente, excluyen el agua que pudiera haber entre ellas, y alcanzarán así una situación más estable.

c) **Fuerzas polares:** son parecidas a las fuerzas electrostáticas de los iones, pero más débiles. Se dan en las moléculas sin carga neta pero en las que los centros de las cargas positivas y negativas no coinciden. Se dice que estas moléculas son dipolos eléctricos. Las fuerzas polares son responsables de la atracción mutua entre dipolos (polo positivo de uno y polo negativo del otro) o entre iones y dipolos. En la figura 1.5 se representan algunos ejemplos de fuerzas intermoleculares.

La fuerza de un enlace se mide por la energía necesaria para romperlo. Así, una unión covalente tiene una energía de enlace de unas 90kcal/mol.** En comparación con esto, las fuerzas intermoleculares resultan mucho más débiles. Así, por ejemplo, las fuerzas de Van der Waals tienen energías de enlace de aproximadamente 1 kcal/mol y los enlaces de hidrógeno, de unas 4 kcal/mol. Sin embargo, una determinada biomolécula puede estar sujeta a la vez a muchas de estas fuerzas intermoleculares, con lo que la suma de sus energías de enlace resulta considerable. Es el caso de algunos ácidos nucleicos que contienen millares de puentes de hidrógeno por molécula.

CUESTIONES Y PROBLEMAS

1.1. Deducir el tema del siguiente diálogo:
Alumno: Pero, ...¿es que también en la vida hay química?
Profesor: En absoluto. En la vida no hay química. ¡La vida ES química!

1.2. El ^{18}O y el ^{16}O son dos isótopos del oxígeno. Indicar el número de neutrones que tiene cada uno.

* 1 Å (Ångström) = 10^{-10} m = 0,1 nm.

**1 *caloría* (cal): es el calor necesario para elevar la temperatura de 1 g de agua en 1°C.

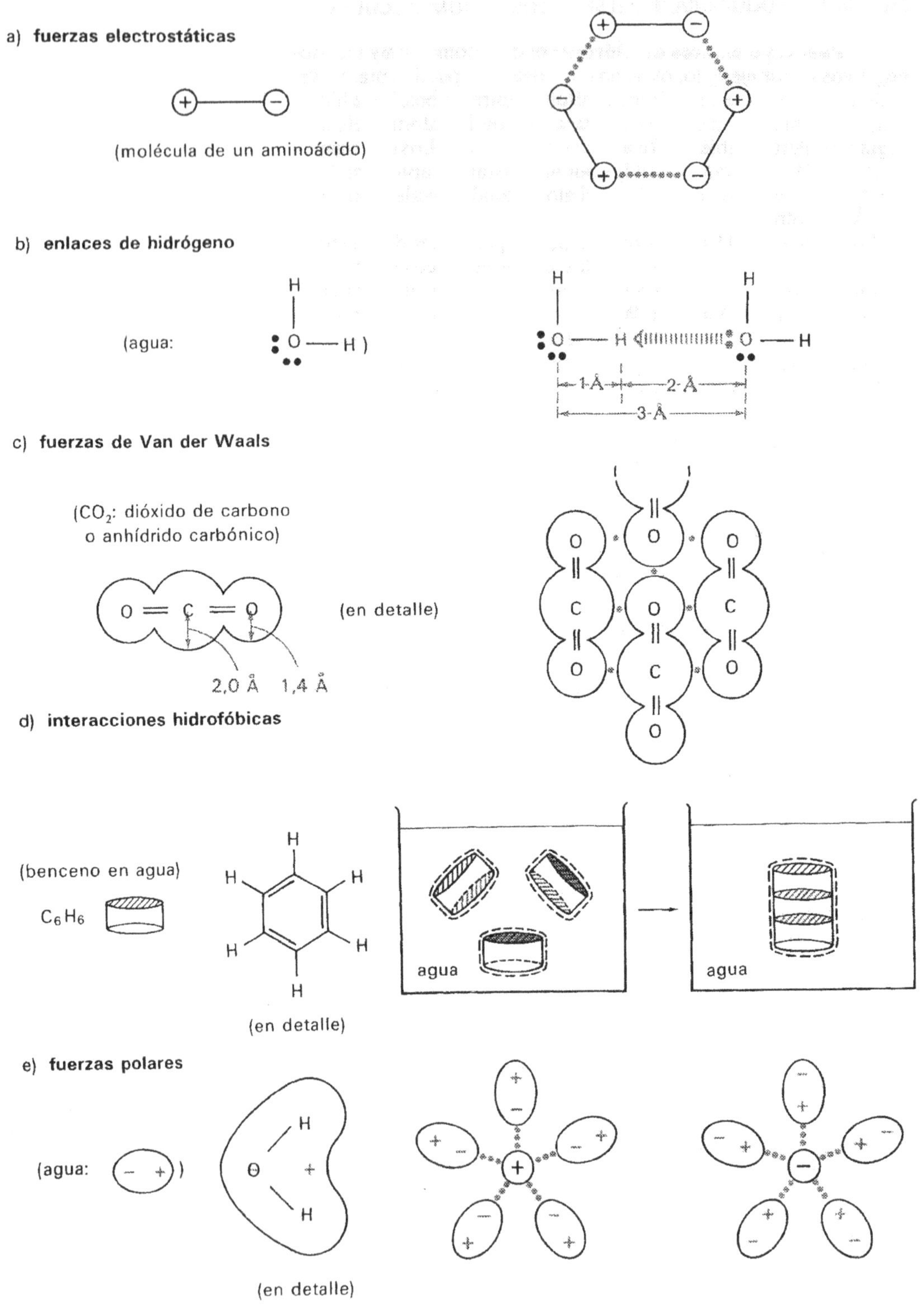

Figura 1.5
Ejemplos de las principales fuerzas intermoleculares.

1.3. En qué se parecen y en qué se diferencian el ^{14}C y el ^{14}N.
1.4. Explicar la diferencia entre el elemento oxígeno y la sustancia química oxígeno.
1.5. Calcular la masa molecular de los gases nitrógeno (N_2) y dióxido de carbono (CO_2).
1.6. Se llama agua pesada al óxido de deuterio, de fórmula D_2O. Su masa molecular es 20 dal. Indicar cuál puede ser la diferencia entre el hidrógeno pesado (D) y el hidrógeno ligero (H).
1.7. ¿Cuántas moléculas de agua hay en 18 gramos de agua y cuántas moléculas de oxígeno (O_2) en 32 g de oxígeno?
1.8. Un mol de urea pesa 60 gramos. ¿Cuántos daltons tendrá una molécula de urea?
1.9. Clasificar las siguientes biomoléculas: nitrógeno (N_2), sulfato ($SO_4^{=}$), aceite (trioleína), albúmina, glucógeno, y ácido láctico.
1.10. Señalar los tipos de enlaces predominantes en las siguientes moléculas:
   a) fluoruro de potasio (KF)
   b) etanol (CH_3-CH_2OH)
   c) glicina (un aminoácido) [$H_3N^{(+)}-CH_2-COO^{(-)}$].
1.11. Representar los isómeros *cis* y *trans* del 1,2-dicloroeteno (ClCH=CHCl).
1.12. Representar los isómeros *cis* y *trans* del 1,3-diclorociclobutano.
1.13. El gliceraldehído tiene la fórmula del margen. Representar los isómeros D y L. Indicar cuál debe ser el dextrógiro y cuál el levógiro.

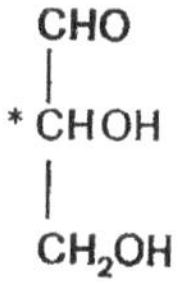

Gliceraldehído

1.14. Los dos isómeros enantiomorfos D y L de la alanina tienen las siguientes fórmulas espaciales:

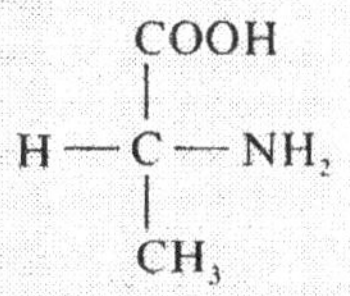

D-alanina

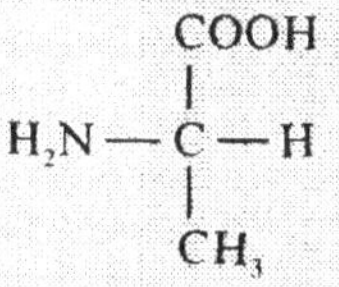

L-alanina

Indicar por qué es así y no al revés.
1.15. Indicar las fuerzas intermoleculares que deben predominar en los siguientes casos:
   a) Sal fundida
   b) Agua oxigenada (peróxido de hidrógeno, HO—OH, en agua)
   c) Oxígeno líquido
   d) Aceite líquido
   e) Sal en agua
1.16. Calcular la masa molecular de la glicina, de fórmula $C_2H_5NO_2$, y su composición centesimal (% de cada elemento).

CAPÍTULO **2**

AGUA Y DISOLUCIONES ACUOSAS

2.1. EL AGUA

El agua es la biomolécula más abundante; todos los seres vivos precisan de ella. Incluso en los seres no acuáticos el medio interno es esencialmente acuoso. La inmensa mayoría de las reacciones bioquímicas se desarrollan en el seno del agua y obedecen a las leyes físico-químicas de las disoluciones acuosas. De ahí la necesidad de repasar brevemente las propiedades del agua y las leyes de las disoluciones.

2.1.1. **Propiedades del agua**

a) El agua es *líquida* en un amplio margen de temperaturas (0-100°C); esto permite que la vida pueda desenvolverse en condiciones climáticas y ambientales muy dispares.

b) El agua presenta una *densidad máxima a 4°C.* En consecuencia, el hielo flota sobre el agua líquida, actuando como aislante térmico. De esta manera, la gran masa de los océanos se mantiene líquida sin enfriarse por debajo de los 4°C, lo que permite la vida de innumerables seres acuáticos.

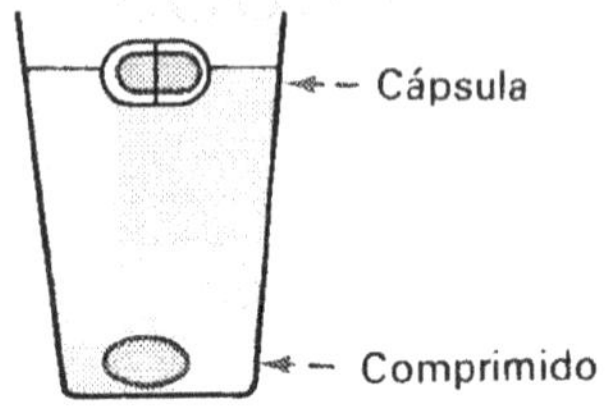

APLICACIONES 2.1

INGESTIÓN DE FÁRMACOS

Como es obvio, los objetos de menor densidad que el agua flotan en ella y los de mayor densidad se hunden en su seno. Una aplicación clínica elemental consiste en la forma de ingerir *comprimidos o grageas* (en general, más densos que el agua) o bien *cápsulas,* con envoltura de gelatina (en general, menos densas que el agua). En ambos casos se coloca el preparado sobre la lengua y se ingiere agua, debiéndose mantener la *cara levantada* cuando se pretende tragar una gragea; en cambio, debe mantenerse la *cara baja* si se pretende tragar una cápsula, porque flota en el agua de la boca.

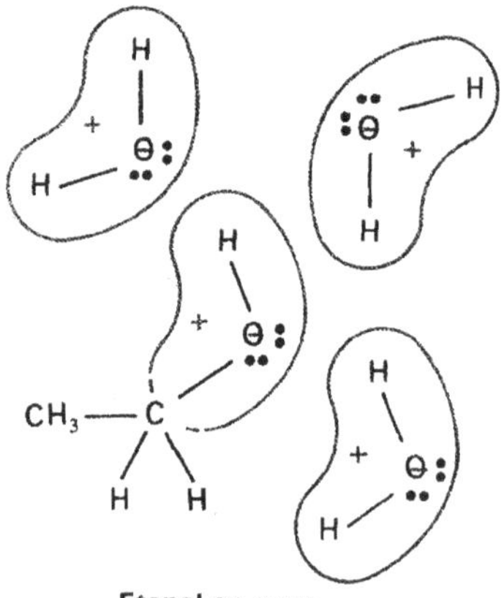

Etanol en agua

c) El agua permite la disociación de la mayoría de las sales minerales, porque debilita las fuerzas electrostáticas entre los iones (tiene una *constante dieléctrica* elevada).

d) El agua es un *dipolo,* y por lo tanto sus moléculas tienden a rodear a los iones aislándolos unos de otros y facilitando también así la disolución de las sales. Se dice que los iones quedan *hidratados* o *solvatados.* Los dipolos del agua también solvatan otras moléculas polares, no iónicas, como el etanol.

e) El agua posee un elevado *calor específico** por lo que el hombre puede absorber o perder bastante calor con escasa modificación de la temperatura corporal; por esta razón la circulación de la sangre ayuda a mantener constante y uniforme la temperatura del cuerpo.

f) El agua tiene un *calor de vaporización*** muy elevado. Por ello, se puede eliminar el exceso de calor vaporizando cantidades de agua relativamente pequeñas a través de los pulmones o de la piel, y así mantener la temperatura corporal incluso por debajo de la temperatura ambiente. Por eso, los perros y los cocodrilos mantienen la boca abierta cuando aprieta el calor.

g) El agua se caracteriza por una elevada *tensión superficial,* es decir, que sus moléculas se ordenan de modo que la superficie libre sea mínima. Las sustancias llamadas *tensoactivas* —como *jabones* y *detergentes*— son capaces de disminuir la tensión super-

* *Calor específico:* es el calor necesario para elevar la temperatura de 1 g de una sustancia en 1°C. Para el agua es de 1 cal/g · °C.

** *Calor de vaporización* es el calor necesario para vaporizar 1 g de líquido. Para el agua es de 536 cal/g.

ficial del agua, lo que facilita la mezcla o emulsión de las grasas en un medio acuoso; las *sales biliares* actúan como agentes tensoactivos facilitando la digestión de las grasas en el intestino delgado. De modo semejante, *ciertos fosfolípidos* hacen disminuir la tensión superficial del agua en los alveolos pulmonares, evitando que se colapsen.

h) El agua *se disocia* como un electrolito débil:

$$H_2O \rightleftharpoons H^+ + OH^- \ *$$

La concentración de H^+ y OH^- es crítica para muchos procesos biológicos, y los seres vivos disponen de eficaces mecanismos para controlarla como veremos en detalle más adelante (§ 2.3 y 2.4).

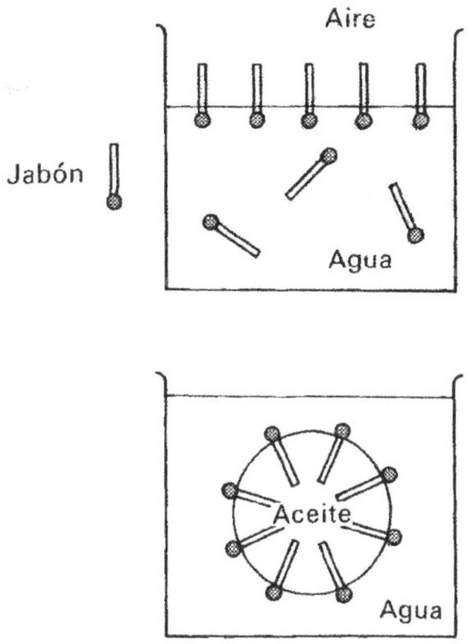

2.1.2. Fuerzas intermoleculares en el agua

Muchas propiedades del agua se deben a que sus moléculas se

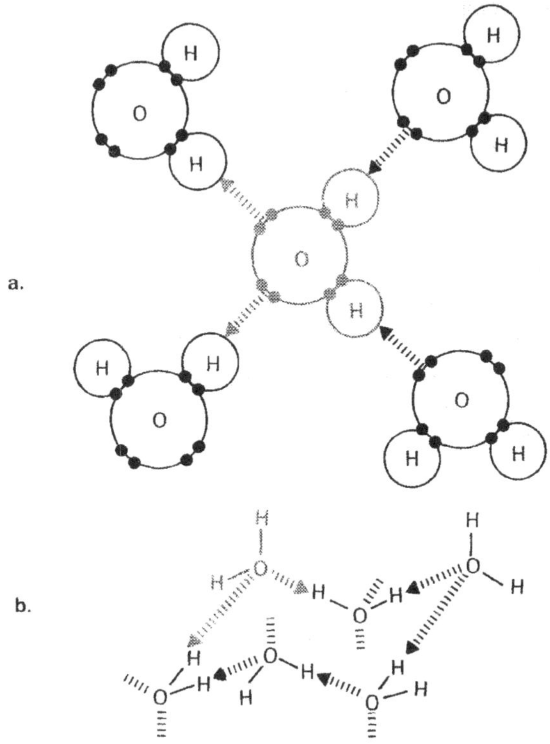

Figura 2.1
a) Estructura de los enlaces de hidrógeno que puede establecer una molécula de agua con las vecinas. Existe una ordenación espacial casi tetraédrica en la dirección de las valencias y de los enlaces de hidrógeno. b) En el hielo esta ordenación es más estable y perfecta. Las moléculas de agua forman una malla de simetría hexagonal.

* La disociación real es: $2H_2O \rightleftharpoons H_3O^+ + OH^-$. El ion hidronio ($H_3O^+$) se suele representar simplificado como protón libre (H^+).

hallan enlazadas por fuerzas intermoleculares, especialmente enlaces de hidrógeno y fuerzas polares.

a) **Enlaces de hidrógeno.** Pueden formarse hasta cuatro enlaces por molécula de agua. Estos enlaces determinan que el agua sea un líquido muy estable (y no un gas) a la temperatura ordinaria, y admita en disolución numerosas moléculas que pueden formar enlaces de hidrógeno con ella (alcoholes, ácidos, aminas, etc.). En la figura 2.1 se representa la estructura y dirección de los enlaces de hidrógeno en el agua pura.

b) **Fuerzas polares.** Los dipolos del agua se orientan —colaborando con los enlaces de hidrógeno— de modo que las moléculas del agua no se presentan separadamente sino formando mallas fluidas tridimensionales, que constantemente se van desmoronando y reconstruyendo.

2.2. DISOLUCIONES ACUOSAS

Una disolución es una mezcla homogénea de moléculas diferentes. En bioquímica, la inmensa mayoría de las disoluciones son acuosas, es decir, son mezclas de azúcares, sales, etc., con agua. Las disoluciones pueden ser *iónicas* o *moleculares,* según contengan iones o partículas no iónicas dispersas en el disolvente. Las proporciones de soluto y disolvente vienen dadas por la concentración de la disolución, que puede expresarse en diversas formas.

REVISIÓN 2.1

ALGUNAS FORMAS DE EXPRESAR LA CONCENTRACIÓN DE UNA DISOLUCIÓN

a) **% en peso** = gramos de soluto en 100 gramos de disolución. Ej., un suero glucosado al 10% contiene 10 g de glucosa en 100 g de suero.

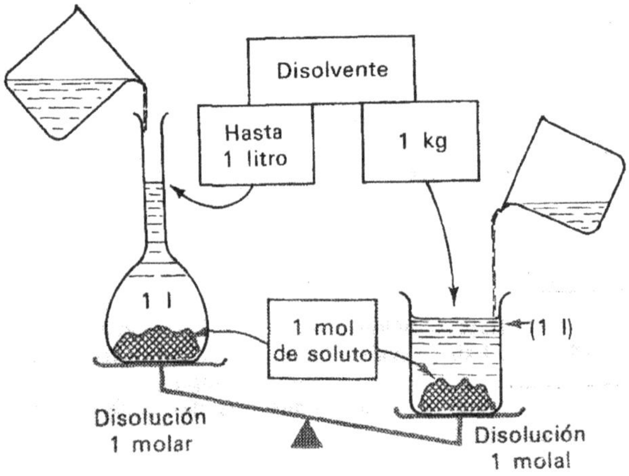

b) **g/100 ml** = gramos de soluto en 100 ml de disolución.
Ej., el contenido normal de glucosa en sangre es de 0,08 g/100 ml.
c) **v/v** = indica las proporciones, en volumen, de cada componente puro que integra una mezcla de líquidos.
Ej., una disolución etanol/agua 1:1 se prepara mezclando volúmenes iguales de ambos componentes (medidos por separado para evitar errores debidos a la contracción de la mezcla).
d) **molaridad (M)** = número de moles de soluto en 1 l de disolución.
Ej., una disolución 2 Molar (2 M) de etanol (masa molecular = = 46) contiene: (2 × 46) = 92 g de etanol en 1 l de disolución.
e) **molalidad (m)** = número de moles de soluto en 1 kg de agua.
Ej., una disolución de 2 molal (2 m) de etanol contiene 92 g de esta sustancia disueltos en 1 kg de agua.

Nota: Las expresiones a) y b) serían idénticas si la densidad de la disolución fuera 1. Las expresiones d) y e) son parecidas, sobre todo en disoluciones diluidas, pero nunca idénticas.

APLICACIONES 2.2.

CÁLCULOS NUMÉRICOS DE DISOLUCIONES

Cuando se realiza una disolución, por ejemplo, de alcohol en agua, y se conocen algunos de los datos de los reactivos puros y de la mezcla, se pueden calcular las concentraciones respectivas y expresarlas en las diferentes formas indicadas.

Así, por ejemplo, si mezclamos 1 kg de alcohol puro (fórmula C_2H_6O; M = 46 dal; d = 0,79 g/ml) con 1 kg de agua (d = 1,00 g/ml), se obtendrá obviamente una mezcla integrada por 2 kg totales, uno de cada componente. Al medir su densidad, ésta resulta ser: d = 0,914 g/ml. De acuerdo con lo anteriormente expuesto, podemos calcular:

a) **% en peso.** La mezcla etanol/agua es del 50% en peso (1 kg de cada componente).
b) **g/100 ml.** Al mezclar 1 kg de cada sustancia y siendo la densidad de la mezcla d = 0,914, el volumen que ocuparán 2 kg de esta mezcla será:

$$v = \frac{\text{masa}}{\text{densidad}} = \frac{2\,000 \text{ g}}{0{,}914 \text{ g/ml}} = \mathit{2\,186\ ml}$$

Si en 2 186 ml hay 1 000 g de etanol, en 100 ml habrá la parte proporcional

$$\frac{1\,000}{2\,186} \times 100 = 45{,}7 \text{ g/100 ml}$$

c) **v/v.** Como $v = \frac{\text{masa}}{\text{densidad}}$, el volumen de agua será:

$$v = \frac{1 \text{ kg}}{1{,}00 \text{ g/ml}} = 1\,000 \text{ ml},$$

el volumen de etanol era

$$v = \frac{1 \text{ kg}}{0{,}79 \text{ g/ml}} = 1\,266 \text{ ml}$$

la mezcla será alcohol/agua (1,266:1).

d) **Molaridad.** El número de moles se calcula dividiendo el número de gramos por la masa molecular; este cociente dividido por el número de litros que ocupa la disolución será la molaridad.

$$\text{molaridad: } \frac{\frac{1\,000 \text{ g}}{46 \text{ g/mol}}}{2{,}186 \text{ l disolución}} = 9{,}93 \text{ moles/l disolución}$$

e) **Molalidad.** Se calcula el número de moles de alcohol que corresponden a 1 kg de agua.

$$\text{molalidad: } \frac{\frac{1\,000 \text{ g}}{46 \text{ g/ml}}}{1 \text{ kg agua}} = 21{,}7 \text{ moles/kg agua}$$

Entre otras cosas, se observa:

1) que no resultan idénticos el **%** (50) y los **g/100 ml** (45,7)
2) que la **molaridad** (9,93 M) es mucho menor que la **molalidad** (21,7 m)
3) que, en el caso del alcohol, hubo contracción de volumen al mezclarlo con el agua (1 266 ml de alcohol + 1 000 ml de agua deberían dar 2 266 ml de mezcla y sólo dieron 2 186, es decir, que hubo una contracción de unos 80 ml).

2.2.1. Propiedades coligativas. Presión osmótica

Al disolverse en agua, el soluto modifica las propiedades del disolvente, por ejemplo, su densidad, viscosidad, color, etc. Algunas de las nuevas propiedades no dependen de la naturaleza del soluto, y sí sólo del número de partículas disueltas; éstas se denominan **propiedades coligativas.** Cuando se añade un soluto a un disolvente puro (en bioquímica, el agua) la *temperatura de congelación* de la disolución es inferior a la del disolvente puro, y lo mismo ocurre con su *presión de vapor;* al mismo tiempo, la *temperatura de ebullición* de la mezcla es ligeramente superior a la del disolvente, y la disolución muestra una nueva propiedad, la llamada *presión osmótica. El descenso de la presión de vapor, el descenso de la temperatura de congelación, o descenso crioscópico, la elevación de la temperatura de ebullición y la presión osmótica son las cuatro propiedades coligativas de las disoluciones.*

Desde el punto de vista fisiológico, la más importante es la presión osmótica. Sin embargo, para el laboratorio clínico también tiene interés el descenso crioscópico.

Es de experiencia común que cuando se ponen en contacto dos disoluciones de distinta concentración, tanto el agua como el soluto tienden a difundir, hasta que se obtiene una disolución única de concentración intermedia. En el caso en que las dos disoluciones no estén en contacto directo, sino a través de una membrana especial (semipermeable), que permite el paso del agua, pero no del soluto, la tendencia a igualar las concentraciones se manifestará por un paso preferente de agua desde la disolución más diluida hacia la más concentrada. La *presión mecánica* (hidrostática) necesaria para contrarrestar el paso de agua se denomina **presión osmótica.** Las membranas de las células son mucho más permeables al agua que a los solutos por lo que actúan de manera parecida a las semipermeables, dando origen a fenómenos de presión osmótica. En la figura 2.2 se representan las circunstancias que permiten medir la presión osmótica.

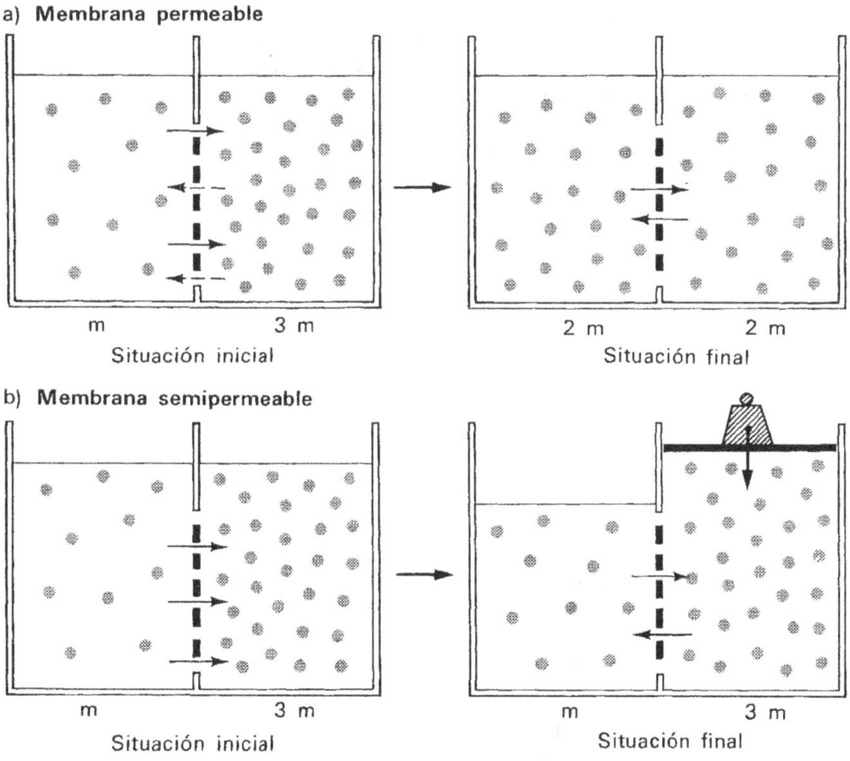

Figura 2.2
a) Si la membrana que separa dos disoluciones de distinta concentración es permeable al soluto, éste difundirá a su través hasta igualar ambas concentraciones.
b) Si la membrana sólo es permeable al agua (y no al soluto), el agua tenderá a difundir desde la disolución más diluida hacia la más concentrada. Para evitar esta difusión, habrá que ejercer una presión mecánica que contrarreste la presión osmótica, según se muestra en el dibujo.

A efectos prácticos se puede expresar una relación entre la presión osmótica π y la concentración molal de solutos (m) según la fórmula:

$$\pi = mRT$$

donde R es la constante de los gases (0,082 atm · l/K · mol) y T la temperatura en K (T = t + 273).

A 0°C (273 K), la relación será:

$$\pi_0 = m \times 22{,}4$$

En el sistema de unidades empleado, π viene dada en atmósferas. Nótese que disoluciones diluidas producen presiones considerables: la totalidad de los solutos del interior de un eritrocito suponen una concentración aproximada de 0,3 m. Esto corresponde a una presión osmótica de unas 7,6 atm; es decir, que la membrana de un eritrocito sumergido en agua destilada tendría que soportar una presión de 7,6 atm (unas 4-5 veces la de un neumático de automóvil). Naturalmente, la membrana no resiste y la célula estalla; se produce *hemolisis*. En la sangre, los eritrocitos no se lisan porque también en el suero hay una concentración total de solutos de 0,3 m, y en consecuencia, la presión osmótica es igual en ambos compartimentos, eritrocito y plasma. Se dice que el interior del eritrocito es *isotónico* con el plasma; en cambio es *hipertónico* con respecto al agua destilada.

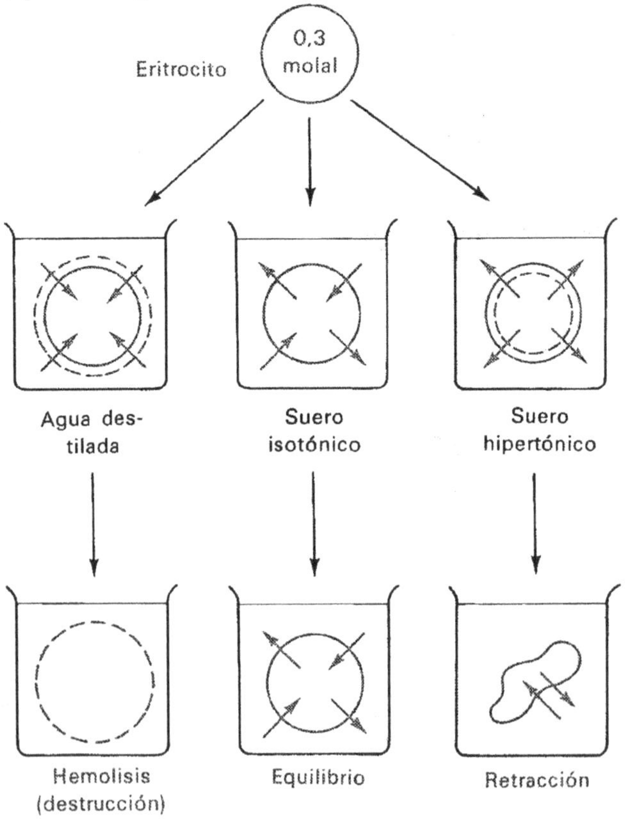

COMPLEMENTOS 2.1

ACCIÓN DE LA PENICILINA

A diferencia de los eritrocitos, las bacterias pueden subsistir en medios de composición muy diferente, desde el agua destilada hasta el agua de mar, sin sufrir lisis, a pesar de las obligadas diferencias de presión osmótica. Esto se debe a que las bacterias (lo mismo que las levaduras, los hongos y las células vegetales) poseen en el exterior de la membrana plasmática, una *pared celular* de gran resistencia mecánica: puede soportar fácilmente unas 20 atm. El antibiótico *penicilina*, y otros similares, impiden la síntesis correcta de la pared celular de muchas bacterias, que resultan así fácilmente destruidas a causa de pequeños cambios de presión osmótica.

COMPLEMENTOS 2.2

ADMINISTRACIÓN PARENTERAL DE SUSTANCIAS

La mayor parte de las células del organismo humano requieren que el medio extracelular sea isotónico. En consecuencia, cada vez que se administran sustancias por inyección (vía parenteral), la disolución correspondiente debe resultar isotónica, o ligeramente hipertónica. Por excepción, en la vía oral no es necesario tomar estas precauciones, porque las células del tubo digestivo disponen de mecanismos compensatorios adecuados: película mucosa protectora y capacidad de filtración selectiva de agua y solutos.

El descenso crioscópico de una disolución ΔT_c también está relacionado con la concentración molal del soluto, según la fórmula:

$$\Delta T_c = 1,86 \text{ m}$$

Esto significa que el plasma ($m \simeq 0,3$) congelará a $-0,56°C$.

En la práctica diaria, es más factible medir un descenso crioscópico que una presión osmótica. Sin embargo, midiendo ΔT_c podemos calcular π, a través de la molalidad

$$\frac{\Delta T_c}{1,86} = m = \frac{\pi}{RT}$$

Así, por ejemplo, se puede calcular la presión osmótica, a 37°C, de un suero salino que tiene una temperatura de congelación de $-0,65°C$.

En efecto: $m = \dfrac{0,65}{1,86} = 0,35$ molal:

$$\pi = mRT = 0,35 \times 0,082 \times (273 + 37) = 8,68 \text{ atm}$$

COMPLEMENTOS 2.3

PROYECCIÓN FISIOLÓGICA DE LAS PROPIEDADES COLIGATIVAS

Para mantener constante la concentración de solutos en el medio interno del organismo se dispone, entre otros, del mecanismo de la sed, para aumentar la ingesta de agua, y así disminuir la concentración de solutos, y de la filtración renal, que produce la orina, y elimina selectivamente el exceso de solutos y agua. La sed y la filtración renal están regulados, entre otros factores, por medio de órganos sensibles a los cambios de presión osmótica (*osmorreceptores*) relacionados con el sistema nervioso central.

Casi todos los líquidos fisiológicos son isotónicos con el citoplasma celular: así el medio intersticial, el líquido sinovial, la saliva, la leche, etc. De hecho, el control de las concentración de solutos en leche, a través de medidas del descenso crioscópico, se utiliza para la detección de posibles fraudes en la industria láctea.

Sin embargo, la orina, precisamente por sus funciones regulatorias, presenta una amplia variabilidad de concentración de solutos, desde casi 0 hasta 1,6 m. Este dato se obtiene con fines clínicos a través de medidas del descenso crioscópico.

2.2.2. Disoluciones moleculares e iónicas

Algunas sustancias, como los azúcares, el etanol, o la urea, mantienen en disolución la integridad de sus moléculas, sin que éstas se fragmenten en partículas submoleculares. En cambio, otros solutos, como las sales, los ácidos o los álcalis, se disocian al disolverse, de modo que cada molécula origina dos o más iones. Según que las especies disueltan sean moléculas o iones, se distinguen **disoluciones moleculares e iónicas.**

El carácter iónico o molecular de una disolución repercute directamente sobre sus propiedades coligativas. En efecto, estas propiedades dependen del número real de partículas en la disolución ya sean éstas moleculas o iones. En las disoluciones moleculares, este número de partículas coincide con el número de moléculas disueltas; sin embargo, en las disoluciones iónicas, habrá un número de partículas superior, debido a la disociación de las moléculas. Para calcular las propiedades coligativas de una disolución iónica, la molalidad m se sustituye por el producto $i \times m$, siendo i el número de partículas originadas al disociarse cada molécula. Así, por ejemplo, el cloruro de sodio NaCl se disocia en $Na^+ + Cl^-$ (2 partículas) por lo que i = 2; análogamente, $CaCl_2$ se disocia en $Ca^{++} + 2\,Cl^-$ (3 partículas) por lo que i = 3. En general,

$$i \times m = \frac{\pi}{RT} = \frac{\pi_0}{22,4} = \frac{\Delta T_c}{1,86} = \frac{\Delta T_e}{0,52}$$

Entre las moléculas que no se disocian (sustancias no electrolíticas) y las que se disocian por completo (*electrolitos* fuertes*) existe el caso intermedio de una disociación parcial (*electrolitos* débiles*), es decir, que en estas disoluciones coexisten un gran número de moléculas sin disociar con algunos iones procedentes de moléculas disociadas. Desde el punto de vista de las propiedades coligativas, y a efectos prácticos, podemos considerar el caso de los electrolitos débiles como aproximadamente igual al de los solutos no electrolíticos. Sin embargo, la disociación parcial de ácidos y bases tiene importantes efectos fisiológicos, como se verá más adelante.

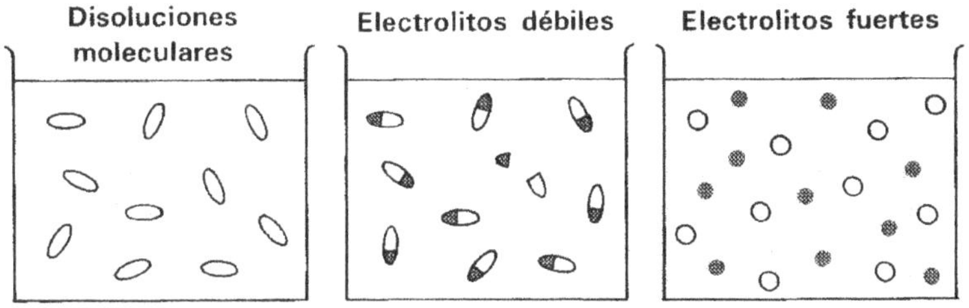

⬭ = glucosa	◐ = ácido acético	○● = cloruro de sodio
m = 10	m = 10	m = 10
i = 1	i = 1,1	i = 2
im = 10	im = 11	im = 20

Figura 2.3
El número total de partículas en la disolución (im) corresponde al producto de la concentración, m, por el coeficiente osmótico, i, dependiendo éste de la disociación de las moléculas del soluto.

En la figura 2.3 se representan los tres tipos de disoluciones: moleculares, electrolitos débiles y electrolitos fuertes.

2.2.3. Disoluciones coloidales. Interfases

Si las partículas de soluto superan un determinado tamaño (diámetro superior a 10 A, o masa molecular superior a 10 kdal) las disoluciones correspondientes se llaman coloidales, y difieren de las disoluciones verdaderas por algunas propiedades, por ejemplo, se pueden precipitar por centrifugación a alta velocidad (*ultracentrifugación*). La superficie de contacto de la molécula con el agua, o *interfase* adquiere una especial relevancia. Numerosas técnicas analíticas, especialmente las distintas variantes de *cromatografía,* se basan en las propiedades de estas interfases. Los polisacáridos, proteínas y ácidos nucleicos dan origen a disoluciones coloidales. Estas macromoléculas presentan en su interfase con el agua grupos polares (—OH) e iónicos (—COO^-, —NH_3^+) que ordenan a su alrededor una gran cantidad de moléculas de agua. En consecuencia, en las disoluciones coloidales la cantidad de agua libre es muy inferior a la de agua total.

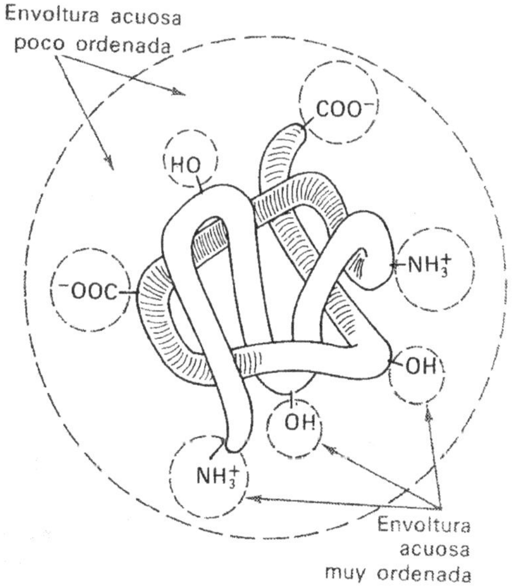

Proteína en disolución acuosa

* *Electrolito:* sustancia cuya disolución conduce la corriente eléctrica, debido a que origina iones que se mueven en un campo eléctrico.

Como las partículas coloidales son muy grandes, incluso las disoluciones concentradas (en peso de soluto) contienen un número relativamente escaso de moléculas o partículas dispersas. En consecuencia, las propiedades coligativas de las disoluciones coloidales son apenas observables. Sin embargo, la presión osmótica originada por los solutos coloidales tiene algunas peculiaridades en determinadas circunstancias de interés biológico. Estas circunstancias son: (a) que el coloide sea iónico (caso de las proteínas), (b) que el compartimento que contiene el coloide esté limitado por una *membrana dialítica,* es decir, que sea permeable al agua y a los solutos verdaderos, y no a los coloidales, y (c) que al otro lado de la membrana dialítica exista un soluto iónico difusible. Estas circunstancias son muy similares a las que se dan entre el plasma y el líquido intersticial, separados por el endotelio capilar, que funciona como membrana dialítica. En estos casos, el coloide origina una presión osmótica debida a dos factores: la presencia de las propias partículas coloidales por una parte, y, por otra, la existencia en ese compartimento de un exceso de partículas iónicas difusibles atraídas por el coloide según las leyes de los llamados «*equilibrios de Donnan*». Esta presión originada por el coloide se llama *presión coloidosmótica* (ver fig. 2.4).

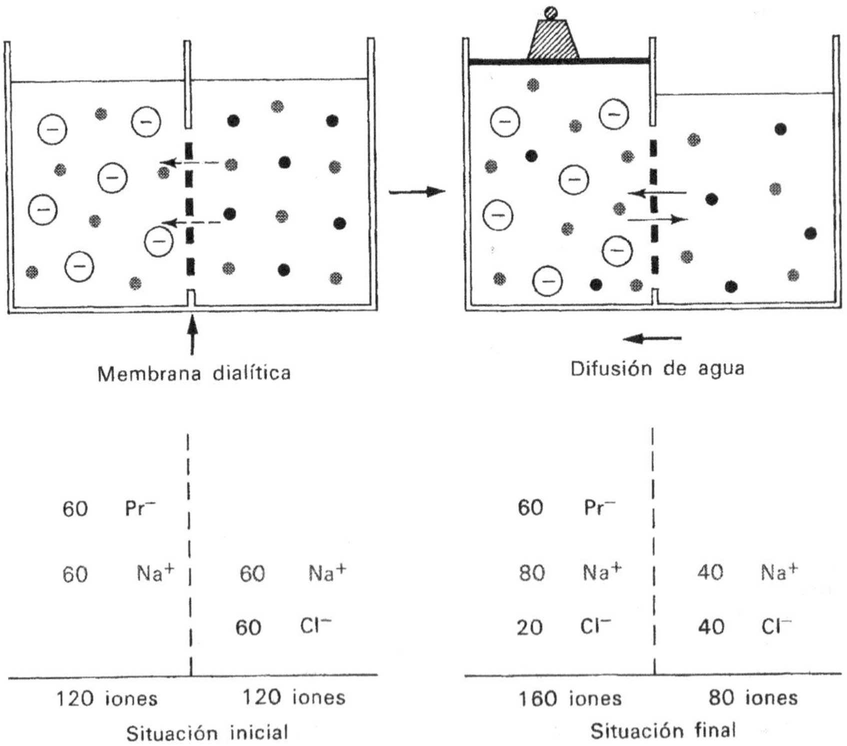

Figura 2.4
La presencia de un coloide iónico no difusible (Pr^-) en uno de los compartimentos facilita la difusión preferente, a través de la membrana dialítica, de los iones que estaban en el otro compartimento. Según las leyes de Donnan, habrá un exceso de iones difusibles (Na^+, Cl^-) en el lado del coloide (100 > 80).

2.3. pH

El agua es un electrolito débil. Sólo una pequeñísima fracción de moléculas (una de cada 553 millones) se disocia en los iones H^+ y OH^-. Esta pequeñísima disociación es de un interés crucial en biología.

La disociación del agua se puede describir en términos de un equilibrio químico

$$H_2O \rightleftharpoons H^+ + OH^-$$

En este equilibrio se cumple que

$$[H^+] \times [OH^-] = 10^{-14} \quad *$$

En el agua pura, las concentraciones molares de H^+ y OH^- son lógicamente iguales

$$[H^+] = [OH^-] = 10^{-7}$$

Si en la disolución aparece un exceso de hidrogeniones (H^+) o de hidroxiliones (OH^-), la concentración del ion complementario disminuye, de modo que el producto de las concentraciones mantiene su valor constante de 10^{-14}. Así, si a 1 l de agua pura, $[H^+] = 10^{-7}$, se añaden 0,01 moles (10^{-2}) de ácido clohídrico (HCl), al ser éste un electrolito fuerte, la concentración final de hidrogeniones se obtendrá sumando ambos valores,

$$[H^+] = 10^{-7} + 10^{-2} \simeq 10^{-2}$$

en efecto:

$$0{,}0000001 + 0{,}01 = 0{,}0100001 \simeq 0{,}01$$

En consecuencia, la concentración de hidroxiliones será:

$$[OH^-] = \frac{10^{-14}}{[H^+]} = \frac{10^{-14}}{10^{-2}} = 10^{-12}$$

de modo que

$$[H^+] \times [OH^-] = 10^{-2} \times 10^{-12} = 10^{-14}$$

Se observa que la presencia de una concentración de HCl tan sólo 0,01 M ha elevado la concentración de hidrogeniones del agua desde 10^{-7} hasta 10^{-2}, es decir, 100 000 veces. En los líquidos biológicos estos cambios tan bruscos resultarían muy peligrosos para la vida de las células; por ello, los seres vivos disponen de unos mecanismos, capaces de regular la concentración de H^+, que se llaman *sistemas amortiguadores, tampones* o «*buffers*». Estos sistemas pueden liberar hidrogeniones cuando faltan en el medio y pueden captarlos cuando están en exceso, manteniendo la concentración de H^+ aproximadamente constante.

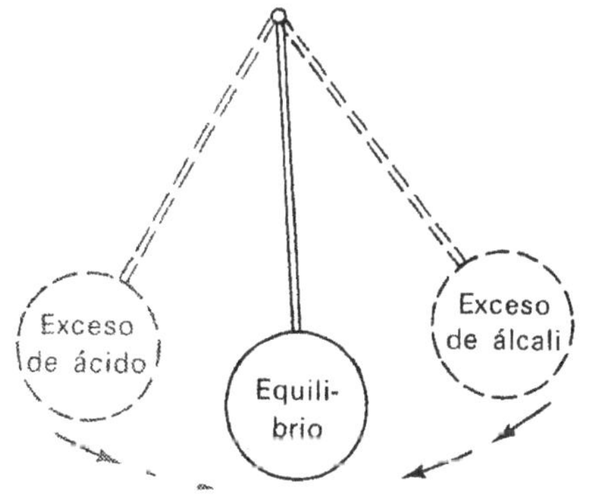

Símil del péndulo para explicar el pH propio del amortiguador

En la práctica, la utilización sistemática de estas concentraciones bajísimas de hidrogeniones supone una grave incomodidad en el cálculo numérico, por lo que se recurre a una forma abreviada de expresarlas, conocida como pH.

* Este es el denominado «*producto iónico del agua*». Sobre el origen de esta expresión se pueden consultar tratados de Química General o Físico-Química (ver Bibliografía). Los corchetes, [ ], representan las concentraciones de las sustancias que incluyen en su interior, expresadas en molaridad.

2.3.1. Concepto e interés fisiológico del pH

El concepto de pH no se capta fácilmente por intuición. Sin embargo, su utilidad es tan grande que se ha impuesto a pesar de las dificultades iniciales que entraña su uso.

El pH se define como el logaritmo de la concentración de hidrogeniones, $[H^+]$, con el signo cambiado.

$$pH = -\log [H^+]$$

$$\text{Recíprocamente } [H^+] = 10^{-pH}$$

Así, por ejemplo, si en el agua pura la concentración de hidrogeniones es $[H^+] = 10^{-7}$,

$$\log [H^+] = \log 10^{-7} = -7$$
$$pH = -\log [H^+] = 7$$

Dicho de otro modo, si expresamos la concentración de hidrogeniones como potencia de 10, *el pH es igual al exponente con el signo cambiado.*

Por ejemplo, una disolución 0,001 M de ácido clorhídrico (HCl) tiene una concentración de hidrogeniones 0,001 M, por lo tanto

$$[H^+] = 10^{-3}$$
$$pH = 3$$

La escala de pH se aplica no sólo a las disoluciones ácidas sino también a las alcalinas. Si a 1 litro de agua se añaden 0,001 moles de hidróxido de sodio (NaOH), al disociarse el álcali se obtendrá una concentración de hidroxiliones $[OH^-]$ de 10^{-3} M. Como el producto iónico del agua tiene un valor constante de 10^{-14}, la concentración de hidrogeniones en el equilibrio será 10^{-11}, y el pH será 11.

En efecto:

$$[H^+] \times [OH^-] = 10^{-14}$$
$$[H^+] \times 10^{-3} = 10^{-14}$$

$$[H^+] = \frac{10^{-14}}{10^{-3}} = 10^{-11}$$

$$pH = -\log [H^+] = 11$$

Reglas del pH

1) *El pH de agua pura es 7.** (En el laboratorio, el agua destilada suele tener un pH inferior a 7 debido a la inevitable presencia de CO_2 atmosférico disuelto.)

* Ésta es una aproximación razonable para uso clínico. Sin embargo, esto sólo es cierto rigurosamente cuando el producto iónico del agua es 10^{-14}, cosa que ocurre a 24°C.

2) *Las disoluciones ácidas tienen pH inferior a 7, y las alcalinas, superior a 7. Es decir, cuando mayor es la concentración de hidrogeniones, menor resulta el pH.*

3) Si el pH de la disolución A es *menor en una unidad* que el de la disolución B, la concentración de hidrogeniones en A es *diez veces mayor* que en B.

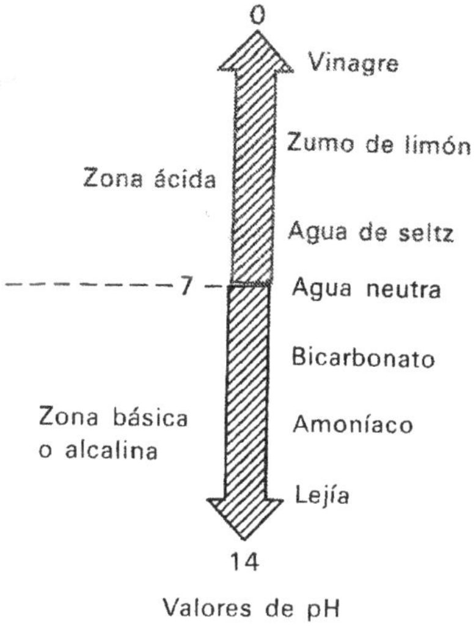

$$pH_A = pH_B - 1$$

Por definición de pH:

$$-\log[H^+]_A = -\log[H^+]_B - 1$$

Cambiando los signos:

$$\log[H^+]_A = \log[H^+]_B + 1$$

Tomando antilogaritmos:

$$[H^+]_A = [H^+]_B \times 10$$

Es decir, que cada vez que la concentración de $[H^+]$ se multiplica o divide por diez, el pH disminuye o aumenta en una unidad. Debido a esta relación logarítmica, si en una disolución la concentración de hidrogeniones se duplica, el pH desciende 0,3 unidades ($\log 2 \simeq 0{,}3$).

Interés fisiológico

El funcionamiento armónico de los procesos biológicos en el organismo requiere la acción concertada de numerosos enzimas, cuya acción catalítica depende críticamente del pH. En los medios extracelulares del cuerpo humano, el pH se mantiene constante en torno a 7,4. Variaciones de unas décimas por encima o por debajo de este valor pueden ser incompatibles con la vida.

En el interior de las células, se producen gradientes o variaciones locales de pH, por ejemplo entre la mitocondria y el citosol, que se utilizan en el almacenamiento de energía química en forma de ATP. Por otra parte, el intercambio de gases respiratorios (O_2 y CO_2), tanto en los pulmones como en los restantes tejidos, está modulado por ligeros cambios en el pH intracelular del eritrocito.

2.3.2. Ácidos y bases débiles

Los ácidos y bases que hemos mencionado hasta ahora (ácido clorhídrico, hidróxido sódico) se hallan totalmente disociados en disolución, es decir, son electrolitos fuertes. En estos casos, la concentración molar de H^+ o de OH^- coincide con la de ácido o base respectivamente. Estos ácidos o bases, que son electrolitos fuertes, se denominan *ácidos o bases fuertes.*

$$\text{Si } [HCl] = 10^{-2}, \quad [H^+] = 10^{-2}, \quad pH = 2$$

$$\text{Si } [NaOH] = 10^{-2}, \quad [OH^-] = 10^{-2}, \quad pH = 12$$

La mayoría de los ácidos y bases de interés fisiológico son, por el contrario, electrolitos débiles, es decir, están sólo parcialmente disociados. Se dice que son *ácidos o bases débiles.* El *grado de disociación* o fracción disociada de un ácido o base débil depende de su dilución; por lo tanto, no existe una relación sencilla entre el pH y la concentración total de ácido o base, sino que depende del grado de disociación.

Un ácido débil, por ejemplo, el ácido acético, se disocia según la ecuación:

$$AcH \rightleftharpoons Ac^- + H^+$$

Este es un equilibrio químico que se rige por la *ley de acción de masas,* es decir, que existe una relación constante entre las concentraciones de AcH, Ac^- y H^+ en el equilibrio

$$\frac{[Ac^-]\,[H^+]}{[AcH]} = K \qquad (1)$$

Cuando más fuerte es un ácido, más disociado se halla, mayores son las concentraciones de los iones resultantes, y mayor es su valor de K. Cada ácido tiene su propio valor de K característico. Para un ácido fuerte, la fracción sin disociar sería despreciable y el valor de K tendería a infinito.

En el caso de las bases débiles, se considera la disociación de la forma protonada. Así para una amina:

$$R\text{-}NH_3^+ \rightleftharpoons R\text{-}NH_2 + H^+$$

$$\frac{[R\text{-}NH_2]\,[H^+]}{[R\text{-}NH_3^+]} = K$$

Para los ácidos y bases débiles más usuales, los valores de K suelen ser muy bajos. En consecuencia, se recurre a utilizar el **pK,** concepto que se define, por analogía con el pH, como *el logaritmo de K con el signo cambiado.*

$$pK = -\log K$$

Recíprocamente

$$K = 10^{-pK}$$

En la escala de pK, los ácidos débiles suelen tener valores inferiores a 7, y las bases débiles, superiores a 7. Cuando más fuerte es un ácido, menor en su pK.

De la ecuación (1) se deduce que, cuando el ácido se halla disociado en un 50%,

$$[AcH] = [Ac^-]$$

En consecuencia,

$$[H^+] = K$$

y

$$pH = pK$$

Por lo tanto, *puede definirse el pK como aquel pH en el cual el 50% del ácido está disociado.*

Valores de pH de algunas disoluciones

		$[OH^-]$	$[H^+]$	pH
Agua		10^{-7}	10^{-7}	7
Ácidos				
HCl 0,0001	M	10^{-10}	10^{-4}	4
0,001	M	10^{-11}	10^{-3}	3
0,01	M	10^{-12}	10^{-2}	2
0,1	M	10^{-13}	10^{-1}	1
Bases				
NaOH 0,0001	M	10^{-4}	10^{-10}	10
0,001	M	10^{-3}	10^{-11}	11
0,01	M	10^{-2}	10^{-12}	12
0,1	M	10^{-1}	10^{-13}	13

2.3.3. Medidas del pH

El pH se suele medir por el *método colorimétrico* o por el *método potenciométrico.*

Una medida aproximada del pH se obtiene colorimétricamente por medio del **papel indicador.** Se trata de un papel absorbente que ha sido impregnado con una sustancia o mezcla de sustancias cuya coloración varía con el pH. Las sustancias que tienen esta propiedad se llaman *indicadores de pH.* Suelen ser ácidos o bases débiles cuyas formas disociada y sin disociar tienen coloraciones distintas. El cambio gradual de color de los indicadores se llama *viraje.* Para medir el pH con papel indicador basta mojar éste, por una o ambas caras, con la sustancia problema (orina, heces, etc.) y comparar el color resultante con una escala patrón que en las preparaciones comerciales acompaña al papel indicador.

Las medidas más precisas se efectúan por el *método potenciométrico.* Existen en todos los laboratorios unos potenciómetros especiales, llamados **pH-metros** (pronunciado «*pehachímetros*»). Estos aparatos miden una diferencia de potencial que se establece entre los electrodos y que depende de la concentración de hidrogeniones del medio que se analiza. Los dos electrodos se presentan de forma independiente, o, más a menudo, integrando un electrodo combinado. El pH se lee directamente en la escala del aparato. Para que un pH-metro dé resultados fiables se requiere calibrarlo periódicamente con disoluciones patrón de pH conocido. Una ventaja importante del pH-metro para su uso clínico es la facilidad con que el instrumento puede aplicarse en un sistema de análisis automatizado.

Valores de pK aproximados

	pK
Ácidos (ecuación: $AH \rightleftharpoons A^- + H^+$)	
Ácido acético	4,75
Ácido butírico	4,81
Ácido láctico	3,86
Ácido úrico	3,89
Bases (ecuación: $BH^+ \rightleftharpoons B + H^+$)	
Amoníaco	9,25
Guanidina (arginina)	12,5
Imidazol (histidina)	7,0
Tris(hidroximetil)aminometano	8,08

COMPLEMENTOS 2.4

FUNDAMENTO DEL pH-METRO

El pH-metro mide en realidad una diferencia de potencial entre el llamado «electrodo de referencia» y un «electrodo de vidrio». El electrodo de vidrio consiste en esencia en una membrana selectivamente permeable a los hidrogeniones. La diferencia de potencial que se establece entre los dos electrodos corresponde a la conocida fórmula de Nernst:

$$\Delta V \simeq -\frac{2{,}3\ RT}{F}\ \Delta pH$$

siendo ΔV la diferencia de potencial (electrodo — disolución), R, la constante universal de los gases (8,3 J/K × mol), T, la temperatura (K), F, la constante de Faraday (86 500 culombios/mol) y ΔpH la diferencia de pH (electrodo — disolución). En las condiciones habituales del laboratorio $2{,}3RT/F \simeq 0{,}06$, cuando ΔV viene dado en voltios, y por lo tanto,

$$\Delta V \simeq -0{,}06 \cdot \Delta pH$$

Esta proporcionalidad permite que la escala del voltímetro esté calibrada directamente en unidades de pH.

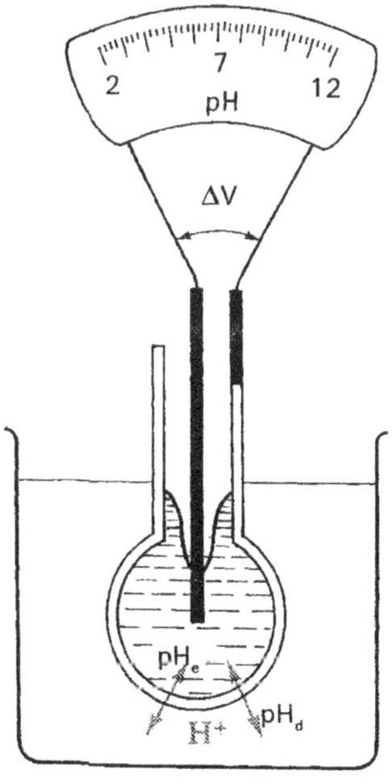

Esquema de un electrodo combinado (pH_e = pH del electrodo de referencia) (pH_d = pH de la disolución problema)

2.4. AMORTIGUADORES

El concepto de amortiguadores ya ha sido definido al comienzo del § 2.3.

2.4.1. Teoría de los amortiguadores

Los amortiguadores contienen en proporciones análogas, las formas disociada y no disociada de un ácido débil (A) o de una base débil (B):

$$AH \rightleftharpoons A^- + H^+$$

$$BH^+ \rightleftharpoons B + H^+$$

Esto se consigue mezclando las proporciones adecuadas de ácido débil y base fuerte o base débil y ácido fuerte. Así se origina una mezcla de electrolito débil y sal fuerte.

En cualquiera de los casos, cualquier factor externo que tienda a aumentar la concentración de hidrogeniones (p. ej., la adición de ácido) desplazará el equilibrio correspondiente hacia la izquierda, hasta que la nueva $[H^+]$ sea parecida a la inicial. Por el contrario, el consumo de los hidrogeniones del medio (p. ej., por adición de una base) desplazará el equilibrio hacia la derecha, restaurando una $[H^+]$ parecida a la inicial.

A efectos cuantitativos, estos equilibrios se rigen por la ley de acción de masas. De esta ley se puede deducir la **ecuación de Henderson y Hasselbalch**, que es una expresión aproximada pero muy útil para el manejo cuantitativo de las *disoluciones tampón.*

Por ejemplo, para un ácido débil,

$$AH \rightleftharpoons A^- + H^+$$

$$K = \frac{[A^-]\,[H^+]}{[AH]}$$

Despejando $[H^+]$:

$$[H^+] = K\frac{[AH]}{[A^-]}$$

Tomando logaritmos

$$\log[H^+] = \log K + \log\frac{[AH]}{[A^-]}$$

Cambiando el signo y utilizando la «*nomenclatura pH*»

$$pH = pK + \log\frac{[\text{sal}]}{[\text{ácido}]} \qquad (2)$$

Es decir, que el pH de una disolución amortiguadora formada por un ácido débil y su sal es igual al pK del ácido débil más el logaritmo del cociente de concentraciones sal/ácido.

Así, por ejemplo, el ácido acético tiene pK = 4,75. Si mezclamos un mol de ácido acético y dos de acetato sódico, la proporción de sal/ácido será 2:1 y la ecuación (2) dará:

$$pH = 4{,}75 + \log \frac{2}{1} = 4{,}75 + 0{,}30 = 5{,}05$$

Igualmente para un amortiguador formado por una base débil y su sal de ácido fuerte:

$$pH = pK + \log \frac{[B]}{[BH^+]}$$

Para el amoniaco, pK = 9,25. Si se mezclan, en disolución acuosa, 1 mol de amoniaco con 3 de cloruro amónico (base/sal = 1/3), el pH será:

$$pH = 9{,}25 + \log \frac{1}{3} = 9{,}25 - 0{,}48 = 8{,}77$$

Reglas de los amortiguadores

1) *El pH de una disolución amortiguadora no depende de las concentraciones absolutas de ácido* (o base) *y sal, sino de la proporción entre las formas disociada y no disociada* (sal/ácido o base/sal). En consecuencia, se puede añadir agua a un amortiguador sin que varíe su pH.

2) Aunque el pH no varía con la concentración, *los amortiguadores más concentrados tienen mayor capacidad de amortiguación,* es decir, resisten mejor los intentos de cambiar su pH.

3) *La amortiguación es máxima cuando el pH del medio coincide con el pK del amortiguador.* Cuando la diferencia entre pH y pK es superior a 2, la capacidad amortiguadora es prácticamente nula.

4) Un ácido débil funcionará como amortiguador al añadirle una base fuerte, siempre que al reaccionar entre sí quede algún exceso de ácido:

ácido + base → sal + agua (reacción de neutralización)

En el caso del acético, mezclando 3 moles de ácido y 2 de hidróxido sódico se consumen 2 moles de ácido para dar 2 moles de acetato de sodio (sal), quedando (3 — 2 =) 1 mol de ácido sin reaccionar. Como hemos visto, el pH final de esta mezcla es 5,05. Nótese que, aunque el ácido es débil, reacciona cuantitativamente con una base fuerte para dar una sal fuerte, es decir, totalmente disociada.

5) Una base débil funcionará como amortiguador al añadirle un ácido fuerte, siempre que al reaccionar entre sí quede algún exceso de base:

base + ácido → sal + agua

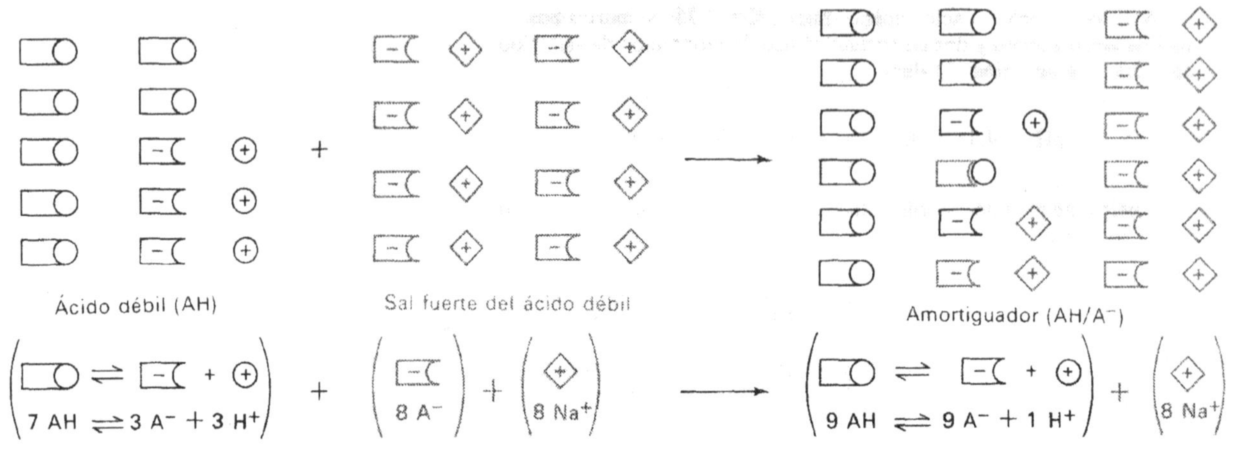

Figura 2.5
Esquema de la distribución de las especies moleculares e iónicas en un amortiguador. La presencia de la sal hace decrecer la cantidad de hidrogeniones que había liberado el ácido débil.

En el caso del amoníaco, mezclando 4 moles de amoníaco con 3 de ácido clohídrico, se formarán 3 moles de cloruro amónico (sal), quedando (4 — 3 =) 1 mol de base sin reaccionar. El pH de la mezcla resulta ser 8,77. También aquí la base débil reacciona con un ácido fuerte para dar una sal fuerte.

Un amortiguador se puede preparar añadiendo al electrolito débil la sal ya formada, o bien haciendo que la sal se forme por neutralización. Así, el amortiguador acético/acetato se puede formar mezclando ácido acético y acetato sódico, o bien ácido acético e hidróxido sódico, en las proporciones adecuadas. En la figura 2.5 se representa la composición y funcionamiento de un amortiguador típico.

2.4.2. **Utilidad de los amortiguadores**

Como ya se ha dicho, el pH de los distintos tejidos y células se halla rigurosamente controlado. Buena parte de este control se debe a la existencia en los líquidos biológicos de los llamados amortiguadores fisiológicos, que se describirán más adelante.

Pero además, las disoluciones amortiguadoras son utilísimas en el laboratorio clínico. Entre las aplicaciones usuales podemos citar:

a) *preparación de disoluciones de pH conocido y estable* para el calibrado de pH-metros,

b) *preparación de disoluciones de pH controlado* para ensayos de actividad enzimática, o para el mantenimiento de cultivos celulares, etc.,

c) *programación de variaciones paulatinas (gradientes) de pH* para los análisis de aminoácidos y proteínas, u otras técnicas.

Por último, las disoluciones amortiguadoras se utilizan a veces con fines farmacológicos, en forma de sueros inyectables, cuando por alguna razón hay que suplementar la capacidad amortiguadora del enfermo (por ejemplo, se administran *lactatos* en tratamientos de *acidosis*). También las disoluciones amortiguadoras pueden inyectarse como vehículo de fármacos: así, vitamina C *tamponada* por vía parenteral.

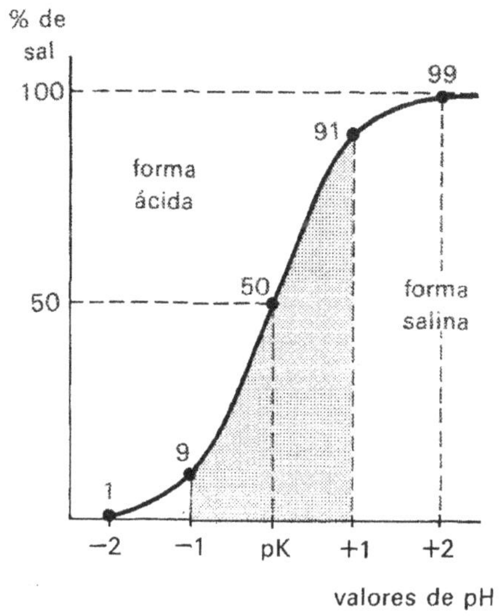

El pH de un amortiguador apenas varía mientras coexisten sus formas ácida y salina (zona sombreada). En el pK puede pasar el 41% a ácido o a sal, modificándose el pH tan sólo en una unidad.

2.4.3. Amortiguadores fisiológicos

Las disoluciones amortiguadoras del cuerpo humano se basan en los mismos principios expuestos en § 2.4.1., aunque presentan algunas peculiaridades.

a) **Fosfatos.** El ácido fosfórico tiene 3 átomos de hidrógeno disociables. Sin embargo, su disociación es gradual; cada uno de ellos tiene un pK específico.

$$H_3PO_4 \underset{pK_1 = 2{,}21}{\rightleftharpoons} H_2PO_4^- \underset{pK_2 = 6{,}86}{\rightleftharpoons} HPO_4^= \underset{pK_3 = 12{,}6}{\rightleftharpoons} PO_4^{\equiv}$$

Como se deduce de la regla (3) de los amortiguadores, sólo la disociación del 2.º protón ($pK_2 = 6{,}86$) tiene interés fisiológico.

En los tejidos el fosfato se halla o bien como sal inorgánica o, lo que es más importante, en forma de fosfatos orgánicos, combinado con azúcares, lípidos o ácidos nucleicos. En casi todos estos casos el fosfato tiene algún protón con pK próximo a 7, es decir, con propiedades amortiguadoras en condiciones fisiológicas.

b) **Bicarbonato.** El equilibrio correspondiente a este amortiguador es:

$$H_2CO_3 \underset{pK = 6{,}1}{\rightleftharpoons} HCO_3^- + H^+$$

Pero, además, el ácido carbónico se halla en equilibrio con su anhídrido volátil:

$$H_2CO_3 \rightleftharpoons CO_2\uparrow + H_2O$$

La cantidad de CO_2, y, por lo tanto, la concentración de H_2CO_3 en sangre se puede modificar rápida y eficazmente variando la ventilación pulmonar. En general, como se deduce de su pK, la mayor parte de este amortiguador se halla en forma salina (HCO_3^-). Sin embargo, en caso de necesidad, la concentración de ácido puede aumentar fácilmente al disminuir la eliminación pulmonar de CO_2.

c) **Proteínas.** Como veremos, las proteínas contienen grupos funcionales que son ácidos y bases débiles con una amplia gama de pK, de manera que funcionan como buenos amortiguadores casi a cualquier pH. Las proteínas son los amortiguadores intracelulares más importantes.

d) **Hemoglobina.** Por su abundancia en la sangre y su papel protagonista en la respiración, la hemoglobina debe destacarse como amortiguador entre el resto de las proteínas. Su peculiaridad más notable es que, según esté o no esté oxigenada, su pK varía, y esto le confiere una capacidad amortiguadora adicional. En este sentido, la hemoglobina es un «*superamortiguador*».

COMPLEMENTOS 2.5

ACIDOSIS Y ALCALOSIS

El organismo dispone de tres mecanismos importantes para regular el pH de la sangre, y por tanto, del medio interno: **los amortiguadores fisiológicos, la ventilación pulmonar** y **la filtración renal.** Cuando se produce una tendencia a alterar el pH, los primeros actúan de forma instantánea, el segundo en cuestión de minutos, y el tercero a partir de algunas horas.

En algunas situaciones anómalas, por ejemplo, cuando el organismo quema grasas en exceso —diabetes mellitus, hipertermia o diarreas continuas en niños— se producen ácidos orgánicos en cantidad tal que tienden a agotar los sistemas amortiguadores; el pH desciende en algunas décimas. Se dice que el enfermo presenta una **acidosis metabólica.** Para compensarla el pulmón ventila con profundidad y rapidez (hiperpnea) a fin de eliminar todo el carbónico posible. Finalmente, si la situación de acidosis persiste, el riñón tratará de eliminar el exceso de H^+, disminuyendo el pH de la orina.

Por el contrario, hay situaciones menos frecuentes (por ejemplo, vómitos repetidos, con la consiguiente pérdida de clorhídrico gástrico) en las que existe una tendencia al predominio de los álcalis: se trata de la **alcalosis metabólica.** Esta tendencia se compensa, a nivel respiratorio, facilitando la retención de ácido carbónico, es decir, disminuyendo la ventilación, y, a nivel renal, alcalinizando la orina.

Hay veces en que la propia disfunción pulmonar es la responsable de un desequilibrio en la proporción H_2CO_3/HCO_3^-, y por tanto, de la alteración del pH. Se producen así las **acidosis y alcalosis respiratorias,** que requieren la compensación renal. La acidosis respiratoria suele acompañar a las insuficiencias ventilatorias pulmonares (ej., bronquíticos crónicos con enfisema); por el contrario, la alcalosis respiratoria se produce por hiperventilación (ej., fallos en la regulación de la respiración asistida «*pulmón de acero* o *respirador*»).

CUESTIONES Y PROBLEMAS

2.1. El agua es la biomolécula más abundante en todos los seres vivos. Ordenar en sentido decreciente, según el posible contenido en agua, los siquientes individuos: hombre adulto, niño, medusa (animal marino) y saltamontes (insecto estepario).

2.2. Los enlaces de hidrógeno estabilizan las biomoléculas en estado sólido o líquido haciendo más difícil su ebullición. Ordenar según los puntos de ebullición, en sentido creciente, las siguientes sustancias: agua (H_2O), metanol (CH_3—OH), éter metílico (CH_3—O—CH_3) y peróxido de hidrógeno (OH—OH).

2.3. Indicar si formarán disoluciones iónicas o moleculares las siguientes sustancias disueltas en agua: azúcar, cloruro de sodio, urea, ácido clohídrico e hidróxido de sodio.

2.4. Una disolución de azúcar (masa molecular = 342) en agua al 25% en peso tiene una densidad d = 1,104 g/ml. Expresar su concentración en g/100 ml, en molaridad y en molalidad.

2.5. Calcular la temperatura de congelación, de ebullición y la presión osmótica de una disolución de glicerol en agua, de concentración 3 molal.

2.6. Calcular la cantidad de glucosa (masa molecular = 180) que habrá que añadir a 1 kg de agua para que resulte isotónica con el plasma (0,3 molal).

2.7. Un compartimento que contiene proteinato sódico 30 mM está separado por una membrana dialítica de otro compartimento conteciendo NaCl 30 mM. De acuerdo con la figura 2.4 indicar cómo se distribuirán los iones en el equilibrio.

2.8. Calcular (a) el pH de una disolución de ácido clorhídrico 10^{-3} M; (b) el pH de una disolución de hidróxido sódico 10^{-3} M.

2.9. El ácido acético tiene un pK = 4,76. Calcular la concentración de H^+ y el pH de una disolución 10^{-3} M.

2.10 Calcular el pH de una disolución 10^{-3} M en ácido acético y 10^{-3} M en acetato sódico.

2.11. Se desea preparar un suero inyectable que contenga glucosa (M = 180) y lactato de sodio (M = 112). ¿Qué cantidades de cada sustancia habrá que añadir a 1 kg de agua para que resulte 0,2 molal en glucosa y 0,05 molal en lactato, y qué osmolalidad tendrá en conjunto?

2.12. El pH de la sangre es 7,4. El amortiguador CO_2/HCO_3^- tiene un pK = 6,1. Indicar en qué proporción relativa están CO_2 y HCO_3^- en la sangre.

CAPÍTULO **3**

LABORATORIO

3.1. INTRODUCCIÓN Y NORMAS GENERALES

El laboratorio es el lugar donde los científicos y los técnicos obtienen datos experimentales. Estos datos serán los que permitan sustentar una investigación o fundamentar el diagnóstico y tratamiento de un paciente. De ahí la importancia de obtener datos seguros y fiables.

Enunciamos a continuación algunas reglas básicas de funcionamiento en un laboratorio. Obsérvese que el *sentido común* del analista podrá suplir a la mayoría de estos preceptos; inversamente, la carencia de esta cualidad los haría totalmente insuficientes.

El diseño y equipamiento de un laboratorio es una tarea compleja, que requiere a menudo el concurso de profesionales especializados. Este aspecto rebasa los objetivos del presente libro.

Por su parte, el buen analista deberá tener en cuenta:

a) Las medidas deben realizarse con cuidado escrupuloso, tanto en la obtención del dato como en su registro, puntual y esmerado.
b) Este cuidado debe hacerse extensivo al material y a los reactivos utilizados. El primero debe estar rigurosamente limpio y los reactivos han de poseer la pureza adecuada, evitando especialmente las contaminaciones externas o mezclas improcedentes. Por lo mismo, cada frasco de reactivo debe estar cuidadosamente etiquetado, sin confiar nada a la memoria.
c) También el propio trabajador ha de estar protegido personalmente, como mínimo con una bata, y en ocasiones especiales con gafas, guantes, etc.
d) Una dificultad específica del laboratorio clínico es la presencia de muestras de aspecto similar, p. ej., cientos de muestras de sangre al día. Es preciso extremar las atenciones para evitar que las muestras se extravíen, alteren o permuten.
e) A menudo la calidad del trabajo de un laboratorio, a largo plazo, depende del rigor y claridad con que se elabora el Cuaderno o Diario de Laboratorio.
f) Aparte de las medidas de seguridad específicas que luego se detallarán, es muy importante realizar tan sólo una operación por vez y no utilizar ningún instrumento cuyo funcionamiento no se conozca perfectamente.
g) A veces se observan resultados que se escapan a la rutina. Éstos no deben ser desechados a la ligera, porque pueden conducir a observaciones nuevas e inesperadas, de gran importancia real.

3.2. MATERIAL Y APARATOS

Entre el material de uso corriente en el laboratorio de bioquímica se distinguen:

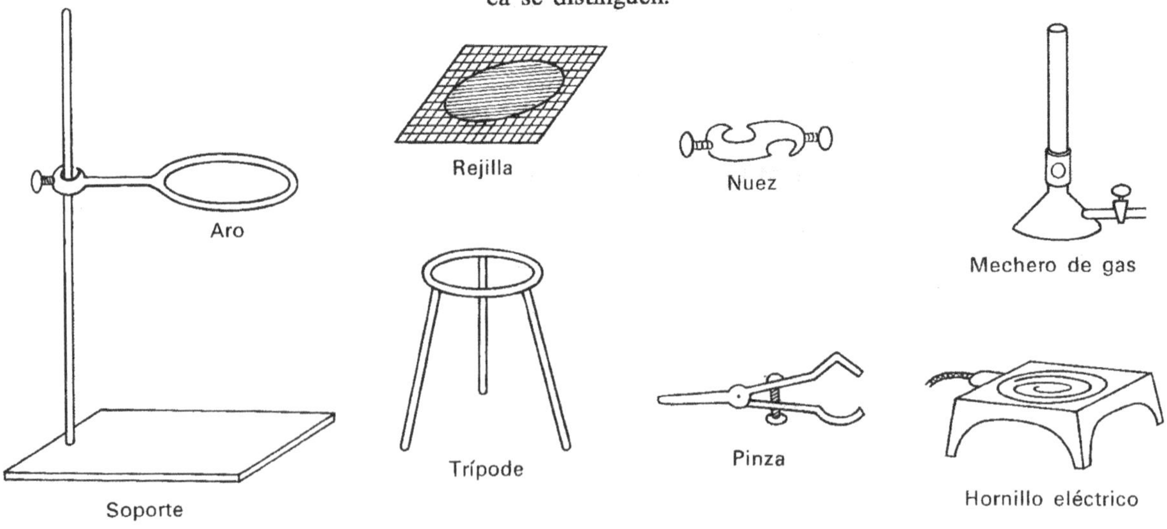

Figura 3.1
Algunos instrumentos de material no fungible del laboratorio.

a) Soportes de diversos tipos, como pies, aros, trípodes, pinzas, nueces, etc. (Fig. 3.1).
b) Calentadores y sus accesorios, como hornillos, mecheros y baños termostáticos.
c) Material *fungible,** que está en contacto directo con las muestras y los reactivos. Puede ser de vidrio, porcelana, plástico, etc. Entre el material fungible se hallan los frascos, vasos de precipitados, cápsulas, cristalizadores, tubos de ensayo, placas y cámaras de cromatografía (Fig. 3.2).
d) Material calibrado: en realidad es un tipo especial de material fungible. Puede ser aforado (cuando sólo tiene una marca, que indica la capacidad global) o graduado (cuando posee marcas

* *Fungible:* que se consume por el uso, generalmente por ser susceptible de rotura.

Figura 3.2
Algunos instrumentos de material fungible.

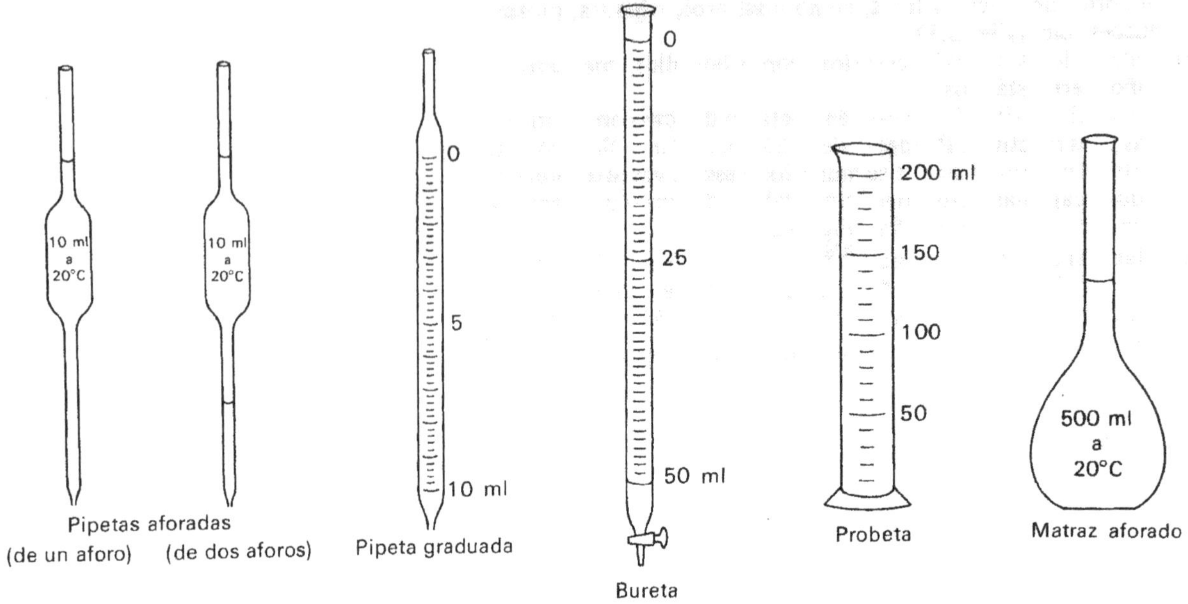

Figura 3.3
Material calibrado del laboratorio.

intermedias, que miden capacidades parciales). Existe material calibrado para medir la cantidad de líquido que contiene, como las probetas y los matraces aforados (Fig. 3.3), y otro preparado para medir el volumen que se vierte, como suele ser el caso de las buretas y pipetas (Fig. 3.3).

Entre los aparatos de uso más extendido en el laboratorio de bioquímica se pueden enumerar las balanzas y granatarios, las centrífugas y ultracentrífugas, las estufas, frigoríficos y congeladores, fotocolorímetros y espectrofotómetros, destiladores, homogenizadores, instrumental de cromatografía y electroforesis, etc. El bioquímico debe familiarizarse con éstos y muchos otros aparatos, pero esto sólo es posible en el trabajo diario en el laboratorio, adecuadamente supervisado por personas expertas.

3.3. OPERACIONES ELEMENTALES DEL LABORATORIO

3.3.1. Limpieza

El objeto del lavado es la eliminación de cualquier sustancia extraña que impurifique el material y pueda inducir a errores en el análisis.

Cabe distinguir tres situaciones distintas:

- *El material está visiblemente sucio.*
  a) Se somete a limpieza mecánica ayudada por detergente. Se arrastran las sustancias extrañas con escobilla o arena.

b) Si la limpieza mecánica es insuficiente se procede a la destrucción química de las sustancias extrañas. Para ello se trata el material con *mezcla crómica* caliente —dicromato y ácido sulfúrico— con las debidas precauciones. Si se conoce la naturaleza de las impurezas, pueden disolverse: con ácido clorhídrico concentrado, nítrico concentrado, amoníaco, disolventes orgánicos, etc.
c) Cuando queda aparentemente limpio se procede como en el apartado siguiente.

- *El material está aparentemente limpio.*
  a) Se lava el material con detergentes para desengrasarlo.
  b) Se enjuaga bien con agua del grifo y se escurre.
  c) Se lava tres veces con pequeñas cantidades de agua destilada y se deja escurrir cada vez; quedando a punto para su utilización.
- *Los instrumentos de análisis volumétrico* perfectamente limpios tienen que lavarse, al ir a utilizarlos, con el mismo reactivo con que se ha de trabajar (pipetas y buretas siempre; aforados y probetas a veces).

3.3.2. **Pesada**

En el laboratorio la pesada se utiliza para determinar la masa de casi todos los sólidos, y también de algunos líquidos. La pesada se lleva a cabo en *balanzas* o *granatarios,* según se requiera mucha o poca sensibilidad.

Clásicamente la balanza era un palanca de primer género, de brazos iguales. Las balanzas modernas sostienen, en el mismo brazo, la masa problema y un conjunto de masas conocidas, llamado «*sistema de pesas*». Cuando no existe ninguna masa problema, el «juego de pesas» que gravita sobre el brazo de la balanza se halla equilibrado por una tara constante (fig. 3.4). Al colocar la masa problema, hay que restaurar el equilibrio retirando un número de pesas de masa equivalente al problema. Por este sistema se consigue trabajar a carga constante, y, por tanto, con sensibi-

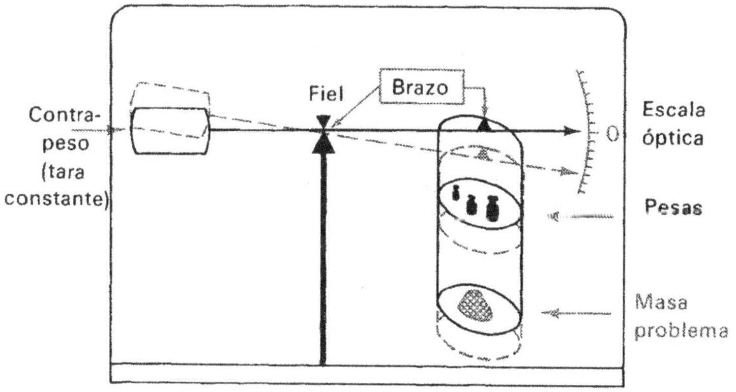

Figura 3.4
Representación esquemática del funcionamiento de una balanza monoplato de carga constante. Al añadir la masa problema, hay que retirar las pesas equivalentes para restablecer el equilibrio en cero.

lidad constante. Las balanzas analíticas más usuales pueden pesar hasta 100 g con precisión de 0,0001 g.

El granatario permite medir masas mayores (hasta 1 000 g) pero con menor sensibilidad (p. ej., 0,1 g). Se basa en un mecanismo de muelles elásticos, con una escala óptica para la visualización de la medida.

3.3.3. Pipeteo y aforado

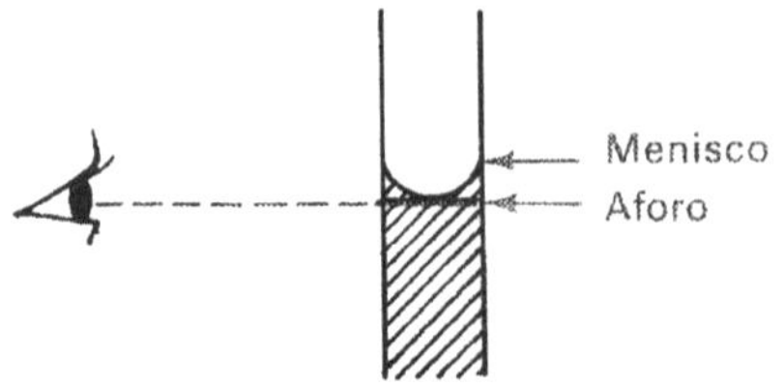

Lectura correcta

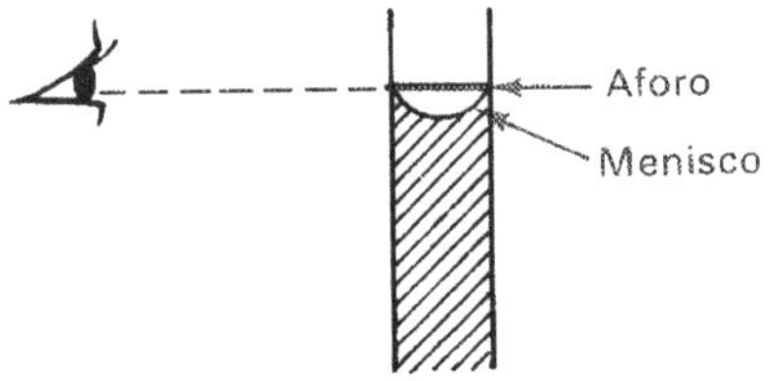

Lectura incorrecta

La medida de volúmenes pequeños (0,1-10 ml) con precisión se lleva a cabo mediante pipetas. Éstas son tubos abiertos en sus dos extremos, que pueden ser aforados o graduados. Existen distintos tipos de pipetas, y cada uno requiere instrucciones concretas, aunque sencillas, para su uso. Por ejemplo, en la mayoría de los casos la graduación corresponde al líquido que cae espontáneamente al destapar el extremo superior (sin soplar), mientras que en algunas (tipo «*blow out*») se requiere expulsar la totalidad del líquido por soplado. Algunos volúmenes pequeños, del orden de microlitros, se miden por medio de micropipetas y microjeringas, de las que existen numerosas variedades.

Cuando las pipetas son suficientemente anchas, se observa la formación de un menisco líquido. En este caso, la lectura es correcta cuando el menisco es tangente a la línea que señala la graduación o aforo (véase margen).

La medición precisa de volúmenes grandes (en general entre 10 y 1 000 ml) se lleva a cabo en matraces aforados. Además de observar la regla del menisco ya mencionada, se debe cuidar que la temperatura del líquido a medir coincida aproximadamente con la de calibrado del matraz, que suele venir grabada en el propio vidrio.

3.3.4. Disoluciones y diluciones

Es muy frecuente en el laboratorio tener que disolver un sólido o diluir un líquido. A veces se combinan ambas operaciones.

Para diluir un líquido (sustancia pura o disolución) se transfiere con una pipeta el volumen necesario a un matraz aforado, limpio y seco. A continuación se añade disolvente, se homogeniza por agitación, y se termina añadiendo disolvente hasta la señal de aforo.

Por ejemplo, para preparar 100 ml de una glucosa a 0,1%, a partir de una solución patrón al 10% basta tomar con una pipeta 1 ml de la disolución concentrada, transferirla a un matraz aforado de 100 ml y diluir con agua hasta la señal de aforo. El cálculo es elemental; basta aplicar en todos los casos la fórmula

$$V \times c = V' \times c'$$

donde V y c son respectivamente volumen y concentración inicial y V' y c', volumen y concentración final.

Para disolver un sólido se pesa la cantidad necesaria en un pesafiltros y se transfiere al aforado ayudándose con disolvente. En los casos en que el soluto sea difícilmente soluble, se puede utilizar como recipiente intermedio un vaso de precipitados, que admite tanto calefacción como agitación vigorosa, manual o magnética.

Para transferir cuantitativamente los solutos al matraz aforado se utiliza una varilla de vidrio y se arrastra el soluto con pequeñas cantidades de disolvente, que se van añadiendo al matraz antes de realizar el aforo final.

3.3.5. **Valoraciones volumétricas**

Las reacciones químicas son cuantitativas cuando la totalidad de las sustancias de origen se transforma íntegramente en los productos finales, y son estequiométricas cuando la proporción de sustancias reaccionantes es perfectamente definida y constante.

La reacción

$$HCl + NaOH \rightarrow NaCl + H_2O$$

es cuantitativa y estequiométrica porque un mol de ácido clorhídrico reacciona exactamente con un mol de hidróxido sódico para formar un mol de cloruro sódico y otro de agua.

Valoración: Es la operación mediante la cual se determina la concentración de una disolución problema midiendo el volumen de una disolución patrón que reacciona estequiométricamente con un volumen conocido del problema. *Un equivalente de una sustancia reacciona siempre con un equivalente de otra.*

Se llama *punto de equivalencia* a aquél en el que están presentes cantidades iguales de los cuerpos reaccionantes, y *punto final* a aquél en que se sabe que la reacción ha terminado. En una buena valoración el punto final y el de equivalencia deben estar muy próximos.

Indicadores: Son unas sustancias que en el punto final de la reacción experimentan un cambio brusco y ostensible. Por ejemplo, si valoramos un ácido con una base y empleamos rojo de metilo como indicador observaremos en el punto final un cambio de color rojo a amarillo.

Para medir, por ejemplo, la concentración de un ácido clorhídrico problema por valoración con hidróxido sódico 0,1 N se toman con una pipeta 10 ml del HCl problema y se colocan en un erlenmeyer. Se añaden unas gotas de indicador, p. ej., fenolftaleína, incolora en medio ácido y rojo púrpura en medio alcalino. Se llena una bureta con el NaOH de concentración conocida y se afora cuidadosamente. El NaOH se deja caer gota a gota sobre el clorhídrico, agitando constantemente, hasta coloración rosa permanente. Se lee el volumen de sosa consumido y se aplica la fórmula:

$$V \times N = V' \times N'$$

donde V y N son, respectivamente, volumen y normalidad del ácido clorhídrico y V' y N' los de la sosa.

REVISIÓN 3.1

CONCEPTO DE EQUIVALENTE QUÍMICO

En las reacciones de neutralización y de óxido-reducción se utiliza la cantidad de sustancia llamada **equivalente químico.** Un equivalente es la cantidad de sustancia que puede liberar, adicionar, sustituir o desplazar un átomo-gramo de hidrógeno.

Por ejemplo:
1 mol de ácido sulfúrico H_2SO_4 puede liberar 2 átomos-gramo de H^+, por lo tanto contiene dos equivalentes.

$$1 \text{ mol } H_2SO_4 = 2 \text{ equivalentes}$$

$$1 \text{ equivalente } H_2SO_4 = \frac{M}{2} = 49 \text{ g}$$

1 mol de hidróxido sódico NaOH puede captar 1 átomo-gramo de H^+, por lo tanto contiene un equivalente.

$$1 \text{ mol NaOH} = 1 \text{ equivalente}$$

$$1 \text{ equivalente NaOH} = \frac{M}{1} = 40 \text{ g}$$

3.3.6. **Centrifugación**

El objetivo de la centrifugación es acelerar la sedimentación de sustancias químicas, células, etc., creando campos gravitatorios artificiales mucho más intensos que el terrestre. Estos campos gravitatorios se consiguen haciendo girar la muestra a gran velocidad. Las centrífugas usuales en el laboratorio pueden alcanzar de 3 000 a 10 000 $\times g$, siendo g la aceleración de la gravedad terrestre. (A 10 000 $\times g$, 1 g pesa 10 kg.) Las ultracentrífugas, que trabajan en condiciones de vacío, pueden alcanzar hasta 400 000 $\times g$.

Para la centrifugación es esencial que el centro de gravedad de la pieza que gira (rotor) coincida con el eje de rotación. Para ello es imprescindible colocar en el rotor los tubos que contienen las muestras emparejados por peso, de modo que dos tubos que pesen igual se hallen perfectamente simétricos con respecto al eje (véase margen). La utilización de ultracentrífugas requiere un aprendizaje específico cuidadoso.

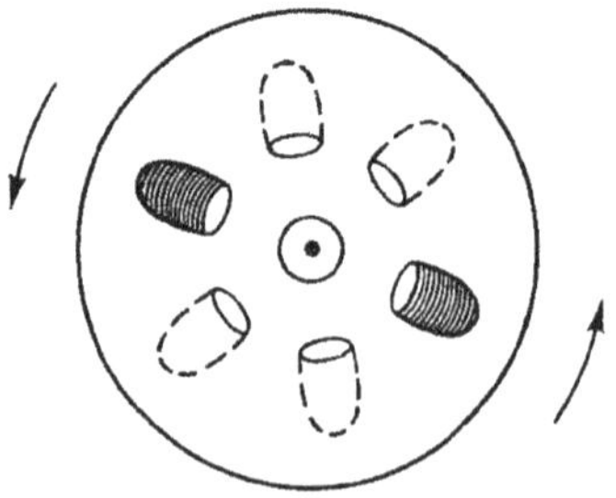

Esquema de la colocación de tubos en el rotor.

3.3.7. **Espectrofotometría**

El método colorimétrico se utiliza con mucha frecuencia para medir concentraciones de sustancias. En general se utilizan aparatos que miden absorción de luz monocromática, de una longitud de onda conocida, llamados espectrofotómetros. La cantidad de luz absorbida está relacionada con la concentración de la sustancia en estudio.

$$A = \varepsilon \cdot c \cdot l \qquad (1)$$

siendo A la *absorbancia* o *densidad óptica,* medida por el aparato, c la concentración de sustancia en estudio y l el espesor de disolución atravesada por la luz, o *paso óptico.* ε es el llamado coeficiente de absorción característico de cada sustancia medible colorimétricamente.

El paso óptico de las cubetas usuales es de 1 cm. Las cubetas suelen ser de plástico o vidrio óptico para las mediciones en el espectro visible, y de cuarzo para las que se llevan a cabo en la región ultravioleta (por debajo de 360 nm).

De acuerdo con la fórmula (1), para una sustancia determinada, medida en condiciones similares (igual cubeta e igual longitud de onda) se cumple

$$\frac{A}{A'} = \frac{c}{c'}$$

es decir que existe una proporcionalidad entre la absorbancia y la concentración (**Ley de Lambert y Beer**) (Fig. 3.5).

3.4. MAGNITUDES Y UNIDADES

Magnitud es aquello que se puede medir. Medir es comparar una magnitud desconocida con otra, que se toma como patrón, llamada unidad.

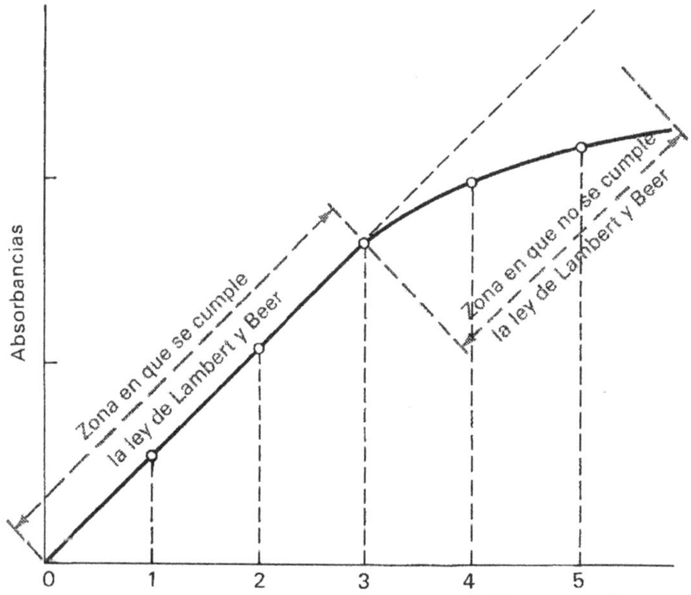

Figura 3.5
Relación entre las concentraciones de sustancia y las absorbancias medidas por espectrofotometría. La ley de Lambert y Beer suele cumplirse mejor a pequeñas concentraciones que a concentraciones elevadas.

Existen unas magnitudes fundamentales: **longitud, masa, tiempo, corriente eléctrica, temperatura** y **cantidad de sustancia.** Todas las demás se pueden relacionar con éstas; por ejemplo, *velocidad* = longitud/tiempo; *energía* = masa × cuadrado de la velocidad.

El sistema internacional (S.I.) asigna sendas unidades a las magnitudes fundamentales, a saber, *metro* (m), *kilogramo* (kg), *segundo* (s), *amperio* (A), *kelvin* (K) y *mol.*

Aproximadamente, el metro corresponde a la diezmillonésima parte del cuadrante del meridiano terrestre; el kilogramo a la masa de un decímetro cúbico de agua; el segundo, a 1/86 400 del día solar medio, y el kelvin al grado centígrado (°C). El mol ya lo conocemos del capítulo anterior.

COMPLEMENTOS 3.1

ALGUNAS DEFINICIONES EXACTAS

Metro es la longitud que equivale exactamente a 1 650 763,73 veces la longitud de onda de la radiación en el vacío correspondiente a la transición no perturbada entre los niveles $^2p_{10}$ y $^5d_5$ del átomo de kriptón 86.

Kilogramo es la masa de un cilindro de platino iridiado que se conserva en Sèvres (París).

Segundo es la duración de 9 192 631 770 períodos de la radiación correspondiente a la transición entre los dos niveles hiperfinos del estado fundamental del átomo de cesio 133.

El recurso de las radiaciones para efectuar estas definiciones se debe a que, con los métodos de que hoy se dispone, las radiaciones son fáciles de estudiar, y, a diferencia de otros parámetros, son inmutables.

Mol es la cantidad de sustancia que contiene tantas entidades elementales como átomos hay en 0,012 kg de ^{12}C. El tipo de entidad elemental tiene que ser especificado y puede ser un átomo, una molécula, un ion, un electrón, un fotón, etc.

Además de estas unidades, se emplean sus múltiplos y submúltiplos, con preferencia los factores de 1 000, como sigue:

Múltiplos	*Submúltiplos*
kilo (k) 10^3	mili (m) 10^{-3}
mega (M) 10^6	micro (μ) 10^{-6}
giga (G) 10^9	nano (n) 10^{-9}
tera (T) 10^{12}	pico (p) 10^{-12}

Así, por ejemplo, el kilómetro (km) es 10^3 metros y el nanometro (nm), 10^{-9} m.

Para las magnitudes derivadas se emplean unidades derivadas. Así, la unidad de velocidad es el metro por segundo (m/s). Algunas unidades derivadas tienen nombre propio; la unidad de fuerza es el newton (N) que equivale a m × kg × s^{-2}. En la tabla 3.1 se representan algunas de las magnitudes derivadas más usuales con sus unidades y simbología.

Tabla 3.1

Magnitudes derivadas, sus unidades y simbología

Unidades derivadas SI

a) **Con nombres especiales**

Magnitud	Nombre	Símbolo	Definición
Energía	julio	J	$kg\ m^2\ s^{-2}$
Fuerza	newton	N	$kg\ m\ s^{-2} = J\ m^{-1}$
Potencia	watio	w	$kg\ m^2\ s^{-3} = J\ s^{-1}$
Carga eléctrica	culombio	C	A s
Diferencia de potencial eléctrico	voltio	V	$kg\ m^2\ s^{-3}\ A^{-1} = J\ A^{-1}\ s^{-1}$
Resistencia eléctrica	ohmio	Ω	$kg\ m^2\ s^{-3}\ A^{-2} = V\ A^{-1}$

b) **Sin nombres especiales**

Magnitud	Nombre	Símbolo
Área	metro cuadrado	m^2
Volumen	metro cúbico	m^3
Densidad	kilogramo por metro cúbico	$kg\ m^{-3}$
Concentración	mol por metro cúbico	$mol\ m^{-3}$
Velocidad	metro por segundo	$m\ s^{-1}$
Aceleración	metro por segundo cuadrado	$m\ s^{-2}$

Otras unidades expresadas en términos de unidades SI

Magnitud	Nombre	Símbolo	Definición
Presión	atmósfera	atm	$101325\ N\ m^{-2}$
Presión	torr	torr	$(101325/760)\ N\ m^{-2}$
Milímetro de mercurio	mmHg	mmHg	$13{,}5951 \times 980{,}665 \times 10^{-2}\ N\ m^{-2}$
Energía	kilovatio hora	kwh	$3{,}6 \times 10^6\ J$
Energía	caloría	cal	4,1868 J
Temperatura ordinaria (t)	grado Celsius	°C	t/°C = T/K — 273,15

Por último, algunas unidades se siguen utilizando a pesar de no pertenecer al S.I. Así, por ejemplo, el Ångström (Å) que equivale a 0,1 nm; la caloría (cal) = 4.187 J o el litro (l) ≃ 1 dm^3.

3.5. ERRORES DE MEDIDA

Error es la diferencia entre la medida aparente obtenida y la medida real.

Se distingue entre el **error absoluto**, que es la diferencia propiamente dicha, y el **error relativo**, que es el cociente entre el error absoluto y la medida.

Por ejemplo, se ha medido la longitud de una baldosa de 20 cm y la altura de una casa de 20 m. En ambos casos se ha producido un *error absoluto* de 2 cm. Los *errores relativos* serían, en el caso de la baldosa, 2/20 = = 0,1, y en el caso de la casa, 2/2 000 = 0,001. El mismo error absoluto origina, en el segundo caso un error relativo 100 veces menor. La precisión de una medida depende de error relativo que se comete.

Los errores se deben a múltiples causas. Según esto, los errores pueden ser *sistemáticos* o *accidentales.* Los errores accidentales se deben a causas no previsibles, y se pueden detectar y corregir repitiendo la medida. Los errores sistemáticos se deben a un instrumento de medida inadecuado o a la utilización inadecuada de un instrumento correcto. Los errores sistemáticos no se detectan por repetición de la medida.

Por ejemplo, consideremos una medida del contenido de glucosa en sangre. Para ello, se toma un volumen conocido de sangre y se hace reaccionar con determinados reactivos. La glucosa reacciona cuantitativamente para dar compuestos coloreados que se determinan por espectrofotometría. Si el espectrofotómetro está mal calibrado, o alguno de los reactivos está contaminado o el analista sigue constantemente una técnica incorrecta por cualquier motivo, todas las medidas realizadas en estas condiciones adolecerán de un error sistemático. Si, por el contrario, los instrumentos y técnicas empleados son correctos, pero en una de las medidas se ha pipeteado un volumen de muestra incorrecto, o la reacción se ha llevado a cabo en un recipiente contaminado, se producirá un error fortuito o accidental, que podrá ser subsanado si la medida se repite. El hábito de realizar las medidas en el laboratorio por duplicado o triplicado tiende a corregir los errores fortuitos o accidentales.

3.6. PROPIEDADES DE LOS INSTRUMENTOS DE MEDIDA

Entre las propiedades de los instrumentos se deben distinguir la **sensibilidad, fiabilidad** y **precisión.**

La *sensibilidad* es la magnitud más pequeña que es capaz de medir el instrumento. Por ejemplo, una balanza analítica tiene una sensibilidad de 0,1 mg, es decir, no detecta variaciones de masa inferiores a 0,1 mg.

La *fiabilidad* es la propiedad que hace que las medidas sean reproducibles, es decir, que varias mediciones de una misma magnitud arrojen el mismo resultado. En el ejemplo anterior, una balanza fiable en la que se pesa tres veces consecutivas una misma masa dará en los tres casos el mismo resultado.

La *precisión* consiste en realizar las medidas con un error relativo suficientemente pequeño. Por ejemplo, un granatario que pesa 100 g con un error relativo de 1/1 000 es más preciso que una balanza que pesa 10 mg con un error relativo de 1/100. En la práctica no se puede mejorar simultáneamente la sensibilidad y la precisión y es necesario llegar a un compromiso entre ambas propiedades.

3.7. ACCIDENTES DE LABORATORIO

La protección personal requiere prever los accidentes más frecuentes en el laboratorio. Se deben tener en cuenta:

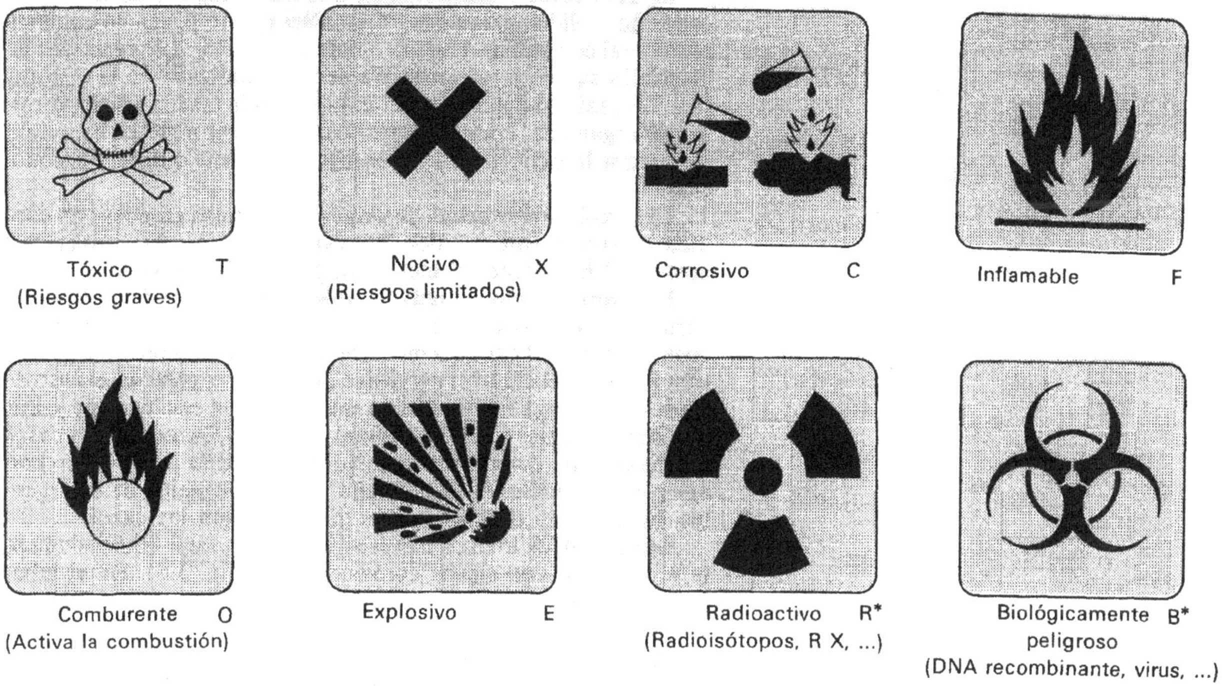

Figura 3.6
Símbolos de las diferentes clases de peligrosidad de los reactivos químicos o sustancias biológicas.

Tabla 3.2

Reactivos usuales de naturaleza peligrosa
(Se emplean los símbolos de la figura 3.6)

Acetona	F	Anhídrido acético	C	Fenol	T
Ácido acético	C	Anilina	T	Iodo	X
Ácido clorhídrico	C	Bario, sales	X	Mercurio, sales	T
Ácido cloroacético	T	Benceno	F + T	Naftol (α, β)	X
Ácido fluorhídrico	C + T	Boro, fluoruro	F + T	Piridina	F + T
Ácido fosfórico	C	Bromo	C	Potasio, dicromato	X
Ácido nítrico	O + C	Carbono, sulfuro	F + T	Potasio, clorato	O + X
Ácido oxálico	X	Carbono, tetracloruro	T	Potasio, permanganato	O
Ácido perclórico	O + C	Ciclohexano	F	Potasio, hidróxido	C
Ácido pícrico	X	Cloroformo	X	Sodio, cianuro	T
Ácido sulfúrico	C	Dinitrobenceno	T	Sodio, fluoruro	T
Agua oxigenada	C	Dinitrofenol	T	Sodio, hidróxido	C
Alcohol etílico	F	Éter etílico	F	Sodio, nitrito	O
Alcohol metílico	F + T	Tricloroetileno	X	Talio, sales	T
Aldehído fórmico	T	Fenilhidrazina	X	Tolueno	F + X

a) **Incendios y explosiones.** Los incendios suelen ser provocados por sólidos o líquidos inflamables que se ponen en contacto accidental con llamas, chispas o fuentes de calor. Los reactivos inflamables suelen tener esta característica indicada en la etiqueta (fig. 3.6 y tabla 3.2). Suelen ser inflamables la mayoría de los disolventes orgánicos. Todo laboratorio debe poseer material especializado para la extinción de incendios y su manejo debe ser conocido.

Las explosiones tienen su origen en mezclas gaseosas en contacto con una fuente de calor. Son especialmente peligrosos en este sentido el hidrógeno, el éter y los hidrocarburos volátiles.

b) **Contacto con reactivos venenosos o corrosivos.** Muchas sustancias tóxicas pueden ser absorbidas a través de piel y mucosas, como es el caso del metanol. Otras veces se produce una lesión local por el carácter corrosivo del reactivo, como es el caso de los ácidos y bases fuertes (ácido sulfúrico, sosa cáustica, etc.). Las lesiones corneales revisten especial gravedad. En todos estos casos se recomienda como primera medida el *lavado prolongado con agua muy abundante,* combinado con la utilización de detergentes, bicarbonato o ácido bórico diluido, según los casos.

Los reactivos tóxicos o corrosivos suelen venir adecuadamente etiquetados con signos convencionales (fig. 3.6). En el laboratorio suele y debe haber murales que resuman las medidas a adoptar. En la mayoría de los casos, se debe requerir, además, la asistencia de un médico.

c) **Ingestión de reactivos tóxicos.** Suele proceder del pipeteo inadecuado. Como ya se ha indicado, este tipo de reactivos debe ser pipeteado por medios automatizados. En caso de accidente es difícil generalizar las medidas de primeros auxilios, y se debe consultar siempre la tabla mural de **primeros auxilios,** sin dejarse llevar por consejos precipitados de personas no expertas (tabla 3.3).

d) **Quemaduras.** Pueden producirse por el contacto con llamas, objetos o líquidos calientes, chispas eléctricas, etc. En todo caso se debe tratar de reducir la inflamación y evitar infecciones, lavando inmediatamente con mucha agua fría y recubriendo la zona afectada con una pomada adecuada. Si la extensión de la quemadura es considerable hay que acudir con urgencia a un centro hospitalario para evitar la descompensación electrolítica y deshidratación.

e) **Accidentes eléctricos.** Aparte de las quemaduras, la corriente eléctrica puede ser causa de numerosos accidentes: incendios, explosiones, colapso circulatorio y muerte. Por consiguiente, tanto las instalaciones permanentes como los montajes eléctricos ocasionales deben reunir las máximas garantías de seguridad.

f) **Heridas y cortes.** Son producidos por vidrios rotos o instrumentos cortantes, cuchillas, etc. Requieren lavado con agua y jabón, desinfección con alcohol al 70% y vendaje compresivo.

g) **Infecciones.** Pueden proceder de muestras clínicas contaminadas o bien de los materiales biológicos objeto de experimentación. Hay que tomar las precauciones necesarias en cada caso desde el comienzo del trabajo.

h) **Radiaciones ionizantes.** En el laboratorio suelen utilizar-

Tabla 3.3
Primeros auxilios

En caso de:	Quemaduras leves	Quemaduras graves	Mordedura de animal	Heridas en general	Heridas en el ojo	Introducción de algún cuerpo extraño en el ojo	Salpicaduras de productos químicos en el ojo
Se debe hacer:	● Enfriar la quemadura con compresas de agua y alcohol. ● Poner pomada córtico-antibiótica y venda estéril. ● Dar analgésicos. ● Consultar al médico (si sobrepasa 1 dm^2).	● Apagar las llamas con agua, mantas, ... ● Lavar varios minutos con agua fresca. ● Tapar con un paño limpio. ● Ir con urgencia al hospital.	● Lavar la herida con agua y jabón. ● Controlar la hemorragia con venda limpia ● Conocer los peligros concretos del animal. ● Consultar al médico.	● Lavar con agua y jabón. ● Cubrir con gasa estéril presionando levemente. ● Ir al hospital.	● Vendar el ojo. ● Ir con urgencia al hospital.	● Lavarlo con agua abundante. ● Ir al hospital.	● Lavarlo bajo el grifo con agua abundante. ● Aplicar un colirio antibiótico. ● Ir al hospital.
No se debe hacer:	● Arrancar la piel de las ampollas. ● Utilizar aceites bronceadores.	● Quitar la ropa (dañaría la piel). ● Lavar con cosas diferentes del agua. ● Tardar en llevar al hospital.		● Colocar pomadas o polvos.	● Rascarlo. ● Presionarlo.	● Rascarlo.	

En caso de:	**Electrocución**	**Intoxicación por gas** (Síntomas: confusión mental o inconsciencia)	**Ingestión de aspirinas o similares**	**Ingestión de barbitúricos o similares**	**Ingestión de gasolina, derivados del petróleo o similares**	**Ingestión de ácidos fuertes** (salfumán)	**Ingestión de bases fuertes** (lejía)
Se debe hacer:	● Cortar la corriente. ● Si no se puede, apartar al accidentado utilizando aislantes (goma, madera, ...) ● Si procede, respiración artificial y masaje cardiaco.	● Sacarlo a respirar aire puro. ● Respiración artificial. ● Inhalar oxígeno. ● Avisar al médico.	● Provocar el vómito. ● Lavado de estómago en el hospital.	● Provocar el vómito. ● Beber agua con bicarbonato o carbón vegetal. ● Ir al hospital.	● Incorporar a la víctima. ● Quitar la ropa mojada por el tóxico. ● Abrigarla. ● Dar agua con magnesia. ● Ir al hospital.	● Hacer gárgaras con agua fresca. ● Beber agua abundante. ● Dar leche, aceite y huevos. ● Ir al hospital.	● Hacer gárgaras con agua fresca. ● Beber agua abundante. ● Dar leche, aceite y huevos. ● Ir al hospital
No se debe hacer:	● Coger al accidentado por las axilas, sin aislarse bien.		● Tomar bicarbonato.		● Provocar el vómito. ● Dar alcohol, leche o aceite.	● Provocar el vómito. ● Dar amoniaco o álcalis.	● Provocar el vómito. ● Dar ácidos fuertes.

se la luz ultravioleta, los rayos X y los isótopos radioactivos. Para trabajar con luz ultravioleta es preciso protegerse la piel y especialmente los ojos (con gafas ahumadas). Los rayos X exigen protección con guantes y mandiles de plomo. Finalmente la utilización de isótopos radioactivos está reservada a personal especializado en laboratorios específicamente diseñados para ello.

CUESTIONES Y PROBLEMAS

3.1. Indicar el instrumento de la segunda columna que se debe utilizar para realizar correctamente operaciones de la primera columna.

Operación	*Instrumento*
A. Medir exactamente 100 ml	1. Balanza
B. Medir aproximadamente 100 ml	2. Granatario
C. Medir exactamente 5,0 ml	3. Probeta
D. Pesar 400 g de NaCl	4. Pipeta
E. Pesar 1,0000 g de glucosa	5. Matraz aforado
F. Obtener plasma a partir de sangre	6. Bureta
G. Valorar con NaOH la acidez de la orina	7. Centrífuga

3.2. Se desea preparar 1 l de ácido clorhídrico 0,1 N a partir de una disolución patrón de ácido clorhídrico 2 N. Indicar el volumen de la disolución concentrada que será necesario emplear, y detallar la técnica a seguir.

3.3. Se trata de limpiar tres pipetas manchadas, respectivamente, con (a) «suero fisiológico» (NaCl 0,85%); (b) cianuro potásico 0,1 M; (c) sangre seca. Indicar las técnicas de lavado apropiadas en cada caso.

3.4. Cada vez que se vacía un matraz queda retenido en sus paredes 1 ml de su contenido. Para lavarlo se dispone de 40 ml de agua destilada. Inicialmente, el matraz contenía una disolución 1 M de sosa (NaOH). Calcular la concentración de sosa en el mililitro residual: (a) lavando el matraz una sola vez con los 40 ml de agua y vaciándolo; (b) haciendo cuatro lavados sucesivos con 10 ml de agua, vaciando cada vez.

3.5. Se valora una disolución de ácido clorhídrico de normalidad desconocida. Para ello se toman 25 ml de la muestra, se les añaden tres gotas de fenolftaleína alcohólica, y, desde bureta, se va adicionando NaOH 0,100 N hasta color rosa permanente. En la operación se han consumido 24,1 ml de NaOH. Calcular la normalidad del clorhídrico problema.

3.6. Para conocer la concentración de una disolución de sosa, se pesan 122,1 mg de ácido benzoico purísimo ($M = 122,1$) y se transfieren a un matraz erlenmeyer con ayuda de un poco de alcohol absoluto. Se añaden tres gotas de fenolftaleína, y la sosa problema, gota a gota, desde bureta, hasta color rosa permanente. En la operación se han consumido 20,0 ml de sosa. Calcular la normalidad de ésta.

3.7. Una muestra patrón que contiene 3 μg de fósforo se trata según el procedimiento de Fiske, con lo que se obtiene una disolución de color azul. Midiendo la absorbancia de esta disolución a 830 nm, el espectrofotómetro da una medida de 0,28. Una muestra problema, tratada de forma idéntica, da una absorbancia de 0,21. ¿Qué cantidad de fósforo contiene la muestra problema?

3.8. Para realizar una determinación de proteínas, según el método de Lowry, se dispone de cuatro disoluciones patrón y una muestra problema. Al medir, en un espectrofotómetro a 750 nm los resultados del análisis, se observan las siguientes absorbancias:

Disolución	(mg/ml)	*Absorbancia* (A_{750})
Patrón n.º 1	10	0,10
Patrón n.º 2	20	0,20
Patrón n.º 3	40	0,34
Patrón n.º 4	80	0,50
Problema	x	0,40

Calcular gráficamente la concentración de proteínas del problema.

3.9. Expresar en Å el diámetro de un hematíe (7 μm).

3.10. Expresar en m/s la velocidad de un vehículo que circula a 90 km/h.

3.11. Expresar en pg la masa de una partícula de virus de 60 000 000 de daltons.

13.12. La masa molecular de una proteína es M = 45 000 daltons. ¿Cuántas de estas moléculas habrá en 1 μg de dicha proteína?

3.13. Indicar cuál de las dos medidas es más precisa: (a) pesar 1 mg en una balanza analítica con un error de 0,1 mg; (b) pesar 1 kg en una balanza comercial con un error de 50 g.

3.14. La estatura exacta de un paciente es de 1,715 m. Tres enfermeros lo miden consecutivamente, obteniendo los siguientes resultados: 1,710, 1,720 y 1,750. El tercer enfermero ignora que debe efectuar la medida con el paciente descalzo. ¿Qué tipo de errores ha cometido cada uno?

3.15. Un termómetro clínico utilizado regularmente por un enfermo tiene una escala desplazada 0,3°C hacia temperaturas inferiores. ¿Qué tipo de error se comete cada vez que se utiliza?

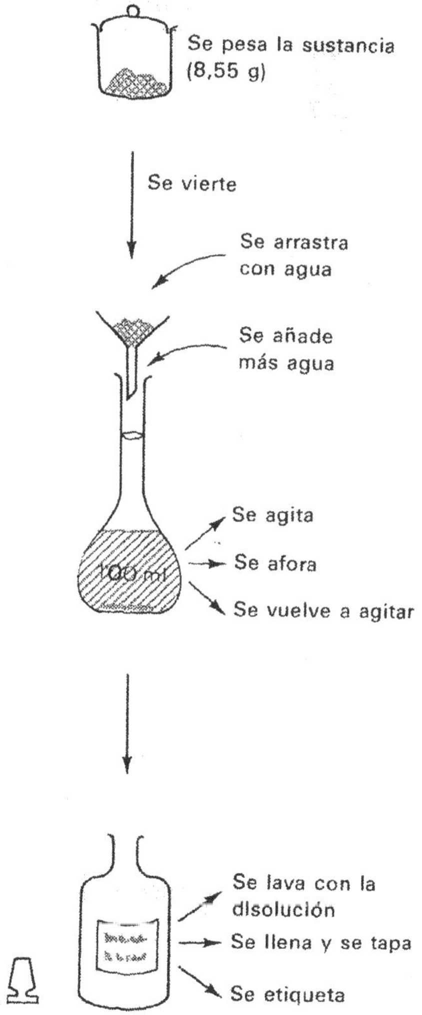

PRÁCTICAS DE LABORATORIO

3.1. **Preparar 100 ml de disolución de sacarosa ($C_{12}H_{22}O_{11}$) 0,25 M.**

a) Se calcula la cantidad de sacarosa pura que debe pesarse, según la ecuación:

N.º de gramos = Volumen × molaridad × masa molecular
Volumen = 0,1 litro
Molaridad = 0,25 M
Masa molecular = 342 (deducida de la fórmula $C_{12}H_{22}O_{11}$)
Por lo tanto: N.º de gramos = 8,55.

b) Se pesan en una balanza 8,55 g de sacarosa pura (en un pesafiltros limpio y seco) (véase margen).

c) Se transfiere a un matraz aforado de 100 ml ayudándose con agua destilada. Antes del aforo final, se agita bien y se homogeniza totalmente la mezcla sacarosa-agua.

d) Cuando falta poca agua para aforar, se va añadiendo gota a gota, procurando que, a temperatura ambiente, el menisco quede tangente al aforo. Se homogeniza por última vez después de haber aforado.

e) Si hay que guardar la disolución en un frasco limpio, se lava éste con un poco de la disolución obtenida (unos 3-4 ml) y se tira; a continuación se vierte el resto de la disolución en el frasco y se etiqueta convenientemente.

3.2. **Obtener 200 ml de alcohol del 70% a partir de alcohol del 96%** (de forma aproximada).

a) Se calcula la cantidad de alcohol del 96% que habrá que medir, de acuerdo con la fórmula de las mezclas:

$$V \cdot c + V' \cdot c' = (V + V') \cdot c''$$

V = volumen (desconocido) de alcohol concentrado
c = concentración de este alcohol (96%)
V' = volumen de agua (o alcohol diluido) a añadir
V + V' = volumen aproximado de la mezcla (200 ml). No se considera la contracción que ocurre en este caso.
c'' = concentración final que se pretende obtener (70%)

Se sustituyen valores:

$$V \times 96 + V' \times 0 = 200 \times 70$$

de donde se deduce

$$V = 148 \text{ ml}$$

b) Se vierten 148 ml de alcohol del 96% en una probeta de 200 ml, midiéndolos correctamente en la escala de la propia probeta.

c) Se añade agua y se va agitando; al llegar a los 200 ml se agita hasta homogeneidad y se afora correctamente con agua.

d) Si hay que transferirlo a un frasco, se procede como en el ejercicio 3.1.

3.3. **Preparar 1 litro de ácido sulfúrico 2 M a partir de ácido sulfúrico concentrado** (96%) (d = 1,84 g/ml).

a) Se calcula la cantidad de ácido sulfúrico necesario, según la conocida fórmula (ejercico 3.1):

N.º de gramos = volumen × molaridad × masa molecular
V = 1 litro
Molaridad = 2 M
Masa molecular = 98 (deducido de la fórmula H_2SO_4)

Por lo tanto: N.º de gramos = 196.

b) Esta cantidad de ácido puro se puede medir por pesada o por volumen:

- Por pesada, se tomarían 202 g $\left(= \frac{196}{96} \times 100\right)$ del ácido concentrado (del 96%), pesados en pesafiltros.
- Por volumen, se medirían 111 ml $\left(\frac{202 \text{ g}}{1{,}84 \text{ g/ml}}\right)$ del ácido concentrado con una probeta.

c) En cualquiera de los casos anteriores, se tomarían en un matraz erlenmeyer unos 700 ml de agua destilada y se pasaría el ácido sulfúrico, poco a poco, agitando y enfriando. *¡Siempre hay que verter el ácido sobre el agua y nunca al revés!* Ello se debe a que la concentración del ácido debe aumentar gradualmente a partir de cero, y no bajar bruscamente desde el 96%. La liberación de calor al mezclar agua y ácido puede provocar la expulsión de la mezcla fuera del recipiente y quemar al operador o a sus compañeros.

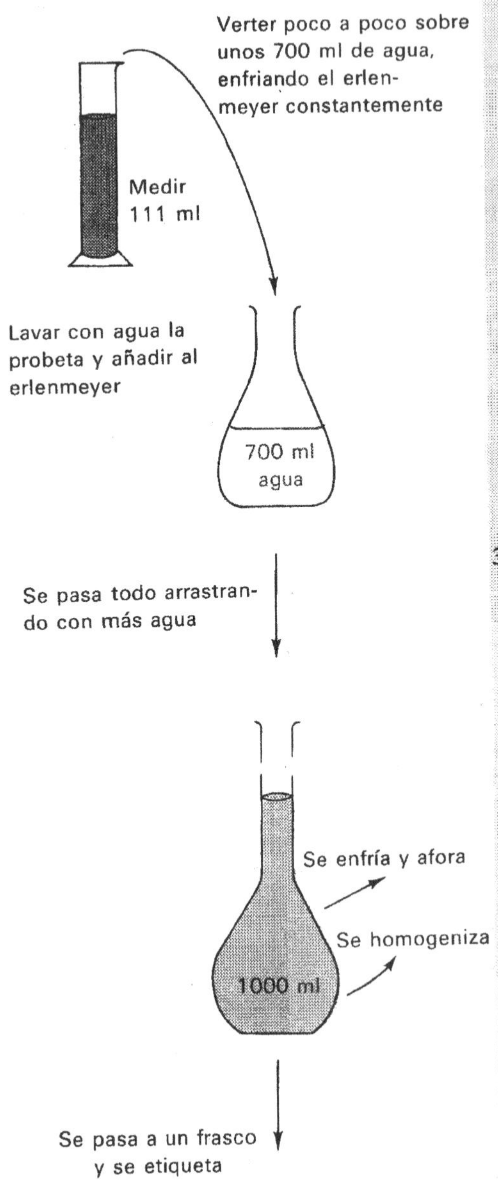

Todos los manejos con ácidos concentrados deben hacerse con suma precaución.

Una vez mezclada la totalidad del sulfúrico que se midió con los 700 ml de agua, se pasa a un matraz aforado de 1 000 ml, arrastrando con más agua, y se va completando y enfriando.

d) Al final, se mezcla bien, se afora y se vuelve a mezclar. Si procede, puede guardarse en frasco, siguiendo las normas dadas en 3.1.

3.4. Preparar 1 litro de NaOH aproximadamente 0,1 N y comprobar su normalidad exacta.

a) Se calcula la cantidad de hidróxido sódico que habrá que pesar, según la fórmula:

N.º de gramos = volumen × normalidad × peso equivalente

en la que:

Volumen = 1 litro
Normalidad = 0,1 N

$$\text{Peso equivalente} = \frac{\text{NaOH}}{1} = \frac{40}{1} = 40$$

N.º de gramos = 4.

b) Se pesan, utilizando granatario y pesafiltros, unos 4,1 g de NaOH, evitando una prolongada exposición al aire, tanto de lo pesado como de lo que queda en el frasco de origen, porque el NaOH se hidrata y carbonata, aumentando en peso e impurezas.

c) Se pasa a un matraz aforado de 1 000 ml y se arrastra con agua. Se procura añadir bastante agua para evitar un calentamiento excesivo. Al final se afora y homogeniza como en 3.3.

d) Se pesan del orden de 4 mEq de ácido benzoico purísimo (M = = 122,1), utilizando balanza de precisión. Si, por ejemplo, la pesada resultó ser de 501,0 mg, el n.º de miliequivalentes de benzoico será:

$$\text{n.º de mEq} = \frac{501{,}0 \text{ mg}}{122{,}1 \text{ mg/mEq}} = 4{,}103$$

e) Se pasa el ácido benzoico a un matraz erlenmeyer, con ayuda de alcohol absoluto neutro y se añaden tres gotas de disolución alcohólica de fenolftaleína al 1%.

f) Se llena una bureta con la disolución de NaOH preparada en (c) y se enrasa a cero.

g) Se va vertiendo gota a gota esta disolución sobre el ácido benzoico hasta que queda un débil color rosa permanente. Supongamos que se han gastado 40,62 ml de disolución.

h) Se calcula la normalidad exacta de la sosa, aplicando las fórmulas:

N.º de equivalentes de benzoico = n.º de equivalentes de sosa
N.º de equivalentes de benzoico = 4,103
N.º de equivalentes de sosa = V × N
V = 40,62 ml
N = desconocida

$$\text{de donde se deduce: } N = \frac{\text{N.º de mEq de benzoico}}{\text{N.º de ml de NaOH gastados}}$$

$$\textit{es decir: } N = \frac{4{,}103}{40{,}62} = 0{,}101 \text{ normal.}$$

i) Se repite el proceso y, si los resultados finales son concordantes, se guarda la disolución en un frasco bien tapado poniendo en la etiqueta: *NaOH 0,101N.*

3.5. **Valorar exactamente una disolución de ácido sulfúrico** (de la práctica 3.2) **con NaOH valorado** (en la práctica 3.4).

a) Se sospecha que el ácido tiene una normalidad próxima a 4 (2 molar) y el NaOH es exactamente 0,101 N.

b) Se pipetea exactamente 1 ml del ácido a valorar (con pipeta aforada) y se vierte en un matraz erlenmeyer de 100 ml. Se añaden unos 10 ml de agua destilada y tres gotas de la disolución de fenolftaleína.

c) Se llena una bureta con el hidróxido sódico 0,101 N y se enrasa a cero.

d) Se va vertiendo la sosa sobre el ácido, gota a gota y agitando, hasta coloración rosa permanente. Se han gastado, por ejemplo, 39,80 ml de sosa.

e) Se aplica la fórmula:

$$V \times N = V' \times N'$$

en la que:

V = volumen del ácido (1 ml)
N = normalidad del ácido (desconocida)
V' = volumen de la sosa (39,80 ml)
N' = normalidad de la sosa (0,101 N)

Así resulta:

$$N = \frac{V' \times N'}{V} = \frac{39{,}80 \times 0{,}101}{1} = 4{,}02$$

f) Se repite la operación y, si los resultados son concordantes, se guarda el ácido sulfúrico poniendo en la etiqueta H_2SO_4 *4,02 N.*

PARTE II

ESTRUCTURAS MOLECULARES DEL SER VIVO

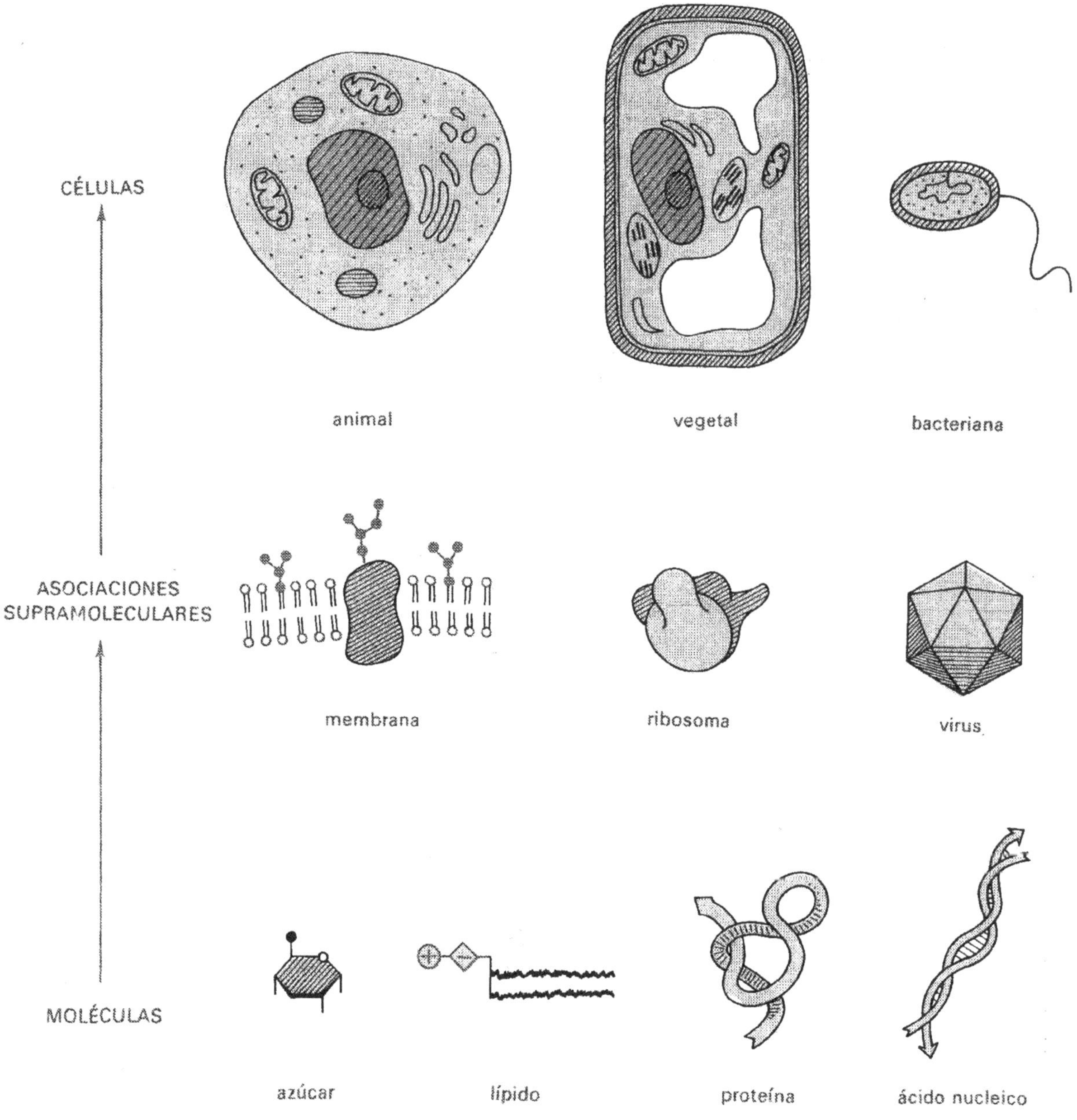

CAPÍTULO **4**

AZÚCARES

4.1. CONCEPTO E INTERÉS BIOLÓGICO

Comenzaremos el estudio de las biomoléculas orgánicas por las más sencillas, los **azúcares,** también llamados **glícidos** o **hidratos de carbono.**

El nombre de azúcar, glícido o glúcido hace referencia al sabor dulce de los azúcares sencillos y el nombre de hidrato de carbono refleja que, en la gran mayoría de ellos, el hidrógeno (H) y el oxígeno (O) guardan la misma relación que en el agua (H_2O), es decir que, aparentemente, son hidratos. Su fórmula general es $C_n(H_2O)_m$.

COMPLEMENTOS 4.1

DEFINICIÓN DE AZÚCARES

Químicamente hablando, los azúcares son aldehídos o cetonas polihidroxilados y sus derivados por reducción, oxidación, sustitución o polimerización.

Los azúcares sencillos abundan en las frutas (glucosa, fructosa, sacarosa) y en la leche (lactosa); en cambio, sus polímeros abundan en los cereales, tubérculos y legumbres (almidón), hígado y carnes (glucógeno).

La sustancia orgánica más abundante en la *biosfera* (mundo viviente) es la celulosa, un azúcar fibroso indigerible para el hombre.

Las principales **funciones biológicas** de los azúcares son tres:

a) *Constituyen el material energético de uso inmediato:* la glucosa es el principal azúcar utilizado por todas las células como fuente de energía.

b) *Pueden constituir un material energético de reserva:* el almidón en los vegetales y el glucógeno en los animales se acumulan en determinadas células para su utilización en el momento oportuno.

c) *Cumplen funciones estructurales:* la celulosa y otros azúcares fibrosos constituyen la pared externa de las células vegetales; las condroitinas forman fibras en los tejidos conjuntivo, cartilaginoso y óseo; además, los azúcares participan en la estructura de otras biomoléculas, tales como fosfolípidos, glicolípidos y glicoproteínas de membrana, ácidos nucleicos, etc.

El hombre necesita ingerir azúcares en la dieta. En realidad, ningún azúcar concreto es indispensable; sin embargo, más de la mitad de las calorías requeridas en una alimentación equilibrada deben proceder de los azúcares (preferentemente del almidón). El principal azúcar que circula en la sangre y que utilizan las células es la glucosa. En la figura 4.1 se esquematiza el destino de los azúcares integrantes de la dieta humana.

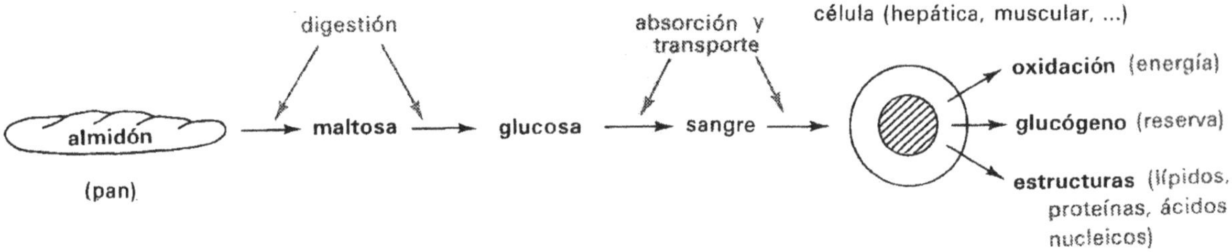

Figura 4.1
Destinos de los azúcares de la dieta humana.

4.2. CLASIFICACIÓN DE LOS AZÚCARES

De acuerdo con su naturaleza química, los azúcares suelen clasificarse en cinco grupos:

Monosacáridos simples
Monosacáridos derivados
Oligosacáridos
Polisacáridos simples
Polisacáridos derivados

4.2.1. Monosacáridos simples

Son los aldehídos o cetonas polihidroxilados. Los monosacáridos que tienen un grupo aldehído se denominan aldosas y los que tienen un grupo cetona, cetosas. El número de átomos de carbono que integran la molécula del monosacárido se designa con un prefijo griego que se antepone a la terminación -osa: triosas (3), tetrosas (4), pentosas (5), hexosas (6). En la figura 4.2 se representan las fórmulas químicas de una aldopentosa y una cetohexosa.

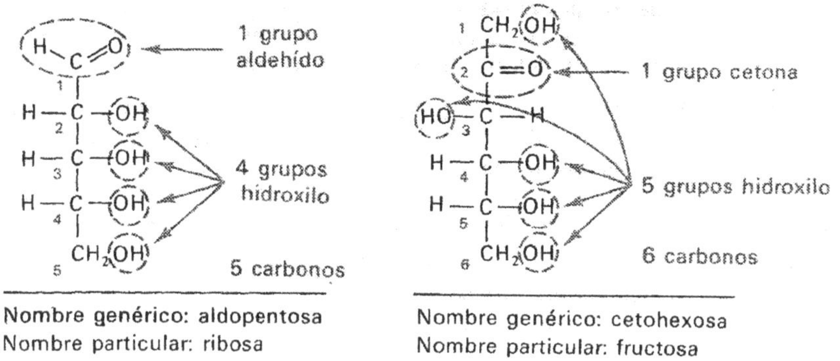

Figura 4.2
Fórmula y nombre de una aldosa y una cetosa.

Los monosacáridos simples son sólidos, blancos, cristalinos, solubles en agua y en general tienen sabor dulce. Suelen desviar el plano de la luz polarizada por lo que se dice que tienen poder rotatorio, y reducen, en determinadas condiciones, el ion cúprico (azul) a cuproso (rojo), es decir, tienen *poder reductor.*

En las frutas abundan la glucosa (una aldohexosa) y la fructosa (una cetohexosa). Tiene interés estructural la ribosa (una aldopentosa) por formar parte de los ácidos ribonucleicos (RNA).

4.2.2. Monosacáridos derivados

Se forman por modificación química de los monosacáridos simples: por *reducción, oxidación* o *sustitución.*

a) Por **reducción** se originan los *desoxiazúcares* y los *alditoles.* Los *desoxiazúcares* carecen de hidroxilo en uno de sus carbonos: así la ribosa origina la *desoxirribosa* que forma parte del ácido desoxirribonucleico (DNA).

Los alditoles se forman por reducción del grupo aldehído a alcohol: así las triosas originan el glicerol, presente en los lípidos.

b) Por **oxidación** se forman los *azúcares ácidos,* como el ácido glucurónico que facilita la eliminación renal de sustancias poco solubles en agua, como la bilirrubina y los esteroides.

c) Por **sustitución** se forman los *aminoazúcares,* como la glucosamina, que forma parte de algunos polisacáridos.

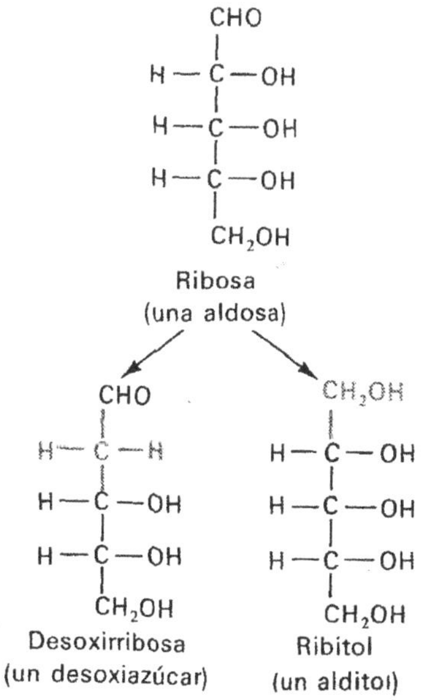

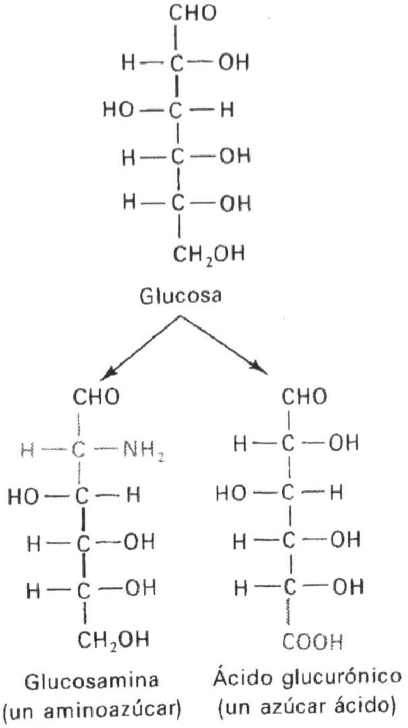

4.2.3. Oligosacáridos

Se forman por condensación de dos o más monosacáridos simples. En general, reacciona el grupo aldehído de un monosacárido con un grupo alcohol (o con el grupo cetona o aldehído) de otro, originando así un **disacárido.** Por sus propiedades químicas se clasifican en *reductores,* cuando conservan un grupo aldehído o cetona libre, y *no reductores,* si no les queda libre ningún grupo aldehído o cetona.

En la figura 4.3 se representa de forma esquemática la estructura de los disacáridos reductores y no reductores.

En la dieta humana intervienen tanto disacáridos reductores como no reductores. Los más importantes son:

Reductores: *maltosa* (glucosa + glucosa) procedente de la digestión parcial del almidón y del glucógeno; *lactosa* (galactosa + + glucosa) que es el azúcar de la leche.
No reductores: *sacarosa* (glucosa + fructosa) que es el azúcar de mesa, procedente de la caña, remolacha, etc.

Las propiedades de los disacáridos son semejantes a las de los monosacáridos citadas antes. Basta considerar un azucarillo (sacarosa) para comprobar que es sólido, blanco, cristalino, soluble en agua, dulce, ...

Disacárido reductor
(tiene un grupo aldehído libre)

Disacárido no reductor
(no tiene ningún grupo aldehído libre)

Figura 4.3
Esquema general de los disacáridos. (O): representa el grupo aldehído o cetona.

4.2.4. Polisacáridos simples

Son polímeros lineales o ramificados de monosacáridos simples. Se pueden encontrar desde unas cuarenta fructosas consecutivas en una molécula de *inulina* (polisacárido de tubérculos), hasta varios centenares de glucosas unidas de manera lineal en la *amilosa,* e incluso millares de ellas unidas en forma ramificada en la *amilopectina* y el *glucógeno.*

Según sus funciones biológicas se agrupan en *polisacáridos de reserva* y *polisacáridos estructurales.*

Polisacáridos de reserva

Los más importantes están constituidos por numerosas unidades de glucosa. La *amilosa* o almidón lineal consta de unas 200 glucosas, con enlaces entre el carbono 1 de una glucosa y el 4 de la siguiente. Es soluble en agua y de fácil digestión para el hombre. La *amilopectina* o almidón ramificado consta de un número mayor de unidades de glucosa. Las ramificaciones se producen por enlaces entre los carbonos 1 y 6 de dos glucosas. Es soluble en agua caliente y también se digiere. El *glucógeno* o almidón animal es semejante a la amilopectina pero tiene mayor número de unidades de glucosa y está más ramificado. Es también soluble en agua y se digiere bien. En el laboratorio se diferencian estos polímeros por su reacción con el iodo, como veremos luego. En la figura 4.4 se representan la glucosa, la maltosa y los polímeros enumerados.

Polisacáridos estructurales

Forman fibras, en general lineales, por la unión de muchas unidades de monosacárido. El polisacárido más importante es la *celulosa* constituida por más de un millar de glucosas enlazadas linealmente. Por la naturaleza especial de su estructura, la celulosa es insoluble en agua e indigerible por el hombre. Los alimentos ricos en celulosa, como las verduras, suelen considerarse de escaso valor calórico, al no poder aprovecharse este azúcar. Los rumiantes (oveja, vaca, etc.) poseen una flora intestinal que les permite digerir la celulosa y por ello pueden alimentarse bien con hierba o paja.

4.2.5. Polisacáridos derivados

Son polímeros de monosacáridos derivados. Pueden estar constituidos:por un solo monómero, por dos monómeros repetidos en secuencia alternante o por más componentes. Citaremos solamente los *condroitinsulfatos* y la *heparina.* Éstos se hallan formados por una secuencia lineal y alternante de dos azúcares derivados: el *ácido glucurónico* y una *hexosamina,* unidos a su vez a los ácidos acético o sulfúrico.

Los condroitinsulfatos integran los tejidos conjuntivo, cartilaginoso y óseo, mientras que la heparina regula la coagulación de la sangre.

Otros *polisacáridos más complejos* son los constituyentes de las paredes bacterianas (ácidos teicoicos y peptidoglicanos).

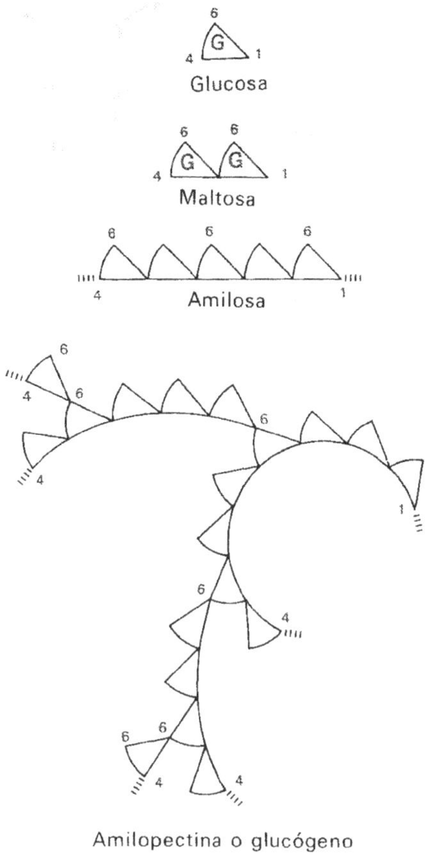

Figura 4.4
Representación muy esquemática de las uniones de las glucosas en sus polímeros. Los carbonos de las glucosas están numerados en rojo.

4.3. ESTRUCTURA DE LOS AZÚCARES

Todos los monosacáridos simples tienen una estructura química semejante. Los átomos de carbono suelen formar una cadena lineal; el primero o el segundo tienen una función *oxo* (aldehído o cetona) (=O) y los demás están hidroxilados (>CHOH), como se ve en la figura 4.2. Suelen agruparse en las familias de las **aldosas** y de las **cetosas.**

La aldosa de tres carbonos es el *gliceraldehído* cuyas fórmulas desarrollada y resumida se adjuntan (fig. 4.5).

En general, conviene utilizar la fórmula simplificada que omite los átomos de hidrógeno (que se presuponen) y representa los grupos químicos según la clave de la figura 4.5.

El carbono 2 del gliceraldehído está unido a cuatro grupos diferentes: —H, —OH, —CHO y —CH_2OH. Como su disposición

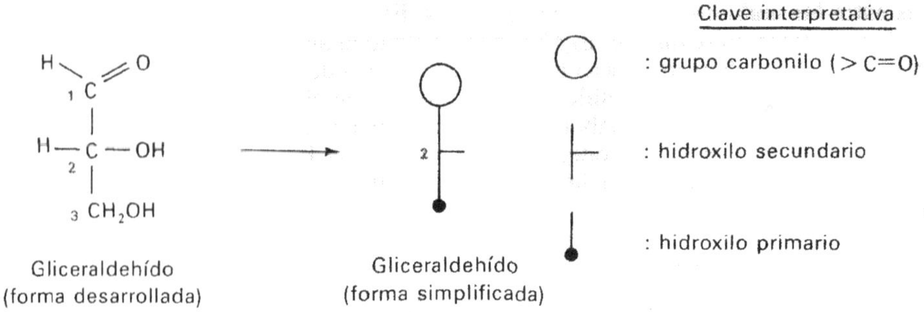

Figura 4.5
Representación esquemática de los azúcares.

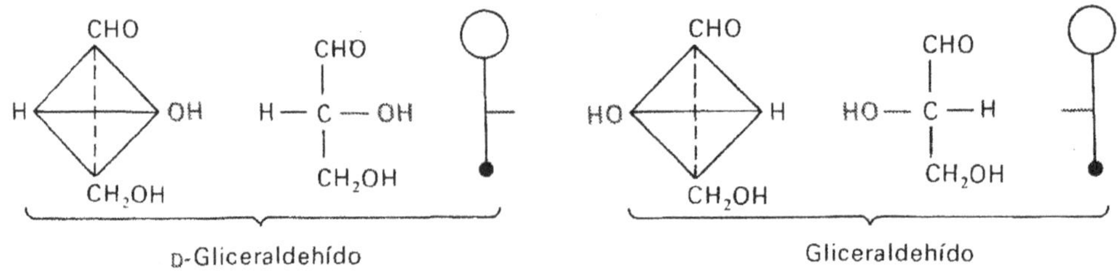

Figura 4.6
Distintas formas de representar el D- y L-gliceraldehído.

(1.3.3) espacial es tetraédrica, carece de plano de simetría. En consecuencia, la molécula del gliceraldehído es asimétrica y presentará poder rotatorio. De acuerdo con lo expuesto en § 1.3.3, existirán dos isómeros especulares o enantiomorfos del gliceraldehído que se representan en la figura 4.6.

Los azúcares más importantes pertenecen a la serie D por considerarlos derivados del D-gliceraldehído. El —OH de referencia corresponde al penúltimo átomo de carbono (señalado en rojo en la figura 4.7).

En cuanto a las *cetosas,* excepto la primera —la dihidroxiacetona— que es simétrica y no pertenece por tanto a ninguna serie, las demás suelen ser también de la serie D (Fig. 4.8).

COMPLEMENTOS 4.2

FÓRMULAS ESTRUCTURALES DE LOS AZÚCARES

Monosacáridos

De las fórmulas esquemáticas que representamos en las figuras 4.7 y 4.8 podemos deducir directa y sencillamente de fórmula estructural de cualquier monosacárido.

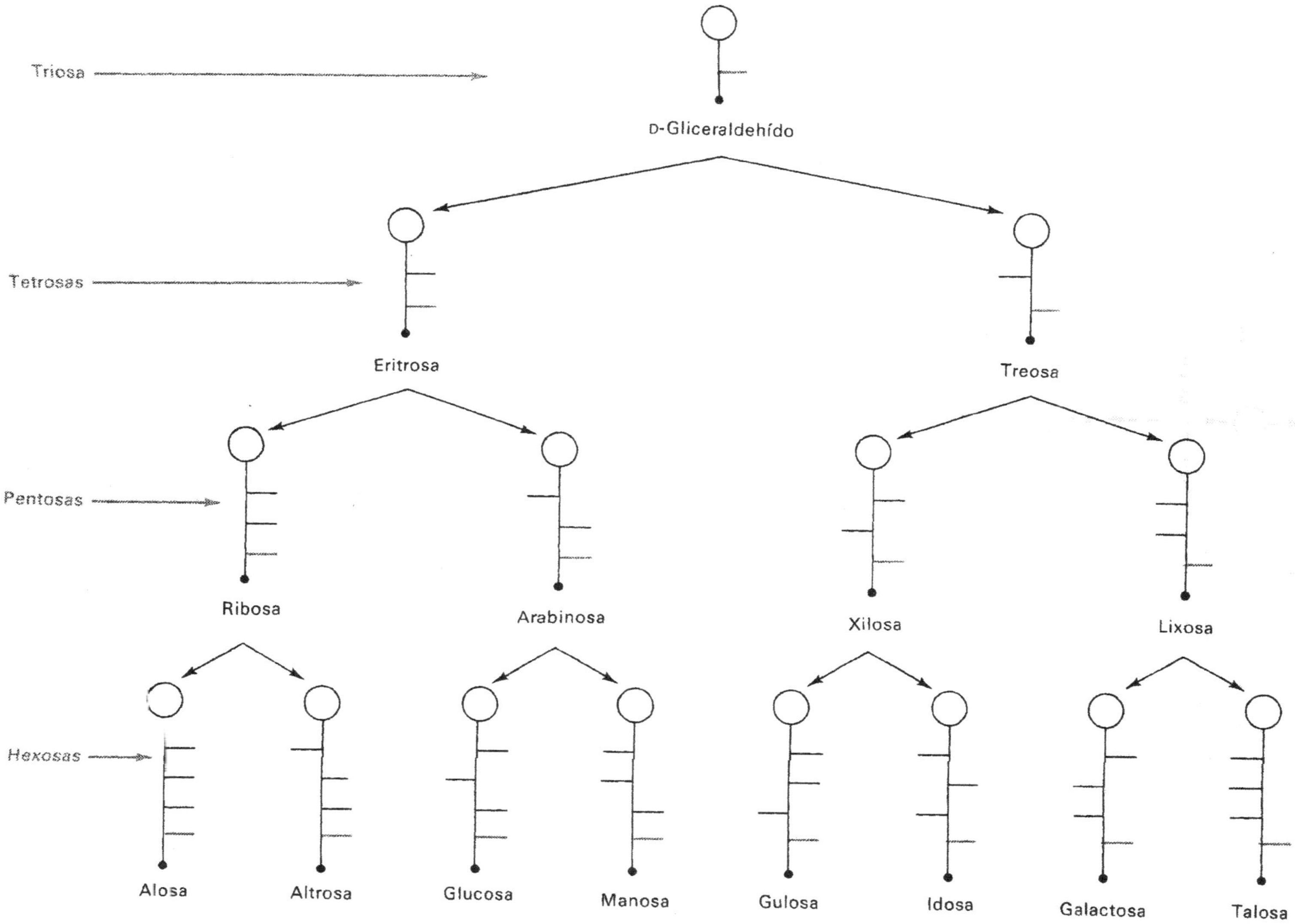

Figura 4.7
Aldosas de la serie D.

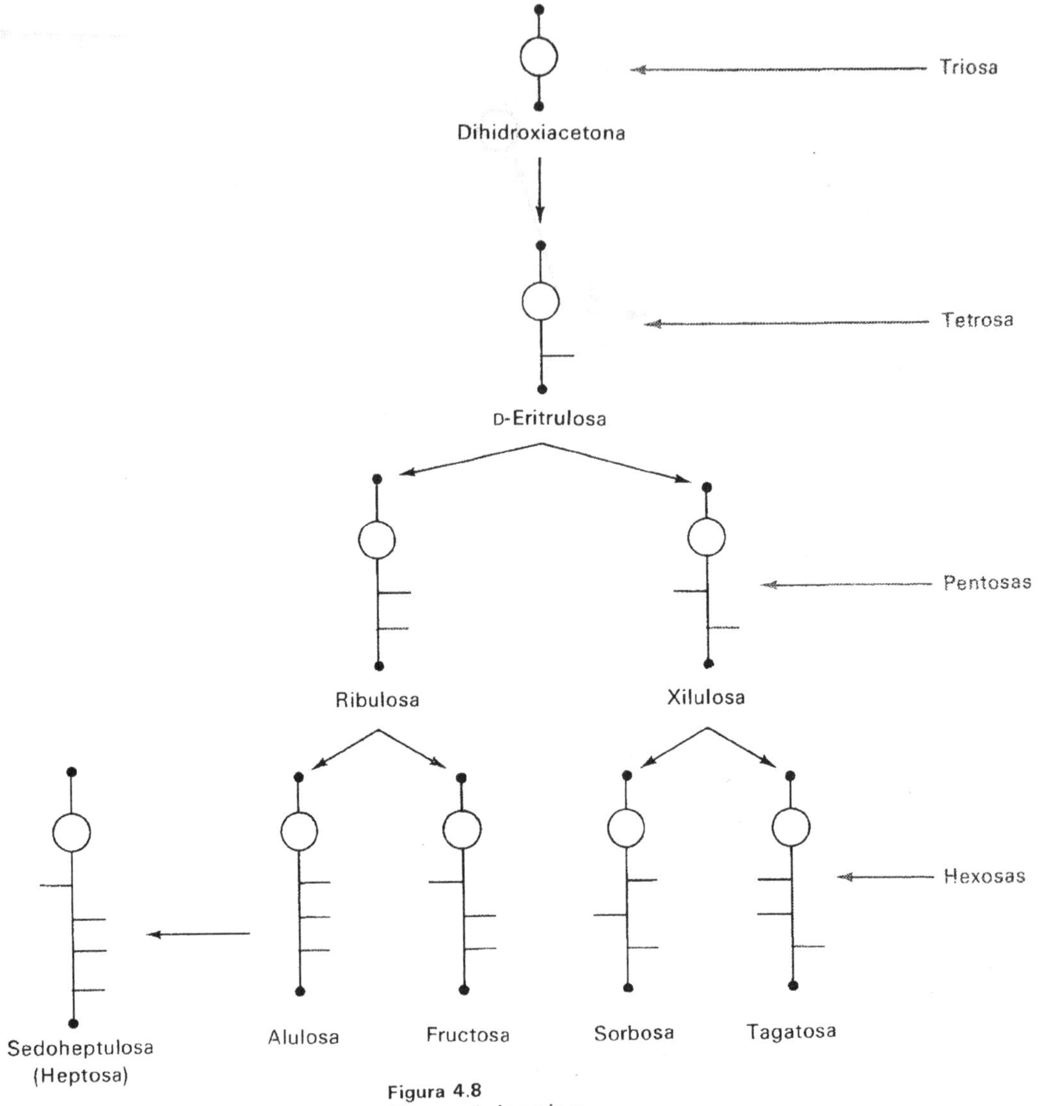

Figura 4.8
Cetosas de la serie D.

Así, por ejemplo, la D-glucosa será:

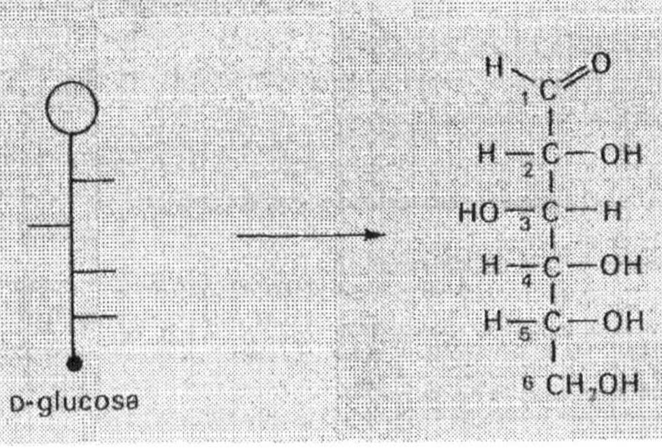

En la fórmula de la D-glucosa observamos que existen 4 carbonos asimétricos, es decir, unidos a cuatro grupos diferentes (los números 2, 3, 4 y 5) y cada uno de ellos carece de plano de simetría. Como la molécula en su conjunto también carece de plano de simetría será ópticamente activa, es decir, tendrá poder rotatorio.

La L-glucosa será la imagen especular de la D-glucosa, es decir, tiene todos los carbonos asimétricos situados al revés que en la D-glucosa.

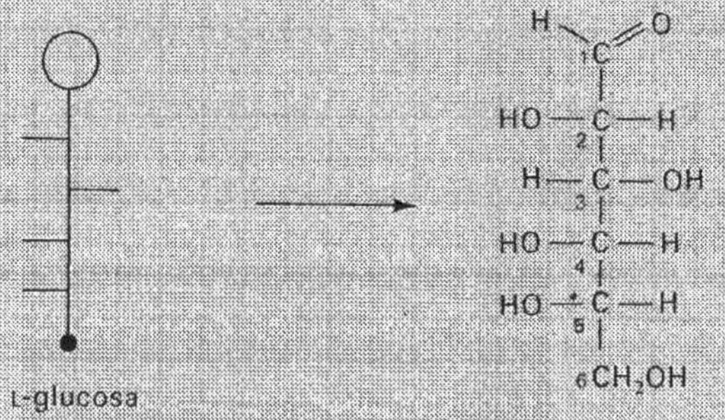

Se ha observado que las disoluciones de monosacáridos presentan, en general, un cambio del poder rotatorio desde el momento de su disolución hasta alcanzar una situación de equilibrio. Este fenómeno se llama *mutarrotación* y es debido a que, al disolver el azúcar, se produce una reacción química entre el grupo aldehído o cetona y uno de los grupos alcohólicos, formando un hemiacetal interno, es decir, un puente de oxígeno intramolecular, y creándose un nuevo carbono asimétrico. Así, por ejemplo, la D-glucosa formará:

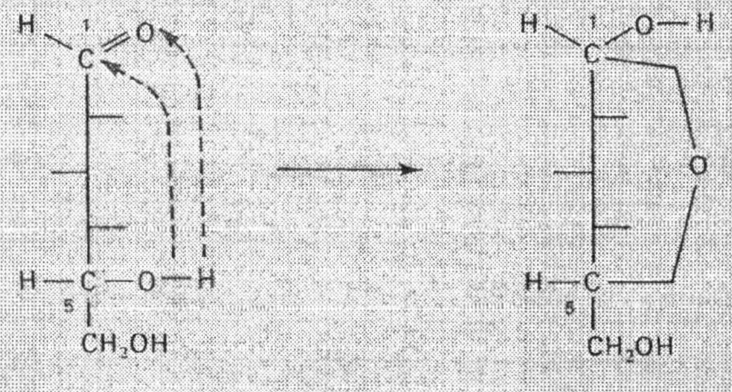

El nuevo carbono asimétrico es el n.º 1. Si el —OH que aparece en el carbono primero (C-1) queda al mismo lado que el *OH* responsable de la serie (a la derecha para la serie D) se llama al isómero alfa (α) y si queda al lado contrario (a la izquierda para la serie D) se llama al isómero beta (β) (Fig. 4.9).

Al formarse el puente intramolecular de oxígeno, se dice que el azúcar se ha cerrado en anillo *piranósico*, cuando el ciclo tiene 6 eslabones, y *furanósico*, si tiene 5, por semejanza a los hidrocarburos pirano y furano cuyas fórmulas ponemos al margen.

pirano (6 eslabones)   furano (5 eslabones)

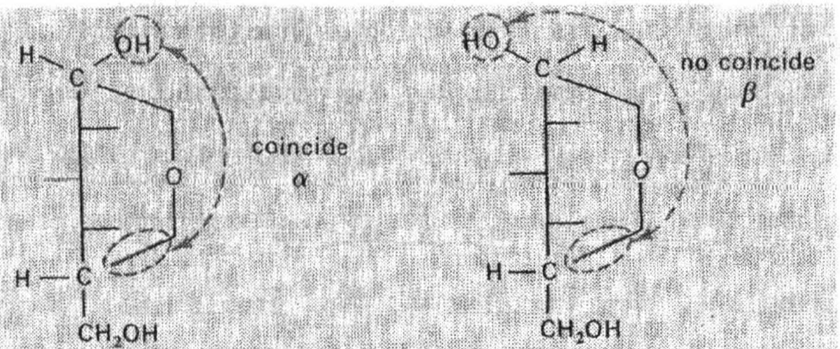

Figura 4.9
Formas cíclicas de la D-glucosa.

Las longitudes de los enlaces del oxígeno en las fórmulas de la glucosa puestas arriba no corresponden a la realidad (son excesivamente largos). Para subsanar esta inexactitud, Haworth propuso las fórmulas planas, en las que los anillos piranósico o furanósico se ven en perspectiva.

Así, la α-glucopiranosa se obtendrá dejando caer hacia la derecha la fórmula vertical de la figura 4.9. Todos los grupos —OH de la derecha quedan hacia abajo y los de la izquierda quedan hacia arriba. Se exceptúa el grupo —OH, implicado en el puente de oxígeno, que debe sufrir una rotación (el C-5 en este caso) (Fig. 4.10).

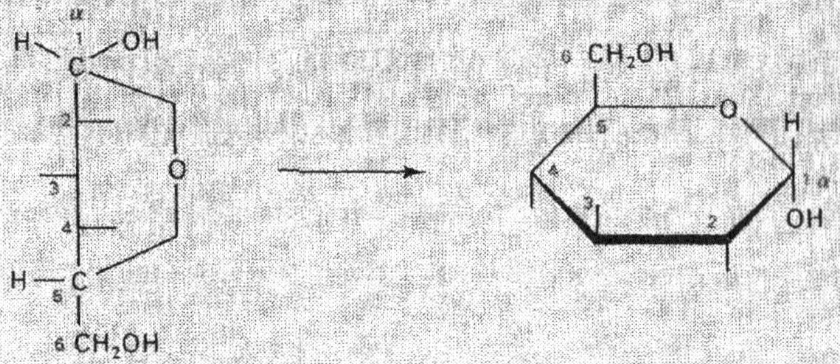

Figura 4.10
Formulas vertical y de Haworth de la α-D-glucopiranosa.

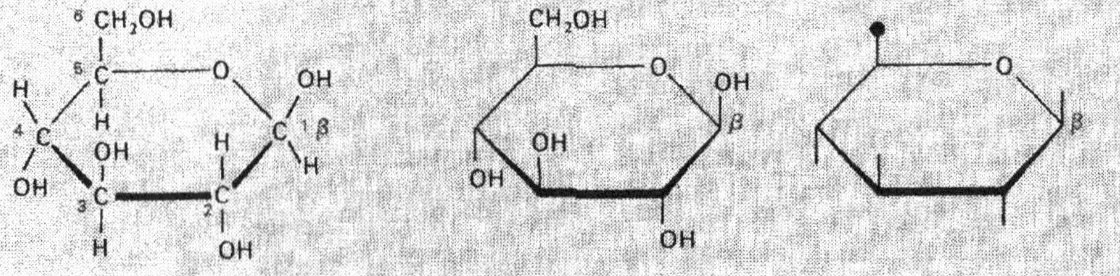

Figura 4.11
Fórmula de Haworth de la β-D-glucopiranosa. Distintas formas de esquematización. Obsérvese, como regla nemotécnica para este azúcar, que, en el espacio, todos los grupos —OH quedan opuestos, arriba o abajo alternativamente, es decir, en posición trans.

Las fórmulas de Haworth son más adecuadas que las verticales y pueden simplificarse, de acuerdo con la conveniencia en cada caso, omitiendo los carbonos, los hidrógenos y los hidroxilos, según interese. Así, por ejemplo, en la figura 4.11 se representa de tres maneras distintas la β- D-glucopiranosa.

Operando análogamente con la D-fructosa, pero cerrándola en anillo furanósico (de 5 eslabones), tendríamos:

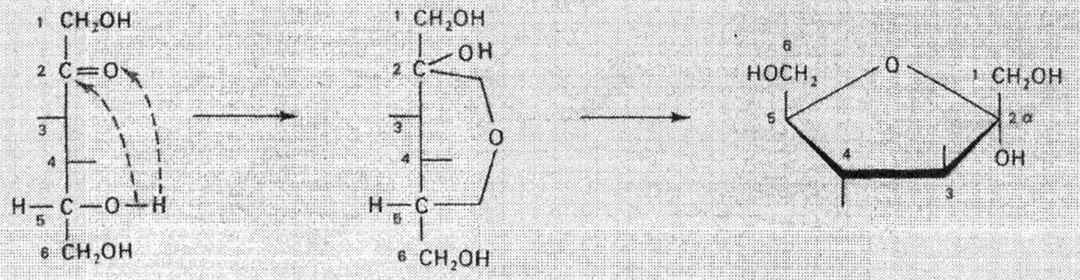

La fructosa en los oligo y polisacáridos suele presentarse en la forma β, que representamos, al igual que los demás azúcares, en tres grados diferentes de esquematización (Fig. 4.12).

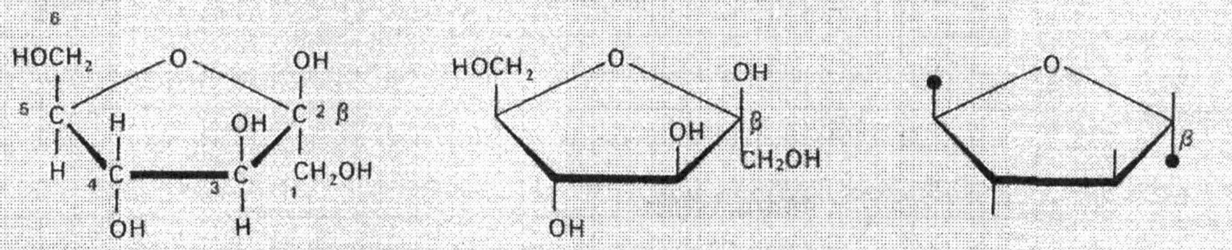

Figura 4.12
Fórmulas de Haworth de la β-D-fructofuranosa.

Oligosacáridos

Nos limitaremos a los *disacáridos* más importantes en la nutrición humana. Serán reductores si el carbono aldehídico de uno de los monosacáridos se une a un hidroxilo alcohólico del otro (unión glicosídica), dejando el otro carbono aldehídico libre (Fig. 4.3). Así, por ejemplo, dos moléculas de α-D-glucopiranosa pueden formar el disacárido *maltosa*.

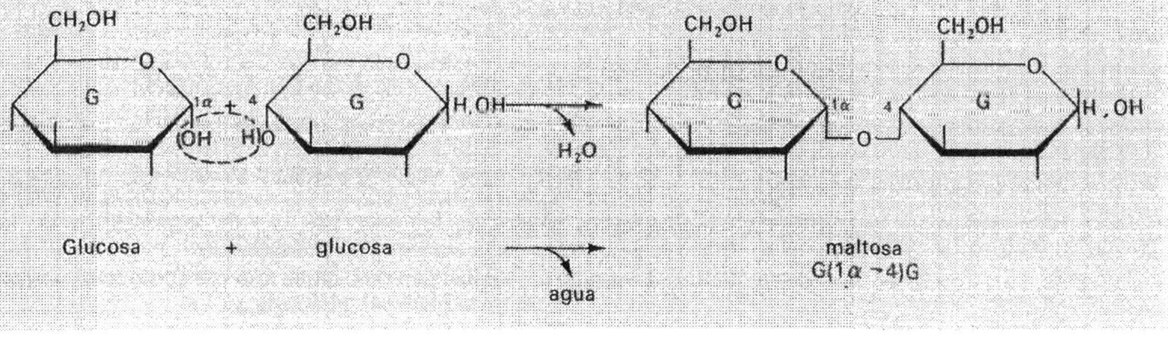

Abreviadamente, puede representarse cada glucosa por una G y la maltosa sería G($1\alpha \rightarrow 4$)G.

La *sacarosa* es un disacárido no reductor porque compromete, en el enlace de los monosacáridos, el carbono aldehídico de la glucosa con el carbono cetónico de la fructosa (*enlace doble glicosídico*), no quedando ningún grupo aldehído o cetona libre.

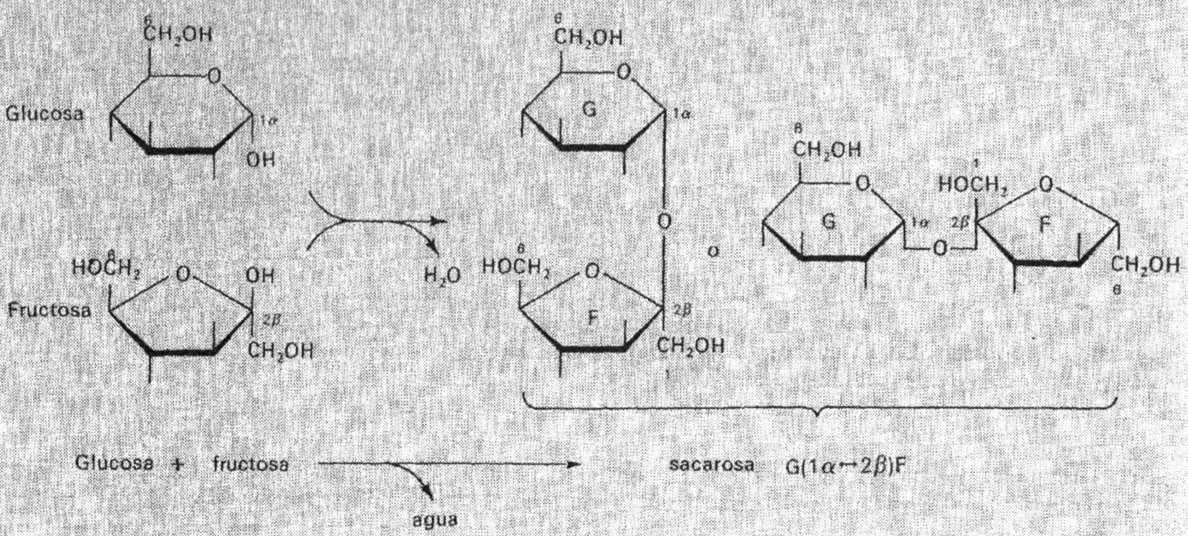

Polisacáridos

La *amilosa* se forma por unión lineal de unas 200 o 300 unidades de glucosa mediante enlaces ($1\alpha \rightarrow 4$) glicosídicos.

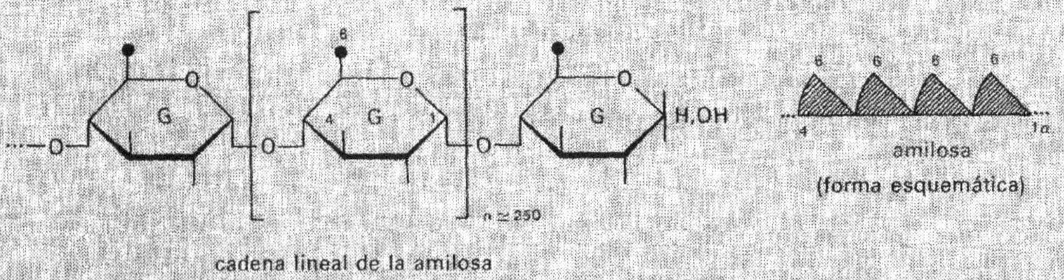

Como sólo queda un grupo aldehído libre en toda la molécula (1 de 300), el azúcar es prácticamente no reductor.

De forma semejante se podrían representar la amilopectina y el glucógeno, añadiendo los enlaces ($1\alpha \rightarrow 6$) responsables de las ramificaciones de la cadena del polisacárido.

La celulosa es lineal pero la cadena aparece como retorcida por efecto de las uniones ($1\beta \rightarrow 4$) glicosídicas.

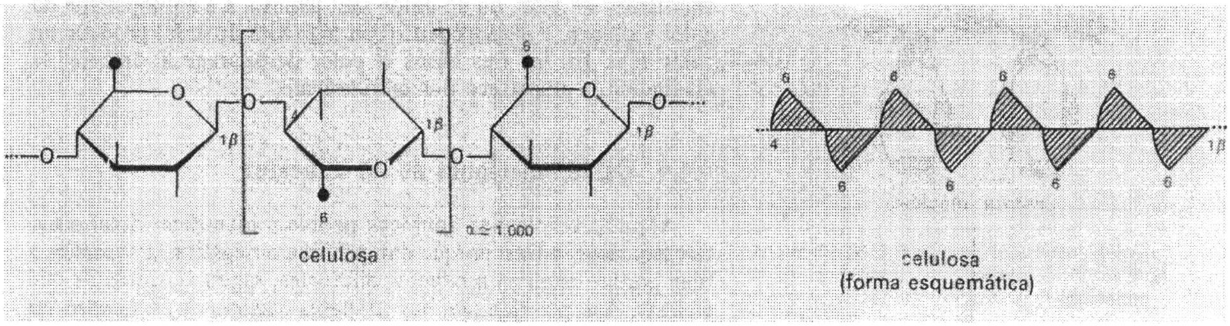

4.4. REACCIONES DE LOS AZÚCARES

Entre las múltiples reacciones de los azúcares, sólo detallaremos las que representen cierta utilidad en el laboratorio bioquímico, es decir, las que permitan identificar, reconocer o determinar azúcares en materiales biológicos.

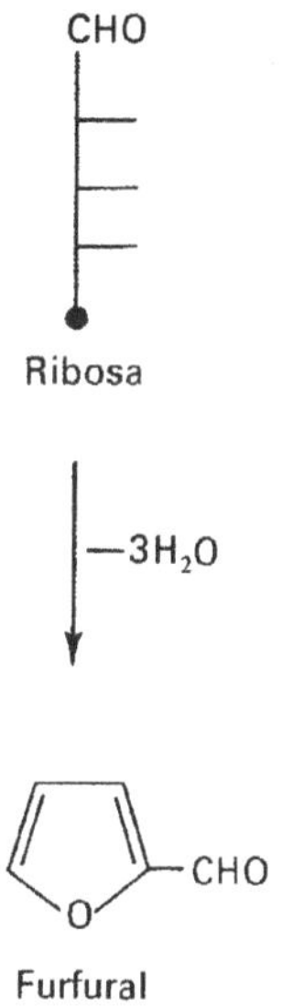

4.4.1. Reacciones de deshidratación

Cualquier azúcar en medio ácido puede deshidratarse transformándose en furfural o alguno de sus derivados. Estos compuestos, con α-naftol u otros fenoles y en presencia de un ácido fuerte concentrado (sulfúrico, clorhídrico, etc.), forman derivados intensamente coloreados. Esta reacción permite reconocer azúcares tanto solubles como insolubles (glucosa, sacarosa, celulosa, etc.).

4.4.2. Reacciones de reducción

Las aldosas, y también las cetosas en medio alcalino, son capaces de oxidarse a ácidos aldónicos, con lo que pueden reducir determinados reactivos. Entre las múltiples posibilidades, son muy comunes las reacciones de reducción del ion cúprico (azul intenso en medio alcalino) a ion cuproso (rojo ladrillo, insoluble). Las conocidas reacciones de Fehling y de Benedict siguen este esquema y se diferencian esencialmente en la sustancia orgánica que estabiliza el Cu^{++} alcalino (tartrato y citrato, respectivamente). Para el análisis de glucosa en orina puede emplearse la reacción de Benedict, que veremos en las Prácticas de este capítulo.

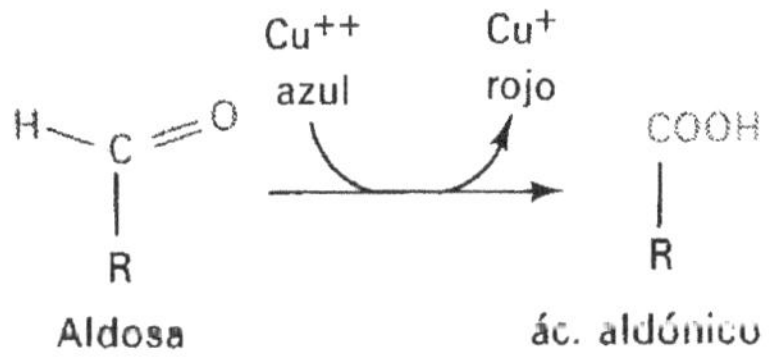

4.4.3. Reacción con el iodo

Algunos polisacáridos solubles son capaces de incorporar iones triioduro (I_3^-) en su estructura espacial, originando una coloración más o menos intensa. La amilosa, con pequeñísimas

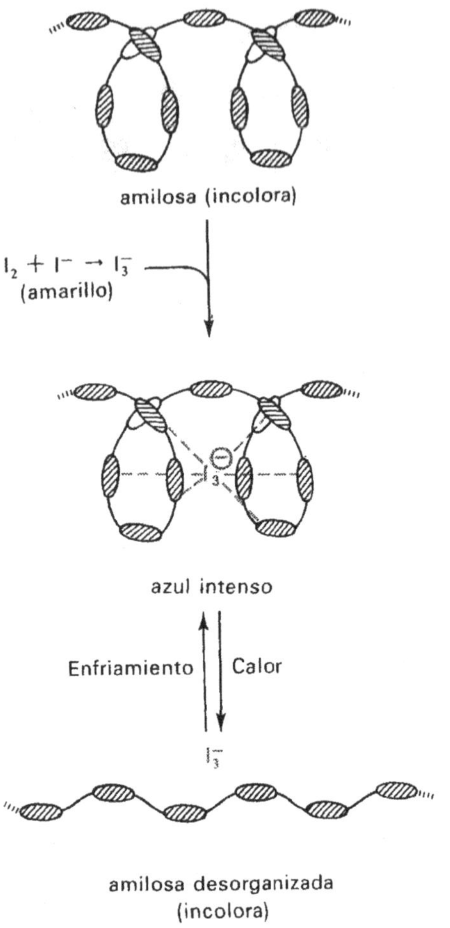

cantidades de iodo, da un color azul intenso. La amilopectina da color violáceo, y el glucógeno (con algo más de iodo) produce un color rojo. En los tres casos el color desaparece al calentar la disolución, y reaparece por enfriamiento.

4.4.4. Otras reacciones de los azúcares

Algunas reacciones químicas permiten identificar determinados azúcares, o bien porque dan positiva o negativa la reacción o bien porque originan productos diferentes, según el azúcar de que se trate. Así, por ejemplo, hay azúcares *capaces de fermentar,* en presencia de levadura (glucosa, fructosa, maltosa y manosa); en cambio, otros no fermentan (lactosa, galactosa y pentosas). Con fenilhidrazina, los azúcares reductores originan unos derivados cristalizables, llamados *osazonas.* Al microscopio, se diferencian la glucosazona, la galactosazona, la lactosazona, la maltosazona, etc.

Las disoluciones de los azúcares ópticamente activos —casi todos— giran el plano de la luz polarizada hacia la derecha o hacia la izquierda, en mayor o menor grado, según la naturaleza del azúcar. Este dato permite muchas veces identificar un azúcar desconocido (conocida su concentración) o medir esta concentración, si el azúcar es conocido.

4.5. LOS AZÚCARES EN LA CLÍNICA

El análisis de determinados azúcares en los medios biológicos —fundamentalmente en plasma y orina— suele ser de gran interés en el diagnóstico y seguimiento de diversas enfermedades.

Las técnicas analíticas utilizadas —cuyo detalle pormenorizado desbordaría los objetivos de este libro— unas veces se fundamentan en el poder reductor de los monosacáridos y varios disacáridos y otras veces se basan en reacciones muy específicas —tanto de naturaleza química, como enzimática— de algún azúcar concreto.

Glucosuria. La presencia de glucosa en la orina —glucosuria— puede ser la consecuencia de una concentración excesiva de este azúcar en la sangre o de un defecto de su reabsorción a nivel del túbulo renal. Se mide de modo aproximado mediante el método de Benedict, y de un modo más preciso con el método de la glu-
(9.6.1) cosa oxidasa.

La insuficiencia de la hormona insulina dificulta la entrada de glucosa en las células y provoca con ello una elevación de la glucosa sanguínea. Esta enfermedad se conoce como *diabetes mellitus* (eliminación de mucha orina dulce) y la padecen en el mundo alrededor de cien millones de personas. Puede también aparecer glucosa en orina, en insuficiencia renal y, de modo fisiológico, después de la ingestión de un exceso de azúcares en la dieta.

Otras glicurias. En raras ocasiones pueden aparecer en la orina: fructosa, galactosa, lactosa, pentosas, etc.

La aparición de *fructosa* puede tener lugar después de una comida rica en azúcar o en alguna enfermedad infrecuente e intrascendente, como es la *fructosuria esencial.* La *galactosa* aparece en la *galactosemia congénita,** una enfermedad hereditaria, que puede tener graves consecuencias si no se suprime a tiempo la galactosa de la dieta del recién nacido. Puede aparecer *lactosa* en orina de madres lactantes, o gestantes en el último mes de embarazo. Las *pentosas* aparecen en la orina después del consumo de algunas frutas especialmente ricas en ellas, y en una anomalía genética del metabolismo de la *xilulosa,* en la que este azúcar aparece abundantemente en la orina, pudiendo confundirse en los análisis rutinarios con una diabetes.

Glucemia. El nivel de glucosa en sangre se mantiene sensiblemente constante. Esta constancia se consigue mediante un delicado sistema de regulación hormonal, que desvía el exceso de glucosa, después de las comidas, hacia glucógeno (hígado, músculo) o triglicéridos (tejido adiposo). En ayunas, para que no baje el nivel de glucosa en sangre, se degrada el glucógeno hepático y se consumen ácidos grasos del tejido adiposo. En la *diabetes mellitus* falla esta regulación hormonal, en general, por deficiencia de insulina. Para el diagnóstico seguro de la diabetes, se suele recurrir a la llamada prueba de «*tolerancia a la glucosa*» que consiste en la administración de una sobredosis de este azúcar y la observación de los niveles de glucemia en función del tiempo. En los diabéticos los niveles alcanzados son más altos y tardan más en normalizarse (Fig. 4.13).

Otras hiperglicemias. Se presentan excesos de azúcares en sangre, correspondiendo a las glicurias, ya enumeradas. A saber, hay hipergalactosemia, lactosemia, fructosemia, etc., cuando estos azúcares aparecen también en la orina.

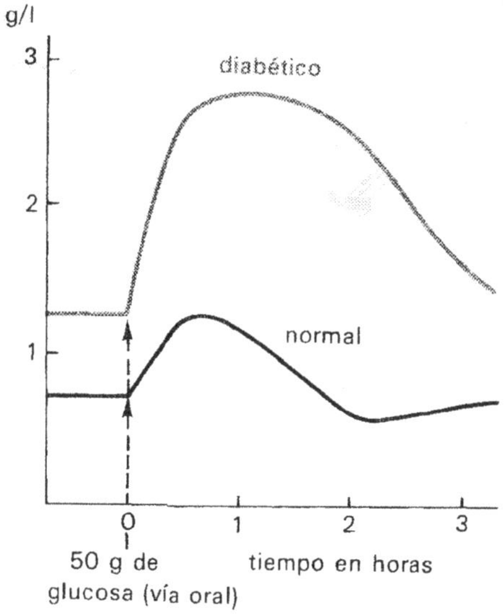

Figura 4.13
Curvas de glucemia en un individuo normal y en otro diabético, después de administrar oralmente 50 g de glucosa.

COMPLEMENTOS 4.3

CROMATOGRAFÍA

La cromatografía es una técnica analítica que permite separar sustancias de estructura química muy similar. Esta técnica ha tenido un papel fundamental en el desarrollo de la bioquímica. Se basa en la distinta capacidad de las sustancias para:

- ser arrastradas por una fase móvil
- ser retenidas por un soporte fijo, o fase estacionaria.

Es decir que, consideradas varias sustancias semejantes, siempre hay algunas más solubles en la fase móvil, y otras con mayor afinidad por la fase estacionaria. Como consecuencia, las primeras se desplazarán a mayor velocidad que las segundas, y en último término, se podrá conseguir la separación de todas ellas.

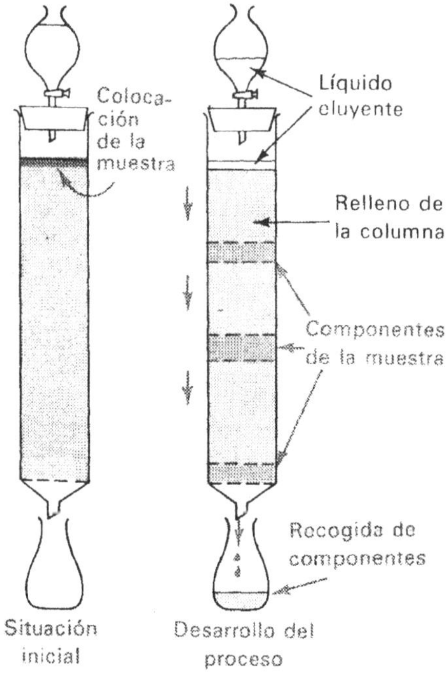

Esquema de la cromatografía en columna

* Se llaman enfermedades *congénitas* a las que se sufren desde el momento del nacimiento, y *hereditarias* a las que se producen por transmisión genética. No todas las enfermedades congénitas son hereditarias: así, por ejemplo, las malformaciones congénitas, ocasionadas por la *rubeola* de la madre durante el embarazo, no son hereditarias.

a) Según el **estado físico de las fases,** existen técnicas cromatográficas sólido-líquido, sólido-gas, líquido-líquido y líquido-gas, según sean respectivamente la fase estacionaria y la fase móvil.

b) Según el **instrumental** empleado, se conocen entre otras la cromatografía *en columna,* cuando la fase estacionaria se halla en este tipo de recipientes; la cromatografía *sobre papel,* cuando éste es el soporte cromatográfico; la cromatografía *en capa fina,* cuando el soporte es una sustancia esparcida sobre una lámina inerte, de vidrio o aluminio; la cromatografía *en fase gaseosa,* cuando la fase móvil es un gas y la muestra está vaporizada; y la cromatografía *de alta presión,* cuando la fase móvil es un líquido que se mueve a lo largo de una columna impulsado por presiones hidrostáticas elevadas.

c) Según las **fuerzas que tienden a retener a los solutos** en la fase estacionaria, se distinguen técnicas cromatográficas de adsorción, partición o reparto, cambio de ion y afinidad. La *adsorción* consiste en la tendencia del soluto a ser retenido en puntos activos de un soporte sólido; la *partición* se basa en la distinta solubilidad del soluto en las dos fases líquidas, móvil y estacionaria; el *cambio iónico* implica la unión electrostática de solutos iónicos a una fase sólida con cargas de signo opuesto a los iones libres; la *afinidad* se refiere a una retención específica del soluto por complementariedad química con el soporte (antígeno-anticuerpo, enzima-sustrato, hormona-receptor, ...).

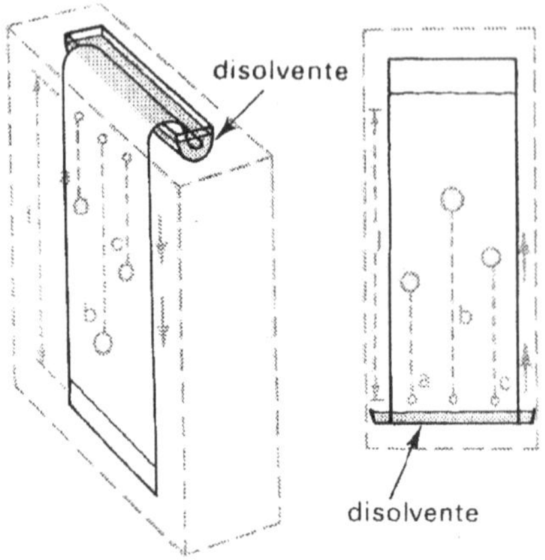

Esquema de la cromatografía sobre papel
(descendente) (ascendente)

$Rf_a = \frac{a}{l}$; $Rf_b = \frac{b}{l}$; $Rf_c = \frac{c}{l}$

APLICACIONES 4.1

CROMATOGRAFÍA DE AZÚCARES

En el caso de los azúcares, una técnica cromatográfica muy difundida emplea como soporte sólido el papel de filtro (Whatman n.º 1) y como líquido de desarrollo la mezcla de butanol, piridina y agua, en las proporciones 6:4:3. En presencia del papel —hidrófilo— esta mezcla forma una película acuosa delgadísima que lo recubre y deja deslizar sobre ella la fase orgánica (principalmente butanol-piridina).

Los azúcares son retenidos por la fase acuosa adherida al papel y arrastrados por la fase orgánica móvil. Se trata fundamentalmente de una cromatografía líquido-líquido de partición. Cada azúcar avanza, desde el origen, en una longitud proporcional al desplazamiento de la fase orgánica; esta longitud se reseña mediante el parámetro Rf (relación de frentes):

$$Rf = \frac{\text{distancia recorrida por el azúcar}}{\text{distancia recorrida por el disolvente}}$$

Antes de que el disolvente alcance el extremo del papel, éste se extrae de la cámara de cromatografía, se evapora el disolvente y se revelan los azúcares con un reactivo característico. Con frecuencia se utilizan reacciones de reducción. Al margen se reseñan algunos valores de Rf, de azúcares cromatografiados en estas condiciones.

Azúcar	Valor de Rf
Lactosa	0,22
Manosa	0,28
Galactosa	0,36
Glucosa	0,41
Fructosa	0,46
Xilosa	0,52

Para identificar un azúcar desconocido, se cromatografía junto con patrones conocidos, y se comparan los valores de Rf utilizando diferentes mezclas líquidas. El azúcar problema corresponde al patrón cuyos valores de Rf sean idénticos en todos los casos. Para realizar estimaciones cuantitativas, pueden compararse las intensidades de coloración en el revelado, o bien, se extrae el azúcar en estudio y se le aplican los métodos analíticos habituales.

CUESTIONES Y PROBLEMAS

4.1. Clasificar en los grupos de la izquierda los azúcares enumerados a la derecha.

A. Desoxiazúcar	1. Glucosa
B. Cetosa	2. Celulosa
C. Disacárido reductor	3. Heparina
D. Azúcar ácido	4. Desoxirribosa
E. Aldosa	5. Glucosamina
F. Polisacárido simple	6. Fructosa
G. Polisacárido derivado	7. Ácido glucurónico
H. Aminoazúcar	8. Lactosa.

4.2. Con los esquemas de la figura 4.7, representar la fórmula lineal de la galactosa.

4.3. Con los esquemas de la figura 4.8, representar la fórmula lineal de la ribulosa.

4.4. Indicar cuáles de estos azúcares contienen, además de glucosa, algún otro monosacárido:

a) almidón	c) celulosa	e) lactosa
b) sacarosa	d) glucógeno	f) maltosa

4.5. Indicar cuáles de estos azúcares contienen nitrógeno en su molécula:

a) galactosa	c) glucosamina	e) fructosa
b) desoxirribosa	d) condroitinsulfato	f) heparina

4.6. Entre las siguientes fórmulas señalar cuáles pertenecen a la serie D y cuáles a la serie L:

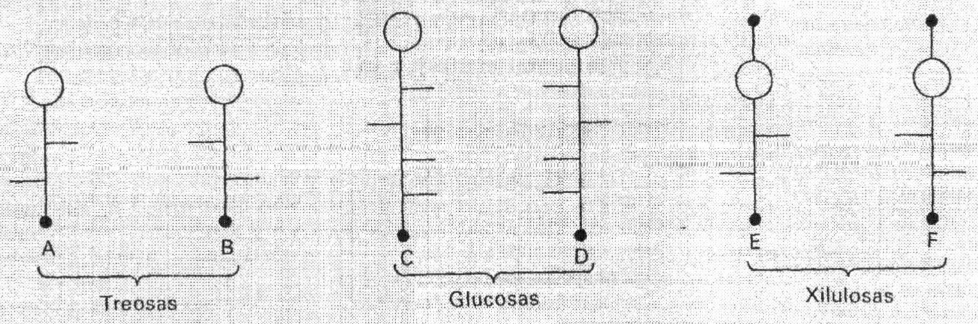

4.7. Con los esquemas de las figuras 4.10 y 4.11, dibujar la fórmula de Haworth de α-D-galactopiranosa.

4.8. Utilizando las fórmulas de este capítulo, dibujar las fórmulas lineales de la manosamina y del ácido galacturónico.

4.9. Existen individuos que no digieren los disacáridos y presentan intolerancia a la leche y a los pasteles, debido a la lactosa y a la sacarosa que contienen. Estos individuos pueden tomar miel natural, pero no miel adulterada. Si la miel natural la fabrican las abejas a partir de la sacarosa y la adulterada también se hace con sacarosa, ¿a qué puede ser debida esta diferencia en su aceptación digestiva?

4.10. Un financiero de raza judía quiso contratar un seguro de vida. Aunque estaba sano, la compañía aseguradora le diagnosticó diabetes en el análisis rutinario de orina (Benedict claramente positivo). El financiero mandó repetir los análisis en otra clínica más moderna y resultó no tener glucosa en orina (reacción de la glucosa oxidasa negativa). ¿A qué pudo deberse la divergencia de los resultados?

PRÁCTICAS DE LABORATORIO

4.1. Reacción de Molisch

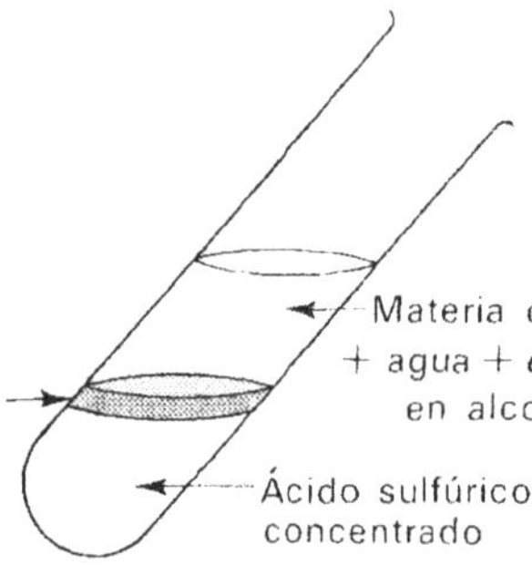

La reacción de Molisch es una de las reacciones de deshidratación. Se toma cualquier material que se sospecha puede contener glícidos, por ejemplo, un trocito de papel o unas gotas de leche, y se introduce en un tubo de ensayo arrastrándolo hasta el fondo con algo de agua. Se le añaden unas gotas de disolución alcohólica al 1% de α-naftol y se mezcla bien. Se deja caer, por la pared del tubo, ácido sulfúrico concentrado (*con las precauciones propias del manejo de este reactivo*). El ácido sulfúrico se deposita en el fondo y forma un *anillo violáceo* en el contacto con la materia orgánica que contiene algún azúcar. Agitando con suavidad, para evitar la mezcla brusca, el anillo se va ampliando hasta afectar a toda la disolución del azúcar.

4.2. Reacción de Benedict

El reactivo de Benedict cualitativo es una disolución alcalina de ion cúprico, de color azul intenso. Se prepara de la siguiente forma: en un matraz de un litro se introducen 17,4 g de sulfato cúprico cristalino, 173 g de citrato de sodio y 100 g de carbonato de sodio anhidro. Se va disolviendo con agua hasta completar la disolución a un litro. En un tubo de ensayo se vierten 5 ml del reactivo de Benedict y se calienta a ebullición. No debe cambiar el color azul. Se añaden 8 gotas de orina de un posible diabético y se hierve un minuto. Una turbidez verde indica la presencia de 0,1 a 0,3% de azúcar reductor y un precipitado rojo naranja indica que la concentración de azúcar supera el 1,5%.

4.3. Reacción del iodo

La disolución iodoiodurada se prepara mezclando 2 g de ioduro de potasio con 0,2 g de iodo metálico en muy poca agua. Una vez disuelto el iodo se añade agua hasta 100 ml. Da una disolución amarillo rojiza. Se toma un trozo de miga de pan y se agita con agua en un tubo de ensayo. Se calienta a ebullición para homogenizar al máximo. Se enfría y se añaden dos gotas de la disolución iodoiodurada. Debe producirse un *color azul intenso*. Se calienta de nuevo y se observa una desaparición de color. Al enfriar —si no se ha eliminado el iodo por completo— el color reaparece.

4.4. **Ensayar las tres reacciones anteriores** en algunas disoluciones o sustancias biológicas, indicando con el signo + o −, los resultados positivos o negativos.

Material biológico	R. de Molisch	R. de Benedict	R. del iodo
Orina normal	.	.	.
Orina de diabético	.	.	.
Plasma normal	.	.	.
Azucarillo	.	.	.
Algodón	.	.	.
Caldo de arroz	.	.	.

CAPÍTULO **5**

LÍPIDOS

5.1. CONCEPTO E INTERÉS BIOLÓGICO

Los lípidos —cuyo nombre deriva del griego *lipos:* grasa— son sustancias muy variadas que tienen en común más sus características físicas que las químicas. A saber, son poco o nada solubles en agua y suelen ser solubles en disolventes orgánicos (cloroformo, benceno, éter, alcohol, tricloroetileno, acetona, ...). Estos disolventes (frecuentemente utilizados como quitamanchas) se llaman de forma genérica *disolventes de las grasas.*

Las funciones principales de los lípidos son las siguientes:

a) *Constituyen material de reserva.* Los lípidos simples (grasas) pueden acumularse en cantidades prácticamente ilimitadas y en condiciones anhidras (es decir, sin agua). Un gramo de grasa es capaz de producir más calorías que 4 gramos de glucógeno hidratado, como se verá más adelante.
b) El acúmulo de lípidos debajo de la piel (panículo adiposo subcutáneo) sirve de *protección* frente al frío, y los tejidos adi-

posos situados entre determinas vísceras sirven de amortiguación entre ellas.

c) Los lípidos complejos pueden constituir *membranas biológicas* y lipoproteínas con activas funciones en la bioquímica celular.

d) Algunos lípidos actúan eficazmente en cantidades mínimas (catalíticas), modulando activamente la fisiología humana. Las *vitaminas* liposolubles, algunas *hormonas* y las *prostaglandinas* son de naturaleza lipídica.

El hombre suele ingerir de un 20 a un 30% de las calorías de la dieta en forma de lípidos. Sólo son indispensables las vitaminas lipídicas y un pequeño grupo de ácidos grasos insaturados. En la figura 5.1 se esquematiza el destino de los lípidos ingeridos en la dieta.

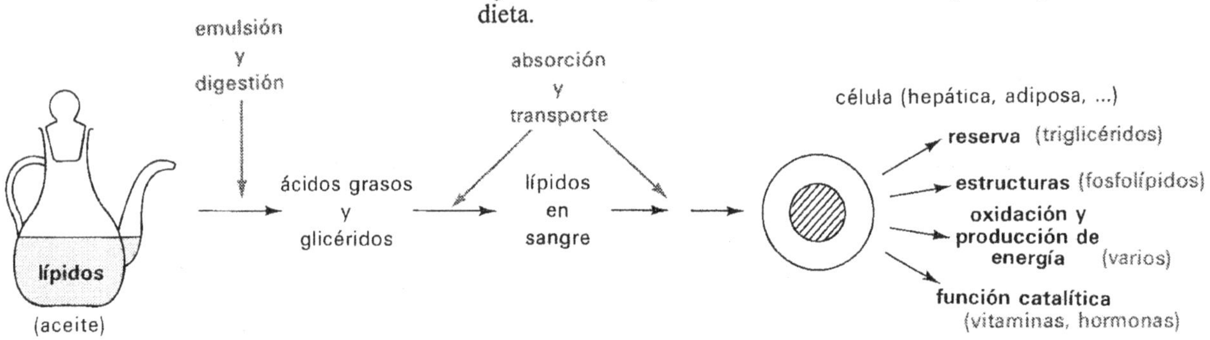

Figura 5.1
Destinos de los lípidos de la dieta humana.

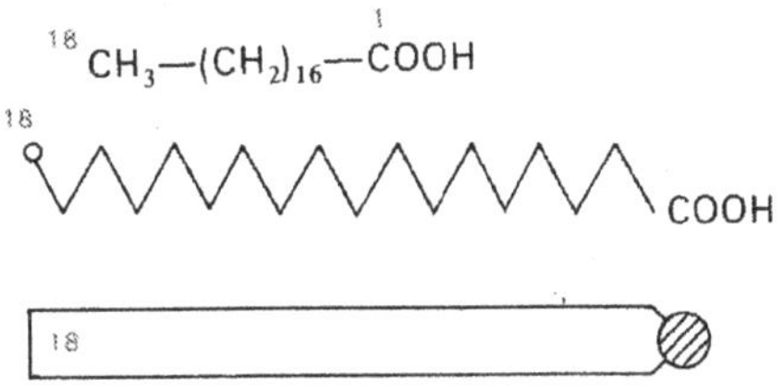

Tres formas distintas de representar el ácido esteárico (C18:0)

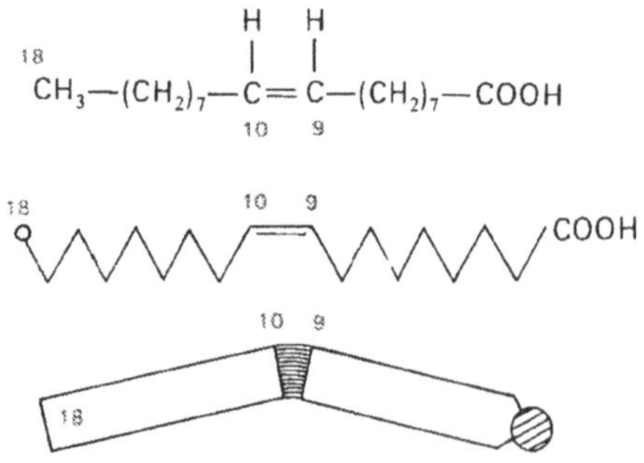

Tres formas distintas de representar el ácido oleico ($C18:1^9$)

5.2. CLASIFICACIÓN Y ESTUDIO ESTRUCTURAL DE LOS LÍPIDOS

Entre las múltiples clasificaciones de los lípidos se adopta la siguiente, dividiéndolos en cuatro grupos, de acuerdo con sus relaciones con los ácidos grasos:

Ácidos grasos
Lípidos derivados de ácidos grasos
Lípidos que contienen ácidos grasos
Lípidos no relacionados con los ácidos grasos.

5.2.1. Ácidos grasos

Aunque rara vez se encuentran libres, son los ingredientes más genuinos de los lípidos. Químicamente, los ácidos grasos son ácidos carboxílicos de cadena larga, saturada o insaturada.* Son poco

* *Insaturada:* que contiene dobles enlaces.

solubles en agua (sólo se disuelven bien los de menos de 10 átomos de carbono). En cambio, son solubles en medio alcalino formando sales —**jabones**— con notable poder detergente. Entre los *ácidos grasos saturados* merecen especial mención por su ubicuidad entre los lípidos, el *ácido palmítico* (16 carbonos) y el *esteárico* (18 carbonos), que son sólidos, blancos, de consistencia cérea, insolubles en agua, pero solubles en álcalis y en disolventes orgánicos. Los *ácidos insaturados,* con dobles enlaces en posición *cis* —es la habitual en ellos— son líquidos oleosos con las mismas características de solubilidad que hemos enumerado para los saturados. El *ácido oleico,* con un solo doble enlace, es el más abundante en el aceite de oliva y de otras semillas. En una dieta equilibrada es necesario ingerir cantidades suficientes de *ácidos grasos poliinsaturados,* es decir, con más de un doble enlace. A este respecto, merecen especial mención los ácidos *linoleico,* que tiene 2, el *linolénico,* 3, y *araquidónico,* 4. Los ácidos linoleico y linolénico abundan en muchos aceites de semillas, como girasol, cardo, soja y maíz y el araquidónico en las grasas animales. Estos tres ácidos grasos se suelen llamar colectivamente *ácidos grasos esenciales* (EFA: «*essential fatty acids*») porque resultan imprescindibles en la dieta humana.

En la tabla 5.1 se recogen los nombres y características de los principales ácidos grasos.

Tabla 5.1

Principales ácidos grasos saturados		
Nombre	Estructura	
Palmítico	C16:0	(16 carbonos, ningún doble enlace)
Esteárico	C18:0	(18 carbonos, ningún doble enlace)
Principales ácidos grasos insaturados		
Oleico	$C18:1^{9*}$	(18 carbonos, un doble enlace en el C-9)
Linoleico	$C18:2^{9,12}$	(18 carbonos, dos dobles enlaces)
Linolénico	$C18:3^{9,12,15}$	(18 carbonos, tres dobles enlaces)
Araquidónico	$C20:4^{5,8,11,14}$	(20 carbonos, cuatro dobles enlaces)

* Los índices 9, 12, 15, ..., indican la situación de cada doble enlace en la cadena carbonada.

5.2.2. Lípidos derivados de ácidos grasos

Pueden obtenerse a partir de los ácidos grasos mediante distintos procesos bioquímicos. Los más importantes son los **alcoholes grasos,** que se hallan en las ceras de abeja, de frutas y de cachalote, las **esfingosinas,** aminoalcoholes integrantes de lípidos complejos de gran importancia, y también las **prostaglandinas,** sustancias lipídicas, de acción similar a las hormonas, derivadas en general del ácido araquidónico.

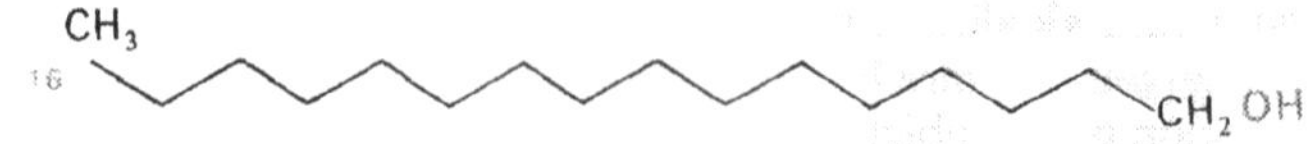

hexadecanol (un alcohol graso)

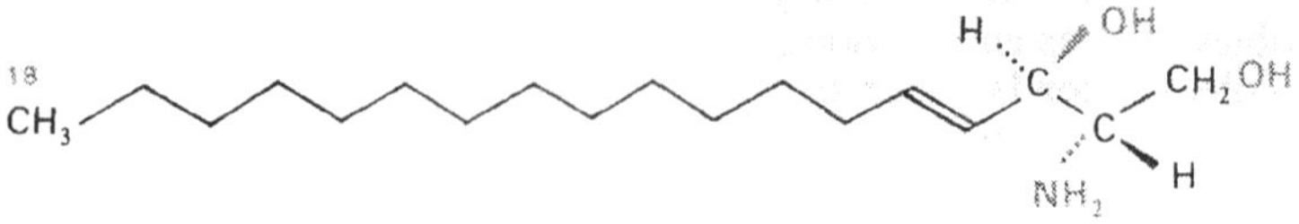

esfingosina (un aminoalcohol)

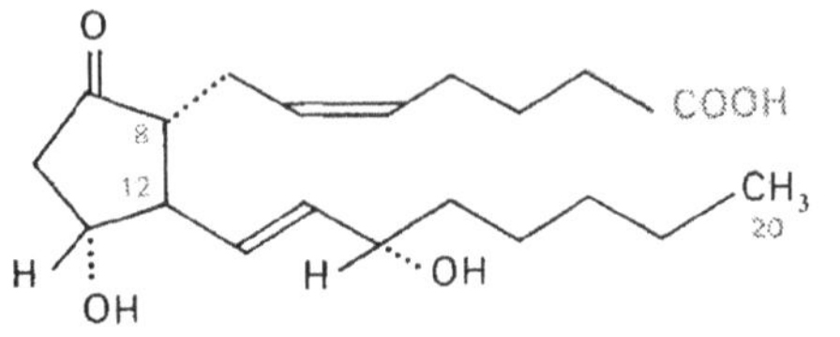

PGE$_2$ (una prostaglandina)

5.2.3. **Lípidos que contienen ácidos grasos**

En este grupo figuran la inmensa mayoría de los lípidos habituales. Se incluyen en él desde los triacilgliceroles (o triglicéridos) hasta los fosfolípidos y glicolípidos. Se les puede clasificar, por su complejidad química creciente, en diferentes subgrupos:

a) **Ceras**

Son ésteres de ácidos grasos con un alcohol de cadena larga. En general son sólidos insolubles en agua, con función protectora de células y tejidos.

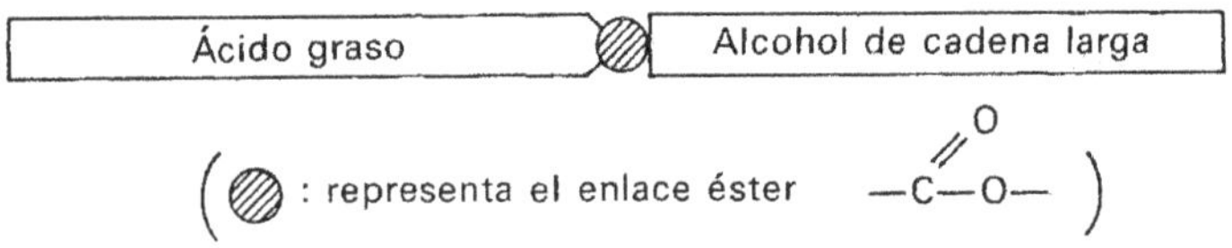

En el hombre tienen especial interés las ceras de colesterol con ácidos grasos saturados o insaturados. Las primeras son muy insolubles; con facilidad se depositan en las paredes de los vasos sanguíneos provocando *arteriosclerosis*. En cambio, las segundas son más solubles y tienen menor tendencia a originar arteriosclerosis.

b) **Grasas neutras o acilgliceroles**

Son los lípidos más abundantes. Constituyen materiales de reserva y protección en vegetales y animales. Están formados por un alcohol, el **glicerol,** que se esterifica con uno, dos o, casi siempre, tres ácidos grasos.

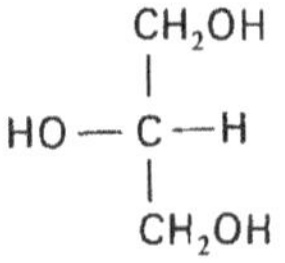

Glicerol

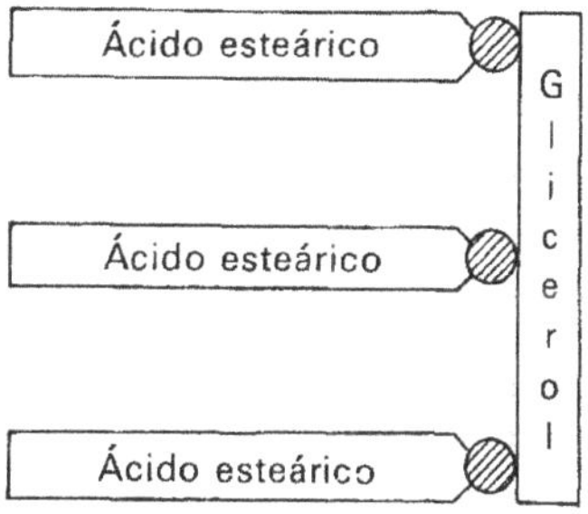

Triestearina (sólida)

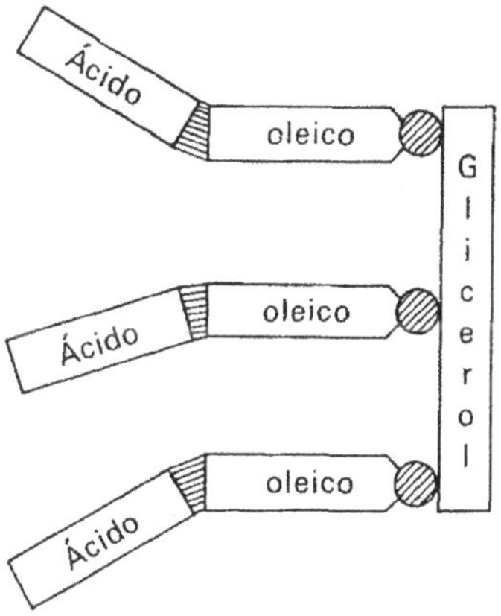

Trioleína (líquida)

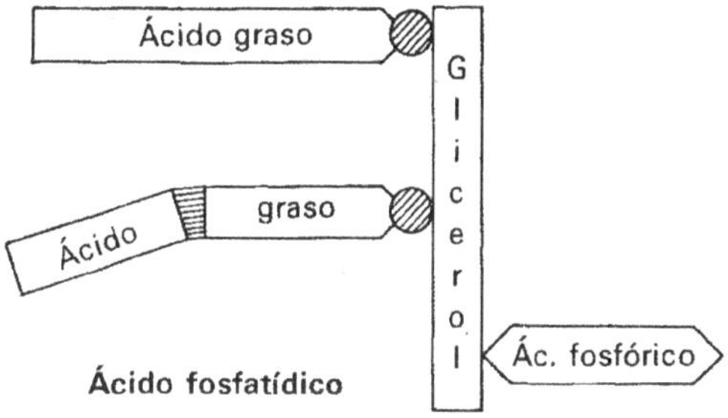

Ácido fosfatídico

Los acilgliceroles se denominan **grasas** si son sólidos a temperatura ambiente y **aceites** si son líquidos. Este carácter sólido o líquido depende en realidad de la longitud e insaturación de los ácidos grasos. El punto de fusión crece con la longitud de la cadena y su grado de saturación: así la triestearina es sólida y la trioleína es líquida.

En el tejido adiposo se almacenan cantidades muy elevadas de triacilgliceroles que pueden movilizarse en caso necesario. La acumulación excesiva de grasas se denomina *obesidad.*

c) **Glicerofosfolípidos**

Son lípidos complejos formados por glicerol, ácidos grasos, ácido fosfórico y, a veces, otros componentes polares. Son los lípidos más importantes de las membranas biológicas. Dos ácidos grasos, glicerol y ácido fosfórico* integran el fosfolípido más sencillo, el **ácido fosfatídico.**

El primer ácido graso suele ser saturado y el segundo insaturado. Los ácidos fosfatídicos son más polares que las grasas neutras, son poco solubles en acetona y con el agua forman emulsiones o dispersiones coloidales.

Los glicerofosfolípidos más importantes contienen algún compuesto polar (base nitrogenada, aminoácido o alcohol) unido al ácido fosfatídico. Así, por ejemplo, la **fosfatidilcolina, fosfatidiletanolamina, fosfatidilserina** y **fosfatidilinositol.**

Dos moléculas de ácido fosfatídico unidas a una molécula de glicerol constituyen las **cardiolipinas** (Fig. 5.2).

La molécula de los fosfolípidos es de naturaleza *anfipática,* es decir, está formada por una parte apolar, integrada por el *diglicérido* (dos ácidos grasos + glicerol) y una parte polar, formada, en general, por una *base nitrogenada* y el *ácido fosfórico,* que suelen estar cargados eléctricamente.**

Compuestos polares

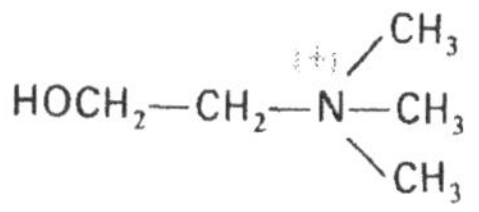

Colina

$HOCH_2—CH_2—NH_2$

Etanolamina

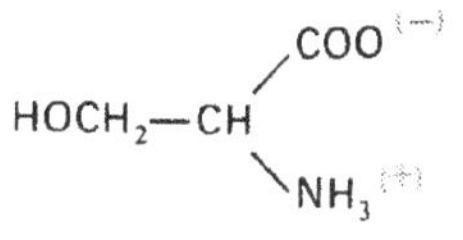

Serina

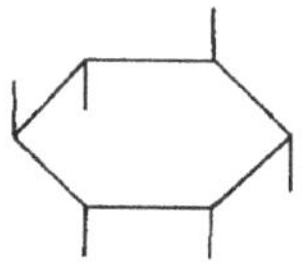

Inositol

* El ácido fosfórico, H_3PO_4, a pH neutro, está en forma de sal. El número de cargas negativas depende del pH y de su unión a otras moléculas. Los ésteres fosfóricos suelen representarse en bioquímica con una P enmarcada en un círculo: Ⓟ.

** Cuando una molécula tiene una carga positiva y otra negativa se dice que es un ion híbrido o «zwitterion».

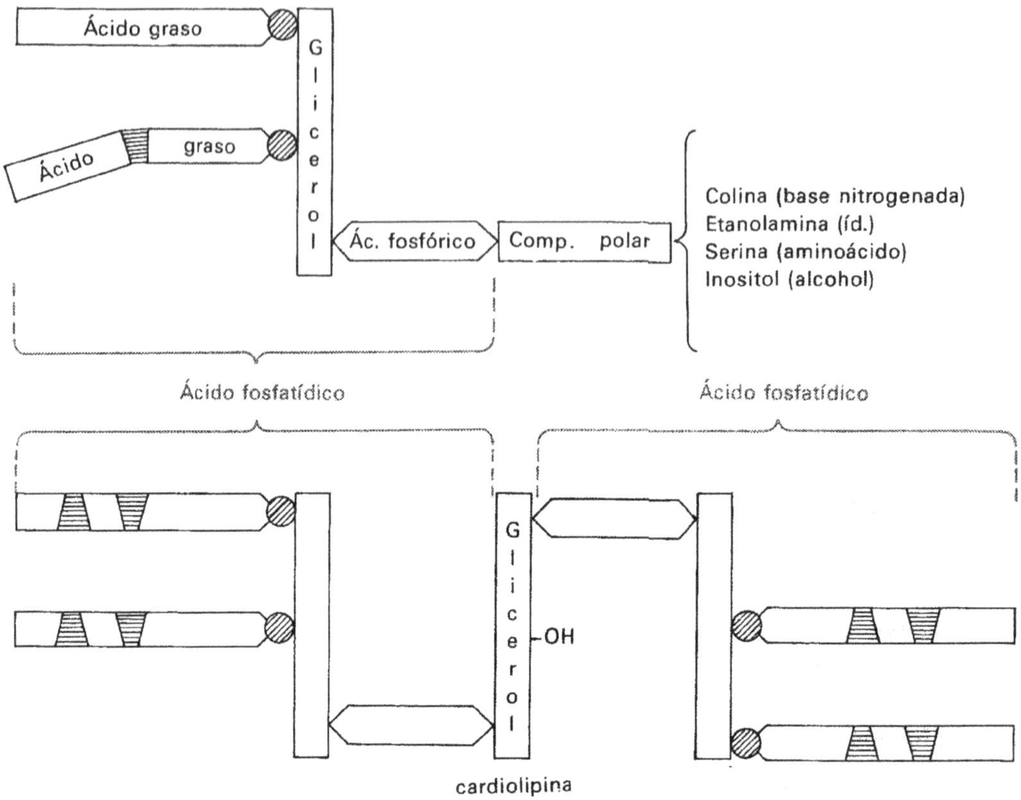

Figura 5.2
Representación esquemática de la estructura de los glicerofosfolípidos más importantes.

En medio acuoso, los fosfolípidos se asocian formando *bicapas,* enfrentando sus extremos apolares y sumergiendo en el agua sus grupos polares. Así, se forman vesículas o **liposomas** cerrados sobre sí mismos (Fig. 5.3).

d) **Esfingolípidos**

La **esfingosina** —un aminoalcohol de cadena larga— integra dos clases fundamentales de lípidos complejos: los **fosfoesfingolípidos** y los **glicoesfingolípidos.** Ambos se consideran formados por unos compuestos intermedios, denominados **cerámidos** (esfingosina + ácido graso).

Cuando el cerámido se une al ácido fosfórico y a una base nitrogenada (colina o etanolamina) se forman los *fosfoesfingolípidos.* En el caso más frecuente de que la base sea colina, reciben el nombre de **esfingomielinas,** y son muy abundantes en las fibras nerviosas formando las *vainas de mielina.*

Los fosfoesfingolípidos son semejantes a los glicerofosfolípidos estructural y funcionalmente; es decir, tienen carácter anfipático y se ordenan en forma de bicapas en medio acuoso.

Los cerámidos en combinación con azúcares constituyen los *glicoesfingolípidos.* Los más abundantes de éstos son los **cere-**

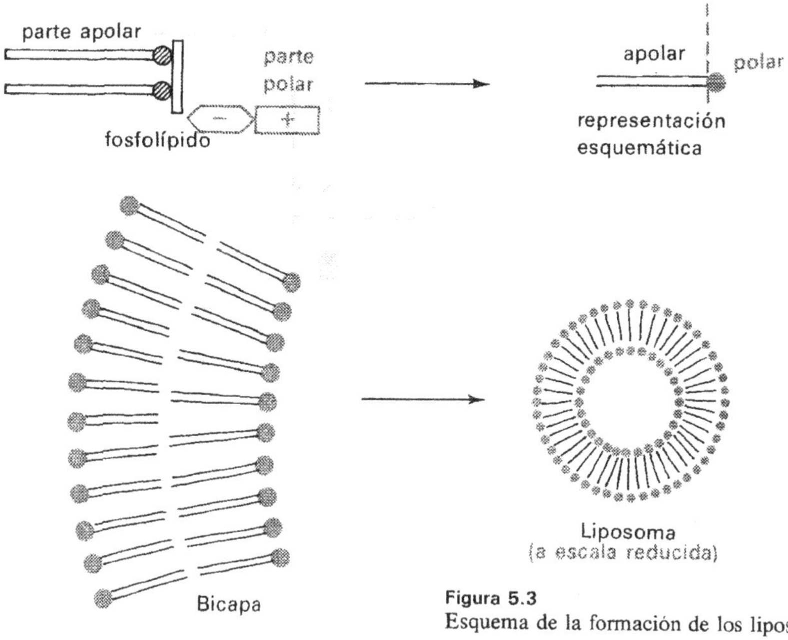

Figura 5.3
Esquema de la formación de los liposomas.

brósidos (cerámido + hexosa) y los **gangliósidos** (cerámido + hexosas + hexosamina + ácido siálico) (Fig. 5.4). En determinadas enfermedades metabólicas (*esfingolipidosis*) se acumulan en los tejidos cantidades anormalmente elevadas de esfingolípidos.

5.2.4. Lípidos no relacionados con ácidos grasos

Estas sustancias, de característica solubilidad lipídica, suelen considerarse derivadas del hidrocarburo **isopreno** (metilbutadieno) mediante diversas condensaciones y transformaciones. Según el número y disposición de las unidades de isopreno de que constan, suele clasificarse en **terpenos** (en general de 2 a 6 isoprenos), **carotenos** (8 isoprenos) y **esteroides** (con estructura cíclica).

a) Lípidos terpenoides

Entre los derivados del isopreno encontramos las vitaminas liposolubles A, E y K.

b) Lípidos carotenoides

Son octaprenoides muy difundidos, sobre todo en el reino vegetal. Merecen enumerarse el *beta-caroteno*, hidrocarburo precursor de la vitamina A, y la *luteína*, pigmento del cuerpo lúteo femenino.

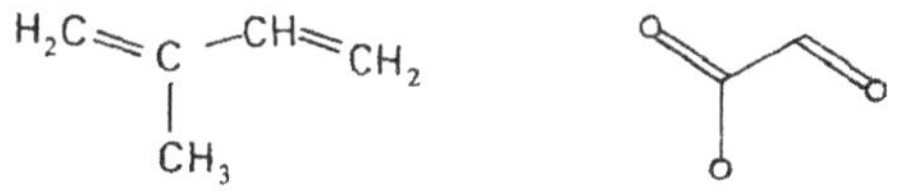

Isopreno (metilbutadieno)

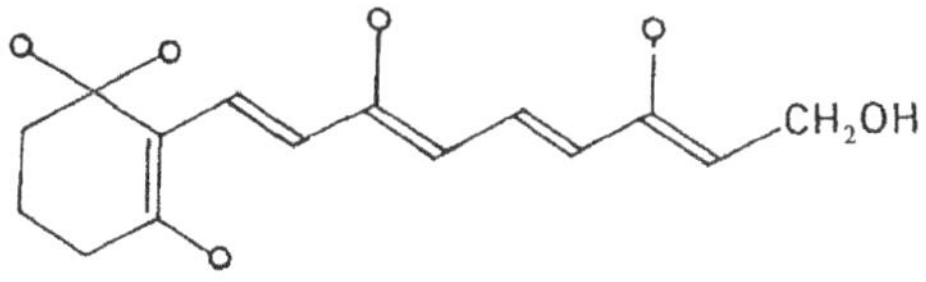

a) **Retinol** (Vitamina A)
(Está formada por 4 isoprenos)

b)

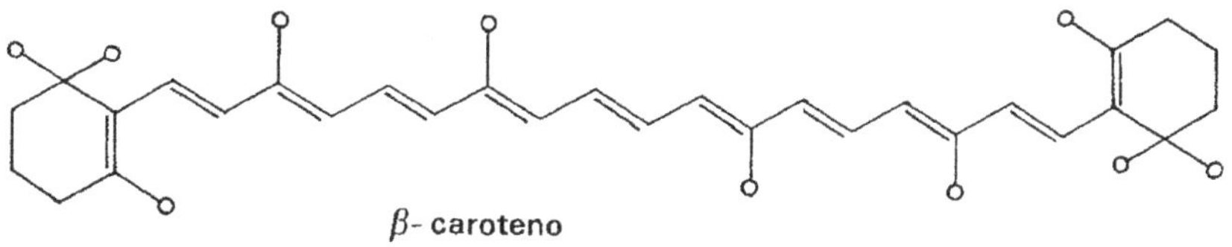

β- **caroteno**
(Está formado por 8 isoprenos)

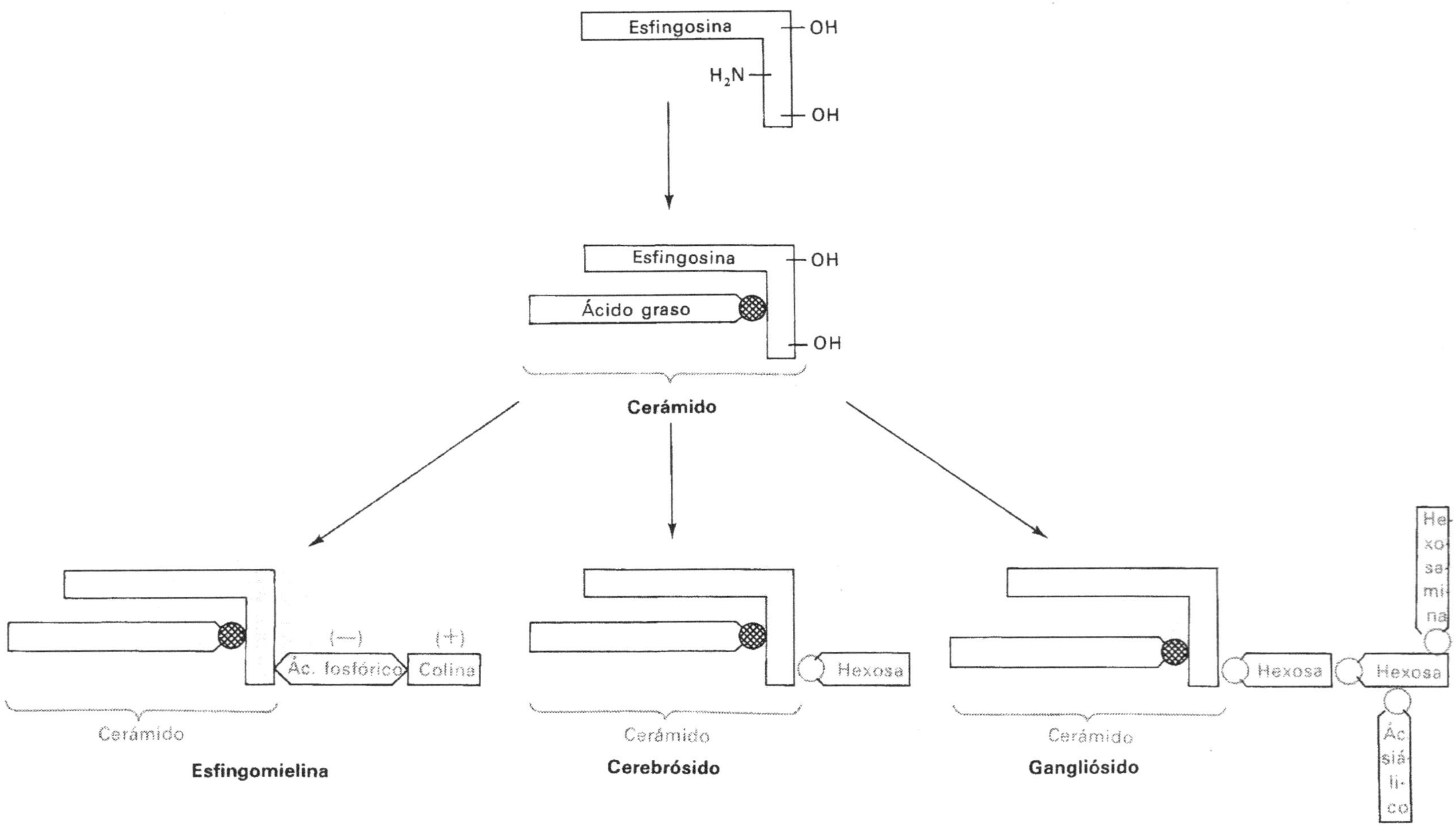

Figura 5.4
Esquema de la estructura de los principales esfingolípidos.
(● : representa el enlace amida $—\overset{O}{\overset{\|}{C}}—NH—$))

c) **Lípidos esteroides**

Son derivados isoprenoides que contienen el anillo tetracíclico *esterano* de 17 carbonos (ciclopentanoperhidrofenantreno). Entre los esteroides se incluyen diversas sustancias de gran importancia biológica:

c)

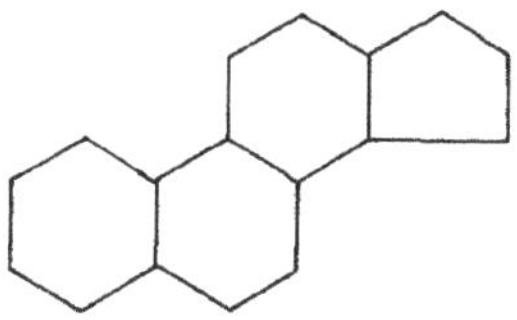

Esterano

Esteroles

Son los más abundantes. El *colesterol* de 27 carbonos y de origen animal, es precursor de vitaminas, hormonas, sales biliares, etc. Las ceras del colesterol son responsables de la *arteriosclerosis.*

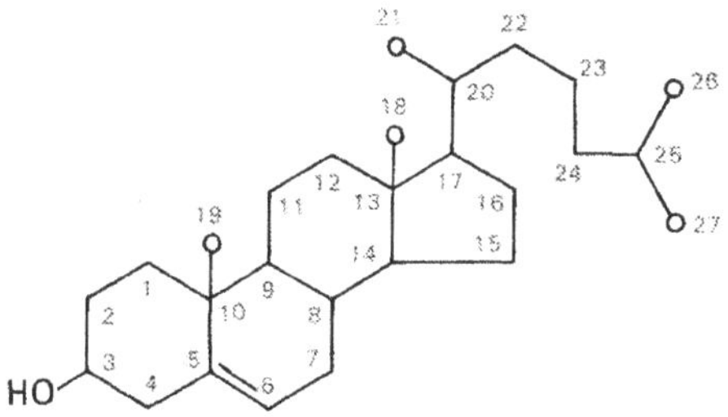

Colesterol

Ácidos y sales biliares

Son poderosos emulsionantes de las grasas y coadyuvan eficazmente a su digestión. Las sales biliares son amidas de un ácido biliar y un aminoácido (glicina o taurina).

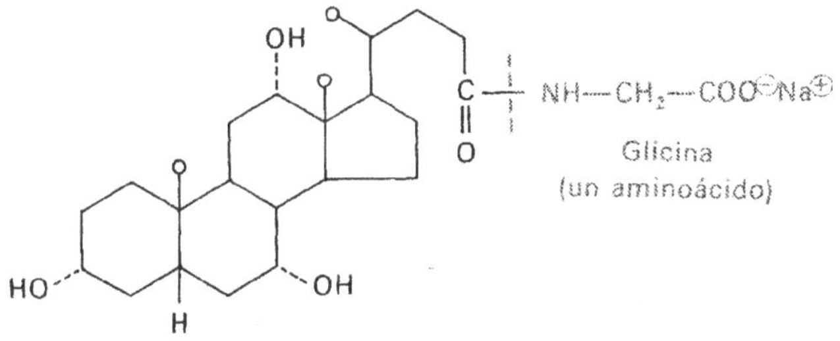

Ácido cólico
(un ácido biliar)

Glico colato de sodio
(una sal biliar)

Hormonas esteroides

Las *hormonas sexuales* humanas y las *de la corteza suprarrenal* son de naturaleza esteroidea. Se estudiarán en capítulo aparte.

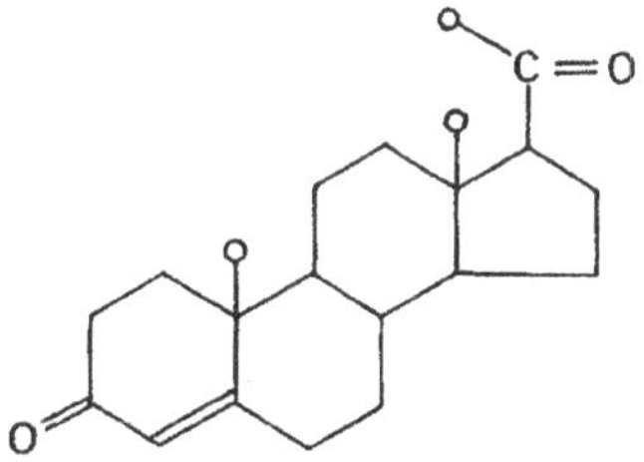

Progesterona
(una hormona esteroidea)

COMPLEMENTOS 5.1

ÁCIDOS GRASOS Y JABONES

Los ácidos grasos, ya estudiados, pueden reaccionar con bases o hidróxidos para originar unas sales, llamadas *jabones.* Estas sales poseen carácter *anfipático,* es decir que, al igual que los fosfolípidos, tienen un extremo *apolar* o *lipofílico* y otro extremo *polar* o *hidrofílico.* Los jabones, en presencia de un medio acuoso y otro medio lipídico, experimentan una particular distribución —indicada en la figura 5.5— que facilita la emulsión de las grasas en el agua.

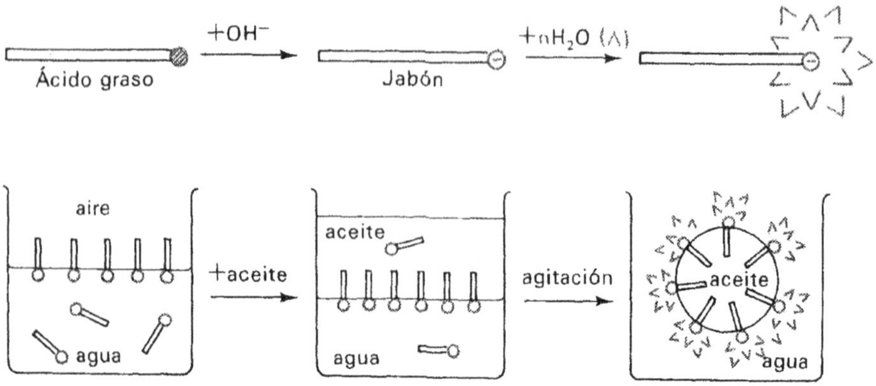

Figura 5.5
Distribución de las moléculas de jabón entre aire-agua y aceite-agua. Formación de una emulsión de gotitas de aceite en el seno del agua.

COMPLEMENTOS 5.2
ESTRUCTURA DETALLADA DE ALGUNOS LÍPIDOS REPRESENTATIVOS

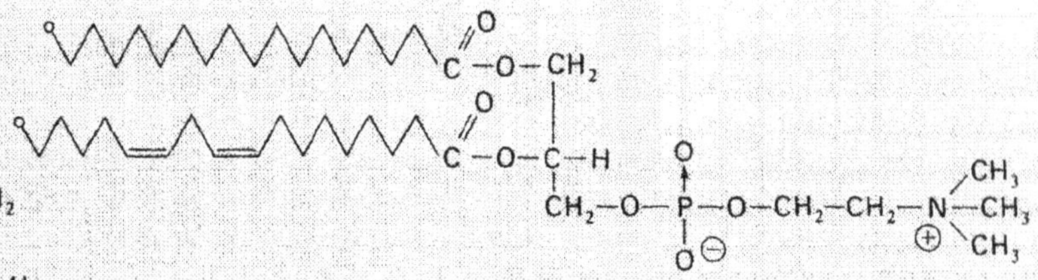

Fosfatidilcolina
(una lecitina)

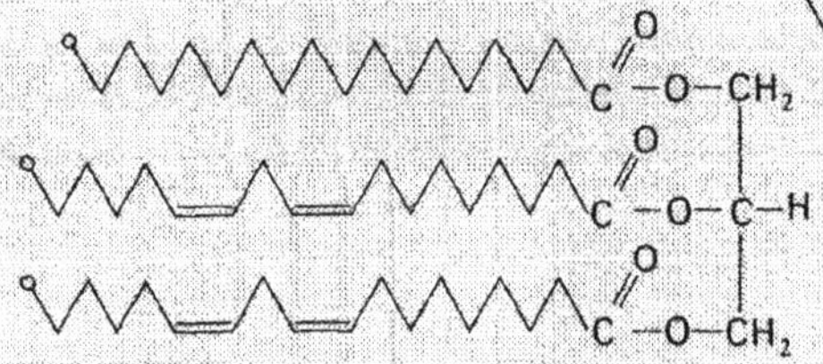

Estearildilinoleilglicerol
(una grasa neutra)

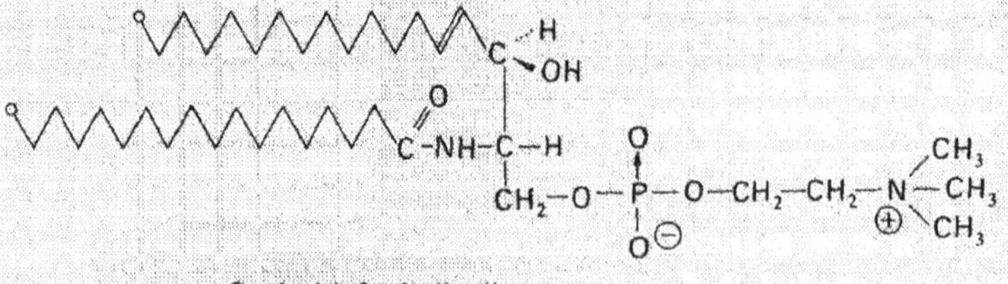

Cerámidofosforilcolina
(una esfingomielina)

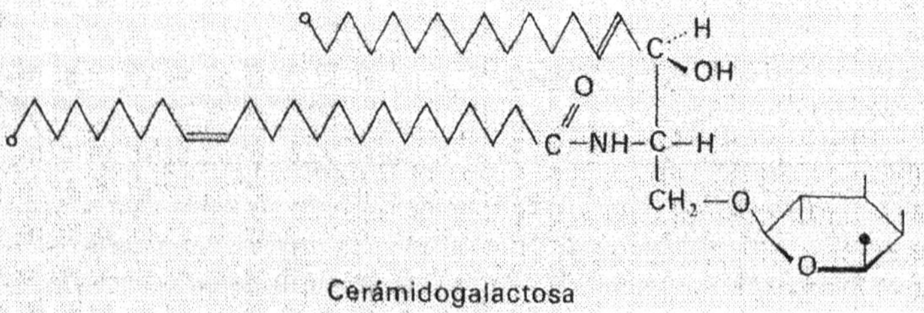

Cerámidogalactosa
(un cerebrósido)

5.3. REACCIONES DE LOS LÍPIDOS

Los lípidos pueden *extraerse* de los medios biológicos —en general acuosos— por homogenización con la mezcla cloroformo-metanol-ácido clorhídrico (200:100:1). Para ello, se tritura el tejido (hígado, cerebro, músculo, ...) con un volumen cuádruple de esta mezcla y a continuación se centrifuga. Se separa la fase inferior clorofórmica y se puede completar la extracción, repitiendo el proceso con nueva cantidad de mezcla. Se pueden reconocer los lípidos porque una gota de esta mezcla sobre el papel produce una mancha translúcida al evaporarse el cloroformo. También, al mezclar el extracto lipídico con potasa hidroalcohólica y hervir media hora se saponifican los lípidos y sus ácidos grasos pasan a la fase acuosa en forma de *jabones*.

Estos jabones dan las reacciones típicas de todos conocidas:

a) Al agitarlos con agua destilada producen abundante espuma.
b) Con clururo de calcio forman sales blancas insolubles. Esta reacción permite reconocer las *aguas duras* (que contienen iones calcio) que no cuecen las legumbres y no dan espuma con el jabón.
c) Al añadir ácido sulfúrico diluido a la disolución de jabón se liberan los ácidos grasos en forma de un líquido aceitoso que sobrenada.

Los *aceites* —con ácidos grasos insaturados— pueden endurecerse o solidificarse saturando sus dobles enlaces con hidrógeno. De esta manera, los aceites de ballena o de diversas fuentes vegetales pueden transformarse en *margarinas* comestibles.

Los esteroides se reconocen en el laboratorio por una serie de reacciones características.

Hoy en día, es muy frecuente el análisis de lípidos de cualquier origen, animal o vegetal. Aparte de la extracción ya descrita, los lípidos pueden separarse individualmente y caracterizarse utilizando diversas técnicas cromatográficas.

APLICACIONES 5.1

CROMATOGRAFÍA DE LÍPIDOS

Las técnicas más utilizadas en la separación cromatográfica de lípidos son las de capa fina y fase gaseosa.

Para la *cromatografía en capa fina* se utiliza un soporte de silicagel, extendido sobre una placa de vidrio o aluminio. La fase móvil consiste en una mezcla de disolventes, más o menos polares, según la mayor o menor polaridad de los lípidos que se desea separar. Lo más frecuente en la clínica es la separación de lípidos neutros, para lo cual se puede utilizar la mezcla: éter de petróleo-éter etílico-ácido acético (90:10:1). Las distintas clases de lípidos se separan según los Rf que se indican al margen.

Observese que los lípidos menos polares tienen el Rf más alto. El revelado de las manchas puede hacerse con vapores de iodo, que tiñen a los lípidos de color pardo sobre un fondo amarillento, o mediante reactivos más o menos específicos. Después de su separación, los lípidos pueden eluirse del silicagel para su determinación cuantitativa o para el análisis de ácidos grasos.

Lípidos neutros	Rf
Carotenos	0,95
Esteroles esterificados	0,90
Triglicéridos	0,3-0,4
Ácidos grasos libres	0,18
Esteroles libres	0,10
Lípidos polares	0,0

(C.4.3)

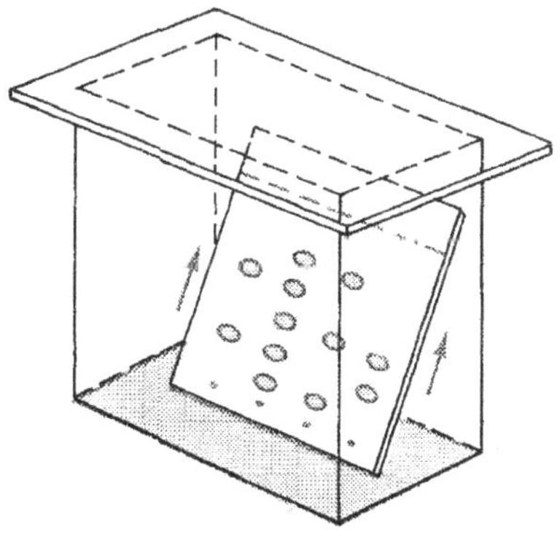

Cromatografía en capa fina

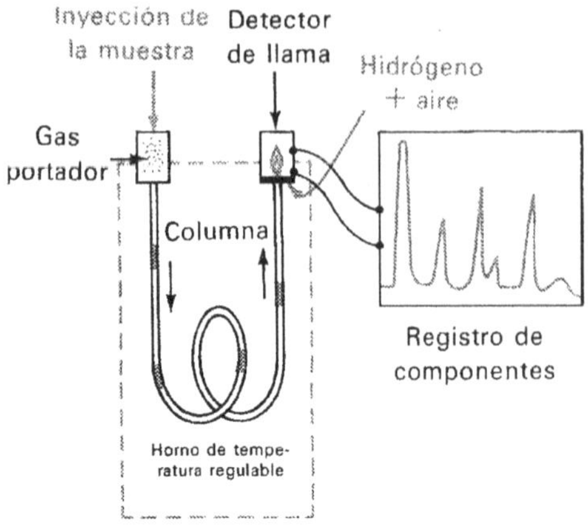

Esquema de la cromatografía en fase gaseosa

Ácido graso	Abreviatura	Tiempo de retención
Mirístico	C14:0	0,51
Miristoleico	C14:1	0,61
Palmítico	C16:0	1,00
Palmitoleico	C16:1	1,15
Esteárico	C18:0	1,81
Oleico	C18:1	2,21
Linoleico	C18:2	2,69
Linolénico	C18:3	3,51
Araquídico	C20:0	3,87
Araquidónico	C20:4	6,56

Cuando se desea identificar y determinar los ácidos grasos que integran los lípidos se recurre a la *cromatografía en fase gaseosa*. Un gas inerte (nitrógeno puro, helio) fluyendo por una columna cromatográfica, a una temperatura rigurosamente controlada, permite desdoblar en sus componentes, una mezcla de los ésteres metílicos de los ácidos grasos. El análisis cualitativo se realiza midiendo el tiempo de retención de cada ácido graso, es decir, el tiempo que tarda en salir de la columna. La salida de cada ácido se registra con un detector apropiado. Al margen se señalan los principales ácidos grasos, sus abreviaturas y los tiempos de retención relativos al ácido palmítico. Existe una relación precisa entre la longitud de la cadena y la presencia de dobles enlaces con los tiempos de retención.

Por último, la cromatografía en fase gaseosa permite separar lípidos esteroides, es decir, esteroles, ácidos biliares u hormonas esteroideas. En este sentido, tiene especial interés el análisis de las hormonas esteroideas en orina. Al igual que en los ácidos grasos, los tiempos de retención sirven para el reconocimiento del compuesto y la comparación gráfica o numérica del área del «pico» del compuesto, con un patrón interno, permite el análisis cuantitativo.

5.4. LOS LÍPIDOS EN LA CLÍNICA

A menudo, aunque no con tanta frecuencia como en el caso de los azúcares, se requiere llevar a cabo una determinación de los lípidos en medios biológicos. En algunas ocasiones se producen enfermedades por almacenamiento de lípidos polares, casi siempre esfingolípidos (*lipidosis*) cuya causa es la carencia de un enzima específico. La ausencia de este enzima impide la degradación del lípido, que, en consecuencia, se acumula. En estas circunstancias el diagnóstico viene dado por el estudio anatomopatológico, y las técnicas bioquímicas, muy especializadas, sólo se utilizan para confirmarlo. En la tabla 5.2, se señalan algunas de estas lipidosis, junto con el tipo de lípido que se acumula y el enzima deficitario.

Mucho más frecuentes son los problemas derivados de las alteraciones en los niveles séricos de **colesterol** y **triglicéridos.** El colesterol está relacionado con la patogenia de la *arteriosclerosis;* los triglicéridos se acumulan con exceso en la obesidad. También se detectan niveles elevados de triglicéridos en heces (*esteatorrea*) en casos de insuficiente digestión o absorción intestinal de estos lípidos.

Normalmente, todos los lípidos del suero se transportan en forma de lipoproteínas; el análisis de estas lipoproteínas se describirá en el capítulo siguiente. También es frecuente proceder al análisis directo de los triglicéridos y el colesterol.

El análisis de triglicéridos se realiza por hidrólisis enzimática (catalizada por *lipasa*) y determinación del glicerol liberado,
(9.6.1) también por métodos enzimáticos (glicerol quinasa).

$$\text{Triglicérido} \xrightarrow[\text{lipasa}]{} \text{3 ácidos grasos} + \text{glicerol}$$

$$\text{Glicerol} + \text{ATP} \xrightarrow[\text{glicerol quinasa}]{} \text{glicerol-3-fosfato} + \text{ADP}$$

$$\text{Glicerol-3-fosfato} + \text{NAD}^+ \xrightarrow[\text{glicerol-3-fosfato deshidrogenasa}]{} \text{dihidroxiacetona fosfato} + \text{NADH} + \text{H}^+$$

La aparición de NADH se registra en un espectrofotómetro a 340 nm. Obsérvese que por cada molécula de triglicérido se produce, estequiométricamente, una de NADH.

El colesterol se mide, previa extracción con disolventes orgánicos, por la reacción de Liebermann y Burchard. Más frecuentemente se recurre a la determinación enzimática, con colesterol oxidasa. **(Práctica 5.3)**

Tabla 5.2
Principales esfingolipidosis

Nombre de la enfermedad	Enzima defectuoso	Lípido que se acumula
1. Enfermedad de Niemann-Pick	esfingomielinasa	esfingomielinas
2. Lipogranulomatosis (Farber)	ceramidasa	cerámidos
3. Enfermedad de Gaucher	β-glucosidasa	glucosilcerámido
4. Enfermedad de Tay-Sachs	hexosamidinasa A	gangliósido GM_2
5. Enfermedad de Fabry	α-galactosidasa	digalactosilglucosilcerámido
6. Leucodistrofia metacromática	sulfatasa	sulfátido de galactosilcerámido

CUESTIONES Y PROBLEMAS

5.1. Clasificar en los grupos de la izquierda los lípidos enumerados a la derecha:

A. Ácido graso	1. Triestearina
B. Cera	2. Prostaglandina
C. Glicerofosfolípido	3. Glucosilcerámido
D. Sal biliar	4. Palmitato de colesterol
E. Derivado de ácido graso	5. Hormona corticoide
F. Cerebrósido	6. Ácido oleico
G. Esteroide	7. Fosfatidilcolina
H. Grasa neutra	8. Glicocolato de sodio

5.2. Con los datos de la tabla 5.1, dibujar la fórmula del ácido araquidónico.

5.3. Con los datos de la figura 5.2, dibujar la fórmula de una fosfatidiletanolamina.

5.4. Indicar cuántos átomos de carbono tienen:

a) el colesterol	c) una sal biliar	e) la tripalmitina
b) un ácido biliar	d) la progesterona	f) la esfingosina

5.5. Formular de manera esquemática y nombrar un lípido que contenga: glucosa, galactosa, glucosamina, ácido siálico, ácido graso y esfingosina.

5.6. Clasificar de menos polar a más polar los siguientes lípidos:

a) ácido graso	c) triglicérido	e) sal biliar
b) fosfolípido	d) esterol esterificado	f) esterol libre

5.7. Indicar cuáles de estos lípidos contienen nitrógeno en su molécula:

a) fosfatidilcolina	c) glicocolato de sodio	e) prostaglandina
b) ácido oleico	d) esfingomielina	f) palmitato de potasio

5.8. Indicar cuáles de estos lípidos tienen fósforo en su molécula:

a) gangliósidos	c) fosfatidilserina	e) esfingomielinas
b) cardiolipinas	d) progesterona	f) cerebrósidos

5.9. Entre los lípidos anfipáticos de membrana se cuentan los siguientes:

1) fosfatidilcolina	4) esfingomielina
2) glucocerebrósido	5) fosfatidiletanolamina
3) colesterol	6) gangliósido

Asignar a cada uno de ellos el componente apolar y el componente polar que les corresponda:

Componente apolar	*Componente polar*
A. Diglicérido	*D. Azúcar*
B. Radical esteroide	*E. Fosforilbase*
C. Ceramido	*F. Función alcohol*

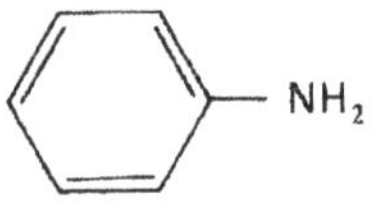

Anilina

5.10. El aceite de colza que provocó el «síndrome tóxico» había sido calentado con una amina aromática —la *anilina*— por lo que sus ácidos grasos habían formado amidas con ella. Estos derivados resultan análogos a un tipo de lípido precursor de los esfingolípidos. Indicar cuál es este precursor.

5.11. En el intestino delgado, las grasas deben ser atacadas por las lipasas (hidrosolubles) para originar jabones. Cuando faltan las sales biliares, aunque se tengan cantidades adecuadas de grasa y de lipasa, el ataque es insuficiente. ¿A qué puede ser debido?

5.12. La salsa mahonesa se forma por adición progresiva de aceite a huevo crudo (yema + clara), agitando de forma constante. Así se consigue una emulsión estable de consistencia gelatinosa. Señalar la función específica que ejerce sobre el aceite la fosfatidilcolina (lecitina) de la yema de huevo.

PRÁCTICAS DE LABORATORIO

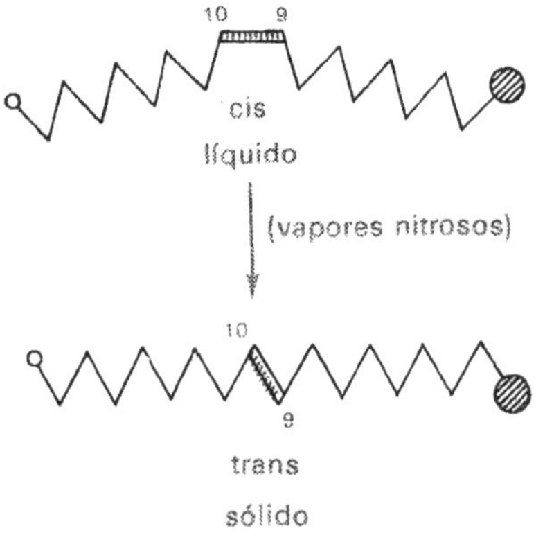

5.1. Solidificación de un aceite por conversión de los dobles enlaces cis en trans

Los dobles enlaces trans confieren a los ácidos grasos una estructura más regular que los enlaces cis. A 2 ml de aceite de *oliva* en un tubo de ensayo se añaden 2 ml de ácido nítrico diluido (1:1) y una gotita de mercurio metal. Se calienta suavemente hasta que el mercurio empieza a desprender vapores. Se deja enfriar. El ácido nítrico se vuelve verdoso por la sal mercúrica y se liberan vapores nitrosos que atraviesan la capa superior de aceite. Al cabo de unas horas el aceite ha solidificado por haberse transformado sus enlaces *cis* en *trans*.

5.2. Extracción de los lípidos de la yema de huevo

Se rompe un huevo de gallina y se separan la clara y la yema. La clara se guarda en nevera para las prácticas de proteínas. La yema se homogeniza en mortero con 15 ml de la mezcla cloroformo-metanol-ácido clorhídrico (200:100:1). Se filtra o centrifuga. La mezcla transparente ha pasado de incolora a amarilla. Puede comprobarse que tiene lípidos dejando unas gotas sobre un papel de filtro. Éste queda transparente al evaporarse los disolventes. Puede determinarse la cantidad total de lípidos evaporando una parte alícuota, por ejemplo 1,5 ml, en un vaso de precipitados previamente tarado (= pesado vacío). Se vuelve a pesar con el residuo sólido y, por diferencia, se calcula la cantidad de lípidos extraídos. Si se quiere conocer la naturaleza de estos lípidos, se puede realizar una cromatografía en capa fina del extracto obtenido.

5,3. Reacción del colesterol

El colesterol del huevo puede identificarse tomando 1 ml del extracto clorofórmico anterior, evaporándolo y añadiendo 2 ml de anhidrido acético y 0,2 ml de ácido sulfúrico concentrado. Aparece una coloración violeta que vira a verde esmeralda estable. (Reacción de Liebermann-Burchard.) Con esta reacción, operando adecuadamente, puede determinarse la cantidad de colesterol de una muestra dada.

CAPÍTULO **6**

PROTEÍNAS

6.1. CONCEPTO E INTERÉS BIOLÓGICO

Las proteínas constituyen un grupo de biomoléculas caracterizado por su gran variedad estructural y enorme diversidad de funciones biológicas. Sin embargo, todas las proteínas tienen en común el ser polímeros de aminoácidos, ordenados en secuencia lineal. Hay unos veinte aminoácidos diferentes. Cada proteína suele contener de cien a trescientos residuos de aminoácidos; la variedad estructural se debe a las múltiples ordenaciones o secuencias que pueden adoptar estos veinte aminoácidos, que naturalmente se repiten muchas veces en cada molécula. Los polímeros de menos de cien aminoácidos se llaman *péptidos.* Entre las propiedades de los péptidos y las proteínas no hay una frontera precisa, sino más bien una variación gradual.

Las proteínas de cada ser vivo, animal o vegetal, son específicas; una célula típica viene a tener unas tres mil proteínas diferentes. También los distintos grupos de células (por ejemplo, tejidos) de un ser vivo, contienen proteínas características; proteínas que desempeñan la misma función presentan ligeras variaciones estructurales en las distintas especies.

Entre las funciones biológicas de las proteínas merecen destacarse:

a) *Función catalítica.* La mayoría de las proteínas tienen funciones de catálisis biológica: son los *enzimas*. Una célula típica contiene unos dos mil enzimas diferentes. Como se verá más adelante (Cap. 9) la práctica totalidad de las reacciones bioquímicas se hallan catalizadas por enzimas específicos. Hay proteínas que, teniendo otras funciones, son, a la vez, enzimas. Así, por ejemplo, la miosina, una proteína contráctil, actúa también catalizando la hidrólisis de ATP.
b) *Función estructural.* Numerosas proteínas contribuyen a la morfología y propiedades físicas de las células, medio extracelular, tejidos y órganos. Así, las proteínas que integran el citoesqueleto, o los colágenos del tejido conjuntivo.
c) *Funciones de transporte y reserva.* Existen proteínas capaces de transportar toda clase de biomoléculas tanto en el interior como en el exterior de las células, así por ejemplo, las *proteínas receptoras de hormonas* esteroideas, que las transportan a través del citoplasma hasta el núcleo celular, o los diversos tipos de lipoproteínas, cuya misión es el transporte de lípidos en la sangre. Otras proteínas tienen funciones de reserva, como la caseína de la leche, que suministra ácido fosfórico y aminoácidos al recién nacido.
d) *Funciones de reconocimiento celular y defensa.* Muchas células son capaces de reconocer si las células adyacentes pertenecen o no a la misma especie, o al mismo tejido: es la base de la aceptación o rechazo de un *transplante.* En este reconocimiento tienen un papel importante las glicoproteínas de la superficie celular. Otras células reaccionan ante la presencia de células o moléculas extrañas sintetizando proteínas de defensa, como son las *inmunoglobulinas.*
e) *Función contráctil.* Numerosas células poseen proteínas filamentosas capaces de contraerse. El ejemplo mejor conocido es el *complejo actina-miosina* del músculo.
f) *Función hormonal.* También existen proteínas y péptidos con función hormonal, es decir, que actúan como mensajeros químicos de un tejido a otro, a través de la sangre. Así, la hormona somatotropa segregada por la hipófisis estimula la proliferación del cartílago de crecimiento y, por tanto, el aumento de longitud de los huesos.
g) *Otras funciones.* Las proteínas realizan numerosas funciones además de las citadas; así por ejemplo, las histonas nucleares facilitan el empaquetamiento del DNA en los cromosomas; algunas proteínas de membrana permiten el paso selectivo de ciertas biomoléculas; etc.

6.2. AMINOÁCIDOS

Como ya se ha dicho, los aminoácidos son los componentes primordiales de las proteínas. Los aminoácidos constituyen un grupo de biomoléculas de interés suficiente para ser considerado por separado, antes de abordar el estudio de las proteínas **propiamente** dichas. Desde el punto de vista de la nutrición, el ser humano fabrica sus propias proteínas a partir de los aminoácidos libres: ninguna proteína es imprescindible en la dieta. Todas las proteínas exógenas son desdobladas en aminoácidos antes de su asimilación. En cambio, de los veinte aminoácidos, aproximadamente la mitad han de ser forzosamente incluidos en la dieta, puesto que el hombre no puede sintetizarlos; la insuficiencia de su aporte originaría una enfermedad de tipo carencial. Los aminoácidos esenciales son Val, Leu, Ile, Thr, Met, Lys, Phe, Trp, His y Arg, este último sólo en la edad de crecimiento.

El destino metabólico de las proteínas y aminoácidos de la dieta se esquematiza en la figura 6.1.

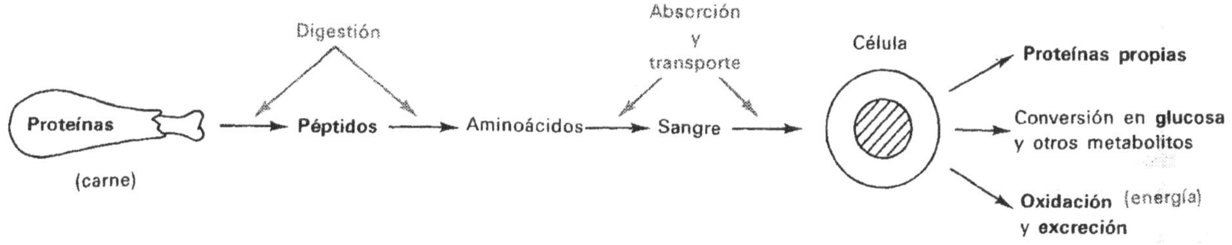

Figura 6.1
Destino de las proteínas de la dieta humana

6.2.1. Concepto y clasificación

El nombre de **aminoácido** alude a que son ácidos orgánicos (carboxílicos) con un grupo amino ($-NH_2$) situado en posición α, es decir, en el carbono contiguo al grupo carboxilo ($-COOH$). La fórmula general de un aminoácido es:

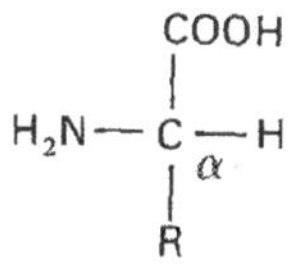

El carbono α es asimétrico —tiene cuatro sustituyentes distintos— salvo que el radical R sea un H: es el caso del aminoácido glicina. Los demás aminoácidos naturales pertenecen a la serie L, es decir, escrita su fórmula según la convención de Fischer, el grupo $-NH_2$ queda a la izquierda del observador. **(1.3.3)**

Lo que caracteriza a un aminoácido es el radical R. Según la naturaleza de este grupo, hay aminoácidos apolares, polares sin carga eléctrica, y polares con carga. Los nombres y estructuras de los 20 aminoácidos comunes se registran en la tabla 6.1.

Tabla 6.1

Estructura de los 20 aminoácidos comunes

H_2N----C(COOH)(H)—R ← Fórmula general de los L-aminoácidos

Aminoácidos apolares

Naturaleza de R	Nombre	Símbolo
$-CH_3$	Alanina	Ala
$-CH(CH_3)_2$	Valina	Val
$-CH_2-CH(CH_3)_2$	Leucina	Leu
$-CH(CH_3)-CH_2-CH_3$	Isoleucina	Ile
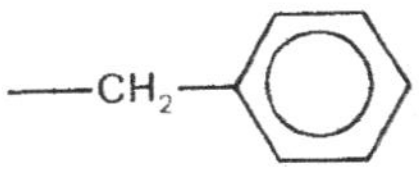	Fenilalanina	Phe
$-CH_2-CH_2-S-CH_3$	Metionina	Met
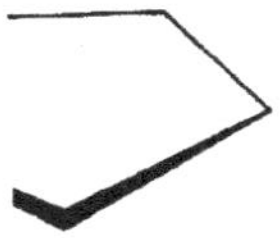	Prolina	Pro
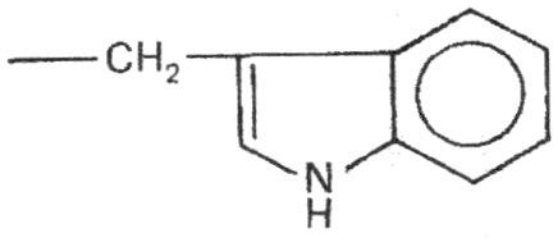	Triptófano	Trp

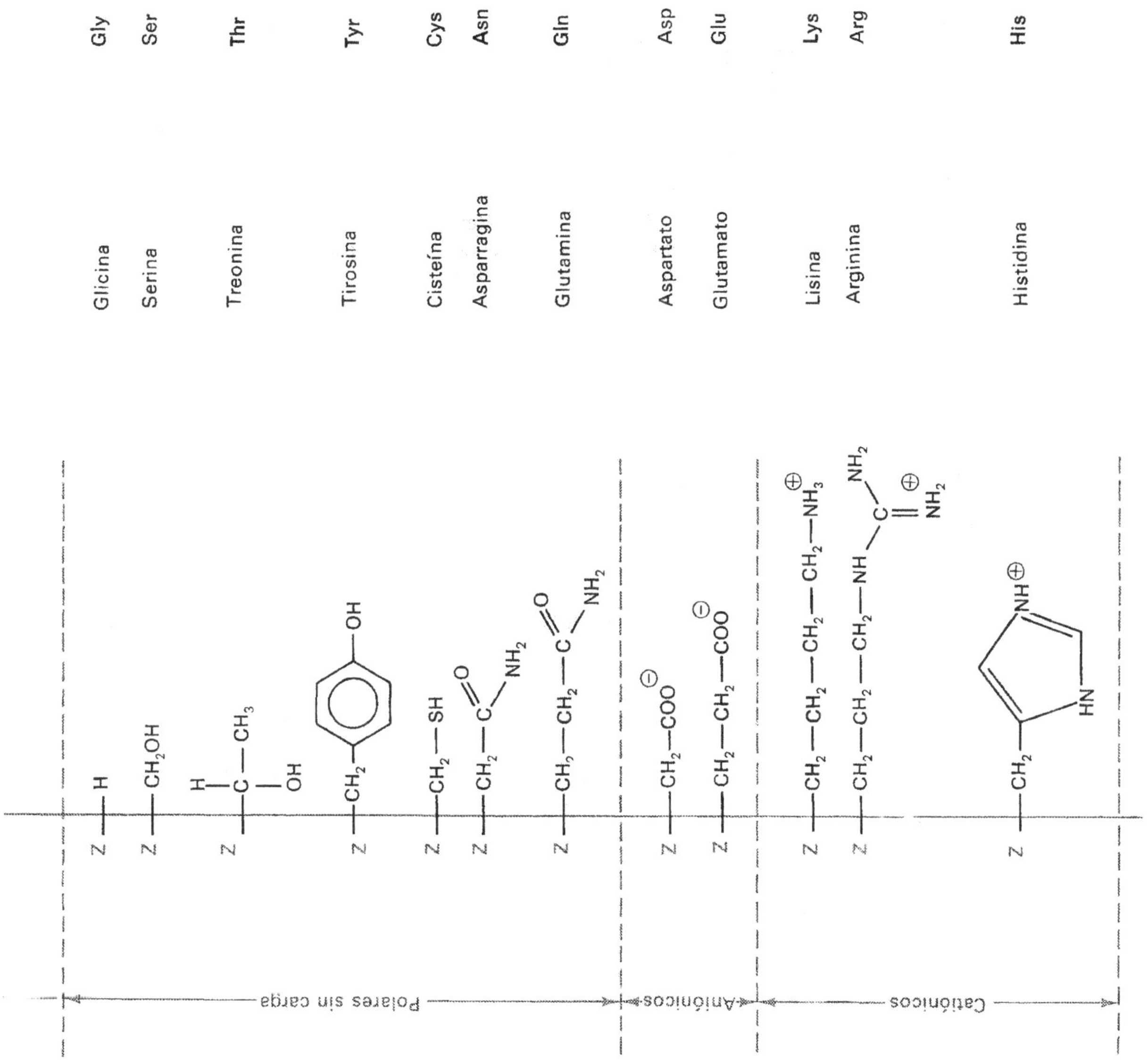
Glicina Gly
Serina Ser
Treonina Thr
Tirosina Tyr
Cisteína Cys
Asparragina Asn
Glutamina Gln
Aspartato Asp
Glutamato Glu
Lisina Lys
Arginina Arg
Histidina His
Polares sin carga
Aniónicos
Catiónicos

Hay aminoácidos que no forman parte de proteínas: son los *aminoácidos no proteicos.* Su estructura puede diferir algo de la anteriormente reseñada. Entre ellos citaremos la *triiodotironina,* una hormona tiroidea,* el *ácido gamma-aminobutírico* (GABA), que se halla en el sistema nervioso central y tiene propiedades antiepilépticas, y la *taurina,* que, unida a los ácidos cólicos, forma las sales biliares.

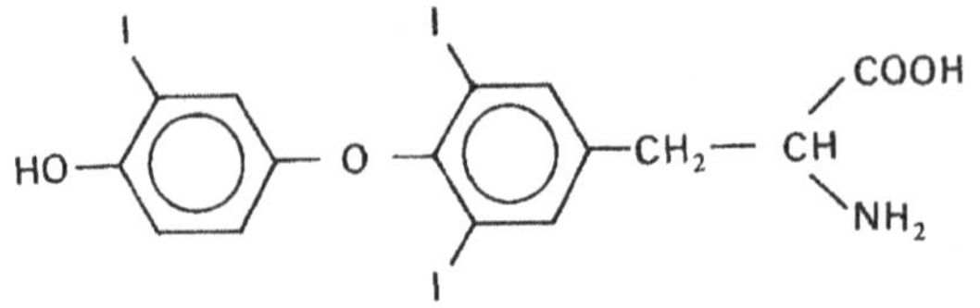

Triiodotironina
(hormona tiroidea)

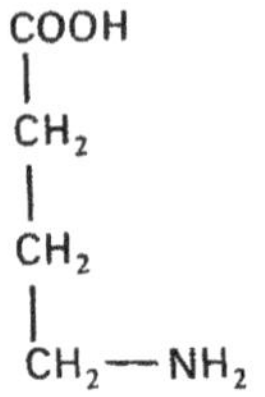

Ácido gamma-amino-
butírico (GABA)

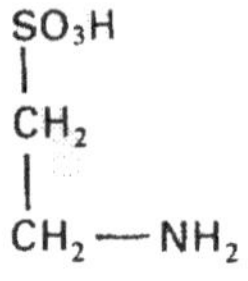

Taurina

Finalmente, citaremos algunas sustancias relacionadas con los aminoácidos porque se originan inmediatamente a partir de ellos; así, la *histamina,* un mediador en la reacción alérgica, que procede de la histidina, o la *serotonina,* un neurotransmisor, derivado del triptófano.

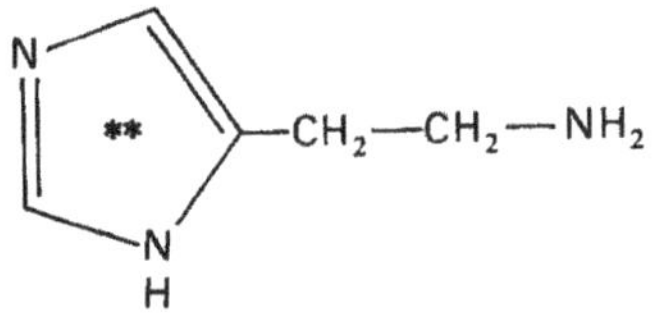

Histamina

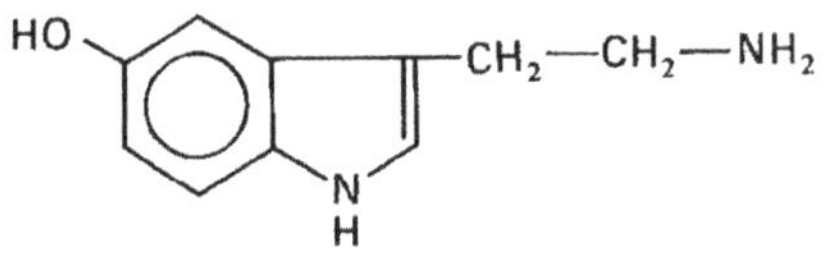

Serotonina

6.2.2. Propiedades ácido-base

Cada molécula de aminoácido tiene por lo menos un grupo ácido (el carboxilo) y otro básico (el amino). En consecuencia, los aminoácidos poseen importantes propiedades ácido-base.

a) En primer lugar, ya en estado sólido, los grupos ácido y básico de cada molécula se neutralizan mutuamente, originando una *sal interna.* Estas sales internas constituyen *iones híbridos,* o *zwitteriones.* **(5.2.3)**

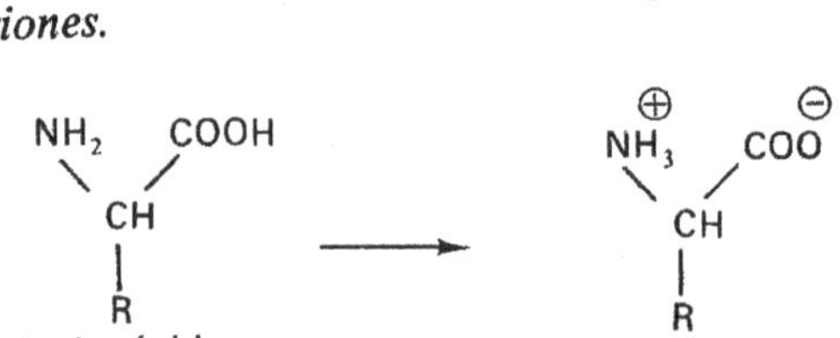

Aminoácido — Aminoácido en forma de zwitterion

* En realidad, la triiodotironina se origina a partir de tirosinas integrantes de una proteína. Su acción hormonal se inicia precisamente cuando se libera de la proteína de origen.

** Anillo de imidazol, de gran importancia en reacciones ácido-base.

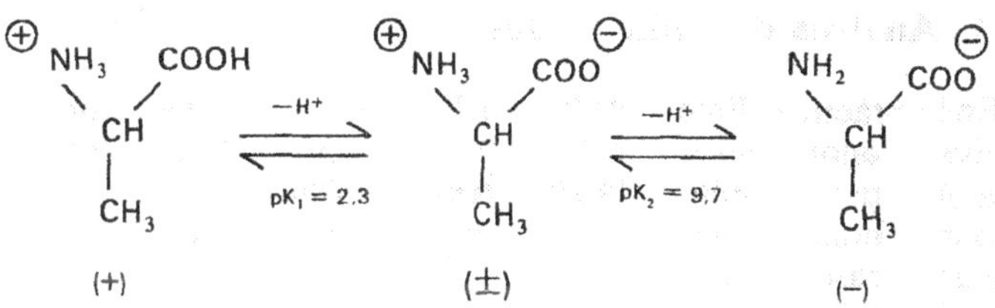

Figura 6.2
Formas de disociación del aminoácido alanina. A pH ácido predomina la forma (+) y a pH básico predomina la forma (—). En el pH isoeléctrico (pI = 6,0) predomina la forma de zwitterion (±).

b) En disolución acuosa, los grupos ionizables de los aminoácidos permiten que la molécula ceda o capte hidrogeniones, según el pH del medio, al igual que ocurre con todos los ácidos y bases débiles. **(2.3.2)**
c) Cuando en el medio abundan los hidrogeniones (pH ácido), la molécula del aminoácido tiende a captarlos, y queda cargada positivamente (Fig. 6.2).
d) Por el contrario, a pH básico (cuando escasean los hidrogeniones), el aminoácido tiende a liberar H^+, y queda cargado negativamente (Fig. 6.2).
e) Para cada aminoácido existe un pH en el cual las cargas positiva y negativa están exactamente equilibradas, por lo que la carga neta de la molécula es cero. Este pH se llama pH isoeléctrico o punto isoeléctrico (pH_I o pI) del aminoácido (Fig.6.2).
f) Cada grupo disociable de un aminoácido tiene un pK característico. Conocido el pK, se puede estimar la proporción de moléculas disociadas y no disociadas a un pH cualquiera, aplicando la ecuación de Henderson-Hasselbalch.

$$pH = pK + \log \frac{[\text{forma no protonada}]}{[\text{forma protonada}]}$$

Según esta ecuación, a pH = 2,3 (Fig. 6.2) el aminoácido alanina presenta cantidades iguales de la forma (+) y la forma (±). A pH = 9,7, las formas (±) y (—) están en cantidades también iguales. A pH = 7, por ejemplo, la forma (±) es 50 000 veces más abundante que la forma (+) y sólo 500 veces más abundante que la forma (—). Así pues, la proporción de las tres formas, a pH = 7, sería

1:50 000:100

El pH isoeléctrico puede obtenerse promediando los valores de pKs que delimitan la forma (±) o zwitterion.

En este caso:

$$pH_I = \frac{pK_2 + pK_2}{2} = \frac{2{,}3 + 9{,}7}{2} = 6{,}0$$

A pH = 6,0 la proporción de las tres formas sería

1:5 000:1

La forma predominante es, con mucho, la de zwitterion. Además, las formas extremas están en concentraciones iguales.

6.2.3. Análisis de aminoácidos

En la práctica clínica resulta muchas veces conveniente detectar niveles anormales de un determinado aminoácido en sangre u orina. Así, por ejemplo, en la *oligofrenia fenilpirúvica* —un trastorno metabólico congénito que, si no se descubre a tiempo, produce un retraso mental irreversible— se observan niveles muy elevados del aminoácido *fenilalanina,* tanto en sangre como en orina. En estos estudios se requieren métodos de separación de aminoácidos. En una primera aproximación se puede utilizar la cromatografía en capa fina o en papel. **(C.4.3 y A.5.1)** Sin embargo, la resolución completa y cuantitativa de todos los aminoácidos proteicos y no proteicos de un medio biológico se consigue por cromatografía de intercambio iónico. Estre procedimiento se halla hoy en día automatizado.

COMPLEMENTOS 6.1

CROMATOGRAFÍA DE INTERCAMBIO IÓNICO. ANÁLISIS AUTOMATIZADO DE AMINOÁCIDOS

Para analizar una mezcla de aminoácidos, se hace pasar la disolución que los contiene por una columna rellena con una *resina* (polímero sintético insoluble) *cambiadora de iones.* Esta resina contiene cargas eléctricas permanentes, capaces de unirse electrostáticamente a los aminoácidos ionizados.

Si el pH inicial de la mezcla es el adecuado (por ej., un pH muy ácido para una resina catiónica), todos los aminoácidos estarán ionizados y quedarán fijados en la resina. Por el contrario, las sustancias no iónicas quedarán eliminadas.

A continuación se hacen pasar por la columna disoluciones **(2.4)** amortiguadoras (tampones) de concentración y pH conocidos, en orden y proporción prefijados. Los aminoácidos se ven así sometidos a dos fuerzas antagónicas: la retención por la resina y el arrastre por la disolución eluyente. Por sus características de carga eléctrica, polaridad, etc., los aminoácidos van abandonando la columna progresivamente, arrastrados por el líquido de elución, en un orden determinado.

El líquido de salida de la columna se somete a reacción con ninhidrina y análisis colorimétrico para su cuantificación (Fig. 6.3). Existen analizadores automáticos de aminoácidos capaces de realizar la totalidad de este proceso y registrar gráficamente los resultados.

En cualquiera de los métodos de separación indicados, el reconocimiento y determinación de aminoácidos se lleva a cabo mediante la reacción con ninhidrina. Los grupos amino de los aminoácidos reaccionan cuantitativamente con la ninhidrina para dar un compuesto de color púrpura, que se puede cuantificar por colorimetría.

$$\text{Aminoácido} + 2\ \underset{(\text{incolora})}{\text{Ninhidrina}} \rightarrow \text{Compuesto púrpura}$$

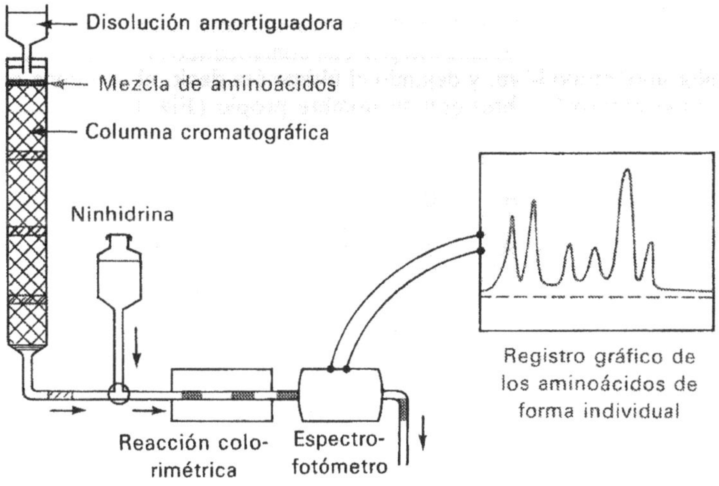

Figura 6.3
Esquema del análisis de aminoácidos utilizando resinas de intercambio iónico y reacción colorimétrica con ninhidrina. Cada zona coloreada corresponde a un aminoácido diferente.

6.3. PÉPTIDOS

Péptidos son compuestos de dos o más aminoácidos unidos por enlaces *amida.*

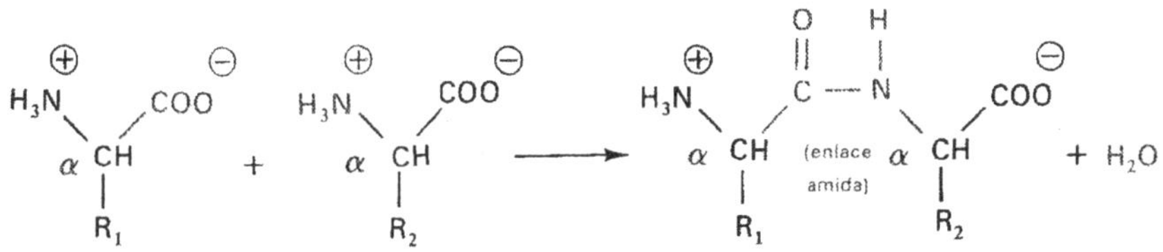

Los péptidos formados por dos, tres aminoácidos, etc., se llaman respectivamente dipéptidos, tripéptidos, ... Cuando los péptidos están formados por muchos aminoácidos (entre diez y cien) se llaman *polipéptidos.* Los de menos de diez aminoácidos se conocen en general como oligopéptidos. El enlace amida que une los aminoácidos de los péptidos toma el nombre de **enlace peptídico.** El enlace peptídico es plano (los seis átomos implicados se hallan contenidos en un plano) y rígido. Esto implica que los péptidos sólo pueden adoptar unas determinadas conformaciones en el espacio.

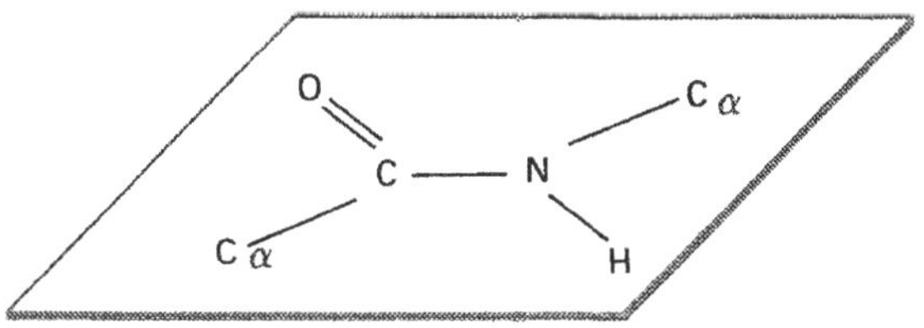

Los péptidos se nombran leyendo secuencialmente los radicales de los aminoácidos integrantes, comenzando por el que tiene el grupo amino libre, y dejando el último (es decir, el que tiene el grupo carboxilo libre) con su nombre propio (Fig. 6.4).

Fórmula de un tetrapéptido

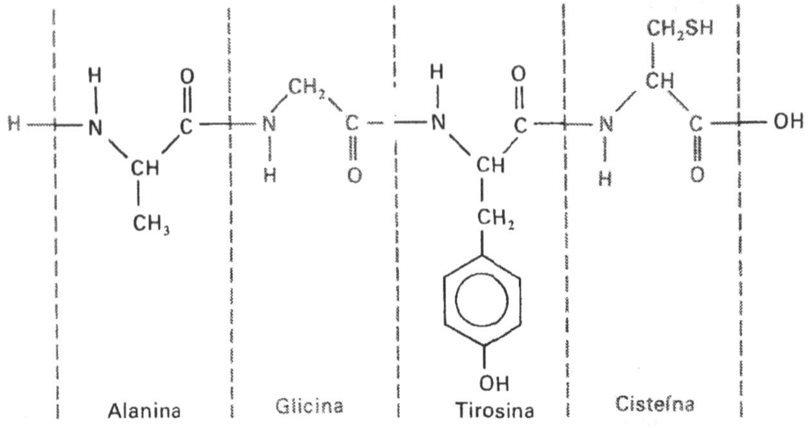

Fórmula resumida (y representación esquemática)

H—Ala—Gly—Tyr—Cys—OH

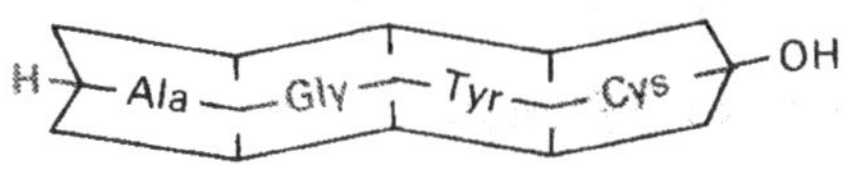

Nombre correcto Alanilgliciltirosilcisteína

Figura 6.4
Fórmula, representación y nombre de un péptido.

Los péptidos se representan escribiendo secuencialmente las tres letras que simbolizan cada aminoácido (tabla 6.1), precedidas de una —H (amino libre) y seguidas de un —OH (carboxilo libre), En la figura 6.4 se representa así la secuencia de un tetrapéptido:

H—Ala—Gly—Tyr—Cys—OH

Las propiedades físicas y químicas de los péptidos suelen reflejar las de los aminoácidos integrantes. Sin embargo, a medida que la longitud del péptido aumenta, desaparecen los grupos amino y carboxilo implicados en los enlaces peptídicos, por lo que disminuye el carácter hidrofílico del conjunto. En consecuencia, las propiedades de un péptido dependen sobre todo de las cadenas laterales de los aminoácidos que lo forman.

6.3.1. **Péptidos naturales**

Aunque la mayor parte de los péptidos se hallan integrados en las proteínas, existen algunos que se encuentran libres en la naturaleza y tienen funciones especializadas. Desde nuestro punto de vista, los más importantes son las **hormonas peptídicas**, como la *insulina* del páncreas, utilizada en el tratamiento de la *diabetes mellitus,* o la *oxitocina,* del lóbulo posterior de la hipófisis, que resulta eficaz en la inducción del parto. Estos aspectos se verán con más detalle en el capítulo dedicado a las hormonas.

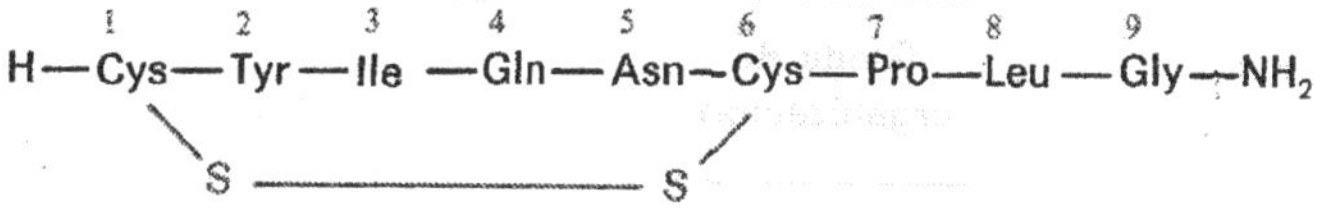

Oxitocina
(una hormona hipofisaria)

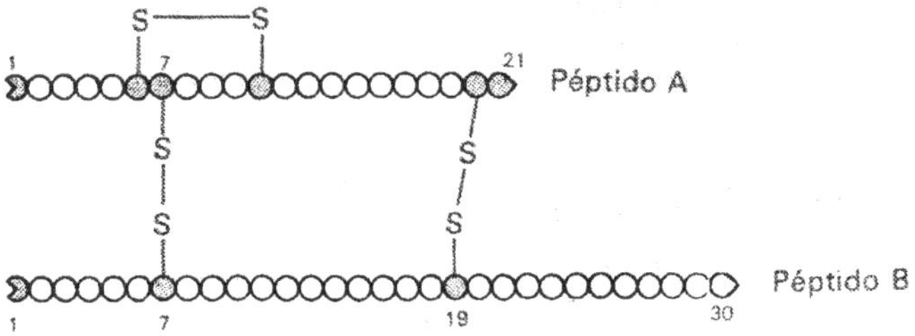

Insulina
(hormona pancreática)

Otros péptidos tienen poder antibiótico, como la *gramicidina,* o son cofactores en algunas reacciones bioquímicas, como el *glutatión.* Actualmente despiertan gran interés las *endorfinas* y *encefalinas,* péptidos producidos en el sistema nervioso central, que actúan como opiáceos naturales, es decir, con efectos similares a los de la morfina.

H — γ — Glu — Cys — Gly — OH

Glutatión
(un cofactor)

H — Tyr — Gly — Gly — Phe — Met — OH

Met-encefalina
(un opiáceo)

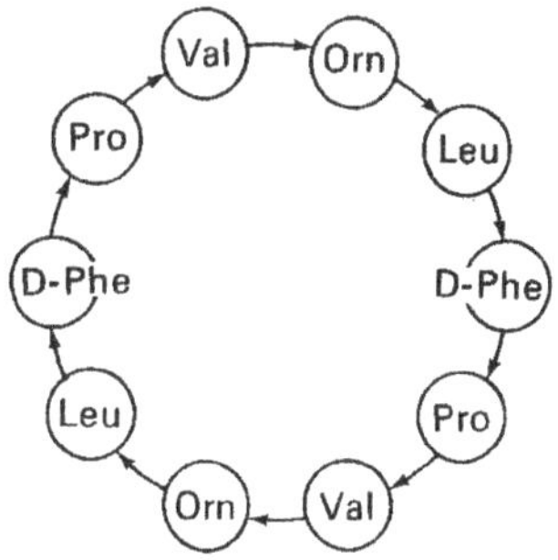

Gramicidina
(antibiótico peptídico cíclico)

6.4. PROTEÍNAS

Como ya se ha dicho, no existe solución de continuidad entre los conceptos de polipéptido y proteína. Arbitrariamente, se consideran proteínas a los polipéptidos con un número de aminoácidos igual o superior al centenar.

Algunas proteínas están formadas por una sola cadena polipeptídica; otras están constituidas por varias cadenas asociadas; por último, es frecuente que las proteínas contengan algún fragmento no peptídico (grupo prostético).

6.4.1. Niveles de estructuración de las proteínas

La estructura de una proteína viene determinada por la naturaleza de los aminoácidos que la componen. Se suelen distinguir varios niveles de organización, clasificados como *secuencia, conformación* y *asociación,* o también como estructura primaria, secundaria, terciaria y cuaternaria (ver tabla 6.2).

Tabla 6.2

Esquema general de la organización de las proteínas

Grado de organización	Nivel de estructuración	Posibilidades	Enlaces implicados
Secuencia	Estructura primaria	Ilimitadas	Peptídicos
Conformación	Estructura secundaria	Al azar α-hélice Hoja plegada	Puentes de hidrógeno
	Estructura terciaria	Fibrosa Globular	Fuerzas electrostáticas, enlaces hidrofóbicos, puentes de hidrógeno, puentes disulfuro, atracciones polares
Asociación	Estructura cuaternaria	Monómeros iguales Monómeros semejantes Monómeros diferentes	Fuerzas, en general, no covalentes
	Asociaciones supramoleculares	Muy variadas	Fuerzas diversas

La **estructura primaria** viene determinada por la *secuencia* de aminoácidos de la cadena peptídica, es decir, cuántos aminoácidos hay de cada clase y en qué orden están alineados. Las posibles secuencias diferentes son prácticamente infinitas.

La secuencia de aminoácidos determina todos los niveles superiores de organización de una proteína, porque la proteína tiende siempre a adoptar la estructura más estable, y, para cada secuencia, sólo existe una disposición especialmente favorecida.

En la investigación bioquímica resulta muy importante conocer la secuencia de las proteínas, y existen en la actualidad técnicas muy eficaces para conseguirlo.

COMPLEMENTOS 6.2

SECUENCIACIÓN DE PÉPTIDOS

Para conocer la secuencia de un péptido se recurre a los siguientes pasos:

a) Obtención de una cantidad suficiente del péptido puro.
b) Hidrólisis parcial, utilizando enzimas o reactivos específicos, para desdoblar el polipéptido en péptidos menores.
   Por ejemplo, la tripsina hidroliza la cadena peptídica por el lado carboxílico de la lisina o arginina. En consecuencia, un polipéptido tratado con tripsina dará lugar a una serie de péptidos terminados (todos menos uno) en Lys o Arg.
c) Separación de los péptidos así obtenidos por una combinación de cromatografía y electroforesis en papel, con lo que se obtiene un mapa peptídico o conjunto de manchas característico de cada proteína, llamado «huella dactilar de la proteína».

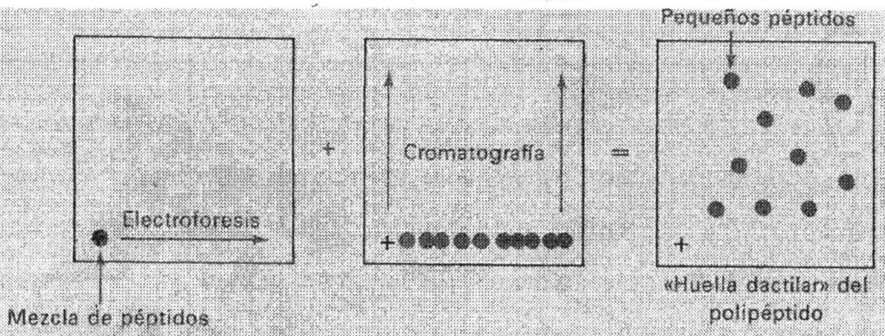

d) Aislamiento de cada uno de los péptidos separados en el paso anterior.
e) Secuenciación de cada uno de estos pequeños péptidos por reacción sucesiva del aminoácido situado en el extremo amínico con fenilisotiocianato (PTC), tal como se indica en la figura 6.5. Existen aparatos capaces de realizar automáticamente esta secuenciación.

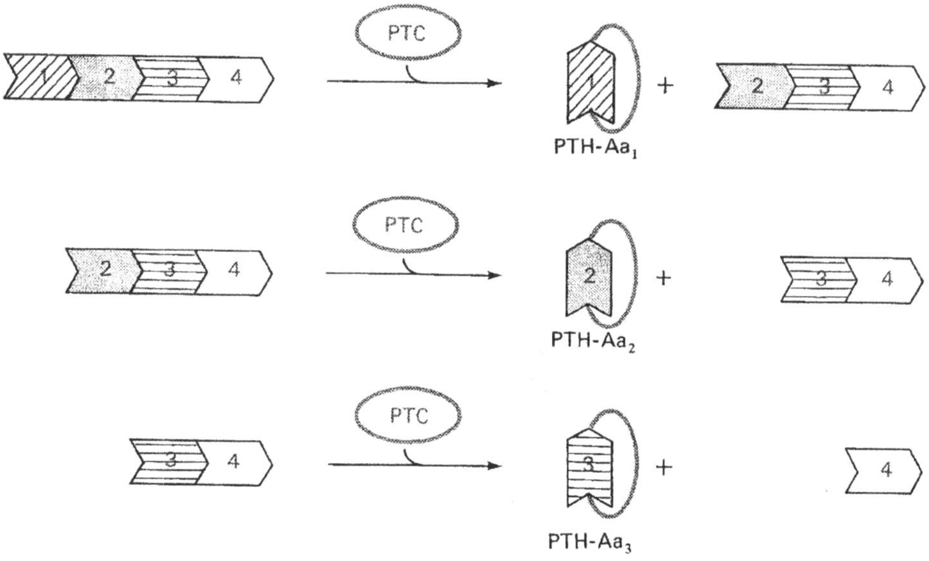

Figura 6.5
Esquema de la secuenciación de un péptido utilizando fenilisotiocianato (PTC). El reactivo arranca el primer aminoácido de la secuencia y forma con él un derivado característico, la feniltiohidantoína (PTH) del aminoácido considerado (PTH-Aa$_1$). Repitiendo el proceso, se van arrancando los aminoácidos ordenadamente, uno tras otro.

La *conformación* espacial de la cadena polipeptídica esta determinada por los niveles de estructuración secundario y terciario. La **estructura secundaria** hace referencia a la disposición espacial de los distintos fragmentos o zonas de la cadena peptídica, mientras que la **estructura terciaria** se refiere a la forma global del péptido.

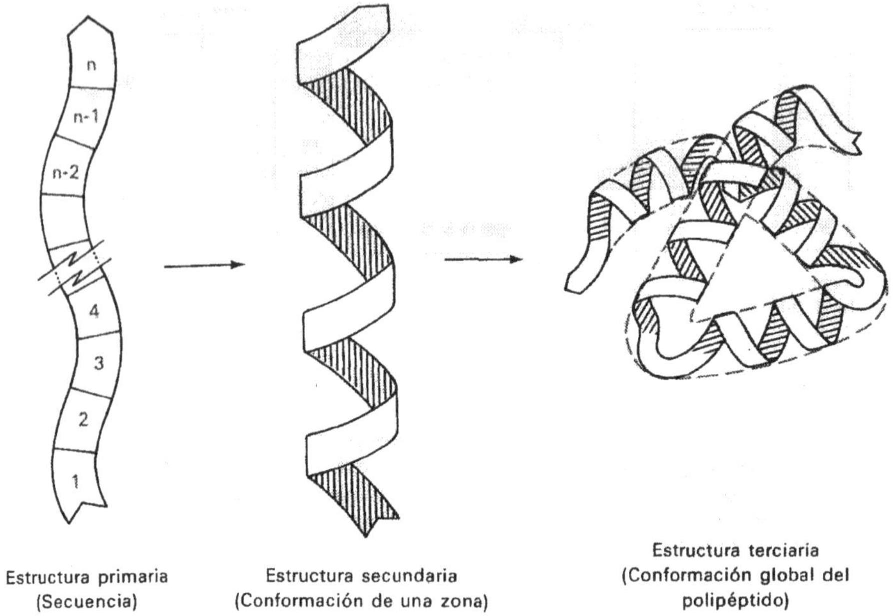

Los tipos más comunes de *ordenación secundaria* son la disposición *al azar*, en *α-helicoide* y en *hoja plegada* o *estructura β* (fig. 6.6). Atendiendo a la *estructura terciaria* los péptidos pueden clasificarse en *fibrosos* (forma de cuerda) o *globulares* (forma de ovillo). Los enlaces que estabilizan la estructura secundaria son fundamentalmente puentes de hidrógeno; en la estructura terciaria intervienen enlaces hidrofóbicos, fuerzas polares y electrostáticas, puentes de hidrógeno e incluso enlaces covalentes (puentes disulfuro) (v. tabla 6.2).

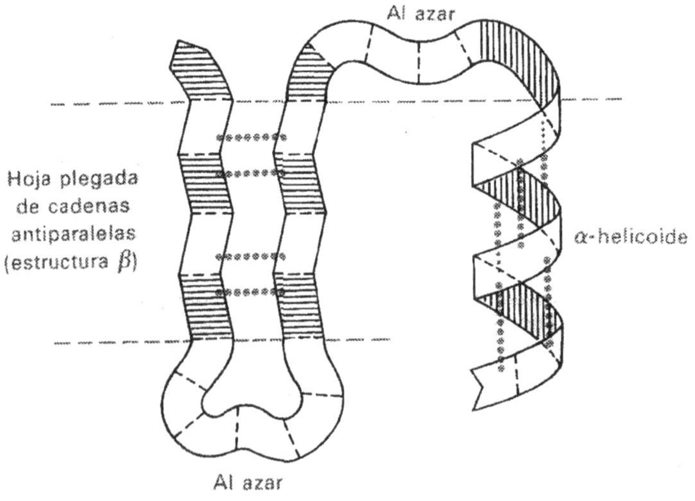

Figura 6.6
Principales estructuras secundarias que puede adoptar un péptido o una proteína. (..... representa los puentes de hidrógeno).

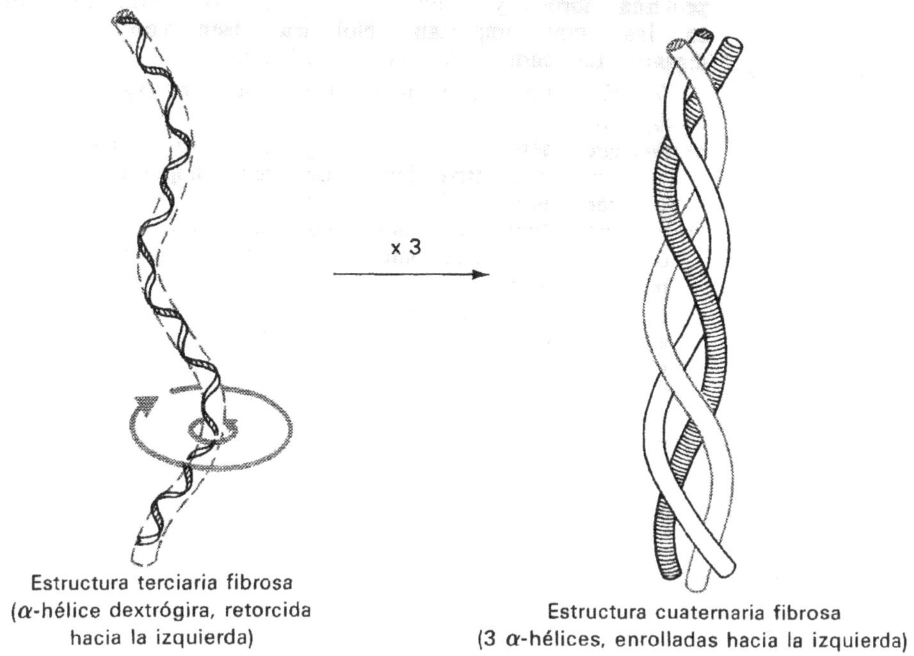

Figura 6.7
Estructura terciaria y cuaternaria de la queratina del cabello, una proteína fibrosa.

Muchas proteínas están formadas por *asociación* de varias cadenas polipeptídicas iguales o diferentes. La forma de estar asociadas estas cadenas constituye la **estructura cuaternaria** de la proteína. Un solo polipéptido no puede tener estructura cuaternaria. La asociación de las distintas cadenas se realiza por fuerzas hidrofóbicas, aunque pueden también intervenir otros tipos de enlace (electrostáticos e incluso covalentes). En las figuras 6.7 y 6.8 se representan las estructuras terciaria y cuaternaria típicas de

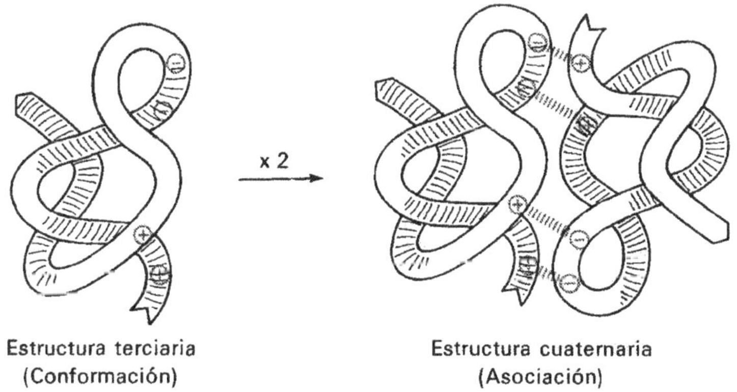

Figura 6.8
Esquema de la estructura terciaria y cuaternaria de una proteína globular formada por dos subunidades.

proteínas fibrosas y globulares. Casi todas las proteínas, y sobre todo las de mayor importancia biológica, presentan estructura cuaternaria. Las cadenas asociadas pueden ser:

a) *idénticas* entre sí, como es el caso de la *hexoquinasa* (un dímero).
b) *análogas,* pero no exactamente iguales, como la hemoglobina, que consta de cuatro cadenas muy parecidas, iguales dos a dos (dos cadenas alfa y dos cadenas beta: $\alpha_2\beta_2$).
c) *diferentes,* tanto en estructura como en función, como ocurre con algunos enzimas complejos formados por la asociación de péptidos con función catalítica y péptidos con función reguladora. En la figura 6.9 se representan de forma esquemática la estructura cuaternaria de la lactato deshidrogenasa (H_4), formada por cadenas idénticas, de la hemoglobina A ($\alpha_2\beta_2$), formada por cadenas análogas y de la aspartato transcarbamilasa (C_2R_3) formada por cadenas muy diferentes ($C = c_3$, $R = r_2$).

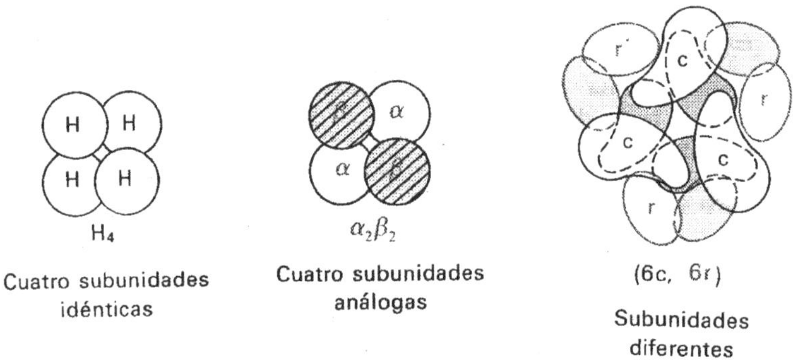

Figura 6.9
Algunos tipos de estructuras cuaternarias de proteínas globulares.

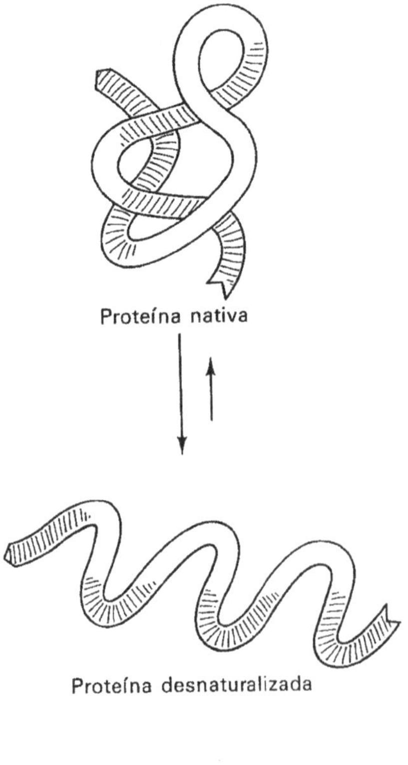

6.4.2. Desnaturalización de las proteínas

La pérdida de los niveles de estructuración superiores al primario (conformación y asociación) se denomina *desnaturalización* de la proteína. Se conocen casos de desnaturalización reversible e irreversible. Hay numerosos agentes desnaturalizantes, como el calor, pH, sales inorgánicas a concentraciones elevadas, disolventes orgánicos, etc. La desnaturalización conlleva cambios drásticos en las propiedades físicas de las proteínas: solubilidad, grado de hidratación, índice de refracción, etc.

Son ejemplos de desnaturalización de proteínas:

a) la albúmina de la clara de huevo, transparente y semilíquida, se convierte por calentamiento en una masa blanca y sólida (huevo fresco y cocido);
b) la caseína de la leche —soluble— origina, por acidificación, un precipitado gelatinoso (yogur);
c) las proteínas del plasma se precipitan selectivamente añadiendo cantidades crecientes de sales.

6.4.3. Proteínas conjugadas

Proteínas conjugadas son las que contienen algún *grupo prostético* o porción no peptídica. En estas proteínas, la fracción peptídica se llama *apoproteína.* El grupo prostético puede tener una naturaleza química muy variada. Según ésta, las proteínas conjugadas pueden ser:

a) **Glicoproteínas,** cuando su grupo prostético consiste en uno o varios azúcares unidos covalentemente a la cadena peptídica. Algunas hormonas y numerosas proteínas de membrana son glicoproteínas.
b) **Lipoproteínas,** que contienen fosfolípidos, lípidos neutros o ácidos grasos unidos, en general, mediante enlaces hidrofóbicos. En el suero existen numerosas lipoproteínas, que se clasifican en quilomicrones (CM),* lipoproteínas de muy baja densidad (VLDL),* lipoproteínas de baja densidad (LDL)* y lipoproteínas de alta densidad (HDL).* También la rodopsina, o púrpura visual, es una lipoproteína.
c) **Hemoproteínas,** que contienen el llamado *grupo hemo,* un compuesto nitrogenado con un átomo de hierro. Entre las hemoproteínas cabe destacar la hemoglobina de la sangre, la mioglobina del músculo, los citocromos, presentes sobre todo en mitocondrias, y algunos enzimas como las peroxidasas.
d) Las **nucleoproteínas** (proteína + ácido nucleico) constituyen los cromosomas, y por ello merecen capítulo aparte. También los virus pueden ser considerados como nucleoproteínas.
e) Existen muchos otros tipos de proteínas conjugadas, cuyos grupos prostéticos pueden ser *metales* (ceruloplasmina, que contiene cobre), grupos *fosfato* (caseína de la leche), *derivados vitamínicos* (flavoproteínas), etc.

6.5. MÉTODOS DE SEPARACIÓN DE PROTEÍNAS

Las proteínas se encuentran en los seres vivos formando parte de mezclas complejas. En consecuencia, la purificación de una proteína es una operación bioquímica fundamental para la que se dispone de una serie de técnicas específicas. En primer lugar, para separar las proteínas de los solutos moleculares o iónicos **(2.2.3)** —de menor tamaño— puede recurrirse a la **diálisis.** Ya hemos visto que existen membranas que permiten selectivamente el paso de agua, iones, moléculas pequeñas (urea, glucosa, aminoácidos, ...) y que retienen las proteínas. Otra técnica de separación es la que aplica la precipitación fraccionada utilizando: sales, disolventes orgánicos, urea, metales pesados, ácidos, ... Las técnicas ya descritas de **cromatografía en columna** son aplicables a las proteínas, en especial la *cromatografía de intercambio iónico* y la **(C.4.3)** *de afinidad.*

Una técnica semejante a la cromatografía de columna y exactamente opuesta a la diálisis es la **filtración por gel** o **tamizado**

* Las siglas entre paréntesis corresponden a las iniciales del nombre en inglés; por ejemplo, VLDL corresponde a «*very low density lipoproteins*».

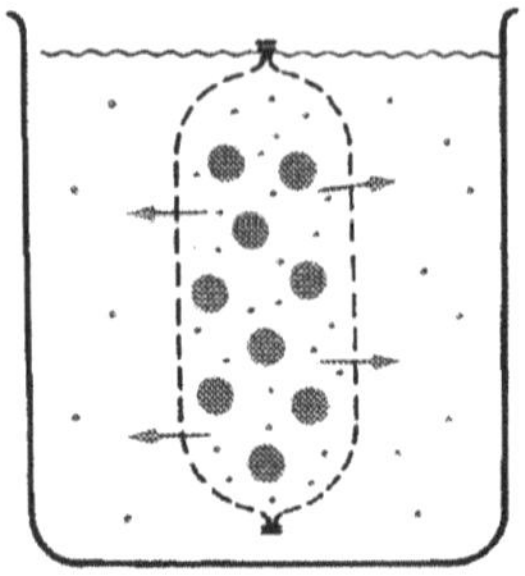

Mecanismo de la diálisis

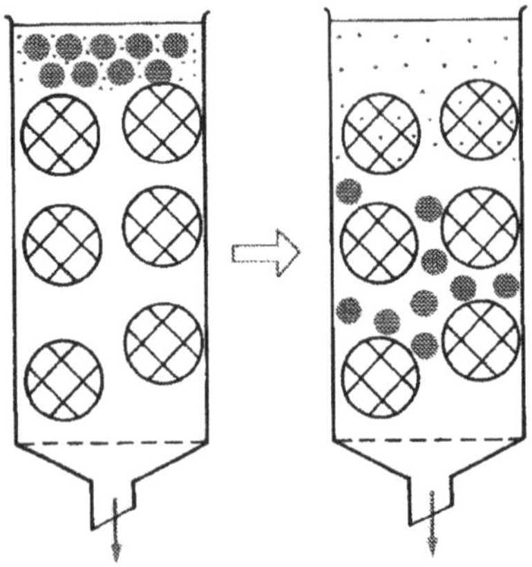

Mecanismo del tamizado molecular

molecular. En esencia consiste en llenar una columna con un soporte hidrofílico hidratado: un polisacárido insoluble embebido en agua. Al introducir en la columna una disolución de proteínas y solutos menores, estos últimos penetran en el polisacárido soporte, al tiempo que las proteínas se deslizan a través del agua que lo rodea. Las proteínas no pueden penetrar en el polisacárido porque son mayores que los poros de éste. Así, las moléculas pequeñas tienen que recorrer un camino más largo que las moléculas mayores. Estas últimas son las primeras en abandonar la columna. En otras palabras, es una especie de filtración o diálisis al revés. Las partículas mayores pasan rápidamente y las menores lentamente.

Otras técnicas analíticas se basan en la movilidad de las partículas proteicas en un campo eléctrico. Las más universal es la **electroforesis,** que permite separar mezclas de proteínas que difieren por su velocidad de desplazamiento. Esta velocidad es mayor cuanto más cargas eléctricas tenga la proteína y menor sea su masa molecular. La electroforesis puede realizarse sobre papel, sobre acetato de celulosa o sobre gel de poliacrilamida.

Por último, la **ultracentrifugación** permite separar mezclas de proteínas según su velocidad de sedimentación en un campo gravitacional artificialmente potenciado con la ultracentrífuga. La velocidad de sedimentación depende fundamentalmente de la masa molecular de la partícula, de su densidad y de su forma geométrica (globular o fibrosa). Una fórmula aproximada, útil para proteínas globulares que no contengan lípidos, es:

$$M = 6\,000\ s^{3/2}$$

en la que M es la masa molecular y s la velocidad de sedimentación medida en svedbergs (S). Así, una proteína de 4S tendrá una masa molecular de 48 kdal y una proteína de 25 S, de 750 kdal.

6.6. LAS PROTEÍNAS EN LA CLÍNICA

Numerosas enfermedades cursan con alteraciones cualitativas y cuantitativas de las proteínas en la sangre. También pueden aparecer cantidades anormales de proteínas en la orina. Analizaremos brevemente la presencia de proteínas urinarias y las alteraciones en el cuadro normal de las proteínas séricas.

6.6.1. Proteínas en la orina

La orina presenta cantidades pequeñas de proteína en condiciones fisiológicas. Normalmente la eliminación de proteínas no sobrepasa los 0,1 g/día. No obstante, en ciertas enfermedades, las proteínas urinarias pueden alcanzar los 20-30 g/día, es decir, cifras unas 200 veces mayores.

Las proteínas pueden aparecer en *enfermedades renales, estados febriles, enfermedades cardiacas, lupus eritematoso, toxemia de embarazo, envenenamientos diversos, mieloma múltiple,* etc.

Las técnicas de análisis suelen basarse en reacciones de desnaturalización y precipitación de estas proteínas urinarias; así, son agentes precipitantes; el calor, los ácidos inorgánicos u orgánicos (nítrico, clorhídrico, sulfosalicílico, tricloroacético, ...), metales pesados, etc. La proteína más abundante en la orina suele ser la *albúmina*. Su cuantificación se realiza mediante unión al *verde de bromocresol.* Éste es un colorante que se une específicamente a la albúmina, de modo que el complejo albúmina-colorante absorbe la luz a una longitud de onda distinta de la del colorante libre.

Merece especial atención la llamada proteína de Bence-Jones, que aparece en la orina de enfermos con mieloma múltiple, y que se reconoce porque al calentar la orina a unos 75°, precipita, pero al hervir la orina se redisuelve. Hoy se sabe que esta proteína corresponde a un dímero de las cadenas ligeras de las inmunoglobinas (λ_2 o κ_2) (Capítulo 19).

6.6.2. Proteínas en el suero. Electroforesis

El suero contiene variadísimas proteínas que suelen agruparse en cinco tipos clásicos: albúminas y globulinas α_1, α_2, β y γ. Ante todo, debemos decir que no todas las proteínas sanguíneas están en el suero. Hay proteínas importantes, de naturaleza enzimática —y de gran interés en la clínica—, que están en las células de la sangre. Además, el fibrinógeno, responsable directo del proceso de la coagulación, está presente en el plasma, pero no en el suero.*

Entre las funciones de las albúminas están: transporte de ácidos grasos, bilirrubina, calcio y aldosterona; regulación de la presión osmótica plasmática frente a los líquidos intersticiales; etc. En la fracción proteica que llamamos γ-globulinas se encuentran la mayoría de los anticuerpos o inmunoglobulinas, el fibrinógeno (del plasma), la proteína transportadora de vitamina B_{12}, etc. Entre la fracciones α y β se encuentra la ceruloplasmina (que transporta cobre), la transferrina (que transporta hierro), las haptoglobinas, etc.

La concentración global de proteínas séricas suele determinarse por medio de una modificación cuantitativa del *método colorimétrico del biuret* (reacción cupro-alcalina) (práctica 6.1).

Las proteínas séricas pueden también analizarse cualitativa y cuantitativamente por *electroforesis.* Para ello se utiliza un soporte sólido (en general, acetato de celulosa) impregnado con una disolución amortiguadora de pH 8,6. Sobre el soporte húmedo se coloca una muestra de suero y se establece entre sus extremos un campo eléctrico adecuado (véase margen). Terminada la electroforesis, las proteínas se fijan por coagulación en medio ácido, y se tiñen con *negro amido.* La intensidad relativa de cada banda se mide por densitometría, lo que permite su cuantificación. La distribución de las distintas proteínas séricas recibe el nombre de *proteinograma.* Un suero normal presenta las cinco fracciones que se aprecian en la figura 6.10.

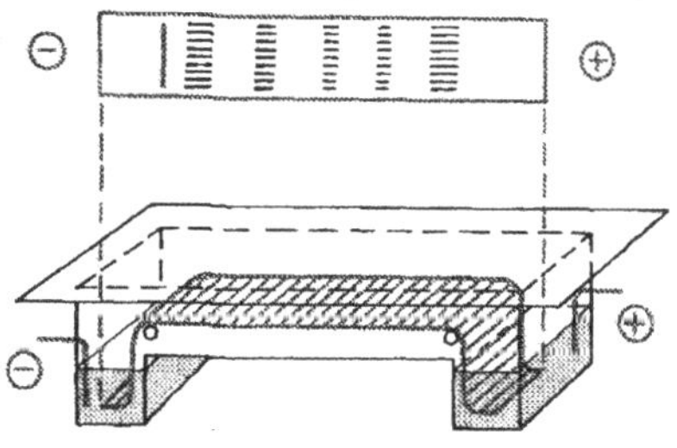

Esquema de un aparato de electroforesis

* Recordemos que el *plasma* es lo que queda de la sangre al separar (casi siempre, por centrifugación) los elementos formes (hematíes, leucocitos y plaquetas). El *suero* es lo que queda de la sangre después de coagularla. El suero difiere fundamentalmente del plasma porque carece del fibrinógeno.

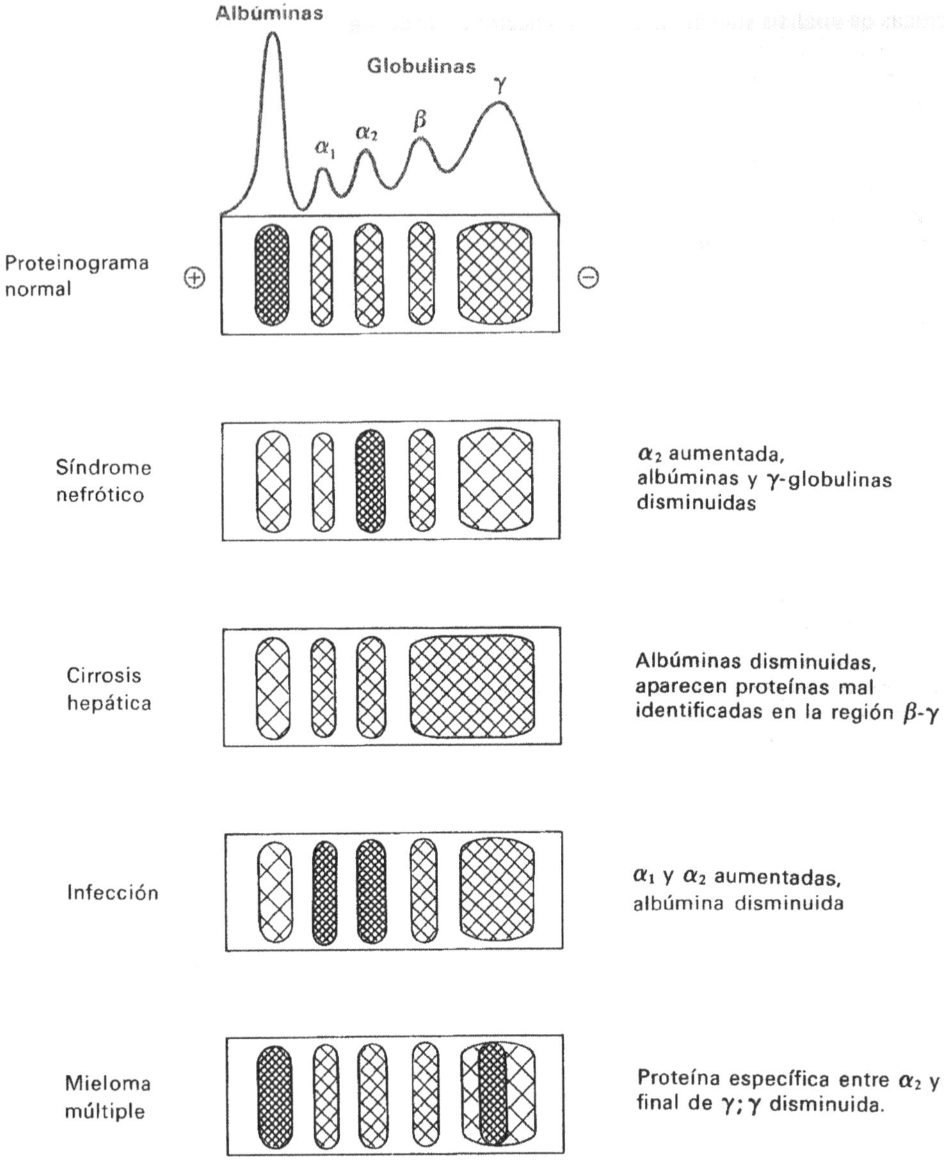

Figura 6.10
Proteinograma normal y algunos proteinogramas patológicos característicos.

En determinados síndromes aparecen modificaciones más o menos específicas. Por ejemplo, en el *síndrome nefrótico* están disminuidas la albúmina y a veces la γ-globulina (que aparecen en la orina) y está aumentada la globulina α_2. En la *cirrosis hepática* disminuyen las albúminas y aparecen proteínas en la región β-γ que enmascaran el proteinograma. En *estados infecciosos* están elevadas las globulinas α_1 y α_2. La albúmina puede estar disminuida.

Despues de *quemaduras extensas, hemorragias,* etc., puede haber deficiencias generalizadas de las proteínas séricas. Como último ejemplo —y sin ánimo de agotar el tema— en el *mieloma múltiple* (antes citado) aparece una proteína específica entre la región α_2 y el final de la región γ.

El proteinograma también se puede teñir con reactivos específicos para ciertas proteínas. Se pueden observar así las *lipoproteínas, glicoproteínas, isoenzimas de la lactato deshidrogenasa,* etc. Por su importancia destacamos aquí el caso de las lipoproteínas. Normalmente se separan cuatro bandas, a saber, a partir del polo positivo, α, pre-β y β-lipoproteínas, y quilomicrones. En las tablas adjuntas (6.3 y 6.4) se detalla la composición de cada una de ellas y las anomalías más frecuentes.

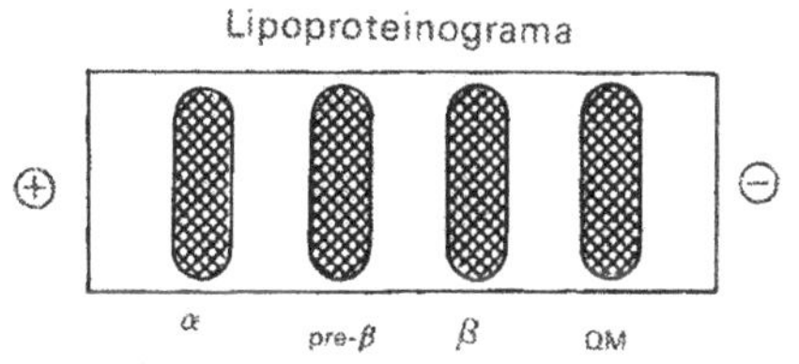

Tabla 6.3

Características de las lipoproteínas

Nombres	Quilomicrones	Lipoproteínas de muy baja densidad	Lipoproteínas de baja densidad	Lipoproteínas de alta densidad
Abreviaturas	QM	VLDL	LDL	HDL
Localización en el lipoproteinograma	QM	pre-β	β	α
Lugar de síntesis	Intestino	Intestino e hígado	Sangre (de VLDL)	Hígado
Diámetro medio	5 000 Å	500 Å	200 Å	85 Å
Composición (en %)				
Proteínas	2	10	23	48
Fosfolípidos	1	16	22	30
Colesterol	2	16	45	18
Triglicéridos	95	58	10	4
En la arteriosclerosis		Aumentan	Disminuyen	

Tabla 6.4

Tipos de hiperlipoproteinemias (según Frederickson)

Tipo	Lipoproteína aumentada	Nivel de colesterol	Nivel de triglicéridos
I	QM (y VLDL)	+	+++
IIa	LDL	+++	±
IIb	LDL + VLDL	++	++
III	LDL «flotante»	+++	+++
IV	VLDL	±	++
V	VLDL + QM	+	+++

CUESTIONES Y PROBLEMAS

6.1. Asignar a cada una de las sustancias de la derecha el grupo que le corresponda en la izquierda.

A. Aminoácido esencial	1. Insulina
B. Oligopéptido opiáceo	2. Inmunoglobulina
C. Polipéptido hormonal	3. Pepsina
D. Proteína fibrosa	4. Encefalina
E. Proteína de defensa	5. Gramicidina
F. Proteína transportadora	6. Fenilalanina
G. Proteína enzimática	7. Hemoglobina
H. Péptido antibiótico	8. Colágeno

6.2. Con los datos de la tabla 6.1 escribir el aminoácido serina en forma de zwitterion.

6.3. Con los datos de la tabla 6.1 escribir la fórmula de la cistina (formada por la unión de dos cisteínas con enlace disulfuro: —S—S—).

6.4. La oligofrenia fenilpirúvica origina una alta concentración de fenilalanina en sangre y, de no retirarse este aminoácido de la dieta, produce en los niños lesiones cerebrales irreversibles. Una mujer aquejada de esta enfermedad se casó con un hombre sano, pero cuyo hermano también la sufría y era retrasado mental. Un ginecólogo advirtió a la mujer que al primer síntoma de embarazo se sometiera a una dieta extraordinariamente pobre en fenilalanina. ¿Qué razones especiales había para extremar la dieta, mucho más allá de lo habitual?

6.5. Por hidrogenación se pueden romper los puentes disulfuro (—S—S—) de una proteína con lo que ésta pierde su estructura terciaria. Al reoxidar suavemente la proteína, ésta normalmente recupera la forma primitiva y su actividad biológica inicial. Al realizar estas operaciones con la insulina (6.3.1), la actividad inicial prácticamente no se recupera, aunque se forman nuevos puentes disulfuro. ¿A qué puede deberse esta anomalía?

6.6. Al calor —baño maría— la mantequilla sólida se vuelve líquida y la clara de huevo líquida se vuelve sólida. El primer proceso es reversible y el segundo, no. Razonar el por qué de ambos fenómenos.

6.7. Señalar cuáles de estas proteína serán globulares y cuáles fibrosas, considerando su localización o su función biológica (anotadas entre paréntesis):

1. Colágeno (tejido conjuntivo)	6. Inmunoglobulina (defensa)
2. Albúmina (reserva)	7. Hemoglobina (transporte de O_2)
3. Queratina (pelo)	8. Tropomiosina (fibra muscular)
4. Fibroína (seda)	9. Somatotropina (hormona)
5. Ribonucleasa (enzima)	10. Fibrinógeno (coagulación sanguínea)

6.8. Por fermentación la lactosa de la leche se convierte en ácido láctico y, en conjunto, la leche líquida se transforma en una masa gelatinosa, semisólida (el yogur). Explicar el proceso responsable de esta transformación.

6.9. La ribonucleasa y la lisozima son dos enzimas de secuencia conocida: tienen respectivamente 124 y 129 aminoácidos por molécula de proteína. Si la masa molecular media de un aminoácido libre es de 125 daltons, calcular la masa molecular aproximada de ambos enzimas.

6.10. La mioglobina y la hemoglobina son dos proteínas globulares, portadoras de oxígeno, con un origen genético común. La mioglobina tiene un solo grupo hemo y un total de 153 aminoácidos. La hemoglobina tiene 4 grupos hemo y un total de 574 aminoácidos. Con estos datos averiguar la estructura cuaternaria más probable de la hemoglobina.

6.11. Al realizar una electroforesis a pH neutro, los aminoácidos de naturaleza básica emigran hacia el cátodo (—) y los de naturaleza ácida, hacia el ánodo (+). Se somete a electroforesis, sobre papel de filtro, a pH = 6,5, una mezcla formada por tres aminoácidos: alanina, ácido aspártico y lisina. Al revelar con ninhidrina, aparecen las tres manchas *a*, *b* y *c* indicadas al margen. Averiguar a qué aminoácido corresponde cada una de ellas.

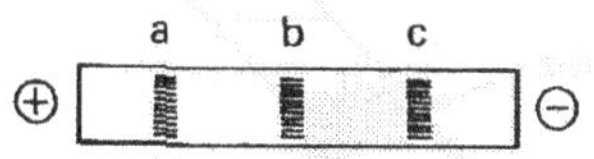

Electroforesis

6.12. Al cromatografiar con la mezcla propanol:agua (7:3), una mezcla de aminoácidos, los más apolares se desplazan a mayor velocidad que los más polares. Se dispone de cuatro aminoácidos neutros: valina, glicina, leucina y alanina. Se cromatografían sobre papel y se encuentran las 4 manchas del margen *a*, *b*, *c* y *d*. Averiguar a qué aminoácido corresponde cada una.

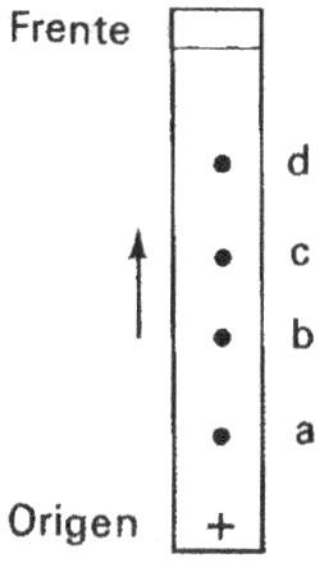

Cromatografía

6.13. La ureasa es una proteína globular cuyo coeficiente de sedimentación es 18,6 S. Hallar su masa molecular aproximada.

6.14. La mioglobina es una proteína pequeña de masa molecular 15 kdal. Calcular su coeficiente de sedimentación (s).

PRÁCTICAS DE LABORATORIO

6.1. Reacción del biuret (cuproproteica)

Las proteínas en presencia del ion cúprico y en medio alcalino desarrollan un color violeta o azulado, debido a los enlaces peptídicos de la molécula proteica. Esta coloración permite el análisis cuantitativo, utilizando proteínas patrón como la seroalbúmina bovina.

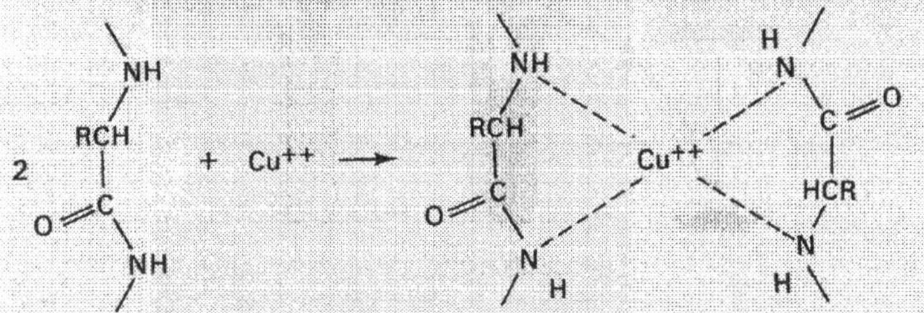

Cadena peptídica Complejo cúprico

Se diluye la clara de un huevo en 50 ml de suero fisiológico (cloruro de sodio al 1%). A un mililitro de esta disolución se añade 1 gota de $CuSO_4$ al 0,5% y 1 ml de NaOH al 10%. Se desarrolla una coloración violácea.

6.2. Reconocimiento de albúmina en orina

Existen muchos métodos para reconocer albúmina en orina. Cantidades inferiores a 25 mg/100 ml se consideran fisiológicas y el método elegido no necesita detectarlas. El método de precipitación por el calor es rápido y seguro. Se acidifica la orina con ácido acético hasta un pH próximo a 4. Se calienta la parte superior de la muestra en un tubo de ensayo y aparece una turbidez o precipitado que contrasta con la parte inferior del tubo que permanece transparente. Según la turbidez se sabe la cantidad

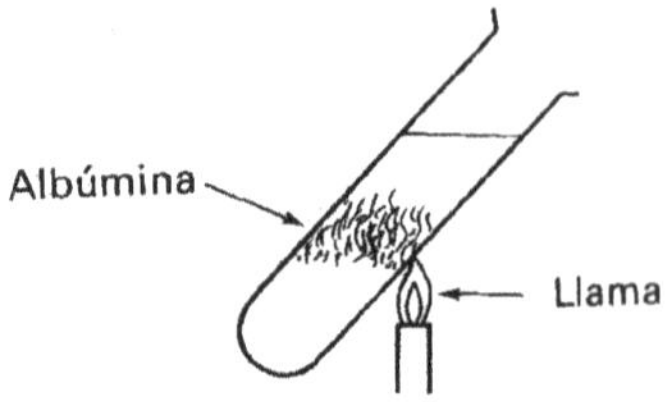

aproximada de albúmina presente. Para la práctica, si no hubiese orina idónea, puede añadirse a orina normal un poco de albúmina de huevo de la práctica anterior.

6.3. Separación de albúminas y globulinas del suero

Una forma muy simple para la separación de las albúminas y de las globulinas presentes en el suero sanguíneo consiste en la precipitación fraccionada con sulfato de amonio. Las globulinas precipitan a una concentración mitad de la saturante y las albúminas a concentración saturante. En un tubo de ensayo se disuelve sulfato de amonio hasta satura-

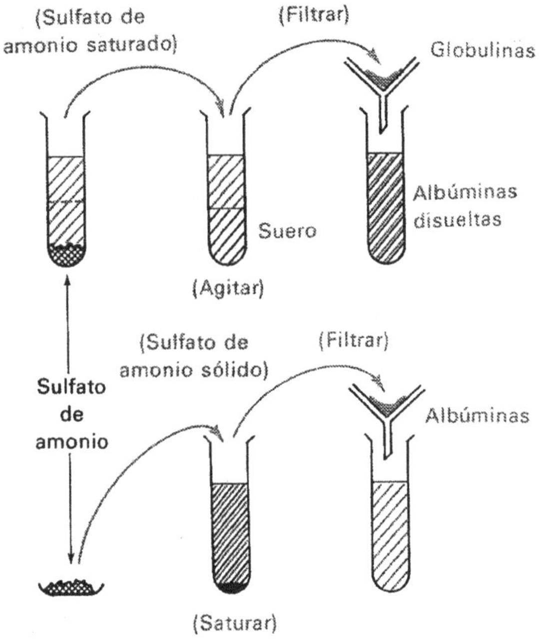

ción. En otro tubo se toman 5 ml de suero sanguíneo. Se añaden a éste 5 ml de la disolución saturada de $(NH_4)_2SO_4$. Se observa un precipitado blanco que corresponde a las globulinas. Se filtran y el líquido transparente contiene las albúminas. Se le añaden cristales de sulfato de amonio hasta nueva saturación. Precipitan las albúminas que se aíslan por nuevo filtrado.

CAPÍTULO **7**

ÁCIDOS NUCLEICOS

7.1. CONCEPTO E INTERÉS BIOLÓGICO

Los ácidos nucleicos constituyen un grupo de biomoléculas cuya estructura se ha establecido muy recientemente. Sin embargo, tan pronto como se conoció su estructura, los ácidos nucleicos se convirtieron en los protagonistas de la biología molecular, tal es la importancia de sus funciones.

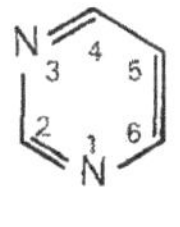

Pirimidina

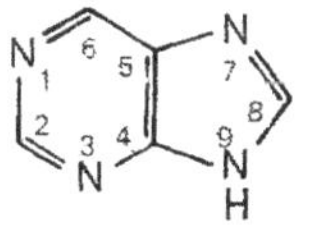

Purina

Desde el punto de vista químico, los ácidos nucleicos son polímeros lineales de nucleótidos; a su vez, cada nucleótido está formado por: *ácido fosfórico* (H_3PO_4), un *azúcar* de tipo pentosa (ribosa o desoxirribosa) y una *base nitrogenada* (derivada de la pirimidina o de la purina). Según el tipo de azúcar que contienen, los ácidos nucleicos se dividen en ribonucleicos (**RNA**) —que contienen ribosa— y desoxirribonucleicos (**DNA**), que contienen desoxirribosa. Ambos tipos de ácidos nucleicos se hallan presentes en todo tipo de células: animales, vegetales o bacterianas; en cambio, los virus sólo contienen DNA o RNA.

La función principal de los ácidos nucleicos consiste en almacenar y transmitir la información genética. Concretamente:

a) Los ácidos nucleicos son los responsables de mantener la identidad de las especies biológicas, es decir, que los hijos pertenezcan a la misma especie que los padres, o que los hermanos gemelos (con la misma dotación de ácidos nucleicos) resulten prácticamente iguales.
b) Dentro de la especie, los ácidos nucleicos permiten la variación que existe entre los distintos individuos, porque, salvo en el caso excepcional de los gemelos, cada sujeto difiere ligeramente de los demás en su dotación genética.
c) Considerando períodos de tiempo muy largos, como los que corresponden a las eras geológicas, pequeños cambios ocasionales en los ácidos nucleicos (*mutaciones*) han permitido la *evolución* y diversificación de las especies.
d) Dentro de un organismo, los ácidos nucleicos permiten la diferenciación de tejidos y células, que adquieren una estructura y función características por la expresión selectiva de ciertos genes.*
e) Cada célula en concreto utiliza la información contenida en sus ácidos nucleicos para sintetizar en cada momento las proteínas que necesita. La secuencia de cada proteína está programada en los ácidos nucleicos de la propia célula.
f) Otros ácidos nucleicos, que no contienen información sobre secuencias proteicas, constituyen la maquinaria molecular necesaria para la síntesis de proteínas.

Como es lógico, el hombre, lo mismo que cualquier ser vivo, sintetiza sus propios ácidos nucleicos a partir de ácido fosfórico, azúcares y compuestos nitrogenados. Por lo tanto, ningún ácido nucleico resulta esencial para la dieta humana, aunque los ingerimos en todos los alimentos que contienen células (carnes, pescados, verduras, frutas, ...). Los ácidos nucleicos exógenos deben ser hidrolizados en la digestión antes de que las moléculas que los integran sean absorbidas (ver fig. 7.1).

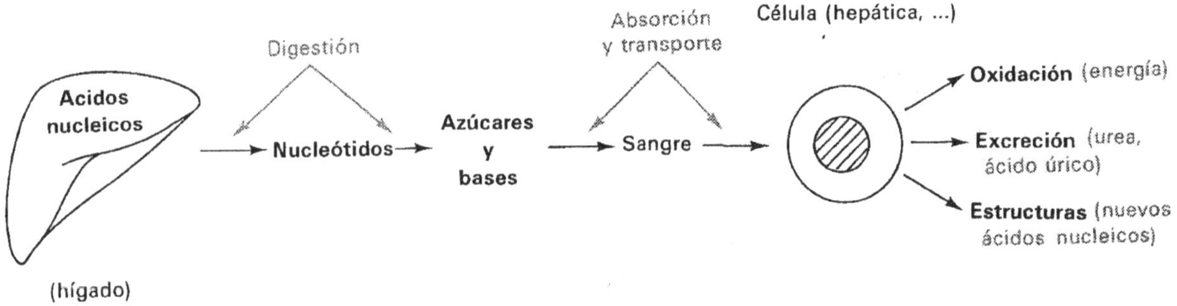

Figura 7.1
Destinos de los ácidos nucleicos de la dieta humana.

* Gen es un fragmento de ácido nucleico que determina un carácter; se puede transmitir de padres a hijos.

7.2. BASES PÚRICAS Y PIRIMIDÍNICAS

Son compuestos cíclicos nitrogenados, que contienen el anillo de la pirimidina o de la purina. Las más importantes son cinco; tres pirimidínicas: *uracilo, timina* y *citosina,* y dos púricas, *guanina* y *adenina.* El uracilo es propio del RNA, la timina lo es del DNA, y las otras tres son comunes a ambos tipos de ácidos nucleicos.

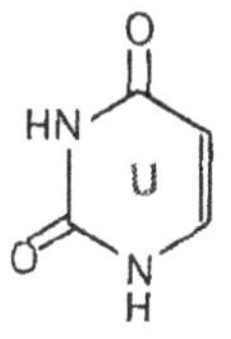

Uracilo

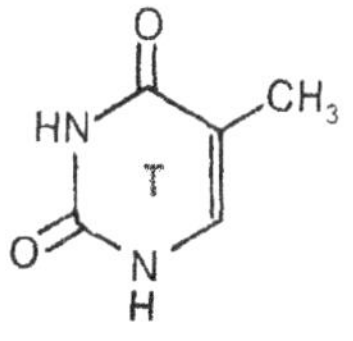

Timina

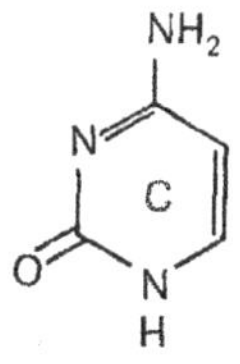

Citosina

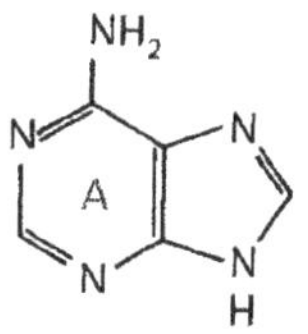

Adenina

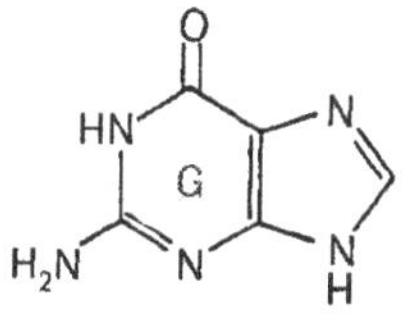

Guanina

La disposición característica de los átomos de N y O de las bases, bien formando parte del anillo bien como sustituyentes, es tal que les permite establecer puentes de hidrógeno (ver fig. 7.2) con otras bases, llamadas complementarias. Los emparejamientos más estables son:

U = A

T= A

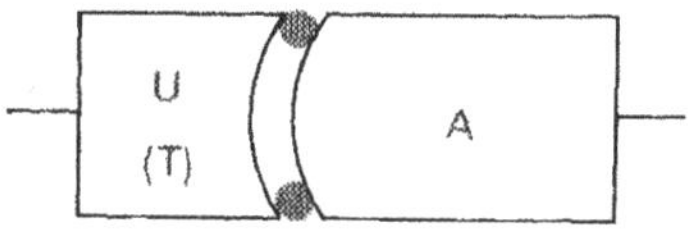

C ≡ G

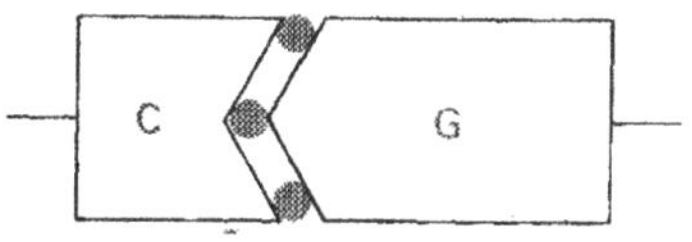

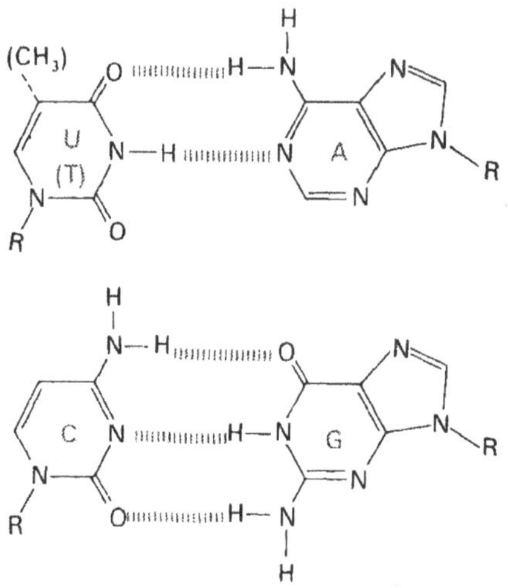

Figura 7.2
Emparejamientos de las bases mediante dos o tres puentes de hidrógeno. R representa las cadenas de los ácidos nucleicos.

Estos emparejamientos van a ser los responsables de la estructura secundaria de los ácidos nucleicos, y, sobre todo, constituyen la base molecular de la herencia, o transmisión genética.

Las bases nitrogenadas tienen poco interés bioquímico como sustancias libres, salvo en las vías biosintéticas y degradativas de los ácidos nucleicos. Una excepción importante es el *ácido úrico,* que, aunque no forma parte de los ácidos nucleicos, es el producto final de degradación de las bases púricas en el hombre. Normalmente se elimina por la orina, pero en circunstancias patológicas puede cristalizar originando cálculos renales o gota.

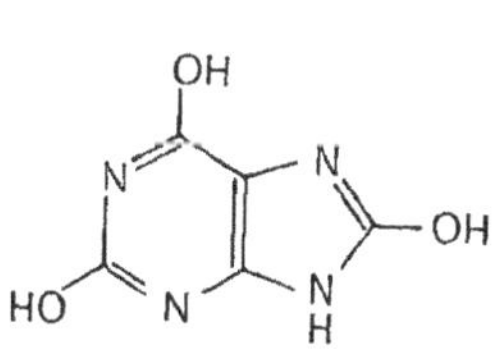

Ácido úrico
(una purina)

7.3. NUCLEÓSIDOS Y NUCLEÓTIDOS

Los nucleósidos están formados por una base nitrogenada y una pentosa. Según que el azúcar sea ribosa o desoxirribosa, se llaman ribonucleósidos o desoxirribonucleósidos. Cada nucleósido recibe un nombre propio según la base que lo integra (ver tabla 7.1).

Tabla 7.1
Nombres y símbolos de nucleósidos y nucleótidos

Base	Nucleósido (con ribosa)	Símbolo	Nucleótido (con fosfato en 5′)	Símbolos
Adenina	Adenosina	A	Acido adenílico	pA o AMP
Guanina	Guanosina	G	Acido guanílico	pG o GMP
Citosina	Citidina	C	Ácido citidílico	pC o CMP
Uracilo	Uridina	U	Ácido uridílico	pU o UMP
Timina	Timidina	T	Ácido timidílico	pT o TMP
	(con desoxirribosa)*			
Adenina	Desoxiadenosina	dA	Ácido desoxiadenílico	pdA o dAMP
....	....	....	....	....

* Los símbolos de los nucleósidos y nucleótidos con desoxirribosa se forman anteponiendo una **d** minúscula al símbolo del correspondiente compuesto con ribosa.

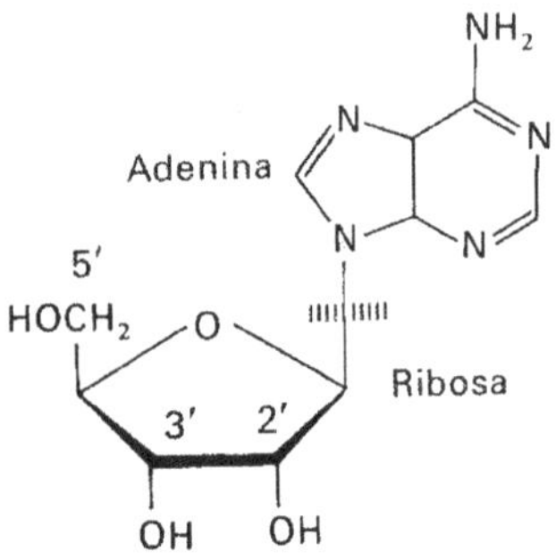

Adenosina (A)

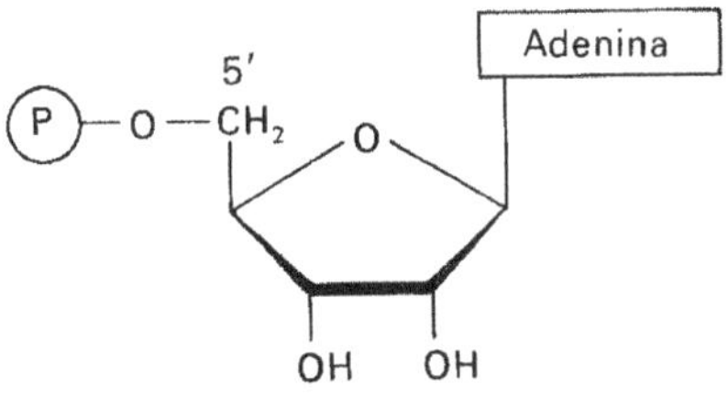

Adenosina-5′-fosfato (pA o AMP)

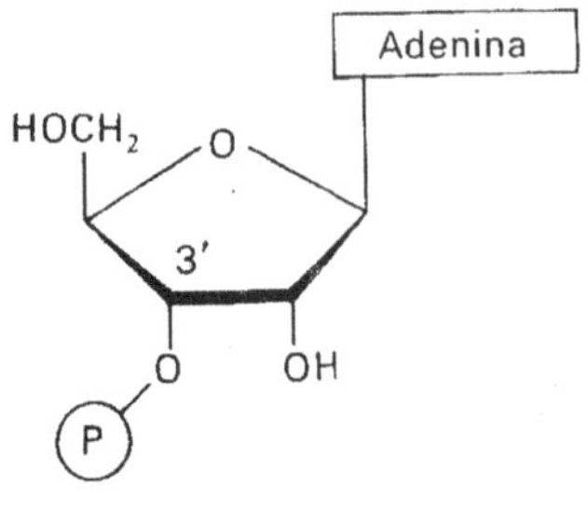

Adenosina-3′-fosfato (Ap)

Cuando el azúcar de un nucleósido se esterifica con ácido fosfórico se obtiene un nucleótido. Las posiciones usuales del éster fosfórico son los carbonos 3′ o 5′ de la pentosa. El signo (′) (prima) sirve para diferenciar los carbonos del azúcar de los átomos de la base nitrogenada, que no lo llevan. La nomenclatura de los nucleótidos se recoge también en la tabla 7.1.

Los nucleósidos y nucleótidos se suelen escribir de forma abreviada. Los nucleósidos se representan por una letra mayúscula que es la inicial de la base. Para los nucleótidos, se utiliza además una **p** minúscula, para significar el grupo fosfato, que se antepone a la mayúscula de la base, si el fosfato esterifica el carbono 5′, o bien sigue a la base, si el fosfato se halla en 3′.

Ejemplo:

A	adenina o adenosina (según contexto)
pA	adenosina-5′-fosfato
Ap	adenosina-3′-fosfato

Junto con esta nomenclatura persisten las abreviaturas tradicionales, formadas a partir de las iniciales del compuesto, así AMP, adenosina monofosfato (5′ o 3′). A veces se explicita: 5′-AMP que equivale a pA.

Algunos nucleótidos contienen más de un grupo fosfato. Cada uno de ellos se representa por una p minúscula. Así, por ejemplo, pAp (5′,3′-adenosina difosfato), o ppA (adenosina-5′-difosfato o ADP). En este último caso, los grupos fosfato se hallan unidos por un enlace *anhídrido.*

Como hemos dicho, los nucleótidos son fundamentalmente las unidades integrantes de los ácidos nucleicos. Sin embargo, existen algunos nucleótidos que tienen especial interés biológico en forma libre. Concretamente los fosfatos de adenosina AMP, ADP y ATP (pA, ppA y pppA) intervienen en todos los procesos de intercambio de energía química en la célula: síntesis de biomoléculas, contracción muscular y transporte activo. Otro interesante nucleótido de adenosina es el adenosina-3′,5′-monofosfato, o

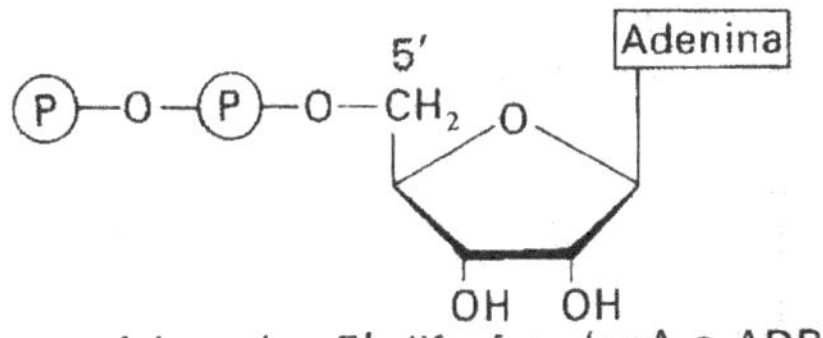

Adenosina-5'-difosfato (ppA o ADP)

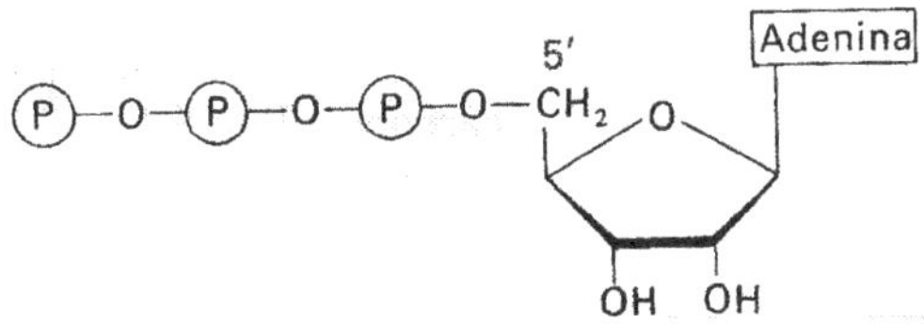

Adenosina-5'-trifosfato (pppA o ATP)

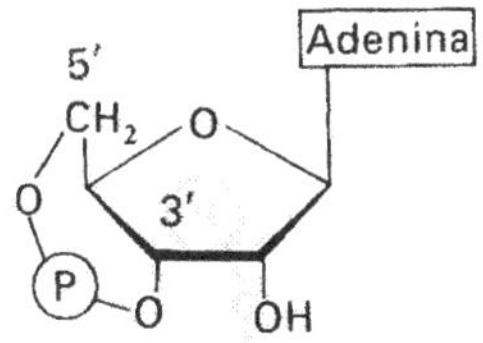

Adenosina-3',5'-monofosfato (cAMP)

AMP cíclico (cAMP) que actúa como mediador en numerosas acciones hormonales.

Algunos análogos de los nucleótidos incluyen componentes vitamínicos sobre todo del complejo B. Así, el **FMN** (flavinmononucleótido), formado por *flavina,* una base nitrogenada; *ribitol,* un alcohol derivado de la ribosa, y *fosfato.* Igualmente el **NAD** (nicotinamida adenina dinucleótido), formado por la base nitrogenada *nicotinamida,* ribosa, fosfato y AMP. Tanto el FMN como el NAD actúan como cofactores en reacciones de óxido-reducción.

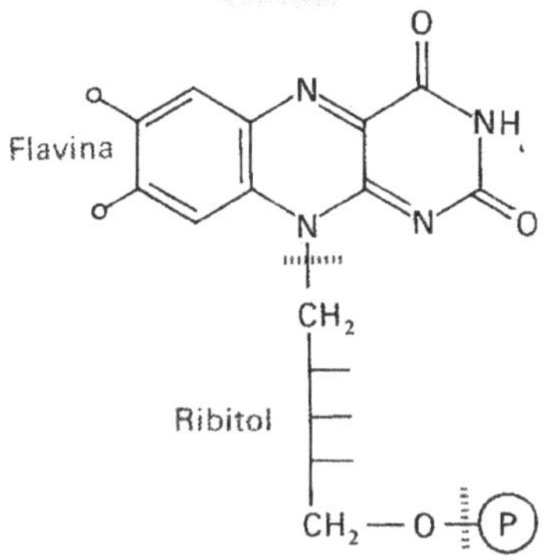

Flavinmononucleótido (FMN)

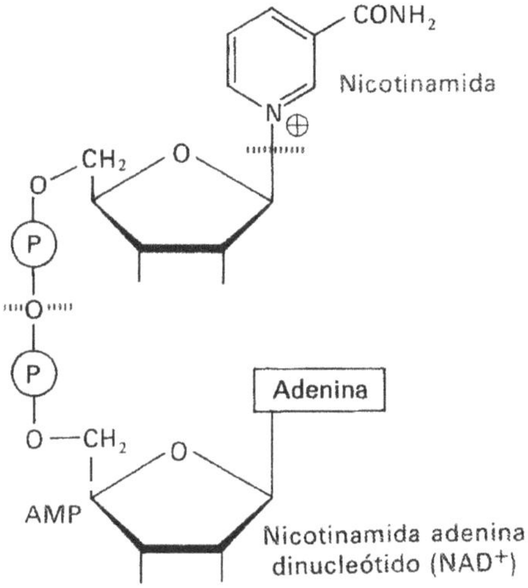

Nicotinamida adenina dinucleótido (NAD^+)

7.3.1. **Polinucleótidos**

Los polinucleótidos son cadenas lineales de nucleótidos, en las que cada grupo fosfato se halla esterificado a los átomos 3' y 5' de dos nucleótidos consecutivos. Los polinucleótidos son respecto a los ácidos nucleicos lo que los polipéptidos respecto a las proteínas.

Para representar los polinucleótidos se pueden utilizar las abreviaturas indicadas para los mononucleótidos. Los fosfatos intercalados entre las bases pueden omitirse. Así, el nucleótido representado al margen (pág. 128) puede abreviarse de las dos formas siguientes:

a) $pCpGpUpA_{OH}$
b) pCGUA

También se utiliza una representación esquemática de la cadena nucleotídica. Cada ribosa es una línea vertical, sobre la que se escribe la inicial de la base. En la mitad de la línea vertical se supone situado el carbono 3′, mientras el 5′ está en el extremo inferior. Los grupos fosfato aparecen como líneas oblicuas uniendo los carbonos 3′ y 5′.

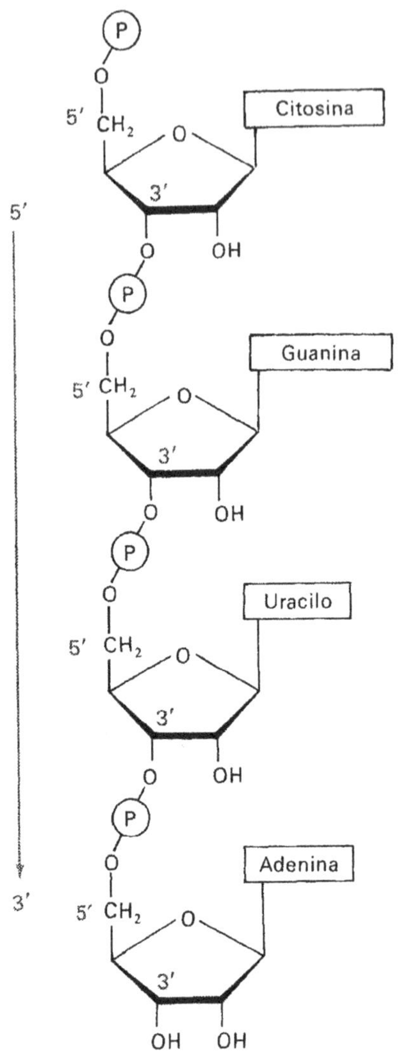

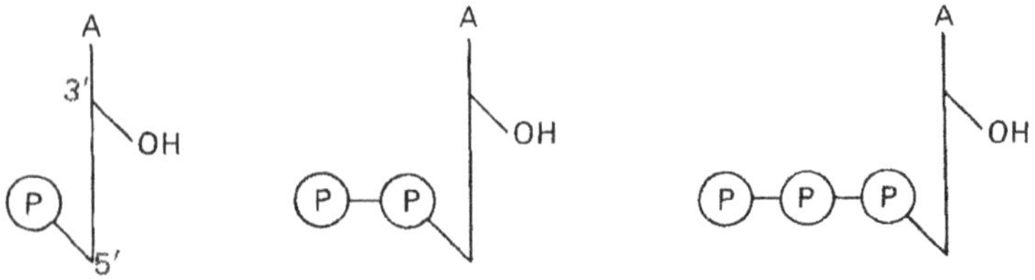

AMP (pA) ADP (ppA) ATP (pppA)

Los niveles de estructuración de los polinucleótidos son similares a los de los polipéptidos. Se distingue:

Estructura primaria: corresponde a la secuencia de bases.

Estructura secundaria: puede ser al azar o por emparejamiento antiparalelo de las bases (véase figura).

Estructura terciaria: conformación espacial de la molécula en su conjunto.

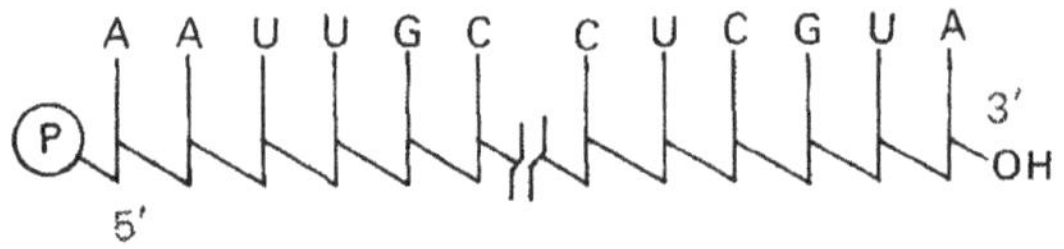

Estructura primaria
(Secuencia)

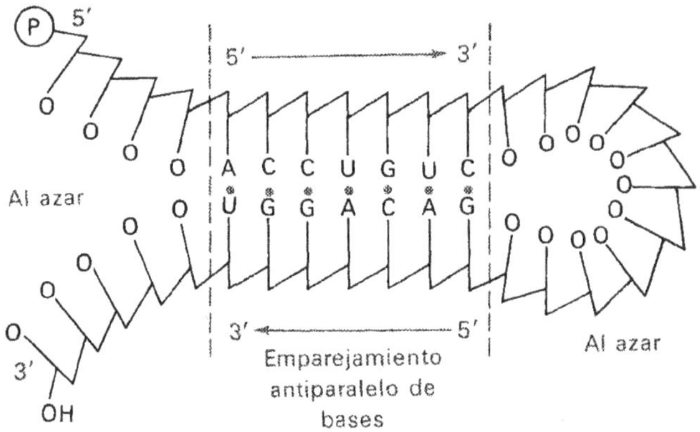

Emparejamiento antiparalelo de bases
Estructuras secundarias

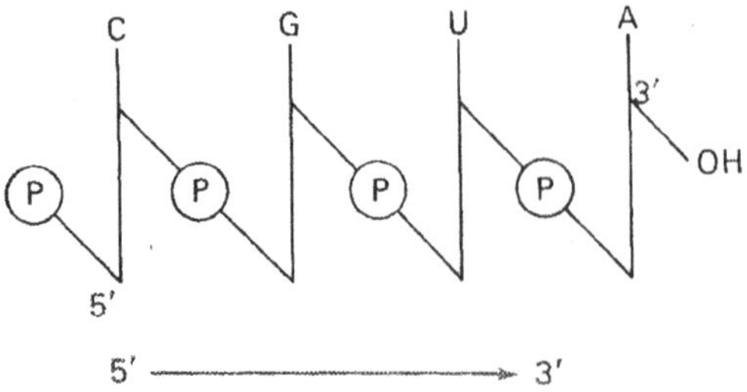

El enlace propio de la estructura primaria es la unión éster entre fosfato y pentosas; la estructura secundaria puede estar estabilizada por los puentes de hidrógeno de las bases emparejadas; en la estructura terciaria actúan fuerzas hidrofóbicas, puentes de hidrógeno, etc.

Un ejemplo típico de polinucleótido del que se conocen con detalle los tres niveles de estructuración es el llamado RNA de transferencia (tRNA) del que se hablará más adelante.

Al igual que en las proteínas, existen técnicas para secuenciar los polinucleótidos, consistentes en una hidrólisis parcial y selectiva, seguida de un análisis cromatográfico, que permite una «lectura» inmediata de la secuencia. En la actualidad resulta más cómodo y sencillo secuenciar los polinucleótidos que las proteínas. De hecho, se puede averiguar la secuencia de muchas proteínas, secuenciando el fragmento de DNA que sirve para programarlas. Ya se conocen secuencias completas de DNA de más de 5 000 nucleótidos.

7.4. RNA

Es el ácido nucleico más abundante de la célula. Normalmente existen en las células humanas cuatro clases principales de RNA, caracterizadas por su distinta masa molecular, distinta localización y distinta función.

El *RNA heterogéneo nuclear* (**hnRNA**) está localizado en el núcleo. Su masa molecular es muy elevada, y se le considera precursor de los restantes tipos de RNA, que se forman por un proceso específico de selección de determinados fragmentos. En el capítulo 16 comentaremos el posible papel del RNA nuclear en la regulación de la expresión genética.*

El *RNA ribosómico* (**rRNA**) es un constituyente de los orgánulos subcelulares denominados ribosomas. En cada célula existen millares de ribosomas, que juegan un papel importante en la síntesis de proteínas. El 80% del RNA celular es RNA ribosómico.

El *RNA transferente* (**tRNA**) es de muy pequeña masa molecular: consta de unos 85 nucleótidos. En la biosíntesis de proteínas, los aminoácidos que se van incorporando a la cadena peptídica en crecimiento han de estar previamente unidos a un tRNA. Cada tRNA se puede unir tan sólo a un aminoácido particular.

Por último, existe el *RNA mensajero* (**mRNA**). Transporta, desde el núcleo al citoplasma, el mensaje con las instrucciones para la síntesis de la proteína concreta que se precisa en un momento dado. Es el de vida más efímera, porque se destruye tan pronto como ha cumplido su misión.

Además de estos RNA celulares, existen numerosos *virus* (tanto de plantas como de animales o bacterias) *que contienen RNA* (**vRNA**). La *poliomelitis, la rabia* y la *gripe* se transmiten por virus que contienen vRNA.

7.4.1. Estructura de los RNA

Los RNA suelen estar formados por una sola cadena de nucleótidos. Con frecuencia existen largos segmentos de cadenas cuyas bases emparejan con otros tantos segmentos antiparalelos. Este emparejamiento determina una estructura secundaria que, a su vez, regula la función de este RNA. En el caso de los tRNA, se conoce la secuencia de nucleótidos de muchísimos transferentes.

* En el núcleo se ha encontrado también un RNA de pequeño tamaño, el snRNA (*s* de «*small*», pequeño). Este RNA ayuda a cortar fragmentos del hnRNA, para transformarlo en mRNA.

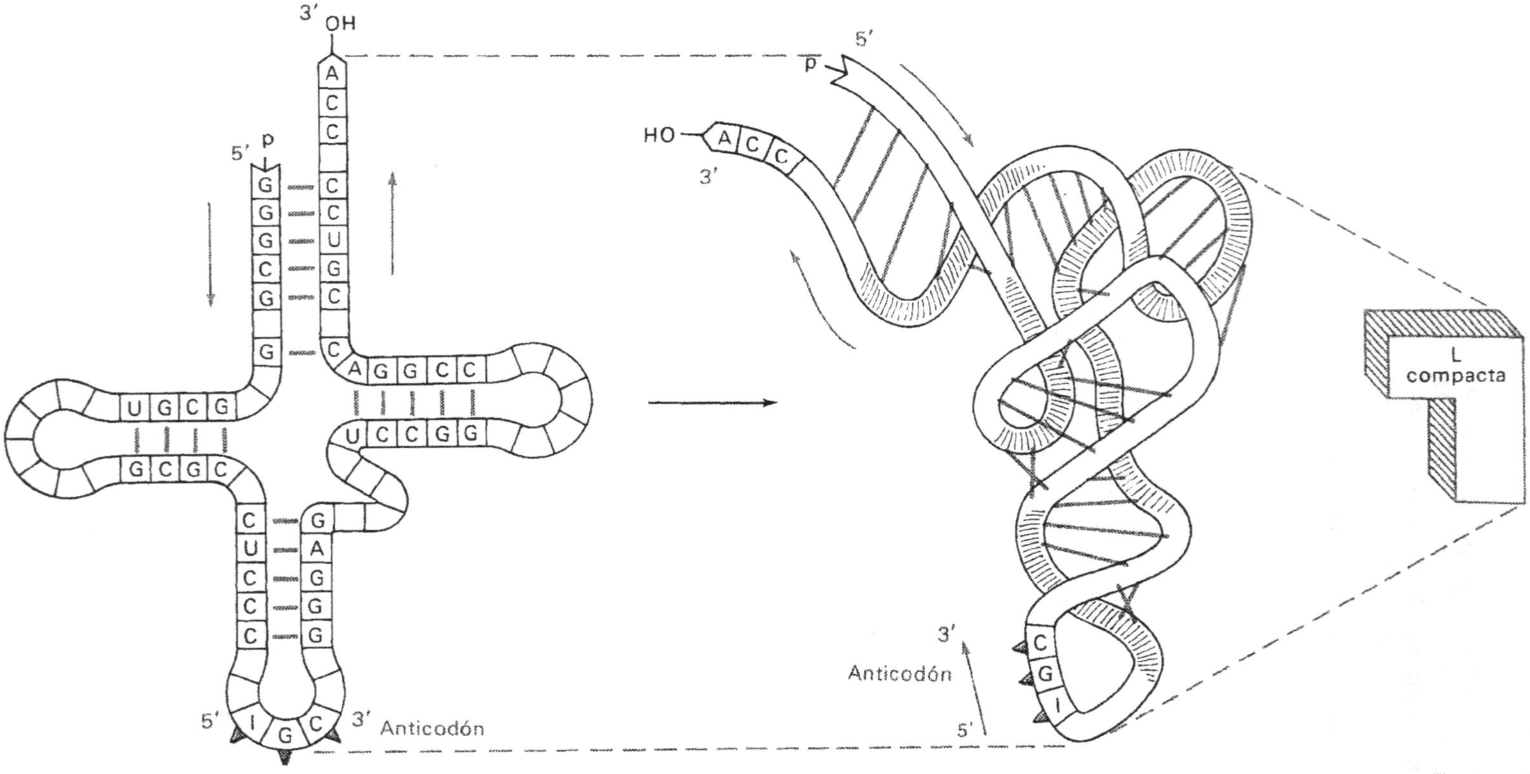

Estructura primaria (secuencia)
y secundaria (hoja de trébol)

Estructura terciaria (L compacta)

Figura 7.3
Estructuras primaria, secundaria y terciaria de un RNA de transferencia. Los emparejamientos por puentes de hidrógeno están señalados en rojo. Las tres bases del anticodón deberán emparejar, también por puentes de hidrógeno, con los RNA mensajeros.

Todos ellos son semejantes. Como es obvio, existen pequeñas diferencias en la estructura primaria, que no impiden que todos ellos adopten la estructura secundaria conocida como «*hoja de trébol*» y la *estructura terciaria* en «*L compacta*» (Fig. 7.3).

También se conocen las estructuras primaria y secundaria de muchos rRNA. Las estructuras terciarias de la mayoría de los RNA aún no se conocen.

7.5. DNA

Está localizado predominantemente en el núcleo celular, aunque existe una pequeña fracción en las mitocondrias. También se conocen *virus con DNA* como el de la *viruela* y el *herpes*. La masa molecular del DNA es muy elevada: cada cromosoma contiene una sola molécula larguísima de DNA, empaquetada en torno a unas proteínas específicas, las *histonas*.

La secuencia de nucleótidos del DNA contiene toda la información genética del ser vivo. A partir de ella se sintetizan los diversos tipos de RNA y, a través de éstos, la totalidad de las proteínas propias de cada célula.

7.5.1. Estructura secundaria del DNA

La molécula de DNA consta de dos cadenas de polinucleótidos, cuyas bases están emparejadas (**A = T** y **G ≡ C**) en sentido antiparalelo, es decir, que si una cadena tiene su 3'-OH libre en un extremo, la otra lo tiene en el extremo contrario (ver fig. 7.4).

La estructura secundaria del DNA fue establecida por Watson y Crick en 1953. Consiste en una doble helicoide, es decir, una estructura similar a una escalera de cuerda que hubiera rotado en torno a su eje: los nudos de la escalera serían las desoxirribosas, los segmentos de cuerda entre los nudos, los fosfatos, y los travesaños, las parejas de bases. Siempre se emparejan una base púrica con una pirimidínica, de modo que las dos cadenas permanecen equidistantes; aunque la molécula de purina es más larga que la de pirimidina, la suma de ambas da un valor constante e igual a 11 Å.

El descubrimiento de Watson y Crick tiene una importancia extraordinaria por sus implicaciones biológicas:

a) Las dos cadenas son complementarias, no idénticas. En efecto, si una cadena es:

(5')—A—A—C—C—(3')

la complementaria será:

(5')—G—G—T—T—(3')

y ambas estarán emparejadas como se indica al margen.

(5') — A — A — C — C — (3')
(3') — T — T — G — G — (5')

b) En consecuencia, al desdoblarse el doble helicoide, cada una de las cadenas puede servir de molde para la síntesis de una cade-

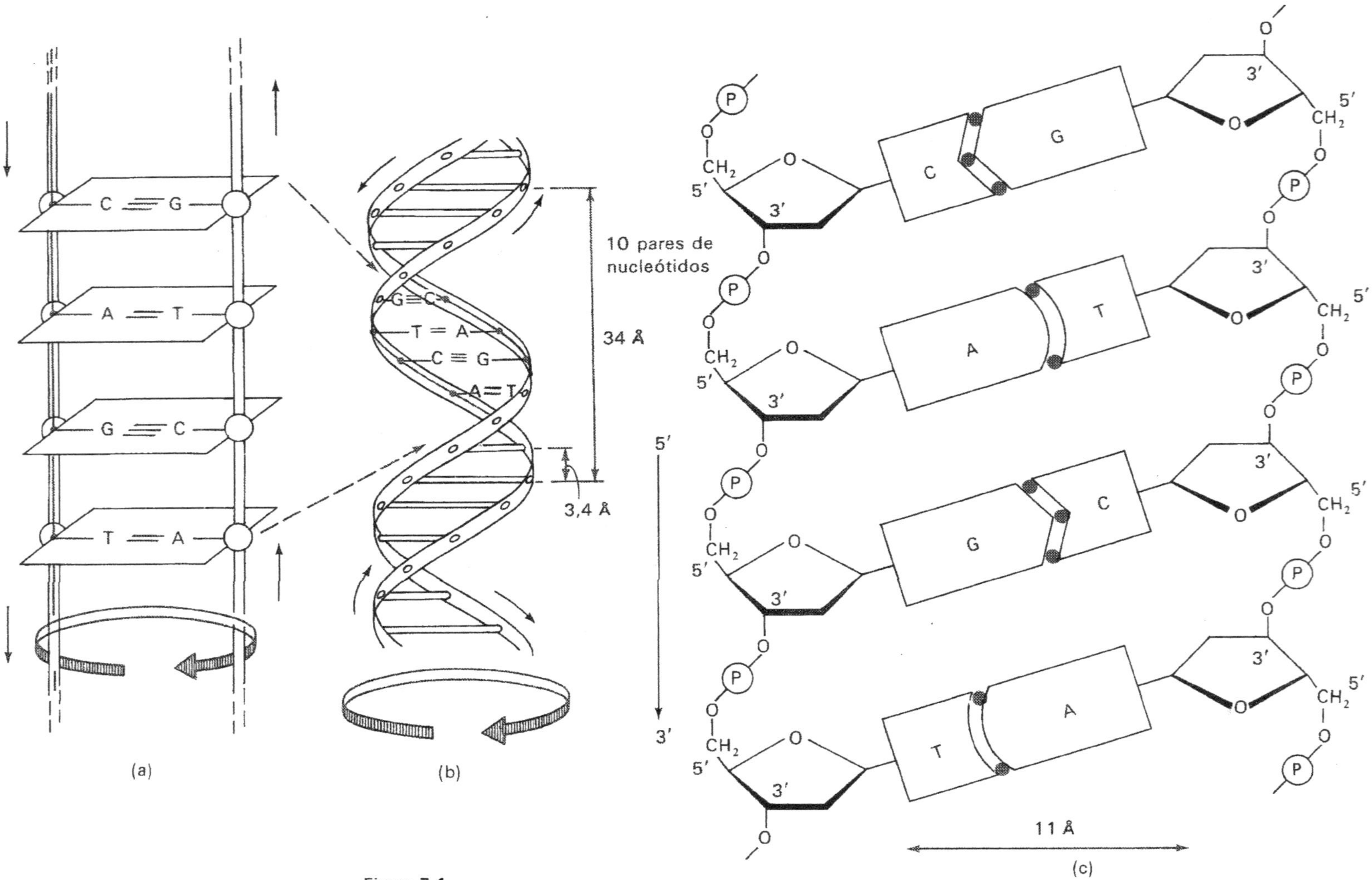

Figura 7.4
Representaciones esquemáticas del doble helicoide del DNA. (a) representa la escalera de cuerda sin enrollar; (b) la doble hélice dextrógira, y (c) la estructura química de los cuatro nucleótidos de cada hebra emparejada, por medio de las bases, con la complementaria y antiparalela.

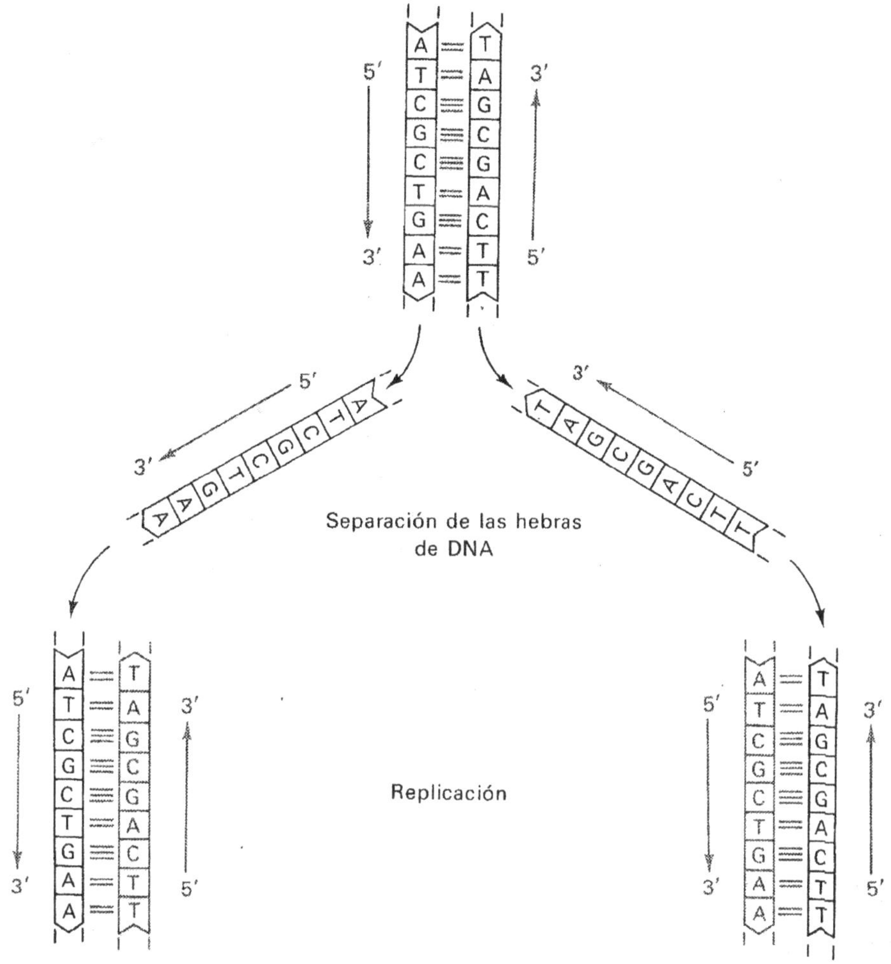

Figura 7.5
Esquema de la replicación del DNA. Se forman dos copias idénticas al original utilizando cada hebra como molde para su complementaria.

na complementaria. El resultado final será la duplicación exacta del DNA primitivo o **replicación** (Fig. 7.5).

c) Igualmente, una de las cadenas del doble helicoide de DNA puede servir de molde para la fabricación de un RNA, proceso que estudiaremos con el nombre de **transcripción.** Así, la información del DNA del núcleo puede transmitirse al citoplasma (Fig. 7.6).

d) El proceso de la replicación es extremadamente preciso. Ocasionalmente se produce un error en el emparejamiento de las bases, es decir, la nueva cadena no es exactamente complementaria de la primitiva. Por lo general, la célula dispone de mecanismos para corregir errores, eliminando el fragmento in-

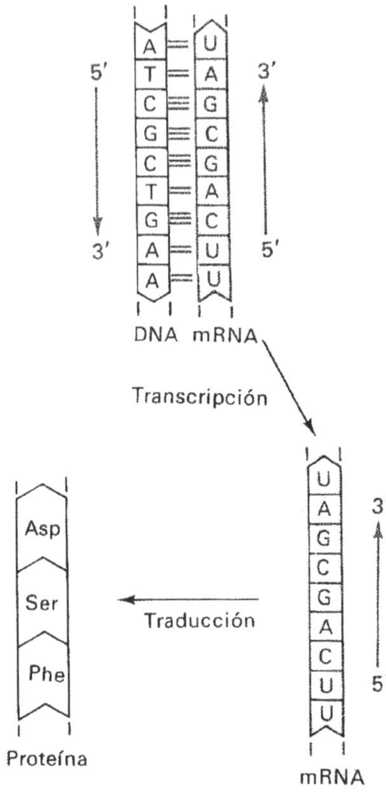

Figura 7.6
Esquema de la transcripción y de la traducción. Sobre una de las hebras del DNA se copia un RNA mensajero que luego se va a traducir en forma de una proteína determinada.

correcto y sintetizando uno nuevo. Sin embargo, hay veces que estos errores persisten y se transmiten a la descendencia. Se trata de las llamadas *mutaciones.* Numerosos agentes físicos y químicos favorecen la producción de mutaciones. Ejemplos de agentes mutagénicos son los rayos X, la radiación ultravioleta y las radiaciones ionizantes.

7.5.2. Estructuras de orden superior en el DNA

Al igual que en el caso de las proteínas, la secuencia de bases permite en el DNA la formación de estructuras de orden superior.

Cuando la cadena no es excesivamente larga, caso de los DNA bacterianos, mitocondriales y algunos víricos, el DNA enlaza sus extremos formando lo que se llama un *DNA circular.* A menudo existe una torsión adicional sobre la doble hélice del DNA circular, que da origen al llamado *DNA superenrollado.*

A menudo la secuencia de una cadena es tal que sus bases pueden emparejar no sólo con la cadena complementaria, sino también con un fragmento vecino de la misma cadena, siempre de ma-

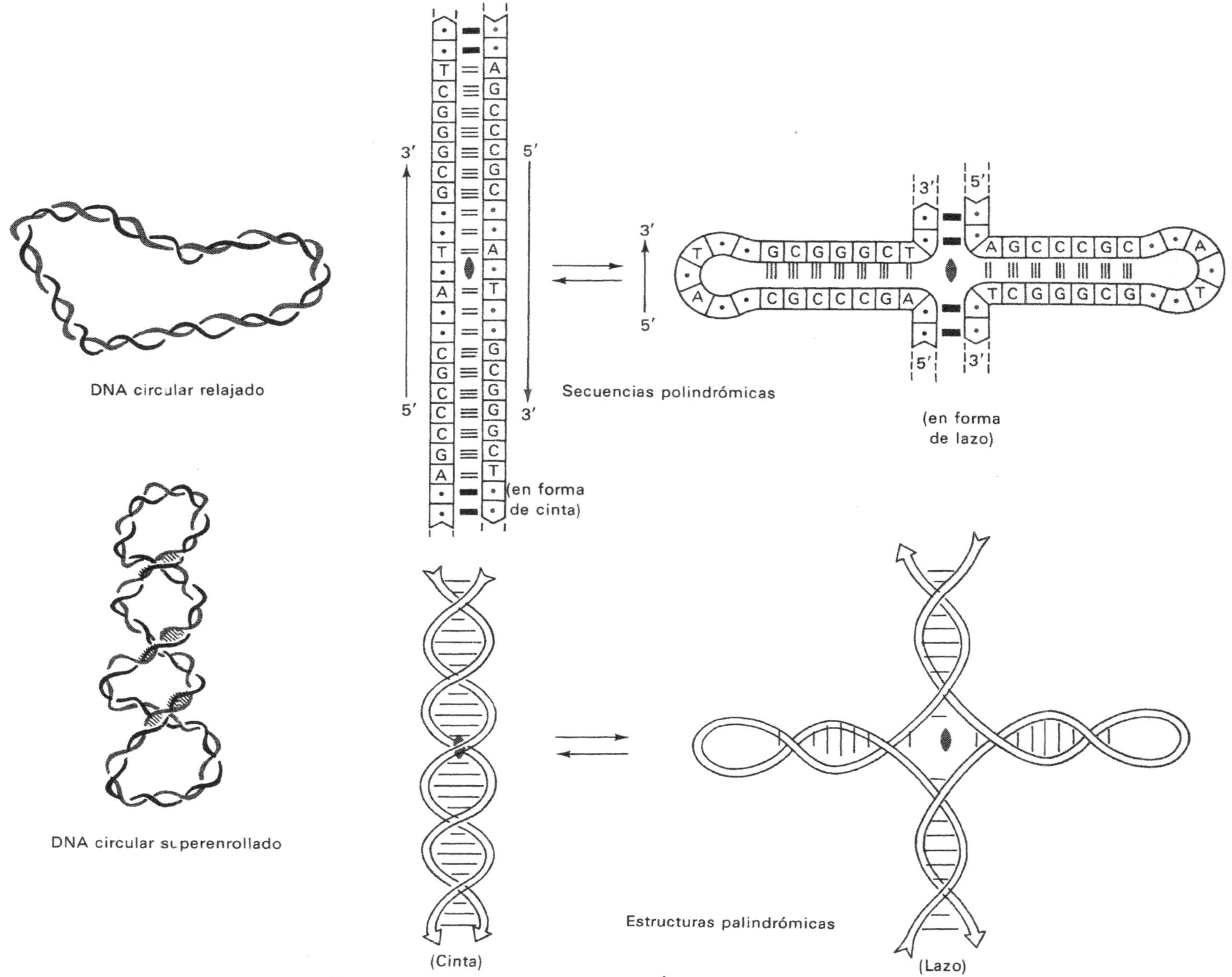

Figura 7.7 Algunas estructuras espaciales del DNA. (♦) representa un eje de simetría binario.

nera antiparalela. En estos casos es posible realizar la misma lectura de bases de izquierda a derecha que de derecha a izquierda. Estas secuencias se llaman *palindromas,* lo mismo que en gramática se llaman palindromas a palabras o frases que se pueden leer por igual en los dos sentidos como

RADAR
O
DÁBALE ARROZ A LA ZORRA EL ABAD

5' — AAATTT — 3'
- - - * - - -
3' — TTTAAA — 5'

Palindroma

Los fragmentos palindrómicos del DNA pueden adoptar dos conformaciones posibles: una, en disposición de cinta lisa, y otra, en forma de lazo. Estas dos distintas conformaciones permiten la fijación de unas u otras proteínas que modulan la transcripción del DNA. De esta manera los palindromas pueden regular la expresión genética. En la figura 7.7 se representan las estructuras del DNA que acabamos de enumerar.

Las cadenas del DNA nuclear pueden alcanzar en el hombre longitudes extraordinarias: hasta 1,80 m por célula. Por una parte, estas cadenas deben plegarse sobre sí mismas hasta reducirse a las dimensiones del núcleo (del orden de micrometros). Por otra parte, este plegamiento debe ser tal que permita fácilmente el acceso selectivo a las regiones de DNA que han de ser transcritas en cada momento. Los detalles del complejo proceso de enrollado y superenrollado del DNA en los *cromosomas* son actualmente objeto de activa investigación. La estructura fundamental de plegamiento del DNA lo constituye el llamado *nucleosoma.* El nucleosoma consta de una parte central proteica, sobre la que se enrolla un doble helicoide de DNA. A su vez, series larguísimas de nucleosomas, conectados entre sí por el doble helicoide, como las cuentas de un collar, presentan diversos grados de superenrollamiento. Este enrollamiento es máximo durante la mitosis y la meiosis, cuando los cromosomas llegan a hacerse visibles al microscopio óptico. Las proteínas del nucleosoma, y otras que también contribuyen a la estructura de los cromosomas son de bajo peso molecular y carácter básico, lo que les permite interaccionar con los ácidos nucleicos; estas proteínas se designan globalmente como histonas (Fig. 7.8).* En el cromosoma también existen proteínas no histónicas.

7.6. LOS ÁCIDOS NUCLEICOS EN LA CLÍNICA

Los ácidos nucleicos, como portadores de la herencia y determinantes de los caracteres genéticos del individuo, se estudian morfológicamente cuando dan origen a los cromosomas, como se verá en el apartado «*Citogenética humana*» (Complementos 8.3). Desde el punto de vista molecular, aunque en algunos casos se requiere analizar nucleósidos o nucleótidos determinados o alguno de sus derivados o precursores, como *xantina, ácido orótico,* etc., la determinación clínica más frecuente es con mucho la de **ácido úrico.**

* Cada nucleosoma consta de cuatro parejas de histonas diferentes $(H2A, H2B, H3, H4)_2$ que constituyen el *octámero central.*

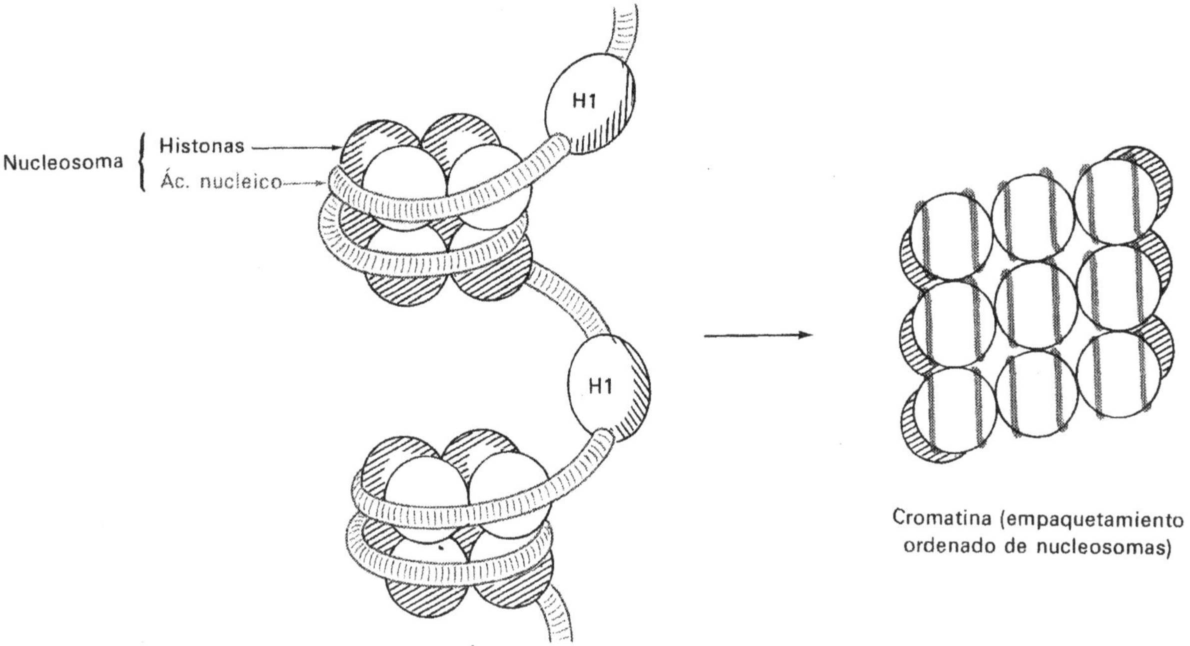

Figura 7.8
Estructura de los nucleosomas y empaquetamiento ordenado de éstos para formar la cromatina y los cromosomas.

El ácido úrico se acumula en las articulaciones en la *gota.* En este caso, también se halla elevado en la sangre. El ácido úrico se determina por métodos químicos o enzimáticos. El método químico más usual consiste en la oxidación del ácido úrico a alantoína con ácido fosfowolfrámico; simultáneamente, éste se reduce, y el compuesto reducido tiene un color azul determinable colorimétricamente. **(C.8.2)**

ácido úrico + ác. fosfowolfrámico →
→ alantoína + CO_2 + «*azul de wolframio*»

También se puede llevar a cabo la misma reacción de oxidación con el enzima *uricasa.* En este caso se libera estequiométricamente H_2O_2, que se determina como se verá en el capítulo 9 (9.6.1).

CUESTIONES Y PROBLEMAS

7.1. Un par de bases del DNA en doble helicoide tiene una longitud de 3,4 Å. Si la longitud total del DNA distendido de una célula es 1,8 m, calcular cuántos pares de bases tendrá (1 m = 10^{10} Å).
7.2. Si el cuerpo humano tiene 10^{13} células y cada una de ellas tiene el DNA señalado en el problema anterior, calcular cuántas hebras de

DNA tendría una soga que se hiciera con todo el DNA de un hombre y que alcanzara desde la Tierra a la Luna (distancia Tierra-Luna = 380 000 km).

7.3. Un fragmento de DNA tiene la siguiente secuencia de bases:

5′—AATCTAGACTAG—3′

Indicar la secuencia correcta de un DNA complementario.

7.4. Indicar también la secuencia correcta de un RNA complementario del mismo fragmento de DNA del problema anterior.

7.5. Supongamos que el virus de la polio tiene la siguiente composición de bases (expresada en moles):

Adenina = 22%; Uracilo = 27%; Citosina = 23%; Guanina = 28%

Averiguar con estos datos:

a) Si el virus contiene DNA o RNA.
b) Si está formado por un solo filamento o por dos filamentos complementarios.

7.6. El DNA de una bacteria tiene un 23% de Adenina, sobre el total de bases (en moles). Indicar su contenido en Timina, Citosina y Guanina.

7.7. Un fragmento de RNA de transferencia tiene la siguiente secuencia de bases:

5′—AAUCUGG—TψCAACU—CCAGAUG—3′

Se sospecha que pertenece a un bucle de la «hoja de trébol». Indicar una posible estructura secundaria de este fragmento.

7.8. Recomponer un palindroma de diez pares de bases, cuyas cinco primeras son las siguientes:

5′— AACGT. . . . .—3′
3′— . . . .—5′

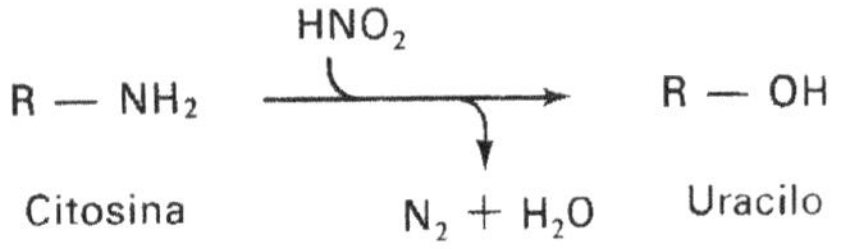

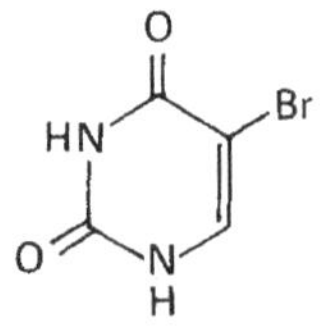

Bromouracilo

7.9. El ácido nitroso (HNO_2) es un agente mutagénico, capaz de convertir la Citosina en Uracilo. Si, durante la replicación del DNA, una molécula de ácido nitroso ataca a una Citosina, indicar en qué pareja nueva se convertirá la pareja afectada (C ≡ G).

7.10. El bromouracilo (BU) actúa como base intermedia entre C y T. Si, durante la replicación del DNA, el BU sustituye a una T, indicar en qué pareja nueva se podrá convertir la pareja afectada (T = A).

7.11. Las células que se reproducen activamente son especialmente sensibles a los agentes físicos o químicos que alteran la replicación del DNA. Son agentes físicos lesivos: rayos X, radiación γ, luz ultravioleta, etc. Son agentes químicos lesivos: ácido nitroso, dietilnitrosamina, bromouracilo, etc. Indicar el mecanismo que puede producir la muerte celular.

7.12. Para matar las células cancerosas se utilizan algunos agentes físicos o químicos enumerados en el problema anterior. Razonar por qué en tumores muy localizados se prefiere rayos X o radiación γ y en tumores difusos, fluorouracilo o una base equivalente.

CAPÍTULO **8**

LA CÉLULA

Con la colaboración del Dr. J. I. García de Gurtubay
Profesor Titular de Biología de la Universidad del País Vasco

8.1. BIOLOGÍA CLÁSICA Y BIOLOGÍA MOLECULAR

En los capítulos anteriores se han descrito las principales moléculas que integran los seres vivos: esto forma parte del enfoque químico o molecular de la biología (**bioquímica** o **biología molecular**). Las biomoléculas se presentan muchas veces asociadas o ensambladas para formar estructuras de orden superior. El conocimiento bioquímico —que se apoya en datos procedentes de otra ciencia básica, la **biofísica**— se desarrolla siguiendo un orden creciente de complejidad:

monómeros → biopolímeros → asociaciones moleculares → asociaciones supramoleculares

Un ejemplo lo constituyen los aminoácidos y nucleótidos (monómeros) que dan origen respectivamente a los polipéptidos y polinucleótidos (biopolímeros). Los polipéptidos se asocian entre sí para formar el conglomerado proteico del nucleosoma (asociación molecular) y finalmente éste se asocia con el ácido nucleico, para originar el cromosoma (asociación supramolecular).

Estas últimas asociaciones resultan visibles con frecuencia al microscopio de luz o al microscopio electrónico, y por lo tanto constituyen la frontera entre la biología molecular y la biología clásica. Ésta sigue un proceso inverso; a partir del ser vivo pluricelular (en nuestro caso el hombre) profundiza hacia sistemas cada vez más sencillos: aparatos, órganos, células y orgánulos subcelulares. Estos orgánulos están a su vez integrados por lo que, desde el punto de vista bioquímico, se consideran asociaciones supramoleculares.

Se observa pues que no hay solución de continuidad entre la biología clásica y la biología molecular. Por consiguiente, antes de seguir adelante, se requiere una revisión breve de las estructuras celulares con el fin de situar correctamente los procesos que estudiamos a nivel molecular. Las áreas específicas de la biología clásica, la biología molecular y la biofísica, se ilustran de forma esquemática en la figura 8.1.

8.2. ASOCIACIONES SUPRAMOLECULARES

Al estudiar las biomoléculas en su entorno, la bioquímica trata de numerosas interacciones y asociaciones que tienen lugar entre dichas moléculas. Algunas de estas interacciones son efímeras, simples choques moleculares, como los que dan origen a las reacciones bioquímicas, pero en otros casos se presentan asociaciones estables, como las que constituyen las estructuras supramoleculares. De estas estructuras son ejemplos dispares las fibras de colágeno, las membranas celulares, los ribosomas y los virus.

Para su estudio, dividiremos las asociaciones supramoleculares en cuatro grupos principales, atendiendo a su composición química.

8.2.1. Asociaciones proteicas

Las proteínas intervienen en prácticamente todas las asociaciones supramoleculares. Además, la mayoría de estas asociaciones están constituidas sólo por proteínas.

a) Entre las asociaciones supramoleculares de naturaleza exclusiva o predominantemente proteica citaremos en primer lugar las que tienen función estructural:
   - Los **microtúbulos**, que forman el citoesqueleto, y están integrados por moléculas de las proteínas α y β-*tubulina*.
   - Los llamados **filamentos gruesos** y **filamentos delgados** de las células musculares que están formados por toda una serie de proteínas distintas: de su interacción rítmica resulta la contracción muscular.
   - La consistencia y propiedades mecánicas del tejido conjuntivo se consiguen gracias a la presencia, en el medio extra-

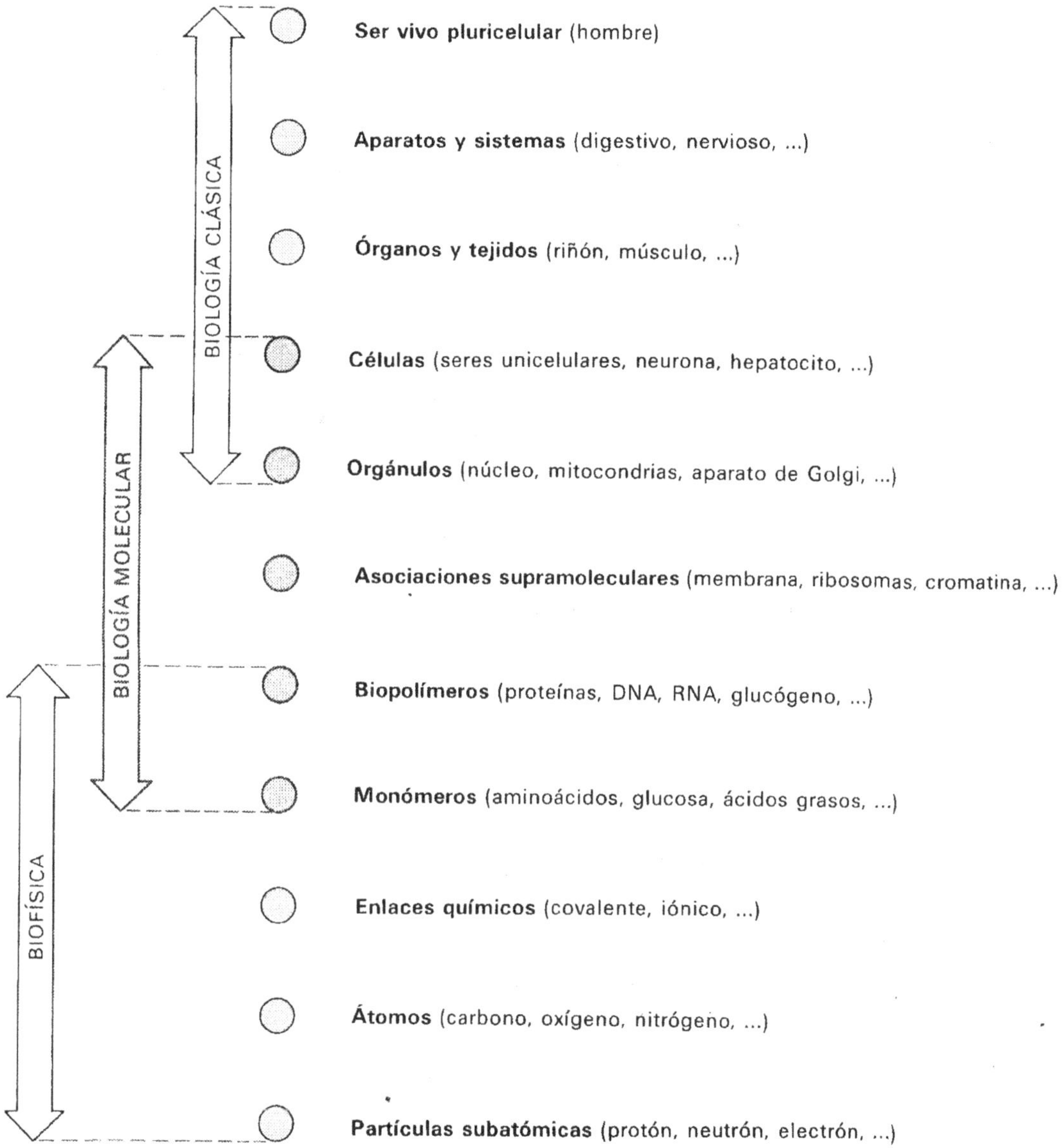

Figura 8.1
Campos de estudio de la biología clásica, la biología molecular y la biofísica.

celular, de **fibras de colágeno** entrelazadas, cada una de las cuales consta de numerosas subunidades de la proteína *tropocolágeno.*

— La **malla de fibrina,** que interviene en el proceso de la hemostasia y coagulación sanguínea, consiste en una red tridimensional de naturaleza proteica, que procede por alteración enzimática de una proteína presente en el plasma, el *fibrinógeno.*

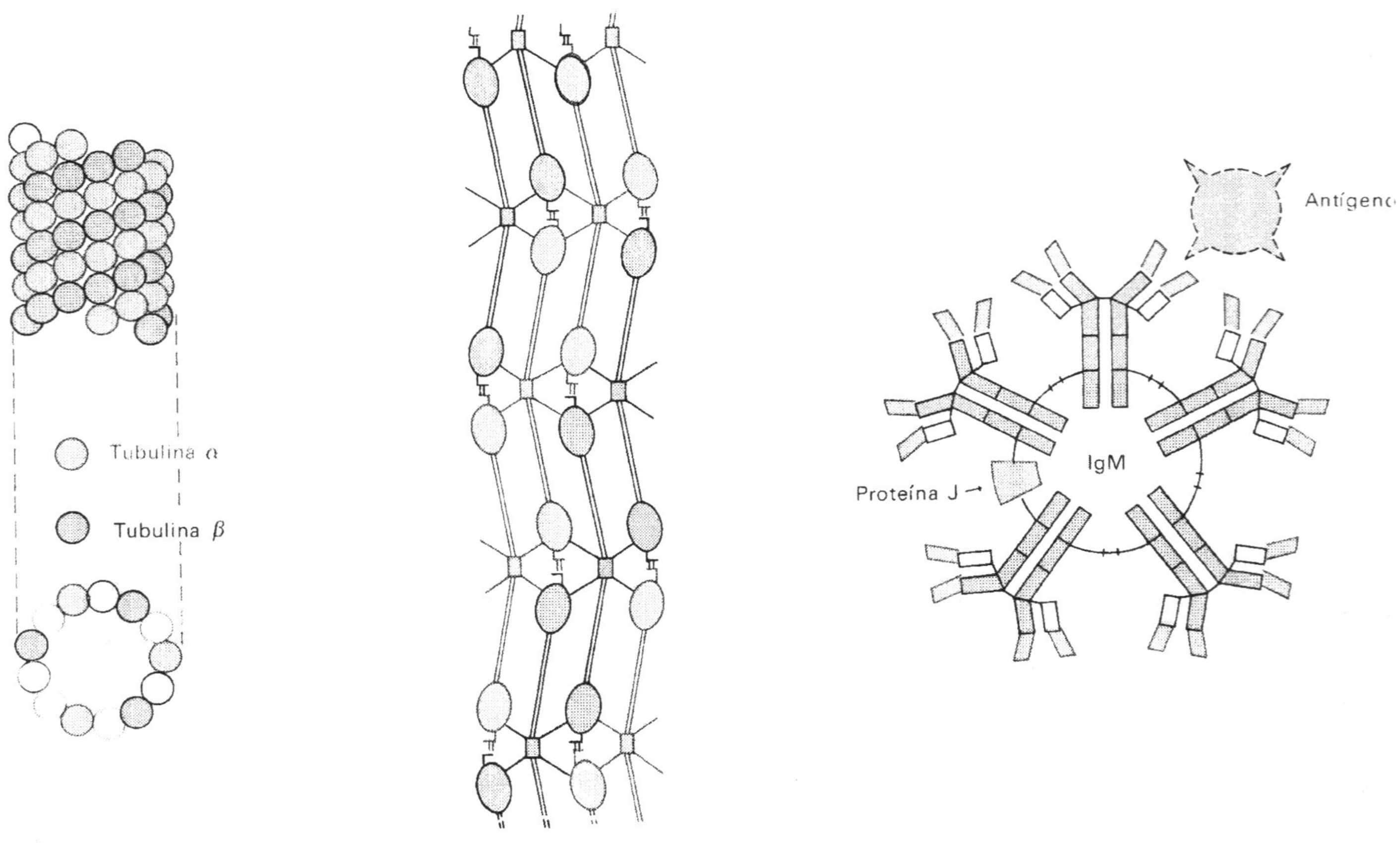

Microtúbulo
(estructura no covalente)

Fibrina
(estructura covalente)

Inmunoglobulina M
(puede unirse a antígenos, proteicos o no, formando una malla tridimensional)

Figura 8.2
Algunas estructuras supramoleculares de naturaleza proteica.

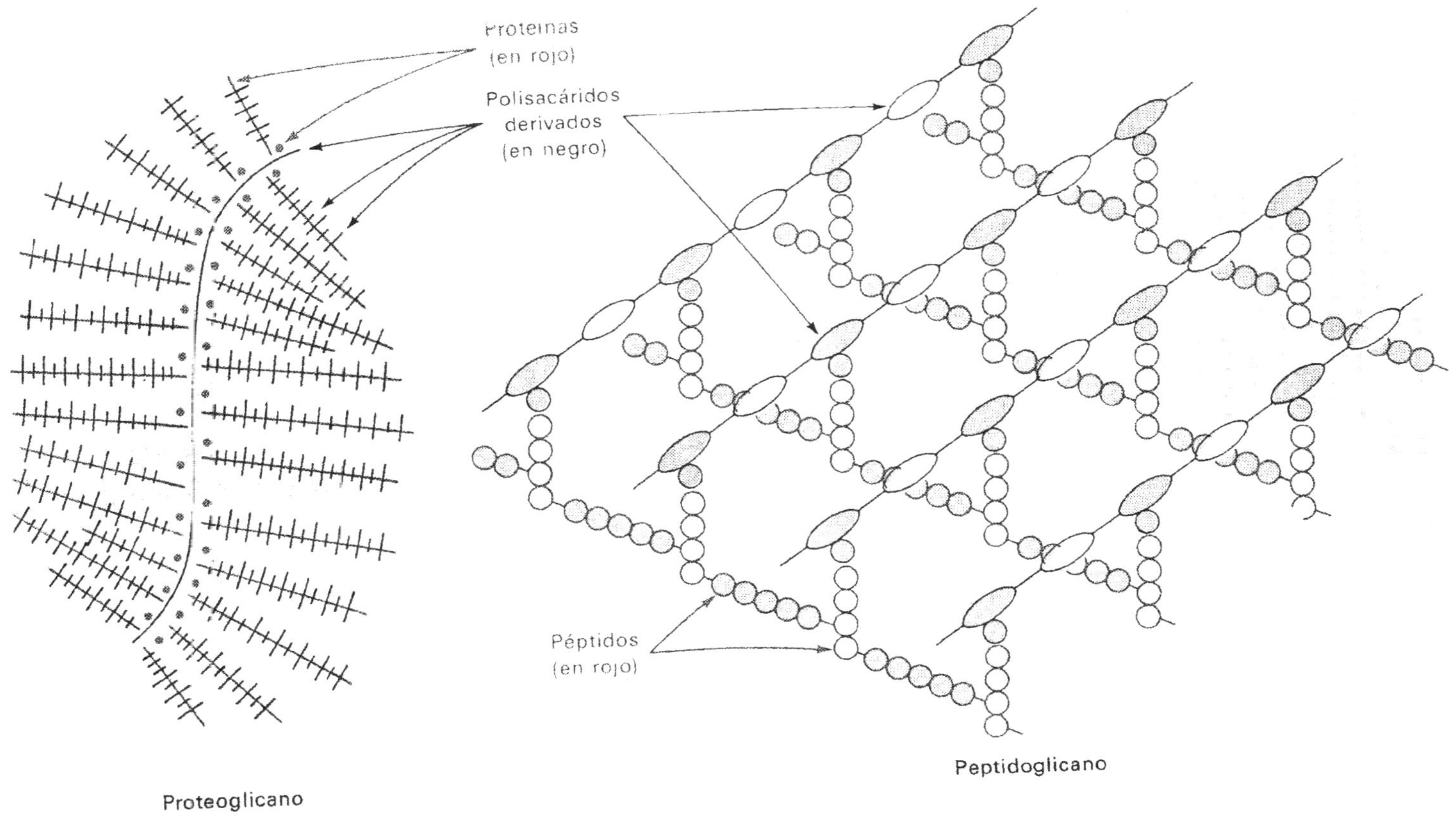

Figura 8.3
Algunas asociaciones supramoleculares de naturaleza glicoproteica.

b) Otras asociaciones supramoleculares de naturaleza proteica son:
   - Los **complejos multienzimáticos,** formados por la asociación de varias proteínas enzimáticas cada una de las cuales puede tener su propia estructura cuaternaria, y que actúan de manera coordinada. Por ejemplo, la biosíntesis de ácidos grasos se lleva a cabo en un complejo de esta naturaleza, denominado *ácido graso sintetasa.*
   - La **inmunoglobulina M,** un tipo de *anticuerpo,* o proteína de defensa inmunitaria, está constituida por la unión de cinco subunidades, cada una de las cuales consta de cuatro polipéptidos. Cuando una sustancia ajena al organismo, o *antígeno,* muchas veces de naturaleza proteica, interacciona con las inmunoglobulinas, se produce un complejo antígeno-anticuerpo con lo que la sustancia extraña queda desnaturalizada. El complejo es otro ejemplo de asociación supramolecular, aunque a veces contenga elementos no proteicos. En la figura 8.2 se representan algunas de las asociaciones supramoleculares enumeradas.

8.2.2. Asociaciones glicoproteicas

Siguiendo un orden creciente de complejidad distinguiremos:

- Los **gránulos de glucógeno,** formados por grandes moléculas de este polisacárido así como por moléculas de los enzimas propios de su metabolismo.
- Los **proteoglicanos,** presentes en la sustancia extracelular del tejido conjuntivo, están constituidos por un eje proteico al cual se unen covalentemente distintos polisacáridos complejos, como los condroitinsulfatos.
- Los **peptidoglicanos** de la pared celular bacteriana forman una malla bidimensional que rodea como un saco a toda la célula, y está integrada por una serie de fibras paralelas de polisacáridos, ensambladas transversalmente por otras fibras de naturaleza peptídica (Fig. 8.3).

8.2.3. Asociaciones lipoproteicas

Describiremos dos tipos de asociaciones supramoleculares lipoproteicas, las lipoproteínas del plasma y las membranas plasmáticas.

(6.4.3) — Las **lipoproteínas del plasma,** *CM, VLDL, LDL* y *HDL,* se han descrito ya en el apartado de proteínas conjugadas. Tienen una estructura espacial en forma de pequeñísimas gotas, en cuyo interior están los lípidos neutros (triglicéridos y colesterol). A éstos les rodea una capa monomolecular de fosfolípidos, con algunas proteínas intercaladas. La conformación de las proteínas es tal que las regiones hidrofílicas se hallan en el exterior, en contacto con el agua que rodea a la gota (Fig. 8.4).

— Otro ejemplo son las **membranas celulares** que están formadas básicamente por una bicapa de fosfolípidos, orientados de

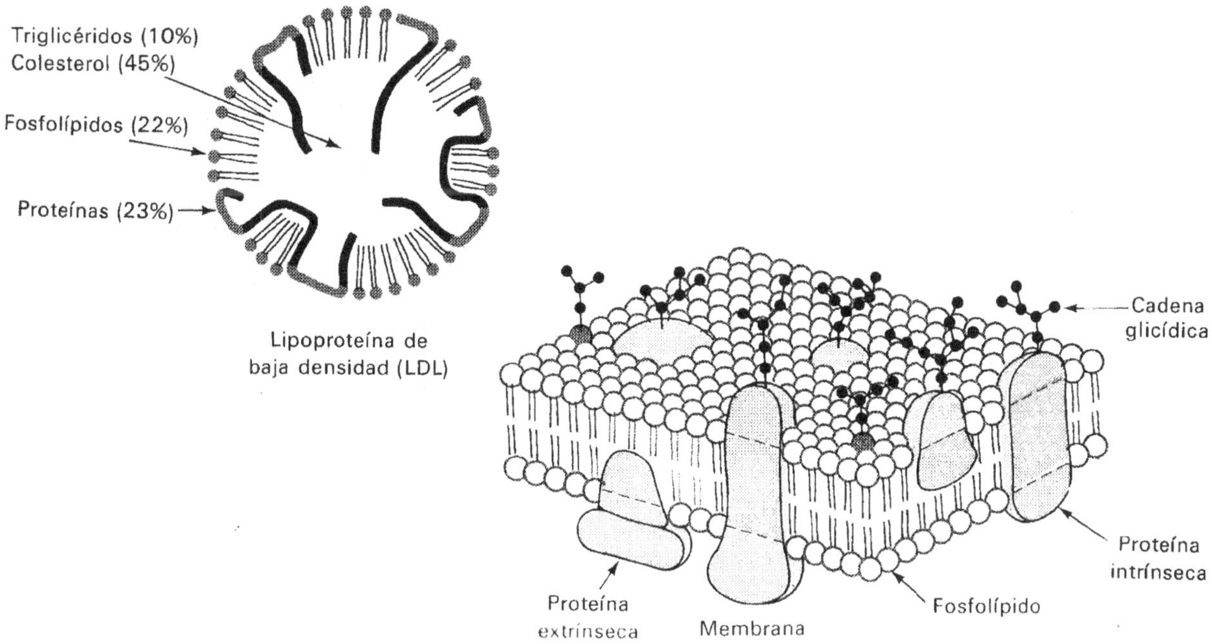

Figura 8.4
Algunas estructuras supramoleculares de naturaleza fundamentalmente lipoproteica.

tal manera que las cabezas hidrofílicas están en contacto con el medio acuoso mientras que las partes hidrofóbicas se hallan en contacto mutuo en el interior de la membrana. La membrana incluye también otros lípidos, como el colesterol y los glicolípidos, aunque en menor proporción. Entre los lípidos se intercalan numerosas moléculas de proteína, de distinta naturaleza y función (bombas y compuertas moleculares, receptores, enzimas, etc.). Estas proteínas intercaladas en la bicapa suelen tener regiones hidrofóbicas, en contacto con el interior apolar de la membrana, y regiones hidrofílicas que emergen al medio acuoso por una o ambas caras; se denominan *proteínas intrínsecas* o *integrales* de la membrana. Normalmente las proteínas intrínsecas son glicoproteínas; la cadena de oligosacáridos se halla unida a la parte polar de la proteína que emerge en la cara externa de la célula (Fig. 8.4). Las interacciones más importantes entre lípidos y proteínas intrínsecas en las membranas son de naturaleza hidrofóbica. Además, las membranas contienen otro tipo de proteínas, las llamadas *extrínsecas* o *periféricas,* que están unidas a la superficie polar de la membrana sobre todo por fuerzas electrostáticas.

8.2.4. Asociaciones nucleoproteicas

Hay tres estructuras principales que resultan de asociaciones nucleoproteicas: ribosomas, cromosomas y virus.

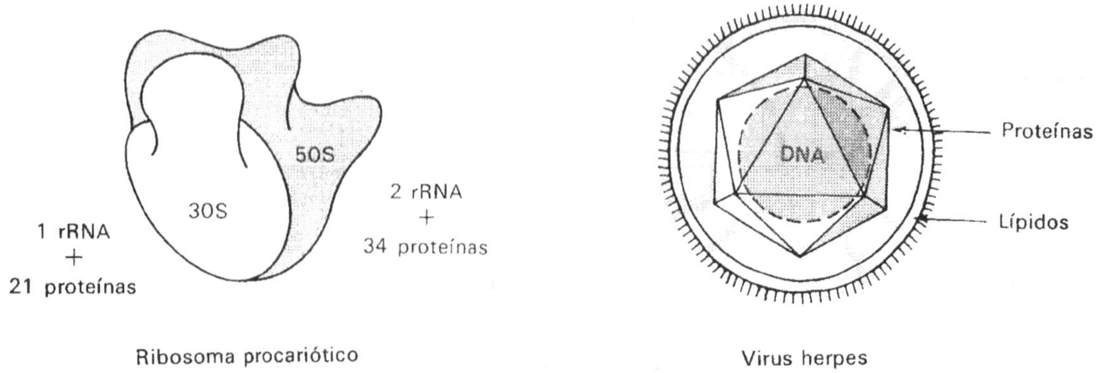

Figura 8.5
Algunas estructuras supramoleculares de naturaleza nucleoproteica.

— Los **ribosomas** son orgánulos celulares relacionados con la biosíntesis de proteínas. Están formados por dos subunidades nucleoproteicas, «*ligera*» y «*pesada*» que se pueden unir o disociar reversiblemente. En los ribosomas bacterianos, la subunidad ligera, o subunidad 30S,* está integrada por una cadena de rRNA y 21 proteínas específicas. La subunidad pesada, 50S, consta de 2 cadenas diferentes de rRNA y 34 proteínas específicas. Todas estas moléculas tienden a ensamblarse espontáneamente y en un orden determinado para originar el ribosoma (Fig. 8.5). Los ribosomas eucarióticos, por ejemplo los del citoplasma humano, están integrados por dos subunidades, 40S y 60S, de estructura algo más compleja y menos conocida que los ribosomas bacterianos.

(7.5.2) — Los **cromosomas**, ya citados en el capítulo de ácidos nucleicos, constituyen asociaciones nucleoproteicas enormes, fácilmente visibles en ciertas circunstancias al microscopio óptico. Cada cromosoma consta de:

a) Una única y larguísima molécula de DNA en doble helicoide.
b) Proteínas de tipo histona, de las que se distinguen cinco clases, unidas regularmente al DNA, formando los nucleosomas.
c) RNA.
d) Proteínas no histónicas.

Estos cuatro tipos de moléculas se ensamblan en forma muy compacta, para dar lugar a un ordenamiento cuya estructura aún no se conoce con detalle.

— Los **virus** son partículas nucleoproteicas que no son capaces de reproducirse de modo independiente. Sin embargo, pueden infectar una célula susceptible y utilizar la maquinaria de ésta para producir un gran número de partículas de virus idénticas a la original.

* S (Svedberg) es la unidad que mide la velocidad de sedimentación de una partícula en la ultracentrífuga, tal como se ha estudiado en 6.5.

Los virus contienen una molécula de ácido nucleico (DNA o RNA) encerrada en una *cápsula* (cápside) proteica. La forma de la cápsula es muy variada: varilla, poliedro, esfera, matraz aforado, etc. Algunos virus animales tienen además una membrana lipoproteica (Fig. 8.5).

8.3. LA CÉLULA

Todos los seres vivos, sin excepción, están formados por unidades estructurales llamadas células. La existencia de las células fue ya intuida desde la antigüedad clásica, aunque la «*teoría celular*», tal y como hoy la conocemos, fue establecida por el botánico Schleiden (1838) y el médico Schwann (1839). ***El establecimiento de la teoría celular constituyó una generalización tan fundamental para el desarrollo de la biología como lo fue la teoría atómica para el avance de la química.***

El actual perfeccionamiento de las técnicas microscópicas han conducido a un conocimiento progresivo de la organización celular a distintos niveles. Los límites de este conocimiento los impone el poder de resolución de los instrumentos o métodos utilizados. En la figura 8.6, se presentan los principales de estos métodos, relacionándolos con los distintos niveles de organización del ser vivo. La combinación de técnicas morfológicas y bioquímicas ha permitido conocer con cierto detalle la estructura y función celular.

COMPLEMENTOS 8.1

HISTORIA DE LA TEORÍA CELULAR

Aristóteles, en la antigua Grecia, y, muchos siglos después, el médico renacentista *Paracelso* ya intuyeron que los seres vivos estaban formados por unas unidades estructurales, que hoy llamamos células.

El término «*célula*» (del griego «kytos»: célula; del latín «cella»: espacio vacío) fue introducido, aunque con distinto significado que el actual, por el físico y microscopista inglés *Robert Hooke,* en su célebre obra «Micrographia» (1665), en la que describió la textura del corcho y otros materiales vegetales, vistos a través de lentes de aumento. Coetáneo de Hook fue el holandés *Van Leeuwenhoek,* comerciante y funcionario, cuya afición le llevó a construir microscopios de lente única con gran poder de resolución (200 aumentos). Con estos aparatos caseros fue el primero en observar y describir bacterias, espermatozoides y protozoos.

A principios del siglo XIX, las observaciones realizadas por naturalistas, como *Oken* (1805) en Alemania, *Lamarck* (1809) y *Dutrochet* (1824) en Francia y *Brown* (1831) en Inglaterra, entre otros, condujeron al desarrollo de la **teoría celular,** establecida finalmente por los trabajos de los alemanes *Schleiden* (1838), botánico, y *Schwann* (1839), médico, que, de forma independiente, postularon que la célula era la unidad de organización estructural de los vegetales y de los animales, respectivamente.

La confirmación definitiva de la teoría celular se debe al médico alemán *Virchow* (1859), quien consideraba a las células

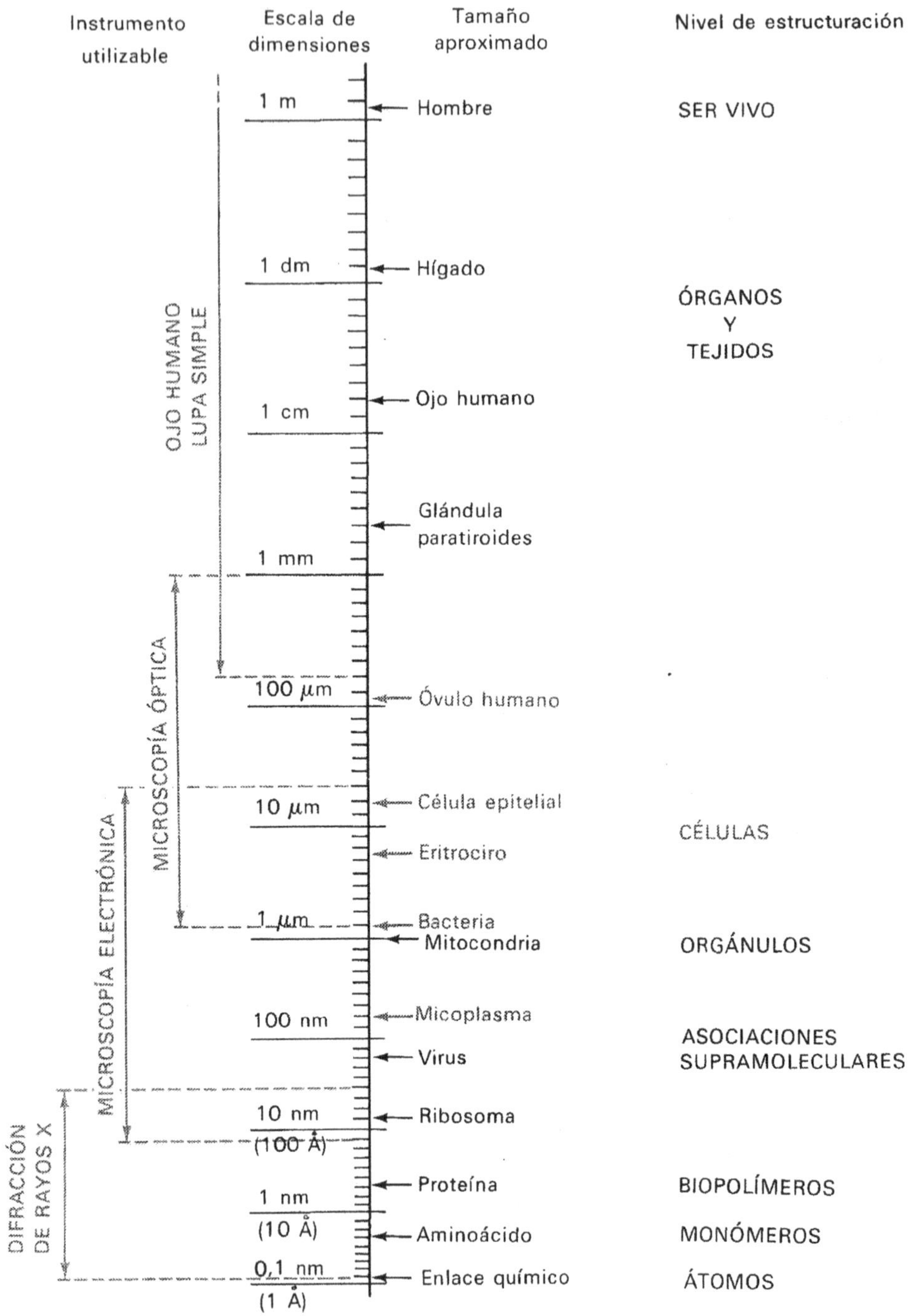

Figura 8.6
Dimensiones de los seres vivos y sus componentes, con indicación de los instrumentos utilizables para su estudio.

como «recipientes» en los que se encerraba la materia viva. Virchow demostró que todas las células se originan por división de otras células ya existentes y enunció el famoso aforismo «*omnis cellula ex cellula*» (toda célula procede de otra célula). Con esto se oponía abiertamente a las teorías de la generación espontánea que se derrumbaron definitivamente tres años más tarde con los experimentos de *Pasteur*.

Durante la segunda mitad del siglo XIX, el conocimiento de la organización celular fue incrementándose debido al perfeccionamiento de las lentes y microscopios y al nacimiento y desarrollo de técnicas histológicas (fijación de material biológico, obtención de cortes con microtomo, métodos de tinción, etc.).

Desde finales del siglo XIX hasta hoy, la aplicación del método experimental ha conducido al conocimiento progresivo de la estructura y función celulares. La combinación de métodos morfológicos, físico-químicos, citoquímicos y bioquímicos así como el empleo de modernos instrumentos (ultracentrífuga, microscopio electrónico, difracción de rayos X, radioisótopos, etc.) permiten la comprensión y localización, a nivel molecular, de muchos procesos celulares cuyo estudio es el objeto de la moderna biología celular y molecular.

8.3.1. Células eucarióticas y procarióticas

Los seres vivos se dividen en dos grandes grupos, eucariotas y procariotas, atendiendo a la estructura de sus células.

Las células eucarióticas presentan núcleo diferenciado, con una envoltura que lo separa del citoplasma, y orgánulos celulares especializados. El diámetro de la mayoría de las células eucarióticas oscila entre 5 y 20 μm. Son seres eucarióticos todos los animales y vegetales, los protozoos, hongos, levaduras y la mayoría de las algas.

Las células procarióticas no tienen un núcleo claramente diferenciado; son de menor tamaño que las eucarióticas (0,2-2 μm). Como ejemplo de células procarióticas citaremos las bacterias y las algas cianofíceas.

8.3.2. La célula animal

En las células animales se distinguen el núcleo, el citoplasma y la membrana plasmática. En el citoplasma existen una serie de estructuras diferenciadas, que son los orgánulos subcelulares. En la figura 8.7 se representa esquemáticamente una célula eucariótica de tipo animal con sus principales estructuras.

A) *Membrana plasmática*

La membrana plasmática es una estructura laminar que rodea toda la célula y la separa de su entorno. Su estructura básica es la de todas las membranas biológicas: una bicapa de fosfolípidos con proteínas intercaladas o adheridas, con un espesor

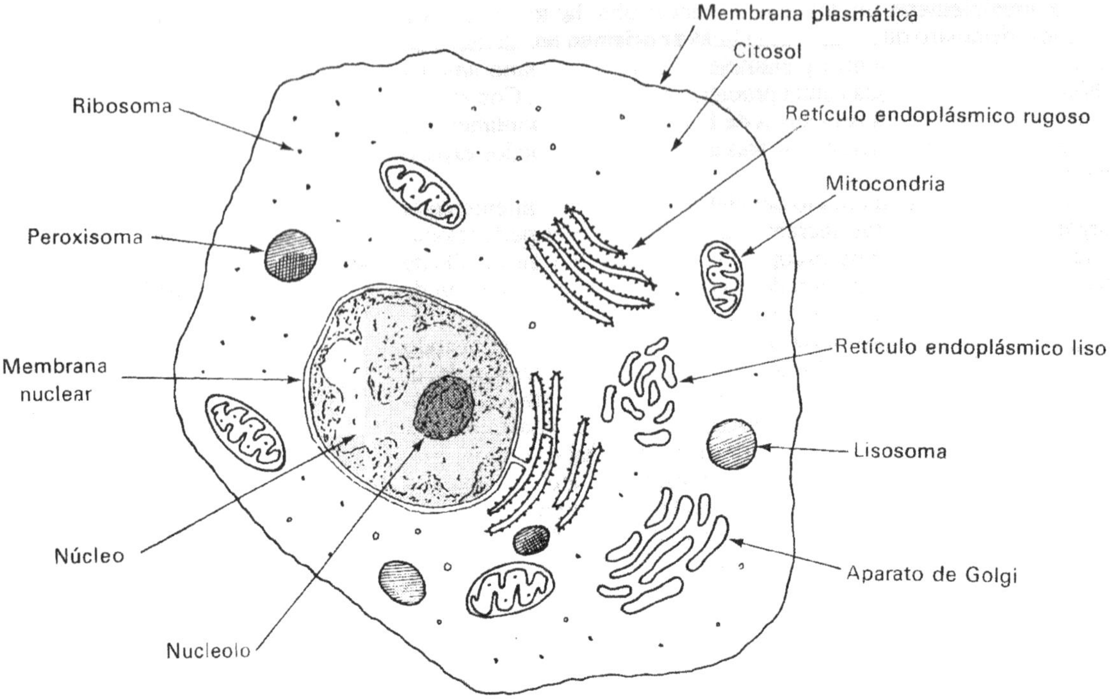

Figura 8.7
Representación esquemática de una célula animal.

medio de 7,5 nm. En algunas células, como las que recubren la superficie interna del intestino delgado, las glicoproteínas de membrana tienen una porción glicídica muy desarrollada, que recubre por completo la membrana plasmática. Esta estructura se llama *glico-cálix.*

En otras células, la membrana plasmática presenta modificaciones características. Así, por ejemplo, con el fin de aumentar la superficie de absorción, las células del epitelio intestinal presentan, en la cara que asoma a la luz del intestino, unas vellosidades microscópicas o *microvilli* (fig. 8.8). Otras veces, con la misma finalidad, se producen invaginaciones, como es el caso de las células de los túbulos renales. Finalmente, en los puntos de contacto intercelulares, se originan modificaciones de la membrana plasmática, que dan origen a los *desmosomas, nexus,* etc. Estas estructuras desempeñan un papel importante en la unión y comunicación intercelulares.

La membrana plasmática no es una barrera inerte, sino que realiza funciones muy importantes en la fisiología celular. Principalmente, la membrana constituye la frontera a través de la cual la célula se relaciona con el exterior. Esta relación consiste en la entrada y salida de sustancias: fenómenos de nutrición, secreción y excreción. Estas funciones son posibles debido a la *permeabilidad selectiva* de la membrana. Los iones y moléculas pequeñas atra-

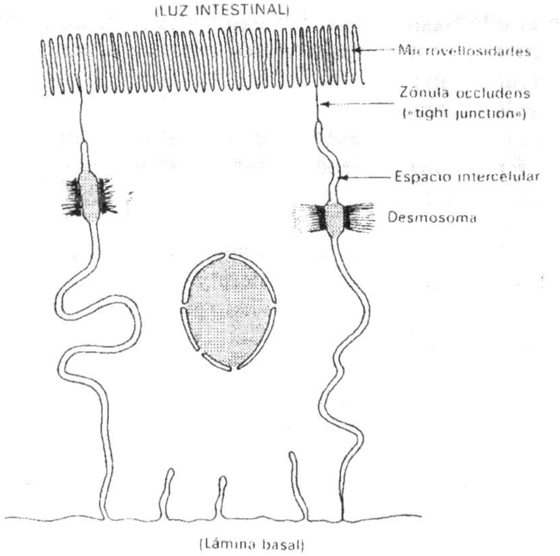

Figura 8.8
Esquema de una célula del epitelio intestinal con las microvellosidades («ribete en cepillo»). Cada célula presenta una 3 000 microvellosidades lo que supone un aumento de la superficie de absorción de 10 000 veces respecto a la membrana lisa. Se han representado también el espacio intercelular y algunos complejos de unión con las células adyacentes.

viesan la membrana por *difusión pasiva, difusión facilitada* o por *transporte activo,* como se verá más adelante (capítulo 18); los dos últimos procedimientos son especialmente selectivos. Como consecuencia de la permeabilidad selectiva, se origina una desigual distribución de solutos, moleculares o iónicos, a ambos lados de la membrana. Se produce así lo que se llama un *gradiente* de concentración.* Los gradientes de concentración son responsables de importantes fenómenos fisiológicos como la filtración renal y la conducción del impulso nervioso.

La membrana plasmática también permite incorporar al interior de la célula moléculas grandes o incluso partículas. Este fenómeno recibe el nombre de *endocitosis,* que puede ser de sólidos (*fagocitosis*) o de líquidos (*pinocitosis*). Un ejemplo de fagocitosis es la ingestión de bacterias por los leucocitos macrófagos; las células del tejido adiposo, por su parte, incorporan lipoproteínas por pinocitosis. Por un mecanismo contrario se produce la expulsión de materiales al exterior de la célula, o *exocitosis.* Son ejemplos de exocitosis la secreción de hormonas y de enzimas digestivos por células glandulares especializadas.

* Se llama gradiente a la variación de una propiedad (en este caso concentración) en una dirección determinada del espacio.

B) *Citoplasma*

En el citoplasma cabe distinguir una serie de estructuras dispersas en un medio llamado *citosol* o *hialoplasma.* El citosol es un medio acuoso sin estructura aparente, en cuyo seno tienen lugar la mayoría de las reacciones bioquímicas. Por este motivo encontramos en el citosol representantes de todos los grupos de biomoléculas. En el citosol tienen lugar movimientos o corrientes citoplasmáticos (ciclosis) que llegan a producir desplazamientos de algunos orgánulos.

Entre las estructuras citoplasmáticas distinguiremos las filamentosas, las granulosas y las membranosas. Las estructuras filamentosas más importantes son los microfilamentos, los microtú-
(8.2.1) bulos y el retículo microtrabecular. Los *microfilamentos* son asociaciones supramoleculares proteicas con funciones estructurales (citoesqueleto) o contráctiles (actina-miosina). Los *microtúbulos,* compuestos de α y β-tubulina ya se han descrito anteriormente; algunos son lábiles como los que constituyen el huso acromático durante la mitosis, y otros son estables, como los que forman los centríolos y los axonemas de cilios y flagelos. Recientemente se ha descrito un sistema o armazón citoplasmático fundamental, llamado *retículo microtrabecular,* que sería la malla básica de organización tridimensional del citoplasma.

En el citosol se hallan dispersos dos tipos principales de estructuras granulosas: los *ribosomas* y los *gránulos* de glucógeno,
(8.2.4) glóbulos lipídicos, etc. Los ribosomas ya han sido descritos en detalle. Unos se encuentran libres en el citosol, e intervienen en la síntesis de las proteínas propias de la célula; otros se asocian con la cara citoplasmática del retículo endoplásmico, para sintetizar proteínas destinadas a ser excretadas o bien proteínas de membrana. Los ribosomas tienen un diámetro de unos 20 nm; los gránulos de glucógeno y los glóbulos lipídicos constituyen reservas de combustible y su número y tamaño son muy variables (en general, son mucho mayores que los ribosomas).

Las estructuras membranosas del citoplasma delimitan nuevos espacios intracelulares, distintos del citosol. Las principales de estas estructuras son el retículo endoplásmico, el aparato de Golgi, los lisosomas y las mitocondrias.

El *retículo endoplásmico* es un conjunto de vesículas limi-
(8.2.3) tadas por una membrana cuya estructura general ya conocemos. Entre las proteínas asociadas a esta membrana merecen citarse los enzimas responsables de la biosíntesis de lípidos (ácidos grasos, fosfolípidos, esteroides) y la glucosa-6-fosfatasa, relacionada con la utilización del glucógeno. Las vesículas del retículo están intercomunicadas entre sí y se extienden por todo el citoplasma; estas vesículas o *cisternas* presentan formas planas, tubulares, globulares, etc. Se distingue el retículo endoplásmico liso y el rugoso. Este último presenta ribosomas adheridos a la cara citosólica de su membrana. Parte del retículo endoplásmico envuelve el contenido del núcleo, constituyendo una doble membrana. El espacio limitado por estas dos membranas se llama espacio perinuclear, y está en comunicación con el conjunto de cisternas del retículo endoplásmico. La envoltura nuclear está interrumpida por los poros nucleares.

Los ribosomas adosados a la cara citosólica del retículo endoplásmico sintetizan polipéptidos que se introducen en las cisternas

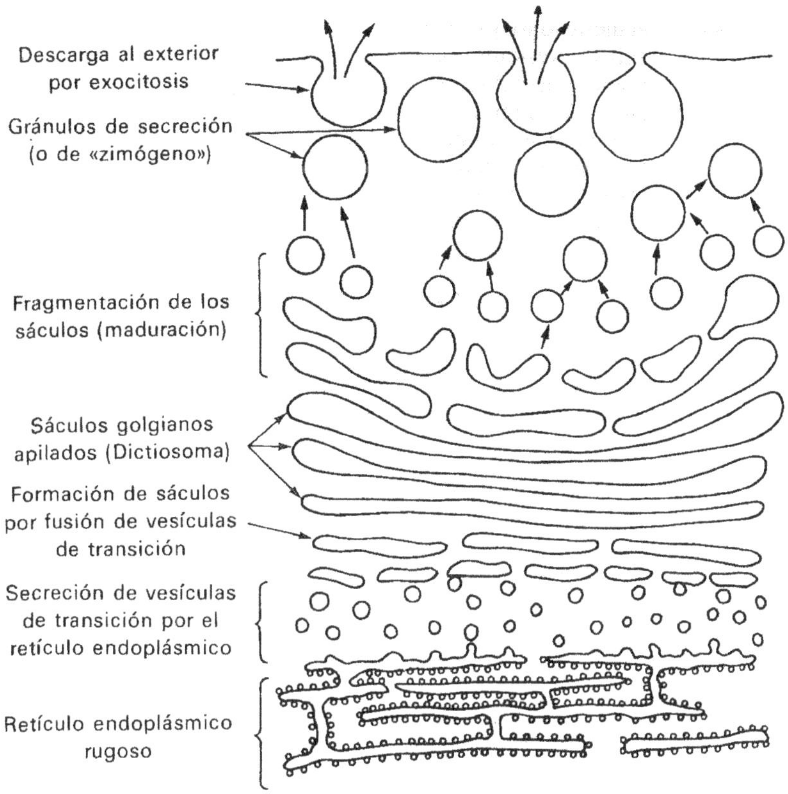

Figura 8.9

Aparato de Golgi y secreción celular. Los productos de secreción, cuya elaboración comienza a nivel del retículo endoplásmico, pueden sufrir transformaciones que completen su síntesis en el interior de los sáculos golgianos (dictiosoma) desde donde son vertidos al medio extracelular por exocitosis.

para luego ser secretados, o permanecen en la membrana como proteínas propias de la misma. Además, en el retículo endoplásmico comienza la glicosilación (o síntesis de la porción glicídica) de algunas glicoproteínas y glicolípidos exportables. También en las membranas del retículo endoplásmico tienen lugar algunos procesos de desintoxicación o eliminación de sustancias nocivas. Por último, en el interior de las cisternas se producen multitud de procesos de modificación y transformación de sustancias exógenas y endógenas; estas moléculas circulan por las cisternas hasta ser transferidas al aparato de Golgi.

El *aparato de Golgi* recibe su nombre del investigador italiano Camillo Golgi, que lo descubrió (1898). Está constituido por los

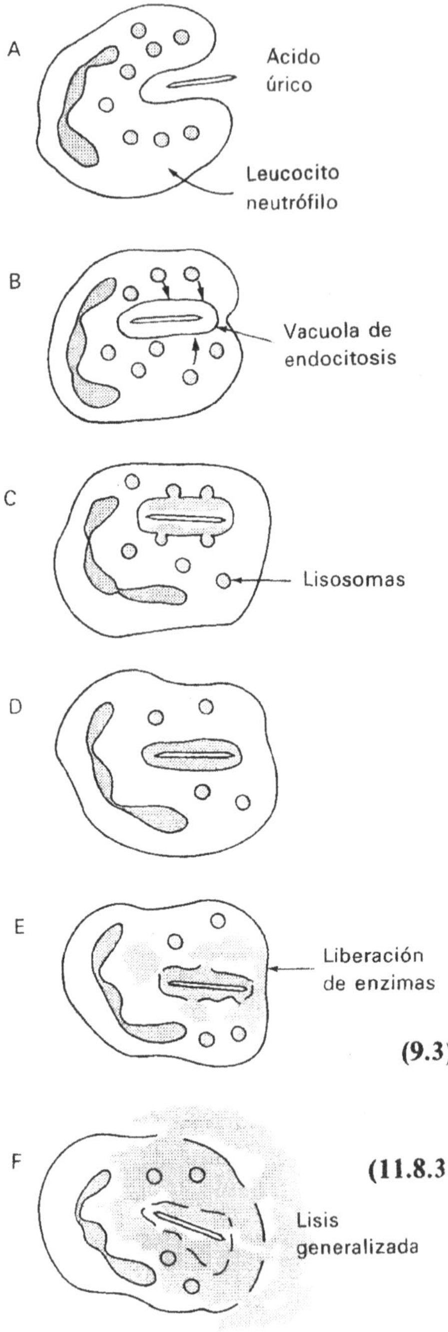

llamados *dictiosomas*, que son conjuntos de vesículas aplanadas, los *sáculos*, limitados por membranas lisas (sin ribosomas). Entre el dictiosoma y el retículo endoplásmico existe un conjunto de vesículas —vesículas de transición— y, entre el dictiosoma y la membrana plasmática, se observan las vesículas o gránulos de secreción. La función principal del complejo de Golgi es la secreción celular. A través del Golgi se establece un tránsito continuo de sustancias que, sintetizadas en el retículo endoplásmico, se trasladan a los sáculos a través de las vesículas de transición; en realidad los sáculos se originan por fusión de las vesículas de transición. Los sáculos así formados se van desplazando hacia la membrana plasmática, llevando en su interior las sustancias que han de ser secretadas. Posteriormente, los sáculos se fragmentan en vesículas de secreción, que, por último, descargan su contenido por exocitosis (Fig. 8.9).

Los *lisosomas* son vesículas, limitadas por una membrana, en cuyo interior se encuentran multitud de enzimas hidrolíticos. Su forma y tamaño varían mucho, pero su contenido enzimático es característico. La función primaria de los lisosomas consiste en la digestión de sustancias tanto dentro como fuera de la célula; esto se realiza merced a los enzimas hidrolíticos ya citados. En el interior de la célula, los lisosomas pueden destruir tanto las propias estructuras celulares (autofagia) como los materiales de origen exógeno, incorporados a la célula por fagocitosis (heterofagia). También pueden los enzimas lisosómicos ser vertidos al exterior de la célula por exocitosis y contribuir a la digestión extracelular.

COMPLEMENTOS 8.2

LISOSOMAS Y PATOLOGÍA

Los lisosomas son los responsables directos de diversos procesos patológicos, ocasionados unas veces por alteración de la membrana lisosómica y otras veces por deficiencia de algún enzima; en este último caso la enfermedad es de origen genético y por tanto hereditaria.

La *alteración de la membrana lisosómica* (rotura o aumento de permeabilidad) libera los enzimas hidrolasas que, al digerir los propios componentes celulares, ocasionan la destrucción, no sólo de la célula, sino también de estructuras circundantes. Se producen así estados patológicos, entre los que citaremos, como (9.3)
ejemplos, la «*gota*» y la «*silicosis*».

La **gota** es una enfermedad en la que se producen grandes cantidades de *ácido úrico* debido a la alteración del metabolismo de
(11.8.3) las purinas. El ácido úrico cristaliza en el líquido sinovial de las articulaciones; los *leucocitos neutrófilos* («granulocitos») fagocitan estos cristales (A) y los enzimas lisosómicos encargados de su degradación se descargan en la vacuola de endocitosis («desgranulación») (B, C). Las membranas de las vacuolas digestivas, así originadas (D, E), se rompen por efecto de los cristales de urato encerrados en su interior, por lo que los enzimas lisosómicos digieren (lisan) las células fagocíticas y se liberan en el líquido sinovial (F). Esto desencadena una reacción inflamatoria en las articulaciones conocida como *artritis*, síntoma clínico de la gota.

La **silicosis** (enfermedad de los mineros) se produce por la inhalación de partículas de sílice, que llegan hasta los alveolos pulmonares, donde son fagocitadas por los macrófagos. Por un mecanismo similar al descrito para la gota, se liberan los enzimas lisosómicos, produciendo la lisis de los macrófagos. Estos, a su vez, liberan una sustancia que estimula la formación de colágeno en el tejido pulmonar (*fibrosis*) y el pulmón pierde funcionalidad de modo progresivo.

La alteración o deficiencia, de origen genético, de algún enzima del lisosoma impide o dificulta la degradación del correspondiente sustrato (ver capítulo 9) con la acumulación de éste en los lisosomas. Esta es la causa de las llamadas «*enfermedades de acumulación o almacenamiento*» como son, entre otras, la *glucogenosis* (tipo II), (acumulación patológica de glucógeno en las células musculares o hepáticas) y la *enfermedad de Tay-Sachs* (acumulación de gangliósidos en las neuronas). En ambos casos el pronóstico es muy grave, produciéndose la muerte antes del tercer año de vida. El diagnóstico precoz —antes del nacimiento— de estas enfermedades genéticas se realiza determinando las actividades enzimáticas correspondientes, en células extraídas del líquido amniótico que baña el feto. La extracción de líquido amniótico con fines analíticos es una operación cada vez más frecuente y que se conoce como **amniocentesis.**

Las *mitocondrias* son orgánulos citoplasmáticos limitados por dos membranas, externa e interna. En el interior de la membrana interna se halla la matriz mitocondrial. Entre las dos membranas existe un espacio intermembranar. La membrana externa es rica en lípidos y muy permeable. La membrana interna presenta unos pliegues llamados crestas mitocondriales; es rica en proteínas y presenta una permeabilidad muy selectiva. En la cara de la membra-

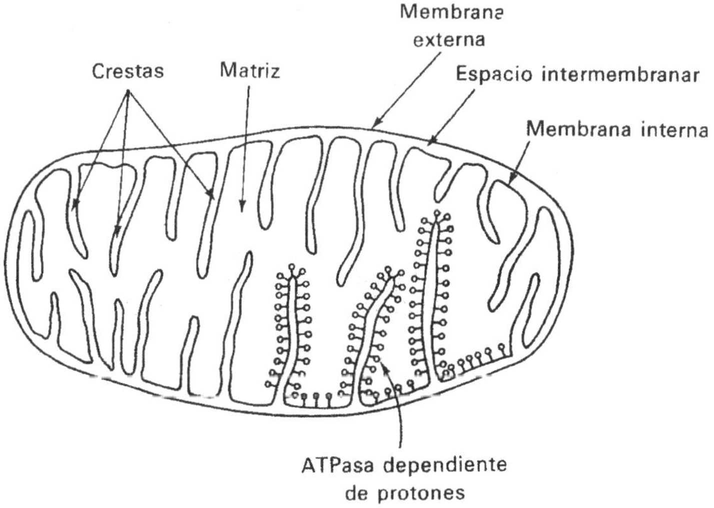

Figura 8.10
Representación esquemática de la sección longitudinal de una mitocondria (sólo se representa una parte de las partículas ATPasa o ATP sintetasa).

na interna que mira a la matriz existen unas estructuras esféricas unidas a la membrana por un pedúnculo, que son las moléculas de un enzima —de estructura cuaternaria muy compleja—, llamado ATPasa dependiente de protones (Fig. 8.10). La matriz mitocondrial es un medio acuoso que contiene numerosos y variados enzimas, además de una molécula de DNA mitocondrial (mtDNA), ribosomas (parecidos a los procarióticos), otros RNA y monómeros hidrosolubles.

La principal función de las mitocondrias es la oxidación de sustratos (procedentes de los «combustibles» celulares: azúcares, lípidos, etc.) y la conversión de la energía así liberada en energía química, en forma de ATP. Esta energía química puede luego ser utilizada por la célula en sus diversas funciones: biosíntesis, motilidad, transporte, etc. La síntesis de ATP tiene lugar en la mencionada ATPasa dependiente de protones; las reacciones de oxidación ocurren en la membrana interna, mediante la llamada *cadena de transporte de electrones.* Además, en la matriz mitocondrial tienen lugar procesos bioquímicos muy importantes: oxidación de ácidos grasos, ciclo de Krebs y primera reacción de la síntesis de la urea. Finalmente, como ya hemos visto, la mitocondria dispone de la maquinaria genética (DNA, RNA, etc.) necesaria para la síntesis de parte de sus propias proteínas.

C) *Núcleo*

Como el aspecto del núcleo varía considerablemente en los diferentes estadíos de la vida celular, nos limitaremos aquí a describir el núcleo de la célula en reposo, o célula en interfase, es decir, la que no se está reproduciendo.

El núcleo interfásico es más o menos esférico; aparece como la estructura más prominente de la célula. Cada célula posee un solo núcleo, aunque se dan excepciones a esta regla, como es el caso de algunas células hepáticas, que pueden tener dos núcleos, o el de las células del músculo estriado, que tienen un número elevado de ellos. Aunque la forma del núcleo es esferoidal, algunas células humanas, como ciertos leucocitos, presentan núcleos en forma de cayado, o con estrangulamientos (núcleos «segmentados»). En cuanto al tamaño nuclear, existe una relación entre éste y el de la célula; al comienzo de la división celular, la relación de volumen núcleo/citoplasma es mínima.

El núcleo está rodeado por una doble membrana bien definida —envoltura nuclear— cuyo interior —espacio perinuclear— está conectado, como hemos dicho, con el retículo endoplásmico. La envoltura nuclear presenta los llamados poros nucleares, a través de los cuales el núcleo se relaciona con el citoplasma. Estos poros no deben ser entendidos como simples orificios, sino que se trata de estructuras anulares complejas, a través de las cuales se producen intercambios núcleo-citoplasmáticos muy selectivos.

El interior del núcleo contiene un material viscoso, el nucleoplasma, en el que puede distinguirse uno o más *nucleolos,* además de un material fibrilar, la *cromatina,* que presenta condensaciones granulares llamadas cromocentros. La estructura de la cromatina
(7.5.2) ya ha sido comentada con detalle en el capítulo de ácidos nucleicos.

Cuando una célula se divide por mitosis, el aspecto del núcleo es muy distinto del que se ha descrito para la interfase. La envoltura nuclear desaparece y, en el espacio antes ocupado por la cromatina, aparecen unas estructuras características, bien visibles al microscopio óptico, que son los llamados *cromosomas,* ya citados en el capítulo de ácidos nucleicos. Cada cromosoma está formado por el superenrollamiento de una larguísima fibra de cromatina. Cada especie —animal o vegetal— tiene un número fijo y característico de cromosomas, lo cual se relaciona con el hecho de que cada especie posee una cantidad fija de DNA, y por tanto de información genética. Así, la especie humana posee 46 cromosomas, agrupados en 22 parejas de autosomas y dos cromosomas que determinan el sexo, XX para la mujer y XY para el hombre. La cromatina fibrilar y los cromosomas son, por tanto, dos estados diferentes del mismo material biológico.

Durante la metafase de la mitosis, los cromosomas aparecen muy bien individualizados y con una forma típica. Cada cromosoma consta de dos mitades simétricas, llamadas cromátidas, unidas en un punto, llamado centrómero; el conjunto consta así de cuatro brazos, más o menos largos según la posición del centrómero, que suelen ser iguales dos a dos. El estudio morfológico de los cromosomas permite el diagnóstico de enfermedades genéticas, como el mongolismo (ver Complementos 8.3).

COMPLEMENTOS 8.3

CITOGENÉTICA HUMANA

Los cromosomas pueden visualizarse durante la *mitosis,* o división celular, especialmente en la *metafase.* En el hombre pueden observarse mitosis en células de la médula ósea, aunque para el estudio del **cariotipo** humano (conjunto de cromosomas) se prefieren los linfocitos de la sangre periférica, cultivados en un medio apropiado.

Los cromosomas metafásicos pueden observarse al microscopio después de una tinción adecuada (Fig. 8.11). Se fotografían, se recortan del positivo y se ordenan según su tamaño y morfología. El conjunto ordenado se denomina **cariograma** o **idiograma** (Fig. 8.12).

El hombre normal posee un número constante de 46 cromosomas en sus células somáticas que corresponden a 22 parejas de *autosomas* (cromosomas homólogos) y una pareja de *cromosomas sexuales* (XY en el varón y XX en la mujer).

El análisis del cariograma es de gran utilidad para detectar *aberraciones cromosómicas* (anomalías en los cromosomas) tanto en su número como en su estructura. Según sea el tipo de alteración, puede producirse la muerte del embrión o bien pueden originarse individuos viables pero afectados de enfermedades o *síndromes genéticos.*

Una de las anomalías numéricas más frecuentes de los autosomas es el **mongolismo** o *síndrome de Down.* Los pacientes afectados poseen un cromosoma de más (supernumerario) del tipo 21 (*trisomía 21*) por lo que tienen un total de 47 cromosomas. La causa del mongolismo es la no disyunción (o separación incorrecta) del par 21, durante la maduración del óvulo. Se produce en

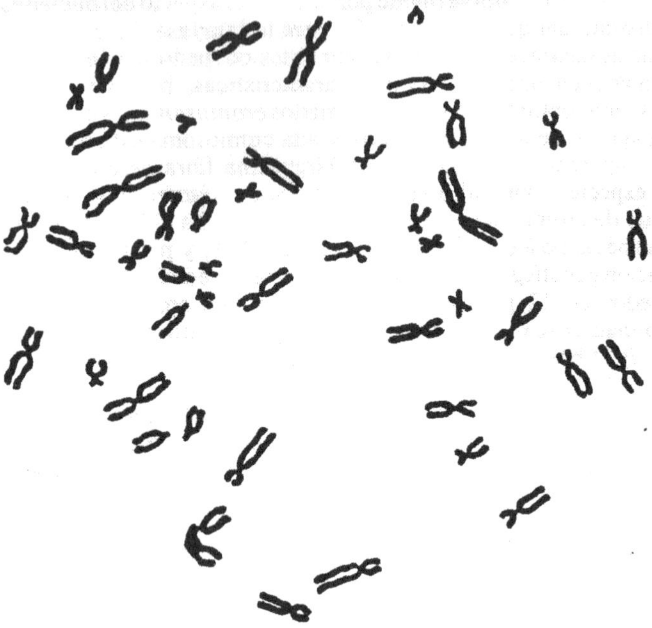

Figura 8.11
Microfotografía de los cromosomas en metafase de una mujer normal.

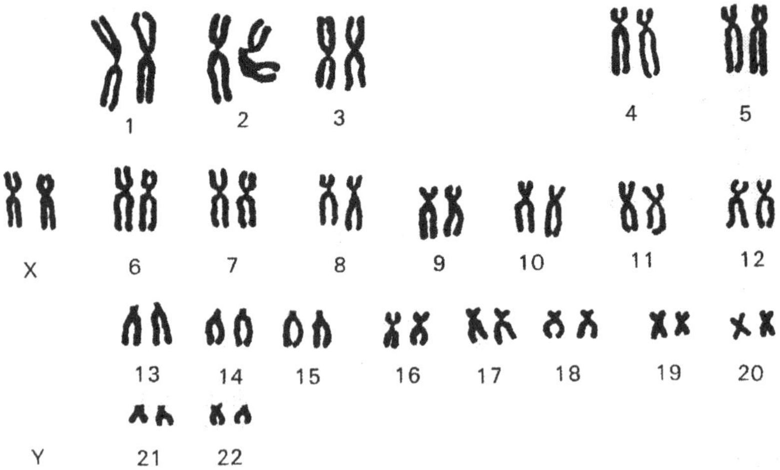

Figura 8.12
Cariograma ordenado de los cromosomas de la figura anterior. Obsérvese los dos cromosomas X y la ausencia de cromosoma Y, lo que es indicativo de hembra normal.

el 0,1% de los nacimientos pero su frecuencia aumenta con la edad de la madre.

Las anomalías numéricas de los cromosomas sexuales producen transtornos funcionales importantes, entre los cuales citaremos los siguientes:

a) **Síndrome de Klinefelter (XXY).** Individuos con 47 cromosomas por poseer un cromosoma X supernumerario (44 autosomas + XXY). Presentan fenotipo masculino y talla elevada pero tienen testículos atrofiados y caracteres sexuales secundarios del tipo femenino. Son estériles. Se han descrito también individuos XXXY (48 cromosomas) y XXXXY (49 cromosomas) que además presentan grandes deficiencias físicas y mentales.
b) **Síndrome XYY.** Varones con dos cromosomas Y. Se detectaron en reclusos de instituciones de máxima seguridad por lo que se pretendió relacionar el cromosoma Y supernumerario y la agresividad. Se ha encontrado esta anomalía en poblaciones de varones normales (1 de cada 650).
c) **Síndrome de Turner (XO).** Hembras con 45 cromosomas (44 autosomas + XO). Pequeña estatura y ausencia de caracteres sexuales secundarios por no desarrollarse los ovarios.

Éstas y otras anomalías cromosómicas pueden detectarse antes del nacimiento por cultivo de células fetales, obtenidas por amniocentesis.

El *nucleolo* aparece como un cuerpo refringente y claramente diferenciado en el interior del núcleo. Su función principal es la síntesis de materiales precursores de los ribosomas. En el nucleolo se distinguen dos componentes: uno fibrilar, que corresponde al RNA ribosómico (rRNA) que está siendo transcrito, y otro granular, formado por partículas nucleoproteicas, precursoras de subunidades ribosómicas, en diferentes estados de maduración.

8.3.3. La célula vegetal

Básicamente, la organización de la célula vegetal es análoga a la de la célula animal: así, se distinguen membrana plasmática, núcleo y citoplasma, y dentro de éste, retículo endoplásmico, mitocondrias, ribosomas, etc. Sin embargo, algunas estructuras son exclusivas de la célula vegetal; las más importantes son la pared celular y los cloroplastos (Fig. 8.13).

La *pared celular* es una estructura rígida con funciones de protección y sostén mecánico de la célula vegetal. Se encuentra en el exterior de la membrana plasmática, y está formada por una matriz de polisacáridos y lignina y un retículo fibrilar constituido por celulosa. **(4.2.5)**

Los *cloroplastos* son quizá las estructuras más típicas de la célula vegetal. **(4.2.4)** En ellos tiene lugar la fotosíntesis. Constan de una envoltura, compuesta por dos membranas, un estroma o matriz gelatinosa y los tilacoides, vesículas membranosas aplanadas, dispuestas en «pila de monedas» (grana). Los grana están situados entre las hojas de un sistema de membranas intercomunicadas (lamelas). Las membranas del cloroplasto se caracterizan por su con-

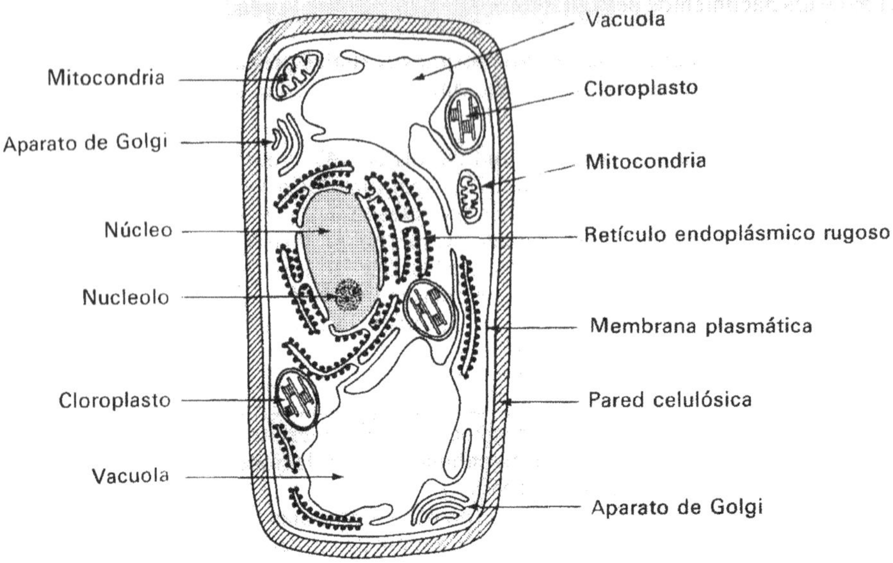

Figura 8.13
Organización general de una célula vegetal.

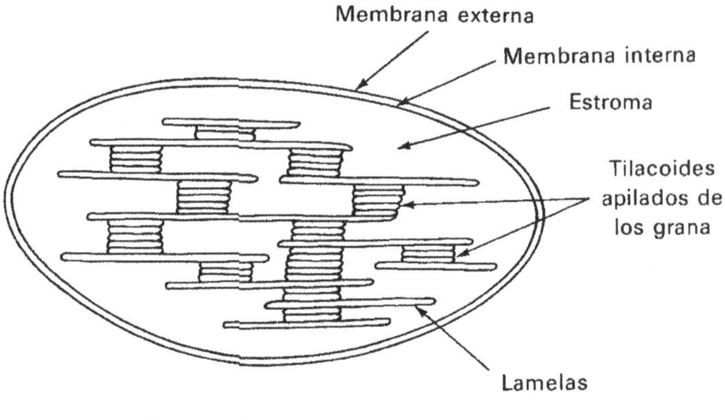

Figura 8.14
Esquema de la estructura de un cloroplasto.

(5.2.4) tenido en clorofilas y carotenoides; también poseen una cadena de proteínas transportadoras de electrones, que junto con los pigmentos citados llevan a cabo la llamada «fase luminosa» de la fotosíntesis, es decir, la conversión de energía luminosa en energía química. En el estroma se realiza la «fase oscura» de la fotosíntesis, que consiste en utilizar aquella energía química para sintetizar azúcares (Fig. 8.14).

Al igual que las mitocondrias, con las que guardan numerosas analogías, los cloroplastos tienen su propio DNA, RNA y enzimas necesarios para sintetizar parte de sus proteínas.

Otras características de las células vegetales son la ausencia de centriolos y la presencia de grandes vacuolas citoplasmáticas, originadas por acumulación de agua en ensanchamientos de las cavidades del retículo endoplásmico.

8.3.4. La célula bacteriana

Las bacterias constituyen un grupo heterogéneo de organismos desde el punto de vista morfológico. Difieren de los eucariotas, además de por su pequeño tamaño, por carecer de núcleo diferenciado; contienen un solo cromosoma, formado por un DNA circular en doble helicoide, sin proteínas asociadas; carecen de microtúbulos y estructuras relacionadas (centríolos, huso acromático, etc.). Los ribosomas bacterianos son distintos de los eucarióticos, como ya se visto en 8.2.4. Carecen también las bacterias de retículo endoplásmico, aparato de Golgi y mitocondrias.

Las estructuras comunes a todas o a la mayoría de las bacterias son: pared celular, membrana plasmática y citoplasma. En el citoplasma se halla un DNA circular y numerosos ribosomas. La *pared bacteriana* da rigidez y forma a la célula; su estructura molecular básica es el peptidoglicano. La pared puede contener **(8.2.2)** algunos otros componentes, además del peptidoglicano, como los lipopolisacáridos en las bacterias gram-negativas y los ácidos teicoicos en las bacterias gram-positivas (ver Complementos 8.4).

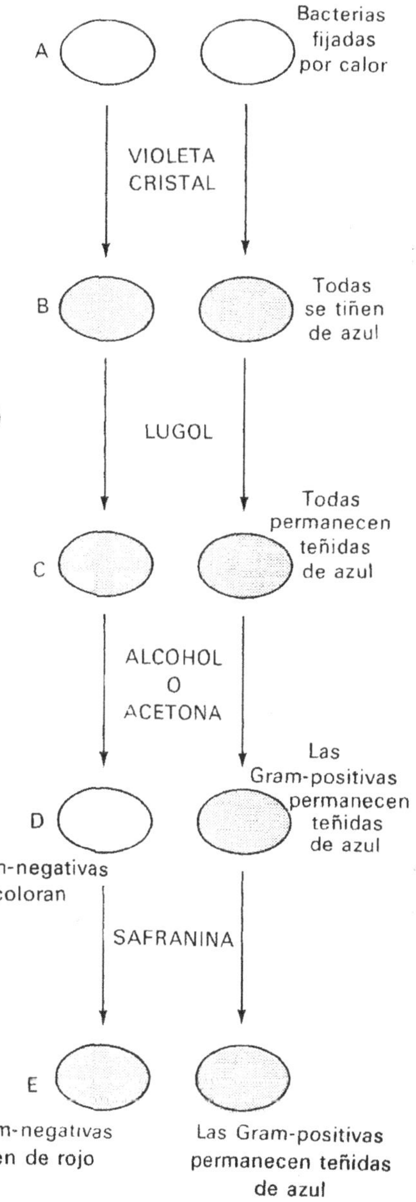

COMPLEMENTOS 8.4

BACTERIAS GRAM-POSITIVAS Y GRAM-NEGATIVAS

Según su respuesta al método de tinción diferencial más importante en microbiología —diseñado por el bacteriólogo danés Hans Christian GRAM (1853-1938)—, las bacterias pueden clasificarse en dos grandes grupos: «Gram-positivas» y «Gram-negativas».

Las células bacterianas (A), fijadas por el calor sobre un portaobjetos, se tratan con el colorante «*Violeta Cristal*» que las tiñe de azul (B). Se añade a continuación «*lugol*» (iodo + ioduro potásico) (C). El iodo forma con el colorante un complejo insoluble en agua, pero soluble en alcohol o acetona.

Al tratar las bacterias así teñidas con alcohol (D), las «Gram-positivas» no se decoloran porque su pared de peptidoglicano es gruesa, contiene pocos lípidos, y dificulta la penetración del alcohol que pudiera extraer el colorante.

Por el contrario, las «Gram-negativas» tienen una pared de peptidoglicano más delgada, recubierta por una envoltura de composición fundamentalmente lipídica. Debido a esto, el alcohol o acetona, al disolver los lípidos, incrementa la porosidad de la pared celular y arrastra el colorante del interior de la célula teñida, por lo que la bacteria se decolora. Posteriormente puede teñirse con un colorante de contraste como «*Safranina*» o «*Fucsina básica*» (E).

Al final del proceso las «Gram-positivas» permanecen teñidas de azul, mientras que las «Gram-negativas» quedan coloreadas en rojo. La diferencia de tinción radica pues en la resistencia de la bacteria a la decoloración y refleja las diferencias de estructura de la pared bacteriana. Esta distinción es muy importante, no sólo para la clasificación de las bacterias, sino porque, en general, existe una correlación entre la actividad de ciertos antibióticos y la estructura de la pared bacteriana. Así, por ejemplo, la *penicilina* se mostró activa frente a la mayor parte de las Gram-positivas, mientras que la *estreptomicina* lo era frente a las Gram-negativas. Desgraciadamente la utilización indiscriminada de los antibióticos ha facilitado la aparición de resistencias, restándoles efectividad terapéutica (ver Antibióticos, Capítulos 15, 16 y 17).

(8.2.3) La *membrana plasmática* bacteriana tiene una estructura similar a la de las células eucarióticas, aunque carece de colesterol. A menudo, la membrana da origen a invaginaciones, llamadas mesosomas, relacionadas con la replicación del DNA. La membrana bacteriana, al igual que la membrana interna mitocondrial, contiene las proteínas de la cadena transportadora de electrones, así como la ATP sintetasa.

(8.2.4) Lo más característico del *citoplasma bacteriano* es la gran cantidad de ribosomas que contiene, como ya hemos dicho. Los ribosomas bacterianos —menores y más sencillos que los eucarióticos— están formados por dos subunidades desiguales (ligera, 30S y pesada, 50S). Las pequeñas diferencias entre los ribosomas bacterianos y eucarióticos permiten la actuación selectiva de ciertos antibióticos (tetraciclinas, estreptomicina, cloramfenicol) que interfieren la síntesis de proteínas en bacterias, pero no en el citoplasma humano.

El DNA, circular, se halla superenrollado, y en contacto con las invaginaciones de la membrana plasmática llamadas mesosomas. En *E. coli,* la longitud del DNA extendido es del orden de 1 mm, es decir, unas 500 veces mayor que la longitud de la célula. A veces, la región citoplasmática que contiene el DNA se llama región nuclear.

Además de estas estructuras, comunes a todas las bacterias, algunas especies presentan cápsula, flagelos, fimbrias o pelos y/o endosporas (Fig. 8.15).

La *cápsula* es una envoltura de naturaleza glicoproteica, que recubre la pared celular, y que a menudo es responsable de las propiedades patógenas del microorganismo. Por ejemplo, algunas cepas de *Diplococcus pneumoniae,* el neumococo productor de las «pulmonías», presentan cápsula, y son patógenas, mientras que otras cepas de esta misma especie carecen de cápsula, y son inocuas.

Algunas bacterias son capaces de desplazarse en medio líquido, mediante estructuras fibrilares alargadas, formadas por subunidades proteicas, llamadas *flagelos,* de naturaleza distinta a los de las células eucarióticas. Por ejemplo, poseen flagelos las bacterias del género *Salmonella,* algunas de las cuales producen las fiebres tifoideas. Otras bacterias están rodeadas de estructuras fibrilares más cortas, también de naturaleza proteica, llamadas fimbrias o *pili,* relacionadas con la transferencia de material genético entre bacterias (conjugación bacteriana) y con la fijación de la bacteria a otras células.

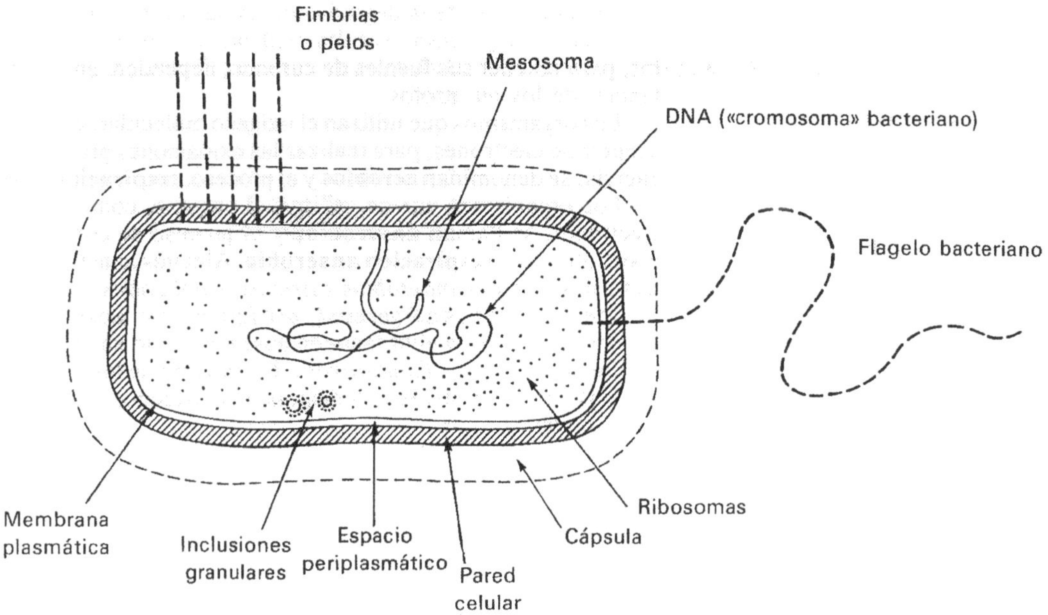

Figura 8.15
Organización general de la célula bacteriana. Las estructuras representadas en líneas de trazos no están presentes en todas las bacterias.

Existen especies bacterianas que presentan formas de resistencia, llamadas *esporas.* La espora consiste en una gruesa envoltura que contiene parte del citoplasma e incluye, naturalmente, el DNA. La espora es capaz de resistir todo tipo de condiciones externas desfavorables: calor, desecación, antisépticos, etc. Ejemplos de bacterias formadoras de esporas son el agente productor del tétanos, *Clostridium tetani,* y el de la gangrena gaseosa, *Clostridium perfringens.*

8.4. NUTRICIÓN Y TRANSFORMACIÓN DE ENERGÍA POR LAS CÉLULAS

El concepto «*nutrición*» implica el aporte de materiales (fundamentalmente carbono) y energía, necesarios para el crecimiento y reproducción de las células, ya sean eucarióticas o procarióticas.

La fuente de carbono de los organismos llamados **autotrofos*** (plantas verdes, algas y bacterias fotosintetizadoras) es el dióxido de carbono, CO_2. Para la mayoría de los autotrofos la fuente de energía es la luz (organismos *fotoautotrofos*), aunque algunas bacterias autotrofas obtienen su energía de la oxidación de determinados compuestos químicos (bacterias *quimioautotrofas*).

Los organismos denominados **heterotrofos**** (todos los animales, los hongos y la mayoría de las bacterias) obtienen el carbono y

* Autotrofo: que se alimenta por sí mismo.
** Heterotrofo: que se alimenta de otro.

la energía a partir de la degradación oxidativa de moléculas orgánicas, como la glucosa. Resulta evidente que todos los heterotrofos, para obtener sus fuentes de carbono, dependen, en última instancia, de los autotrofos.

Los organismos que utilizan el oxígeno molecular, como último aceptor de electrones, para realizar las oxidaciones productoras de energía, se denominan **aerobios** y el proceso, **respiración aerobia.**

Los organismos que no utilizan el oxígeno, como aceptor de electrones, se llaman **anaerobios** y el proceso se conoce impropiamente como **respiración anaerobia.** Algunos anaerobios no toleran el oxígeno (*anaerobios estrictos u obligados*), como es el caso de las bacterias del género *Clostridium,* ya citadas. Otros, por el contrario, pueden vivir tanto en ausencia como en presencia del oxígeno (*anaerobios facultativos*). La mayoría de las células heterotrofas son facultativas y, si disponen de oxígeno, lo utilizan preferentemente.

Por último, hay células que obtienen su energía, en ausencia de un aceptor externo de electrones, mediante un proceso llamado **fermentación anaerobia** (es decir, sin oxígeno). En este proceso, la fuente orgánica de carbono, por ejemplo, glucosa, se degrada y convierte en otros productos finales (p. ej., etanol + CO_2 en la fermentación alcohólica, producida por las levaduras del pan, vino, cerveza; o bien, en ácido láctico en la fermentación láctica de la leche o de la fibra muscular estriada). En el cuadro de la tabla 8.1 se resumen las características de los seres vivos, en cuanto a su nutrición.

Tabla 8.1

Principales tipos de nutrición

Organismos	Fuente de carbono	Fuente de energía	Ejemplos
AUTOTROFOS	CO_2	Luz	Plantas verdes, algas y bacterias fotosintetizadoras
HETEROTROFOS	Compuestos orgánicos (glucosa)	Reacciones químicas (de óxido-reducción)	Todos los animales, hongos, levaduras y la mayoría de las bacterias

CUESTIONES Y PROBLEMAS

8.1. El virus del mosaico del tabaco está constituido por 2 130 moléculas de proteína idénticas y una larga cadena de RNA de un solo filamento. El virus tiene la forma de un cilindro hueco. Si las moléculas proteicas se ordenan como los ladrillos del brocal de un pozo—hay 16,3 proteínas por vuelta— y el RNA – que constituye el armazón interno del cilindro— adopta una disposición helicoidal, indicar:

a) si las proteínas se distribuirán según planos o en helicoide,
b) si la longitud del cilindro será limitada o indefinida,
c) un posible esquema de este virus.

8.2. Una inmunoglobulina A está constituida por un trímero de la unidad fundamental $\lambda_2\alpha_2$, además de una proteína J. De acuerdo con la figura 8.2, trazar una posible estructura de esta inmunoglobulina A. (λ: cadena ligera, α: cadena pesada).
8.3. La glicoforina es una proteína intrínseca de membrana constituida por tres regiones diferentes: el extremo amino-terminal tiene 16 monosacáridos, la parte central contiene muchos aminoácidos hidrofóbicos y el extremo carboxilo-terminal es rico en aminoácidos polares (aniónicos y catiónicos). Indicar en la membrana qué posiciones ocuparán las tres regiones enumeradas.
8.4. El diámetro medio de una bacteria es de 1 μm y el de una célula animal, de 10μm. Si la forma de ambas es parecida, calcular cuántas veces la célula animal es mayor que la bacteria.
8.5. Señalar diferencias y analogías entre una célula procariótica y una célula eucariótica.
8.6. Señalar diferencias y analogías entre una célula animal y una célula vegetal.
8.7. Analizar si los siguientes datos son compatibles o incompatibles con la teoría de que las mitocondrias son bacterias evolucionadas que viven en simbiosis endocelular:
a) en una célula hepática hay más de 800 mitocondrias, cuyo tamaño es análogo al de las bacterias;
b) las mitocondrias poseen un DNA circular, sin histonas;
c) los ribosomas mitocondriales son 70S y no 80S como los citosólicos;
d) los antibióticos estreptomicina y cloramfenicol, que impiden el crecimiento bacteriano, también paralizan la síntesis de proteínas en las mitocondrias.
8.8. Una célula pancreática sintetiza insulina, una hormona de naturaleza proteica. Señalar:
a) si la síntesis de la hormona se realizará en el citosol o en el retículo endoplásmico.
b) Si la hormona se liberará dentro del citosol o se guardará en vesículas para verterla al exterior de la célula.
8.9. Una glicoproteína de membrana se sintetiza en el retículo endoplásmico. Indicar:
a) Si deberá madurar —glicosilarse— en el aparato de Golgi.
b) Si al pasar a la membrana puede cambiar de orientación (quedar el glícido hacia dentro de la célula).
8.10. Las bacterias *Escherichia coli* y *Salmonella tiphymurium* tienen una pared de peptidoglicano y una envoltura lipídica externa. Clasificarlas como Gram-positivas o Gram-negativas.
8.11. El análisis cromosómico de un individuo revela una trisomía X (tiene XXX). Indicar si será varón o hembra y cuantos cromosomas tendrá.
8.12. Los cromosomas sexuales de un tipo Klinefelter son XXYY. Averiguar:
a) si será varón o hembra,
b) si será normal o patológico,
c) cuál es el número total de sus cromosomas.

PRÁCTICAS DE LABORATORIO

8.1. Observación de células vegetales

Material biológico: Epidermis interna de las hojas del bulbo de cebolla.
Obtención: Se parte longitudinalmente una cebolla por la mitad y se separa una de las hojas de la parte interna. Con unas pinzas de disección, o

en su defecto con la uña, se pellizca y desprende la membrana adherida por la cara interna —cóncava— de la hoja. Esta membrana, tenue y translúcida, es la epidermis que se deposita en una cubeta con agua a fin de que no se deseque.

Tinción: Un fragmento de epidermis no mayor de 1 cm^2 se extiende sobre un portaobjetos y se cubre con unas gotas del colorante verde de metilo acético, dejándolo actuar durante 5 minutos. Pasado este tiempo, se lava cuidadosamente la preparación con agua hasta eliminar el exceso de colorante.

Montaje: Añadir sobre el fragmento de epidermis unas gotas de glicerol y colocar encima el cubreobjetos cuidando de que no se formen burbujas.

Observación: Se coloca el porta sobre la platina del microscopio de prácticas. Al principio se utilizará el objetivo de menor aumento con el fin de centrar la preparación y luego se pasará a aumentos más fuertes. Pueden observarse las células epidérmicas, alargadas, colocadas como los ladrillos de una pared, con su membrana celulósica claramente teñida por el colorante. El citoplasma aparece claro y con vacuolas débilmente teñidas. Los núcleos son grandes y en su interior pueden apreciarse los nucleolos.

8.2. Células epiteliales humanas

Material biológico: Mucosa bucal del hombre.

Obtención: Con una espátula estéril se raspa suavemente la cara interna de la mejilla. El material adherido al borde de la espátula se deposita sobre un portaobjetos con una gota de agua y se hace una extensión frotando con una aguja sobre el porta. Se deja secar la extensión (puede calentarse suavemente sobre la llama de un mechero de alcohol).

Tinción y montaje: Cubrir toda el área de la extensión con el colorante *azul de metileno* dejándolo actuar durante dos minutos. Lavar la preparación con agua para eliminar el exceso de colorante. Por último montar el cubreobjetos sobre la extensión, utilizando una gota de agua como adherente del cubre.

Observación: Mediante aumentos débiles, localizar un área adecuada y pasar a aumentos mayores. La preparación tiene el aspecto de un mosaico de células planas, poligonales e irregulares, algunas de las cuales están aisladas. Se les aprecia el núcleo, teñido intensamente por el colorante y un citoplasma granuloso menos teñido. Estas células en su mayoría estaban muertas o en proceso de degeneración y proceden de la capa más externa (capa de descamación) del epitelio pluriestratificado de la mucosa bucal.

8.3. Microorganismos de una infusión

Material biológico: Hojas externas, marchitas y sucias, de diversas hortalizas, acelga, lechuga, o bien estiércol, hojas y residuos vegetales procedentes del fondo de charcas.

Obtención: El material se macera en un vaso con agua a temperatura ambiente (20-25°C) durante unos 6 días, al cabo de los cuales se han descompuesto las hojas creando un ambiente adecuado para el desarrollo de multitud de seres microscópicos.

Montaje y observación: Al microscopio, estos microorganismos pueden observarse directamente. Para ello se toma con una pipeta una muestra en las proximidades de los residuos vegetales y se deposita una gota sobre un porta. Se tapa con el cubre.

Se distinguirán una gran variedad de organismos móviles, desplazándose en el agua y en continuo movimiento. Habrá organismos unicelulares, como protozoos ciliados (infusorios), amebas; algunos metazoos microscópicos, como pequeños crustáceos (copépodos, cladoceros) y rotíferos. Se verán también diversos tipos de algas (filamentosas, diatomeas, etc.).

8.4. Observación de bacterias

Material biológico: Bacterias del yogur.

Preparación del frotis: Con una *asa de siembra* o una aguja enmangada se toma una pequeña cantidad de yogur y se mezcla sobre un porta con una gota de agua, haciendo una extensión o *frotis,* que se deja secar.

Fijación: Se calienta suavemente el portaobjetos con un mechero de alcohol, por la cara opuesta a la que contiene la extensión (sin que el porta llegue a quemar sobre el dorso de la mano).

Antes de añadir el colorante hay que eliminar la grasa del yogur, para lo cual se lava la preparación con la mezcla de alcohol-cloroformo que se adiciona con un cuentagotas.

Tinción: Se cubre el frotis con azul de metileno y se lava con agua para eliminar el exceso de colorante. Se deja secar la preparación.

Observación: Deben utilizarse grandes aumentos (preferiblemente un objetivo de inmersión de 100×). Se observan dos tipos de bacterias: una esféricas, pequeñas, formando cadenas, son *Streptococcus lacticus* responsables de la acidificación de la leche; las otras bacterias son *bacilos* alargados (*Lactobacillus bulgaricus*) que han producido la transformación específica de la leche en yogur.

PARTE III

CATÁLISIS Y METABOLISMO

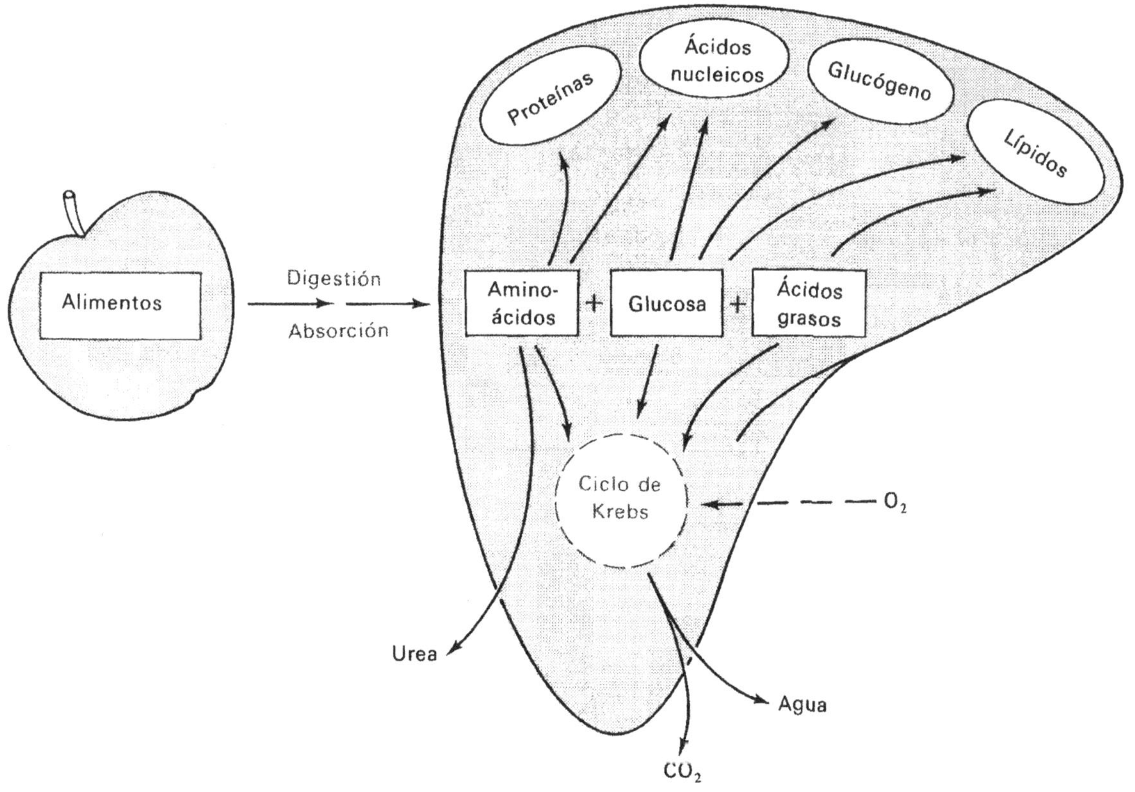

CAPÍTULO 9

ENZIMAS

9.1. INTRODUCCIÓN Y CONCEPTOS FUNDAMENTALES

Los enzimas son proteínas que catalizan reacciones químicas específicas en el ser vivo. *Catalizadores* son sustancias que, sin consumirse en una reacción, la facilitan notablemente, aumentando su velocidad. Los enzimas, como catalizadores que son, no hacen factibles las reacciones imposibles, sino que sólo aceleran las que espontáneamente podrían producirse. Así se consigue hacer compatibles con la vida reacciones que, sin catalizador, requerirían condiciones extremas de presión, temperatura o pH.

Por ejemplo, los enzimas hacen posible la «combustión» de una grasa a 37°C; la misma grasa arde en una vela (sin catalizador) a 700°C.

Vela:

$$(CH_2)_n + \frac{3}{2}n\ O_2 \xrightarrow{700°C} n\ CO_2 + n\ H_2O + \text{energía (calor)}$$

fórmula general aproximada de una grasa

Célula hepática:

$$(CH_2)_n + \frac{3}{2}n\ O_2 \xrightarrow[\text{enzimas}]{37°C} n\ CO_2 + n\ H_2O + \text{energía (química)}$$

fórmula general aproximada de una grasa

Prácticamente todas las reacciones químicas que tienen lugar en los seres vivos están catalizadas por enzimas. Incluso reacciones aparentemente muy espontáneas, como la liberación del CO_2 disuelto en la sangre, en forma de ácido carbónico, H_2CO_3 (recuérdese la fácil liberación de CO_2 al destapar una botella de cerveza), tienen lugar en el ser vivo mediante la acción de un enzima específico, la anhidrasa carbónica:

$$H_2CO_3 \xrightarrow[\text{anhidrasa carbónica}]{} CO_2 \uparrow + H_2O$$

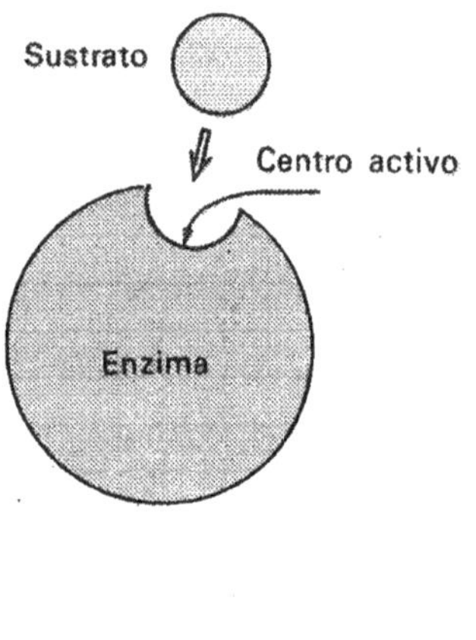

La sustancia sobre la que actúa el enzima (en este caso, el ácido carbónico), se denomina *sustrato* del enzima. El sustrato se une al enzima en una región concreta, llamada *centro activo* de la molécula enzimática.

A veces un enzima requiere para su función la presencia de otras sustancias no proteicas, que colaboran en la catálisis: son los *cofactores*. Los cofactores pueden ser iones inorgánicos (Ca^{++}, Mg^{++}, Cl^-, etc.) o moléculas orgánicas (coenzimas).

Los enzimas son catalizadores específicos: cada enzima cataliza un solo tipo de reacción, y casi siempre requiere un sustrato muy determinado. Así, una reacción de hidrólisis y otra de oxidación requerirán enzimas diferentes, llamados respectivamente hidrolasas y oxidasas. Dentro de las reacciones de hidrólisis, el almidón y una proteína requerirán diferentes hidrolasas (respectivamente una amilasa y una proteasa), puesto que se trata de sustratos diferentes.

9.2. MODO DE ACCIÓN DE LOS ENZIMAS

En las reacciones espontáneas los productos finales tienen menos energía libre* que los reactantes. En otras palabras, en las

* Nos referimos a la magnitud termodinámica llamada «energía libre de Gibbs» (G). Ver capítulo 10.

reacciones espontáneas se libera energía de Gibbs (G). Sin embargo, el comienzo de la reacción requiere un aporte inicial de energía. Por ejemplo, la reacción espontánea de combustión de un papel, requiere el aporte inicial de energía de una cerilla. Esta energía inicial, que hay que suministrar a los reactantes para que la reacción transcurra, se llama **energía de activación** (Fig. 9.1). Como es natural, cuanto menor es la energía de activación, menor es el obstáculo que tienen que superar los reactantes para convertirse en productos finales, y más fácilmente transcurre la reacción.

La acción de los catalizadores consiste, precisamente, en disminuir esta energía de activación. Los enzimas son catalizadores especialmente eficaces, por cuanto disminuyen la energía de activación mucho más que los catalizadores inorgánicos.

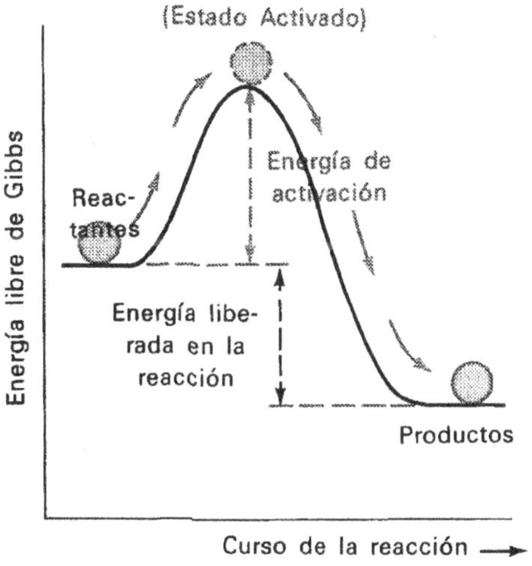

Figura 9.1
Modificaciones energéticas en el curso de una reacción.

Por ejemplo, el agua oxigenada (H_2O_2) se puede descomponer, según la reacción

$$H_2O_2 \rightarrow H_2O + \tfrac{1}{2}\,O_2$$

de tres maneras; sin catalizador, con un catalizador inorgánico (platino) o con un enzima específico (catalasa). Las respectivas energías de activación son 18 000, 12 000 y 6 000 cal/mol. A partir de estos datos se puede calcular que el platino acelera la reacción unas 20 000 veces, mientras que la catalasa lo hace unas 370 000 000 veces (Fig. 9.2).

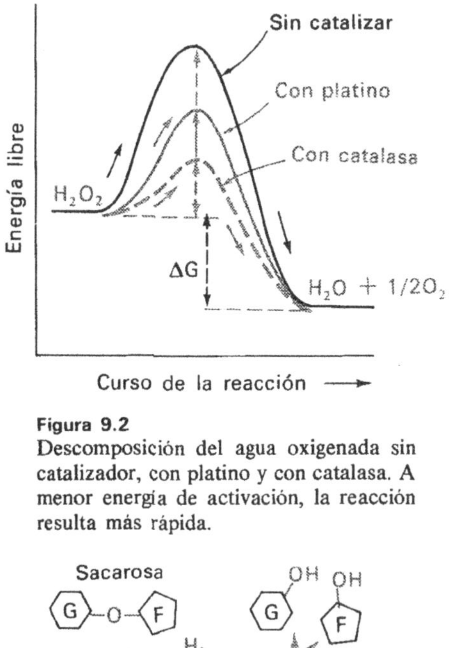

Figura 9.2
Descomposición del agua oxigenada sin catalizador, con platino y con catalasa. A menor energía de activación, la reacción resulta más rápida.

Por lo dicho anteriormente se comprende el modo de actuación de los enzimas desde un punto de vista energético. Consideremos ahora la explicación molecular de la catálisis enzimática. En primer lugar, recordaremos que una reacción química requiere que las moléculas de los reactantes choquen con una orientación y una energía adecuadas. El enzima actúa:

a) Uniendo los reactantes (sustratos) a su centro activo de modo que quedan en la orientación óptima para que la reacción tenga lugar.
b) Modificando las propiedades químicas del sustrato, mediante la interacción de éste con el centro activo, con lo que se debilitan los enlaces existentes y se facilita la formación de enlaces nuevos.

Por ejemplo, la sacarosa (azúcar de mesa) no puede ser absorbida por el intestino humano. Existe un enzima, la *sacarasa* intestinal, sobre cuyo centro activo se fija la sacarosa de modo que el enlace glicosídico se debilita y se adiciona fácilmente una molécula de agua. Se originan así dos monosacáridos, una glucosa y una fructosa, que se absorben con facilidad.

sacarosa + agua → glucosa + fructosa (ver margen)

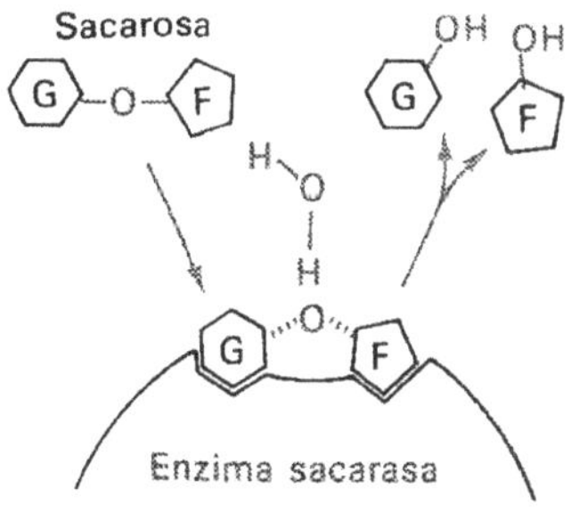

Hidrólisis de la sacarosa por el enzima sacarasa

Se ha dicho a menudo que el sustrato encaja en el centro activo del mismo modo que una llave en su cerradura: son complementarios uno del otro. Este símil explica muchas de las propiedades de la interacción enzima-sustrato. Sin embargo, en muchos casos esta semejanza no resulta exacta, pues el centro activo adopta la conformación idónea sólo en contacto con el sustrato (teoría del

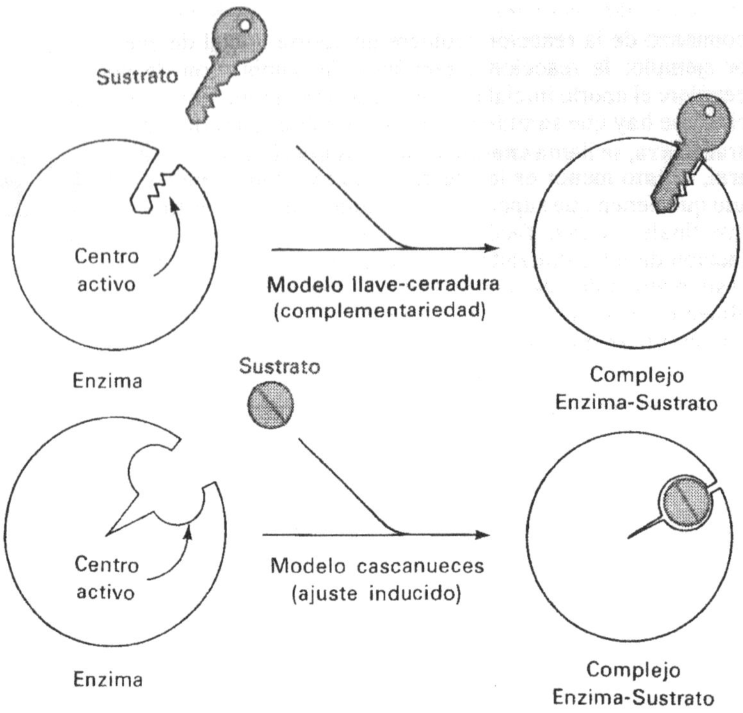

Figura 9.3
Algunos modelos para la interacción enzima-sustrato: complementariedad (llave-cerradura) y ajuste inducido (nuez-cascanueces).

ajuste inducido). Sería un caso similar al del cascanueces (enzima) que se adapta al contorno de la nuez (sustrato). En la figura 9.3 se representan estos modelos de ajuste enzima-sustrato (que no son los únicos que existen).

9.3. NOMENCLATURA Y CLASIFICACIÓN DE LOS ENZIMAS

Antiguamente los enzimas recibían nombres particulares, asignados por su descubridor (ptialina salival, pepsina gástrica, tripsina pancreática, etc.). Al ir aumentando el número de enzimas conocidos se sintió la necesidad de recurrir a una nomenclatura sistemática que informara sobre la acción específica de cada enzima y los sustratos sobre los que actuaba. En la actualidad, el nombre de un enzima consta de tres partes:

sustrato preferente + acción típica + **terminación «asa»**

Ejemplo:

glucosa fosfato — isomer — asa

La *glucosa fosfato isomerasa* cataliza la conversión (isomerización) de la glucosa-6-fosfato en fructosa-6-fosfato. Muchos enzimas —éste es un ejemplo— catalizan reacciones reversibles. No hay una regla única para fijar cuál de los dos sentidos se utiliza para dar nombre al enzima. Éste podría también llamarse *fructosa-6-fosfato isomerasa.*

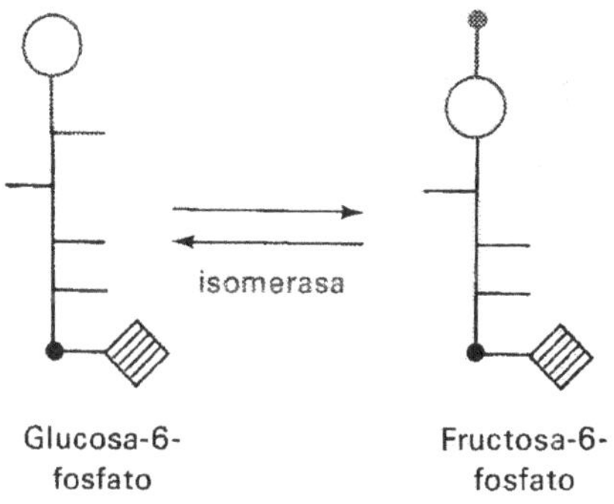

Cuando la acción típica del enzima es la hidrólisis del sustrato, el segundo componente del nombre se omite; así por ejemplo, la «lactosa hidrolasa» se llama simplemente *lactasa.*

Junto a los nombres sistemáticos, coexisten otros consagrados por el uso. Así, una *glucosa: ATP fosforiltransferasa* se conoce habitualmente como *glucoquinasa.*

La clasificación de los enzimas se lleva a cabo atendiendo a su acción catalítica específica. Se distinguen así seis grandes grupos o clases:

1. Óxidorreductasas
2. Transferasas
3. Hidrolasas
4. Liasas
5. Isomerasas
6. Ligasas o sintetasas

Clase 1. **Óxidorreductasas.** Catalizan reacciones de oxidorreducción, es decir, transferencia de hidrógeno o electrones de un sustrato a otro.

Reacciones genéricas:

$$AH_2 + B \rightleftharpoons A + BH_2$$

$$A_{reducido} + B_{oxidado} \rightleftharpoons A_{oxidado} + B_{reducido}$$

Ejemplos:

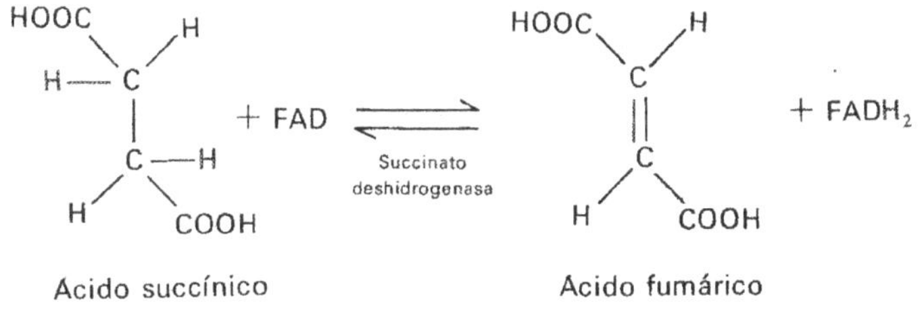

$$\text{cit b} \cdot Fe^{++} + \text{cit c} \cdot Fe^{+++} \underset{\text{Citocromo c reductasa}}{\rightleftharpoons} \text{cit b} \cdot Fe^{+++} + \text{cit c} \cdot Fe^{++}$$

Clase 2. **Transferasas.** Catalizan la transferencia de un grupo químico (distinto del hidrógeno) de un sustrato a otro.

Reacción genérica:

$$A{-}B + C \rightleftharpoons A + C{-}B$$

Ejemplo:

$$\underset{(ADP \sim P)}{ATP} + \text{glucosa} \underset{\text{Glucoquinasa}}{\rightleftharpoons} ADP + \text{glucosa 6 fosfato}$$

Clase 3. **Hidrolasas.** Catalizan reacciones de hidrólisis.

Reacción genérica:

$$A{-}B + H_2O \rightleftharpoons A{-}H + B{-}OH$$

Ejemplo:

$$\text{Lactosa} + H_2O \underset{\text{Lactasa}}{\rightleftharpoons} \text{galactosa} + \text{glucosa}$$

Clase 4. **Liasas.** Catalizan reacciones de ruptura o soldadura de sustratos.

Reacción genérica:

$$A{-}B \rightleftharpoons A + B$$

Ejemplo:

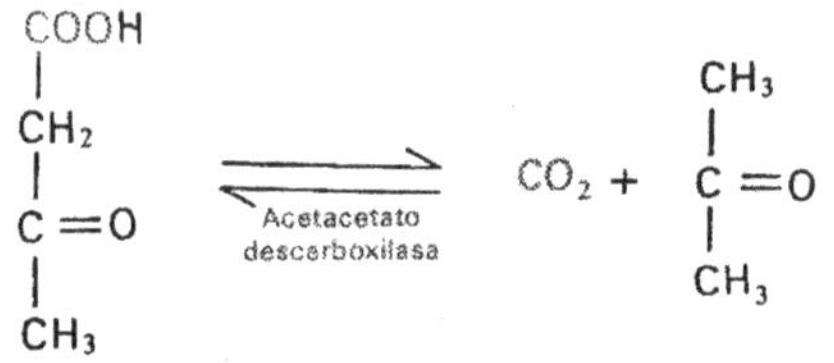

Ácido acetacético Acetona

Clase 5. **Isomerasas.** Catalizan la interconversión de isómeros.

Reacción genérica:

$$A \rightleftharpoons B$$

Ejemplo:

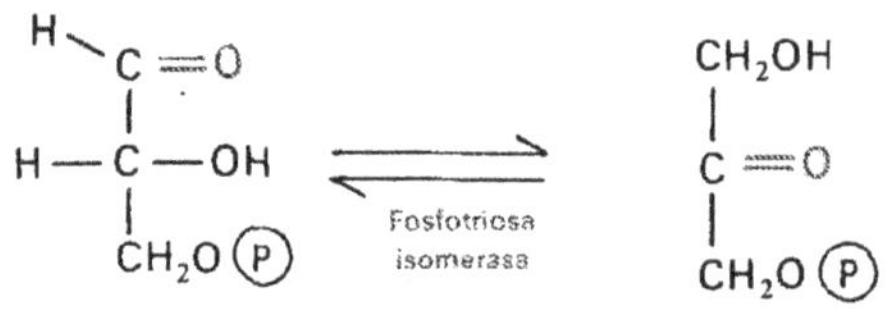

Gliceraldehído-3-fosfato Dihidroxiacetona fosfato

Clase 6. **Ligasas.** Catalizan la unión de dos sustratos con hidrólisis simultánea de un nucleótido trifosfato (ATP, GTP, etc.).

Reacción genérica:

$$A + B \xrightarrow{XTP \;\rightarrow\; XDP + P_i} A - B$$

Ejemplo:

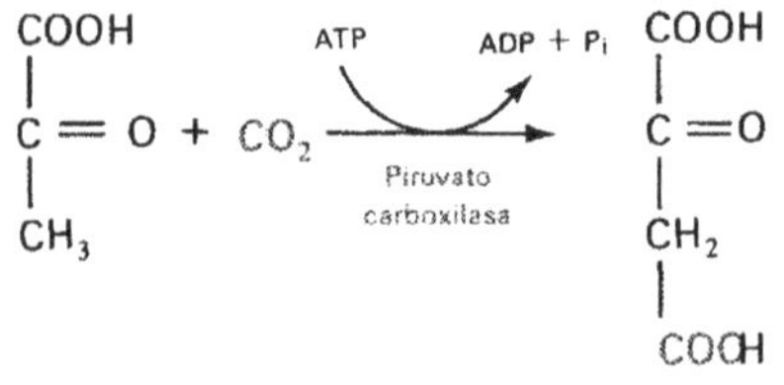

Además del nombre, cada enzima puede ser identificado por un código numérico, encabezado por las letras EC (de *Enzyme Commission*); y seguido por cuatro números separados por puntos. El primero corresponde a cada una de las seis clases citadas, y los siguientes a especificaciones progresivas, de modo que no puede haber dos enzimas distintos con los cuatro números idénticos. Por ejemplo, la lipasa pancreática es el número EC 3.1.1.3: el primer 3, por hidrolasa; el primer 1, por hidrolizar un enlace éster; el segundo 1, por ser éster carboxílico, y el segundo 3, porque es el número de orden que corresponde a esta determinada lipasa.

9.4. PROPIEDADES DE LOS ENZIMAS

Las propiedades de los enzimas se derivan del hecho de ser proteínas y actuar como catalizadores. Como proteínas, poseen una conformación natural más estable que las otras conformaciones posibles; en general, los cambios de conformación implican cambios en su actividad catalítica.

9.4.1. Sensibilidad al pH

Todos los enzimas poseen grupos químicos ionizables (carboxilo —COOH, amino —NH_2, hidroxilo —OH, tiol —SH, imidazol) en las cadenas laterales de los aminoácidos que los componen. Según el pH del medio, estos grupos pueden tener carga eléctrica positiva, negativa o neutra. Como, a su vez, la conformación de las proteínas depende en parte de sus cargas eléctricas, habrá un pH en el cual la conformación será la más adecuada para la actividad catalítica (*pH óptimo*). Así, por ejemplo, la pepsina gástrica tiene un pH óptimo muy ácido (2,0), mientras que la tripsina pancreática actúa mejor a pH moderadamente alcalino (7,8). Cambios importantes en el pH pueden ocasionar la desnaturalización de la proteína.

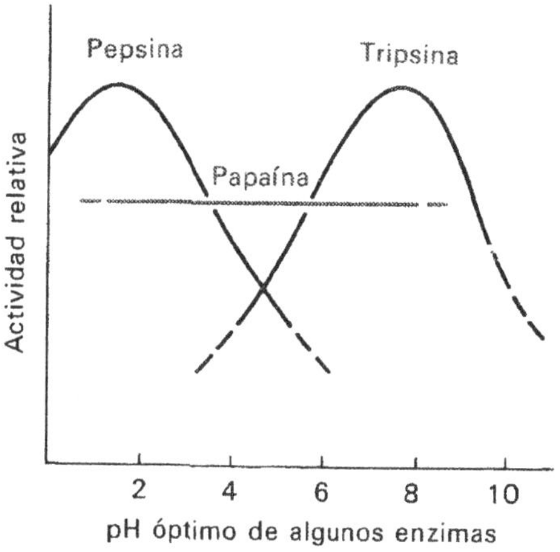

(6.2.1)

No todos los enzimas son igualmente sensibles a los cambios de pH. En algún caso, como en la papaína (una peptidasa), la actividad enzimática apenas se modifica entre amplios márgenes de pH. Sin embargo, la mayoría de los enzimas son muy sensibles a los cambios de pH. En el ser humano existe un complicado conjunto de mecanismos, que se detallarán en el capítulo 19 para mantener el pH del medio extracelular en un valor óptimo de 7,42. Desviaciones de unas pocas décimas, por encima o por debajo de este valor crítico, pueden afectar de tal modo las actividades enzimáticas, que resulten incompatibles con la vida.

9.4.2. Sensibilidad a la temperatura

En general, los aumentos de temperatura producen una aceleración de las reacciones químicas: por cada 10°C de incremento, la velocidad de reacción se duplica. Las reacciones catalizadas por enzimas siguen esta ley general. Sin embargo, por tratarse de proteínas, los enzimas sufren desnaturalización térmica a partir de una cierta temperatura. Así pues, por encima de la llamada temperatura óptima, la desnaturalización compensa y sobrepasa el aumento de la velocidad debido al incremento de temperatura y la actividad enzimática decrece rápidamente hasta anularse.

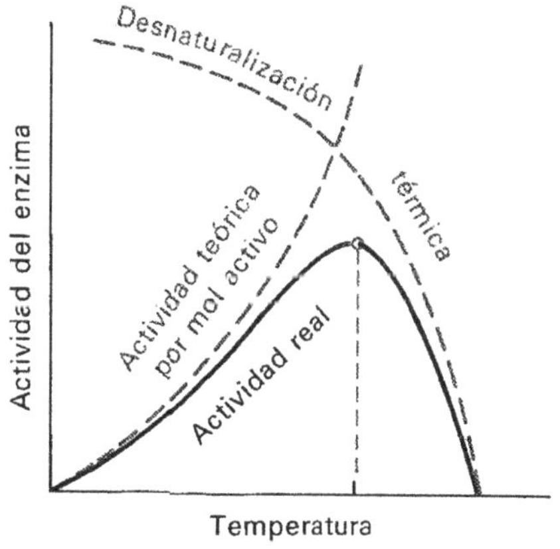

APLICACIONES 9.1

CONSERVACIÓN DE ALIMENTOS

Los enzimas presentes en los alimentos ya sean de las propias células que los componen, o de los microorganismos que los contaminan, son los principales responsables del deterioro de las sustancias alimenticias durante su almacenamiento. (El oxígeno del aire también contribuye a este deterioro mediante oxidaciones específicas, como el enranciamiento de las grasas.) Para evitar la acción destructiva de los enzimas se suele recurrir a diversos procedimientos, o bien basados en el uso del calor (para desnaturalizar los enzimas), o en el frío (para reducir su velocidad de reacción).

Por **calor** se conservan los alimentos siguiendo procedimientos como la *cocción* —el pescado hervido o la carne cocida se conservan mejor que crudos—; la *esterilización,* o cocción en condiciones tales (más de 100°C) que se destruyen todos los microorganismos —caso de numerosas conservas vegetales—; y la *pasteurización,* proceso de calentamientos moderados y sucesivos enfriamientos, que tiene también por objeto la destrucción de microorganismos y se utiliza sobre todo para la conservación de la leche.

Entre los métodos que utilizan el **frío** señalaremos las *cámaras frigoríficas,* que permiten, por ejemplo, conservar la fruta fresca durante meses; la *congelación,* que, al solidificar el agua de los alimentos, detiene por completo cualquier reacción que pudiera tener lugar en ellos (recuérdese las flotas pesqueras congeladoras); y la *liofilización,* que consiste en deshidratar los alimentos, por evaporación del agua a baja temperatura, con lo que se mantienen estables por tiempo indefinido (casos de la leche o del café en polvo).

Otros procedimientos de conservación persiguen el mismo objetivo de eliminación de reacciones enzimáticas. Así, la *salazón,* uno de los más antiguos, permite conservar en crudo el bacalao y diversos productos porcinos por inhibición de la vida celular por efecto osmótico; las *radiaciones ionizantes,* neutrones, rayos γ (además de esterilizantes del material quirúrgico), sirven para estabilizar toda clase de alimentos sin necesidad de cocción; por último, existen *conservantes químicos* que tambien actúan como inhibidores enzimáticos o como germicidas.

9.4.3. Especificidad

Como se ha indicado antes, los enzimas catalizan reacciones
(9.1) específicas. Ésta es una de las diferencias importantes entre los catalizadores inorgánicos (más polivalentes pero menos eficaces) y los biológicos, o enzimas.

Dentro de éstos, se dan distintos grados de especificidad. Entre los poco específicos están las proteasas digestivas; así, por ejemplo, la *quimotripsina* rompe muchos enlaces amida de proteínas o péptidos, e incluso enlaces éster. Otros enzimas son maś estrictos: la *lactasa* intestinal tompe el enlace β-glicosídico de la lactosa y compuestos muy similares.

Como, en general, los enzimas no son absolutamente específicos, pueden actuar sobre una serie más o menos grande de sustratos semejantes. El enzima actúa con la máxima eficacia sobre el *sustrato natural,* y con menor eficacia sobre los *sustratos análogos.* Por ejemplo, para la *sacarasa* del intestino, la sacarosa es su sustrato natural, y la maltosa e isomaltosa son sustratos análogos (Fig. 9.4, *a* y *b*).

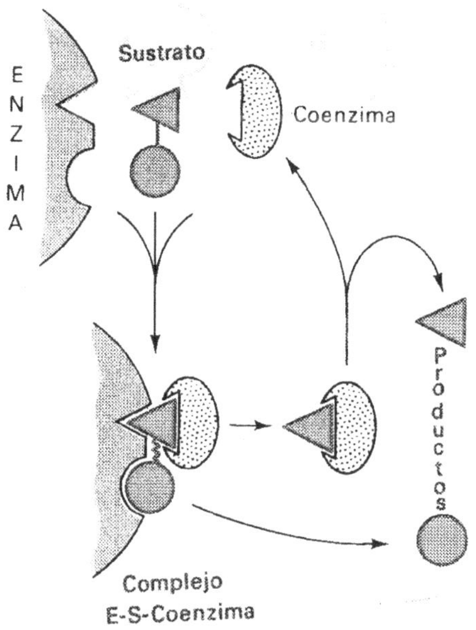

9.4.4. **Cofactores**

Como ya se ha dicho en la introducción a este capítulo, algunos enzimas requieren para su función la presencia de sustancias no proteicas que colaboran en la catálisis. Estas sustancias se llaman, en general, *cofactores.* Los cofactores de naturaleza orgánica se suelen denominar *coenzimas;* hay muchos coenzimas que se sintetizan en el organismo a partir de vitaminas. A menudo los coenzimas actúan como aceptores temporales de un fragmento de sustrato, que incluso pueden transportar de un enzima a otro. Así, por ejemplo, el coenzima FAD (flavina adenina dinucleótido) puede recibir dos átomos de hidrógeno del succinato, transformándose en $FADH_2$, y transferirlos a otro sustrato.

9.4.5. **Modulación de la actividad enzimática**

Una determinada molécula de enzima no tiene por qué actuar siempre a la misma velocidad; ésta es otra propiedad que distingue a los enzimas de los catalizadores inorgánicos.

a) En primer lugar, la actividad enzimática puede ser modulada por *cambios de pH y temperatura,* como ya ha quedado expuesto.
b) Además, la velocidad enzimática depende de las *concentraciones de sustratos y,* en su caso, *de cofactores.* Esta dependencia se estudiará con más detalle en el apartado 9.5, dedicado a la cinética enzimática.
c) Por otra parte, la presencia de los *productos finales* de una reacción enzimática puede hacer que ésta sea más lenta, o incluso invertir su sentido.
d) También existen moléculas que actúan sobre los enzimas inhibiendo su acción catalítica, bien por ocupar temporalmente el centro activo (*inhibidores competitivos*) o por alterar la conformación espacial del enzima (*inhibidores no competitivos*). En la figura 9.4 *c* y *d* queda ilustrada la acción de los tipos de inhibidores citados.
e) Hay enzimas, llamados **enzimas alostéricos,** que pueden adoptar dos conformaciones interconvertibles, llamadas **R** (relajada) y **T** (tensa). Se denomina forma R a la más activa. Se puede considerar un equilibrio:

$$R \rightleftharpoons T$$

En este equilibrio, hay sustancias que tienden a estabilizar o favorecer la forma R: son los llamados moduladores positivos. El propio sustrato es a menudo un modulador positivo; otras moléculas que favorecen la forma R son los *activadores alos-*

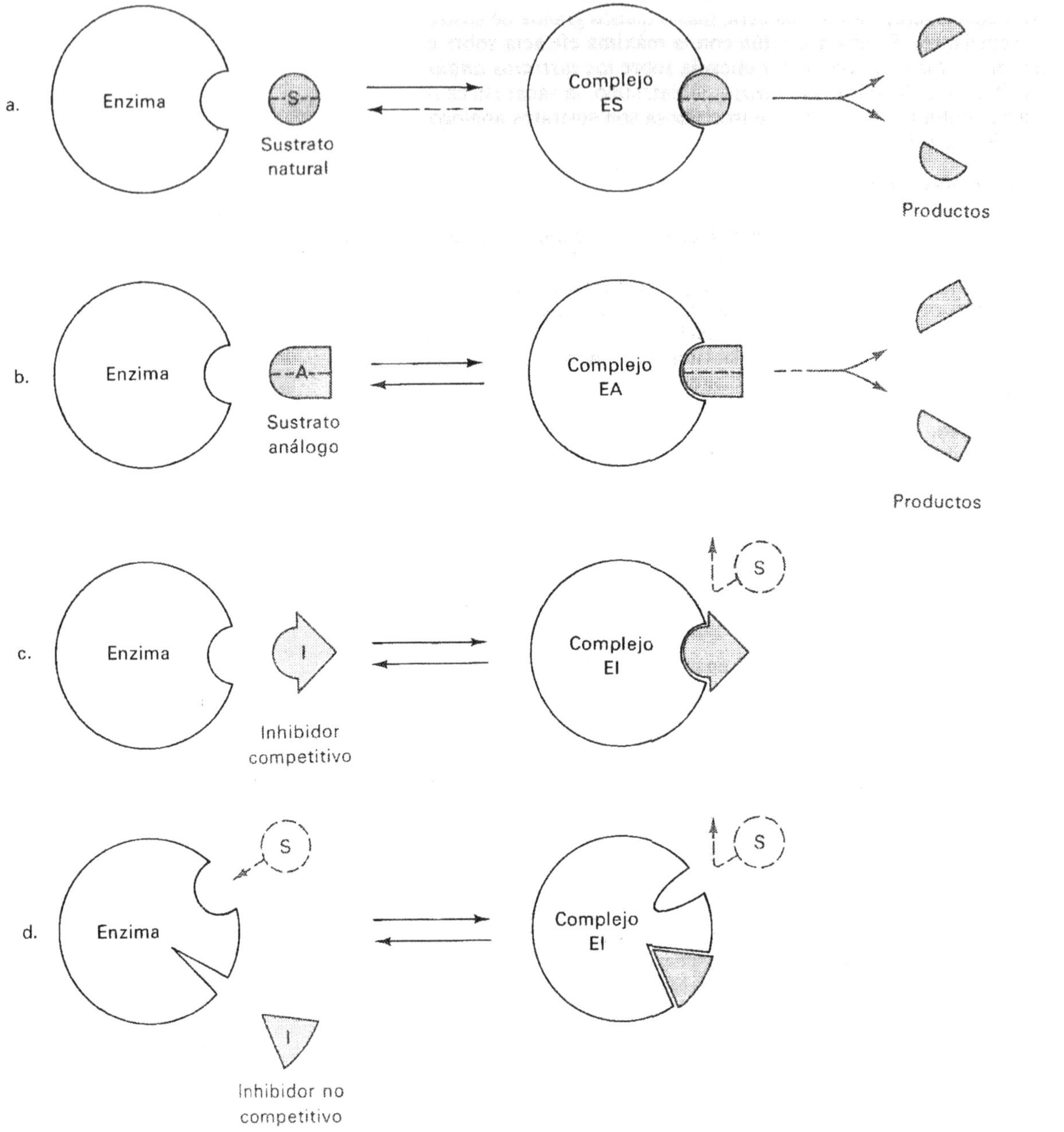

Figura 9.4
Esquemas de actuación de un enzima con diferentes sustratos e inhibidores. Con el sustrato natural tiene más afinidad que con el sustrato análogo. El inhibidor competitivo va al mismo centro activo que el sustrato y el no competitivo se une a un punto distinto de la molécula enzimática. Ambos inhibidores dificultan la reacción del enzima con el sustrato.

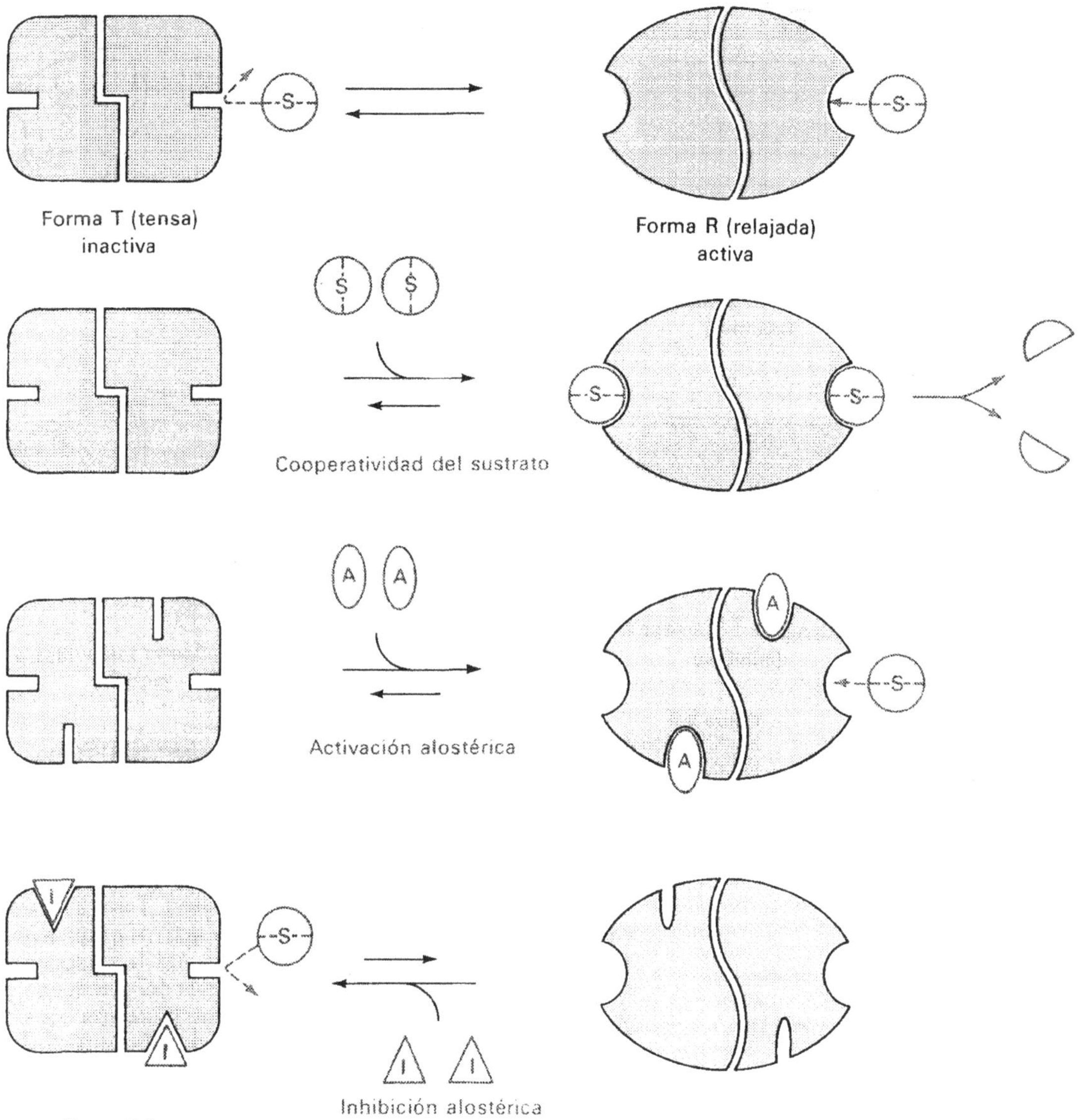

Figura 9.5
Equilibrio entre las formas T y R de un enzima alostérico. El sustrato y los activadores alostéricos favorecen la forma R (activa). Los inhibidores alostéricos estabilizan la forma T (inactiva).

*téricos.** Por el contrario, hay sustancias que favorecen la forma T, disminuyendo la actividad enzimática: son los moduladores negativos. A este grupo pertenecen los *inhibidores alostéricos.* En la figura 9.5, se ilustra el equilibrio entre las formas T y R de un enzima dimérico (formado por dos subunidades). El sustrato actúa, en este ejemplo, como un modulador positivo. El activador alostérico estabiliza la forma R y el inhibidor alostérico estabiliza la forma T.

* *Alostérico* significa que actúa en otro lugar, diferente del centro activo.

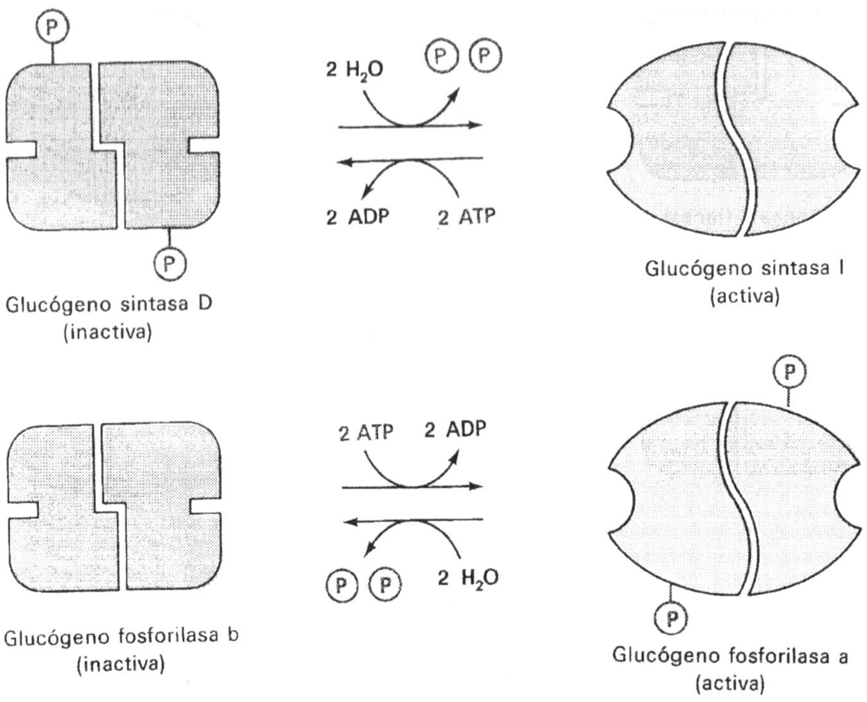

Figura 9.6
Modificación covalente de los enzimas. En los enzimas de vías degradativas la forma fosforilada es más activa que la desfosforilada. En los enzimas implicados en procesos biosintéticos ocurre exactamente lo contrario.

f) Por último, algunos enzimas pueden pasar de una forma menos activa a otra más activa uniéndose covalentemente a un grupo químico de pequeño tamaño (P_i, AMP, etc.). También existe el caso inverso, es decir, que enzimas muy activos pasen a formas poco activas al liberar ese grupo químico. Así, la *glucógeno sintasa,* un enzima relacionado con la síntesis del glucógeno, puede adoptar dos formas principales por modificación covalente: la sintasa D, menos activa, y conteniendo grupos fosforilo, se transforma en sintasa I, más activa, al liberar estos grupos fosforilo; por el contrario, la sintasa I se convierte en D al volverse a fosforilar. En otros enzimas, como es el caso de la glucógeno fosforilasa, ocurre exactamente lo contrario (Fig. 9.6).

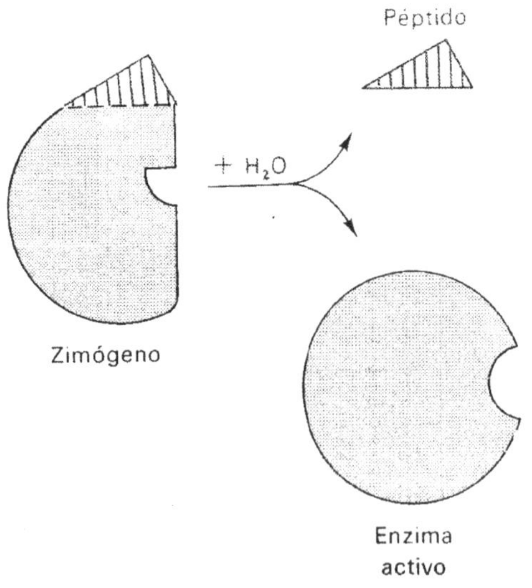

9.4.6. Proenzimas o zimógenos

Algunos enzimas no se sintetizan como tales, sino en forma de proteínas precursoras sin actividad enzimática. Estas proteínas reciben el nombre de *proenzimas o zimógenos.*

Para activarse, los zimógenos sufren un ataque hidrolítico que origina la liberación de uno o varios péptidos. El resto de la molécula proteica se reorganiza en el espacio y adopta la conformación y las propiedades del enzima activo.

Es muy frecuente que los enzimas digestivos se secreten en forma de zimógeno, y se conviertan en la forma activa ya en la luz del tubo digestivo. Si estos enzimas se sintetizaran directamente en forma activa, destruirían la propia célula que los produce. Así, la *tripsina* pancreática (una potente proteasa) se sintetiza en forma de *tripsinógeno* inactivo; si, por una circunstancia anormal, se activa dentro del propio páncreas, la glándula sufre un proceso de autodestrucción, a menudo mortal (*pancreatitis aguda*).

9.4.7. **Isozimas**

Algunos enzimas presentan estructuras moleculares diferentes, aunque su función biológica sea semejante. Estos enzimas se denominan *isozimas* o *isoenzimas.*

Así, por ejemplo, la lactato deshidrogenasa es un enzima tetramérico (formado por 4 subunidades). En el músculo esquelético predomina a subunidad M y en el corazón la subunidad H (*heart* = corazón). Analizado el enzima de cualquier tejido, por electroforesis, se pueden identificar cinco formas distintas que corresponden a los siguientes agrupamientos de subunidades:

$$M_4,\ M_3H,\ M_2H_2,\ MH_3 \text{ y } H_4$$

La proporción de los 5 tetrámeros distintos dependerá de la abundancia relativa de las subunidades M y H, en el tejido que se estudie.

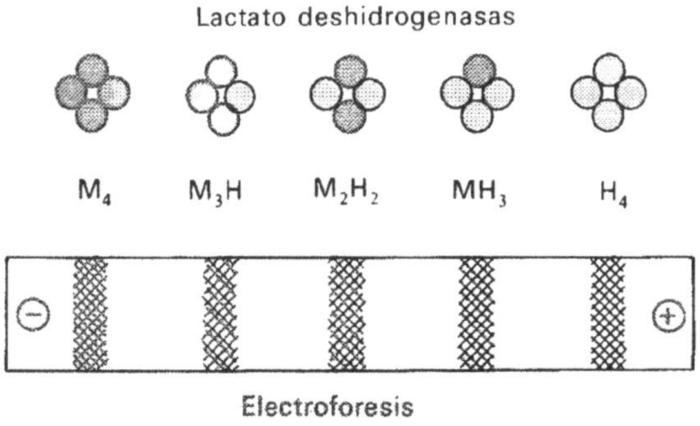

A veces, hay isozimas diferentes dentro de una misma célula, por ejemplo, las malato deshidrogenasas de la mitocondria y del citosol.

En otros casos, se cambia de un isozima a otro con el paso del tiempo. Así, algunos enzimas de la glicolisis en el feto son diferentes de los mismos enzimas en el adulto. Resulta interesante que, en células de *tumores cancerosos,* aparezcan de nuevo las formas fetales de determinados enzimas.

Las diferencias de estructura se traducen en ligeras divergencias de propiedades, que suelen hacer los isozimas más idóneos para la función que deben desempeñar en cada tejido, cada compartimento celular o cada momento del desarrollo del individuo.

9.5. INTRODUCCIÓN A LA CINÉTICA ENZIMÁTICA

Con frecuencia se mide, tanto en el laboratorio clínico como en el de investigación, la velocidad de una reacción catalizada enzimáticamente. Esta medida se puede llevar a cabo con facilidad, sin que se necesite purificar o aislar el enzima.

En la clínica, los datos de actividad enzimática se refieren a la capacidad de catálisis en condiciones óptimas, es decir, cuando el enzima actúa a su velocidad máxima. Esto se consigue estandarizando las condiciones del medio (pH, temperatura, cofactores, etc.) y utilizando un exceso, o concentración saturante, de sustratos. En estas condiciones, la desaparición de sustratos o la aparición de productos finales ocurren a la velocidad máxima. Existen métodos físicos y químicos para medir directamente estas variaciones en la concentración de sustratos y productos.

La *unidad de actividad enzimática* (U) es la cantidad de enzima que cataliza la conversión de un micromol de sustrato en un minuto.

La *actividad específica* es el número de unidades de enzima por miligramo de proteína (U/mg proteína) o por mililitro de disolución (U/ml).

Recientemente se ha adoptado el sistema internacional de unidades (SI) para la actividad enzimática. La unidad SI de actividad es el **katal** (kat) que *es la cantidad de enzima que transforma un mol de sustrato por segundo.* Como un mol tiene un millón de micromoles, y un minuto, sesenta segundos, resulta que:

$$1 \text{ kat} = 60\,000\,000 \text{ U}$$

El katal resulta demasiado grande para fines prácticos, por lo que tienden a emplearse submúltiplos, como el microkatal (μkat) y el nanokatal (nkat).

$$1\ \mu\text{kat} = 10^{-6} \text{ kat} = 60 \text{ U}$$
$$1 \text{ nkat} = 10^{-9} \text{ kat} = 0{,}06 \text{ U}$$

Cuando se conoce la masa molecular del enzima puro y el número de centros activos por molécula, se puede evaluar el *número de recambio,* o número de *reacciones elementales* por cada centro activo por unidad de tiempo. Así, por ejemplo, uno de los enzimas más activos, la anhidrasa carbónica, realiza 600 000 transformaciones químicas por segundo en su centro activo. Un enzima más lento, la DNA polimerasa I, adiciona, a una cadena naciente de DNA, 15 nuevos nucleótidos por segundo.

Cuando la concentración de sustrato no es saturante, la velocidad de la reacción enzimática **v** depende de la concentración de sustrato [s], según la llamada *ecuación de Michaelis y Menten:*

$$\mathbf{v} = V_{max} \cdot \frac{[S]}{K_M + [S]} \tag{1}$$

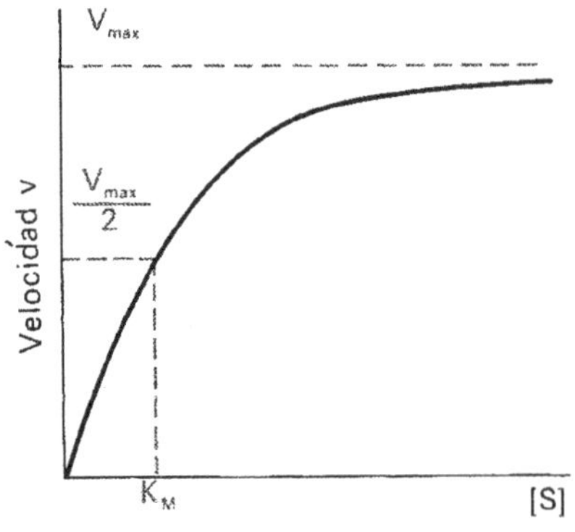

Representación gráfica de la ecuación (1)

donde V_{max} es la velocidad máxima que puede desarrollar el enzima en estas condiciones, y K_M (*constante de Michaelis*) es un parámetro específico de cada pareja enzima-sustrato. Al igual que V_{max}, también K_M se puede determinar sin necesidad de purificar el enzima (ver Complementos 9.1). K_M puede dar una medida aproximada de la afinidad del enzima por el sustrato: a menor K_M, mayor afinidad. Por eso, el sustrato natural tiene menor K_M que los análogos.

Cuando la concentración de sustrato coincide con el valor de K_M, el enzima trabaja a una velocidad igual a la mitad de la máxima.

En efecto. si $[S] = K_M$
según (1) resulta que:

$$\mathbf{v} = V_{max} \cdot \frac{[S]}{2[S]} = \frac{V_{máx}}{2} \qquad (2)$$

COMPLEMENTOS 9.1

DEDUCCIÓN DE LA ECUACIÓN DE MICHAELIS Y MENTEN

La reacción entre el enzima y el sustrato puede estudiarse con ayuda del esquema de la figura 9.7.

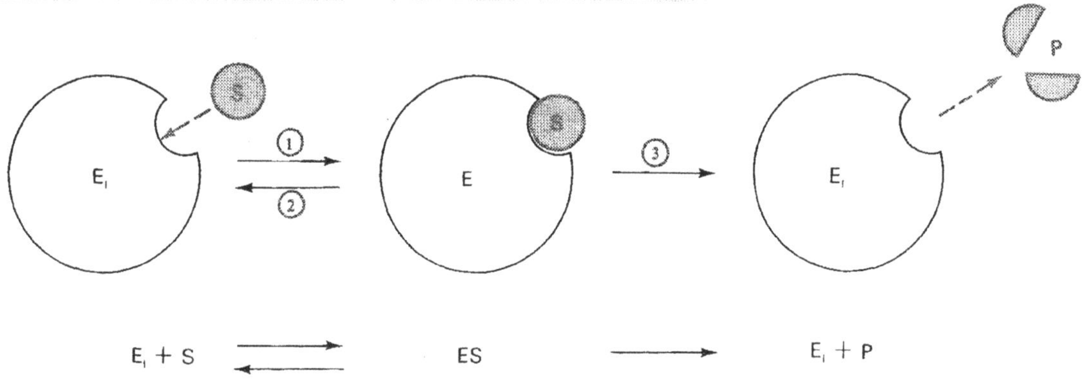

Figura 9.7
Cinética de la reacción del enzima con el sustrato para originar los productos (P) de la reacción.

La concentración de enzima total (E), que no se destruye durante la reacción, se considera igual a la suma de enzima libre (E_l) y enzima ligado al sustrato (ES); es decir:

$$(E) = (E_l) + (ES) \qquad (3)$$

o bien

$$(E_l) = (E) - (ES) \qquad (4)$$

Las velocidades de cada reacción parcial (1, 2 o 3) están relacionadas con las concentraciones de sustancias reaccionantes, por medio de las respectivas constantes de velocidad, k:

$$v_1 = k_1\,(E_l)(S) \qquad (5)$$

$$v_2 = k_2\,(ES) \qquad (6)$$

$$v_3 = k_3\,(ES) \qquad (7)$$

Se sustituye en la ecuación (5) el valor (E_l) expresado en la ecuación (4).

$$v_1 = k_1\,(S)(E) - k_1\,(S)(ES) \qquad (8)$$

Se considera la *situación estacionaria,* es decir, aquella situación en la que la velocidad de formación de productos (v) es uniforme, y por tanto la concentración de ES permanece constante. Entonces se cumple:

$$v_3 = v = \text{constante} \qquad (9)$$

$$v_1 = v_2 + v_3 \qquad (10)$$

Se sustituyen en la ecuación (10) los valores de v_1, v_2 y v_3 aportados por las ecuaciones (8), (6) y (7):

$$k_1\,(S)(E) - k_1\,(S)(ES) = k_2\,(ES) + k_3\,(ES) \qquad (11)$$

Se despeja el valor (ES)

$$(ES)[k_2 + k_3 + k_1\,(S)] = k_1\,(S)(E)$$

de donde

$$(ES) = \frac{k_1\,(E)(S)}{k_2 + k_3 + k_1\,(S)}$$

y, dividiendo numerador y denominador por k_1, resulta

$$(ES) = \frac{(E)(S)}{\dfrac{k_2 + k_3}{k_1} + (S)} \qquad (12)$$

Sustituyendo el valor (ES), de la ecuación (12), en la ecuación (7) y teniendo en cuenta que la velocidad de la reacción v_3 coincide con la velocidad, v, en régimen estacionario, tenemos

$$v = \frac{k_3\,(E)(S)}{\dfrac{k_2 + k_3}{k_1} + (S)} \qquad (13)$$

Se sustituye el cociente de constantes $\dfrac{k_2 + k_3}{k_1}$ por una nueva constante denominada constante de Michaelis (K_M). Así queda

$$v = \frac{k_3\,(E)(S)}{K_M + (S)} \qquad (14)$$

Si la concentración de sustrato fuera saturante $[(S) >> K_M]$, el denominador valdría prácticamente (S) y la velocidad, v, que se alcanzase sería la velocidad máxima, V_{max}. La ecuación (14) quedaría así:

$$V_{max} = \frac{k_3\,(E)(S)}{(S)} = k_3\,(E) \qquad (15)$$

Sustituyendo el valor de $k_3\,(E)$, encontrado en la ecuación (15), en el numerador de la ecuación (14), resulta

$$v = V_{max} \cdot \frac{(S)}{K_M + (S)} \qquad (16)$$

La ecuación (16) es la misma ecuación (1) que pretendíamos justificar o deducir. La constante de Michaelis

$$K_M = \frac{k_2 + k_3}{k_1}$$

analizada sobre la figura 9.7 da idea inversa de la estabilidad del complejo ES: en efecto, las reacciones 2 y 3 tienden a destruirlo, y la reacción 1, a formarlo. En otras palabras, cuando K_M es grande, predomina la tendencia a destruir ES (poco estable) y cuando K_M es pequeño, predomina la tendencia a formar ES (muy estable).

La representación gráfica de la ecuación (16) es una hipérbola. Si dos sustratos del mismo enzima tienen diferentes valores de K_M (véase margen), se observa que el que presenta mayor K_M tiene menos afinidad por el enzima y con él la reacción transcurre a menor velocidad, salvo a concentraciones de sustrato saturantes (los dos sustratos tienen la misma velocidad máxima).

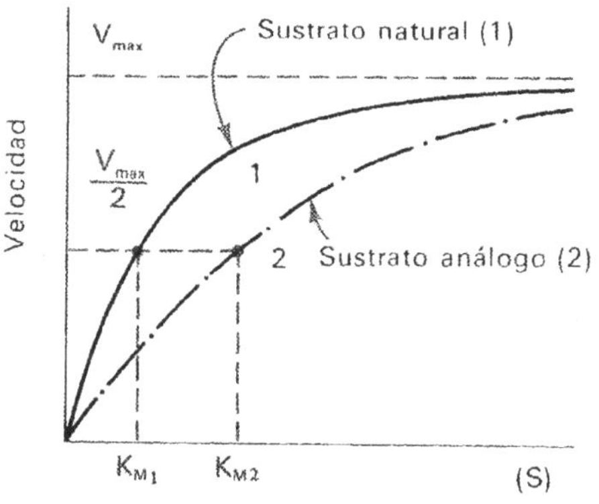

Para determinar gráficamente los valores de K_M y de V_{max}, se prefiere en vez de la representación directa —v en función de (S)—, la representación de dobles recíprocos $\left[\frac{1}{v} \text{ en función de } \frac{1}{S}\right]$, llamada también de Lineweaver y Burk, y que resulta ser una recta.

Para ello, se escribe la ecuación (16) en forma inversa.

$$\frac{1}{v} = \frac{1}{V_{max}} \cdot \frac{K_M + (S)}{(S)} \qquad (17)$$

Realizando las operaciones indicadas, resulta

$$\frac{1}{v} = \frac{K_M}{V_{max}} \cdot \frac{1}{(S)} + \frac{1}{V_{max}} \qquad (18)$$

La ecuación (18) representa, en efecto, una recta, cuyas coordenadas en el origen son respectivamente $-\frac{1}{K_M}$ y $\frac{1}{V_{max}}$ (véase margen).

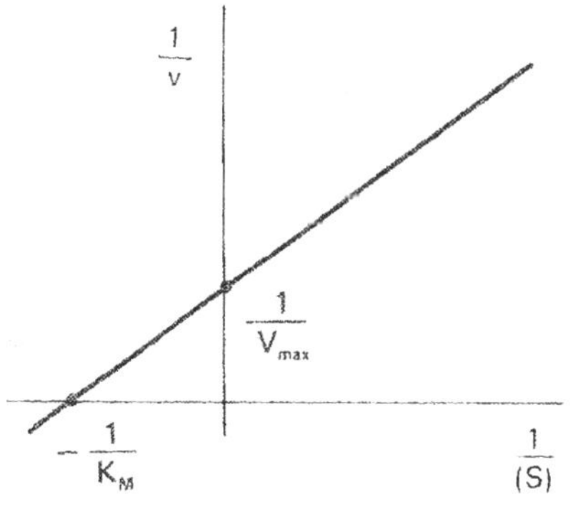

Esta representación permite obtener gráficamente los valores K_M y V_{max} y permite también comparar diferentes sustratos y estudiar diversos tipos de inhibición enzimática.

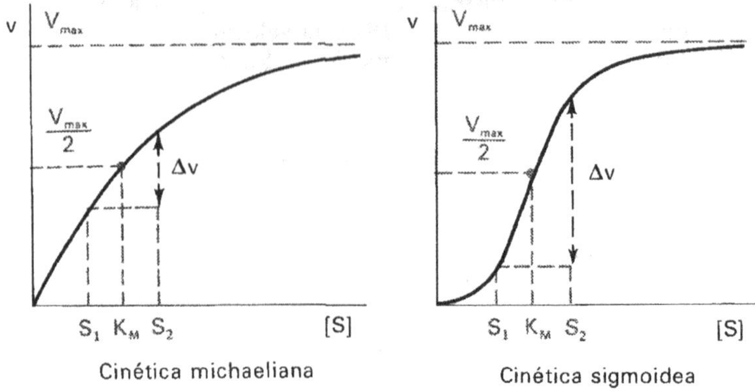

Figura 9.8
Representaciones gráficas de las cinéticas enzimáticas hiperbólica y sigmoidea.

Hay enzimas que no obedecen la ecuación de Michaelis y Menten. Se dice de ellos que su cinética no es michaeliana. En general, esto ocurre en los enzimas alostéricos cuya gráfica, v frente a (S), en vez de resultar una hipérbola, corresponde a una sigmoide (una *S* itálica). En la figura 9.8 se comparan las cinéticas michaeliana (o hiperbólica) y no michaeliana (o sigmoidea).

En la cinética sigmoidea, se observa que pequeñas fluctuaciones de la concentración de sustrato, en una zona crítica (alrededor de K_M), pueden traducirse en grandes variaciones en la velocidad de reacción (Δv).

La eficacia de los enzimas puede alcanzar niveles sorprendentes; a veces el único factor que limita la velocidad de la reacción es la llegada del sustrato al centro activo del enzima, es decir, la velocidad de difusión del sustrato en el medio.

En algunos casos el encuentro enzima-sustrato puede verse especialmente facilitado. Si el sustrato es filiforme (DNA, RNA, etc.), el enzima puede deslizarse sobre él, como un vagón sobre la vía. En estos casos, la búsqueda enzima-sustrato pasa, de ser tridimensional, a convertirse en unidimensional. En otros casos, si el sustrato ha de sufrir una secuencia de reacciones consecutivas, puede no ser liberado al medio, sino que, unido a un transportador giratorio, pasar del centro activo de un enzima al centro activo de otro. Esto ocurre en los llamados complejos multienzimáticos, como el que realiza la biosíntesis de ácidos grasos, que no libera el radical acilo hasta alcanzar la longitud del ácido palmítico (16 carbonos). Este mecanismo recuerda la secuencia de montaje de un taller de automóviles, en la que el vehículo en construcción pasa de un obrero a otro, de forma automatizada.

9.6. LOS ENZIMAS EN LA CLÍNICA

Los enzimas encuentran numerosas aplicaciones en la práctica clínica, tanto en el diagnóstico como en la terapéutica; igualmente, sirven de auxiliares en la determinación analítica de muchas sustancias biológicas.

9.6.1. Los enzimas como reactivos de análisis

Como auxiliares del análisis, los enzimas son mucho más específicos que los reactivos químicos. Así, el análisis de la glucosa por métodos enzimáticos ha desplazado con éxito las técnicas químicas tradicionales basadas en el carácter reductor de ese azúcar. El método más empleado es el de la glucosa oxidasa y peroxidasa, según el esquema de reacciones: (4.5)

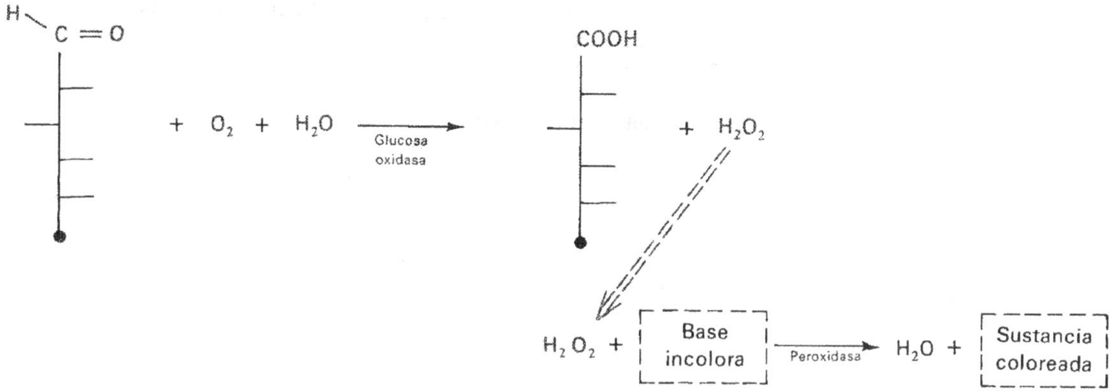

Por cada molécula de glucosa se obtiene una de H_2O_2, y una de sustancia coloreada, que se determina en un espectrofotómetro. Se dice que hay una relación estequiométrica entre la glucosa y la producción de color. Como la glucosa oxidasa sólo reconoce como sustrato a la glucosa, y no a otros monosacáridos (fructosa, pentosas, etc.) u otras sustancias reductoras, las cifras de *glucemia* y *glucosuria* (glucosa en sangre y en orina) obtenidas por este metodo son sistemáticamente inferiores a las que dan los métodos clásicos. Por ejemplo, las cifras normales de glucemia son en torno a 1 g/l (métodos químicos) y 0,7 g/l (métodos enzimáticos).

En ocasiones, como hemos visto en el ejemplo anterior, el producto de la primera reacción enzimática (H_2O_2) no resulta fácilmente medible de forma directa. En estos casos, se recurre a una serie de enzimas que actúan secuencialmente, utilizando cada uno como sustrato el producto de la reacción que le precede. Muchas veces, la reacción última consiste en la conversión del nucleótido oxidado NAD^+ en su forma reducida $NADH + H^+$, o viceversa. La aparición o desaparición de $NADH + H^+$ se mide en un espectrofotómetro a 340 nm. Esto permite la fácil automatización de numerosas técnicas analíticas.

Un número cada vez mayor de sustancias biológicas, como la urea, el ácido úrico, el colesterol, los triglicéridos, el etanol, etc., se determinan habitualmente por métodos enzimáticos. (5.4)

9.6.2. Los enzimas en el diagnóstico

Se ha comprobado que la medida de la actividad de ciertos enzimas en el plasma tiene valor diagnóstico o pronóstico en va-

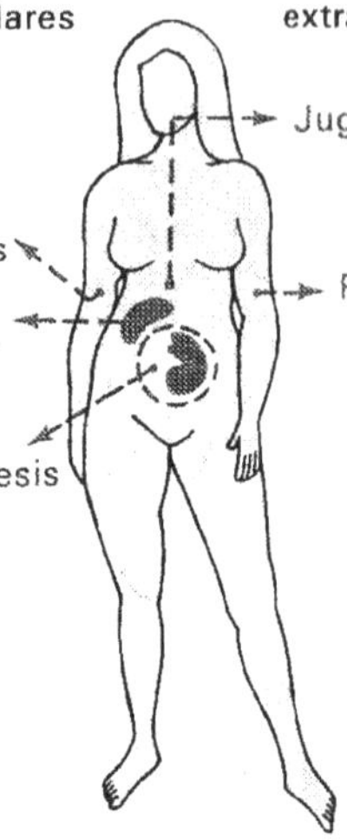

Algunos ejemplos de mediciones enzimáticas

rias enfermedades. Hay que distinguir los enzimas intracelulares de los extracelulares, y de los que accidentalmente se han vertido al medio extracelular, por alteración de las células que habitualmente los contienen (enzimas «fugados»).

El análisis de los enzimas intracelulares permite el diagnóstico precoz de numerosas *enzimopatías,* o enfermedades congénitas en las que alguno de estos enzimas falta o está alterado. Por medio de biopsia, o por cultivo de células procedentes de amniocentesis, se pueden medir estos niveles enzimáticos. Así, por ejemplo, la amniocentesis, seguida de cultivo de las células extraídas del líquido amniótico, se aplica a la búsqueda, en casos de alto riesgo, de enfermedades genéticas susceptibles de tratamiento médico. Igualmente, las biopsias de hígado o de músculo han servido para identificar con toda certeza, el enzima defectuoso en diferentes enfermedades del glucógeno (*glucogenosis*) o de los lípidos (*lipidosis*).

Sólo un enzima extracelular, la colinesterasa, tiene valor diagnóstico probado. Además, son interesantes, desde este punto de vista, una docena de enzimas intracelulares que pueden «fugarse» al medio extracelular (tabla 9.1).

Las determinaciones enzimáticas no sólo contribuyen al diagnóstico de algunas enfermedades, sino que ayudan a prever y a tratar su evolución. Así, por ejemplo, en la *hepatitis vírica*

Tabla 9.1

Principales enzimas con valor diagnóstico comprobado

Nombre	Abreviaturas	Código E.C.	Enfermedad en la que está alterado
Lactato deshidrogenasa	LDH	1.1.1.27	Isquemia miocárdica. Anemia perniciosa
Glutamato deshidrogenasa	GLDH	1.4.1.3	Ictericia obstructiva. Tumores hepáticos
γ-Glutamiltransferasa	γGT	2.3.2.2	Cirrosis alcohólica. Tumores hepáticos
Aspartato aminotransferasa (glutamato oxalacetato transaminasa)	AST (GOT)	2.6.1.1	Enfermedades hepáticas. Isquemia miocárdica
Alanina aminotransferasa (glutamato piruvato transaminasa)	ALT (GPT)	2.6.1.2	Enfermedades hepáticas. Isquemia miocárdica
Creatina quinasa	CPK	2.7.3.2	Isquemia miocárdica. Lesiones del músculo esquelético
Lipasa	—	3.1.1.3	Pancreatitis aguda
Colinesterasa	CHE	3.1.1.8	Infiltración grasa del hígado. Intoxicación alcohólica aguda
Fosfatasa alcalina	AP	3.1.3.1	Ictericia obstructiva. Tumores
Fosfatasa ácida	ACP	3.1.3.2	Carcinoma de próstata
α-Amilasa	—	3.2.1.1	Pancreatitis aguda
Fructosa-1,6-difosfato aldolasa	ALD	4.1.2.13	Transtornos musculares

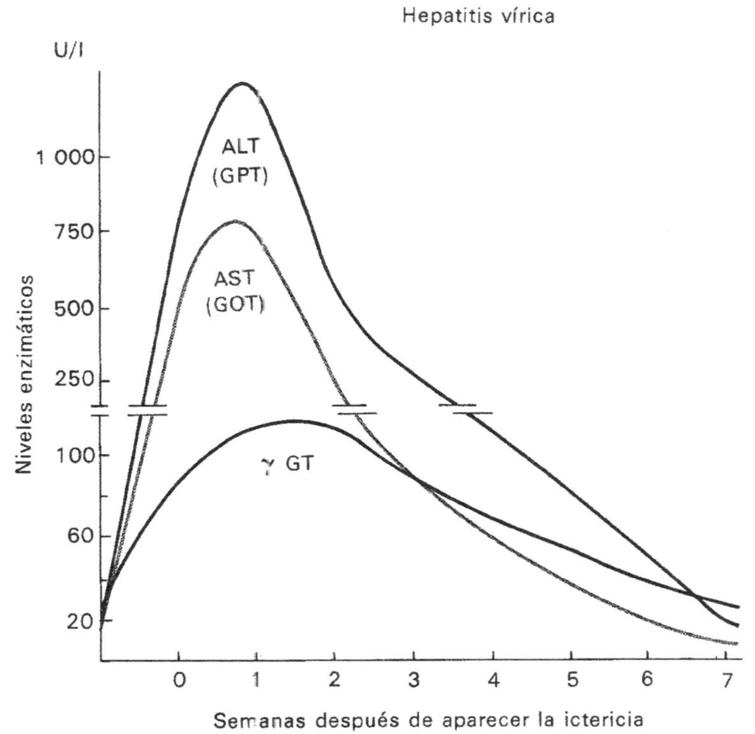

Figura 9.9
Variación de algunos niveles enzimáticos en plasma, durante el curso evolutivo de la hepatitis vírica.

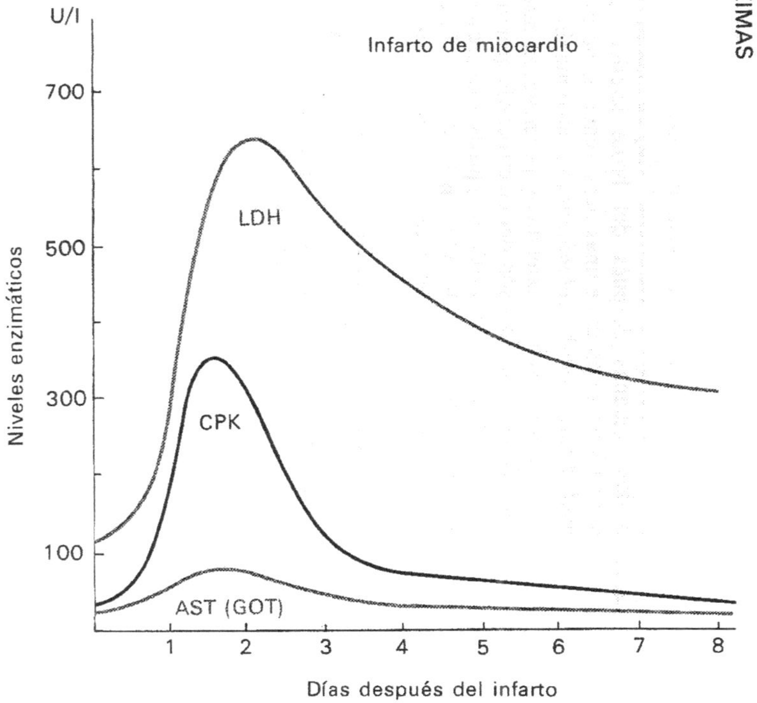

Figura 9.10
Variación de algunos niveles enzimáticos en plasma, durante el curso evolutivo de un infarto de miocardio.

(Fig. 9.9) el aumento de las actividades enzimáticas en el plasma precede a menudo a la *ictericia.** Hay un máximo de actividad una o dos semanas después del brote ictérico; el retorno a la normalidad se produce unas ocho semanas después. En la *enfermedad isquémica*** *del miocardio,* cuyo máximo exponente es el *infarto,* los niveles enzimáticos permanecen alterados aún después de la normalización del electrocardiograma (Fig. 9.10). La CPK alcanza un máximo de actividad en sangre a las 24 h, y vuelve a la normalidad en una semana; en cambio, la LDH alcanza su máximo a las 48 h y permanece elevada al menos dos semanas.

9.6.3. **Los enzimas en la terapéutica**

También se emplean los enzimas como agentes terapéuticos, es decir, en la curación de enfermedades. Un ejemplo muy común es la administración por vía oral de extractos crudos de amilasas, lipasas y proteasas para facilitar la digestión. Estos enzimas se suministran encapsulados para conseguir que alcancen el intestino delgado sin sufrir desnaturalización por el pH ácido del estómago. Otras indicaciones son más específicas. Por ejemplo, se halla en fase experimental la desobstrucción de vasos ocluidos por trombos mediante la administración local (por cateterización) de uroquinasa, un enzima implicado en la hidrólisis de la fibrina.

9.7. COENZIMAS Y VITAMINAS

Ya hemos definido los coenzimas como cofactores enzimáticos de naturaleza orgánica. En general, la unión enzima-coenzima es temporal y débil, parecida a la unión enzima-sustrato. Sin embargo, hay casos en los que la molécula orgánica, de función coenzimática, está unida al enzima con carácter permanente; se habla entonces de un *grupo prostético.* En estos casos, el enzima es una
(6.4.3) proteína conjugada (caso de las flavoproteínas y citocromos). Por regla general, los coenzimas actúan como portadores transitorios de grupos químicos, actuando alternativamente como donadores y aceptores de estos grupos, entre un sustrato y otro.

Por ejemplo, la reacción:

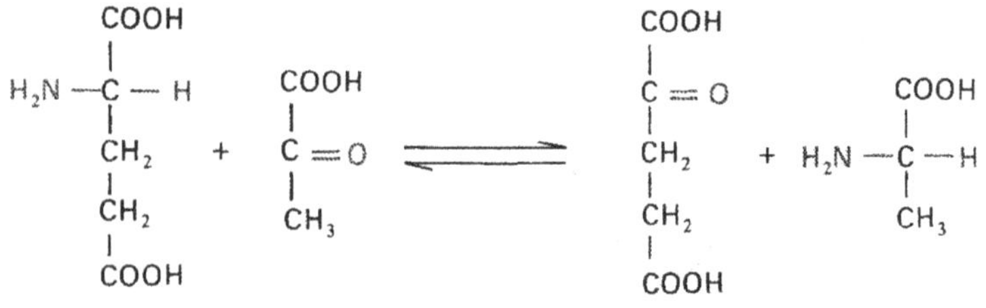

G' :tamato + piruvato ⇌ α-cetoglutarato + alanina

* *Ictericia:* pigmentación amarilla de la piel y del blanco del ojo, debida a un exceso de bilirrubina en sangre y tejidos.

** *Ictericia:* Insuficiencia de irrigación sanguínea en un tejido u órgano.

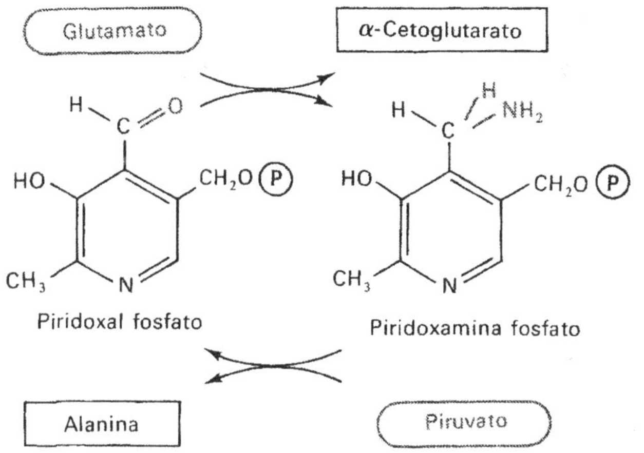

está catalizada por la glutamato:piruvato transaminasa (GPT) (EC 2.6.1.2) que, como otras transaminasas, utiliza el piridoxal fosfato como coenzima. En el transcurso de la reacción, el piridoxal fosfato recibe el grupo amino del primer sustrato (Glu), convirtiéndose en piridoxamina; a continuación, la piridoxamina cede el mismo grupo amino al segundo sustrato (piruvato), convirtiendo a éste en alanina y regenerándose el piridoxal.

Hay coenzimas que no pueden ser sintetizados íntegramente en el cuerpo humano, sino que alguno de sus componentes o precursores debe ser incorporado a partir de la dieta. Estos precursores exógenos pertenecen al grupo de biomoléculas conocido como **vitaminas.** Las vitaminas son sustancias orgánicas, necesarias para un normal desarrollo, crecimiento y reproducción, que han de ingerirse en la dieta en cantidades muy pequeñas. Las vitaminas sólo son necesarias en pequeña proporción porque, como hemos visto en el caso de los coenzimas, su función es catalítica, es decir, que se regeneran al final de la reacción en la que intervienen. El estudio sistemático de las vitaminas se realizará en el capítulo 18, dedicado a la *Nutrición.*

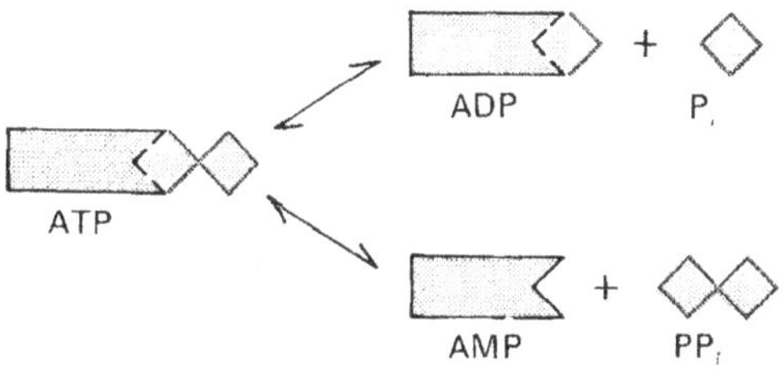

Los coenzimas pueden considerarse divididos en tres grupos principales:

a) Coenzimas implicados en reacciones de transferencia de grupos fosfato, como el nucleótido AMP y sus formas fosforiladas, ADP y ATP.
b) Coenzimas, derivados de vitaminas, implicados en la transferencia de otros grupos químicos. Así, el piridoxal fosfato, ya mencionado, y el llamado *coenzima A,* que transporta radicales acilo.
c) Coenzimas implicados en reacciones de oxidorreducción, que transportan hidrógenos (o protones + electrones), como los grupos hemo de los citocromos, el NAD^+ (nicotinadenina dinucleótido), y el FMN (flavina mononucleótido).

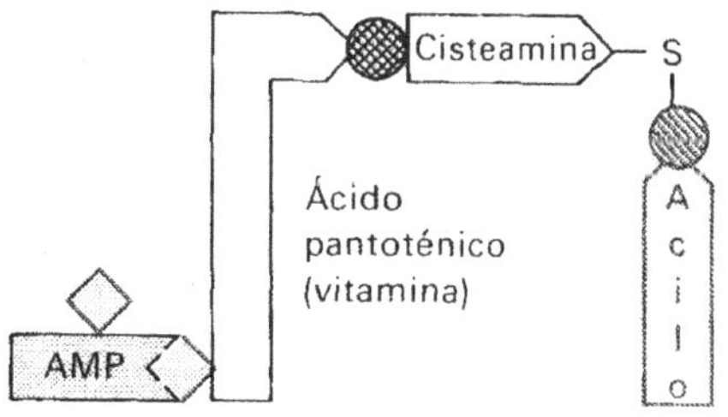

Acil-Coenzima A

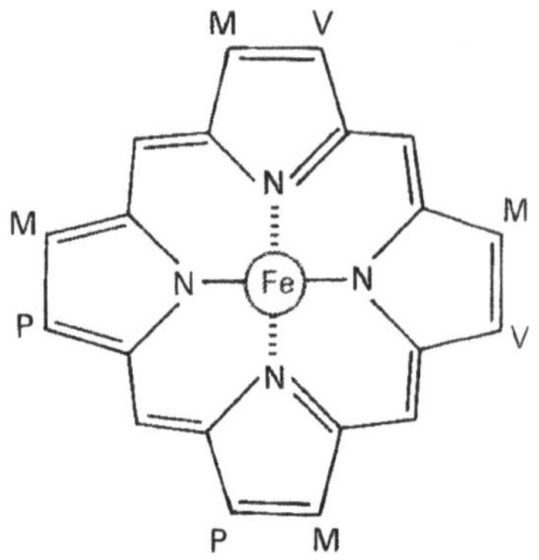

Grupo hemo
(citocromos)

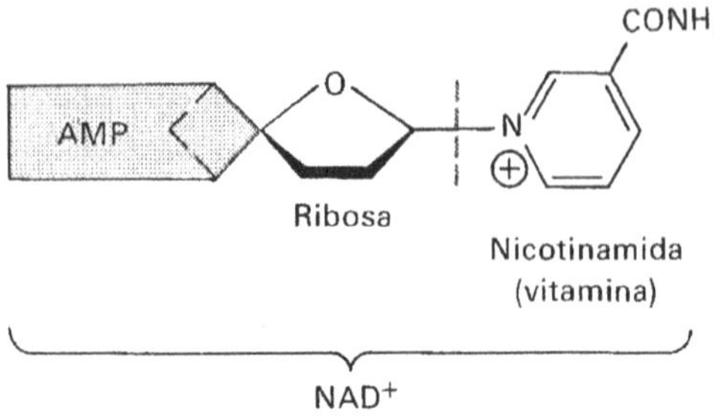

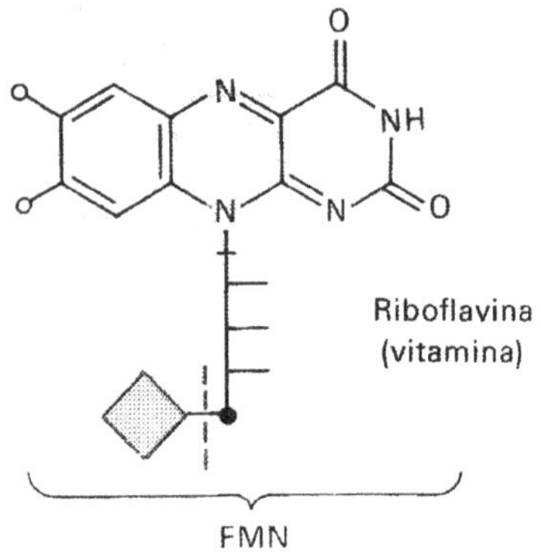

CUESTIONES Y PROBLEMAS

9.1. Asignar un nombre al enzima que cataliza la siguiente reacción:

$$\text{Aspartato} + \alpha\text{-cetoglutarato} \rightleftharpoons \text{oxalacetato} + \text{glutamato}$$

9.2. Escribir la reacción catalizada por la lactato deshidrogenasa (NAD^+).

9.3. Indicar la clase (1, 2, 3, 4, 5 o 6) a la que pertenece cada uno de los siguientes enzimas:
a) glucosa fosfato isomerasa
b) fosfofructoquinasa
c) succinil-CoA sintetasa
d) lipasa
e) fumarato hidratasa
f) citocromo oxidasa

9.4. La lactasa intestinal facilita la hidrólisis de la lactosa de la leche, liberando galactosa y glucosa. En las naciones europeas (p. ej., Dinamarca) un 97% de la población adulta tiene lactasa entre sus enzimas digestivos; en cambio, en el Extremo Oriente (p. ej., Tailandia) sólo el 3% de los adultos poseen este enzima.
a) Relacionar estos datos con los hábitos nutricionales de los adultos en ambos países.
b) Indicar qué ocurriría si un tailandés carente de lactasa intestinal tomase un vaso de leche.

9.5. El frío, la cocción y los aditivos químicos permiten conservar los alimentos. Señalar ventajas y desventajas de cada método para la conservación de la carne o de la fruta.

9.6. Una cierta cantidad de enzima es capaz de transformar 2 micromoles de sustrato cada segundo. Expresar su actividad en unidades internacionales (U) y en katales (kat).

9.7. La masa molecular de un enzima monomérico es 30 kdal. Seis miligramos de este enzima transforman 300 μmoles de sustrato por minuto. Calcular su número de recambio medido en moleculas de sustrato transformadas por el centro activo cada segundo.

9.8. Cuando la concentración de sustrato, [S], es 10 mM, una cierta cantidad de enzima transforma 10 μmoles/minuto. Si la concentración de sustrato se hace 20 mM, la misma cantidad de enzima sigue transformando 10 μmoles/minuto. Deducir:
a) si la velocidad de reacción depende, en estos casos, de la concentración de sustrato;
b) si el enzima actúa o no a su velocidad máxima;

c) si la constante de Michaelis (K_M) de este enzima pudiera ser:

$$0{,}01 \text{ mM}, 10 \text{ mM ó } 1 \text{ M}$$

9.9. Cuando la concentración de sustrato, [S], es 10 mM, una cierta cantidad de enzima transforma 10 μmoles/minuto. Si la concentración de sustrato se hace 20 mM, la misma cantidad de enzima transforma 20 μmoles/minuto. Deducir:
a) si la velocidad de reacción depende, en estos casos, de la concentración de sustrato;
b) si el enzima actúa o no a su velocidad máxima;
c) si la constante de Michaelis podría ser: 0,01 mM, 10 mM ó 1 M.

9.10. Un enzima tiene una constante de Michaelis, K_M = 10 mM. Cuando la concentración de sustrato, [S] = 10 mM, transforma 4 μmoles/minuto. Si la concentración de sustrato fuera 1 M, ¿cuántos micromoles por minuto transformaría?

9.11. El rábano posee un enzima que cataliza la descomposición del agua oxigenada en agua y oxígeno:

$$H_2O_2 \rightarrow H_2O + {}^1/_2O_2$$

Este enzima se llama peroxidasa y es una proteína que se inactiva por el calor.

El grupo hemo de la hemoglobina cataliza la misma reacción, pero, al no ser una proteína, no se inactiva por el calor. Se considera al hemo como una «seudoperoxidasa».

Analizar por qué se considera al hemo un «falso enzima».

9.12. La tripsina es un enzima muy activo en la hidrólisis de numerosas proteínas. Las células pancreáticas productoras de tripsina, la secretan en forma de precursor —tripsinógeno— inactivo.

Señalar por qué razón estas células no secretan tripsina libre.

PRÁCTICAS DE LABORATORIO

9.1. Obtención y propiedades de la amilasa salival

La *amilasa salival* (o *ptialina*) hidroliza el almidón, transformándolo en maltosa, pero pasando previamente por unos compuestos intermedios denominados dextrinas.

Para obtener saliva, se prepara un tubo de ensayo limpio sobre el que se coloca un embudo con un filtro de papel. Se enjuaga la boca con suero fisiológico (agua con 0,9% de sal) y se descarta ese líquido. Se mastica un trocito de parafina y la saliva secretada se vierte sobre el embudo. Es conveniente sorber un poco de suero fisiológico antes de masticar la parafina. La saliva filtrada se recoge en un tubo de ensayo.

En otro tubo se colocan 10 ml de almidón al 1% en agua. Se le añade 1 ml de saliva y se agita. Cada minuto se pasa 1 ml de la mezcla a otros tubos menores en los que hay dos gotas de disolución iodo-iodurada. Al principio dará color azul intenso, después rojo y al final incoloro (el almidón se ha hidrolizado). Para comprobar la presencia de azúcares reductores (maltosa) se ensaya en todos la reacción de Benedict. Con el almidón original (al 1%) debe dar negativa y cada vez más positiva.

Otra muestra de saliva se calienta a ebullición y se repite todo el experimento. No debe producirse hidrólisis del almidón. Advertencia: algunas personas (muy pocas) carecen de amilasa en su saliva.

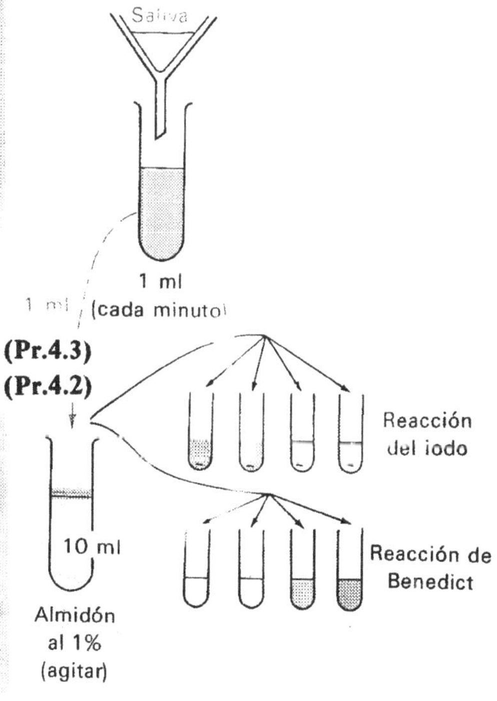

9.2. Reacción de peroxidasas y seudoperoxidasas

Para obtener peroxidasas puede partirse de rábano o zanahoria y triturarse con un poco de amortiguador de fosfatos de pH 7. A continuación se filtra. La peroxidasa cataliza la reacción:

$$H_2O_2 \xrightarrow[\text{peroxidasa}]{} H_2O + {}^1/_2\, O_2$$

El oxígeno es capaz de convertir un compuesto incoloro, como la bencidina, en un producto azul.

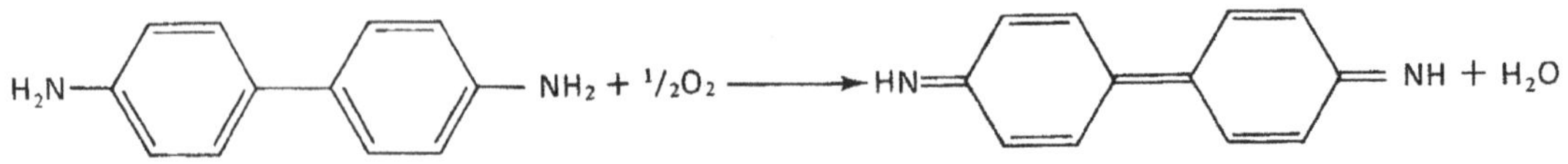

Bencidina incolora

Compuesto azul

La bencidina se disuelve calentándola en acético diluido. A una muestra de bencidina (1 ml), se le añade 0,5 ml de disolución de rábano o zanahoria y unas gotas (3 o 4) de agua oxigenada al 3%. Se producirá una coloración azul intensa. Otra muestra de extracto de rábano se calienta a ebullición durante 3 minutos y se repite la operación con bencidina. Si no da reacción es debido a la destrucción térmica del enzima.

El grupo hemo de la hemoglobina puede sustituir a la peroxidasa; añadiendo a 1 ml de disolución de bencidina unas gotas de sangre y un poco de agua oxigenada se desarrolla el color azul. Aunque la sangre hubiera sido calentada, o estuviera muy diluida la reacción «pseudoperoxidásica» debe resultar positiva.

Esta prueba sirve para detectar trazas de hemoglobina en cualquier medio: heces, ropa, etc., y tiene valor diagnóstico de hemorragias ocultas o en investigación forense.

9.3. Reacción de la pepsina

La pepsina es una proteasa digestiva que actúa a pH muy ácido. Se disuelve pepsina comercial en ácido clorhídrico 0,05 N. Aparte se suspende caseína de leche en ácido a un pH entre 1 y 2. Debe dar una suspensión turbia. Se reparte en tres tubos de ensayo, A, B, C. Al tubo A se le añade 2 ml de agua destilada; al B, 2 ml de disolución de pepsina, y al tubo C, otros 2 ml de disolución de pepsina previamente hervida 3 minutos. Se colocan los tres tubos en un baño de agua caliente (a 37°C) y se observa que el tubo B se pone transparente por digestión de la caseína.

CAPÍTULO **10**

INTRODUCCIÓN AL METABOLISMO

10.1. EL SER VIVO. METABOLISMO. DEFINICIONES

El ser vivo es una estructura bien delimitada respecto de su entorno, capaz de intercambiar con él materia y energía, de autorregenerarse y autorreplicarse. Los intercambios de materia y energía en el ser vivo tienen por objeto mantener en un nivel mínimo el desorden de sus propias estructuras, lo que se consigue a costa de desordenar el entorno. Este desorden se puede cuantifi-

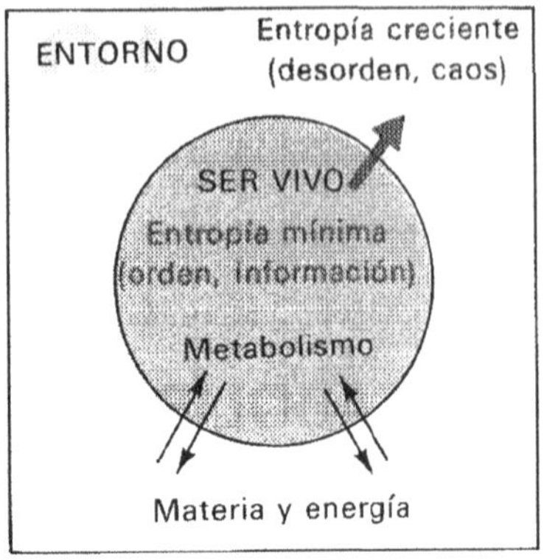

car por medio de la función termodinámica llamada **entropía;*** *los seres vivos se mantienen en un mínimo de entropía.*

El conjunto de intercambios y transformaciones de materia y energía que tienen lugar en el ser vivo recibe el nombre de **metabolismo.** En el metabolismo se consideran dos vertientes: la degradación de moléculas complejas, con eliminación de productos de desecho y liberación de energía (*catabolismo*), y la biosíntesis de sustancia propia a partir de las moléculas sencillas, con gasto de energía (*anabolismo*). Esta división, meramente didáctica, entre anabolismo y catabolismo, no debe hacer pensar que ambos grupos de procesos se dan por separado, en el espacio o en el tiempo. Por el contrario, cada célula se halla en un proceso constante de autodestrucción y autorregeneración, utilizando la energía y los productos de las vías catabólicas para otros procesos biosintéticos. Se dice que el ser vivo se halla en un equilibrio dinámico: es un equilibrio, porque sus propiedades no varían con el tiempo, y es dinámico porque esta estabilidad no se debe a la ausencia de procesos, sino a la existencia de una compleja serie de mecanismos orientada a la constancia de las funciones características del ser vivo. Un ejemplo sencillo de equilibrio dinámico es la constancia del contenido de agua de un embalse regulador, en el que la cantidad de líquido que aporta el río es igual a la que se elimina por los desagües.

En consecuencia, el metabolismo se ha de entender como una unidad orgánica, como un todo. Sin embargo, su estudio requiere distinguir, artificialmente, las llamadas **rutas** o **vías metabólicas,** cuyo conjunto constituye el metabolismo intermediario. *Una vía metabólica es una secuencia de reacciones que relacionan dos metabolitos importantes.* Por ejemplo, la serie de reacciones que permiten la conversión de la glucosa en piruvato constituye la vía metabólica denominada *glicolisis anaerobia.*

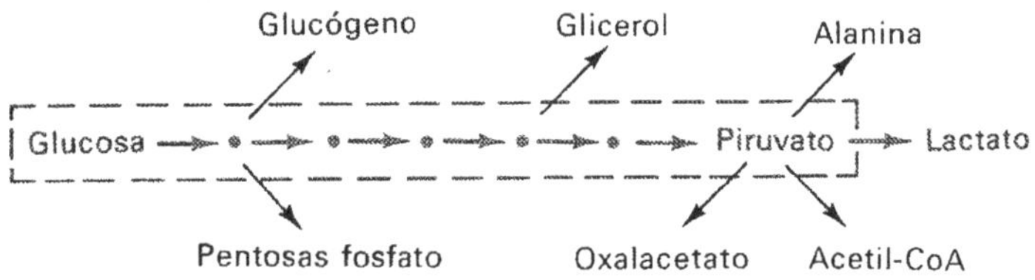

Figura 10.1
Esquema de la vía metabólica conocida como glicolisis anaerobia y algunas de sus relaciones con otras vías.

10.2. CICLO DE LA MATERIA Y FLUJO DE LA ENERGÍA EN LA BIOSFERA

Todos los seres vivos necesitan un aporte continuado de materia y energía, aunque existen grandes diferencias en la forma de obtenerlas y en su utilización.

* Para un tratamiento detallado de la entropía se deben consultar textos de Termodinámica o Química Física.

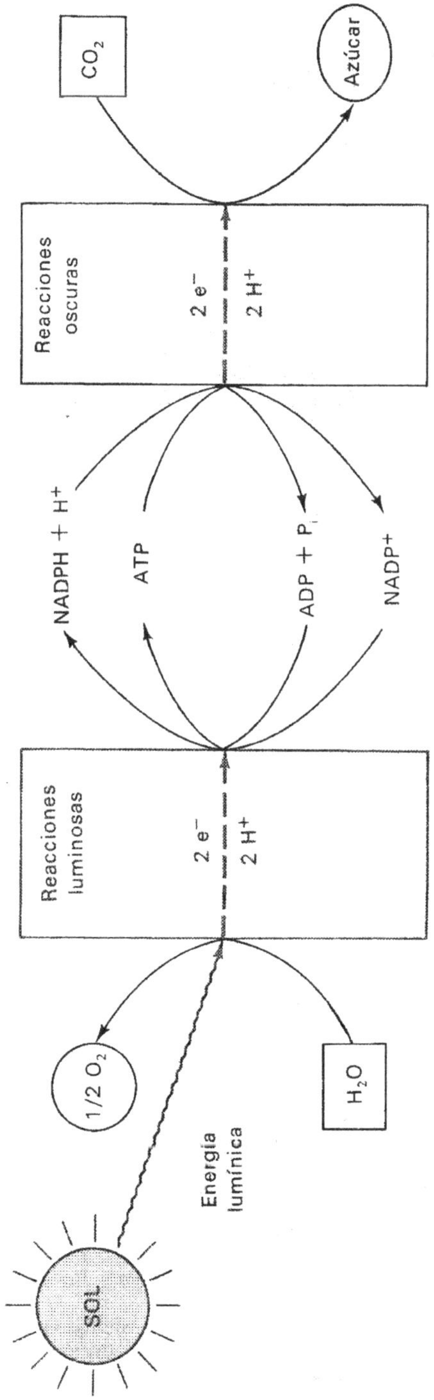

Figura 10.2
Resumen esquemático de las reacciones químicas de la fotosíntesis.

(8.4) Las algas y vegetales superiores, como seres autotrofos, utilizan la energía luminosa que procede del Sol; construyen su materia propia a partir de precursores muy sencillos estables y abundantes en la corteza terrestre, como son el agua, el dióxido de carbono (CO_2) y los iones inorgánicos.

(8.3.3) La energía solar es captada por los cloroplastos, gracias a sus moléculas de clorofilas y carotenos. Los cloroplastos disponen de la maquinaria molecular adecuada para convertir la energía solar en energía química (en forma de ATP) y arrancar los hidrógenos del agua convirtiéndolos en *equivalentes de reducción* (en forma de coenzimas reducidos, como NADPH + H^+) (Fig. 10.2). Como subproducto de esta reacción se libera oxígeno molecular.

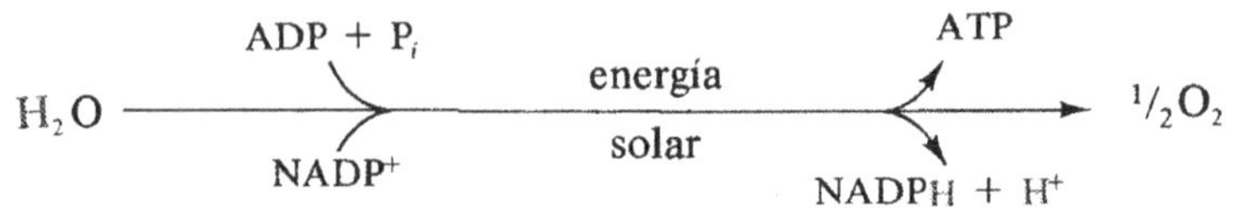

Este conjunto de procesos constituye la llamada «**fase luminosa de la fotosíntesis**».

El ATP y los equivalentes de reducción formados en las reacciones luminosas son utilizados en un proceso cíclico, en el que participan numerosos monosacáridos, el *ciclo de Calvin.* En éste se activan moléculas de dióxido de carbono hasta convertirlas en glucosa (**reacciones oscuras de la fotosíntesis**) (Fig. 10.2). A partir de la glucosa y fuentes inorgánicas de nitrógeno (nitratos, amoniaco), los vegetales sintetizan todas sus biomoléculas orgánicas (azúcares, lípidos, proteínas y ácidos nucleicos).

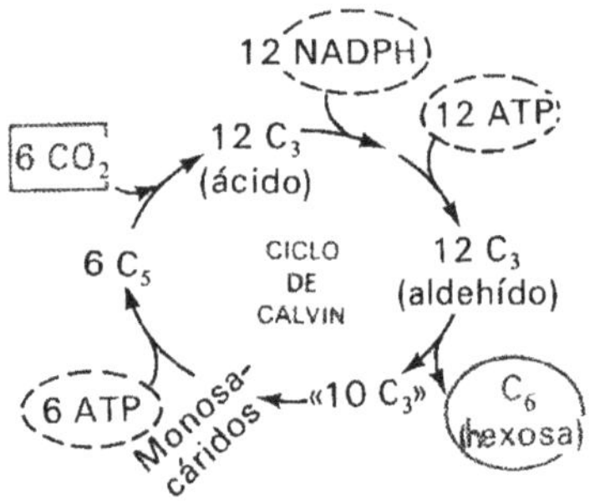

Resumen simplificado de la fase oscura de la fotosíntesis

Por el contrario, los seres heterotrofos, como el hombre, utilizan como fuente de materia y energía las biomoléculas orgánicas sintetizadas por los seres autotrofos (Fig. 10.3). Estas biomoléculas son ingeridas directamente (alimentos vegetales) o indirectamente (productos cárnicos procedentes de animales herbívoros). Las biomoléculas de la dieta son fuente de *materia,* por cuanto están constituidas por átomos, y son también fuente de *energía,* pues ésta se halla almacenada en los enlaces de las biomoléculas orgánicas. Buena parte de estas biomoléculas asimiladas por el hombre se degradan metabólicamente hasta convertirse en CO_2, H_2O y derivados nitrogenados, liberando energía química (ATP). Esta energía se utiliza para la realización de *trabajo mecánico* (contracción muscular), *osmótico* (transporte de iones y conducción nerviosa) o *biosíntesis de la sustancia propia* (Fig. 10.4). El proceso biosintético incluye la utilización de otra parte de los alimentos, bien sea con la finalidad de reponer las biomoléculas ya degradadas, o de permitir el crecimiento del organismo.

Observando la figura 10.3 se comprueba que la materia sufre una serie de **transformaciones cíclicas** pasando de los seres autotrofos a los heterotrofos, y de éstos nuevamente a los autotrofos, a través del entorno (atmósfera, suelo, etc.). Por el contrario, *el flujo de energía es unidireccional:* inicialmente toda ella es energía luminosa de origen solar* y toda acaba degradándose en forma de energía térmica (calor). *La energía no se recupera.*

* Aparte de la energía solar, algunas otras fuentes aportan energía a la biosfera, en cantidades comparativamente despreciables, así la energía geotérmica (fuentes termales), nuclear, eólica, mareomotriz, etc.

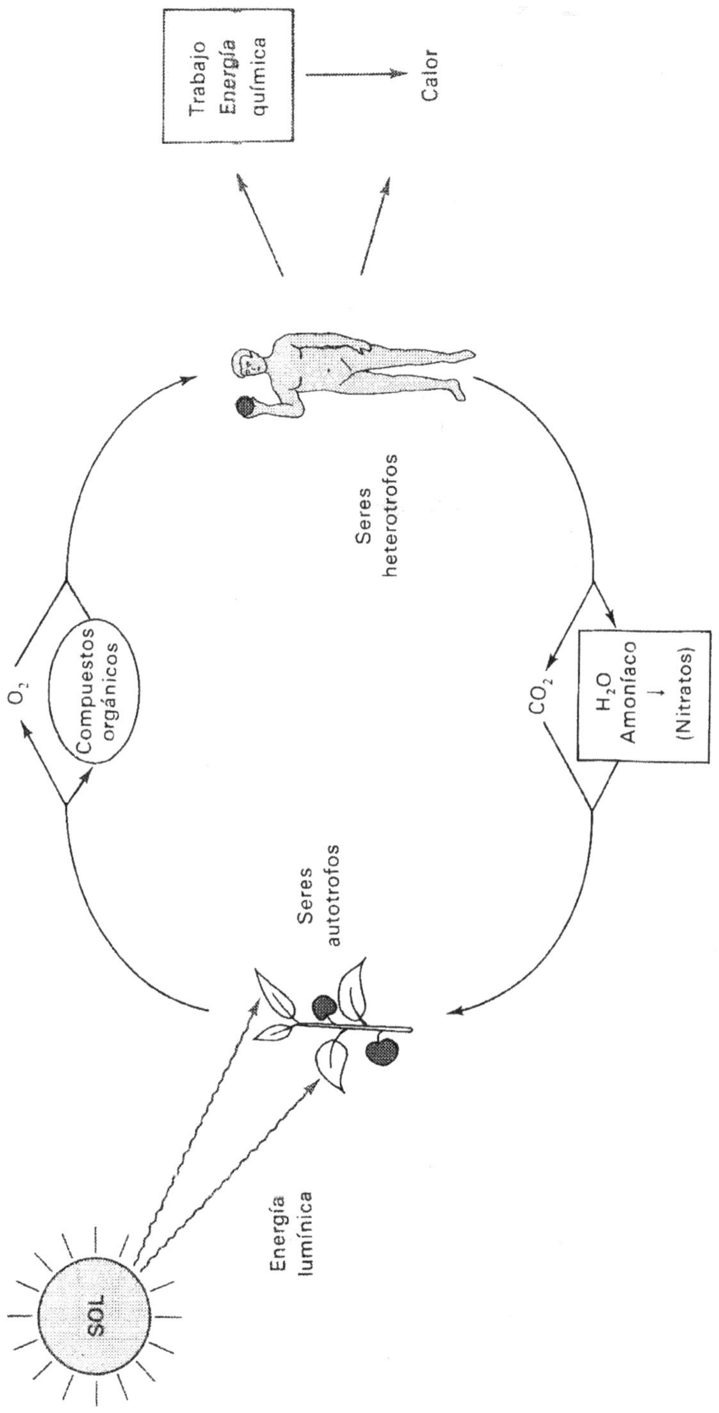

Figura 10.3
Ciclo de la materia y flujo de la energía en la biosfera.

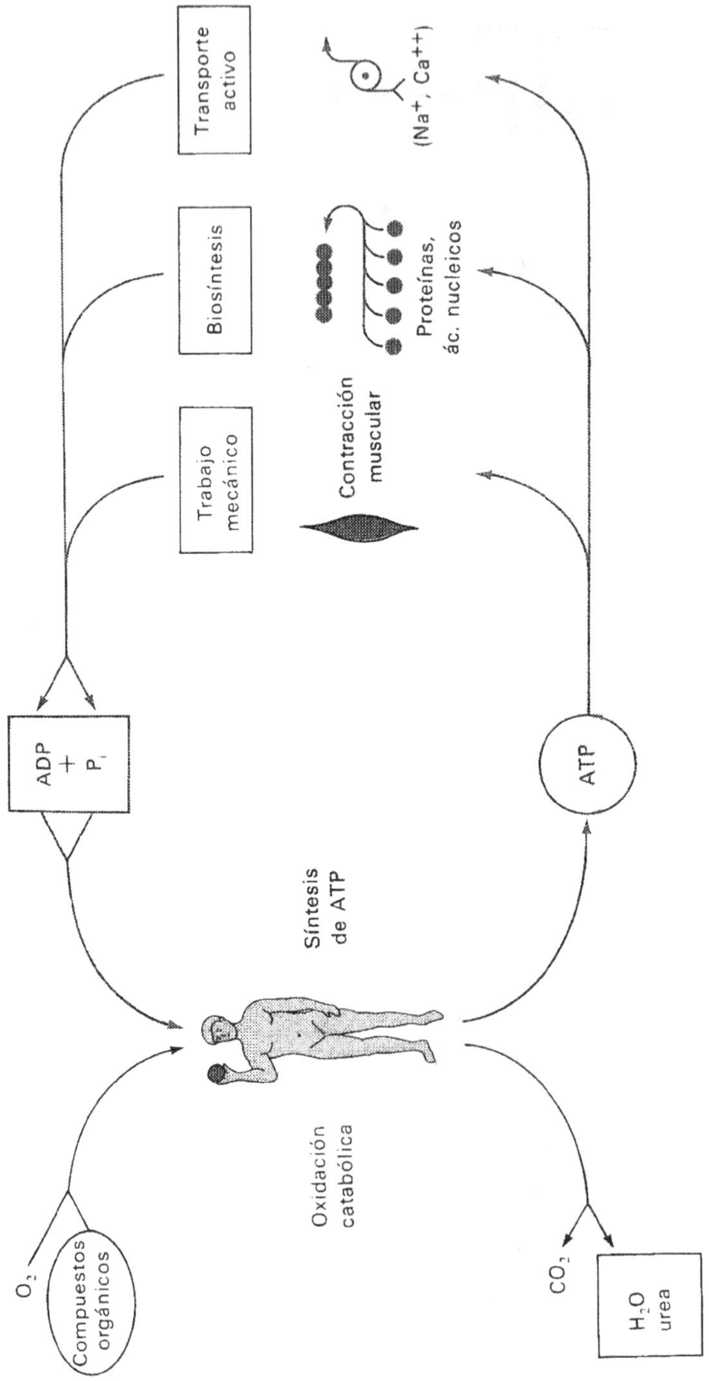

Figura 10.4
Producción y utilización de la energía química por el hombre.

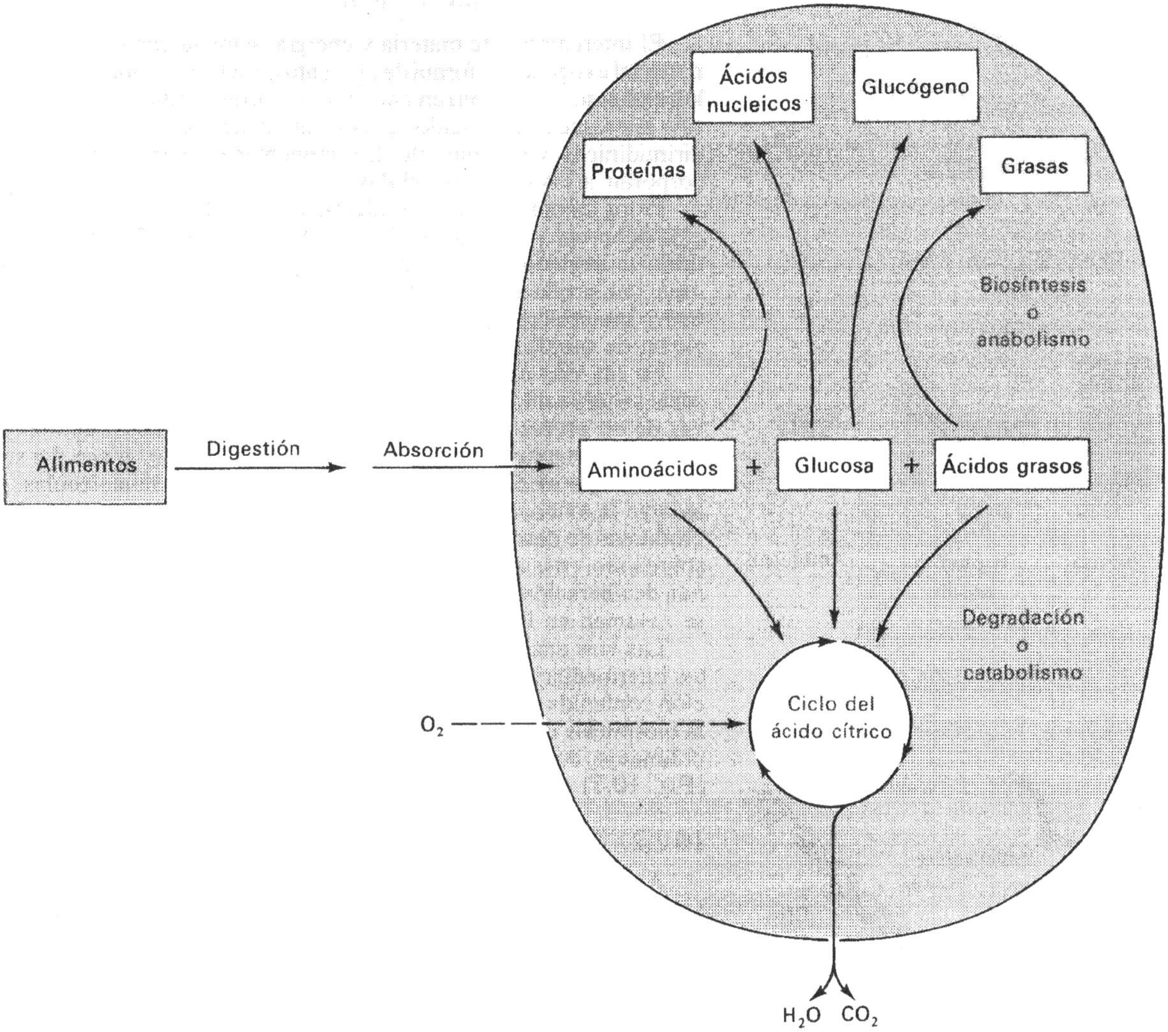

Figura 10.5
Visión de conjunto del metabolismo celular en el hombre, desglosando las reacciones de biosíntesis o anabolismo y las de degradación o catabolismo.

10.3 VISIÓN DE CONJUNTO DEL METABOLISMO HUMANO

En el metabolismo, como conjunto de procesos físico-químicos que tienen lugar en el organismo humano, podemos distinguir dos aspectos (Fig. 10.5):

a) el intercambio de materia y energía dentro del propio organismo y con su entorno, y

b) la transmisión de información genética, tanto de unos a otros compartimentos de la propia célula, como de una célula a su progenie.

10.3.1. Intercambios de materia y energía

El intercambio de materia y energía se inicia con el aporte del material exógeno, en forma de alimentos. En la digestión (Cap. 18), los alimentos se hidrolizan para dar los correspondientes monómeros: monosacáridos, ácidos grasos, aminoácidos, bases púricas y pirimidínicas, vitaminas, etc. Los monómeros se absorben y se incorporan a las diversas células.

Estos monómeros y otros idénticos, procedentes de la degradación del propio material celular, pueden seguir dos vías fundamentales: la degradación oxidativa (*catabolismo*) hasta CO_2, H_2O y urea, con producción de energía (ATP y calor), o la biosíntesis de nuevo material celular (*anabolismo*) para almacenamiento o reposición de moléculas destruidas, consumiento energía (ATP).

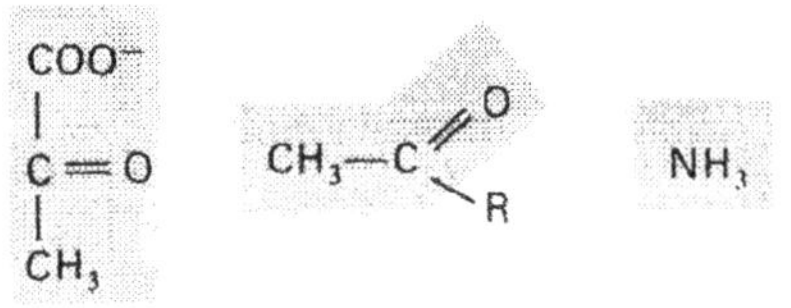

Piruvato Fragmento acetilo Amoníaco

En las vías catabólicas se distinguen dos etapas. La primera suele ser específica de cada tipo de biomoléculas, y conduce, a través de un proceso oxidativo, hasta unos metabolitos intermediarios, como el piruvato, los fragmentos acetilo y el amoniaco. La segunda etapa es común a los distintos grupos de biomoléculas, e incluye la oxidación completa de los metabolitos intermediarios a productos de desecho (CO_2, H_2O y urea). En la etapa específica y, sobre todo, en la etapa común, los procesos catabólicos se acompañan de liberación de energía. Las vías catabólicas más importantes se resumen en la figura 10.6.

Las vías anabólicas utilizan como materia prima los metabolitos intermediarios, consumen energía (ATP) y utilizan la información contenida en las proteínas y ácidos nucleicos. Se consigue así la biosíntesis de monómeros, que, a su vez, pueden organizarse en polímeros, con misiones de reserva, estructurales o informativas (Fig. 10.7).

10.3.2. Transmisión de información genética

Algunos procesos biosintéticos, como la conversión de aminoácidos y nucleótidos, respectivamente en proteínas y ácidos nucleicos, deben ser considerados aparte por su papel especial en el mantenimiento y transmisión de la información genética. Estas macromoléculas se sintetizan siguiendo unas directrices muy precisas, y peculiares de cada individuo, porque son las responsables de que todos los individuos de la especie sean semejantes, y a la vez distintos. Los principales procesos metabólicos relacionados con la transmisión de información se presentan en el margen.

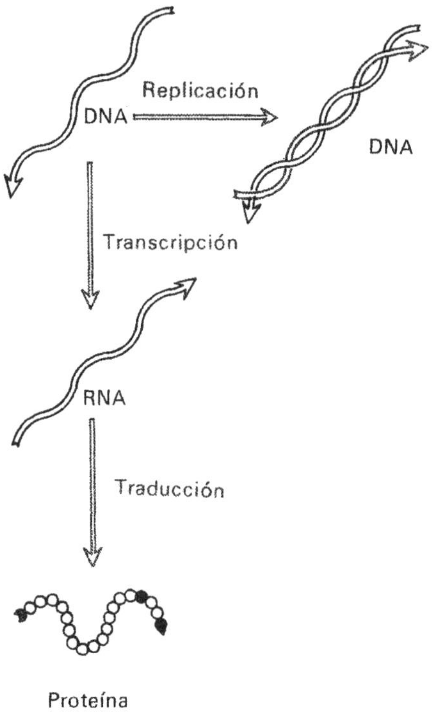

Proteína

10.4. ASPECTOS ENERGÉTICOS DEL METABOLISMO

Además de los intercambios de materia, en el metabolismo se producen intercambios de energía, tanto dentro del ser vivo como entre éste y su entorno. Existen numerosas formas de energía, de las cuales nos interesan especialmente tres: calor, trabajo y energía libre.

El **calor** es el resultado del movimiento de las moléculas que componen un cuerpo. Cuanto mayor es la energía cinética de estas moléculas mayor es la cantidad de calor. Los intercambios de ca-

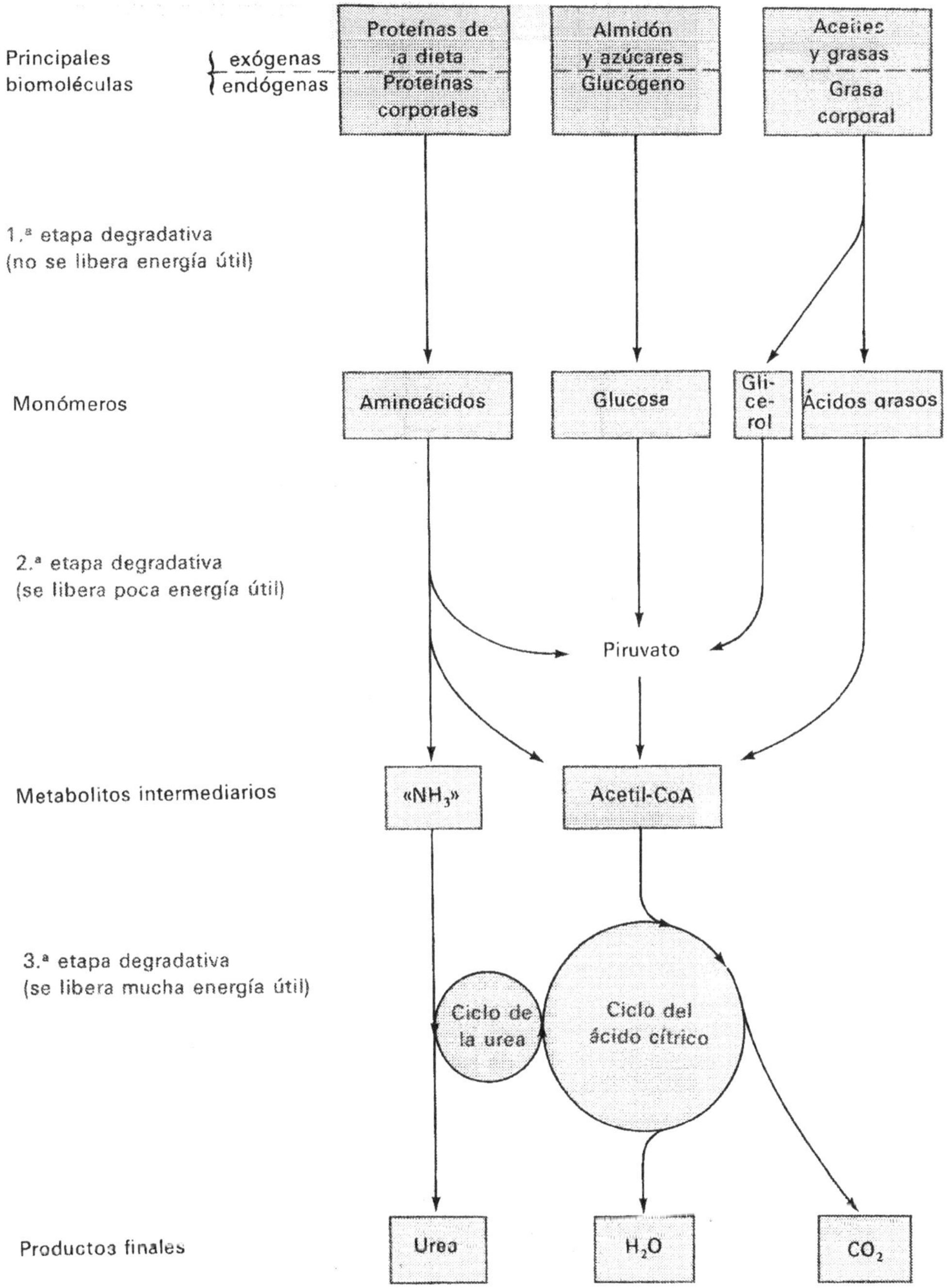

Figura 10.6
Principales vías degradativas o catabólicas.

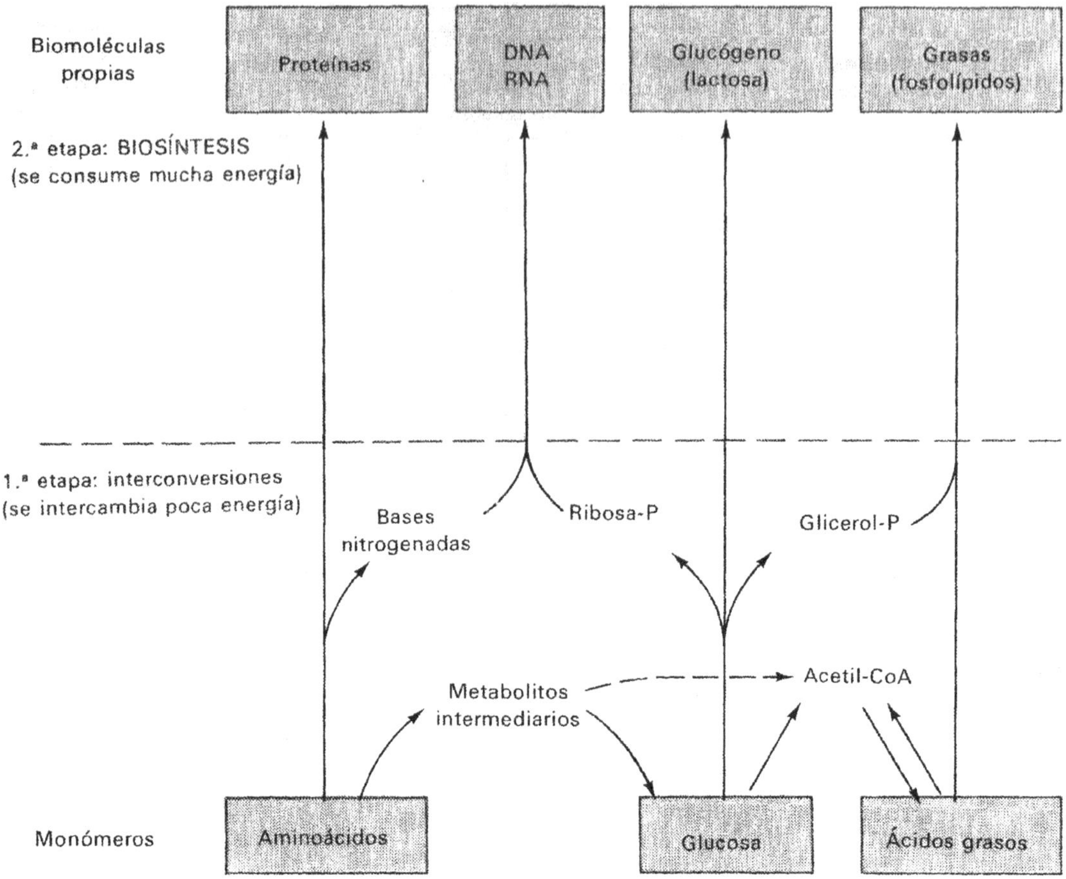

Figura 10.7
Principales vías biosintéticas o anabólicas.

lor se manifiestan, con frecuencia, por cambios de temperatura; otras veces se traducen en cambios en la libertad de movimiento de las moléculas. p. ej., en la fusión del hielo. La unidad de calor es la caloría, o cantidad de calor necesaria para elevar la temperatura de 1 g de agua en 1°C.

Trabajo mecánico es el resultado de aplicar una fuerza a un cuerpo, consiguiendo su desplazamiento, o produciendo en él una deformación. Si la fuerza aplicada es F y la distancia de desplazamiento es d, el trabajo W realizado será:

$$W = F \times d$$

La unidad de trabajo es el *joule* (J), o trabajo realizado al aplicar a un cuerpo la fuerza de 1 Nw de modo que se consiga desplazarlo 1 m. Como forma de energía que es, el trabajo también se puede expresar en calorías. La equivalencia correspondiente es:

$$1 \text{ cal} = 4{,}18 \text{ J}$$

La **energía libre*** (G) es una forma de energía que se puede considerar «contenida» en los reactantes de una reacción bioquímica, y que se va desprendiendo en todos los procesos espontáneos. Como consecuencia, los productos de la reacción contienen menos energía libre que los reactantes, y, por lo tanto, *en todo proceso espontáneo, la variación de energía libre de Gibbs es negativa. La variación de energía libre de un proceso es una medida del máximo trabajo útil que puede obtenerse mediante este proceso*

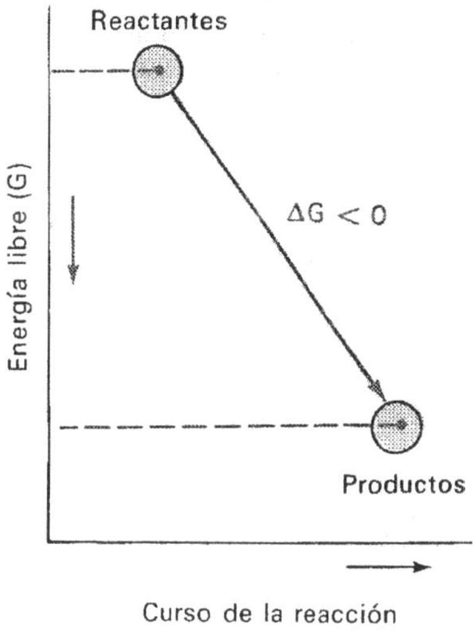

$$-\Delta G = W'_{max}$$

W′ representa el llamado «*trabajo útil*», es decir, el trabajo total exceptuando el de expansión (el trabajo de expansión es el relacionado con cambios presión-volumen, casi siempre despreciables en los procesos bioquímicos). En la práctica, la energía libre no se convierte totalmente en trabajo útil, sino que una parte se disipa en forma de calor (aumentando la entropía del entorno). Cuanto mayor es la proporción de energía libre disipada en forma de calor, más espontáneo e irreversible es el proceso.

En el caso de un automóvil, el contenido de energía libre (G) de la gasolina es muy superior al de sus productos de oxidación (combustión): CO_2 y H_2O. En consecuencia la variación de energía libre (ΔG) de la reacción:

$$\text{Gasolina} + O_2 \rightarrow CO_2 + H_2O \qquad (\Delta G < 0)$$

es muy negativa. Como la energía no se destruye, la energía libre disipada en la reacción se convierte en calor (la mayor parte) y en trabajo útil, en este caso, trabajo mecánico de mover el vehículo.

De la misma manera, en los seres vivos, la energía libre de los alimentos es muy superior a la de sus productos de oxidación: CO_2 y H_2O. En consecuencia, la variación de energía libre (ΔG) de la reacción:

$$\text{Alimentos} + O_2 \rightarrow CO_2 + H_2O \qquad (\Delta G < 0)$$

es también muy negativa. También en este caso, la energía libre disipada en la reacción catabólica de oxidación de alimentos se convierte en calor y trabajo útil, que, en el ser vivo, puede ser mecánico (movimiento muscular), osmótico (mantenimiento de gradientes de concentración a través de membranas) o químico (síntesis de biomoléculas).

La energía libre de Gibbs, como todas las demás formas de energía, se mide en calorías; a menudo se expresa en kcal/mol de sustancia.

10.4.1. Variación de G en las reacciones bioquímicas en condiciones estándar

El cálculo de ΔG de una reacción se lleva a cabo a partir de los valores de G de productos y reactantes (Tabla 10.1). Por conven-

* Por «*energía libre*» designamos lo que más rigurosamente se conoce en termodinámica como «*energía libre de Gibbs*».

Tabla 10.1

Energía libre estándar de formación en condiciones bioquímicas ($\Delta G'^{\circ}$ de diversas sustancias a 25°C, 1 atm, conc = 1 molal y pH = 7)

Sustancia	$\Delta G'^{\circ}$ (kcal/mol)
Acetaldehído	—33,4
Acetato	—89,0
Agua (líquida)	—56,7
Alanina	—88,8
Amonio (NH_4^+)	—19,0
Aspartato	—167,0
Butirato	—90,0
Dióxido de carbono (gas)	—94,5
Etanol	—43,4
Fructosa	—219,0
Fumarato	—144,4
Glicerol	—116,8
α-Glucosa	—219,2
Hidrogenoión (H^+)	—9,6
Hidroxilión (OH^-)	—37,6
Lactato	—123,8
Malato	—202,0
Oxalacetato	—190,5
Peróxido de hidrógeno (H_2O_2)	—32,8
Piruvato	—113,4
Succinato	—165,0
Urea	—48,7
Elementos simples	±0,0

ción las variaciones de G se miden a 25°C, 1 atm, pH = 0 y concentración 1 molal, es decir, en las llamadas condiciones estándar. Las medidas de G en condiciones estándar se indican con el superíndice (°) (ΔG° ≡ variación de energía libre estándar). En bioquímica se sustituye el pH 0 (no fisiológico) por el pH 7, y esto se indica con el superíndice ('). Así tenemos $\Delta G'^{\circ}$ ≡ variación de energía libre en condiciones estándar bioquímicas. En estas condiciones se asigna a los elementos químicos un valor basal de energía igual a cero.

Los valores de G de las sustancias incluidas en la tabla 10.1, corresponden en realidad a $\Delta G'^{\circ}$ de las *reacciones de formación* de estos compuestos a partir de los elementos simples que los integran.

$$H_{2(g)} + {}^1/_2 O_{2(g)} \rightarrow H_2O \qquad (\Delta G'^{\circ} = -56{,}7 \text{ kcal/mol})$$

Los valores de $\Delta G'^{\circ}$ de formación suelen ser negativos porque en estas reacciones casi siempre se libera energía.

En toda reacción,

$$\Delta G = (\text{Suma de } G \text{ de productos}) - (\text{Suma de } G \text{ de reactantes}).$$

En condiciones estándar bioquímicas (25°C, 1 atm, pH 7, concentraciones 1 molales):

$$\Delta G'^{\circ} = (\text{Suma de } G'^{\circ} \text{ de productos}) - (\text{Suma de } G'^{\circ} \text{ de reactantes}).$$

Por ejemplo, en la reacción:

$$\text{Glucosa} + 6\ O_2 \rightleftarrows 6\ CO_2 + 6\ H_2O$$

$$\Delta G'^{\circ} = (6 \times G'^{\circ}_{CO_2} + 6 \times G'^{\circ}_{H_2O}) - (G'^{\circ}_{glucosa} + 6 \times G'^{\circ}_{O_2})$$

según los valores de la tabla 10.1,

$$\Delta G'^{\circ} = [6(-94{,}5) + 6(-56{,}7)] - [-219{,}2 + 6 \times 0] = -698{,}0$$

$\Delta G'^{\circ}$ es muy negativo, lo que indica que la reacción es muy espontánea.

Las reacciones que transcurren con ΔG menor que cero se llaman **exoergónicas** (*que liberan energía*), y las que tienen ΔG mayor de cero se llaman **endoergónicas** (*que consumen energía*).

Como hemos dicho, las reacciones exoergónicas pueden transcurrir espontáneamente; por el contrario, las endoergónicas son espontáneamente imposibles. Estas reacciones tienden a transcurrir en el sentido opuesto a aquél en que se han escrito, es decir, tienden hacia la conversión de productos finales en reactantes. Por ejemplo, la reacción:

$$6\ CO_2 + 6\ H_2O \rightleftarrows \text{glucosa} + 6\ O_2$$

sería endoergónica ($\Delta G'^{\circ}$ = +698,0 kcal/mol) en el sentido de la formación de glucosa, por lo tanto, imposible espontáneamente. La tendencia natural es a convertir los productos (glucosa y oxígeno) en reactantes (CO_2 y H_2O).

Las reacciones espontáneamente imposibles pueden hacerse posibles acoplándolas a otras muy exoergónicas, de modo que la variación total de energía libre sea negativa, o sea, que el conjunto de las dos reacciones acopladas resulte exoergónico.

Así, la reacción:

(1) glucosa-6-fosfato + H_2O → glucosa + P_i ($\Delta G^{\circ\prime} = -3{,}3$ kcal/mol)

transcurrirá espontáneamente hacia la derecha. Sin embargo, la reacción se puede revertir acoplándola a otra muy exoergónica:

(2) ATP + H_2O → ADP + P_i ($\Delta G^{\circ\prime} = -7{,}3$ kcal/mol)

En efecto, restando (2) − (1), resulta:

(3) glucosa + ATP → glucosa-6-fosfato + ADP ($\Delta G^{\circ\prime} = -4{,}0$ kcal/mol)

La reacción (3) es posible porque exite un mecanismo de acoplamiento de (1) y (2). Este mecanismo es el enzima *hexoquinasa.*

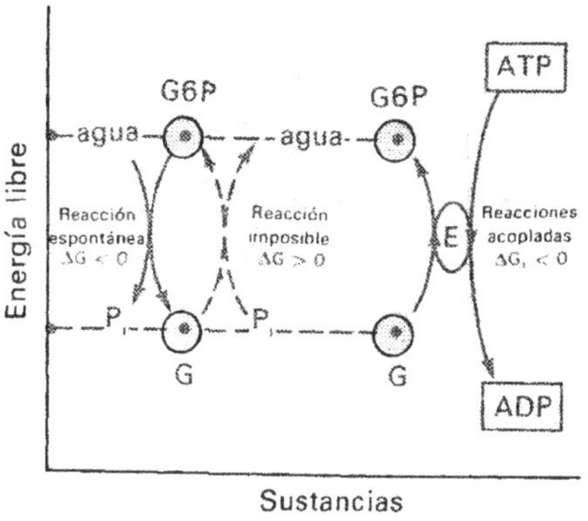

(G6P ≡ glucosa-6-fosfato, E ≡ enzima acoplante)

10.4.2. Variaciones de G en condiciones reales

Hasta ahora hemos considerado que todos los procesos tenían lugar en condiciones estándar, es decir, a 25°C y concentración 1 molal de todos los reactantes y productos. Las condiciones reales en el organismo humano suelen ser muy distintas. La variación de temperatura, de 25° a 37°C, tiene poca influencia en los valores de $\Delta G'$. Sin embargo, las variaciones de concentración pueden influir significativamente. El valor real de $\Delta G'$ depende del valor estándar ($\Delta G^{\circ\prime}$) y de las concentraciones de las sustancias que intervienen en la reacción.

$$\Delta G' = \Delta G^{\circ\prime} + 2{,}3\ \mathrm{RT}\log\frac{[\text{productos}]}{[\text{reactantes}]}$$

donde R es la constante de los gases ($R \simeq 2$ cal/K × mol) y T, la temperatura absoluta.

Así pues, a 37°C (310 K)

$$\Delta G' = \Delta G^{\circ\prime} + 1420\log\frac{[\text{productos}]}{[\text{reactantes}]}\left(\text{en } \frac{\text{calorías}}{\text{mol}}\right)$$

Conviene recalcar que ΔG° indica el sentido de la reacción en condiciones estándar, mientras que el valor que habitualmente nos interesa es el de $\Delta G'$, que refleja la situación con condiciones reales (concentraciones diferentes de 1 m). Se da el caso de reacciones con $\Delta G^{\circ\prime} > 0$ que tienen lugar espontáneamente en el organismo, debido a que el cociente [productos]/[reactantes] es muy pequeño con lo que su logaritmo es muy negativo, y $\Delta G'$ resulta menor que cero.

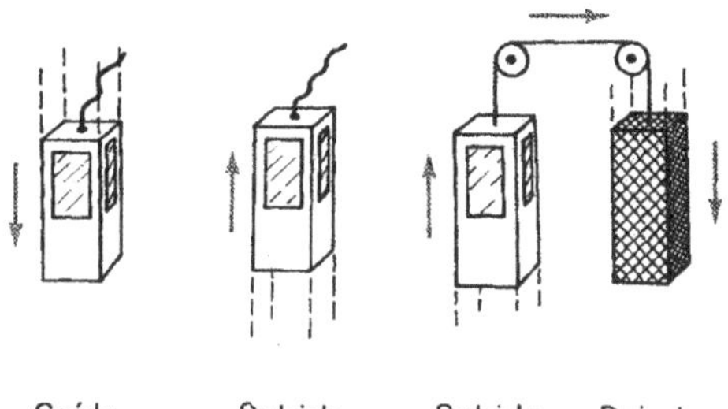

Símil del ascensor para explicar las reacciones acopladas

10.4.3. Equilibrio

Como hemos dicho, se pueden dar los casos:

$\Delta G' > 0$ reacción imposible espontáneamente
$\Delta G' < 0$ reacción espontánea

Nos queda por considerar el caso intermedio:

$\Delta G' = 0$

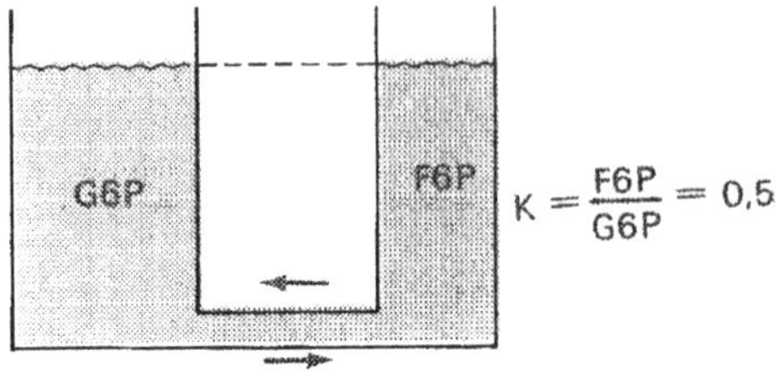

Símil de los vasos comunicantes para explicar que el equilibrio glucosa-6-fosfato ⇄ fructosa-6-fosfato (G6P) (F6P) esté desplazado hacia la izquierda.

En estas condiciones, se dice que el proceso está en equilibrio, es decir, que la reacción transcurre a la misma velocidad en ambos sentidos.

En el equlibrio, se define:

$$\frac{[\text{productos}]}{[\text{reactantes}]} = K_{eq}$$

Por lo tanto,

$$\Delta G' = \Delta G^{\circ} + 1420 \log K_{eq} = 0$$
$$\Delta G^{\circ} = -1420 \log K_{eq} \qquad (4)$$

Es decir, existe una relación directa entre la variación de energía libre en condiciones estándar y la constante de equilibrio.

Así por ejemplo, la reacción:

glucosa-6-fosfato ⇄ fructosa-6-fosfato

está desplazada hacia la izquierda. Su constante de equilibrio es $K_{eq} = 0,5$. A partir de este valor se calcula, con la ecuación (4):

$$\Delta G^{\circ} = -1420 \times \log 0,5 = \\ = +\ 426 \text{ cal/mol}$$

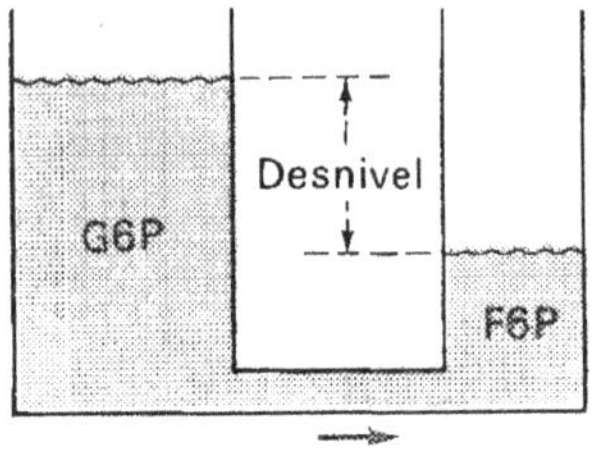

Si existe un desnivel energético, la G6P puede transformarse en F6P.

Se puede comprobar que este valor de ΔG° es correcto a partir de los valores de la tabla 10.1. Por lo tanto, en condiciones estándar, la reacción transcurre hacia la izquierda. Sin embargo, basta que la concentración de fructosa-6-fosfato sea baja (p. ej., diez veces menor que la de glucosa-6-fosfato), para que la reacción sea claramente espontánea. Según la ecuación (4):

$$\Delta G' = 426 + 1420 \log \frac{1}{10} = \\ = -994 \text{ cal/mol}$$

COMPLEMENTOS 10.1

POTENCIALES RED-OX

Acabamos de ver que la energía libre es la función termodinámica que determina la espontaneidad o la imposibilidad de las reacciones químicas. Su medición permite incluso establecer los estados de equilibrio. Sin embargo, en muchas reacciones bioquímicas hay una transferencia de electrones de un sustrato a otro. En estos casos puede utilizarse el concepto de potencial red-ox. Sabemos que la diferencia de potencial (ΔE o ΔV) entre dos puntos corresponde al trabajo (W) necesario para transportar la unidad de carga eléctrica (q) del uno al otro. Así pues,

$$\Delta E = \frac{W}{q}, \text{ o bien, } W = q \times \Delta E \qquad (1)$$

Si en la reacción química se transportan n electrones por molécula (en general 1 ó 2), la carga correspondiente a la transformación de un mol será: $q = nF$, siendo F la carga de un mol de electronnes (faraday = 96 500 culombios). El trabajo producido en la reacción equivaldrá a la variación de energía libre:

$$W = -\Delta G' \qquad (2)$$

El signo menos se debe a que el trabajo es positivo cuando la energía libre disminuye, es decir, cuando $\Delta G' < 0$.

Sustituyendo, en la ecuación (1), los valores de la ecuación (2):

$$\Delta E' = -\frac{\Delta G'}{q} = -\frac{\Delta G'}{nF} \qquad (3)$$

Aplicando los valores de la ecuación (3) a la expresión de la energía libre expuesta en 10.4.2, nos quedará:

$$-\Delta E' = \frac{\Delta G'}{nF} = \frac{\Delta G^{\circ}}{nF} + 2{,}3\frac{RT}{nF}\log\frac{[\text{productos}]}{[\text{reactantes}]} \qquad (4)$$

Simplificando la expresión (4), obtenemos:

$$\Delta E' = \Delta E^{\circ} - \frac{2{,}3 \cdot RT}{nF}\log\frac{[\text{productos}]}{[\text{reactantes}]} \qquad (5)$$

Sustituyendo valores y considerando la reacción genérica:

$$\text{oxidado} + n\, e^- = \text{reducido}$$

se obtiene, a 24°C:

$$\Delta E' = \Delta E^{\circ} + \frac{0{,}06}{n}\log\frac{[\text{oxidado}]}{[\text{reducido}]}$$

en la que el potencial, $\Delta E'$, viene medido en voltios.

Existen tablas de potenciales estándar que permiten calcular matemáticamente los sentidos de las reacciones de óxido-reducción y las situaciones de equilibrio que se producirán.

En bioquímica, las principales aplicaciones de las reacciones red-ox radican en determinar el flujo electrónico a través de la cadena respiratoria o en la fase luminosa de la fotosíntesis. Los electrones fluyen desde los sistemas con potencial más negativo hacia los sistemas con potencial más positivo.

10.5 ATP E INTERCAMBIOS DE ENERGÍA LIBRE

Como hemos visto, en el metabolismo se producen numerosos intercambios de energía libre: unos procesos la desprenden y otros la consumen. Ahora bien, la liberación y el consumo de energía de Gibbs no tienen por qué ocurrir al mismo tiempo y en el mismo lugar de la célula. Se requiere, por lo tanto, la existencia de un mecanismo que almacene y transporte la energía libre. Este mecanismo consiste en la creación y ruptura de enlaces ricos en energía, es decir, enlaces cuya formación requiere mucha energía libre y cuya hidrólisis, obviamente, la libera.

$$A + B \rightarrow A \sim B \qquad (\Delta G \gg 0)$$

$$A \sim B \rightarrow A + B \qquad (\Delta G \ll 0)$$

El signo ∿ se utiliza a menudo para representar un *enlace rico en energía.* Se llama **energía de enlace** a la energía libre de Gibbs que se desprende al hidrolizar una de estas moléculas. En este tipo de enlaces suele intervenir el ácido fosfórico, que forma anhídridos y ésteres con numerosas moléculas orgánicas.

El enlace que más frecuentemente se utiliza para almacenar y transportar energía libre es el qûe une los fosfatos segundo (β) y
(7.3) tercero (γ) del nucleótido adenosina trifosfato, ATP.

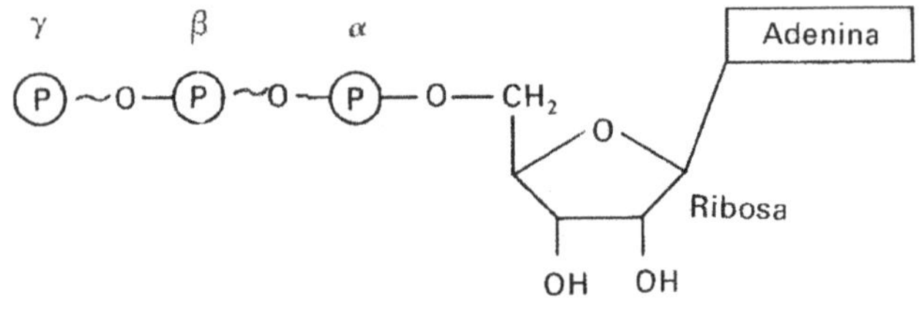

ATP

Se trata, por lo tanto, de un enlace anhídrido. Su hidrólisis libera, en condiciones estándar, 7,3 kcal/mol:

$$ATP + H_2O \rightarrow ADP + P_i \qquad (\Delta G^{\circ\prime} = -7{,}3 \text{ kcal/mol})$$

La fosforilación del ADP en condiciones estándar supone, obviamente, el almacenamiento de la misma cantidad de energía utilizable:

$$ADP + P_i \rightarrow ATP + H_2O \qquad (\Delta G^{\circ\prime} = +7{,}3 \text{ kcal/mol})$$

10.5.1. Utilización de la energía libre almacenada en el ATP

La hidrólisis del ATP es posible espontáneamente ($\Delta G^{\circ\prime} < 0$) en condiciones estándar, y *también* lo suele ser en las condiciones reales de la célula.

(10.4.1) Esto permite *acoplarla* a otros procesos desfavorecidos energéticamente, y así hacerlos posibles:

$$\begin{array}{lll} \text{glucosa} + P_i \rightarrow \text{glucosa-6-fosfato} + H_2O & (\Delta G_1^{\circ\prime} = +3{,}3 \text{ kcal/mol}) \\ ATP + H_2O \rightarrow ADP + P_i & (\Delta G_2^{\circ\prime} = -7{,}3 \text{ kcal/mol}) \\ \hline \textbf{glucosa} + ATP \rightarrow \textbf{glucosa-6-fosfato} + ADP & (\Delta G^{\circ\prime} = -4{,}0 \text{ kcal/mol}) \end{array}$$

Como ya hemos dicho, los agentes que permiten este acoplamiento son los enzimas. Pueden intervenir dos tipos de enzimas, las fosforiltransferasas (clase 2) y las ligasas (clase 6). Un ejemplo de fosforiltransferasa es la hexoquinasa, cuya acción acabamos de describir. La acción de una ligasa (la piruvato carboxilasa) se des-
(9.3) cribió en el capítulo 9.

En ocasiones se puede hidrolizar el enlace anhídrido entre los fosfatos primero (α) y segundo (β) del ATP:

$$ATP + H_2O \rightarrow AMP + PP_i \qquad (\Delta G^{\circ\prime} = -8 \text{ kcal/mol})$$

En condiciones estándar, esta hidrólisis es apenas más exoergónica que la anteriormente citada, pero en la práctica, el pirofosfato inorgánico se hidroliza inmediatamente por medio de un enzima específico, la pirofosfatasa, muy extendido.

$$PP_i + H_2O \xrightarrow[\text{pirofosfatasa}]{} 2\,P_i$$

Al desaparecer uno de los productos finales (el PP_i) la reacción se desplaza aún más hacia la derecha y, por lo tanto, en condiciones reales, ΔG suele ser mucho más negativo que en el caso de la hidrólisis del enlace β—γ.

10.5.2. Utilización del ATP para almacenar energía libre

La fosforilación del ADP, para dar ATP y H_2O, no es posible espontáneamente ($\Delta G^{\circ\prime} > 0$) en condiciones estándar, y tampoco lo suele ser en las condiciones reales de la célula.

Sin embargo, esta reacción puede tener lugar *acoplándola* a otros procesos fuertemente exoergónicos. Este acoplamiento puede ocurrir:

a) *Por transferencia de fosforilos desde un sustrato al ADP.* Se requiere que el fosforilo esté unido al sustrato por un enlace muy rico en energía:

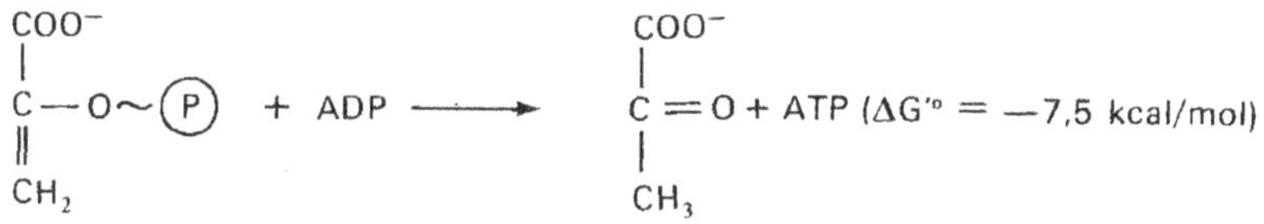

Fosfoenolpiruvato Piruvato

Esta reacción es posible porque la hidrólisis del fosfoenolpiruvato es muy exoergónica:

$$\text{fosfoenolpiruvato} + H_2O \rightarrow \text{piruvato} + P_i \qquad (\Delta G^{\circ\prime} = -14{,}8 \text{ kcal/mol})$$

b) *Por acción de una ATP sintasa de membrana* impulsada por un gradiente de protones que fluya a través del enzima. El gradiente puede ser generado por las reacciones luminosas de la fotosíntesis (en el cloroplasto) o por las reacciones oxidativas de la mitocondria. Estos mecanismos se estudiarán en el capítulo 12.

En este caso, la reacción no espontánea de fosforilación del ADP se hace posible acoplándola al proceso muy espontáneo de flujo de protones a favor del gradiente (ver margen).

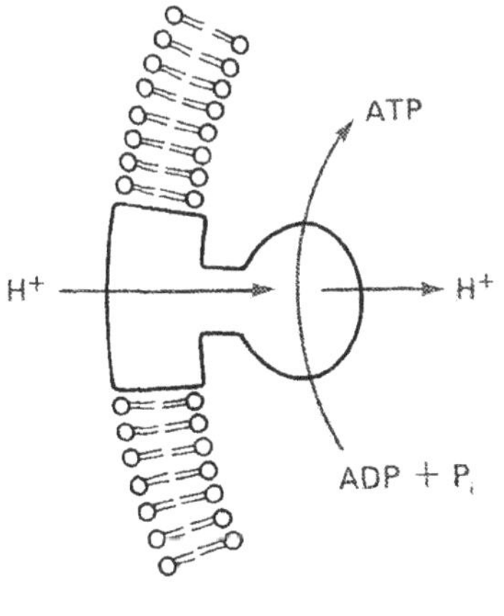

ATP sintasa de membrana

10.5.3. Otras moléculas almacenadoras de energía libre

Aunque el ATP es el vehículo universal para las transferencias de energía, otros nucleótidos trifosfato cumplen misiones parecidas, pero en un ámbito más concreto. Así, el UTP para la biosíntesis de glícidos, el CTP para la de lípidos y el GTP para la de proteínas.

Además, la fosfocreatina sirve para almacenamiento de energía libre en ciertos tejidos, sobre todo el muscular y el nervioso.

$$\text{fosfocreatina} + \text{ADP} \rightleftarrows \text{creatina} + \text{ATP} \quad (\Delta G^{\circ\prime} = -3 \text{ kcal/mol})$$

$$C \sim P + ADP \rightleftarrows C + ATP$$

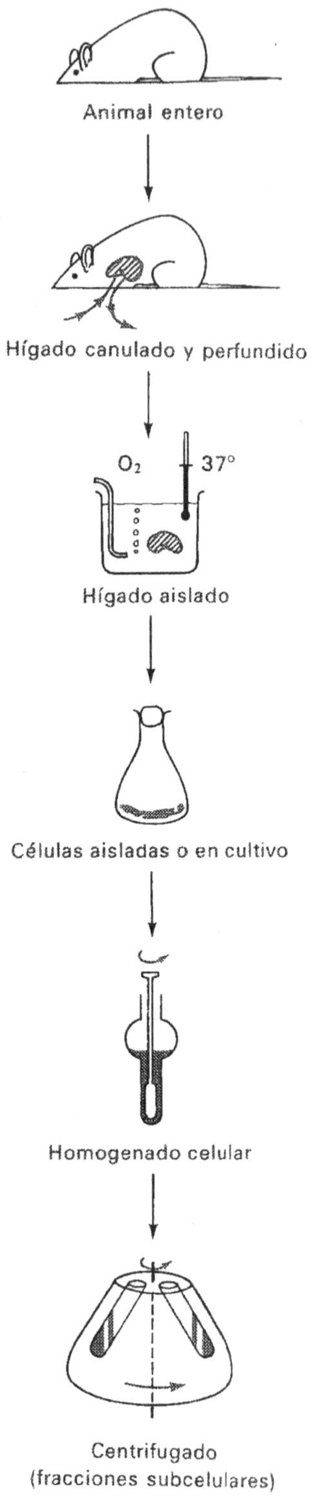

10.6 MÉTODOS DE ESTUDIO DEL METABOLISMO

Al ser el metabolismo un conjunto de intercambios de materia y energía, hay que distinguir los métodos de estudio de los intercambios químicos y de las interconversiones energéticas. Este último aspecto se abordará con detalle en el capítulo 18 dedicado a la nutrición. Ahora comentaremos en líneas generales los métodos de estudio de las transformaciones de sustancias en el organismo, o metabolismo intermediario.

El metabolismo intermediario comprende, como sabemos, las vías o conjunto de reacciones que convierten unas biomoléculas en otras, incorporándolas a la sustancia propia del ser vivo (**anabolismo**) o degradándolas para dar sustancias de desecho (**catabolismo**). Para el estudio de estos procesos metabólicos se requiere elegir tanto un material biológico como una técnica adecuada.

10.6.1. Materiales biológicos

Los estudios metabólicos se pueden llevar a cabo en materiales de distinta complejidad:

- *Animales de laboratorio.* Los animales experimentales más utilizados son la rata, el cobaya y el ratón.
- *Órganos perfundidos.* Se trata de órganos, bien separados del animal o mantenidos en su cuerpo, pero cuya circulación sanguínea se ha sustituido por otra artificial en condiciones controladas, de manera que se pueden conocer en cada momento las sustancias que llegan al órgano y las que salen de él. Es muy frecuente la preparación de hígado perfundido.
- *Órganos y tejidos aislados.* Estos materiales biológicos se hallan separados por completo del animal y sumergidos en un baño con las condiciones adecuadas de temperatura, concentraciones iónicas, nutrientes, presión parcial de oxígeno, etc. A veces se estudian en estas condiciones cortes delgados o láminas de tejidos u órganos.
- *Células aisladas.* Existen también técnicas para aislar células de diversos tejidos, separándolas de la sustancia intercelular. Se preparan así hepatocitos, adipocitos, etc.
- *Células en cultivo.* Algunas células aisladas pueden reproducirse *in vitro* dando lugar a cultivos celulares. Las células que se cultivan con más frecuencia son las bacterianas. En el pasado, la mayor parte de los estudios metabólicos se han llevado a cabo en la bacteria *Escherichia coli*. También es frecuente el cultivo de levaduras, como *Saccharomyces cerevisiae*.

Más recientemente se han puesto a punto técnicas que permiten el cultivo de células procedentes de organismos superiores. El cultivo es más sencillo cuanto menos diferenciada es la célula, y así, lo más frecuente es cultivar células embrionarias o tumorales.

- *Homogenados y fracciones subcelulares.* Se llama homogenización a la técnica consistente en disgregar los tejidos y romper las membranas plasmáticas de las células, con lo que se liberan los orgánulos subcelulares y el citosol. Los homogenados se utilizan sobre todo como punto de partida para obtener por centrifugación diferencial las distintas fracciones subcelulares: núcleo, mitocondrias, fracción microsomal, ...

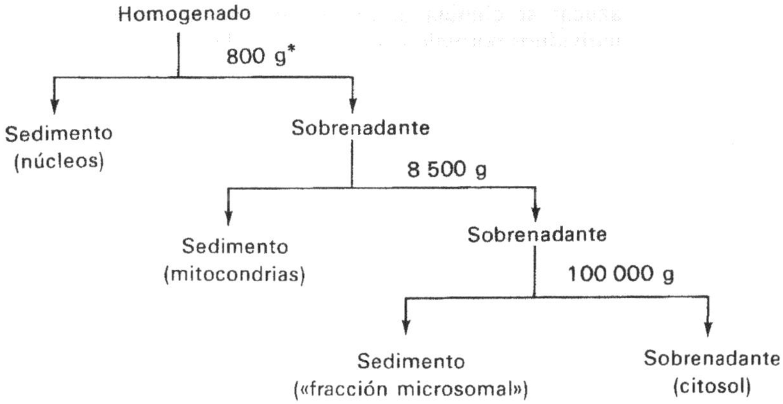

• *Biomoléculas purificadas.* Estudios metabólicos detallados requieren a veces aislar y purificar determinadas biomoléculas, sobre todo enzimas y ácidos nucleicos.

10.6.2. **Técnicas de estudio**

Las técnicas de estudio del metabolismo son variadas y a menudo complejas. Entre las más utilizadas señalaremos:

• *Análisis químicos.* Los componentes del ser vivo se reconocen y determinan mediante las técnicas de análisis químico. Tienen especial aplicación a la bioquímica las técnicas cromatográficas, ya detalladas en capítulos anteriores.

• *Estudios morfológicos.* El microscopio electrónico y, en menor medida, el microscopio óptico, han contribuido decisivamente a la localización de los procesos metabólicos en el interior de la célula y a la observación de cambios conformacionales en sus estructuras (p. ej., contracción muscular).

En este apartado merecen mención especial las *técnicas citoquímicas,* que consiguen teñir de modo selectivo determinadas biomoléculas (p. ej., enzimas específicos) y permiten averiguar su localización intracelular.

• *Estudios cinéticos.* Como ya dijimos, la práctica totalidad de los procesos bioquímicos se halla catalizada y regulada por la acción de los enzimas. Tanto en enzimas purificados como en simples homogenados celulares, los estudios cinéticos nos revelan detalles sobre el mecanismo de un proceso, su grado de participación en la vida celular y su posible regulación a través de activadores o inhibidores específicos.

• *Perturbaciones experimentales de las vías metabólicas.* Es frecuente que, para conocer mejor un proceso biológico, se introduzca en él, artificialmente, una perturbación. Por ejemplo, deficiencias parciales de insulina (*prediabetes*) se pueden detectar administrando una *sobredosis* de glucosa y observando que el

* La *g* representa la gravedad. Centrifugar a 800 × *g* significa que la fuerza centrífuga supera en 800 veces a la fuerza gravitatoria o, lo que es lo mismo, que 1 *g* sedimentará como si pesara 800 *g*.

azúcar se elimina de la sangre a velocidad inferior a la de los individuos normales. Se pueden así detectar individuos portadores de múltiples deficiencias enzimáticas u hormonales.

También se utiliza la administración de *análogos*, o sustancias parecidas a ciertos metabolitos, que son incorporados inicialmente a una vía metabólica, hasta que son rechazados por algún enzima. Se recupera de este modo la molécula inicial con alguna modificación, con lo que se puede reconstruir la vía que ha seguido. Por ejemplo, utilizando derivados químicos de la glucosa (metilglucosas, desoxiglucosas) se pueden averiguar los requerimentos específicos para el transporte activo de azúcares en el intestino.

• *Perturbaciones espontáneas de las vías metabólicas.* En ocasiones se detectan individuos con anomalías más o menos graves que resultan estar producidas por insuficiencia o por carencia total de determinadas vías metabólicas. Es el caso de la *diabetes mellitus* (carencia de insulina activa), el *albinismo* (falta de pigmento melanina en piel y cabellos), las *glucogenosis* (acúmulos de glucógeno por falta de enzimas degradativos), y muchas otras. El estudio de estos enfermos ayuda a averiguar cual debía ser la vía metabólica correcta.

Un caso similar es el de los *mutantes microbianos* que carecen de uno o varios enzimas, y, en consecuencia, muestran un comportamiento anómalo. Es el caso de los *mutantes auxotróficos* para un determinado nutriente, es decir, microorganismos que requieren dicho nutriente en el medio de cultivo para su crecimiento, aunque la *cepa salvaje* de ese mismo microorganismo era capaz de sintetizarlo. Otro ejemplo es la mutante *petite* de la levadura *Saccharomyces cerevisiae*, que se desarrolla deficientemente por carecer de actividad mitocondrial.

• *Uso de marcadores metabólicos.* Se puede seguir una vía metabólica en condiciones casi fisiológicas introduciendo en ella algún sustrato *marcado*, es decir, modificado químicamente pero de forma que resulta prácticamente indistinguible del sustrato natural para los enzimas implicados. Lo más frecuente es el marcaje isotópico, es decir, la sustitución de un átomo del sustrato por un isótopo del mismo átomo. Estos isótopos pueden ser detectados en los distintos pasos de la vía por su diferente masa atómica (caso de los isótopos pesados: ^{2}H, ^{15}N, etc.) o por la emisión radioactiva (^{3}H, ^{14}C, ^{32}P, etc.).

Algunos isótopos utilizados como marcadores en Bioquímica

^{2}H (deuterio)	estable
^{13}C	estable
^{15}N	estable
^{18}O	estable

	Período de semidesintegración*	Tipo de emisión
^{3}H (tritio)	12,1 años	β^-
^{14}C	5700 años	β^-
^{32}P	14,3 días	β^-
^{35}S	87,1 días	β^-
^{45}Ca	152 días	β^-
^{59}Fe	45 días	β^-, γ
^{131}I	8 días	β^-, γ

*Período de semidesintegración es el tiempo que tarda una determinada cantidad de isótopo en quedar reducida a la mitad; por ejemplo, 1 g a 0,5 g.

APLICACIONES 10.1

METABOLISMO BASAL Y TOTAL

Aunque se estudiarán en detalle en el capítulo dedicado a la nutrición, conviene adelantar aquí las aplicaciones más inmediatas de los conceptos del metabolismo a la clínica y dietética humanas.

El hombre consume energía libre en forma de alimentos. A cada tipo de alimento se le asigna un contenido calórico característico, como se verá, y así pueden programarse dietas alimenticias que cubran determinadas necesidades energéticas.

El metabolismo basal corresponde al consumo de energía en condiciones de reposo absoluto, y puede variar según el estado funcional del sujeto. Así se advierten valores elevados del metabolismo basal en estados hipertiroideos o febriles y valores bajos en hipotiroidismo, tuberculosis crónica, etc.

El conocimiento del metabolismo total, que supone la ene gía consumida en las actividades globales del individuo, permite programar dietas de engorde o de adelgazamiento. También se aplica a la programación dietética racional de residencias, campamentos, cuarteles, etc., cuando una colectividad depende de un servicio de cocina centralizado.

CUESTIONES Y PROBLEMAS

10.1. Los virus son estructuras supramoleculares que se multiplican en el seno de las células vivas. Sin embargo, los virus no se consideran propiamente como seres vivos. En la definición de ser vivo indicar qué aspectos cumple el virus y cuáles no cumple:
- — Intercambio de energía con su entorno.
- — Mantener un mínimo de entropía (o desorden).
- — Autorregeneración (de lesiones).
- — Autorreplicación.

10.2. Las plantas utilizan la energía solar, el CO_2 y el agua para sintetizar glucosa. Indicar si este proceso será anabólico o catabólico.

10.3. La vaca utiliza los aminoácidos de la hierba para sintetizar, entre otras cosas, la albúmina de la leche (lactoalbúmina). Indicar si este proceso será anabólico o catabólico.

10.4. El hombre, en ayunas, transforma el glucógeno de su hígado en glucosa sanguínea, que el cerebro oxida a CO_2 y agua. Indicar si este conjunto de reacciones constituyen un proceso anabólico o catabólico.

10.5. Indicar, con los datos de la tabla 10.1, si la reacción:

$$H_2O_2 \rightarrow H_2O + {}^1/_2O_2$$

será exoergónica o endoergónica.

10.6. Con los datos de la tabla 10.1, indicar en condiciones estándar si la reacción:

$$\text{Fumarato} + \text{Agua} \rightleftarrows \text{Malato}$$

se desplazará hacia la derecha hacia la izquierda.

10.7. La variación de energía libre estándar ($\Delta G^{\circ\prime}$), a 37°C, para la reacción:

$$\text{Glucosa-1-fosfato} \rightleftarrows \text{glucosa-6-fosfato}$$

es $\Delta G^{\circ\prime} = -1846$ cal/mol. Calcular su constante de equilibrio.

10.8. Se sabe que los enzimas de la glicolisis están localizados en la fracción soluble del citoplasma celular. Indicar qué operaciones habría que realizar para aislar estos enzimas en un hígado de rata.

PRÁCTICAS DE LABORATORIO

10.1. Homogenización de tejido hepático y separación de mitocondrias

Se toma una rata que se haya estado en ayunas durante las últimas 24 h, y se decapita. Una vez desangrada, se extirpa el hígado con rapidez y se

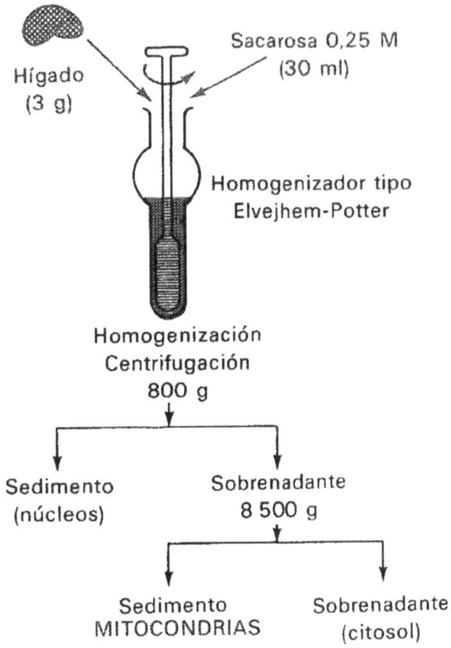

lava en sacarosa 0,25 M. A continuación se transfiere el hígado al vaso de un homogenizador junto con un volumen de sacarosa 0,25 M aproximadamente igual a 10 ml/g hígado.

Tras homogenizar el tejido a alta velocidad en un baño de hielo, la suspensión se centrifuga a 800 $\times g$ durante 10 min a 4°C. Así se consigue sedimentar núcleos, tejido conectivo y células no homogenizadas.

El sobrenadante de esta homogenización se centrifuga de nuevo, esta vez a 8500 $\times g$ durante 10 min, también a 4°C. Sedimentan las mitocondrias.

El sobrenadante de la segunda centrifugación se desecha y el sedimento de mitocondrias se resuspende, en un tampón adecuado para su utilización. Las mitocondrias así obtenidas son aptas para estudios ultraestructurales (microscopía electrónica), análisis químico, estudios enzimáticos, etc.

10.2. Aislamiento y purificación del glucógeno hepático

Al contrario del caso anterior, el aislamiento del glucógeno exige utilizar un animal (rata, hamster, pollo) bien alimentado. El animal se sacrifica y desangra, y el hígado se homogeniza en ácido perclórico 0,2 M (unos 4 ml/g hígado). La suspensión resultante se centrifuga a 1500 $\times g$ durante 10 min. Sedimentan todas las proteínas, lípidos y ácidos nucleicos desnaturalizados, además de estructuras no homogenizadas. Quedan en el sobrenadante moléculas pequeñas (metabolitos intermediarios, sales, ...) además de glucógeno.

A este sobrenadante transparente se añade etanol de 96° (es decir disuelto al 95% en agua) a razón de 1,2 ml/ml sobrenadante. Se aprecia inmediatamente una turbidez blanca, debida al glucógeno, que resulta insoluble en la mezcla hidroalcohólica. Esta suspensión se traspasa a tubos de centrifufa y se deja en el frigorífico toda la noche.

Al día siguiente se centrifuga, y el glucógeno aparece como un sedimento blanco. El sobrenadante se desecha y el precipitado se resuspende con 2 ml de agua destilada. El glucógeno así obtenido se puede purificar repitiendo la precipitación con alcohol (2,4 ml) y la centrifugación. El precipitado se puede someter a las pruebas analíticas descritas en el capítulo de azúcares: reacciones de iodo, Molisch, Fehling, hidrólisis, etc.

CAPÍTULO **11**

VÍAS METABÓLICAS DEGRADATIVAS (I)

11.1. INTRODUCCIÓN Y PLAN DE ESTUDIO

Como ya vimos en el capítulo anterior (Fig. 10.6), la degradación metabólica de los alimentos tiene lugar en tres fases.

— La primera consiste en la transformación de los biopolímeros de la alimentación (polisacáridos, grasas, proteínas, ...) en sus monómeros integrantes (monosacáridos, ácidos grasos, aminoácidos, ...). Esta etapa comprende los procesos fisiológicos de digestión y absorción, y no aporta energía de Gibbs utilizable por la célula.

— La segunda fase comprende la degradación de los monómeros citados hasta metabolitos intermediarios (piruvato, acetil-CoA, ciertas sustancias nitrogenadas, ...). En esta fase se almacena cierta cantidad de energía libre en forma de ATP, y se producen nucleótidos reducidos (NADH, NADPH, $FADH_2$).

— La tercera etapa degradativa completa la oxidación de los sustratos (metabolitos intermediarios y nucleótidos reducidos), conduciendo el carbono a CO_2, el hidrógeno a H_2O y el nitrógeno a urea y amoniaco libre. Esta es la fase de máxima liberación de energía de Gibbs, que se canaliza en forma de ATP para su posterior utilización.

La primera fase del catabolismo se estudiará con cierto detalle en la Parte V, Fisiología Molecular. Las fases segunda y tercera son objeto de éste y el siguiente capítulo.

En concreto, los procesos que se tratan en este capítulo son:
a) la conversión de monosacáridos en piruvato.

(4.2.1)

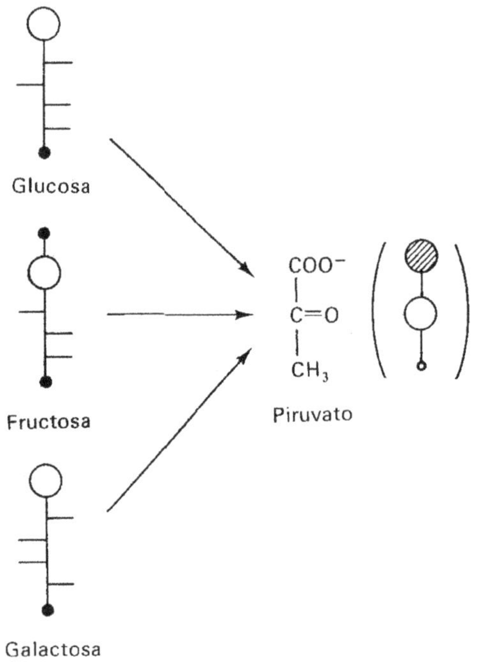

b) Las vías degradativas del piruvato hasta lactato, etanol o acetil-CoA.

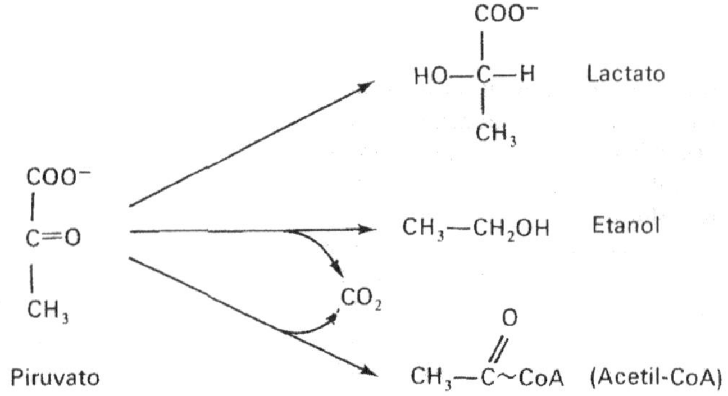

c) la utilización de la glucosa para la producción de pentosas y nucleótidos reducidos.

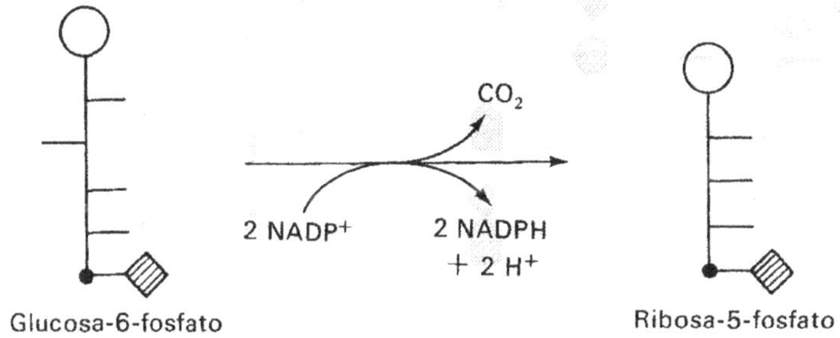

d) la oxidación de los ácidos grasos hasta acetil-CoA.

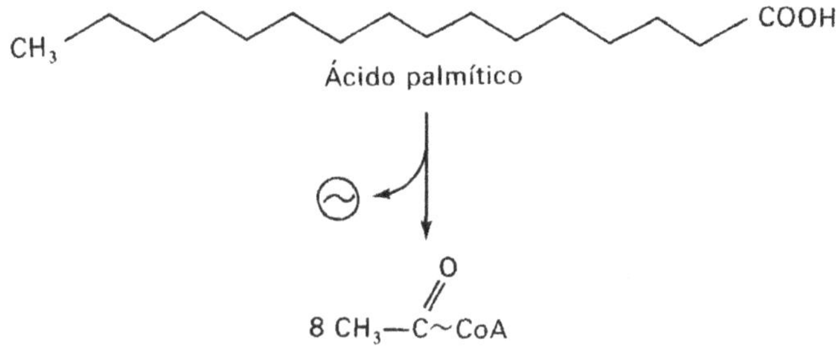

e) el desdoblamiento de los aminoácidos en cetoácidos y sustancias nitrogenadas.

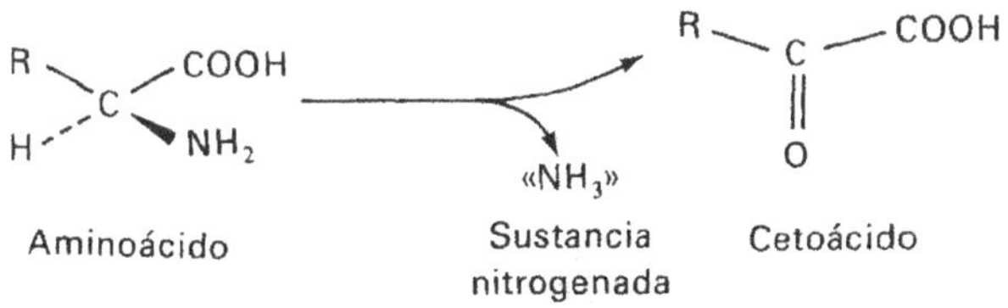

11.2 GLICOLISIS ANAEROBIA:* CONVERSIÓN DE HEXOSAS EN PIRUVATO

El monosacárido más abundante en la dieta humana es con mucho la glucosa, puesto que procede de la hidrólisis de almidón (cereales, leguminosas, patatas, ...) y del glucógeno (hígado, músculo, ...). Además el azúcar que la sangre suministra a todas las células para su consumo inmediato es glucosa libre. Por esto describiremos en primer lugar la glicolisis anaerobia a partir de la glucosa, y después comentaremos la conexión de las otras hexosas a la glicolisis.

11.2.1. Degradación de la glucosa

La **glicolisis anaerobia** tiene lugar íntegramente en el citosol y, como su nombre indica, no requiere en ninguno de sus pasos la

* *Glicolisis* = destrucción de azúcar; *anaerobia* = sin aire.

Símbolos utilizados

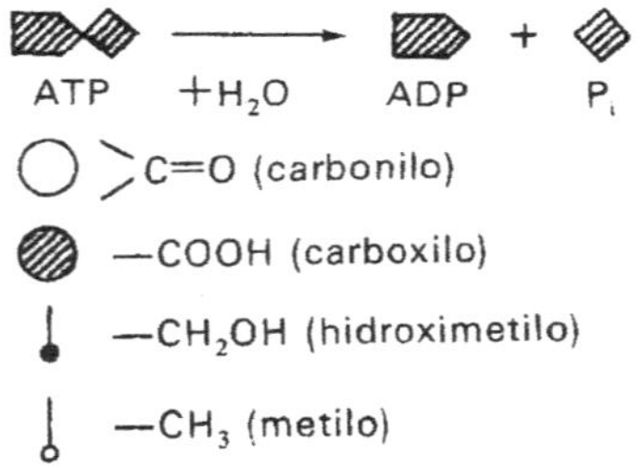

G6P	glucosa-6-fosfato
F6P	fructosa-6-fosfato
FDP	fructosa-1,6-difosfato
DHAP	dihidroxiacetona fosfato
G3P	gliceraldehído-3-fosfato
DPG	difosfoglicerato
PG	fosfoglicerato
PEP	fosfoenolpiruvato

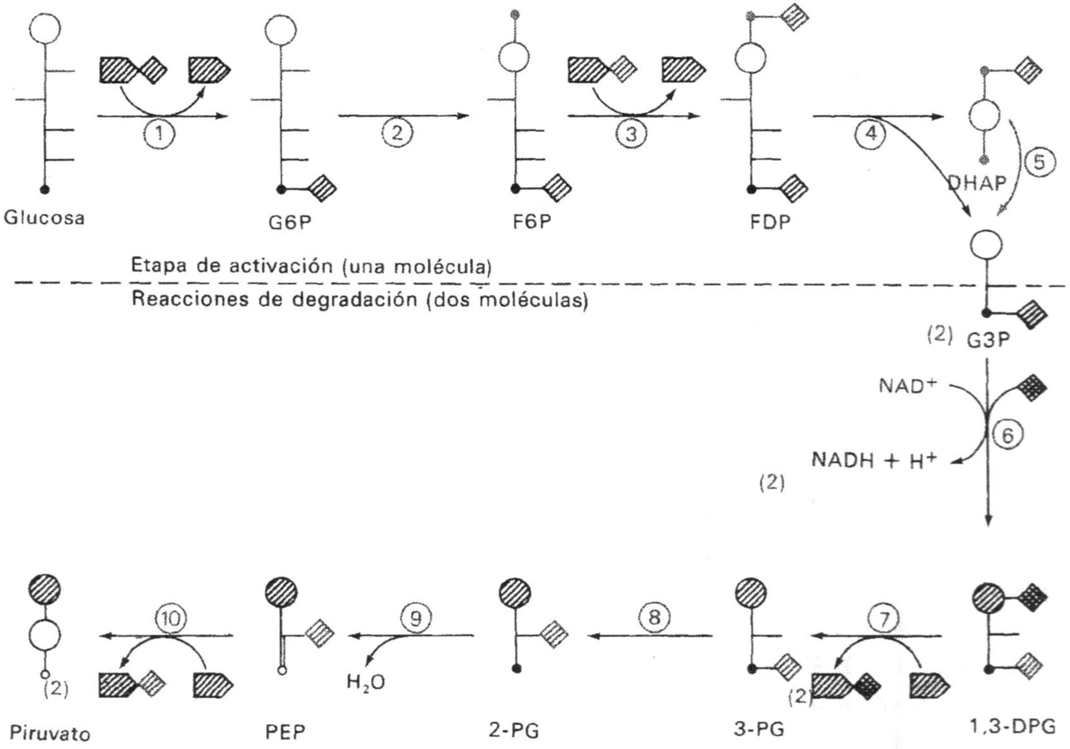

Enzimas implicados

1. hexoquinasa (glucoquinasa)
2. fosfoglucosa isomerasa
3. fosfofructoquinasa
4. aldolasa
5. triosa fosfato isomerasa
6. gliceraldehído fosfato deshidrogenasa
7. fosfogliceratoquinasa
8. glicerato mutasa
9. enolasa
10. piruvatoquinasa

Figura 11.1
Representación esquemática de la glicolisis anaerobia.

participación del oxígeno. Las reacciones que componen la glicolisis anaerobia se pueden agrupar en dos etapas:

a) Etapa de activación, con consumo de 2 ATP, desde glucosa hasta gliceraldehído-3-fosfato (Fig. 11.1)

$$\text{Glucosa} + 2\ \text{ATP} \rightarrow 2\ \text{Gliceraldehído-3-P} + 2\ \text{ADP}$$

b) *Reacciones de degradación* del gliceraldehído-3-fosfato a piruvato, con producción de 4 ATP y dos nucleótidos reducidos (NADH) (Fig. 11.1).

$$2\ \text{Gliceraldehído-3-P} + 2\ NAD^+ + 4\ \text{ADP} + 2P_i \rightarrow$$
$$\rightarrow 2\ \text{Piruvato} + 2\ \text{NADH} + 2\ H^+ + 4\ \text{ATP}$$

La síntesis de ATP en ausencia de oxígeno, en esta segunda fase, tiene lugar por el mecanismo denominado *fosforilación a nivel de sustrato*.

Por tanto, el balance global de la glicolisis a partir de una molécula de glucosa es;

$$\text{Glucosa} + 2\ NAD^+ + 2\ \text{ADP} + 2\ P_i \rightarrow$$
$$\rightarrow 2\ \text{Piruvato} + 2\ \text{NADH} + 2\ H^+ + 2\ \text{ATP}$$
$$(\Delta G'^\circ = -20{,}4\ \text{kcal/mol})$$

El valor muy negativo de $\Delta G'^\circ$ indica que la reacción, *en condiciones estándar*, es fuertemente exoergónica, y por tanto, muy espontánea. Las *condiciones celulares* (reales) son tales que la reacción también transcurre espontáneamente. La glicolisis anaerobia se puede considerar como la suma de dos procesos acoplados, (a) y (b), uno exoergónico (a) y otro (b) endoergónico:

$$\text{(a) Glucosa} + 2\ NAD^+ \rightarrow 2\ \text{piruvato} + \text{NADH}$$
$$(\Delta G'^\circ = -35{,}0\ \text{kcal/mol})$$
$$\text{(b) } 2\ \text{ADP} + 2\ P_i \rightarrow 2\ \text{ATP} \quad (\Delta G'^\circ = +14{,}6\ \text{kcal/mol})$$

En otras palabras, de la energía liberada (35 kcal) en la conversión de glucosa en piruvato, 14,6 kcal se almacenan en forma de ATP (el 42%).

La vía de la glicosis anaerobia debió aparecer en un momento muy primitivo de la evolución, puesto que existe prácticamente invariable en bacterias, plantas y animales.

El enzima clave para el control de la glicolisis es la fosfofructoquinasa (Fig. 11.1), cuya actividad se puede regular por numerosos activadores e inhibidores. Su papel en la integración metabólica se comentará en el capítulo 14.

11.2.2. Degradación de otros azúcares

Además de la glucosa, con frecuencia aparecen en la dieta humana otros azúcares, como la *fructosa,* que se encuentra libre en los zumos de muchas frutas y también en el disacárido *sacarosa,* y

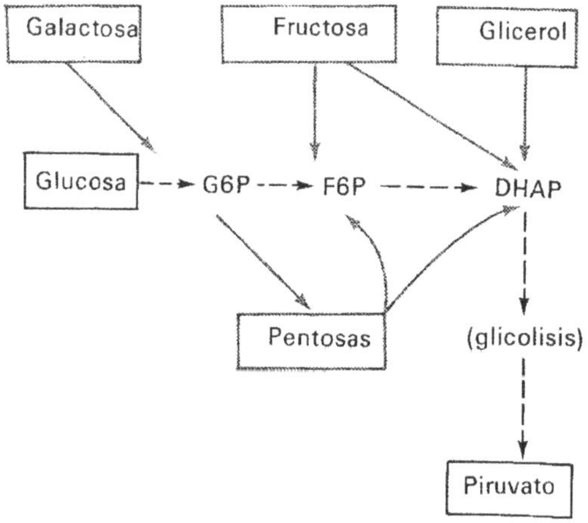

Relaciones de otros azúcares con la primera etapa de la glicolisis

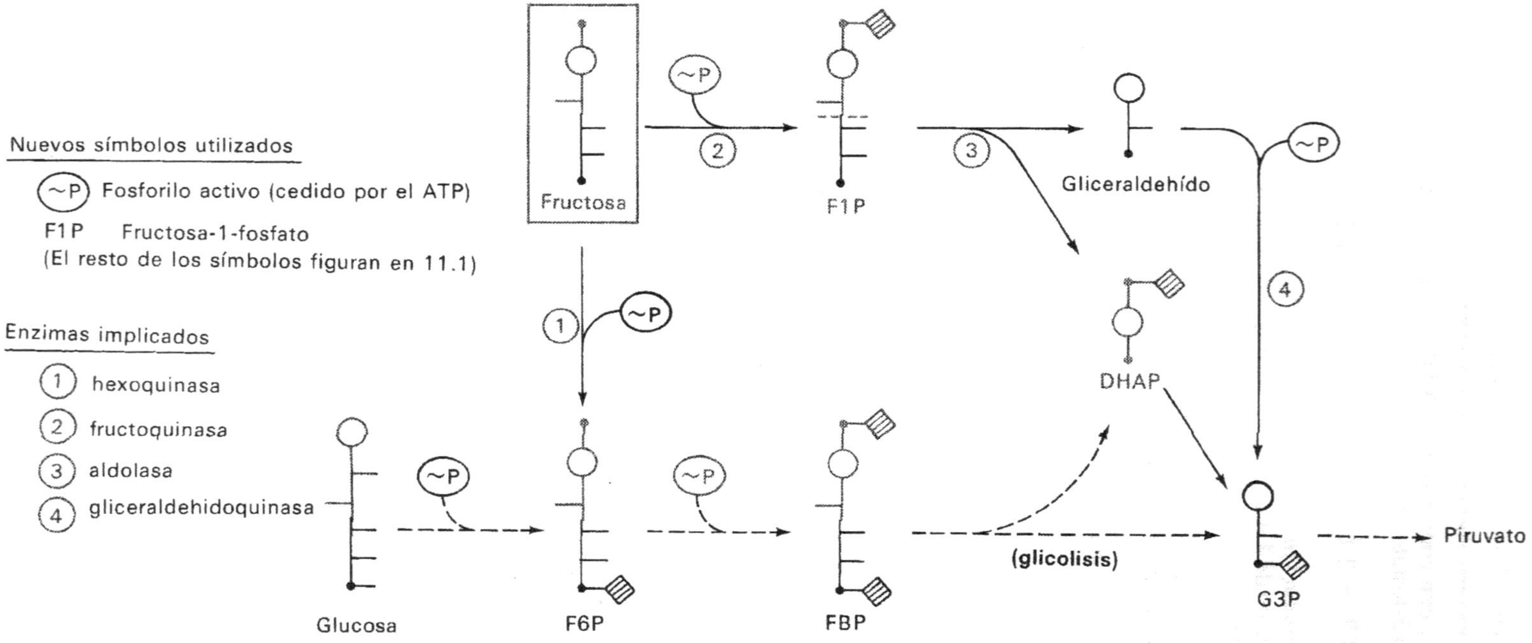

Figura 11-2
Vías de incorporación de la fructosa a la glicolisis. Este azúcar requiere dos fosforilaciones realizadas por el ATP, al igual que la glucosa.

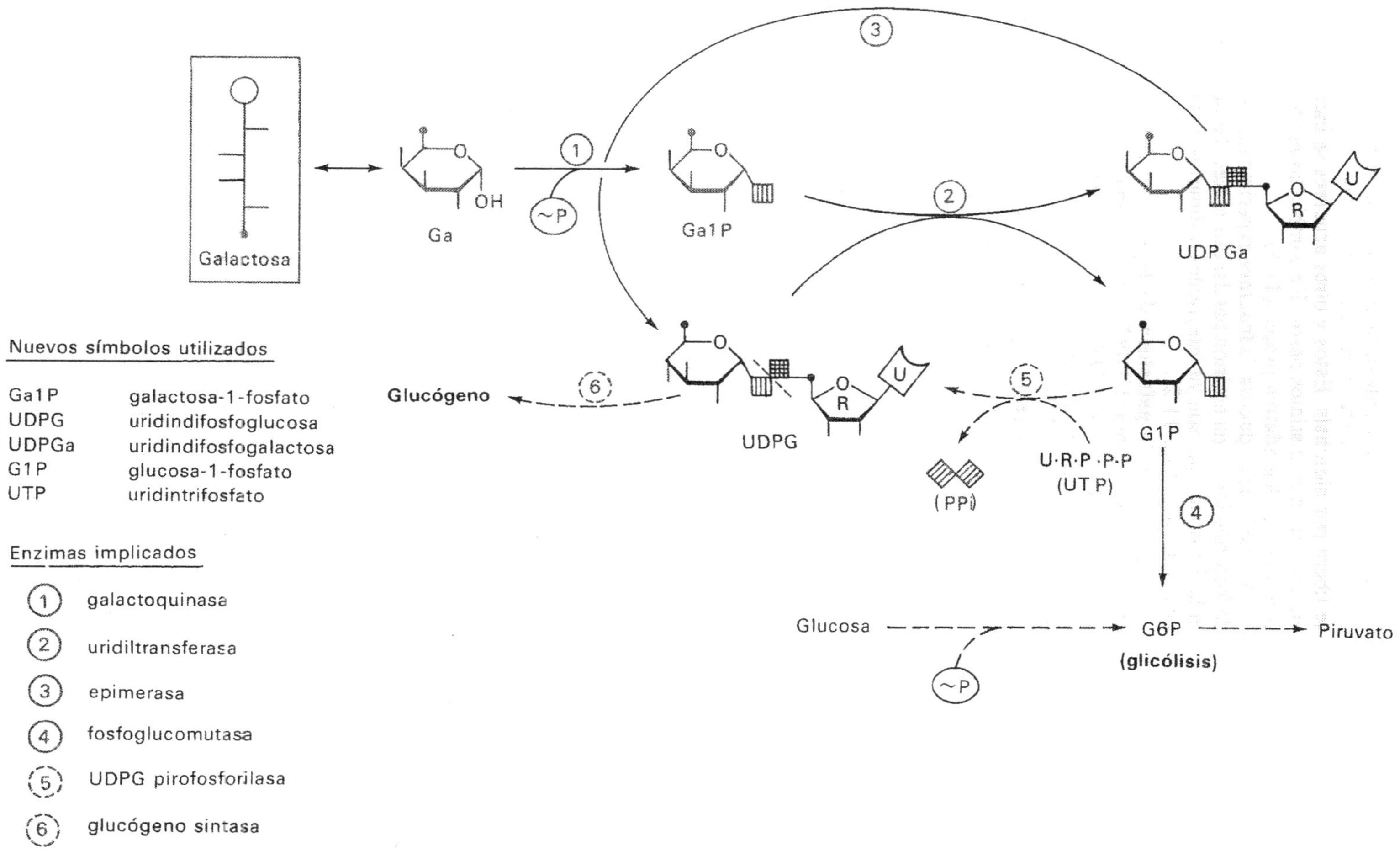

Figura 11.3
Metabolismo de la galactosa. Este azúcar requiere las mismas fosforilaciones que la glucosa. Las reacciones 1-2-3-4 conducen a la glicolisis y las reacciones 1-2-3-5-6 a la síntesis de glucógeno.

la *galactosa,* que procede de la *lactosa* de la leche. Por otra parte, el *glicerol* aparece como componente de muchos lípidos, de los que se libera por hidrólisis. Estos y otros azúcares se incorporan a la vía glicolítica en distintos pasos. En cambio las *pentosas* cuentan con una vía degradativa propia (11.5).

Al igual que la glucosa, la **fructosa** experimenta dos reacciones de fosforilación y una escisión par dar dos moléculas de gliceraldehído-3-fosfato, que son ya integrantes ordinarios de la vía glicolítica principal (Fig. 11.2).

Por su parte, la **galactosa** da lugar a un derivado activado uridindifosfogalactosa (UDPGa) que se epimeriza a uridindifosfoglucosa (UDPG). La UDPG, a su vez, puede dar glucosa-1-fosfato y seguir la glicolisis o bien utilizarse en reacciones biosintéticas (Fig. 11.3).

A su vez, el **glicerol** se fosforila y oxida a dihidroxiacetona fosfato, un intermediario de la vía glicolítica principal (Fig. 11.4).

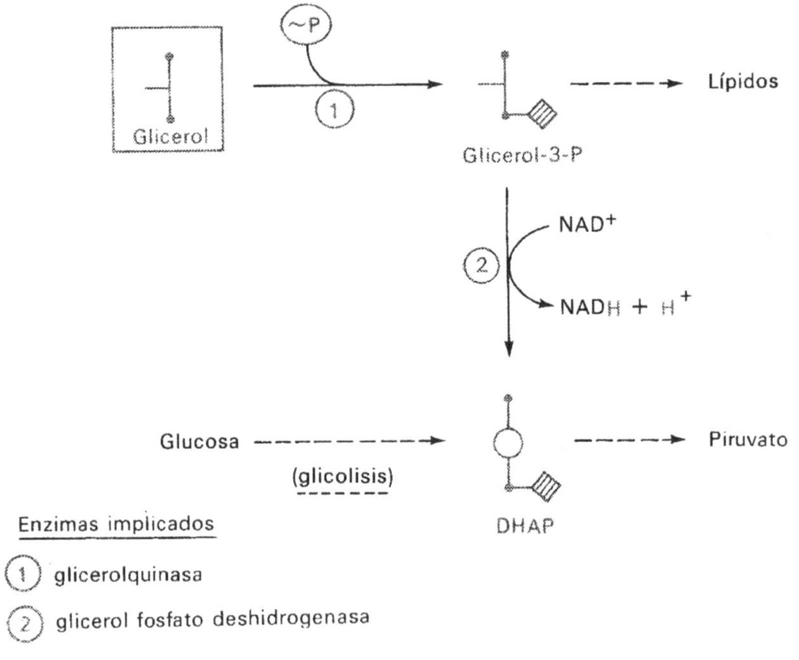

Figura 11.4
Metabolismo específico del glicerol (→) y relaciones con otras vías metabólicas (– – →).

Por otra parte, el **glucógeno endógeno** de las células puede también degradarse a través de la vía glicolítica. Los depósitos más abundantes de glucógeno se hallan en los tejidos muscular y hepático. El glucógeno muscular se degrada conviertiéndose primero en glucosa-6-fosfato y metabolizándose en la misma célula. En cambio, el glucógeno del hígado, una vez degradado a glucosa-6-fosfato, puede seguir la vía glicolítica en la propia célula, o dar glucosa libre, por acción de una fosfatasa. La glucosa abandona el hígado y se reparte a los distintos tejidos a través del torrente circulatorio. La degradación del glucógeno a glucosa está, al igual que su biosíntesis, cuidadosamente regulada por una cadena de mecanismos; ambas se estudiarán conjuntamente en el capítulo 14.

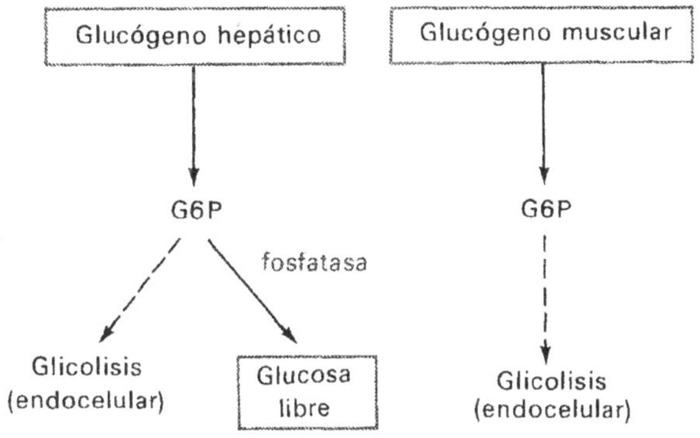

11.3. DESTINOS CATABÓLICOS DEL PIRUVATO

Considerado como substancia degradable, el *piruvato* puede dar origen a tres derivados: el *lactato,* el *etanol* y el *acetil-CoA*; los dos primeros se obtienen en condiciones anaerobias, mientras que el tercero requiere la presencia de oxígeno.

Lo más frecuente es que el NADH producido por el paso glucosa → piruvato se reoxide a NAD^+ en la conversión piruvato → lactato (Fig. 11.5). En estas condiciones, el balance de la glicolisis, llamada en este caso fermentación láctica, será:

$$\text{Glucosa} + 2\ \text{ADP} + 2\text{P}_i \rightarrow 2\ \text{lactato} + 2\ \text{ATP} \qquad (\Delta G'^{\circ} = -32{,}4\ \text{kcal/mol})$$

Algunos microorganismos, con el fin de evitar la acidez propia del láctico, convierten el piruvato en etanol, previa descarboxilación (Fig. 11.5):

$$\text{Piruvato} + \text{NADH} + \text{H}^+ \rightarrow \text{etanol} + \text{CO}_2 + \text{NAD}^+ \qquad (\Delta G'^{\circ} = -10{,}8\ \text{kcal/mol})$$

La conversión de glucosa en etanol (fermentación alcohólica) es el proceso típicamente realizado por las levaduras en la elaboración del vino, la cerveza, el pan,...

En condiciones aerobias, el piruvato pasa del citosol a la mitocondria, donde sufre una descarboxilación oxidativa, catalizada por un complejo multienzimático, la *piruvato deshidrogenasa*, que lo transforma en acetil-coenzima A (acetil-CoA) (Fig. 11.5).

La piruvato deshidrogenasa es otro de los enzimas clave del metabolismo. Cataliza una de las pocas reacciones irreversibles en las condiciones celulares: permite pasar de moléculas de tres

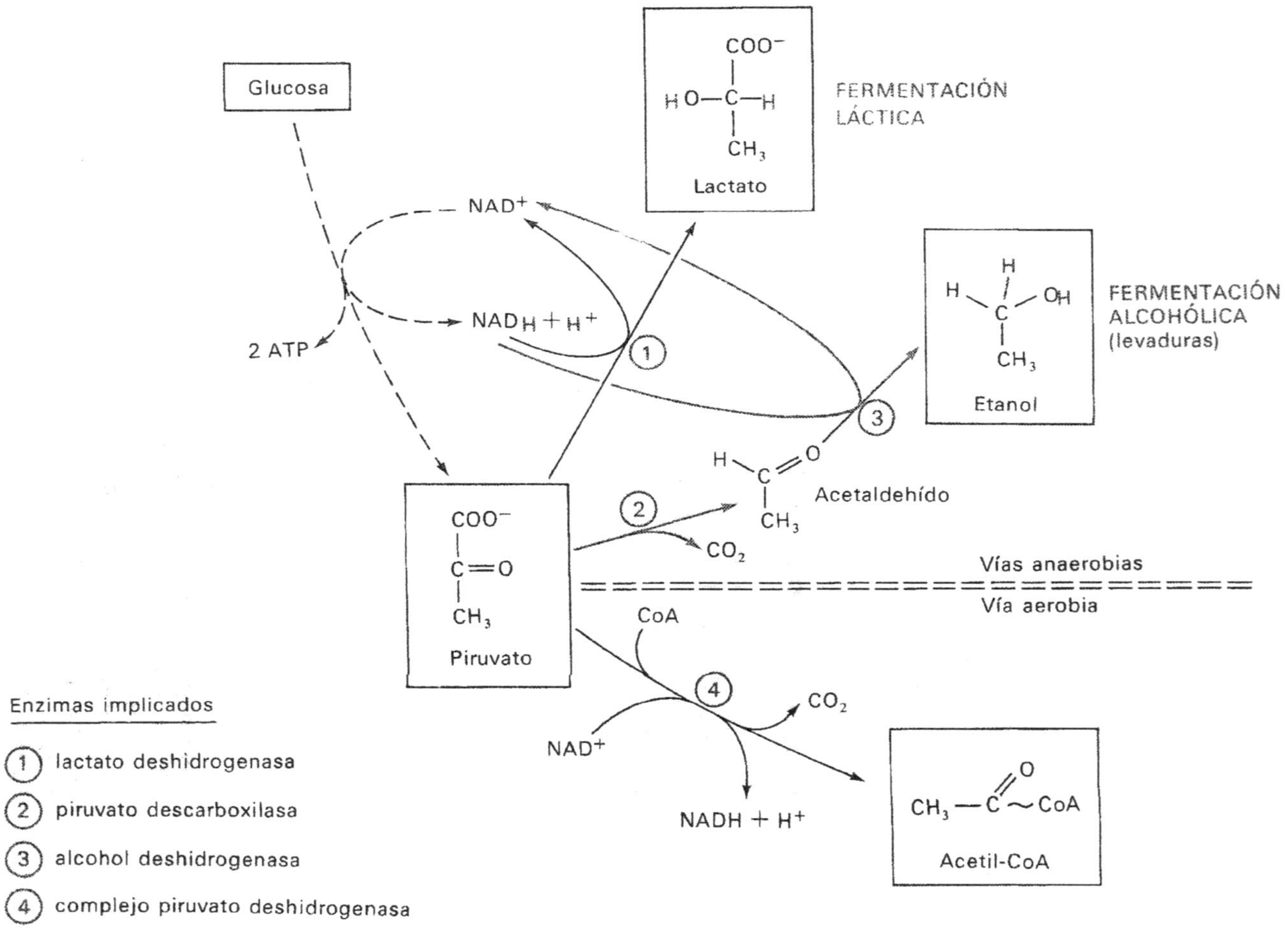

Figura 11.5
Destinos catabólicos del piruvato. Los átomos de hidrógeno liberados en la glicolisis pueden ser consumidos, en condiciones anaerobias, por el propio piruvato para dar lactato o por el acetaldehído para dar etanol.

carbonos (intermediarios del metabolismo de azúcares) a moléculas de dos carbonos (intermediarios del metabolismo de lípidos). *Al carácter irreversible de esta reacción se debe el que los mamíferos conviertan fácilmente los azúcares* (féculas, etc.) *en grasas, pero no al revés.*

11.4. OTRAS FORMAS DE GLICOLISIS ANAEROBIA

La vía metabólica más común para la degradación de la glucosa en condiciones anaerobias es la que conduce a piruvato (Fig. 11.1). Sin embargo, existen microorganismos en los cuales la glucosa puede degradarse para dar una variada gama de productos como etanol, ácido propiónico, ácido butírico, propanol y acetona.

COMPLEMENTOS 11.1

FERMENTACIÓN ALCOHÓLICA

Entre las posibles formas de glicolisis anaerobia reviste especial importancia la conocida como *fermentación alcohólica*. Este tipo de fermentación lo realizan las levaduras del género *Saccharomyces cerevisiae*, que tiene diversas cepas capaces de convertir la glucosa en CO_2 y etanol, según la ecuación general:

$$\underset{\textit{glucosa}}{C_6H_{12}O_6} \rightarrow 2\ \underset{\textit{gas carbónico}}{CO_2\uparrow} + 2\ \underset{\textit{etanol}}{C_2H_5OH} + \textit{energía}$$

El gas carbónico producido en la reacción suele liberarse en forma de burbujas, y a ello se debe el nombre genérico de *fermentación* (equivalente a ebullición) asignado a todo el proceso.

En la figura 11.5 se observa que la conversión de glucosa en piruvato es idéntica a la que ocurre en las células de mamífero y solamente intervienen dos enzimas nuevos en el paso de piruvato a etanol: la piruvato descarboxilasa que transforma el piruvato en acetaldehído (una sustancia tóxica) y la alcohol deshidrogenasa que, oxidando el NADH, convierte el acetaldehído en alcohol.

El hombre consume habitualmente diversas bebidas producidas por fermentación alcohólica; entre ellas citaremos el vino, la cerveza y la sidra. A veces, para aumentar el grado alcohólico, se procede a destilar los productos de la fermentación y así se obtienen el aguardiente, coñac, whisky, vodka y otros licores.

Por último, el almidón de la harina, cuando ésta se amasa con levadura del pan, da origen a una fermentación alcohólica análoga a las descritas. Sin embargo, en este caso, el alcohol y el gas carbónico se eliminan durante la cocción que se realiza para elaborar el pan.

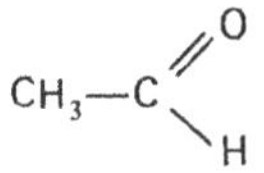

Acetaldehído
(etanal)

$CH_3—CH_2OH$

Alcohol
(etanol)

APLICACIONES 11.1

OXIDACIÓN DEL ETANOL: IMPLICACIONES CLÍNICAS

El alcohol etílico es un alimento líquido de uso bastante generalizado, pues es un integrante normal de las llamadas bebidas alcohólicas (vino, cerveza, licores,...). Como su utilización metabólica aporta unas 7,1 kcal/gramo se le tiene en cuenta en todos los cálculos dietéticos.

Su vía de utilización supone las siguientes reacciones:

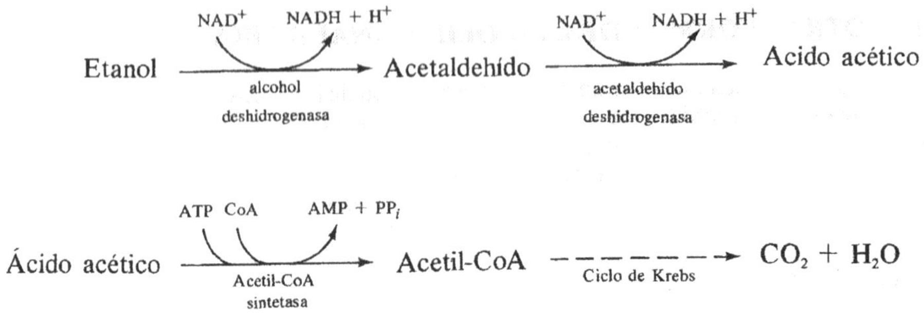

El fragmento acetilo puede seguir varias vías, siendo la más importante su oxidación completa en el ciclo de Krebs (Cap. 12).

Si bien el consumo prudente y moderado de alcohol no ofrece peligro para el adulto, la costumbre de ingerirlo a dosis excesivas puede acarrear notables perjuicios. En efecto, el alcohol afecta principalmente a las actividades cerebrales y hepáticas.

En cuanto a los efectos cerebrales, merecen citarse las alteraciones de los reflejos y la consciencia, por cuyo motivo se debe excluir el alcohol de la dieta de los conductores de automóviles y de los operarios que realicen trabajos delicados. Aunque en España se tolera la conducción con una alcoholemia de hasta 0,8 g/litro de sangre, esta cifra resulta excesiva para muchas personas. La cifra de 1,5 g/l ya supone embriaguez y si se sobrepasan los 5,5 g/l resulta mortal para el consumidor.

En cuanto a los efectos hepáticos, la ingestión habitual de cantidades notables de alcohol puede originar cirrosis e insuficiencia hepática.

Además el alcohol provoca *hábito* o *adicción*. En estos casos el tratamiento clínico para abandonar la bebida es semejante al que se aplica a los otros tipos de *drogadicción*.

Se han ensayado —con distintos índices de éxito— la ingestión de fármacos que disuadan del uso ulterior del alcohol. Entre ellos citaremos el compuesto conocido como *disulfiram* o *antabús*, cuya fórmula recogemos al margen. El efecto de este fármaco es típicamente bioquímico, pues actúa como potente inhibidor de la aldehído deshidrogenasa, el enzima que transforma al acetaldehído en ácido acético. Si después de tomar disulfiram, se ingiere etanol, éste se convierte en acetaldehído, el cual, al no poder continuar su vía metabólica (por bloqueo del enzima mencionado), se acumula hasta niveles tóxicos, produciendo diversos síntomas tremendamente desagradables.

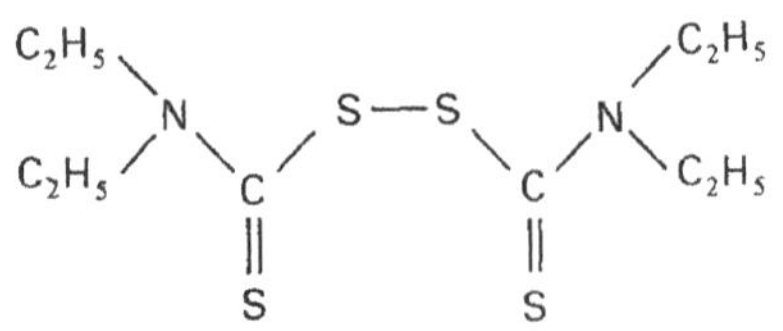

Disulfiram

En algunos casos, si el alcohólico atribuye los síntomas al etanol ingerido, el enfermo puede aborrecer la bebida; pero si se percata de que son debidos al fármaco, deja simplemente de tomarlo, para seguir bebiendo.

Nuevos símbolos utilizados

6-PGL	6-fosfogluconolactona
6-PGA	6-fosfogluconato
Ru5P	ribulosa-5-fosfato
R5P	ribosa-5-fosfato
Xu5P	xilulosa-5-fosfato
Su7P	sedoheptulosa-7-fosfato
E4P	eritrosa-4-fosfato

Enzimas implicados

(1) glucosa-6-fosfato deshidrogenasa
(2) lactonasa
(3) 6-fosfogluconato deshidrogenasa
(4) isomerasa
(5) epimerasa
(6) transcelotasa
(7) transaldolasa
(8) riboquinasa

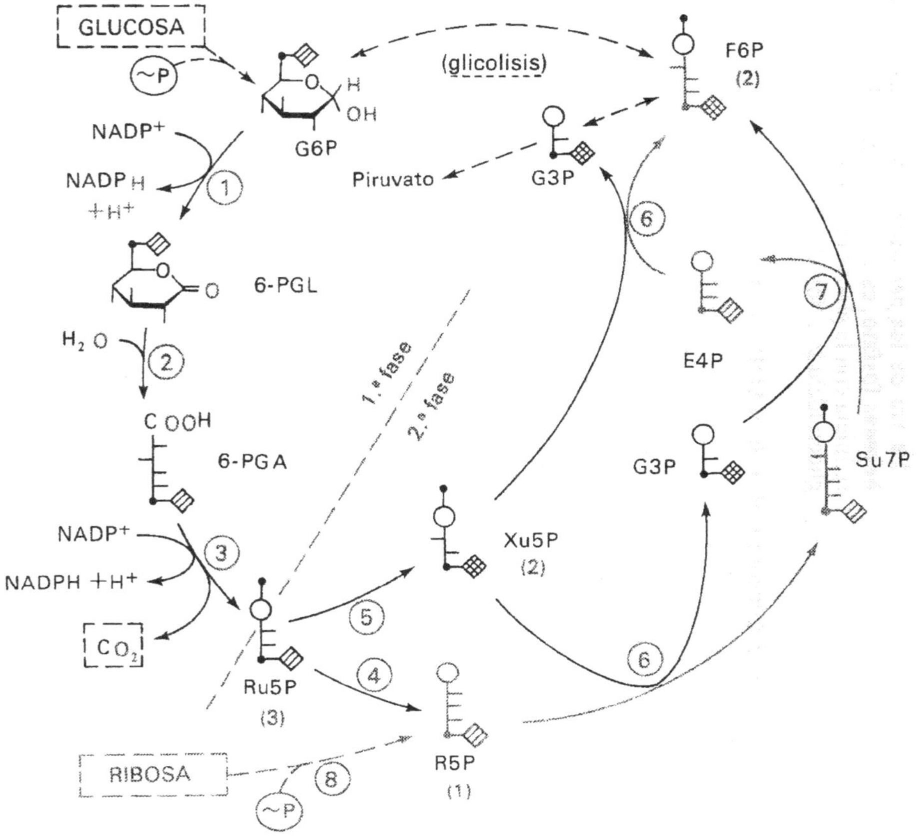

Figura 11.6
Vía de las hexosas fosfato. La primera fase supone la descarboxilación oxidativa de la glucosa-6-fosfato hasta pentosa fosfato. La segunda fase comprende la interconversión reversible de diversos monosacáridos fosforilados.

11.5. VÍA DE LAS PENTOSAS FOSFATO

La vía de las *pentosas fosfato,* también llamada **ciclo de las hexosas fosfato**, es una desviación de la glicolisis anaerobia, que se inicia con la glucosa-6-fosfato y termina en fructosa-6-fosfato y gliceraldehído-3-fosfato (Fig. 11.6).

$$\underset{(3\,C_6)}{3\ \text{Glucosa-6-P}} + 6\ NADP^+ \rightarrow \underset{(3\,C_1)}{3\ CO_2} + \underset{(2\,C_6)}{2\ \text{fructosa-6-P}} + \underset{(1\,C_3)}{\text{gliceraldehído-3-P}} + 6\ NADPH$$

Esta vía consta de dos fases. La primera, de carácter oxidativo, es irreversible y comprende la oxidación de la glucosa-6-P a ácido 6-fosfoglucónico y posterior descarboxilación de éste para dar CO_2 y una pentosa.

$$3\ \text{Glucosa-6-P} + 6\ NADP^+ + 3\ H_2O \rightarrow \rightarrow 3\ \text{ribosa-5-P} + 3\ CO_2 + 6\ NADPH + 6\ H^+$$

La segunda etapa es reversible y comprende una serie de interconversiones entre monosacáricos de 3, 4, 5, 6 y 7 átomos de carbono. La reacción global de esta segunda fase es:

$$3\ \text{Ribosa-5-P} \rightleftarrows 2\ \text{fructosa-6-P} + \text{gliceraldehído-3-P}$$

En consecuencia, esta vía cumple tres misiones principales:

a) *Obtención de equivalentes de reducción* ($NADPH + H^+$) por oxidación de hexosas fosfato (1.ª fase). Estos nucleótidos reducidos se utilizan en la biosíntesis de ácidos grasos y esteroles.

b) *Obtención de pentosas fosfato,* a partir de hexosas fosfato (1.ª fase) o de intermediarios de la glicolisis (2.ª fase). Las pentosas fosfato se utilizan en la biosíntesis de nucleótidos.

c) *Utilización degradativa de las pentosas* (2.ª fase), ya procedan de la dieta o de los ácidos nucleicos de la propia célula.

Sin utilizar ni sintetizar pentosas, esta vía puede funcionar con carácter cíclico, oxidando totalmente glucosa a CO_2:

$$\text{Glucosa-6-P} + 12\ NADP^+ \rightarrow \rightarrow 6\ CO_2 + 12\ NADPH + 12\ H^+ + P_i$$

Esta vía es muy activa en los tejidos que sintetizan ácidos grasos (hígado, tejido adiposo) o esteroles (corteza suprarrenal) y tiene poca actividad en el músculo esquelético.

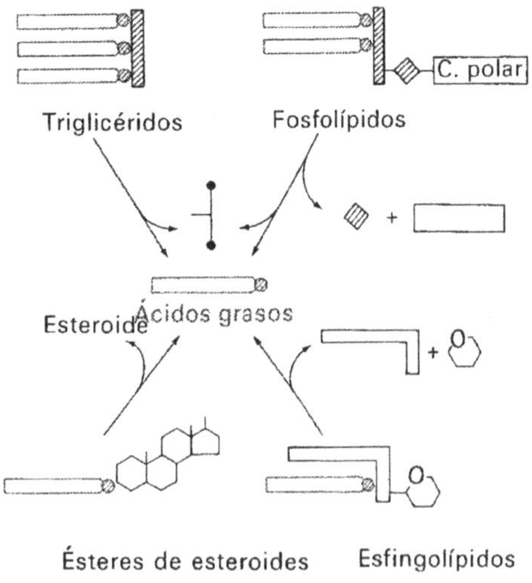

11.6. DEGRADACIÓN DE LÍPIDOS INTRACELULARES

Ya hemos comentado que los lípidos de la dieta se degradan en la *digestión* (ver Parte V). Los lípidos intracelulares, al igual que todos los demás componentes de la célula, sufren un proceso continuo de renovación (degradación y biosíntesis). El proceso degradativo es fundamentalmente hidrolítico.

- La hidrólisis de los **triglicéridos** o grasas neutras, que son los principales lípidos de reserva, da lugar a ácidos grasos y glicerol.
- La hidrólisis de los **fosfolípidos** da, además de ácidos grasos y glicerol, ácido fosfórico y compuestos polares.
- Los **glicoesfingolípidos** (cerebrósidos y gangliósidos) originan por hidrólisis esfingosina, ácidos grasos y monosacáridos.
- Los **esteroides** se presentan a veces esterificados, en cuyo caso liberan por hidrólisis ácidos grasos y esteroles.

A su vez los productos de hidrólisis mencionados se degradan así:

— los ácidos grasos, siguiendo un proceso de β-oxidación (11.7).

— los diversos compuestos polares sufren degradación por vías similares a las de los azúcares o aminoácidos según su naturaleza.

— los esteroides se eliminan sólo con ligeras modificaciones en su molécula.

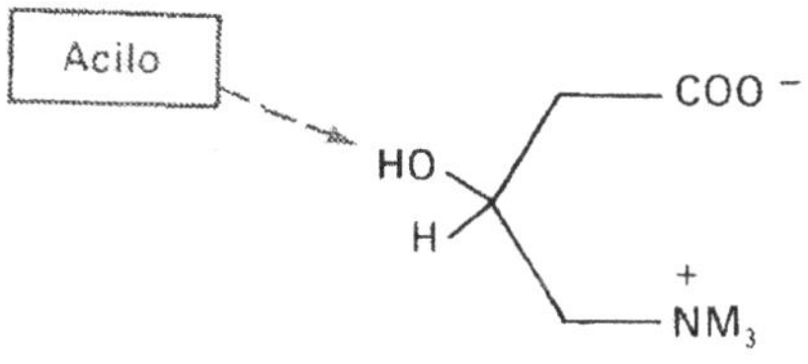

Carnitina
(M = metilo)

11.7. OXIDACIÓN DE LOS ÁCIDOS GRASOS

Los ácidos grasos que aparecen en el citoplasma celular proceden de la digestión intestinal de grasas o de la degradación de lípidos propios de la célula. Estos ácidos grasos se activan convirtiéndose en el correspondiente acil-CoA y atraviesan la membrana interna mitocondrial. Por la impermeabilidad de esta membrana al coenzima A, los ácidos grasos la atraviesan unidos temporalmente a la *carnitina* (ver margen).

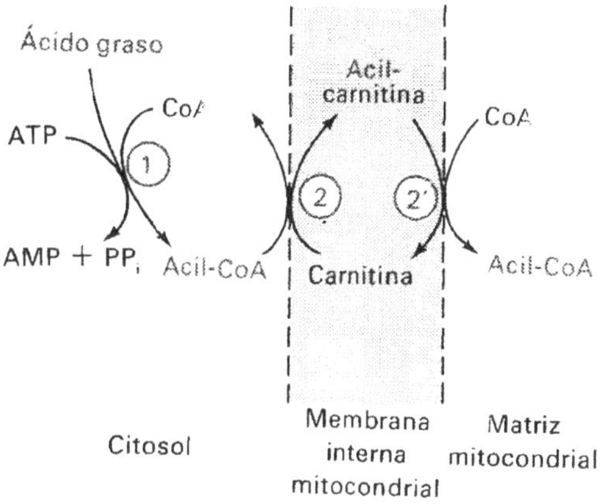

① Acil-CoA sintetasa (tioquinasa)

② Acil-CoA: carnitina transferasa

$$\text{Ácido graso} + \text{CoA} \xrightarrow{\text{ATP} \searrow\ \nearrow \text{AMP} + \text{PP}_i} \text{Acil} \sim \text{CoA}$$

Una vez en el interior de la mitocondria, el acil-CoA sufre una serie de reacciones conocidas colectivamente como β-oxidación (Fig. 11.7). Como resultado de estas reacciones los ácidos grasos van perdiendo fragmentos de dos carbonos (acetil-CoA), empezando por el extremo carboxílico, hasta el final de la cadena. Simultáneamente se producen nucleótidos reducidos ($FADH_2$, $NADH + H^+$). Tanto el acetil-CoA como los nucleótidos reducidos se pueden oxidar por completo en condiciones aerobias, en la propia mitocondria, como se verá en el capítulo 12.

$$C_{15}H_{31} - COOH + 7\ NAD^+ + 7\ FAD + 8\ CoA \xrightarrow[7\ H_2O]{\sim PP} 8\ CH_3\text{-}\overset{\overset{\Large O}{\|}}{C}\sim CoA + 7\ NADH + 7\ FADH_2 + 7\ H^+$$

El esquema que acabamos de describir sirve para oxidar los ácidos grasos saturados (sin enlaces dobles) con un número par de átomos de carbono (p. ej., palmítico y esteárico). Estos constituyen aproximadamente la mitad de los ácidos grasos de la dieta. Los ácidos insaturados requieren algunas reacciones auxiliares que

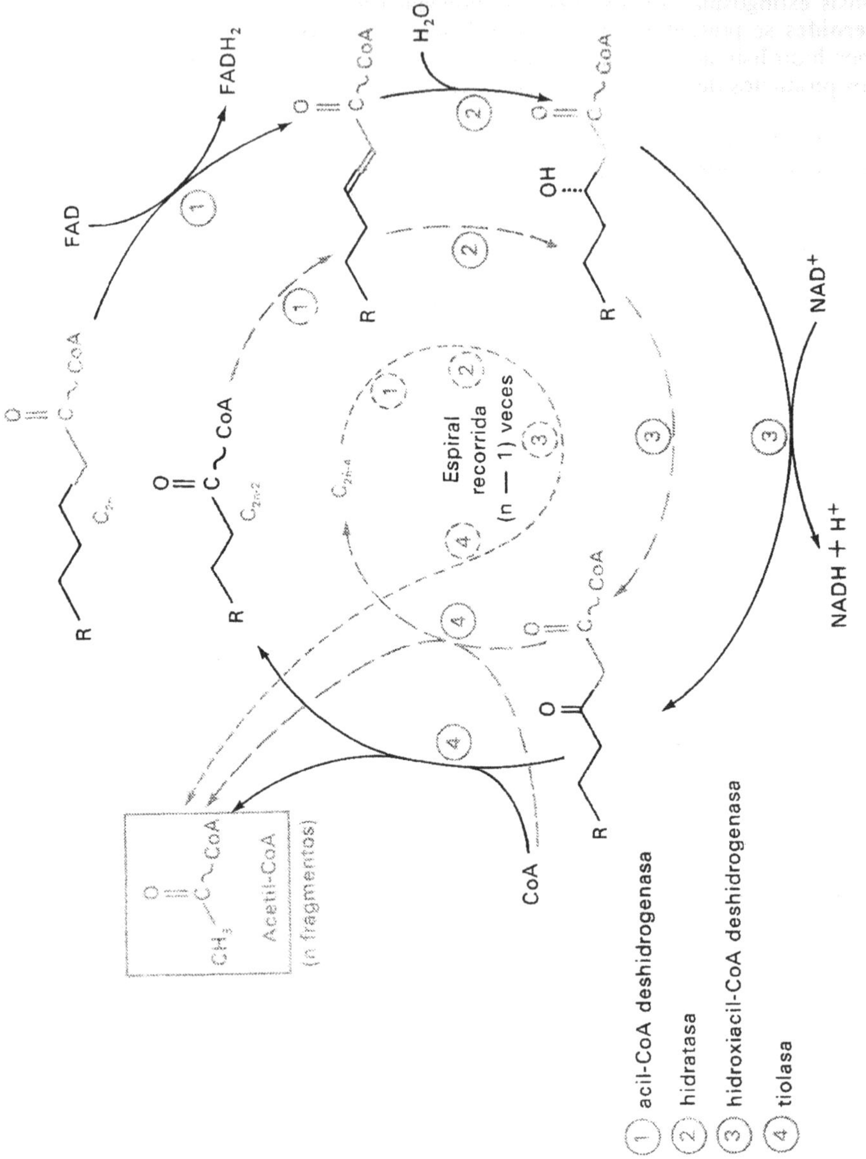

Figura 11.7
Espiral de la β-oxidación de los ácidos grasos. En cada vuelta de la espiral se elimina un fragmento acetilo (dos carbonos) excepto en la última vuelta en que se obtienen dos fragmentos acetilo.

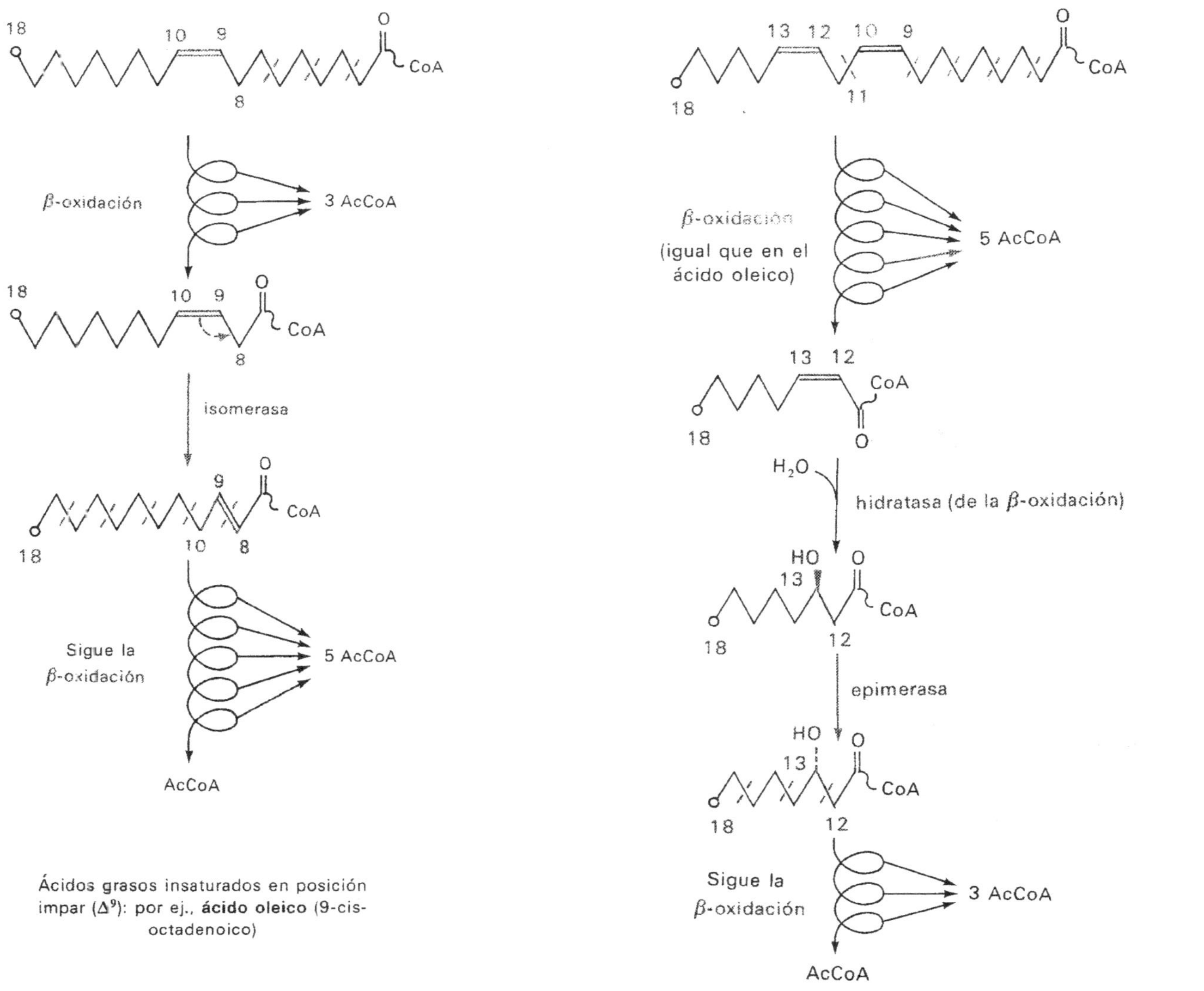

Ácidos grasos insaturados en posición impar (Δ^9): por ej., **ácido oleico** (9-cis-octadenoico)

Ácidos grasos insaturados en posición par (Δ^{12}): por ej., **ácido linoleico** (9c, 12c-octadecadienoico)

Figura 11.8
La oxidación de los ácidos grasos insaturados requiere de algunos enzimas auxiliares (isomerasa, epimerasa).

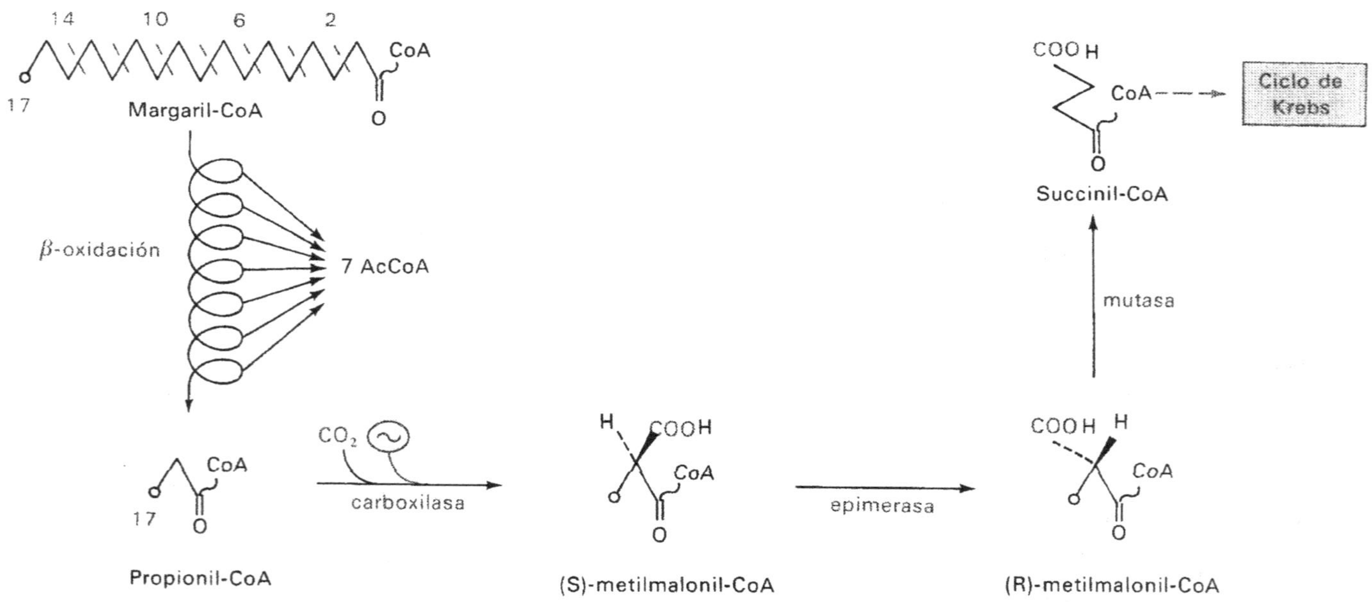

Figura 11.9
La oxidación de los ácidos grasos de número impar de átomos de carbono, por ejemplo, el **ácido margárico** (C17:0), origina un propionil-CoA que sufre una via metabólica especial.

afectan a sus dobles enlaces y permiten introducirlos en el esquema general (Fig. 11.8).

Una pequeña proporción de ácidos grasos de la dieta tiene un número impar de átomos de carbono, por lo que, al ir oxidándolos de dos en dos carbonos, se origina un fragmento terminal de tres carbonos (propionil-CoA). Este fragmento se convierte en succinil-CoA (Fig. 11.9) que, como veremos (Cap. 13), puede dar origen a azúcares.

11.8. DEGRADACIÓN DE LOS MONÓMEROS NITROGENADOS

La digestión extracelular y la degradación intracelular de proteínas origina *aminoácidos*. Además, las hemoproteínas originan derivados *porfirínicos nitrogenados*. Por otra parte, los ácidos nucleicos dan lugar a pentosas (que se degradan como se ha expuesto en 11.5), ácido fosfórico y *bases nitrogenadas*, púricas y pirimidínicas.

11.8.1. Catabolismo de aminoácidos

En la degradación de los aminóacidos se deben considerar dos aspectos: la eliminación del nitrógeno y la oxidación del esqueleto carbonado.

La eliminación del nitrógeno se lleva a cabo en dos etapas: transaminación y desaminación. La transaminación consiste en el paso de grupos amino ($-NH_2$) entre aminoácidos y cetoácidos:

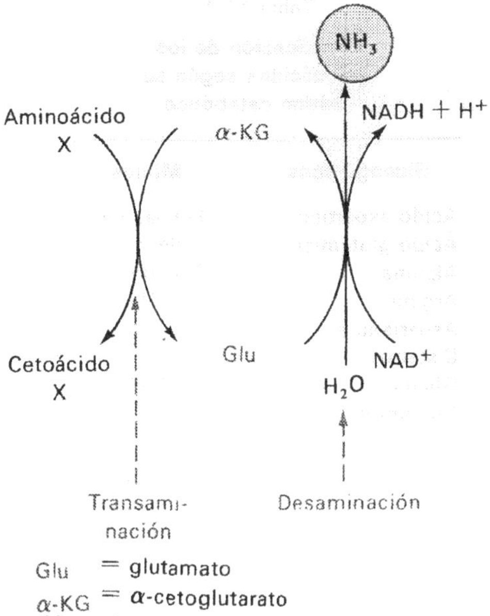

Mecanismos para el desdoblamiento de los aminoácidos en cetoácidos y amoníaco

$$R_1-\underset{\underset{NH_2}{|}}{CH}-COOH + R_2-\underset{\underset{O}{\|}}{C}-COOH \rightleftharpoons R_1-\underset{\underset{O}{\|}}{C}-COOH + R_2-\underset{\underset{NH_2}{|}}{CH}-COOH$$

$$\text{aminoácido 1} + \text{cetoácido 2} \xrightleftharpoons{\text{transaminasa}} \text{cetoácido 1} + \text{aminoácido 2}$$

Después de estas transferencias, el nitrógeno acaba por ser cedido al α-cetoglutarato, que se convierte así en glutamato:

$$\text{aminoácido X} + \alpha\text{-cetoglutarato} \xrightleftharpoons{\text{transaminasa}} \text{cetoácido X} + \text{glutamato}$$

El glutamato pasa al interior de la mitocondria y allí sufre una desaminación oxidativa, catalizada por la glutamato deshidrogenasa:

$$\text{Glu} + NAD^+ + H_2O \rightleftharpoons \alpha\text{-KG} + NADH + H^+ + NH_3$$

Aunque menos importantes, existen reacciones para la desaminación directa de otros aminoácidos, como serina, cisteína, etc.

El amoníaco liberado en las desaminaciones es un tóxico celular, y como tal debe ser eliminado rápidamente. Esto se consigue o bien utilizándolo en la biosíntesis de compuestos nitrogenados o convirtiéndolo en glutamina o en urea.

$$\text{Glu} + NH_3 \xrightarrow[\text{glutamina sintetasa}]{ATP \;\rightarrow\; ADP + P_i} \text{Gln}$$

La glutamina, a su vez, se hidroliza en el riñón regenerando

Tabla 11.1

Clasificación de los aminoácidos según su destino catabólico

Glucogénicos	Mixtos
Ácido aspártico	Fenilalanina
Ácido glutámico	Isoleucina
Alanina	Tirosina
Arginina	Triptófano
Asparragina	
Cisteína	
Glicina	**Cetogénicos**
Glutamina	
Histidina	Leucina
Metionina	Lisina
Prolina	
Serina	
Treonina	
Valina	

amoniaco libre que se elimina por la orina:

$$\text{Gln} + H_2O \xrightarrow[\text{glutaminasa}]{} \text{Glu} + NH_3$$

La conversión del NH_3 en urea se explicará en el capítulo siguiente.

Eliminado el amoniaco, el *esqueleto carbonado* de los aminoácidos se degrada siguiendo vías peculiares de cada uno, que escapan por su complejidad de este libro. En la figura 11.11 se muestra como el esqueleto carbonado de los veinte aminoácidos proteicos da origen a un pequeño número de metabolitos intermediarios. Dos de estos (acetil-CoA y acetacético) pueden oxidarse totalmente (capítulo 12) o participar en la biosíntesis de cuerpo cetónicos y lípidos (capítulo 13). Los otros cinco pueden también oxidarse (capítulo 12) o bien dar origen a glícidos en la **gluconeogénesis** (capítulo 13). Según esto, los aminoácidos se suelen dividir en cetogénicos, glucogénicos y mixtos. En la tabla 11.1 se resumen los destinos catabólicos de los aminoácidos.

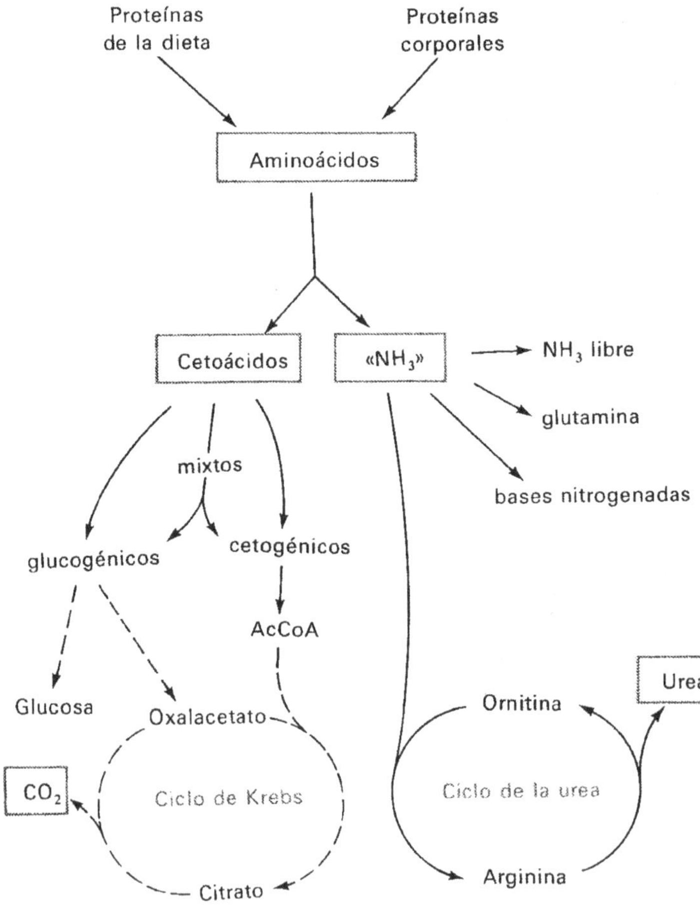

Figura 11.10
Destinos catabólicos de los aminoácidos. El amoniaco sigue sus vías propias y los cetoácidos resultantes se catabolizan a través de las vías glicídicas o lipídicas (figura 11.11).

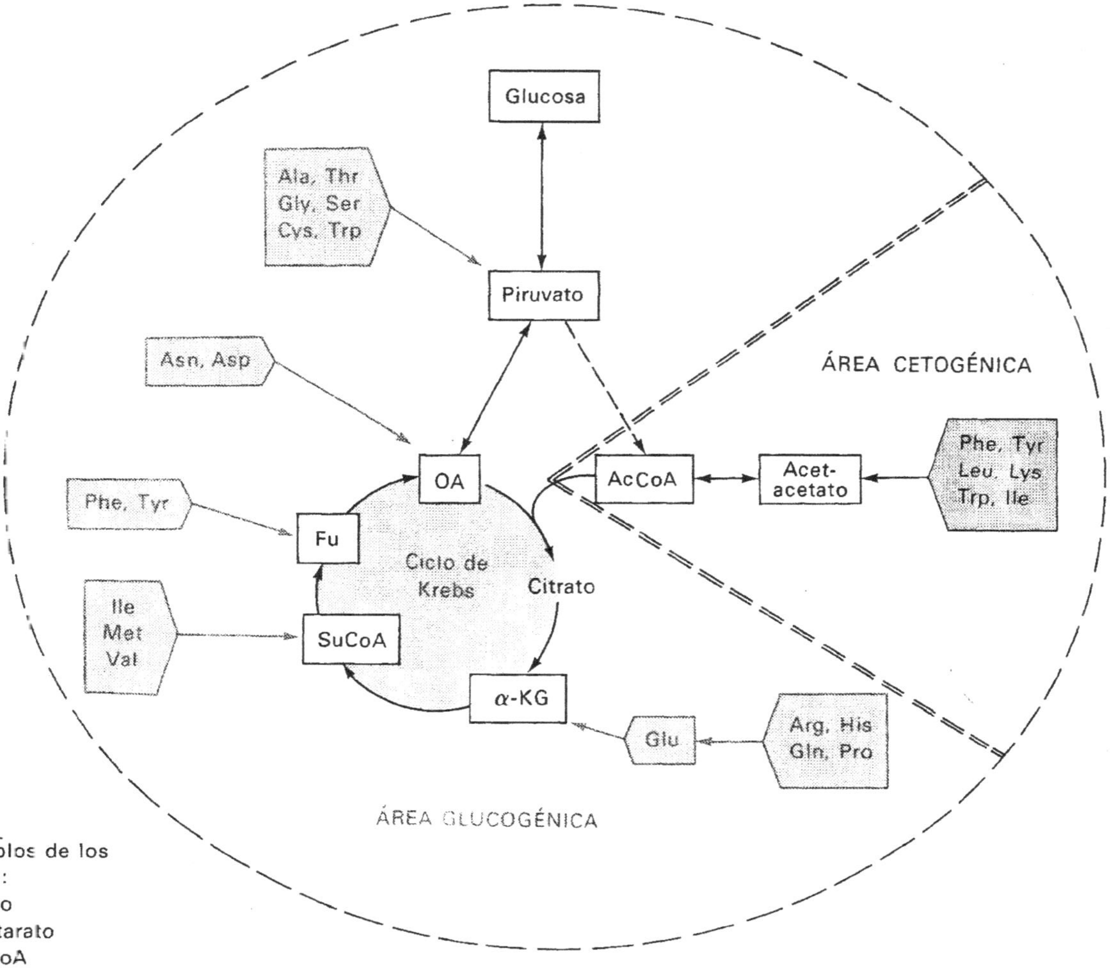

Símbolos utilizados

Aparte de los símbolos de los aminoácidos (6.2.1):

OA	oxalacetato
α-KG	α-cetoglutarato
SuCoA	Succinil-CoA
Fu	fumarato
AcCoA	acetil-CoA

Figura 11.11
Destinos catabólicos de los esqueletos carbonados de los aminoácidos. La mayoría son glucogénicos, dos son cetogénicos (leucina y lisina) y cuatro (isoleucina, fenilalanina, tirosina y triptófano) son mixtos.

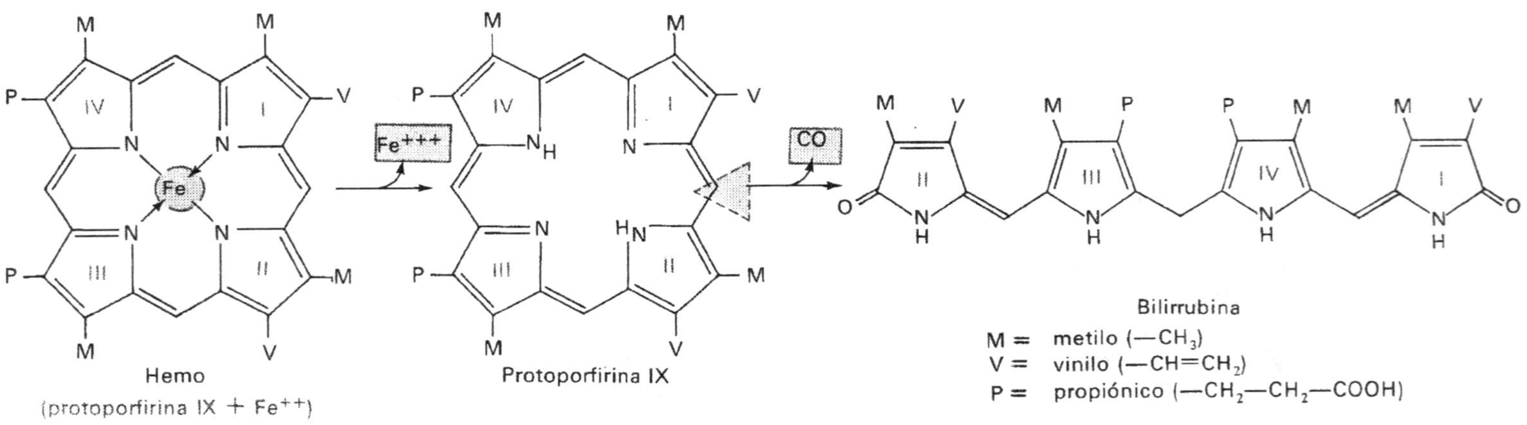

Figura 11.12
Degradación metabólica del hemo, para liberar Fe^{+3}, CO y originar bilirrubina, un pigmento biliar.

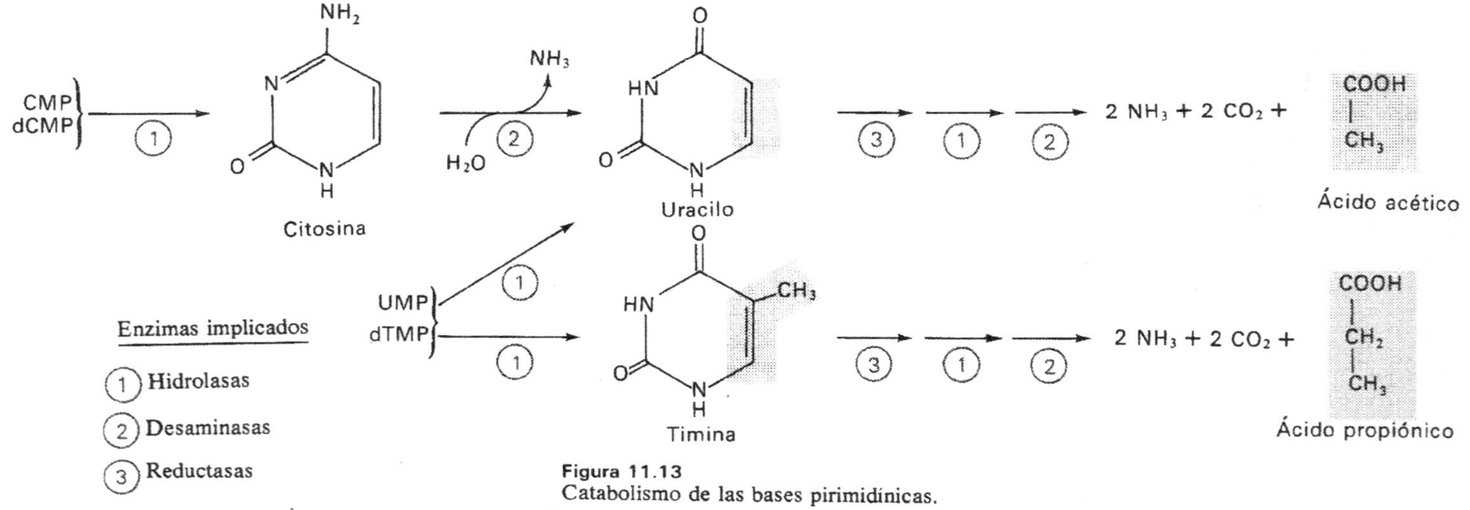

Figura 11.13
Catabolismo de las bases pirimidínicas.

11.8.2. Catabolismo del grupo hemo

Cuando se degradan las hemoproteínas, la parte proteica se hidroliza para dar aminoácidos, pero el grupo *hemo* sigue una vía degradativa particular. El átomo de hierro se reutiliza y el esqueleto carbonado (anillo porfirínico) se degrada:

$$\text{Hemo} \rightarrow Fe^{+++} + \text{porfirina}$$

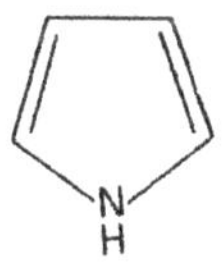

Pirrol

El anillo porfirínico se abre originando una cadena lineal de cuatro pirroles.

$$\underset{\text{(anillo tetrapirrólico cíclico)}}{\text{Porfirina}} \rightarrow CO + \underset{\text{(cadena tetrapirrólica abierta)}}{\text{bilirrubina}}$$

La vía degradativa de las porfirinas comprende varios de estos compuestos pirrólicos, llamados genéricamente **pigmentos biliares;** el más importante es la *bilirrubina* (Fig. 11.12). Estos pigmentos se transportan por la sangre, de donde los extrae el hígado para eliminarlos por la bilis, y de ahí su nombre.

11.8.3. Catabolismo de purinas y pirimidinas

Las bases púricas y pirimidínicas siguen vías degradativas diferentes: las *pirimidinas* se degradan por completo hasta amoníaco y compuestos de dos o tres carbonos, mientras que las *purinas* originan **ácido úrico**, que se elimina como tal por la orina (figuras 11.13 y 11.14).

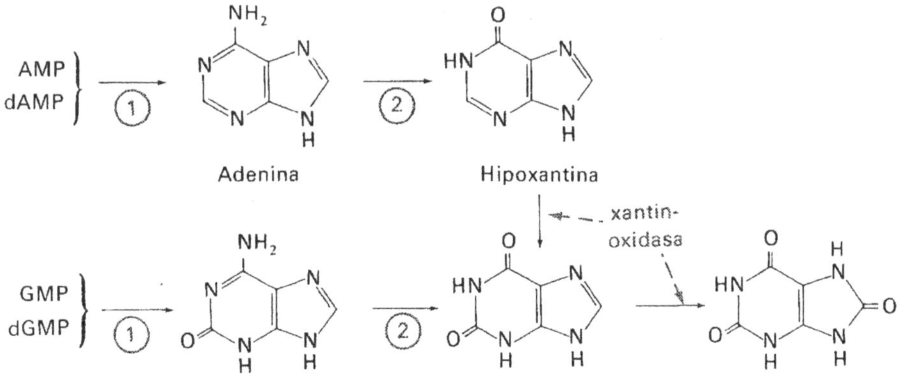

Figura 11.14
Catabolismo de las bases púricas (los números de los enzimas coinciden con los de la figura 11.13).

CUESTIONES Y PROBLEMAS

11.1. Utilizando los esquemas de este capítulo, enumerar los enzimas necesarios para transformar una molécula de glucosa en dos de ácido láctico.

11.2. Enumerar los enzimas necesarios para transformar cuantitativamente una molécula de fructosa en dos de gliceraldehído-3-fosfato.

11.3. Enumerar los enzimas necesarios para transformar una molécula de lactosa de la dieta en dos de fructosa-6-fosfato.

11.4. Enumerar los enzimas necesarios para transformar el glicerol —procedente de los lípidos— en ácido láctico.

11.5. La sacarosa de la dieta se puede convertir en glucosa sanguínea. Indicar los enzimas mínimos necesarios para transformar una molécula de sacarosa en dos de glucosa, señalando los procesos intestinal y hepático.

11.6. Enumerar los enzimas necesarios para obtener en el hígado ribosa-5-fosfato a partir de la glucosa sanguínea.

11.7. Señalar los enzimas necesarios para transformar el ácido palmítico libre del citosol, en acetil-CoA intramitocondrial.

11.8. En la fermentación vínica, la glucosa del mosto se transforma en etanol y CO_2. ¿Por qué se debe evitar que el vino se mezcle con aire, por ejemplo, agitándolo fuertemente, y qué ocurriría en este caso?

11.9. La levadura del pan produce una fermentación análoga a la del vino. Cuando se confeccionan bizcochos, para que salgan esponjosos, se suele utilizar levadura natural o, en su defecto, bicarbonato de sodio ($NaHCO_3$). Explicar porqué ambos agentes facilitan la esponjosidad del bizcocho.

11.10. Indicar la vía metabólica que permite transformar el aspartato en oxalacetato y amoníaco libre.

11.11. Cuando la sangre se extravasa —por ejemplo, en un hematoma o cardenal— se destruyen hematíes y se libera hemoglobina. Explicar por qué la zona se pone primero morada y posteriormente se vuelve amarilla.

11.12. Cuando se obstruyen las vías biliares, la bilirrubina se vierte en exceso en la sangre. ¿Qué coloración adoptan las mucosas, tales como el blanco del ojo, en estas circunstancias?

11.13. Hay casas farmacéuticas que venden preparados comerciales conteniendo 10 mg de ATP, para administrar por vía parenteral. Un individuo de 70 kg consume —reciclándolo naturalmente— unos 150 kg de ATP al día. Calcular cuántas inyecciones necesitaría para recibir esa cantidad de ATP.

11.14. Se sabe que el ATP inyectado no entra en las células y por lo tanto no se utiliza, sino que sufre hidrólisis liberando adenina (una base púrica). ¿Qué metabolito indeseable puede acumularse en el organismo como resultado de la inyección excesiva y siempre inoportuna de ATP?

PRÁCTICAS DE LABORATORIO

11.1. Transformación de la leche en yogur

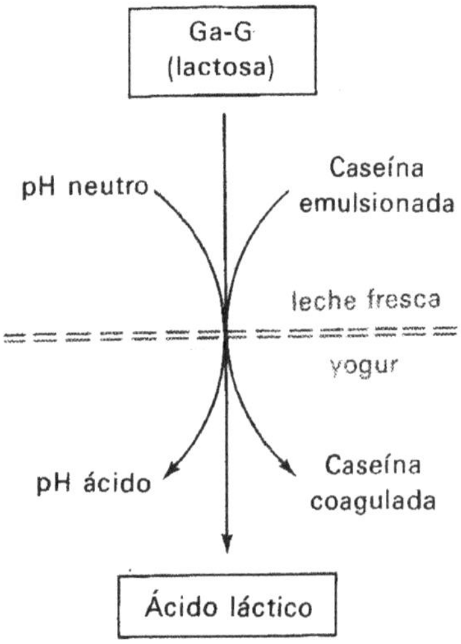

La secuencia de reacciones de la fermentación láctica realizada por las bacterias *Bacillum lactis acidi* es semejante a la que tiene lugar en el músculo de mamífero. En el caso de la bacteria, la lactosa de la leche fresca se convierte, por glicolisis anaerobia, en ácido láctico, al tiempo que la leche se transforma en yogur.

Se toman 100 ml de leche fresca y se guardan en nevera. A otros 100 ml de la misma leche se añade media cucharadita de yogur comercial, se agita y se observa, a primera vista, que no ha cambiado el aspecto físico ni el pH. Se mantiene toda la noche a 38°C en una yogurtera o en una estufa de laboratorio.

A la mañana siguiente se comparan las dos muestras de leche:

a) La caseína —proteína propia de la leche— debe mantenerse emulsionada en la leche de la nevera y debe estar coagulada en el yogur. Esta coagulación es responsable del aspecto gelatinoso del yogur.
b) El pH, medido con papel indicador, debe resultar neutro o ligeramente alcalino en la leche fresca y ácido en el yogur.
c) En sendos tubos de ensayo se toman unos 5 ml de leche y unos 5 ml de yogur. Se añade a cada uno, 1 ml de cloruro férrico 0,5 M en ácido clorhídrico 0,1 M. El tubo de la leche no da una coloración especial, en cambio el tubo del yogur desarrolla un color amarillo debido al lactato férrico. Se añade a ambos tubos 1 ml de agua saturada de fenol. En el primer tubo aparece una coloración violeta debida al ion férrico, y en el segundo no aparece.

11.2. Análisis de bilirrubina en suero

La bilirrubina, procedente de la desintegración del hemo, reacciona con el reactivo de Ehrlich (ácido diazosulfanílico) desarrollando un color rojo-violáceo, susceptible de medida colorimétrica.

Para reconocer la presencia de bilirrubina en un suero problema, se toman 4 ml de este suero diluido con agua (1:9).

Se dispone del reactivo A de Ehrlich formado por 1 g de ác. sulfanílico, 15 ml de ác. clorhídrico concentrado y todo ello diluido con agua hasta 1000 ml. El reactivo B contiene 0,5 g de nitrato sódico disueltos en 100 ml. En el momento de su uso, se mezclan en frío 5 ml de A y 0,15 ml de B. Se toma 1 ml de esta mezcla y se añade al suero problema diluido. Si hay bilirrubina aparece el color rojo-violáceo, cuya intensidad puede compararse con una disolución patrón de bilirrubina sometida al mismo tratamiento.

Esta bilirrubina del suero se llama «directa» o soluble (está unida al ác. glucurónico). La bilirrubina «indirecta» o asociada a albúmina, puede liberarse añadiendo a la mezcla suero-reactivo de Ehrlich, 5 ml de metanol y determinando la intensificación del color.

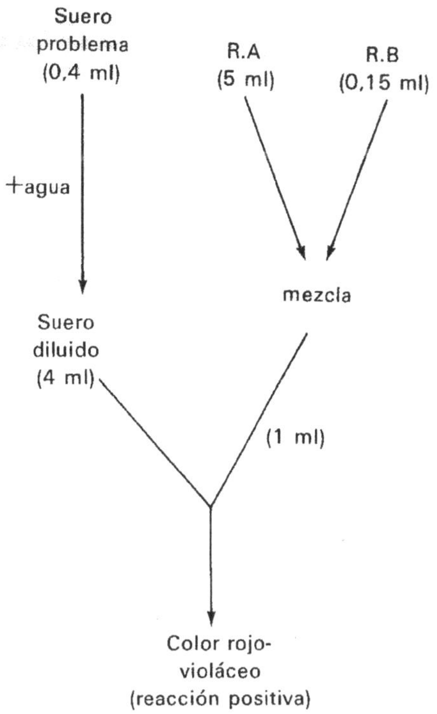

CAPÍTULO **12**

VÍAS METABÓLICAS DEGRADATIVAS (II) FOSFORILACIÓN OXIDATIVA

12.1. OXIDACIÓN DEL ACETIL-CoA: CICLO DE KREBS

El acetil-CoA es un metabolito intermediario de gran importancia, puesto que es el punto de confluencia de la degradación de *azúcares* (piruvato deshidrogenasa, 11.3), *lípidos* (β-oxidación de ácidos grasos, 11.7) y *proteínas* (aminoácidos cetogénicos, 11.8.1). El fragmento acetilo del acetil-CoA se oxida por com-

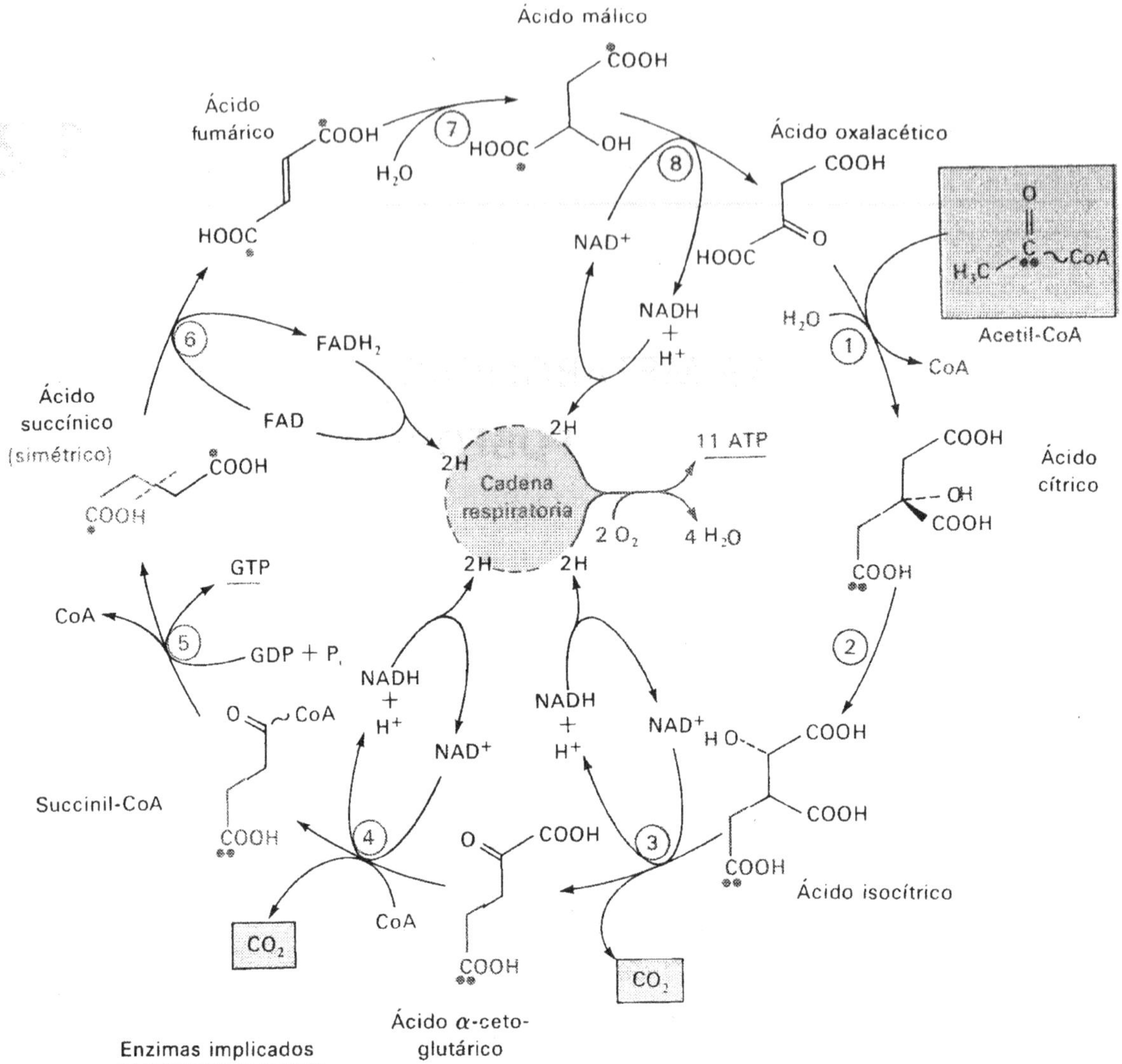

Enzimas implicados

1. citrato sintasa
2. citrato isomerasa (aconitasa)
3. isocitrato deshidrogenasa
4. α-cetoglutarato deshidrogenasa
5. succinil-CoA sintetasa
6. succinato deshidrogenasa
7. fumarato hidratasa
8. malato deshidrogenasa

Figura 12.1

Ciclo de Krebs, de los ácidos tricarboxílicos o del ácido cítrico. El signo (• •) representa el marcaje isotópico que permite seguir la posición del átomo marcado.

pleto a CO_2 y H_2O, en presencia de oxígeno, por medio de una vía metabólica cíclica conocida como **ciclo de Krebs, ciclo de los ácidos tricarboxílicos** o **ciclo del ácido cítrico** (Fig. 12.1).

El ciclo de Krebs tiene lugar en todos los organismos aerobios: en los procariotas en el citosol; en plantas y animales, en la matriz mitocondrial.

Para oxidarse en el ciclo de Krebs, el fragmento acetilo debe condensarse con una molécula de oxalacetato, para dar citrato (Fig. 12.1). Por eso el *ciclo de Krebs* se llama también *ciclo del ácido cítrico* y como éste da lugar a otros ácidos tricarboxílicos (cis-aconítico, isocítrico) el ciclo se llama también *de los ácidos tricarboxílicos.* Obsérvese que el oxalacetato no tiene una misión puramente pasiva, sino que se renueva en cada vuelta del ciclo: los dos carbonos que se desprenden en forma de CO_2 corresponden al oxalacetato, y no al último acetilo incorporado. En consecuencia, el oxalacetato que se regenera al final del ciclo no contiene los mismos átomos de carbono que el oxalacetato original.

En cada vuelta del ciclo de oxida un residuo acetilo a dos moléculas de CO_2; simultáneamente se reducen cuatro coenzimas nucleotídicos, 3 NAD^+ y 1 FAD. Además se origina 1 ATP por fosforilación a nivel de sustrato de un ADP (por intermedio de un GTP).

Aunque el acetilo se considera una sustancia lipídica (sirve para la biosíntesis de ácidos grasos, pero no de azúcares: Capítulo 13) los ácidos di y tricarboxílicos del ciclo son glucogénicos (gluconeogénesis, Capítulo 13). Se ha dicho que el ciclo de Krebs es «*un horno para quemar grasas, cuyas paredes están formadas por azúcares*».

El ciclo de Krebs no es sólo un mecanismo para la oxidación de grupos acetilo, sino que cumple al menos otras dos funciones:

a) Si hay un exceso de ácidos di o tricarboxílicos (intermediarios del ciclo), los propios intermediarios pueden utilizarse como combustible, convirtiéndose, vía oxalacetato, en piruvato y acetil-CoA.

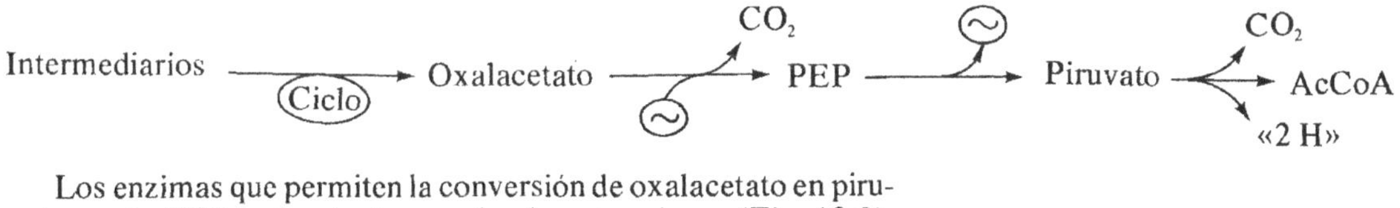

Los enzimas que permiten la conversión de oxalacetato en piruvato son la PEP carboxiquinasa y la piruvatoquinasa (Fig. 12.2). Merced a este mecanismo se puede oxidar el esqueleto carbonado de los aminoácidos glucogénicos (Tabla 11.1).

b) Si hay un déficit de aminoácidos o de azúcares, los mismos intermediarios pueden utilizarse para su biosíntesis. El oxalacetato y el α-cetoglutarato se convierten por transaminación en aspartato y glutamato respectivamente. El oxalacetato se puede convertir en fosfoenolpiruvato y a partir de éste obtener glucosa (gluconeogénesis, Capítulo 13).

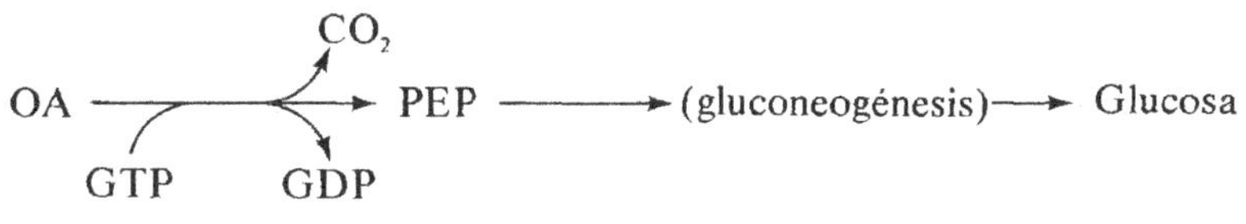

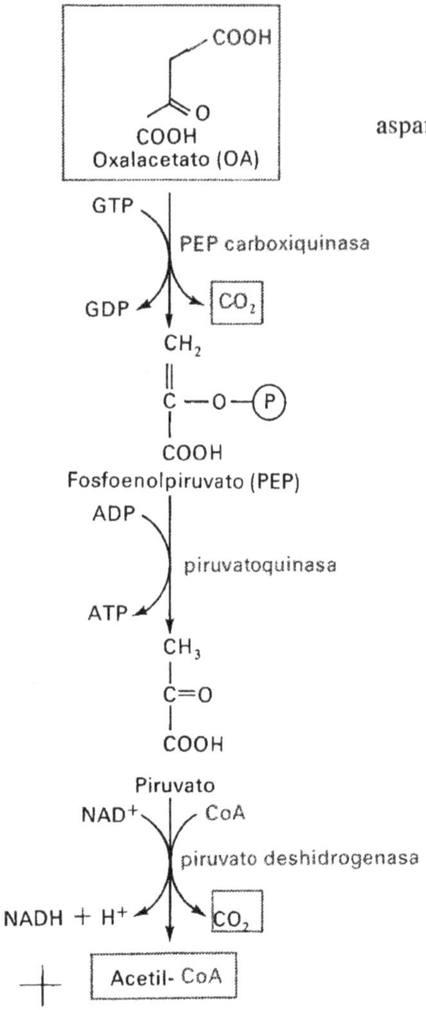

Figura 12.2
Vía para la utilización de los intermediarios del ciclo de Krebs como combustibles del propio ciclo.

Otra circunstancia fisiológica es la que ocurre cuando se presenta un déficit relativo de oxalacetato, con lo cual la primera reacción del ciclo (condensación de oxalacetato con acetilo) no funciona a la velocidad adecuada. En este caso, se precisa sintetizar más oxalacetato, lo cual tiene lugar mediante las llamadas **vías anapleróticas** (*de relleno*), a partir de aminoácidos o de piruvato:

$$\text{aspartato} + \text{cetoácido} \underset{\text{transaminasa}}{\rightleftharpoons} \text{oxalacetato} + \text{aminoácido}$$

$$\text{Piruvato} + CO_2 \xrightarrow[\text{piruvato carboxilasa}]{\text{ATP} \;\; \text{biotina} \;\; \text{ADP} + P_i} \text{OA}$$

12.2. METABOLISMO DE LOS CUERPOS CETÓNICOS

En el capítulo anterior (11.7) hemos estudiado la β-oxidación de los ácidos grasos hasta acetil-CoA. Como acabamos de ver (12.1), en condiciones aerobias, los fragmentos acetilo se oxidan en el ciclo de Krebs. Sin embargo, cuando, por algún motivo, el ciclo de Krebs no funciona a la velocidad suficiente, el acetil-CoA procedente de los ácidos grasos se acumula, y en consecuencia, empieza a escasear el CoA libre necesario para la β-oxidación. En estas condiciones, se produce la condensación de dos moléculas de AcCoA para dar CoA libre y acetacetil-CoA.

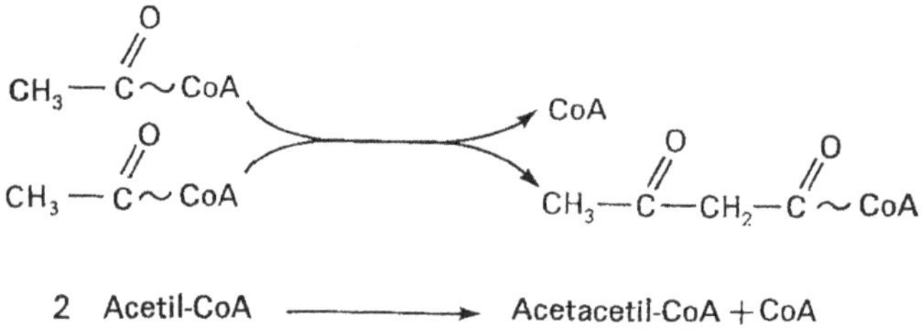

A su vez, el acetacetil-CoA condensa con una tercera molécula de AcCoA para dar un compuesto de seis carbonos (β-hidroxi-β-metilglutaril-CoA) y otro CoA libre. El compuesto de seis carbonos se desdobla en ácido acetacético libre y una molécula de AcCoA. El balance global equivale a la condensación de dos moléculas de acetil-CoA para formar ácido acetacético y dos CoA libres.

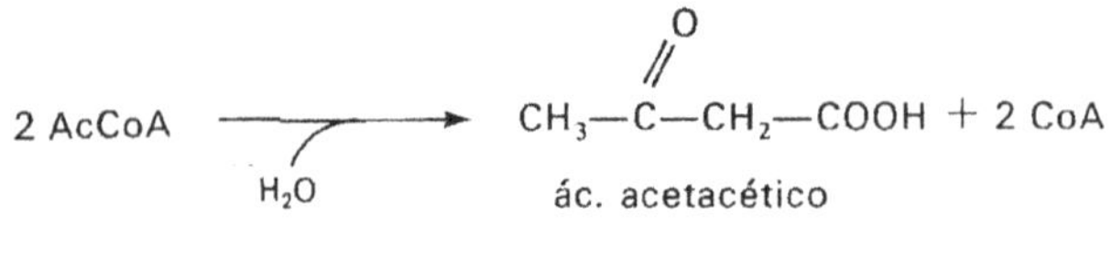

Parte del acetacético se descarboxila a acetona; y otra parte se reduce a ácido β-hidroxibutírico:

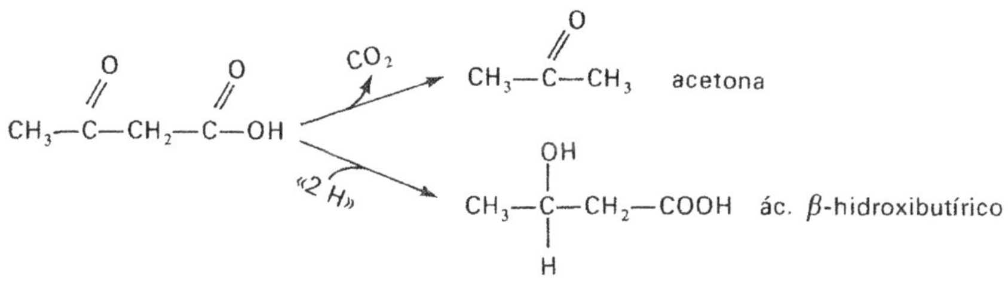

Estos tres compuestos, *acetacético, β-hidroxibutírico* y *acetona,* se conocen colectivamente como **cuerpos cetónicos.**

De lo anteriormente dicho se deduce que los cuerpos cetónicos se sintetizan en exceso (*cetosis*) cuando no se degradan azúcares en cantidad suficiente, y el déficit energético se compensa incrementando la β-oxidación de los ácidos grasos. En estas condiciones, no hay suficiente oxalacetato para iniciar el ciclo de Krebs con acetil-CoA, con lo que se produce la acumulación en este metabolito, ya mencionada. Debido al carácter ácido de los cuerpos cetónicos (acetacético, β-hidroxibutírico), la *cetosis* es una de las causas de *acidosis metabólica,* o producción excesiva de ácidos, **(2.3)**
que puede tener graves consecuencias. Entre las causas de cetosis (enfermos con «*acetona*») están el ayuno prolongado, los estados diarreicos y febriles, y las dietas adelgazantes carentes de azúcares; en todos estos casos se produce agotamiento de las reservas de glucógeno.

En la clínica, la cetosis se diagnostica por la presencia de cuerpos cetónicos en la orina (reacción de Legal) y en el aliento («olor a acetona»). La acidosis resultante origina descenso del pH sanguí- **(2.4.3)**
neo por agotamiento de los amortiguadores fisiológicos. Para compensar el descenso de pH, el organismo trata de aumentar la eliminación de CO_2 incrementando la ventilación pulmonar (*hiperpnea*). En consecuencia, el tratamiento de la cetosis requiere neutralizar el exceso de ácidos y activar el ciclo de Krebs, por ejemplo con citrato, o con glucosa y bicarbonato.

COMPLEMENTOS 12.1

UTILIZACIÓN DE LOS CUERPOS CETÓNICOS

Los cuerpos cetónicos, producidos por el hígado cuando escasea la glucosa, pueden ser utilizados por tejidos extrahepáticos. Son especialmente importantes las vías de incorporación de cuerpos cetónicos (ácidos acetacético y β-hidroxibutírico) al metabolismo lipídico, tanto en el tejido muscular como en el cerebral.

En situaciones de ayuno prolongado —a partir del tercer día— el cerebro y el músculo se habitúan al consumo de cuerpos cetónicos con la ayuda de un mínimo de glucosa que garantice la buena marcha del ciclo de Krebs. En la figura 12.3 se esquematiza la vía de incorporación de los cuerpos cetónicos al citado ciclo.

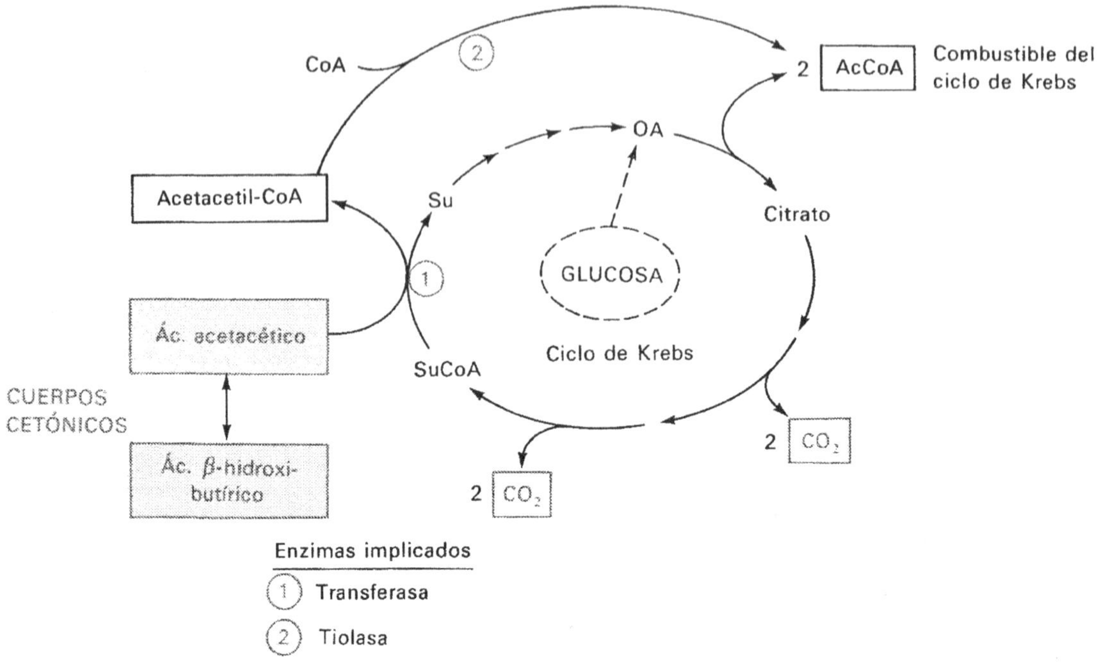

Figura 12.3
Metabolismo de los cuerpos cetónicos en los tejidos extrahepáticos.

12.3. ELIMINACIÓN DE NH_3: CICLO DE LA UREA

En 11.8.1, se comentó que el amoníaco procedente de la degradación de aminoácidos se eliminaba como tal (transportado en forma de glutamina) o previa conversión en *urea.* La formación de urea a partir de amoníaco libre es un proceso cíclico que consume energía, y se denomina **ciclo de la urea.** El hombre y numerosos animales terrestres sintetizan urea en el hígado como medio de eliminar el exceso de nitrógeno; en efecto, la urea es un producto mucho menos tóxico que el amoníaco, y además es muy soluble en agua, lo que permite su fácil eliminación por la orina.

El primer paso de esta vía metabólica (Fig. 12.4) consiste en la condensación de NH_3 libre con CO_2 para formar carbamilfosfato:

$$CO_2 + NH_3 + 2\ ATP \xrightarrow[\text{carbamilfosfato sintetasa}]{} H_2N{-}\overset{\overset{O}{/\!/}}{C}{-}O{-}Ⓟ + 2\ ADP + P_i$$

El carbamilfosfato se condensa a su vez con la ornitina (un aminoácido no proteico) y, a través de una serie de reacciones intermedias, se produce arginina. Por hidrólisis de este aminoáci-

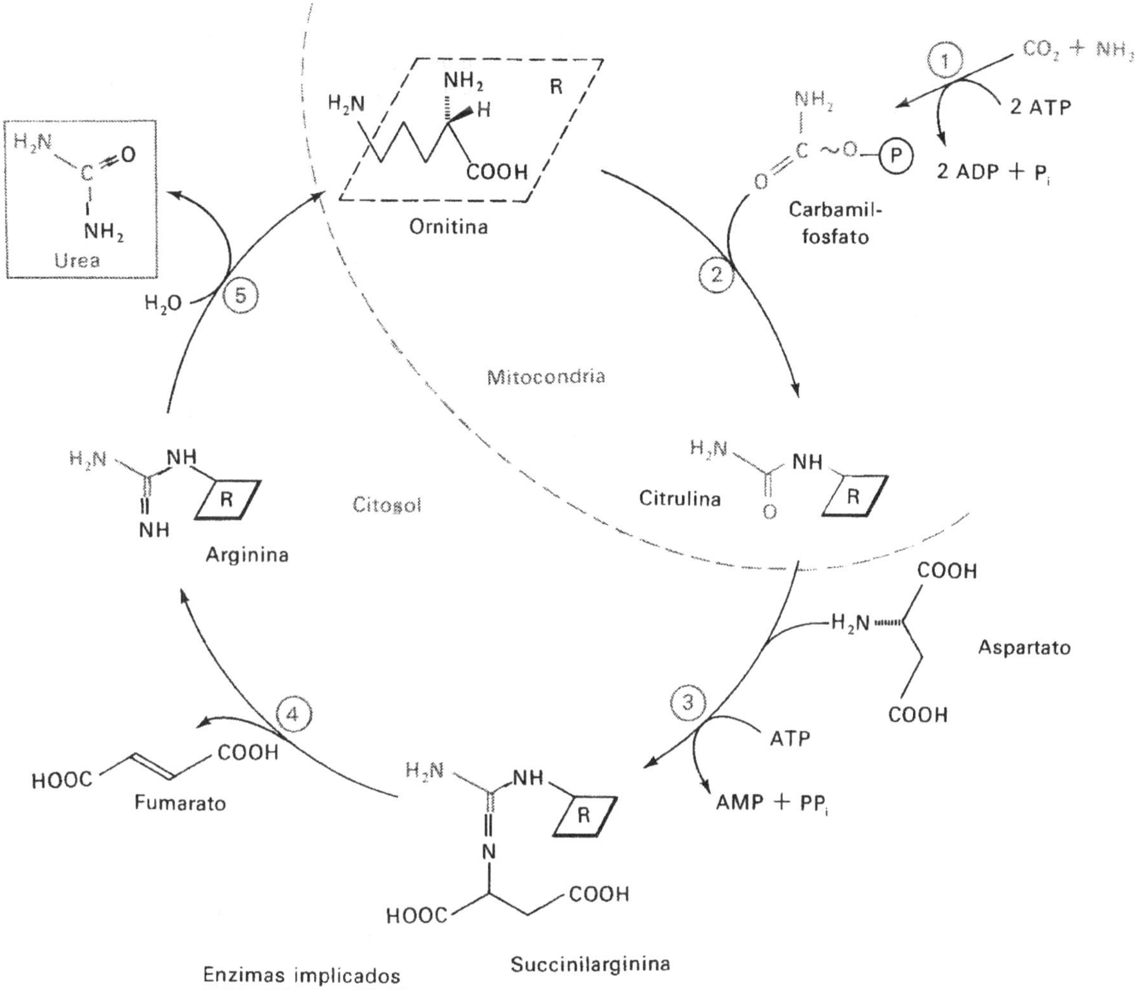

Enzimas implicados

1. carbamil-P-sintetasa
2. transcarbamilasa
3. succinilarginina sintetasa
4. succinilarginasa
5. arginasa

R = representa la ornitina (salvo el grupo amino)

Figura 12.4
Ciclo de la urea. Las reacciones 1 y 2 son mitocondriales y el resto tiene lugar en el citosol.

do se libera *urea* y se regenera ornitina, que puede comenzar un nuevo ciclo. Obsérvese que, de los dos átomos de nitrógeno de la urea, uno procede del amoníaco (y, por lo tanto, de reacciones de desaminación, 11.8.1) mientras que el otro se obtiene del aspartato, y, en consecuencia, de las reacciones de transaminación.

La determinación de urea en orina se utiliza en la clínica como un índice del catabolismo proteico.

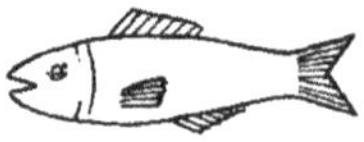

Amonotélico

Ureotélico

Uricotélico

COMPLEMENTOS 12.2

ANIMALES AMONOTÉLICOS, UREOTÉLICOS Y URICOTÉLICOS

El hombre elimina la mayor parte del nitrógeno, procedente de las proteínas, en forma de *urea:* es un animal *ureotélico.* Sin embargo, no todos los vertebrados proceden de la misma forma. Los peces óseos transportan el nitrógeno en forma de glutamina. Cuando la sangre pasa por las branquias la glutamina se desdobla en ácido glutámico y amoníaco libre que difunde al agua que las baña. Como la cantidad de agua disponible es ilimitada, el amoníaco prácticamente no se reabsorbe, ni alcanza concentraciones tóxicas en el medio. Estos peces son *amonotélicos.* Los anfibios en su edad infantil —renacuajos— son también amonotélicos. En su edad adulta, las ranas, al igual que la mayoría de los animales terrestres (entre ellos los mamíferos), son *ureotélicos.* La urea contiene mucho nitrógeno (más del 46%), es muy poco tóxica y muy soluble en agua. Aunque la síntesis de urea, a partir del amoníaco, es energéticamente costosa, la ventaja de su inocuidad y su fácil eliminación la convierten en ventajosa para los animales terrestres. Por último, las aves y muchos reptiles eliminan el nitrógeno en forma de ácido úrico: son *uricotélicos.* Si las aves eliminasen urea, el agua necesaria para disolver este metabolito les dificultaría el vuelo. Los reptiles del desierto también tendrían problemas para obtener esa agua. En cambio, el ácido úrico se expulsa en forma de cristalitos dispersos en una orina semisólida. Aunque la síntesis del ácido úrico es costosa, esta vía se justifica por el gran ahorro de agua que supone.

12.4. PRODUCCIÓN DE ATP EN CONDICIONES AEROBIAS: FOSFORILACIÓN OXIDATIVA

En las vías metabólicas que hemos estudiado hasta ahora se ha descrito la producción de ATP por fosforilación de ADP a nivel de sustrato (glicolisis anaerobia, succinil-CoA sintetasa del ciclo de Krebs). También hemos visto en estos procesos la formación de nucleótidos reducidos (NADH, NADPH, $FADH_2$). Los protones y electrones (*«equivalentes de reducción»*) de estos nucleótidos pueden utilizarse con fines biosintéticos (NADPH para la síntesis de lípidos) o bien para la producción de ATP en condiciones aerobias (NADH, $FADH_2$).

En este último caso, los protones y electrones de estos coenzimas reducidos se ceden al oxígeno, para formar agua.

$$2\,H^+ + 2\,e^- + {}^1/_2O_2 \rightarrow H_2O \qquad (\Delta G'^\circ = -56{,}7 \text{ kcal/mol})$$

Esta reacción, altamente exoergónica, se acopla a la reacción endoergónica de fosforilación del ADP:

$$ADP + P_i \rightarrow ATP + H_2O \qquad (\Delta G'^\circ = +7{,}3 \text{ kcal/mol})$$

El conjunto de ambos procesos acoplados se conoce como **fosforilación oxidativa,** y tiene lugar en la *mitocondria* o en la membrana plasmática de las bacterias aerobias.

La fosforilación oxidativa requiere:

(a) *Un compartimento cerrado por una membrana impermeable a los protones* (citoplasma bacteriano o matriz mitocondrial).

(b) *Un conjunto de transportadores de protones y electrones dispuesto ordenadamente en el seno de la membrana (cadena respiratoria).* La organización de estos transportadores (de naturaleza proteica) es tal que, al tiempo que se transfieren los electrones unos a otros, son capaces de bombear protones unidireccionalmente, hacia el exterior de la bacteria o de la mitocondria.

(c) *Una ATP sintetasa* (llamasa equívocamente *ATPasa*) que funciona acoplada al flujo de protones que regresan al interior de la bacteria o la mitocondria (Fig. 12.5).

La cadena respiratoria, o cadena transportadora de electrones, toma protones y electrones de los coenzimas reducidos (NADH y $FADH_2$) y los transfiere al oxígeno, al tiempo que los coenzimas se reoxidan. La cadena respiratoria consta de cuatro complejos de naturaleza proteica (oxidorreductasas) y dos transportadores intermedios: coenzima Q y citocromo c.

El complejo I acepta H^+ y e^- del NADH, mientras que el complejo II oxida el $FADH_2$. Tanto el complejo I como el II ceden sus electrones al coenzima Q, y éste al complejo III. El complejo III reduce a su vez al complejo IV a través del citocromo c, y finalmente el complejo IV cede los electrones al oxígeno para formar agua. Este flujo electrónico va acompañado de un flujo de protones del interior al exterior del compartimento. El paso de dos electrones desde el complejo I hasta el oxígeno se acompaña de la salida de 6 H^+, mientras que el mismo número de electrones que entra en la cadena a nivel del complejo II produce la salida de 4 H^+.

En conclusión, la reducción de O_2 a H_2O por mediación de la cadena respiratoria produce un gradiente de protones a través de la membrana mitocondrial o bacteriana.

Debido a este gradiente, los protones del exterior experimentan una cierta tendencia a volver al interior del compartimento. Como la membrana es impermeable a los protones, la entrada de éstos se produce únicamente a través de la ATP sintetasa que es en realidad una proteína transportadora de H^+. El flujo de protones a favor de gradiente es un proceso exoergónico ($\Delta G < 0$), y la energía de Gibbs liberada se utiliza en parte para la fosforilación del ADP, que se convierte en ATP. Se genera 1 ATP por cada 2 H^+ que atraviesan la membrana; así pues, la reoxidación de 1 NADH se acompaña de la biosíntesis de 3 ATP, mientras que la de 1 $FADH_2$ origina sólo 2 ATP.

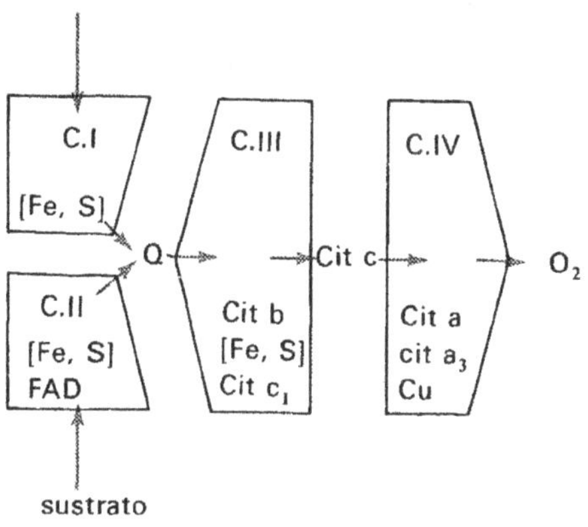

Flujo de electrones (→) entre los complejos (C.) de la cadena respiratoria

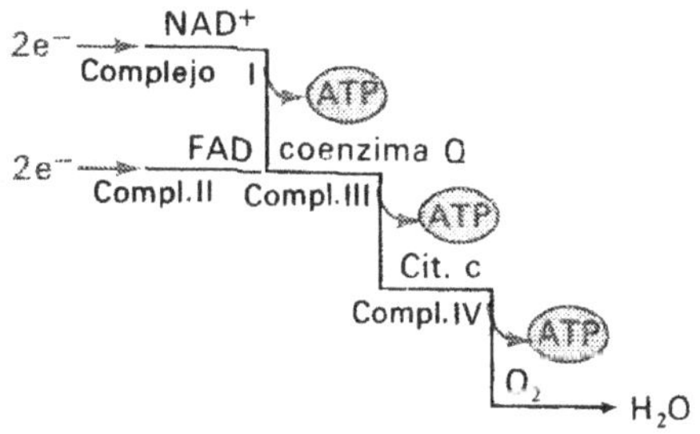

Los electrones sufren unos saltos energéticos al fluir por la cadena respiratoria. Si inicialmente son aceptados por el NAD^+, se producen 3 ATP por cada pareja de electrones, pero si son aceptados por el FAD, sólo se producen 2 ATP.

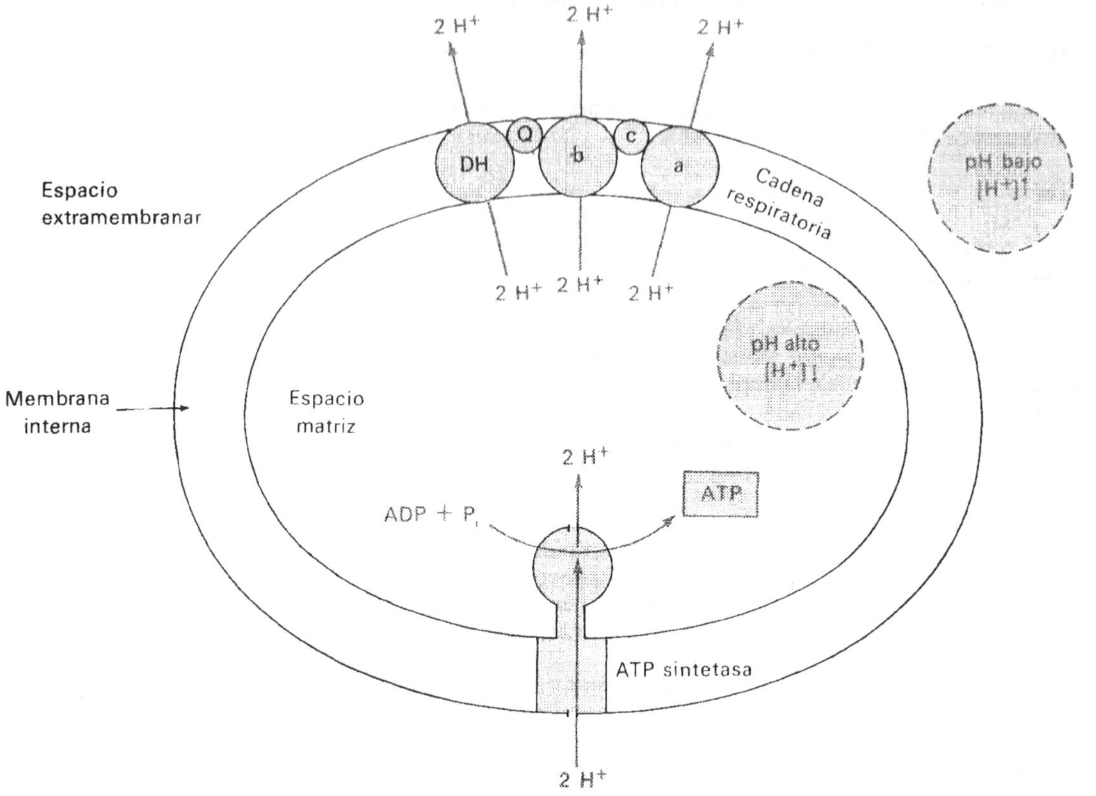

Figura 12.5
Representación esquemática del acoplamiento quimioosmótico en la mitocondria. La cadena respiratoria extrae protones del espacio matriz y crea un gradiente. Estos protones regresan a través de la ATP sintetasa posibilitando la síntesis de ATP.

La *fosforilación oxidativa* se altera:

(a) *Por inhibición del transporte electrónico.* El cianuro (CN^-), el monóxido de carbono (CO), y algunos antibióticos (rotenona, antimicina) bloquean la cadena respiratoria al unirse irreversiblemente a alguno de los complejos.

(b) *Por inhibición de la ATP sintetasa.* Este es el mecanismo de acción de algunos antibióticos como la oligomicina.

(c) *Por desacoplamiento de la oxidación y la fosforilación.* En estas condiciones, la cadena respiratoria reduce el oxígeno a H_2O, pero no se produce síntesis de ATP. Toda la energía se disipa en forma de calor. Éste es un mecanismo importante para la producción de calor en el organismo (*termogénesis*), sobre todo en algunos tejidos especializados («*grasa parda*»). En estos tejidos hay *ionóforos* (permeasas) para H^+ distintos de la ATP sintetasa, con lo que el gradiente se «descarga» sin fosforilación concomitante de ADP. Algunos *antibióticos desacoplantes* actúan de manera parecida a estos ionóforos descargando el gradiente de H^+.

12.5. PERMEABILIDAD SELECTIVA DE LA MEMBRANA INTERNA MITOCONDRIAL. SUS CONSECUENCIAS METABÓLICAS

La membrana interna mitocondrial es impermeable no sólo a los protones sino en general a la mayor parte de los metabolitos.

12.5.1. Permeasas

Las sustancias que atraviesas esta membrana lo hacen en general por medio de **permeasas,** o *proteínas transportadoras específicas.* Existen un buen número de estas permeasas, como la que intercambia $H_2PO_4^-$ por OH^-, o las que transportan ácidos di y tricarboxílicos. La mejor estudiada de estas proteínas es la llamada *ADP/ATP translocasa,* que simultáneamente saca ATP al citosol e introduce ADP en la matriz mitocondrial. Así se consigue suministrar al citosol la energía química necesaria para los diversos procesos endoergónicos, al tiempo que se proporciona a la mitocondria materia prima para la fosforilación (ADP). Nótese que la translocasa requiere para su función la presencia simultánea de ATP en la cara interna y de ADP en la cara externa de la membrana. Éste es un ejemplo claro del papel de las permeasas de la membrana interna en la armonización de los procesos metabólicos dentro y fuera de la mitocondria.

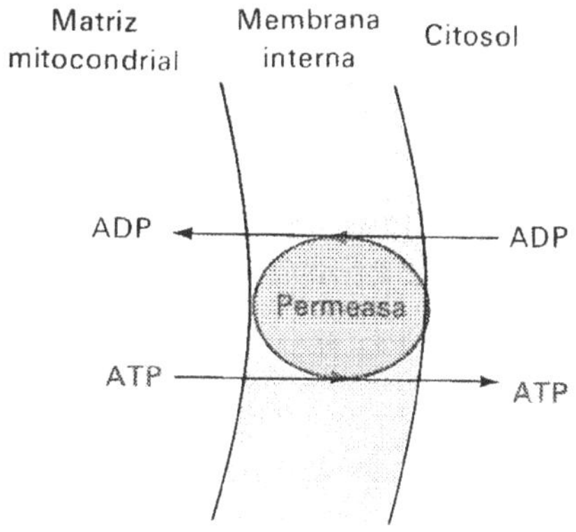

Acción de la ADP/ATP translocasa

12.5.2. Transporte de ácidos grasos

No siempre el paso a través de la membrana se produce mediante una permeasa. En el caso de los ácidos grasos esterificados al coenzima A en el citosol, sólo atraviesa la membrana el radical acilo, para lo cual se une temporalmente a una molécula de carnitina (11.7). Resulta así que el coenzima A mitocondrial nunca se intercambia con el citosólico.

12.5.3. Paso de equivalentes de reducción al interior de la mitocondria

En otros casos, la molécula sufre una transformación química para convertirse en una especie química permeable, o sea, que dispone de un transportador específico. Una vez atravesada la membrana, la molécula experimenta la transformación inversa.

Este procedimiento se emplea para introducir en la mitocondria equivalentes de reducción producidos durante la glicolisis en el citosol. En efecto la reacción:

$$\text{Glucosa} + 2\,NAD^+ \rightarrow 2\text{ piruvato} + 2\,NADH + 2\,H^+$$

supone la reducción de dos moléculas de NAD^+ por molécula de glucosa metabolizada. El nucleótido se reoxida, en condiciones anaerobias, reduciendo el piruvato a lactato:

$$\text{Piruvato} + NADH + H^+ \xrightarrow[\text{lactato deshidrogenasa}]{} \text{lactato} + NAD^+$$

En condiciones aerobias, el NADH se reoxida, naturalmente por la acción de la mitocondria. Ahora bien, al ser la membrana interna impermeable a los nucleótidos, el NADH cede sus electrones a la mitocondria de manera indirecta, a través de la dihidroxiacetona fosfato:

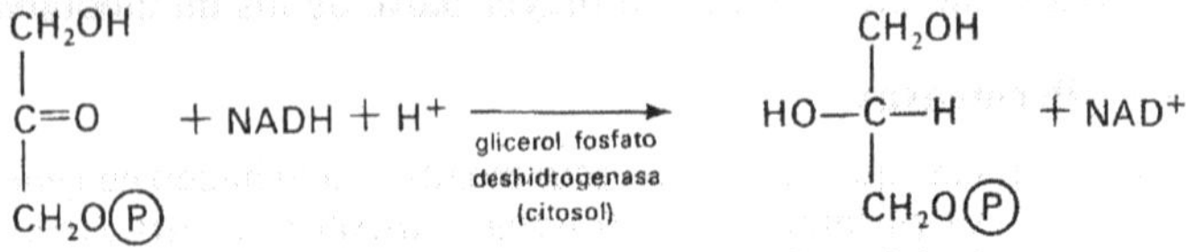

dihidroxiacetona fosfato — glicerol fosfato

Esta reacción está catalizada por un enzima soluble del citosol, llamado *glicerol fosfato deshidrogenasa*. El glicerol fosfato así formado se oxida inmediatamente por acción de la *glicerol fosfato deshidrogenasa mitocondrial,* un enzima de la membrana interna, asociado a las flavoproteínas del complejo II:

$$\text{glicerol-3-fosfato} + \text{FAD} \xrightarrow[\text{(mitocondria)}]{\text{glicerol fosfato deshidrogenasa}} \text{dihidroxiacetona fosfato} + \text{FADH}_2$$

El resultado final es la transferencia de 2 H^+ y 2 electrones del citosol a la cadena respiratoria. Obsérvese que, como estos equivalentes de reducción, a pesar de proceder del NADH, entran en la cadena respiratoria a nivel de las flavoproteínas (complejo II), sólo permiten la síntesis de 2 ATP, y no de los 3 que habitualmente se producen por oxidación de NADH mitocondrial.

Existen otras secuencias de reacciones mitocondriales y citosólicas que permiten la transferencia de equivalentes de reducción de uno a otro compartimento, como la basada en la reducción reversible de oxalacetato a malato.

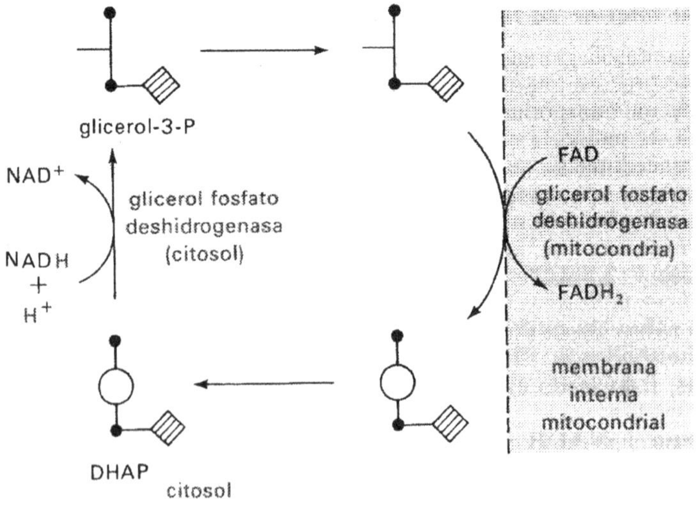

12.6. BALANCE ENERGÉTICO DE LAS VÍAS DEGRADATIVAS

Los datos expuestos hasta ahora nos permiten evaluar el rendimiento energético de la degradación de las diversas biomoléculas. A título de ejemplo, estudiaremos aquí algunas moléculas representativas.

12.6.1. Glucosa y otros azúcares

La glucosa se degrada en dos etapas, una anaerobia y otra aerobia. En la primera, cada molécula de glucosa produce 2 ATP, 2 NADH y 2 moléculas de piruvato. En la mitocondria, el piruvato pasa a acetil-CoA, produciendo 1 NADH/molécula de piruvato (o sea 2 NADH/molécula de glucosa) (11.3).

En el ciclo de Krebs, cada acetil-CoA produce en una vuelta completa del ciclo, 2 moléculas de CO_2, 1 GTP (equivalente a 1 ATP), 3 NADH y 1 $FADH_2$ (12.1).

En la fosforilación oxidativa, cada NADH mitocondrial produce 3 ATP, y cada $FADH_2$, o NADH citosólico, produce 2 ATP. Como resultado, *en el ciclo de Krebs cada acetil-CoA produce 12 ATP,* uno de ellos (GTP) por fosforilación a nivel de sustrato. En consecuencia, la molécula de glucosa produce en su oxidación completa 36 ATP.

2 ATP	(glicolisis anaerobia)
2 ATP	(GTP del ciclo de Krebs)
4 ATP	(NADH citosólico)
6 ATP	(deshidrogenación de piruvato)
18 ATP	(NADH mitocondrial)
4 ATP	($FADH_2$ mitocondrial)

Total: 36 ATP/molécula de glucosa

El balance energético de la oxidación completa de otros azúcares se puede calcular de manera similar siguiendo las vías metabólicas. Así, la fructosa o la galactosa también dan 36 ATP. El glicerol consume 1 ATP para dar glicerol fosfato y produce 1 $FADH_2$ al convertirse en dihidroxiacetona fosfato, que se incorpora a la glicolisis; en consecuencia, su oxidación completa libera 20 ATP (figura 12.6).

12.6.2. Oxalacetato

El oxalacetato se oxida por completo dando 4 moléculas de CO_2. Para ello sufre dos descarboxilaciones fuera del ciclo de Krebs, hasta dar acetil-CoA. Éste sufre otras dos descarboxilaciones en el ciclo con lo que se completa la oxidación. **(12.1)**

$$\text{Oxalacetato} \xrightarrow[\searrow CO_2]{(-1\ ATP)} \text{fosfoenolpiruvato} \xrightarrow{(+1\ ATP)} \text{piruvato} \xrightarrow[\searrow CO_2]{(+3\ ATP)} \text{Ac-CoA}\ (+12\ ATP)$$

Se observa por lo tanto que en la oxidación completa del oxalacetato se pueden producir 15 ATP, igual que al oxidar el piruvato.

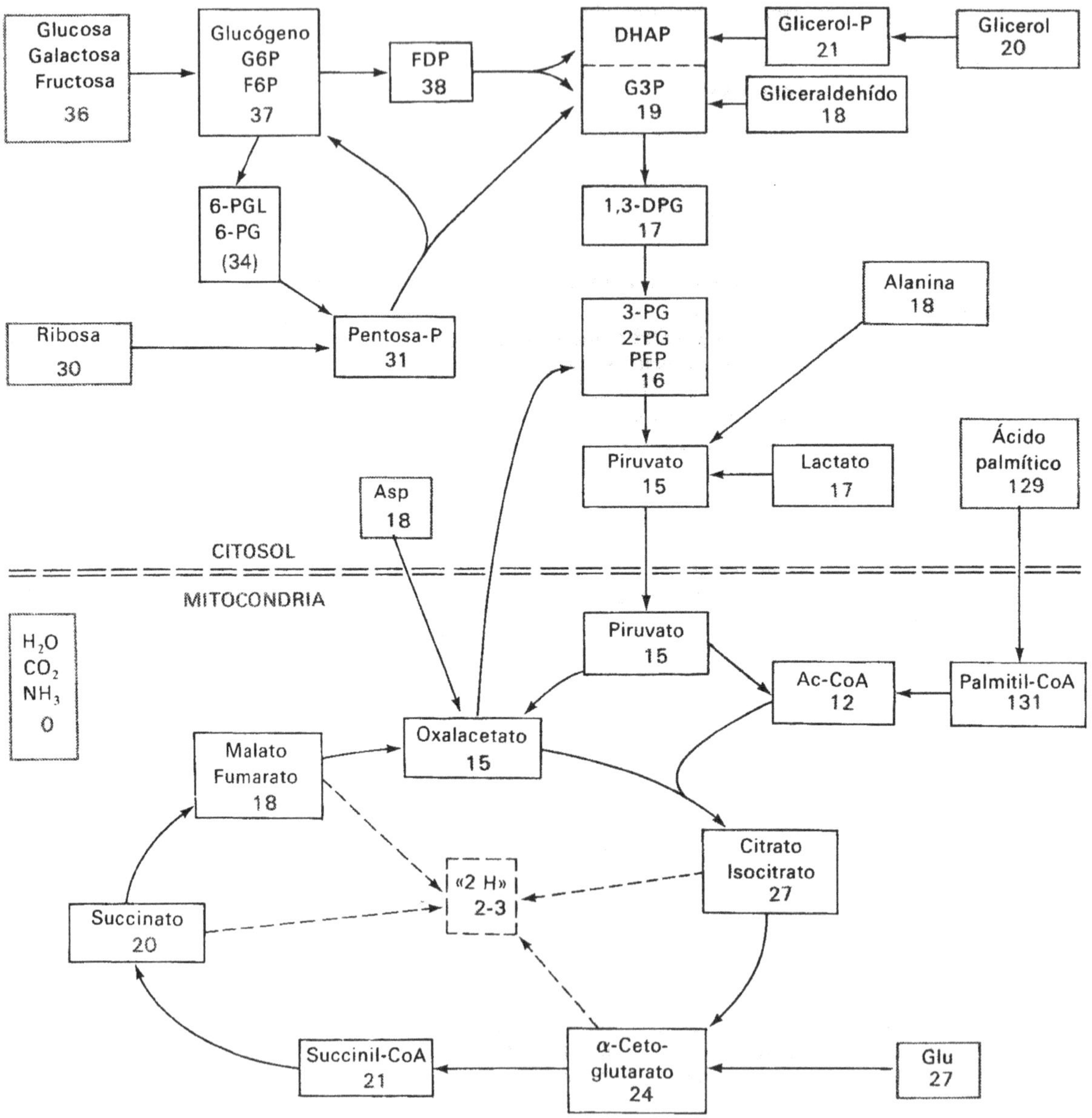

Figura 12.6
Número máximo de ATPs (en rojo) que pueden obtenerse en la oxidación completa de cada metabolito, en músculo o cerebro.

De igual manera se pueden calcular los ATP producidos por cualquier intermediario del ciclo de Krebs (Fig. 12.6).

12.6.3. **Ácido palmítico**

Para su degradación, el ácido palmítico debe convertirse primero en palmitil-CoA, consumiendo el equivalente de 2 ATP. El pal- **(11.7)**
mitil-CoA (16 carbonos oxidables) da origen a 8 fragmentos de acetilo, a través de 7 vueltas a la espiral de la β-oxidación:

Palmitil-CoA   Acetil-CoA

En cada vuelta se produce 1 NADH y 1 $FADH_2$, es decir, el equivalente a 5 ATP. Por lo tanto, la β-oxidación del ácido palmítico genera $5 \times 7 = 35$ ATP. A éstos hay que añadir los $8 \times 12 =$ $= 96$ ATP liberados por los 8 fragmentos acetilo en el ciclo de Krebs.

Por lo tanto, la oxidación completa del ácido palmítico origina $35 + 96 - 2 = 129$ ATP.

12.6.4. **Glutamato**

Ya hemos mencionado que el glutamato es el receptor final de casi todos los grupos amino de los aminoácidos. El glutamato, a su vez, experimenta una desaminación oxidativa en la mitocondria (11.8.1) con reducción de NAD^+ a NADH. Se liberan así 3 ATP, y queda disponible para su oxidación el esqueleto carbonado, es decir, el α-cetoglutarato. En la figura 12.6 se muestra que este compuesto libera por oxidación 24 ATP, con lo que por cada molécula de glutamato aparecerán 27 ATP. Téngase en cuenta que aquí hemos considerado que el NH_3 se libera como tal. Si el amoníaco se eliminase en forma de urea, sería necesario considerar las relaciones energéticas de este ciclo (12.3).

12.7. PATOLOGÍA DE LAS VÍAS METABÓLICAS DEGRADATIVAS

Las causas más frecuentes de alteración del catabolismo son la carencia de cofactores esenciales de naturaleza vitamínica, la presencia de tóxicos y las anomalías en los enzimas implicados.

Así, por ejemplo, la carencia de *tiamina* impide la formación de tiamina pirofosfato, uno de los cofactores de la piruvato deshidrogenasa. Esta carencia origina la enfermedad conocida **(Cap. 18)**
como *beri-beri*.

Entre los tóxicos citaremos el *ácido arsénico* (H_3AsO_4), que actúa como análogo del fosfórico, desacoplando la fosforilación oxidativa al no poder unirse al ADP. Los arsenitos se unen irreversiblemente al ácido lipoico, bloqueando este cofactor de la piruvato deshidrogenasa. A este respecto cabe recordar también los *inhibidores de la cadena respiratoria*, CN^-, CO, etc., ya men- **(12.4)**
cionados. Algunas plantas venenosas contienen *fluoroacetato*, que da origen a fluorocitrato y bloquea el ciclo de Krebs.

Los trastornos de origen enzimático pueden deberse o bien a la
carencia o disfunción absoluta de un enzima (*galactosemia con-*
(4.5) *génita, fenilcetonuria, albinismo,* que ya fueron comentadas ante-
(6.6) riormente) o bien a la existencia de enzimas funcionales, sólo en
determinadas condiciones. Así, en el *síndrome de Wernicke-*
(11.5) *Korsakoff,* la *transcetolasa* de la vía de las pentosas requiere nive-
les anormalmente altos de tiamina pirofosfato para su correcto fun-
cionamiento. Otro ejemplo es la sensibilidad de algunos indivi-
duos a los *fármacos antipalúdicos (primaquina);* en estos enfer-
(11.5) mos la primaquina altera la *glucosa-6-fosfato deshidrogenasa* con
lo que se inhibe la vía de las pentosas fosfato. Esta vía es particularmente importante en el hematíe, y su inhibición es causa de una especial fragilidad de la membrana del glóbulo rojo, con lo que se producen *anemias hemolíticas.* La deficiencia de determinados enzimas implicados en el metabolismo de los lípidos es origen de diversas *lipidosis,* algunas de las cuales están descritas en el capítulo 5. Análogamente, en el capítulo 8 se describe una *glucogenosis* de origen lisosómico. Existen diversos tipos de glucogenosis, según el enzima anómalo o disfuncional. Aunque estas enfermedades son más bien raras conviene tenerlas en cuenta, sobre todo en *pediatría.* La relación completa de los trastornos enzimáticos del catabolismo se haría interminable; basten como ejemplo los casos citados.

Se comprende fácilmente que el conocimiento bioquímico de las causas de los trastornos (carencia de una vitamina, presencia de un tóxico, lesión por un fármaco, anomalía de un enzima, etc.) es el primer paso, a menudo indispensable, para el tratamiento adecuado del síndrome producido.

CUESTIONES Y PROBLEMAS

12.1. Utilizando los esquemas de este capítulo, enumerar los enzimas necesarios para convertir una molécula de citrato en malato.

12.2. Enumerar los enzimas necesarios para la oxidación completa de una molécula de oxalacetato, hasta 4 de CO_2.

12.3. En estados febriles, al agotarse el glucógeno y no ingerir alimento, se produce un exceso de cuerpos cetónicos. Señalar qué tipo de biomoléculas se estan degradando para originarlos.

12.4. Cuando faltan azúcares, el ciclo de Krebs se mantiene mediante consumo de aminoácidos que sufren transaminación o desaminación. Enumerar los aminoácidos que más directamente pueden originar intermediarios del ciclo de Krebs o bien piruvato.

12.5. En los tejidos muscular y nervioso el ácido acetacético se utiliza, pasando a acetacetil-CoA y siguiendo la β-oxidación, mediante la colaboración del enzima *CoA transferasa.*

$$\text{Ac. acetacético} + \text{succinil-CoA} \xrightarrow[\text{CoA transferasa}]{} \text{acetacetil-CoA} + \text{ac. succínico}$$

Señalar a qué paso del ciclo de Krebs podrá acoplarse esta reacción.

12.6. La urea presente en la orina aumenta cuando se ingiere una dieta rica en proteínas. Cuando no se ingiere alimento alguno también aparece urea en orina. Razonar a qué puede ser debida.

12.7. En la insuficiencia hepática aumenta la cantidad de amoníaco libre en orina y disminuye la de urea. Indicar las causas de esta desviación.

12.8. Dos jóvenes inconformistas llevan 10 días en huelga de hambre. El primero sólo ingiere un litro de agua al día. El segundo también ingiere un litro de agua pero disuelve en ella 100 g de azúcar. Indicar los niveles relativos de urea y cuerpos cetónicos en la orina de ambos. Razonarlo.

12.9. El ión cianuro (CN^-) se une a los citocromos del complejo IV de la cadena respiratoria, cuando el hierro está en forma férrica y el CO se une a ellos cuando el hierro está en forma ferrosa. En ambos casos se bloquea el flujo de electrones. La *azida* (N_3^-) también es un veneno respiratorio. Señalar cual será su acción bioquímica concreta.

12.10. En el organismo hay muchísima más hemoglobina que citocromos. Cuando se ha ingerido cianuro, para evitar los efectos letales de este veneno, se procura oxidar una buena parte de la hemoglobina ferrosa a férrica. Por qué se procede de esta forma.

12.11. El antibiótico *valinomicina* es un péptido circular que se adhiere a la membrana mitocondrial y origina un poro por el que pasan fácilmente los iones. Analizar qué efecto tendrá sobre el acoplamiento oxidación-fosforilación.

12.12. Las hormonas tiroideas (T_3 y T_4) a dosis elevadas desacoplan la fosforilación oxidativa y aumentan el consumo de oxígeno. Razonar qué efecto tendrán sobre la temperatura corporal.

12.13. De acuerdo con la figura 12.6, calcular el número de ATPs que se pueden liberar en la conversión del glicerol en lactato.

12.14. Con los datos de la figura 12.6, averiguar el número de ATPs que se liberan en la transformación de una glucosa del glucógeno en dos moléculas de lactato.

12.15. Calcular el número de ATPs que se liberan en la reacción

$$\text{Glutamato} + \tfrac{3}{2}\,O_2 \rightarrow \text{Aspartato} + CO_2 + H_2O$$

12.16. El ácido malónico ($HOOC-CH_2-COOH$) es un análogo estructural del ácido succínico y se comporta bloqueando el ciclo de Krebs. Averiguar qué enzima del ciclo puede bloquear, y por qué lo bloquea.

12.17. Se conocen diversas enfermedades metabólicas en las que está alterado algún enzima del ciclo de la urea y cursan con valores elevados de amoníaco en sangre y en orina. Estos enfermos pueden sufrir lesiones cerebrales. Indicar cómo debe modificarse la proporción azúcares/proteínas en la dieta de estos pacientes y razonarlo.

12.18. El transporte de equivalentes de reducción desde el citosol a la mitocondria, descrito en 12.6.1, requiere la «*lanzadera*» del glicerol fosfato, que permite obtener 2 ATP/2H transportados. Esto ocurre en músculo y cerebro que consumen el 75% de la glucosa total. En otros tejidos —hígado, corazón y riñón, que consumen el 20% de la glucosa— la «*lanzadera*» utilizada es oxalacetato-malato, que libera 3 ATP/2H transportados. Calcular el número máximo de ATP que liberarían una molécula de glucosa o de lactato oxidadas totalmente en el hígado.

PRÁCTICAS DE LABORATORIO

12.1. Reconocimiento de cuerpos cetónicos en la orina

Los cuerpos cetónicos en la orina, resultado de la descompensación del metabolismo de los lípidos, se pueden reconocer fácilmente por la prueba de Legal, basada en una coloración roja que desarrollan los cuerpos cetónicos con nitroprusiato, en medio ácido.

A 5 ml de orina problema se añaden unas gotas de disolución de nitroprusiato al 5% (recién preparada) y se alcaliniza con NaOH al 10% gota a gota. El color rojo que se forma no es específico. Se añade ácido acético glacial y se observa, si no hay cuerpos cetónicos, que el color rojo desaparece, y, si los hay, que se intensifica.

12.2. Determinación de urea en plasma

La urea, que suele acumularse en casos de insuficiencia renal, puede medirse en el plasma de varias maneras. La ureasa, por ejemplo, transforma cuantitativamente la urea en carbonato de amonio.

$$\underset{\text{urea}}{CO(NH_2)_2} + 2\ H_2O \xrightarrow[\text{ureasa}]{} \underset{\text{carbonato de amonio}}{(NH_4)_2CO_3}$$

El amoníaco formado puede destilarse y valorarse por el método de Kjeldahl, o determinarse colorimétricamente mediante la reacción de Nessler.

A 1 ml de plasma se añade 1 ml de disolución del enzima ureasa y una gota de amortiguador de fosfatos (14,2 g de Na_2HPO_4 y 12 g de NaH_2PO_4 en 100 ml). Se deja 15 minutos a temperatura ambiente. Se transfiere a un matraz aforado de 100 ml y se añaden unos 75 ml de agua.

Se prepara un patrón de $(NH_4)_2SO_4$ y se trata del mismo modo. Se añaden a cada matraz 10 ml de reactivo de Nessler (4 g de KI + 4 g de HgI_2 + 1,75 g de goma Ghatti en 100 ml). Se agregan 10 gotas de disolución saturada de tartrato sódico-potásico para disminuir la turbidez. Se aforan los dos matraces a 100 ml y se miden en un fotocolorímetro las intensidades de color del plasma problema y del patrón (a 490 nm).

CAPÍTULO **13**

VÍAS METABÓLICAS BIOSINTÉTICAS (I)

13.1 ALMACENAMIENTO DE LA GLUCOSA: GLUCÓGENO

Las células almacenan como sustancias de reserva azúcares o lípidos, pero no proteínas ni ácidos nucleicos. En el hombre, el azúcar que se almacena con preferencia es un polímero de la glucosa: el glucógeno. Entre las razones que explican el almacenamiento de glucógeno, y no de glucosa libre, citaremos: **(4.2.4)**

- El espacio celular que ocupa una molécula de glucógeno es bastante inferior al que ocuparían las moléculas de glucosa que la integran si se hallaran sueltas en la célula.

• Como la presión osmótica depende del número de moléculas en disolución, y no de su tamaño, una molécula de glucógeno apenas modifica la presión osmótica del citosol, mientras que el mismo peso de azúcar en forma de glucosa la aumentaría extraordinariamente.

• Tanto el almacenamiento de glucosa, en forma de glucógeno, como la hidrólisis de este polímero, son procesos cuidadosamente regulados metabólicamente. Así pues, la existencia del glucógeno ofrece una posibilidad más de regular el metabolismo.

La regulación de la biosíntesis y degradación del glucógeno constituye un único proceso, altamente integrado. Así pues, vamos a estudiar de una manera global los aspectos catabólicos y anabólicos de este proceso.

13.1.1. **Biosíntesis de glucógeno**

La digestión de numerosos alimentos (cereales, legumbres, fruta) origina grandes cantidades de glucosa. Como veremos más adelante (cap. 18) este azúcar se absorbe en el intestino, pasa a la sangre y llega al hígado, donde, en caso de no ser utilizado de inmediato, se convierte en glucógeno.

Para almacenarse en forma de glucógeno, la glucosa se convierte en glucosa-6-fosfato, según la reacción estudiada en
(11.2.1) relación con la glicolisis anaerobia. A continuación, la *fosfoglucomutasa* cambia la posición del fosfato de C-6 a C-1:

$$\text{glucosa-6-fosfato} \underset{\text{fosfoglucomutasa}}{\rightleftharpoons} \text{glucosa-1-fosfato}$$

La glucosa-1-fosfato es el verdadero precursor de las unidades glucosa del glucógeno. El proceso de biosíntesis (Fig. 13.1) supone una primera fase de «activación» de la glucosa-1-fosfato, que se convierte en uridindifosfoglucosa (UDPG) y una segunda fase, de alargamiento, que consiste en transferir la unidad glucosa del UDPG al extremo 4 (no reductor) de una cadena preexistente de glucógeno cebador, que puede ser muy corta. El enzima alargador se llama *glucógeno sintasa*, y es objeto de regulación cuidadosa, como veremos en seguida:

$$\text{UDPG} + (\text{glucógeno})_n \rightarrow \text{UDP} + (\text{glucógeno})_{n+1}$$

Por lo tanto la introducción de una unidad glucosa en una molécula de glucógeno requiere el consumo de *dos enlaces ricos en energía:* 1 ATP y 1 UTP (Fig. 13.1).

El glucógeno es un polímero de la glucosa altamente ramificado: además de enlaces ($1\ \alpha \rightarrow 4$) posee enlaces ($1\ \alpha \rightarrow 6$). Las ramificaciones se consiguen por la acción de otro enzima, *transglucosidasa* o enzima ramificante, que transfiere una serie de 7-8 glucosas desde el extremo no reductor de la molécula hasta el carbono 6 de otra unidad glucosa (ver Fig. 13.1). Por la acción repetida de los enzimas alargador y ramificante, se obtienen las moléculas de glucógeno, que constituyen gránulos citoplasmáticos visibles incluso con el microscopio óptico.

El hígado, como regulador de la glucemia, almacena glucógeno para su utilización, en forma de glucosa, en todos los demás tejidos.

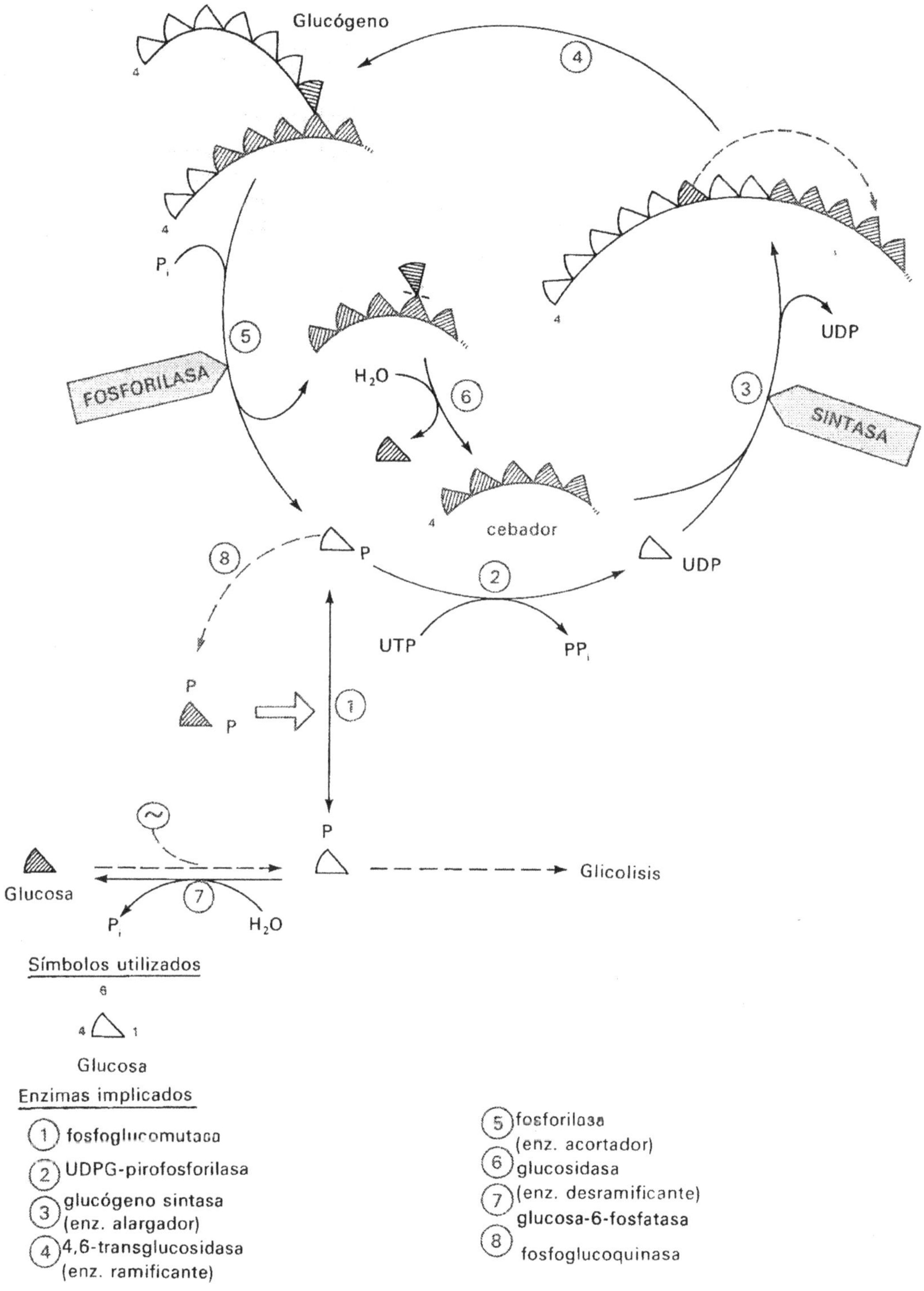

Figura 13.1
Reacciones implicadas en la síntesis y degradación del glucógeno. Cada unidad de glucosa se representa por un sector circular.

Además, hay tejidos que almacenan glucógeno para su propio metabolismo: es el caso del músculo esquelético y cardiaco, el riñón, y, en menor escala, el cerebro.

13.1.2. **Degradación del glucógeno**

El glucógeno se degrada fundamentalmente por la acción de los enzimas acortador (*glucógeno fosforilasa*) y desramificante (*glucosidasa*) (Fig. 13.1). Obsérvese que el enzima acortador no produce glucosa libre sino glucosa-1-fosfato: no es una hidrolasa, sino una fosforilasa.

$$(\text{Glucógeno})_n + P_i \rightarrow (\text{Glucógeno})_{n-1} + \text{G 1 P}$$

La glucosa-1-fosfato se incorpora fácilmente a la vía glicolítica, por medio de la *fosfoglucomutasa*. Sin embargo, el paso de glucosa-6-fosfato a glucosa libre requiere la acción de un nuevo enzima, la *glucosa-6-fosfatasa*.

$$\text{Glucosa-6-fosfato} + H_2O \xrightarrow[\text{glucosa-6-fosfatasa}]{} \text{glucosa} + P_i$$

Este enzima se halla presente en el hígado, víscera que suministra glucosa a la sangre, pero falta en otros tejidos, como el músculo, de modo que en estos casos el glucógeno sólo puede ser metabolizado por la célula que lo posee. Nótese que cuando se utiliza el glucógeno para la glicolisis anaerobia, su degradación origina directamente glucosa-6-fosfato, con lo que se ahorra el primer ATP de los que se consumen en la vía glicolítica.

13.1.3. **Regulación del metabolismo del glucógeno**

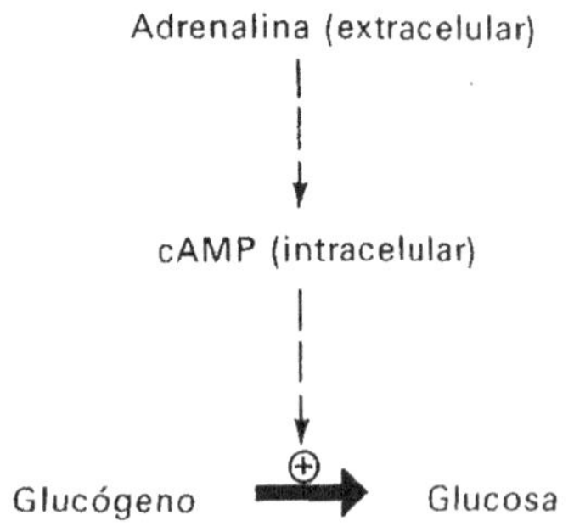

Resumen de la liberación de glucosa por acción hormonal

El glucógeno, como polisacárido de reserva, debe ser degradado tan sólo cuando se precisa la glucosa como fuente de energía. En el hombre existen mensajeros químicos (*hormonas*) que transmiten a la célula las instrucciones necesarias para degradar glucógeno cuando esto se precisa. Por ejemplo, en las situaciones de «*stress*» (hambre, frío, miedo, trauma...), la médula suprarrenal segrega la hormona **adrenalina** (cap. 20). La adrenalina se transporta por la sangre y alcanza la membrana plasmática de las diversas células (Fig. 13.2). En la membrana se inicia una serie de reacciones, activando «en cascada» diversos enzimas, que finalmente determinan la activación de la *fosforilasa* (enzima acortador) y la inhibición de la *sintasa*, o enzima alargador. Los cambios provocados por la adrenalina son temporales, y revierten en ausencia de la hormona. Otras hormonas de distinto origen tienen efectos similares a la adrenalina, como el *glucagón* pancreático o el *ACTH* (*hormona adrenocorticotropa*) de la hipófisis.

Un intermediario de la cascada glucogenolítica es el AMP cíclico (cAMP). Esta molécula actúa como segundo mensajero (entre el exterior y el interior de la célula) de muchas hormonas. Se
(7.3) sintetiza a partir de ATP por la *adenilato ciclasa*, un enzima de la membrana, y se degrada a 5′-AMP por medio de la *fosfodiesterasa*.

$$\text{ATP} \xrightarrow[\text{adenilato ciclasa}]{\nearrow PP_i} \boxed{\text{cAMP}} \xrightarrow[\text{fosfodiesterasa}]{H_2O \searrow} \text{AMP}$$

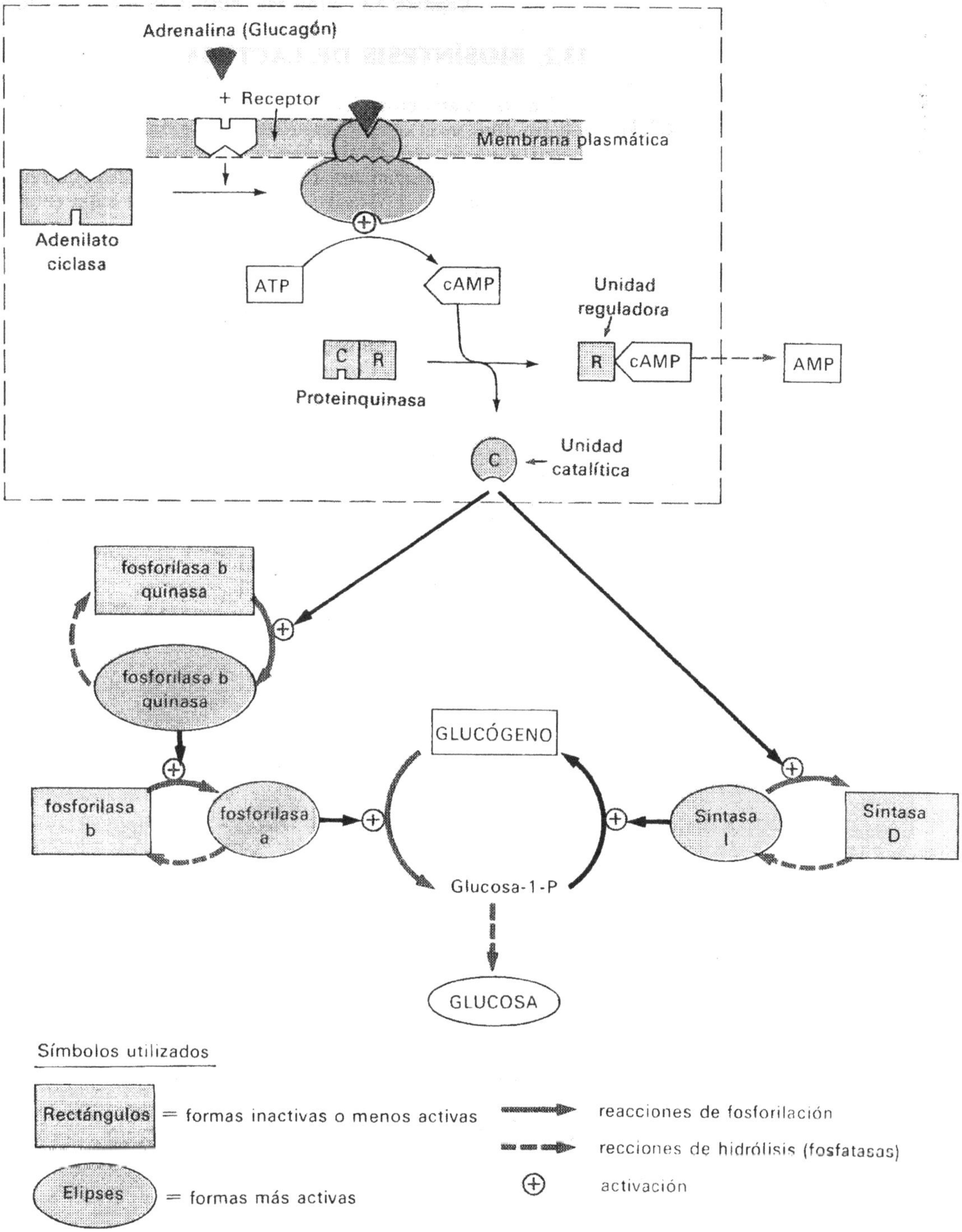

Figura 13.2
Regulación del metabolismo del glucógeno. La adrenalina desencadena una cascada de reacciones que culminan en la activación de la *fosforilasa* e inactivación de la *síntasa*. En consecuencia el glucógeno se lisa liberando glucosa.

13.2. BIOSÍNTESIS DE LACTOSA

(4.2.3) En los mamíferos tiene especial importancia el *disacárido lactosa*, pues es el azúcar propio de la leche materna. La lactosa se sintetiza en la glándula mamaria, estimulada por los niveles hormonales característicos del post-parto (cap. 20). La reacción tiene lugar entre UDP-galactosa y glucosa, y se halla catalizada por el *complejo lactosa sintasa:*

$$\text{UDP-Ga} + \text{glucosa} \xrightarrow[\textit{lactosa sintasa}]{} \text{UDP} + \text{lactosa}$$

El complejo *lactosa sintasa* contiene una unidad galactosiltransferasa, que normalmente se utiliza en la glicosilación de proteínas (Fig. 13.3), y una unidad α-lactoalbúmina, que modifica la especificidad del enzima, y cuya síntesis se estimula durante la lactancia.

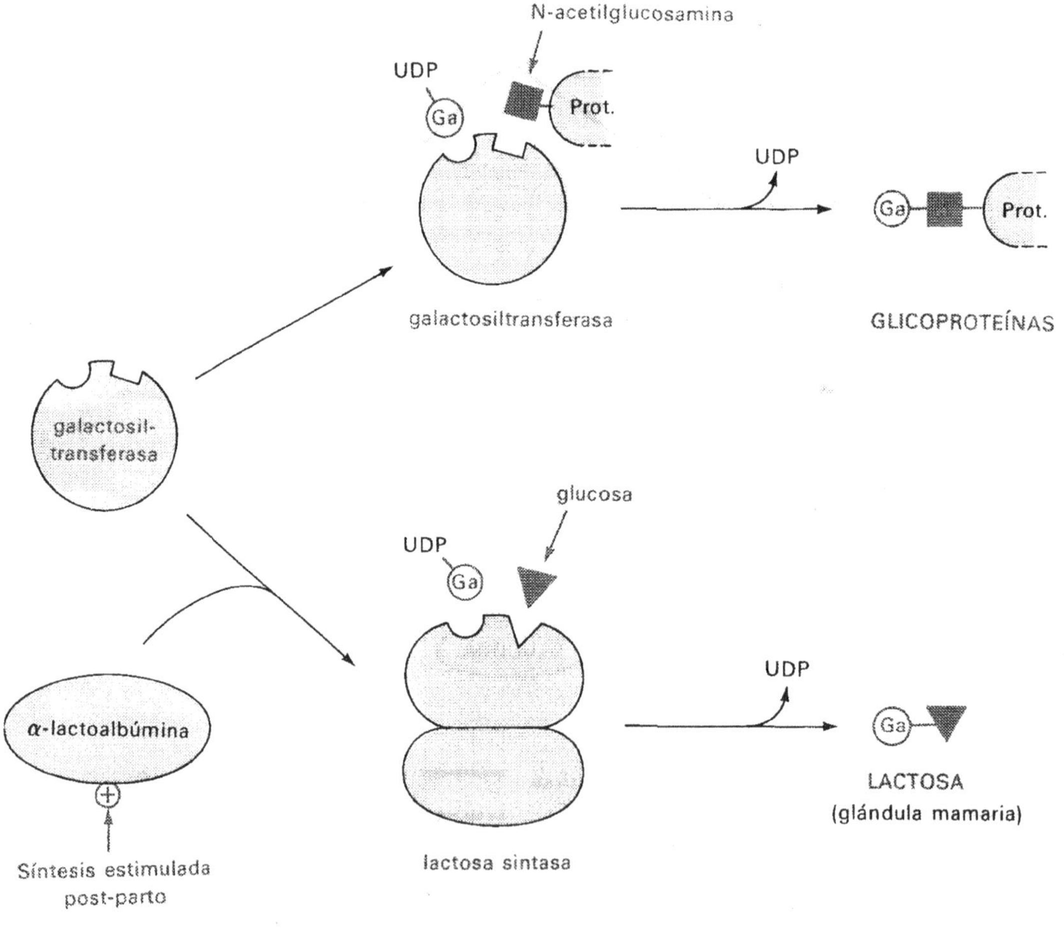

Figura 13.3
En la glándula mamaria, la lactoalbúmina, cuya síntesis está estimulada por los niveles hormonales post-parto, modifica la especificidad de la galactosiltransferasa que actúa como lactosa sintasa.

13.3. GLUCONEOGÉNESIS

La gluconeogénesis es lo contrario de la glicosisis: consiste en convertir piruvato, lactato, o intermediarios del ciclo de Krebs en glucosa u otros azúcares. Los metabolitos que pueden dar hexosas por gluconeogénesis son moléculas de tres o cuatro átomos de carbono. Recuérdese que la reacción de la *piruvato deshidrogenasa* para dar acetil-CoA era irreversible; por esta razón el acetil-CoA o los ácidos grasos son incapaces de producir síntesis neta de azúcares en animales.* En cambio el glicerol de los lípidos y el fragmento terminal de los ácidos grasos impares son glucogénicos. **(11.3)** ***La vía gluconeogénica es parecida, pero no idéntica, a la glicolítica*** (Fig. 13.4). Las diferencias existentes permiten regular las dos vías por separado. Es norma general en el metabolismo que la síntesis y la degradación de un compuesto nunca sigan el mismo camino en sentido inverso, así, por ejemplo, el alargamiento y el acortamiento de las cadenas de glucógeno no están catalizados por un mismo enzima, actuando reversiblemente, sino por enzimas distintos (*sintasa* y *fosforilasa*).

La necesidad de la gluconeogénesis es doble. Por una parte, el trabajo muscular excesivo obliga a consumir glucosa en condiciones anaerobias, con lo que se produce un exceso de ácido láctico. Cuando se vuelve a la condición de reposo el ácido láctico se recicla en el hígado conviertiéndose en glucosa. En segundo lugar, el cerebro necesita un aporte continuo de glucosa. En ausencia de azúcares, los aminoácidos glucogénicos de las proteínas pueden originar (por transaminación y desaminación) piruvato o intermediarios del ciclo de Krebs, que a su vez dan origen a glucosa. **(11.8.1)**

La conversión de lactato en glucosa implica la reversión de la glicolisis anaerobia excepto en tres pasos (Fig. 13.4), los catalizados por los enzimas *hexoquinasa, fosfofructoquinasa* y *piruvatoquinasa*. El paso de glucosa-6-fosfato a glucosa requiere la acción de la *glucosa-6-fosfatasa,* ya citada. Del mismo modo, la hidrólisis de la fructosa difosfato a fructosa-6-fosfato implica la acción de la *fructosa difosfatasa:* **(11.2)**

$$\text{fructosa-1,6-difosfato} + H_2O \xrightarrow[\text{fructosa difosfatasa}]{} \text{fructosa-6-fosfato} + P_i$$

Por último, la conversión de piruvato en fosfoenolpiruvato utiliza una serie de reacciones (algunas intramitocondriales) con el oxalacetato como intermediario (Fig. 13.4).

La conversión de una molécula de glucosa en dos de lactato liberaba dos ATP. En cambio, la síntesis de una molécula de glucosa a partir de dos de lactato consume seis ATP: dos al convertir dos piruvatos en dos oxalacetatos, otros dos (en forma de GTP) al pasar los dos oxalacetatos a fosfoenolpiruvatos, y los dos últimos en el paso de dos 3-fosfogliceratos a dos 1,3-difosfogliceratos. En la gluconeogenesis a partir de lactato no hay producción neta de coenzimas oxidados o reducidos.

* Las plantas y los microorganismos disponen del llamado ciclo del ácido glioxílico, que permite convertir dos unidades acetilo en una molécula de succinato (ver complementos 13.1).

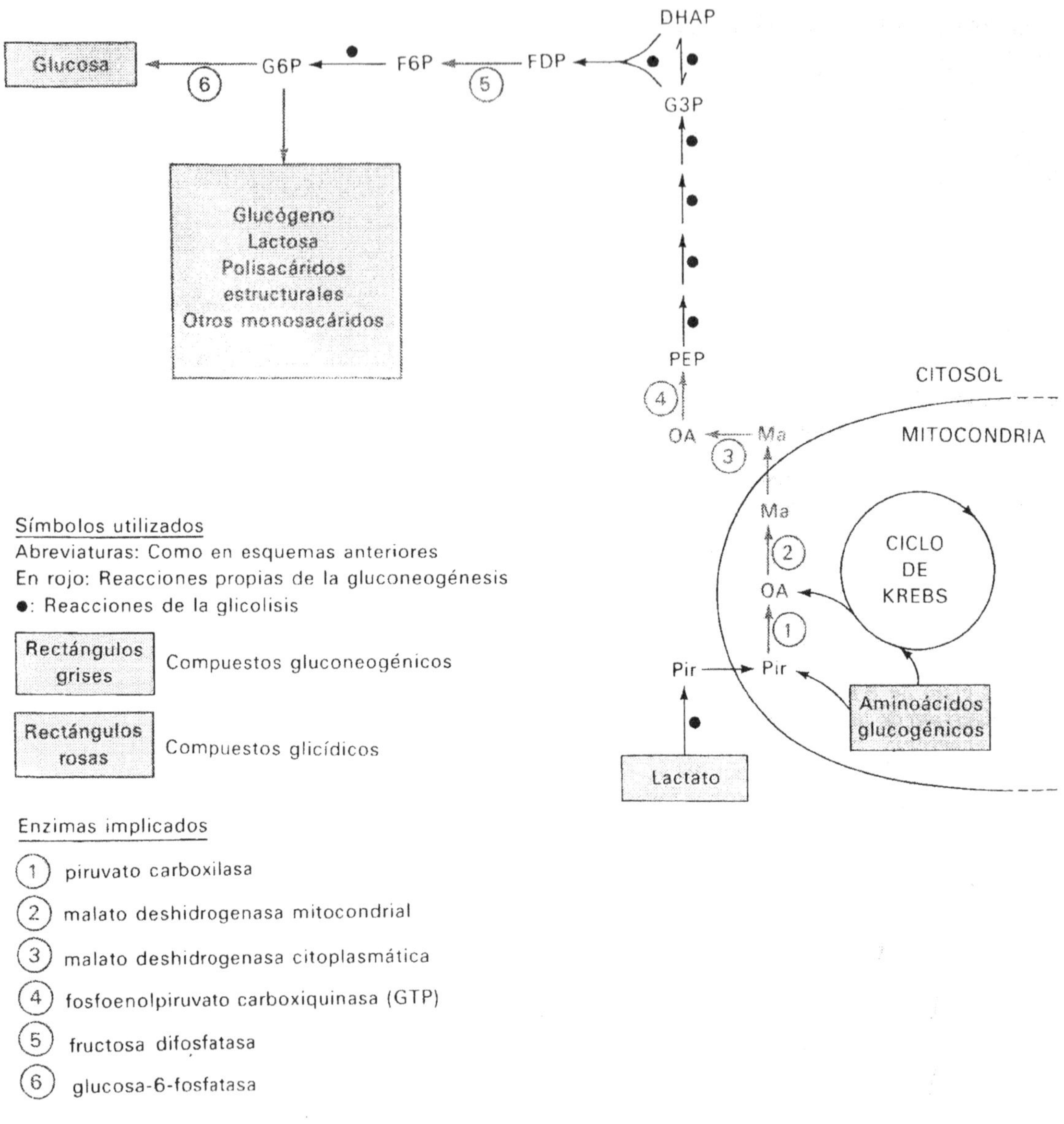

Figura 13.4
Gluconeogénesis. Algunas de las reacciones implicadas son comunes a las de la glicolisis, aunque van en sentido inverso. Otras están catalizadas por enzimas diferentes y permiten la regulación de la gluconeogénesis.

Como hemos dicho, la gluconeogénesis también puede tener lugar a partir de intermediarios del ciclo de Krebs (α-cetoglutarato, succinato y fumarato), que acaban convirtiéndose en oxalacetato y conectando así con la vía gluconeogénica ya descrita (Fig 13.4).

COMPLEMENTOS 13.1

CICLO DEL ÁCIDO GLIOXÍLICO

De todos es sabido que las plantas verdes son capaces de sintetizar glucosa a partir de CO_2, gracias a la *fotosíntesis*. Este es un auténtico proceso de *gluconeogénesis*. (10.2)

Pero tanto las plantas verdes como muchas bacterias pueden transformar compuestos lipídicos (por ejemplo: *acetilos*) en azúcares. Las reacciones que permiten convertir dos moléculas de acetil-CoA en una de succinato, que, a su vez, se puede transformar en PEP, constituyen un *proceso cíclico*, acoplado al ciclo de Krebs, que se denomina *ciclo del ácido glioxílico*.

Estas reacciones se esquematizan en la figura 13.5.

El ciclo del ácido glioxílico permite a las plantas verdes convertir sus reservas grasas en azúcares, por ejemplo, en la germinación de las semillas oleaginosas (almendra, avellana, ...), reacción que no podemos realizar los animales.

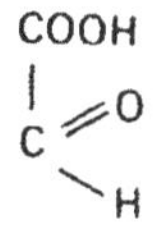

Ácido glioxílico

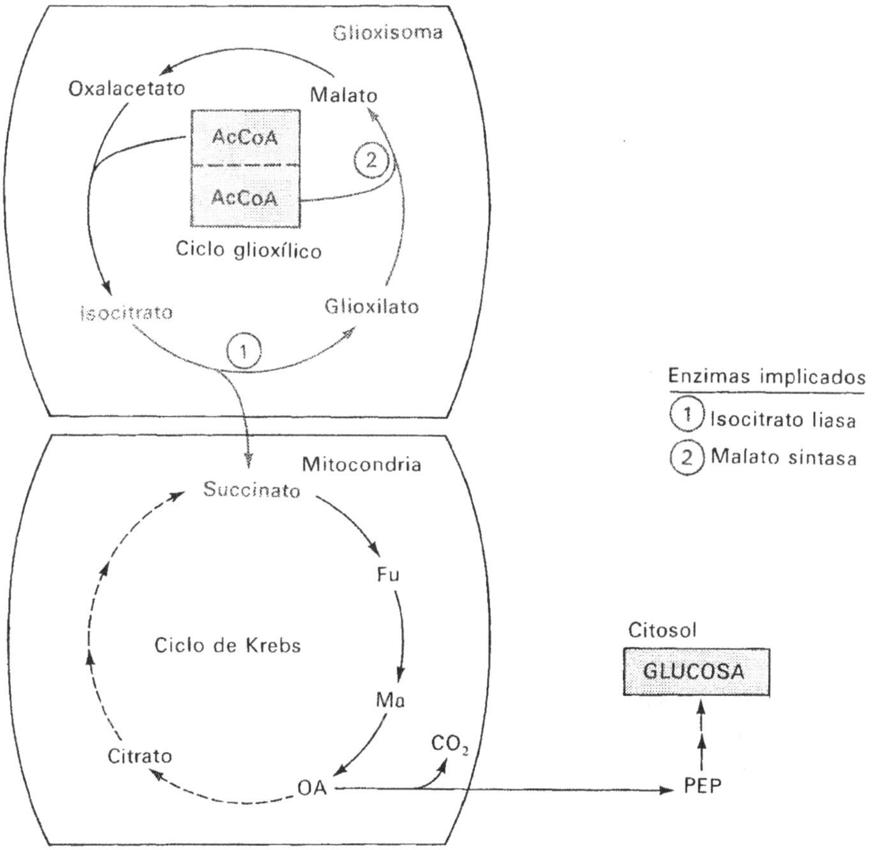

Figura 13.5
Conversión de lípidos en azúcares mediante el ciclo glioxílico.

13.4. BIOSÍNTESIS DE ÁCIDOS GRASOS

(5.2.1) Los ácidos grasos se sintetizan en el citosol de las células hepáticas, a partir de acetil-CoA.

13.4.1 Transporte de acetil-CoA al citosol

(11.3) Como se recordará, el acetil-CoA proviene tanto de la glucosa, a través del piruvato (reacción de la *piruvato deshidrogenasa*), como de la β-oxidación de los ácidos grasos. Todas las reacciones que producen acetil-CoA tienen lugar en la mitocondria. Por lo tanto es requisito indispensable para la biosíntesis de ácidos grasos la salida de acetil-CoA de la mitocondria al citosol (Fig. 13.6). La membrana interna mitocondrial no es permeable al acetil-CoA; los carbonos del fragmento acetilo se unen temporalmente al oxalacetato para convertirse en citrato. Éste atraviesa la membrana por medio de una *translocasa* específica, y vuelve a dar acetil-CoA y

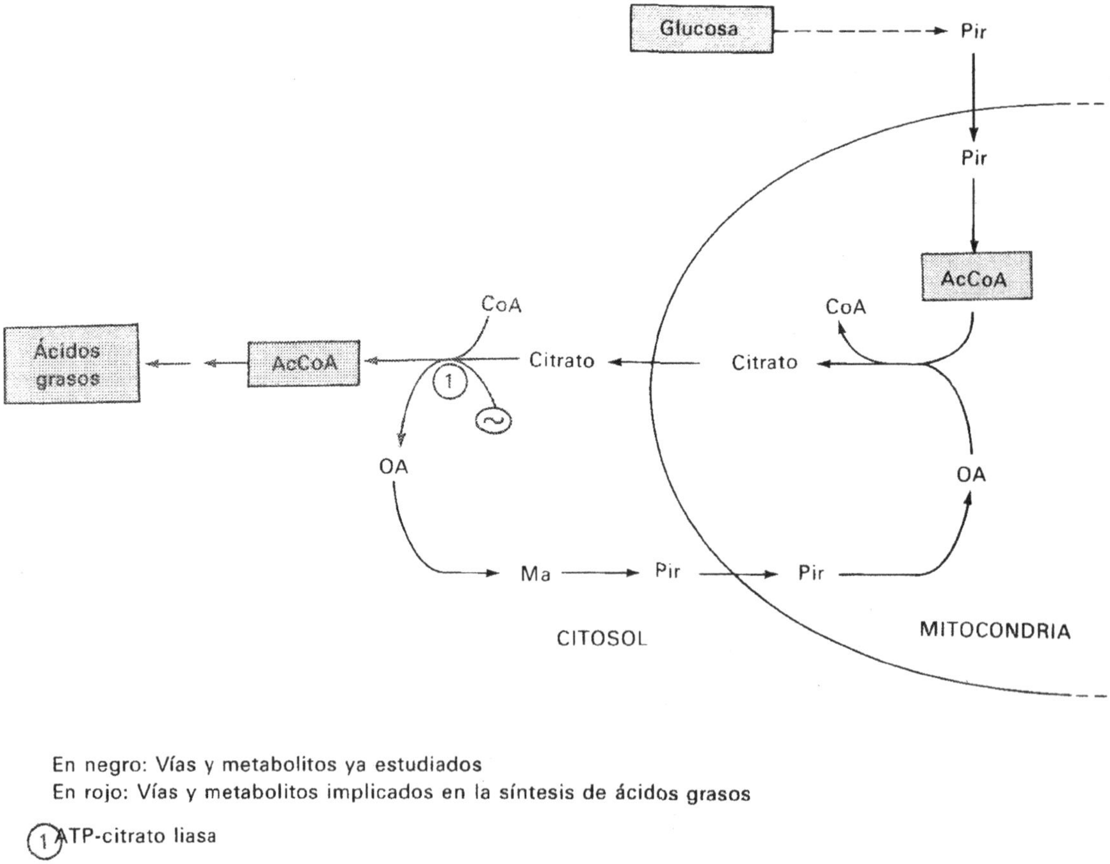

Figura 13.6
Génesis y transferencia del acetil-CoA, de la mitocondria al citosol, para la síntesis de ácidos grasos.

oxalacetato en el citosol (ver Fig. 13.6). La reacción clave de este proceso es la catalizada por la citrato liasa:

$$\text{citrato} + \text{CoA} \xrightarrow[\text{citrato liasa}]{\text{ATP} \quad \text{ADP} + P_i} \text{acetil-CoA} + \text{oxalacetato}$$

13.4.2. Activación del acetil-CoA

Todos los fragmentos acetilo que entran a formar parte de un ácido graso deben, salvo el primero de ellos, ser activados a malonil-CoA. El enzima responsable es la *malonil-CoA sintetasa* que contiene *biotina* como grupo prostético:

$$\underset{\text{acetil-CoA}}{CH_3{-}\overset{O}{\overset{\|}{C}}{\sim}CoA} + CO_2 \xrightarrow[\text{malonil-CoA sintetasa}]{\text{ATP} \quad \text{ADP} + P_i} \underset{\text{malonil-CoA}}{HOOC{-}CH_2{-}\overset{O}{\overset{\|}{C}}{\sim}CoA}$$

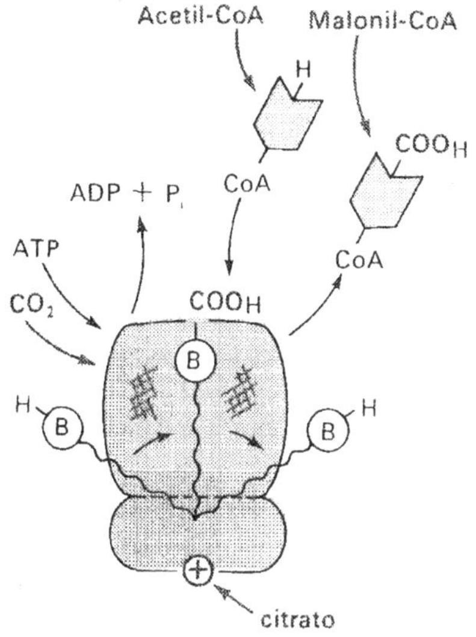

Esquema del funcionamiento del enzima malonil-CoA sintetasa (B representa la biotina)

Este enzima se activa alostéricamente en presencia de *citrato*, el cual, a su vez, indica que el ciclo de Krebs está en pleno funcionamiento, y, por tanto, que el aporte energético de la célula está asegurado. En este caso procede almacenar reservas en forma de ácidos grasos.

13.4.3. Complejo «ácido graso sintetasa»

La biosíntesis de ácidos grasos propiamente dicha está catalizada en los mamíferos por un complejo de proteínas, A y B, con al menos siete actividades enzimaticas: es el llamado **complejo ácido graso sintetasa**. El complejo tiene simetría aproximadamente hexagonal, y en su parte central está anclado un grupo prostético, la *fosfopanteteína*, que forma una especie de brazo articulado (ver esquema).

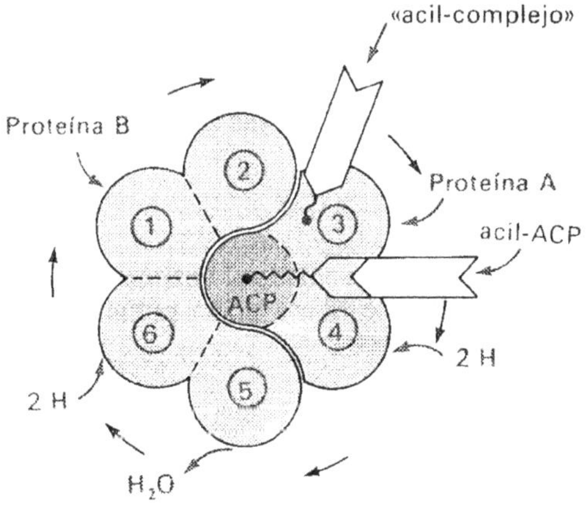

Esquema del funcionamiento del complejo ácido graso sintetasa (ACP representa la proteína portadora de acilos). Los números en rojo corresponden a los enzimas implicados en el proceso de la biosíntesis (véase texto)

Las reacciones de la biosíntesis de ácidos grasos se pueden agrupar en tres fases:

(a) Iniciación.
(b) Elongación (o alargamiento), un proceso cíclico que se repite varias veces.
(c) Terminación.

Iniciación

El primer acetilo (que dará origen a los dos últimos carbonos del ácido graso) pasa de estar unido al CoA a ligarse a la proteína A del complejo.

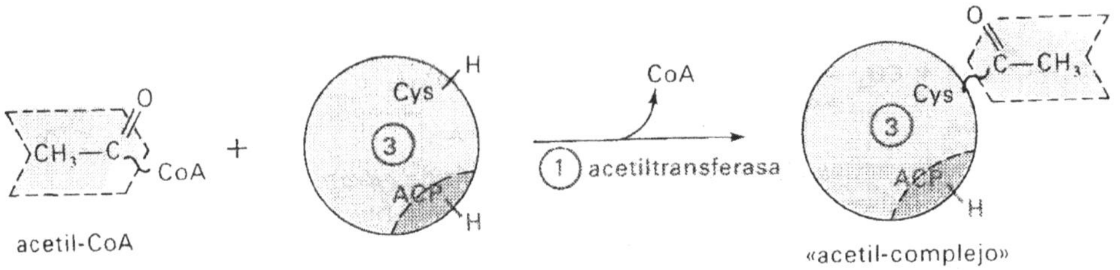

Elongación

Cada ciclo de elongación consiste en la incorporación de un fragmento de dos carbonos a la cadena de ácido graso naciente. Este fragmento procede de un malonil-CoA (13.4.2.) y se ancla inicialmente al «brazo articulado» fosfopanteteína. A continuación se le une el acilo preformado (cadena naciente de ácido graso) de modo que los dos nuevos carbonos quedan en el extremo carboxílico de la cadena. En una serie de reacciones, catalizadas todas ellas por el complejo ácido graso sintetasa, el grupo cetona (>C = O) del carbono 3 se reduce a metileno (>CH_2). El poder reductor para estas reacciones procede del **NADPH**, producido en el citosol sobre todo en la vía de las pentosas fosfato. Los ciclos de elongación se suceden hasta que la cadena de ácido graso alcanza 16 carbonos (7 ciclos). En la figura 13.7 se representan las reacciones catalizadas por los enzimas del complejo en cada ciclo de elongación.

Terminación

El residuo palmitilo (C_{16}) anclado al enzima sufre una reacción de hidrólisis, con lo que se libera ácido palmítico al citosol, y termina el proceso de síntesis.

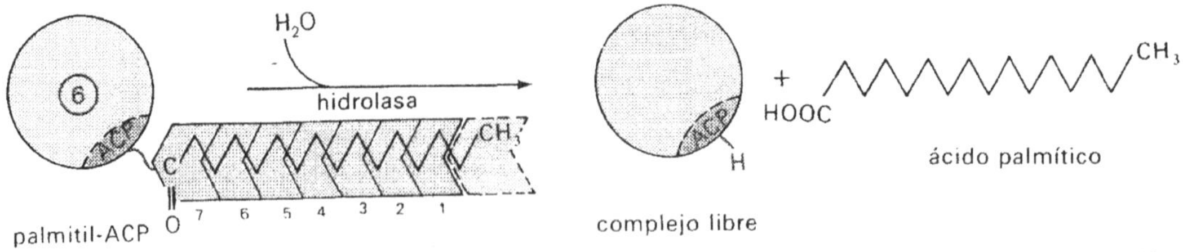

Los números (1, 2, ..., 7) indican los fragmentos de dos carbonos incorporados en cada ciclo de elongación.

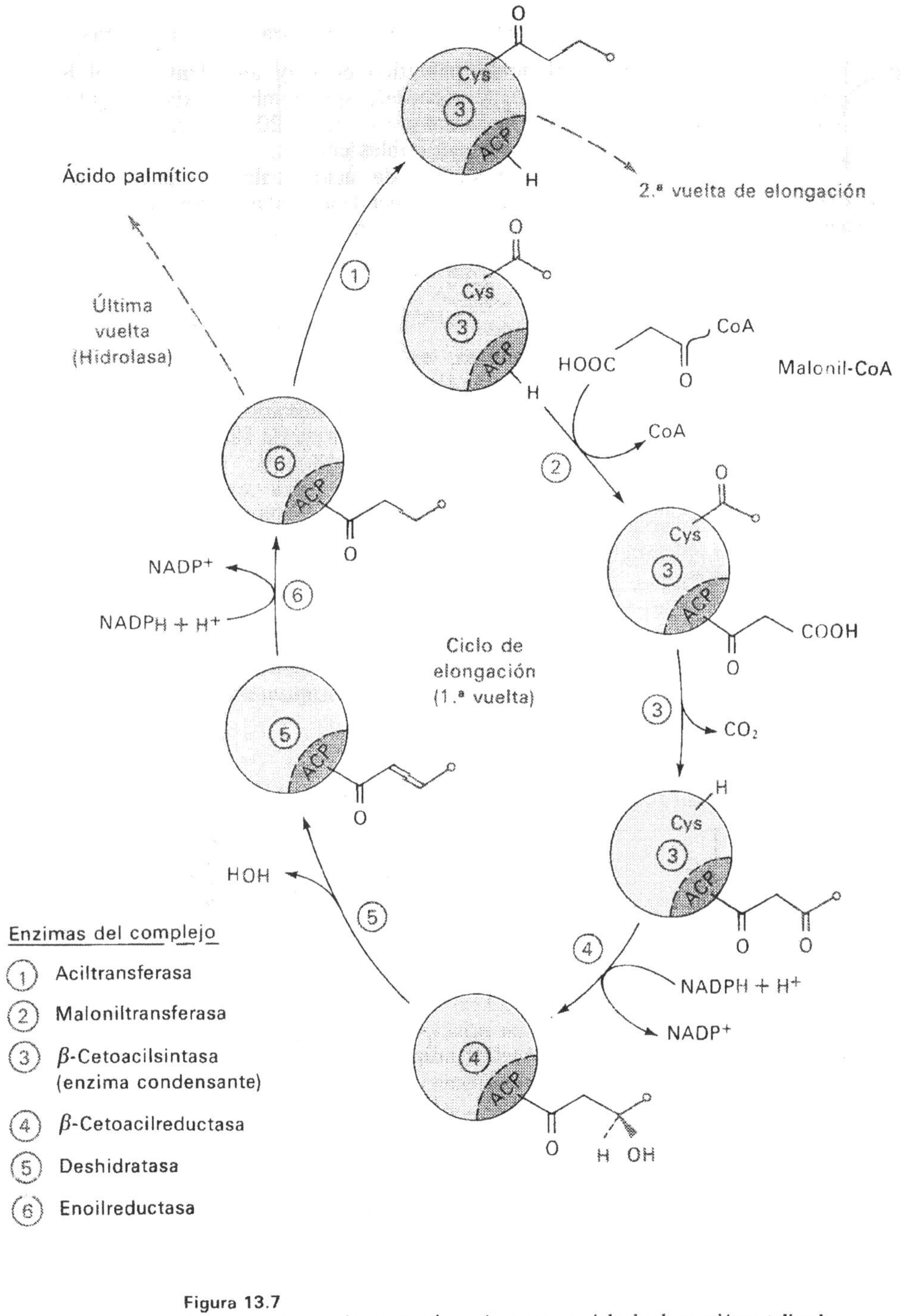

Figura 13.7
Secuencia de reacciones que tienen lugar en un ciclo de elonganión catalizadas por los enzimas del complejo ácido graso sintetasa. Este ciclo se repite 7 veces para originar ác. palmítico (C_{16}). El sustrato, anclado al ACP pasa, de forma cíclica, desde el centro activo de un enzima al centro activo del siguiente.

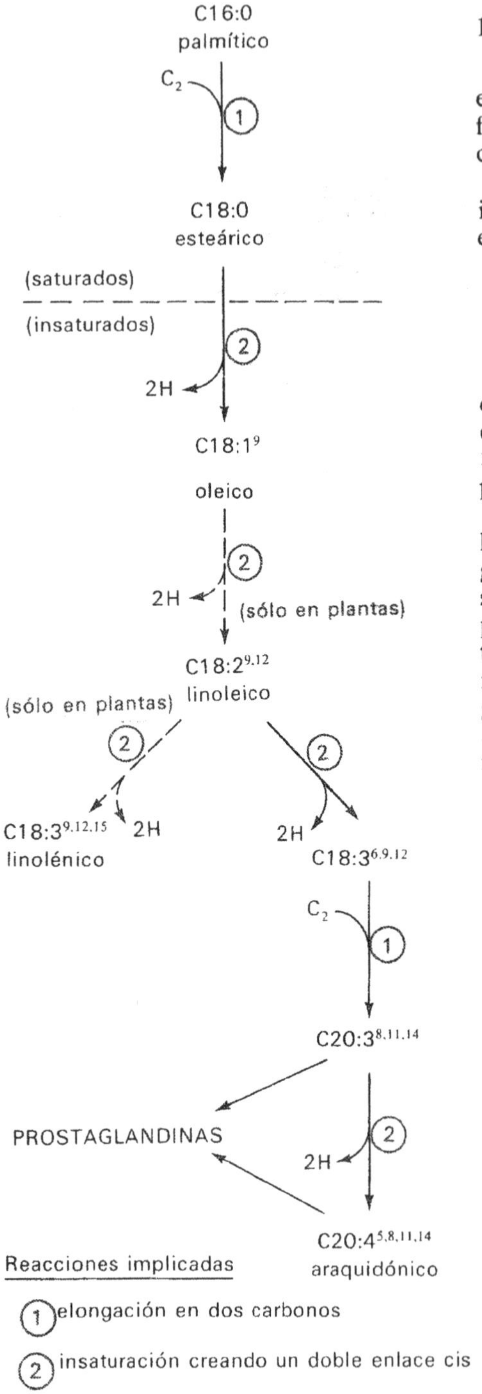

Figura 13.8
Interconversiones de los ácidos grasos en el hombre. Algunas insaturaciones el hombre es incapaz de realizarlas.

13.4.4. Alargamiento e insaturación: ácidos grasos esenciales

El ácido palmítico es muy abundante en el hombre. Sin embargo, se recordará que también existen cantidades significativas de ácidos grasos de 18, 20 y más carbonos, muchos de los cuales contienen dobles enlaces.

Las moléculas de ácido palmítico pueden alargarse por incorporación sucesiva de unidades de dos carbonos en el retículo endoplásmico o en la mitocondria.

$$\underset{\text{ác. palmítico}}{C_{16}} + \underset{\text{acetil-CoA}}{C_2} \rightarrow \underset{\text{ác. esteárico}}{C_{18}}$$

Igualmente, existen sistemas enzimáticos en el retículo endoplásmico liso capaces de introducir dobles enlaces en la cadena de un ácido graso saturado. El caso más frecuente es la insaturación de ácido esteárico (C 18:0) entre los carbonos 9 y 10 para dar ácido oleico ($C\ 18:1^9$).

El hombre no puede introducir otros dobles enlaces más allá de la posición 9. Sin embargo, es imprescindible disponer de ácidos grasos con más de un doble enlace (poliinsaturados). Estos son sintetizados por las plantas, e ingeridos en la dieta. Como no pueden ser sintetizados por el hombre, los ácidos grasos poliinsaturados se llaman a menudo *ácidos grasos esenciales*. El más importante de éstos es el ácido linoleico ($C\ 18:2^{9,12}$). Los ácidos grasos poliinsaturados son importantes, entre otras cosas, porque son precursores de las *prostaglandinas,* lípidos con papel hormonal (Fig. 13.8).

13.5. ALMACENAMIENTO DE ÁCIDOS GRASOS: TRIGLICÉRIDOS

Los ácidos grasos constituyen la reserva energética más abundante del ser humano, porque se acumulan de manera compacta (sin agua), en cantidad ilimitada, y porque su rendimiento energético, en cal/g, es muy superior al de las demás sustancias de reserva (cap. 18).

Los triglicéridos son el componente principal de la grasa. Se almacenan principalmente en el tejido adiposo. Los triglicéridos llegan al tejido adiposo procedentes de la dieta (transportados por los quilomicrones) o bien procedentes del hígado (transportados por las VLDL, o lipoproteínas de muy baja densidad). También se sintetizan en el propio tejido adiposo a partir de la glucosa sanguínea. En la membrana del adipocito, una *lipoproteína lipasa* libera los ácidos grasos que se incorporan a la célula. Por otra parte la glicolisis suministra en el adipocito el glicerol-3-fosfato necesario para la resíntesis de triglicéridos. Ésta tiene lugar por acilación sucesiva de los tres grupos hidroxilo del glicerol. En la figura 13.9 se indican los lugares de síntesis de triglicéridos y en la figura 3.10 se esquematizan las reacciones químicas de estas síntesis.

Lo mismo que el glucógeno, las reservas de lípidos pueden movilizarse en respuesta a una necesidad energética. Las mismas

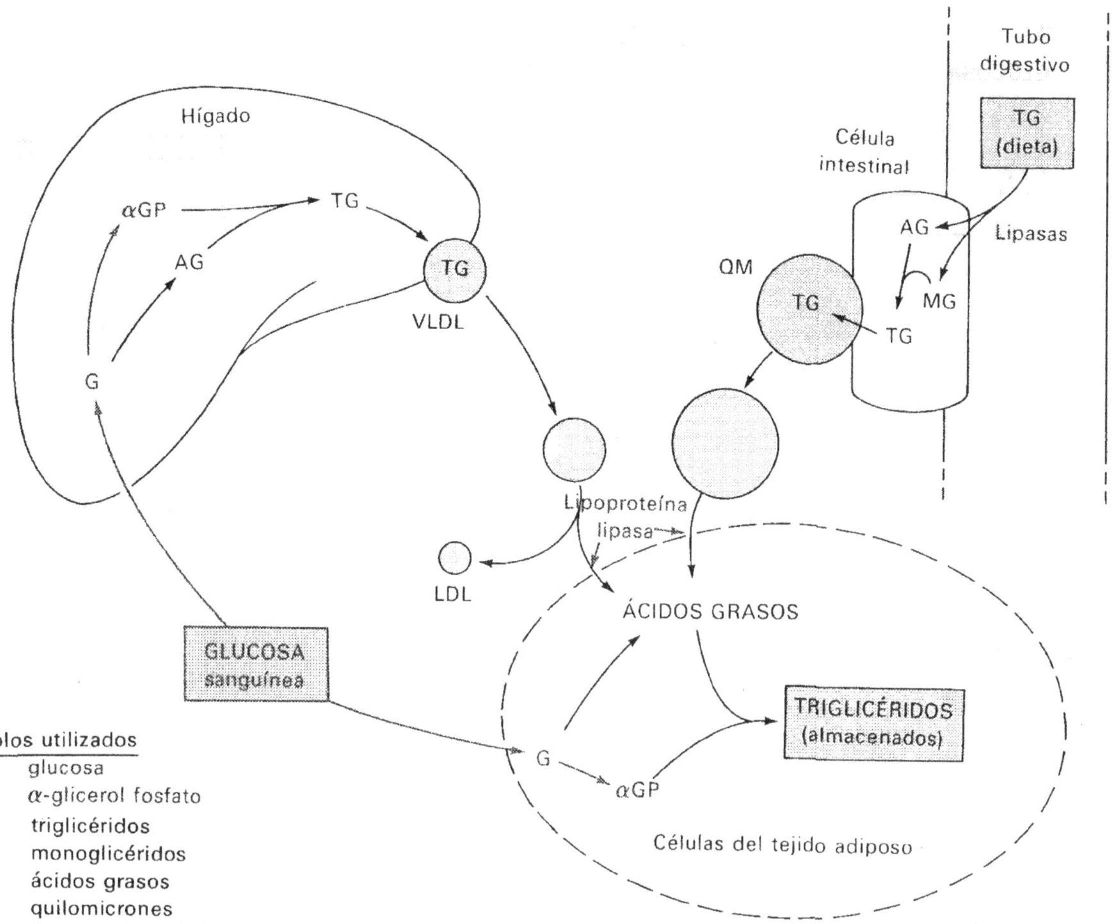

Símbolos utilizados

G	glucosa
αGP	α-glicerol fosfato
TG	triglicéridos
MG	monoglicéridos
AG	ácidos grasos
QM	quilomicrones
LDL	lipoproteínas de baja densidad
VLDL	lipoproteínas de muy baja densidad

Figura 13.9
Lugares de síntesis de triacilgliceroles o triglicéridos y su almacenamiento en las células del tejido adiposo.

hormonas (adrenalina, glucagón, ACTH,...) que estimulaban la lisis del glucógeno facilitan también la hidrólisis de los triglicéridos, por un mecanismo en cascada mediado por el cAMP. Los ácidos grasos liberados se transportan por la sangre unidos a la albúmina para ser oxidados en los diferentes tejidos (fig. 13.11).

13.6. BIOSÍNTESIS DE LÍPIDOS COMPLEJOS

Los lípidos complejos (glicerolípidos y esfingolípidos) se sintetizan siguiendo vías específicas a partir de sus componentes en forma activada. Además, muchos de estos lípidos son interconver-

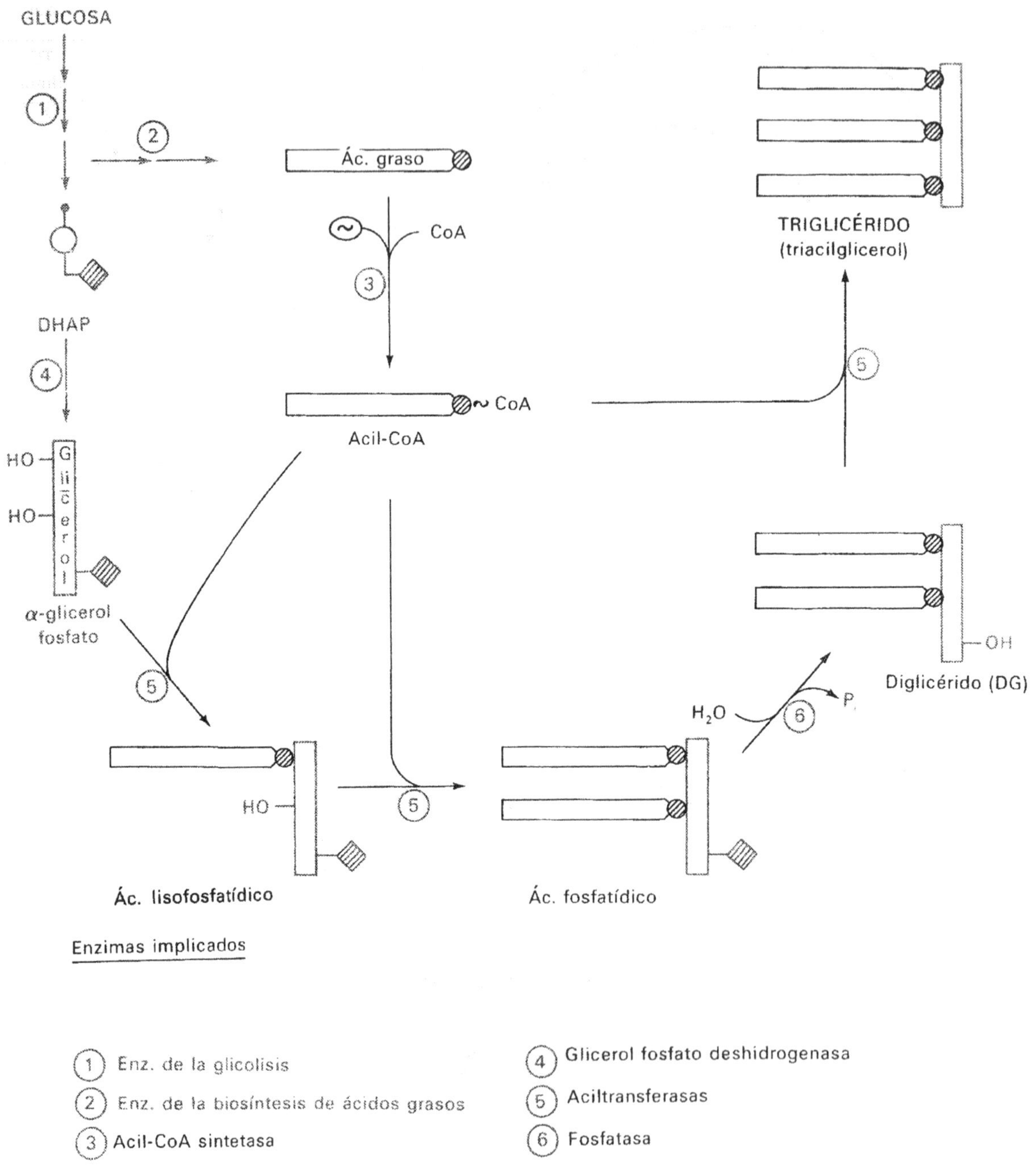

Figura 13.10
Esquema de las reacciones bioquímicas implicadas en la síntesis de triglicéridos.

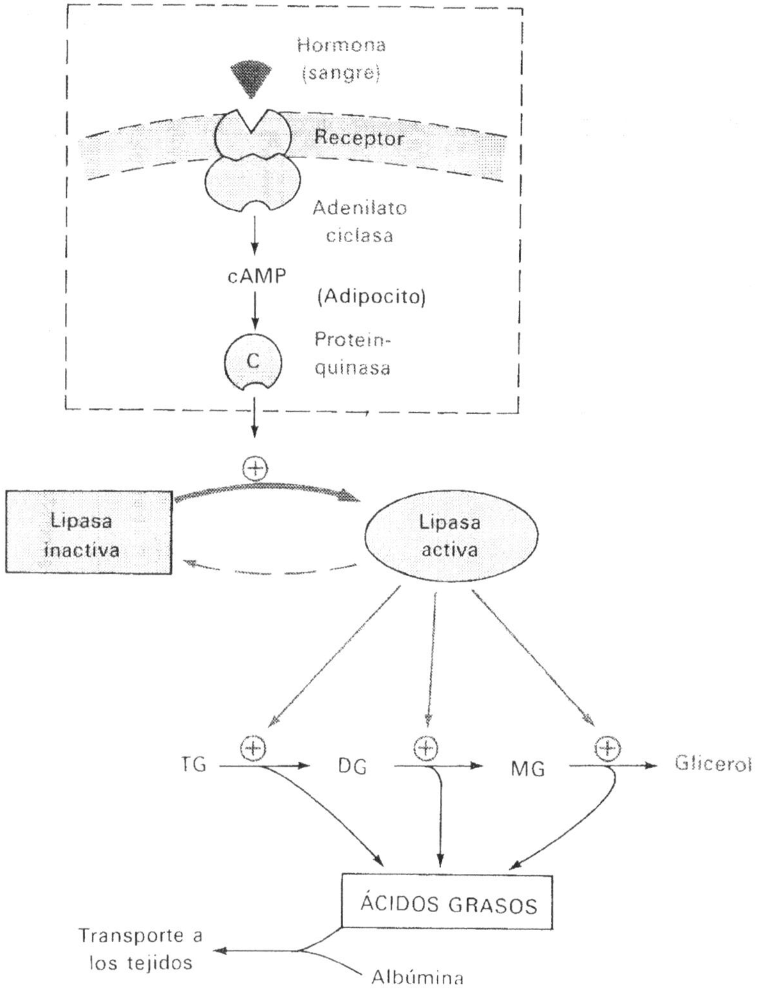

Figura 13.11
Esquema de la activación de la lipasa por acción hormonal. El rectángulo de puntos es idéntico al de la figura 13.2.

tibles. Entre los aspectos generales de la biosíntesis de los lípidos complejos destacaremos:

— los ácidos grasos se incorporan en forma de acil-CoA.

— el glicerol, en forma de glicerol-3-fosfato, procede de la glicolisis anaerobia, a través de la dihidroxiacetona fosfato. **(11.5.3)**

— el nucleótido activador específico de la biosíntesis de lípidos es el CTP. Así, se dan entre los precursores activados, el CDP-diglicérido, o la CDP-etanolamina.

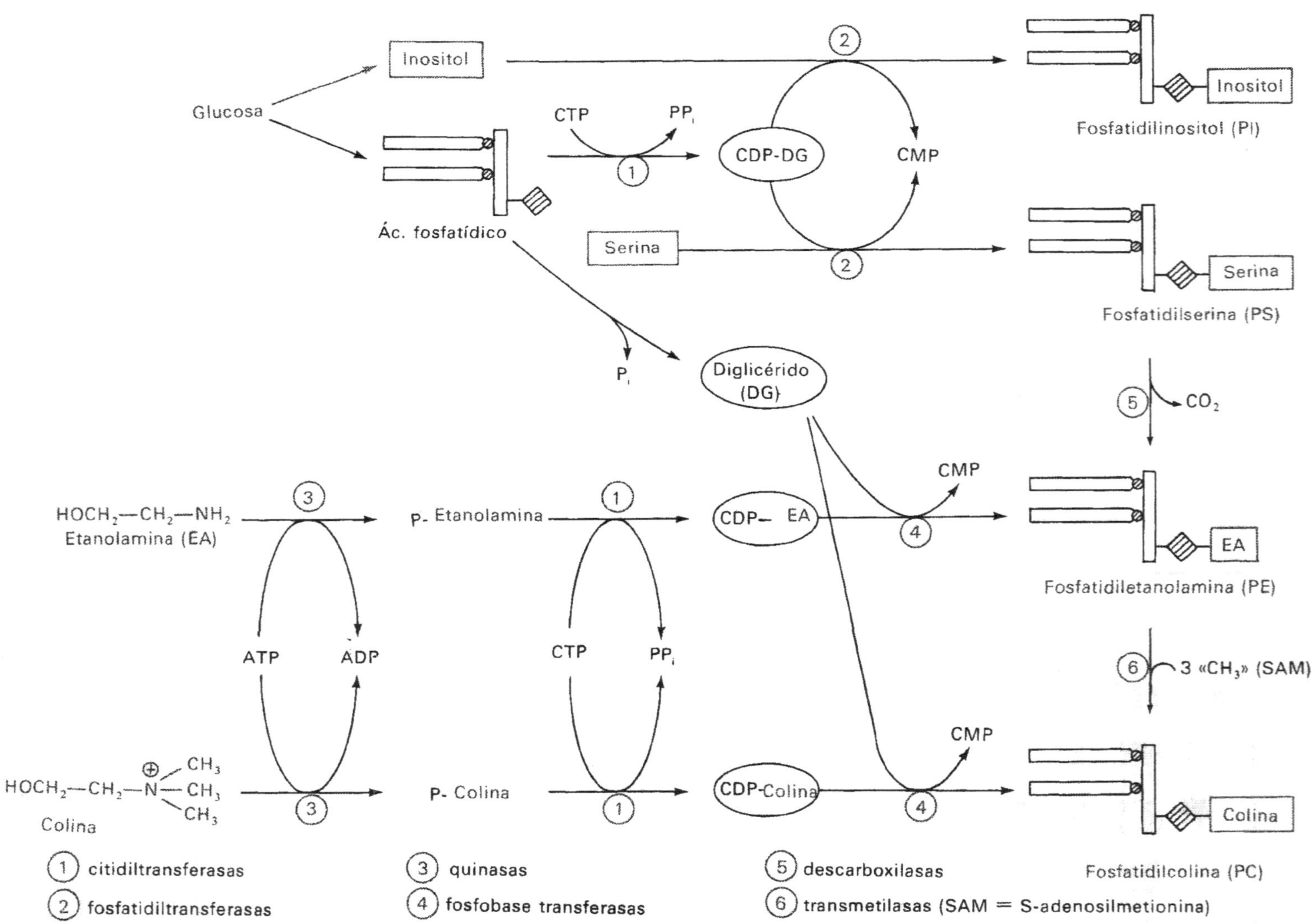

Figura 13.12
Resumen de las principales vías biosintéticas de los glicerofosfolípidos de mayor interés en el hombre (PC, PE, PI, PS).

En la figura 13.12 se resumen las vías de síntesis de glicerofosfolípidos de mayor interés para la especie humana.

Los esfingolípidos se sintetizan a partir de la esfingosina, y ésta, a partir de ácido palmítico y el aminoácido serina.

$$\underset{(C_{16})}{\text{Palmitil-CoA}} + \underset{(C_3)}{\text{serina}} \xrightarrow{\nearrow CO_2} \longrightarrow \longrightarrow \underset{(C_{18})}{\text{esfingosina}}$$

A la esfingosina se le unen ácidos grasos, activados en forma de acil-CoA, bases activadas, como la CDP-colina y azúcares activados, generalmente en forma de UDP-derivados (como lo **(13.1.1)**
hacía la glucosa en el glucógeno).

En la figura 13.13 se resumen las vías más importantes que conducen a la síntesis de los esfingolípidos.

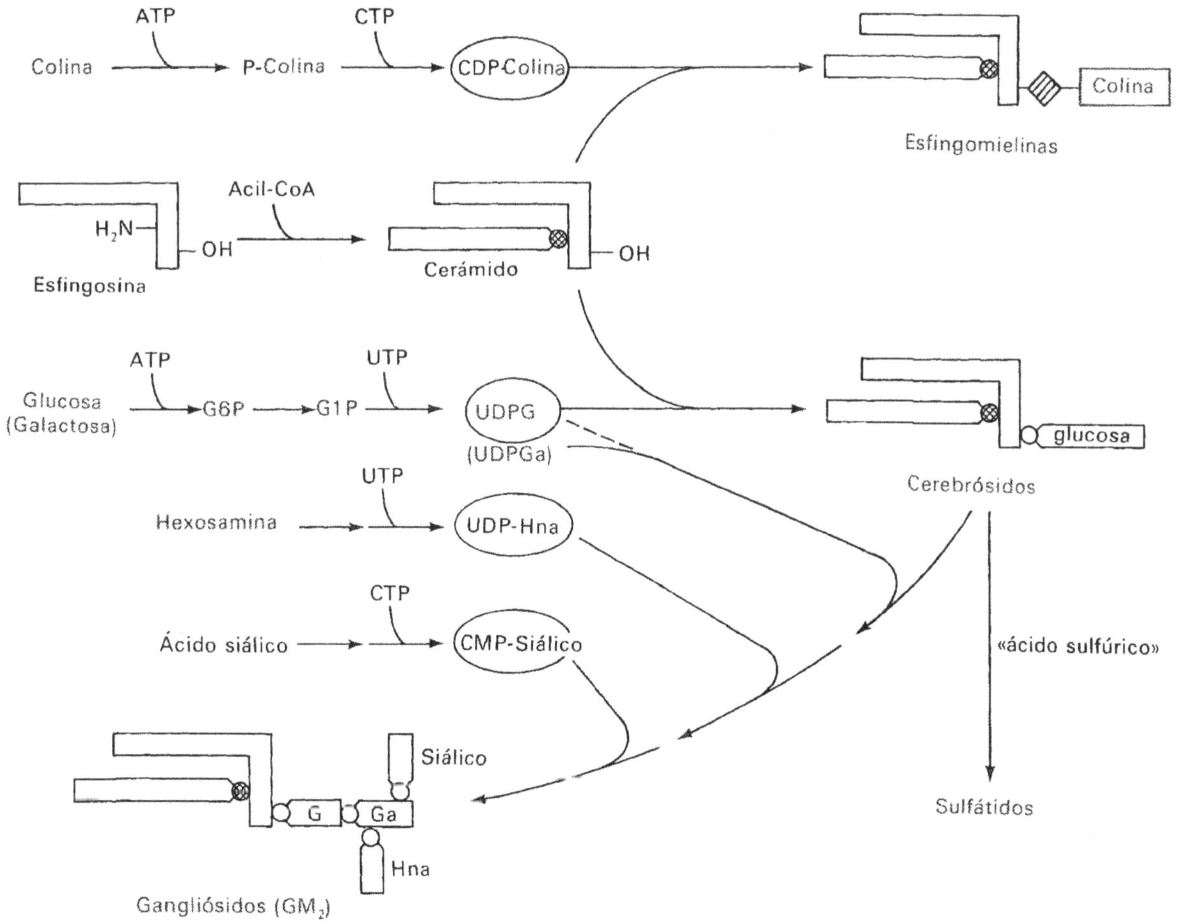

Figura 13.13
Esquema de las principales vías biosintéticas de los esfingolípidos.

13.7. BIOSÍNTESIS DEL COLESTEROL Y LOS ESTEROIDES

El colesterol es importante no sólo por sí mismo, sino también por ser el precursor de las sustancias esteroideas. El colesterol puede proceder de la dieta, pero también se sintetiza en hígado, glándulas suprarrenales y gónadas. Parece existir una relación inversa entre la cantidad de colesterol ingerido y la de colesterol sintetizado.

El colesterol se sintetiza por condensación de fragmentos de dos carbonos (acetil-CoA) consumiendo equivalentes de reducción (NADPH) y ATP. En la biosíntesis se pueden distinguir tres etapas; algunas de las reacciones tienen lugar en el retículo endoplásmico liso, y otras en el citosol.

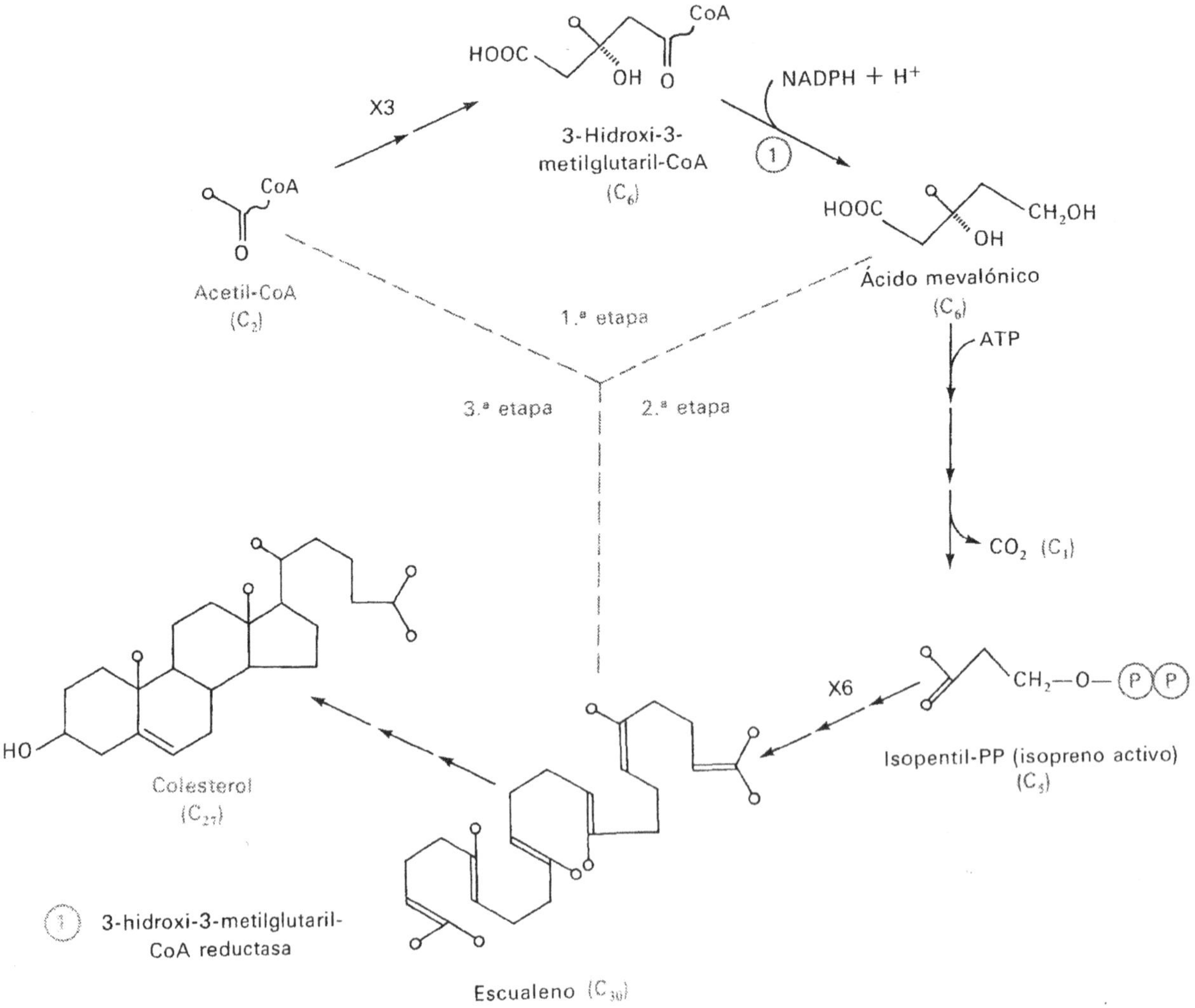

Figura 13.14
Resumen de las reacciones que conducen a la síntesis del colesterol.

a) En la primer etapa, tres fragmentos de acetil-CoA se condensan para dar un ácido libre de seis carbonos, el ácido mevalónico. Esta primera etapa contiene el enzima más importante para la regulación de toda la vía, la *3-hidroxi-3-metilglutaril-CoA reductasa*.

b) La segunda etapa comprende la transformación del ácido mevalónico (C_6) en el hidrocarburo escualeno (C_{30}) a través de diversos compuestos isoprenoides fosforilados.

c) Por fin, la tercera etapa consiste en la ciclación del escualeno (C_{30}) y modificaciones posteriores hasta dar colesterol (C_{27}) (Fig. 13.14).

Como precursor de otras sustancias, el colesterol da origen a:

a) *Vitamina D* (antirraquítica) (C_{27}), para cuya biosíntesis se require, en uno de los pasos, la luz ultravioleta de la irradiación solar.

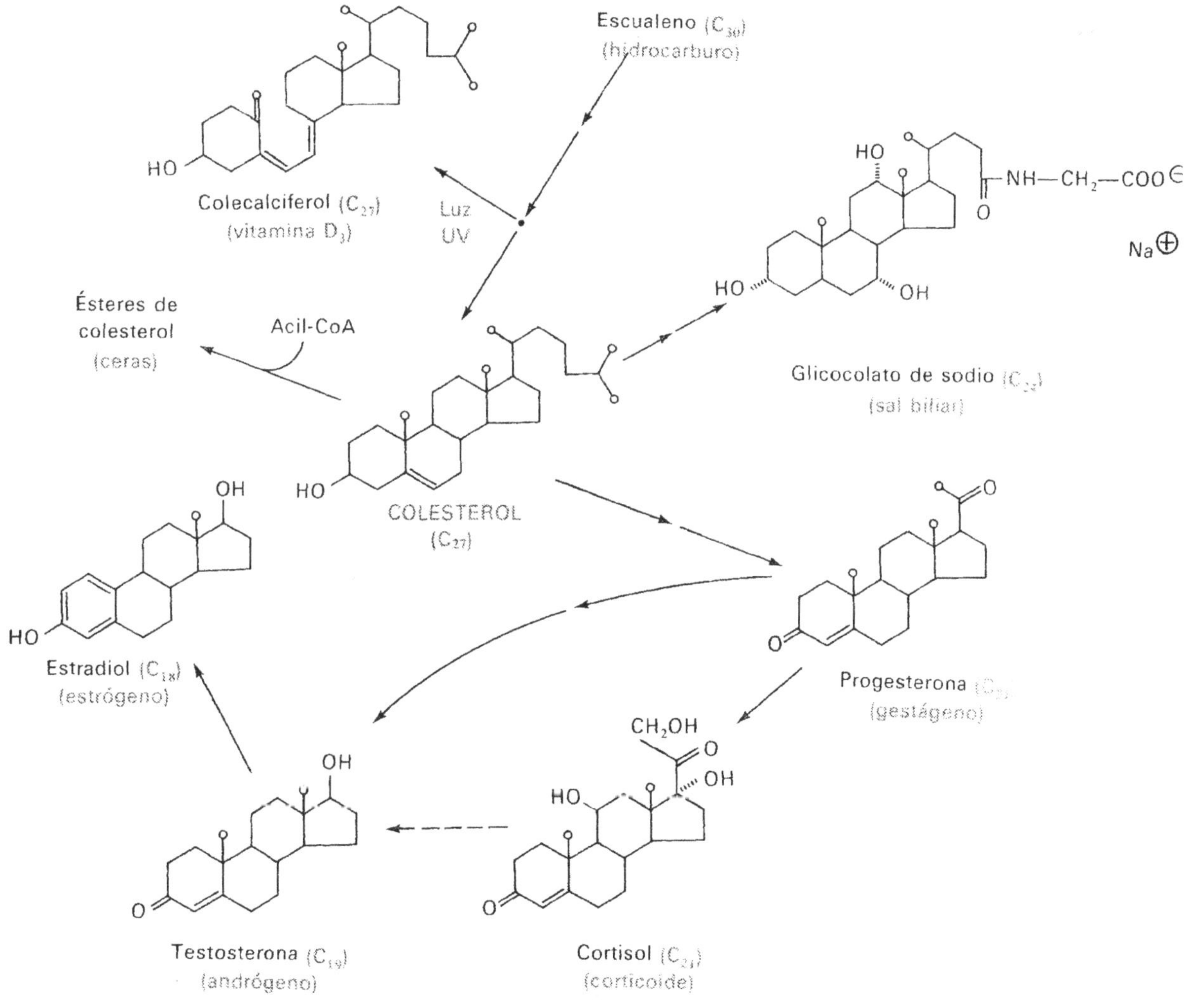

Figura 13.15
Resumen de las reacciones que relacionan el colesterol con otras sustancias esteroideas.

b) *Ácidos biliares* (cólico, desoxicólico, ...) (C_{24}), que se sintetizan en los hepatocitos por acortamiento y oxidación de la molécula de colesterol. Los ácidos biliares se conjugan con los aminoácidos glicina o taurina para dar las sales biliares (glicocolato, taurocolato).

c) *Ésteres con ácidos grasos* (ceras), de gran interés por su relación con la arteriosclerosis.

d) *Hormonas esteroideas*, con muy diversas funciones, y producidas por acortamiento sucesivo de la molécula de colesterol. Se distinguen cuatro grupos:

— gestágenos (C_{21}), como la progesterona.
— corticoides (C_{21}), como el cortisol
— andrógenos (C_{19}), como la testosterona
— estrógenos (C_{18}), como el estradiol.

En la figura 13.15 se representan de forma esquemática las relaciones metabólicas del colesterol con algunas de estas sustancias esteroideas.

CUESTIONES Y PROBLEMAS

13.1. Tanto en la carencia de *glucosidasa (enzima desramificante)* como de *glucosa-6-fosfatasa* hepáticas se originan acúmulos patológicos de glucógeno. Indicar si el análisis de la estructura del glucógeno acumulado permitiría diferenciar ambas enfermedades.

13.2. Cuando falta el enzima *4,6-transglucosidasa* (*enzima ramificante*) se acumula en hígado un glucógeno con ramificaciones externas muy largas (tipo amilosa). Señalar un ensayo analítico sencillo que permita identificar este tipo de glucógeno.

13.3. Calcular cuántas moléculas de ATP se consumen en la incorporación de una unidad de glucosa a una molécula de glucógeno.

13.4. Se dice que el rendimiento energético de la glicolisis anaerobia partiendo de glucógeno es un 50% superior que si se parte de glucosa libre. Justificar este porcentaje.

13.5. La insulina tiene sobre el glucógeno un efecto antagónico al de la adrenalina. Señalar en qué sentido afecta a la transformación:

$$\text{glucógeno} \rightleftharpoons \text{glucosa}$$

13.6. Una joven madre ingiere un vaso de leche para suministrar más lactosa a su hijo lactante. Indicar el número mínimo de enzimas que le permitirán convertir la lactosa de la dieta en lactosa de sus glándulas mamarias.

13.7. Aunque la glicolisis y la gluconeogénesis son procesos inversos respecto a la glucosa, no lo son respecto a la energía. Si la gluconeogénesis, en el paso lactato → glucosa, consumiese menos energía que la que libera la glicolisis, en el paso glucosa → lactato, ¿qué ocurriría desde el punto de vista termodinámico?

13.8. A los enfermos diabéticos les reducen al máximo la glucosa (pan, patatas, ...) y les recomiendan ingerir proteínas (carne, pescado). Indicar el nombre de la vía metabólica que siguen muchos de los aminoácidos ingeridos para convertirse en la glucosa que necesita, por ejemplo, el cerebro de estos diabéticos.

13.9. Administrando a una rata ácido acético marcado en su grupo carboxilo con C-14, aparecen sus grasas radioactivas. Indicar en qué posiciones de los ácidos grasos quedará fijado el C-14.

13.9. Administrando a una rata ácido láctico marcado también con C-14 en su grupo carboxilo, sólo aparecen sus triglicéridos netamente marcados en el glicerol. Explicar la vía más probable que ha seguido este C-14.

13.11. Averiguar el consumo energético (en forma de ATP y NADPH) de un ciclo de elongación de los ácidos grasos y compararlo con la liberación de energía de un ciclo de β-oxidación.

13.12. Los ácidos insaturados (oleico, linoleico, araquidónico, ...) liberan algo menos de energía que sus correspondientes saturados (esteárico, arquídico,...). Explicar entonces qué ventajas puede suponer almacenar ácidos insaturados en nuestras grasas de reserva.

13.13. Los enzimas que degradan los esfingolípidos (*hidrolasas*) son diferentes de los que los sintetizan. Deducir qué le ocurriría a un niño que careciese de algún enzima degradativo.

13.14. Calcular el número de fragmentos acetilo (C_2) necesarios para la biosíntesis de una molécula de colesterol (C_{27}).

13.15. Del colesterol derivan cuatro familias de esteroides hormonales (gestágenos, corticoides, andrógenos y estrógenos). Señalar, a la vista de la figura 13.15, cuales son las diferencias químicas más evidentes para distinguirlas entre sí.

CAPÍTULO **14**

VÍAS METABÓLICAS BIOSINTÉTICAS (II)

REGULACIÓN DEL METABOLISMO

14.1. BIOSÍNTESIS DE AMINOÁCIDOS: AMINOÁCIDOS ESENCIALES

En el capítulo 11 tuvimos ocasión de comprobar que numerosos aminoácidos podían ceder su grupo amino para convertirse en cetoácidos. Inversamente, el organismo humano puede sintetizar aminoácidos a partir de cetoácidos y NH_3. **(11.8.1)**

El NH_3 se incorpora normalmente uniéndose al α-cetoglutarato, para dar glutamato, invirtiendo la reacción, ya estudiada, de la glutamato deshidrogenasa:

$$NH_3 + \alpha\text{-cetoglutarato} + NADH + H^+ \underset{\text{glutamato deshidrogenasa}}{\rightleftharpoons} \text{glutamato} + NAD^+$$

También puede el amoniaco incorporarse al carboxilo de la cadena lateral de *Asp* y *Glu,* originando asparragina y glutamina.

$$\text{Glu} + NH_3 + \text{ATP} \xrightarrow[\text{glutamina sintetasa}]{} \text{Gln} + \text{ADP} + P_i$$

Aminoácidos esenciales

- Fenilalanina
- Histidina
- Isoleucina
- Leucina
- Lisina
- Metionina
- Treonina
- Triptófano
- Valina

El glutamato puede transferir el NH_3 a otros cetoácidos, a través de las reacciones de transaminación ya estudiadas (11.8.1). A su vez, estos cetoácidos (piruvato, oxalacetato, α-cetoglutarato, ...) proceden del metabolismo de azúcares.

Sin embargo, no todos los cetoácidos se hallan disponibles para la transaminación: nueve de los 20 cetoácidos correspondientes a los 20 aminoácidos proteicos no pueden ser sintetizados por el hombre. En consecuencia esos nueve aminoácidos deben ser incluidos en la dieta: son los **aminoácidos esenciales.** Una dieta equilibrada debe contener proporciones adecuadas de estos nueve aminoácidos esenciales, así como una cierta cantidad de *arginina,* que, aunque se sintetiza en el organismo, lo hace a velocidad muy lenta.

Algunos de los aminoácidos no esenciales se sintetizan a partir de otros esenciales. Así por ejemplo, la tirosina, que se sintetiza a partir de fenilalanina, y la cisteína, a partir de metionina.

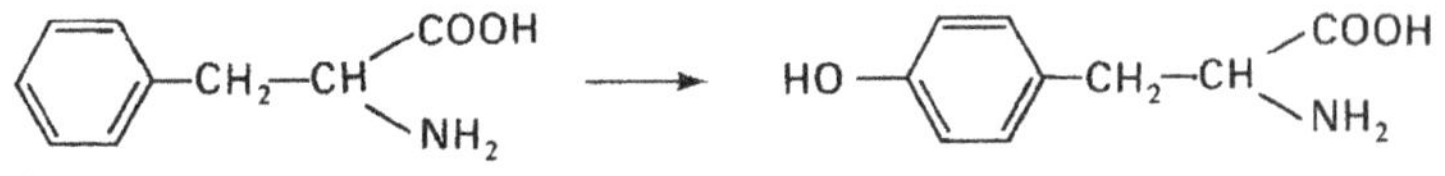

fenilalanina → tirosina

$$CH_3{-}S{-}CH_2{-}CH_2{-}CH\langle^{COOH}_{NH_2} \rightarrow HS{-}CH_2{-}CH\langle^{COOH}_{NH_2}$$

metionina → cisteína

COMPLEMENTOS 14.1

CICLO DEL NITRÓGENO EN LA NATURALEZA

Los animales extraemos el nitrógeno, necesario para la síntesis de los propios aminoácidos y proteínas, fundamentalmente de los aminoácidos de la dieta (procedentes de proteínas vegetales) y en menor escala del amoniaco libre.

También sabemos que, en los procesos de putrefacción y combustión, la materia orgánica libera nitrógeno gaseoso que va a parar a la atmósfera (el 78% del aire es nitrógeno). Esta pérdida de nitrógeno exige un proceso cíclico para su regeneración.

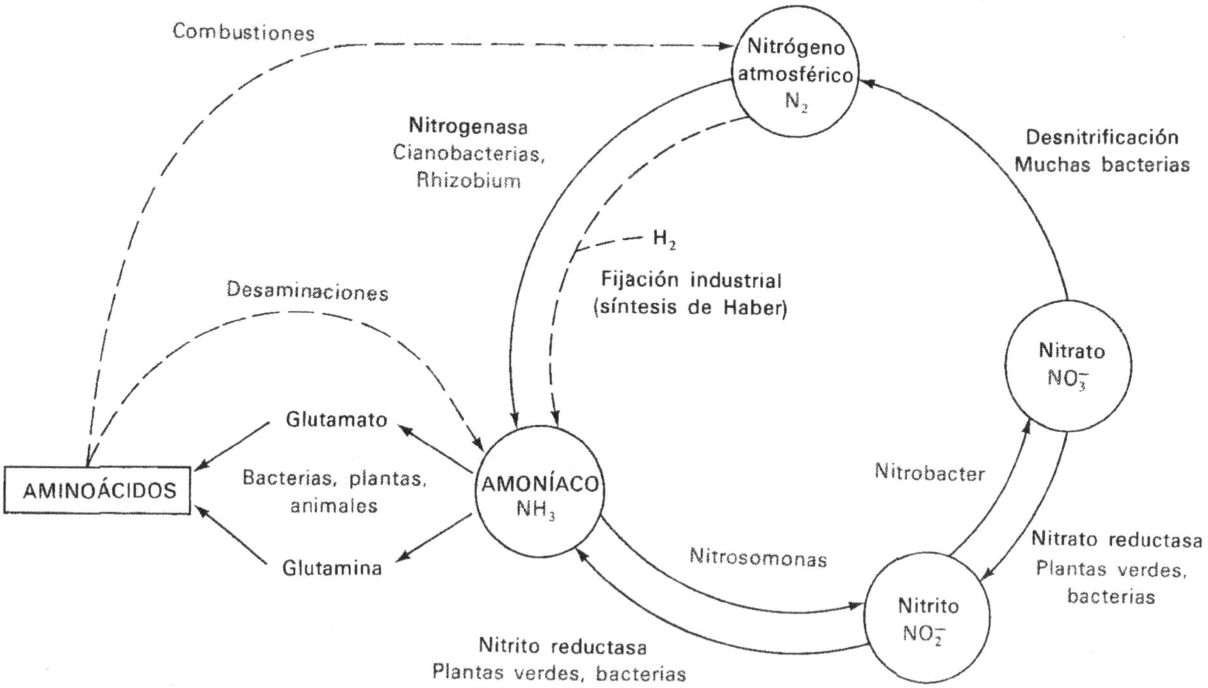

Figura 14.1
Ciclo del nitrógeno en la naturaleza. Los animales pueden utilizar el amoníaco, aunque preferentemente utilizan los aminoácidos de los alimentos (procedentes de las plantas).

Algunas bacterias son capaces de transformar el nitrógeno atmosférico en amoníaco, mediante el enzima *nitrogenasa:*

$$N_2 + 6\,H^+ + 6\,e^- + \text{energía} \xrightarrow[\text{nitrogenasa}]{} 2\,NH_3$$

Esta reacción la realizan las *cianobacterias* (algas verdeazuladas) que viven de forma independiente y las bacterias del género *Rhizobium* que viven en simbiosis con las leguminosas.

Otras bacterias (*nitrosomonas*) utilizan el amoníaco para obtener energía, oxidándolo a nitrito y las *nitrobacter* oxidan el nitrito a nitrato, con el mismo fin.

Por último, todas las plantas verdes y la mayoría de las bacterias son capaces de reducir el nitrato a nitrito y a amoníaco que utilizarán en la biosíntesis de todos sus aminoácidos (Fig. 14.1).

$$NO_3^- \xrightarrow[\text{nitrato reductasa}]{} NO_2^- \xrightarrow[\text{nitrito reductasa}]{} NH_3 \xrightarrow[\text{múltiples reacciones}]{} \text{Aminoácidos}$$

Al ingerir los animales estos aminoácidos cerramos el ciclo del nitrógeno en la naturaleza.

14.2. BIOSÍNTESIS DE PORFIRINAS

El **grupo hemo,** integrante obligado de las hemoproteínas (hemoglobina, citocromos, ...), se sintetiza a partir del aminoácido *glicina* y de un intermediario del ciclo de Krebs, el *succinil-CoA*. La condensación de estos compuestos da lugar al ácido δ-aminolevulínico:

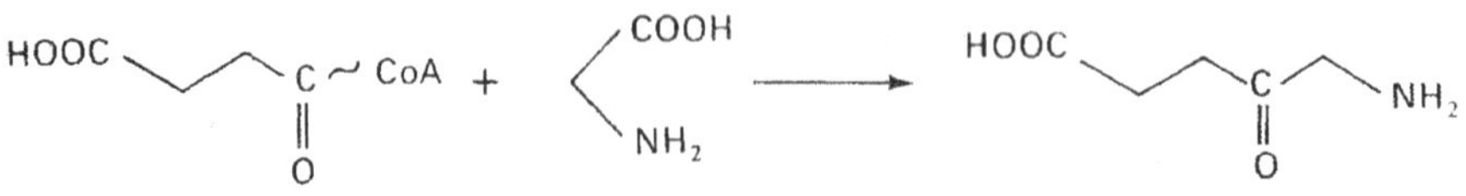

succinil-CoA glicina ác. δ-aminolevulínico

El enzima que cataliza la reacción, la *δ-aminolevulinato sintasa,* es el principal enzima regulable de esta vía metabólica: *el grupo hemo inhibe su actividad y reprime su síntesis.*

(11.8.2) Dos moléculas de δ-aminolevulínico se condensan para dar una estructura que contiene el anillo *pirrol:* el porfobilinógeno. A su vez, cuatro moléculas de porfobilinógeno dan lugar, a través de una serie de transformaciones, a la protoporfirina IX.

Por último, la ferroquelatasa introduce un ion Fe^{++} en la protoporfirina IX, originando así el grupo hemo, que, al unirse a una cadena polipeptídica, formará las hemoproteínas (Fig. 14.2).

APLICACIONES 14.1

NIVELES DE δ-AMINOLEVULINATO DESHIDRATASA EN EL SATURNISMO

El plomo es un metal muy tóxico para el hombre. Es integrante habitual de cañerías, perdigones, gasolinas, pinturas, juguetes, soldaduras (por ej., en botes de conserva), etc. La contaminación, producida por el plomo o por sus sales, puede tener lugar por vía digestiva, respiratoria o cutánea. El envenenamiento, agudo o crónico, debido al plomo —llamado *saturnismo*— se caracteriza por provocar trastornos gastrointestinales y mentales y cursa con *anemia,* es decir, déficit de hemoglobina en la sangre.

El estudio bioquímico de la anemia ha revelado que el plomo interfiere la síntesis del hemo; concretamente la actividad del enzima *δ-aminolevulinato deshidratasa* (ALA-D) de los hematíes está claramente disminuida.

Esta disminución está tan vinculada al plomo que, cuando se sospecha que puede haber saturnismo, en vez de analizar el metal en sangre u orina, se suele recurrir al análisis de ALA-D en eritrocitos, con toda fiabilidad.

Para tratar el saturnismo se persigue suprimir todo contacto con el plomo e ir eliminando este metal (que en los huesos sustituye al calcio), formando un complejo característico (*quelato*) con la sal *etilendiaminotetraacetato* (EDTA). El nombre de quelato alude a que el metal es atrapado por la molécula orgánica de mane-

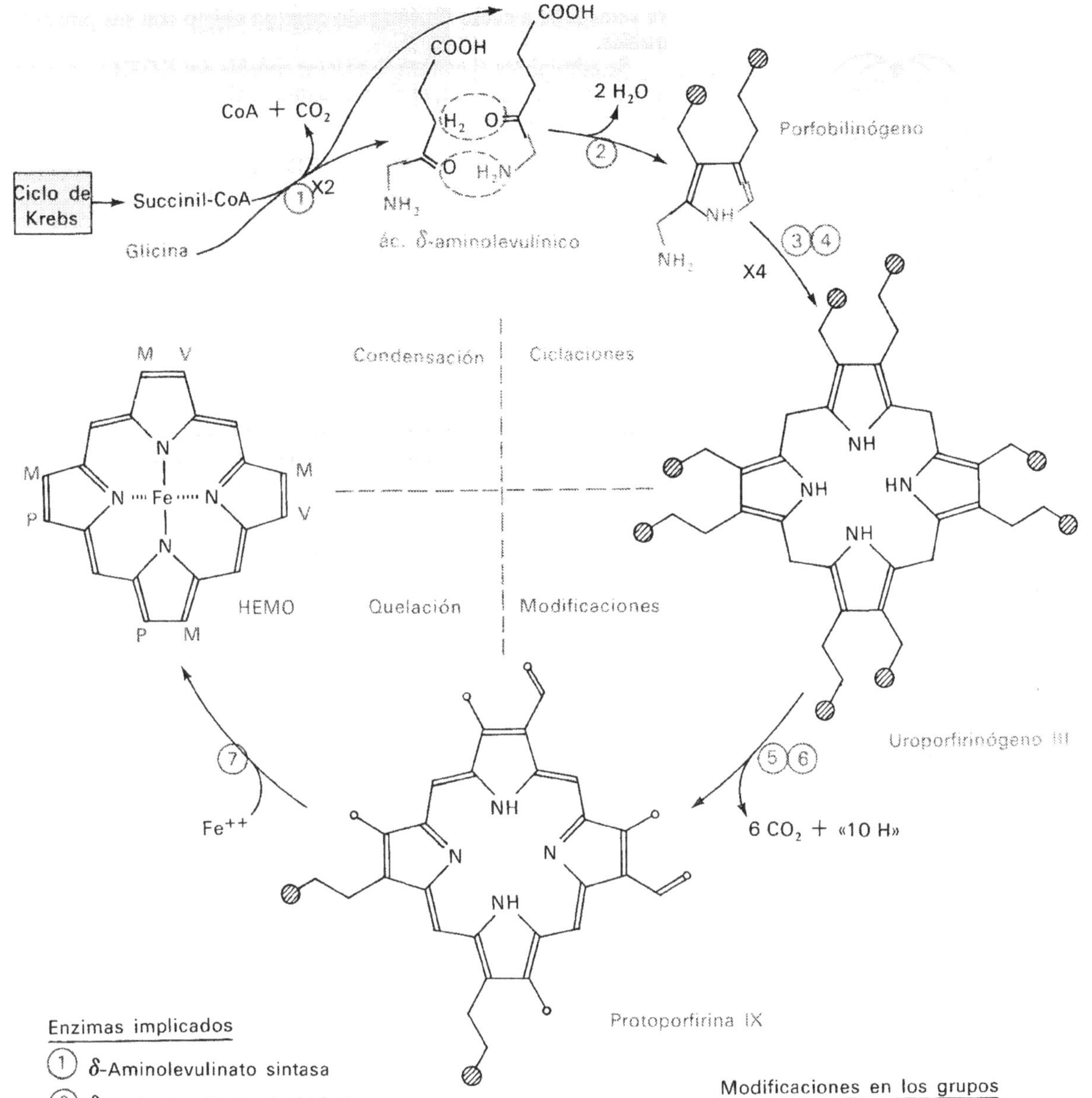

Enzimas implicados

1. δ-Aminolevulinato sintasa
2. δ-Aminolevulinato deshidratasa
3. 4. Porfirinógeno sintasa y cosintasa
5. Descarboxilasas
6. «Deshidrogenasas»
7. Ferroquelatasa

Modificaciones en los grupos laterales

$—CH_2—COOH \rightarrow —CH_3$
«acético» (A) → metilo (M)

$—CH_2—CH_2—COOH \rightarrow —CH{=}CH_2$
«propiónico» (P) → Vinilo (V)

Figura 14.2
Resumen de las reacciones implicadas en la biosíntesis del hemo. Para el significado de *quelación* véase Aplicaciones 14-1.

Modelo de formación de un quelato

ra semejante a como un cangrejo coge un objeto con sus pinzas o *quelas*.

Se administra el *complejo cálcico soluble del EDTA* y, debido a su menor disociación, el plomo sustituye al calcio en él, de acuerdo con la reacción:

$$\underset{\text{complejo soluble algo disociado}}{\text{EDTA} \cdot \text{Ca}} + \underset{\text{libre}}{\text{Pb}^{++}} \rightarrow \underset{\text{complejo soluble menos disociado}}{\text{EDTA} \cdot \text{Pb}} + \underset{\text{libre}}{\text{Ca}^{++}}$$

El quelato EDTA · Pb, si no surgen complicaciones, se elimina por la orina. La sal *EDTA sódica* se utiliza como anticoagulante porque compleja al calcio de la sangre. Si se administrara directamente al paciente con saturnismo se podría presentar un cuadro tetánico mortal (por hipocalcemia); por tanto, sólo se puede dar la sal cálcica.

Al igual que el Fe^{++} del hemo, en el quelato con EDTA, el plomo ocupa el centro de un *octaedro,* cuyos vértices, en este caso, son *dos átomos de N* y *cuatro de O* de la molécula orgánica (véase esquema).

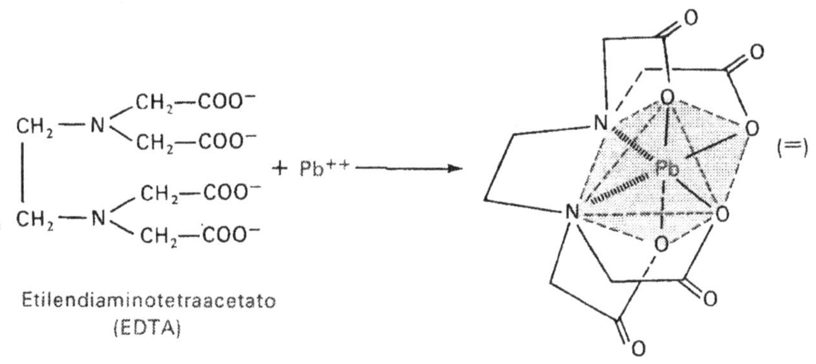

Etilendiaminotetraacetato (EDTA)

quelato soluble

14.3. BIOSÍNTESIS DE LOS NUCLEÓTIDOS DE PURINA Y DE PIRIMIDINA

Los nucleótidos de purina se sintetizan a partir de un derivado de la *ribosa fosfato;* sobre éste se van incorporando los componentes del anillo purina. Por el contrario, en el caso de los nucleótidos pirimidínicos se sintetiza primero la base libre, y a ella se une posteriormente la *ribosa fosfato*.

14.3.1 Nucleótidos púricos

El precursor de los nucleótidos púricos es el fosforribosilpirofosfato (PRPP), que se obtiene a partir de la ribosa-5-fosfato, procedente a su vez de la vía de las pentosas fosfato. En pasos suce-
(11.5) sivos se van incorporando:

— átomos de nitrógeno, procedentes de la glutamina y del aspártico

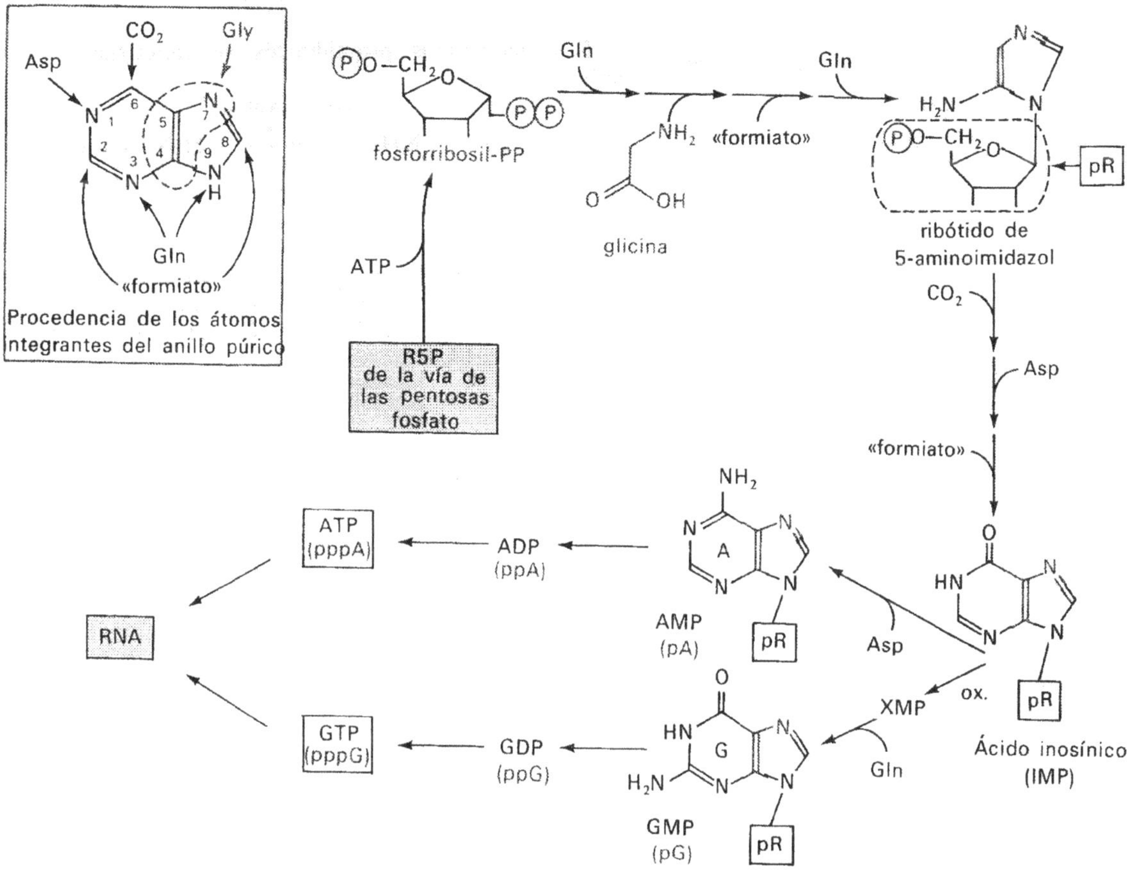

Figura 14.3
Representación esquemática de la biosíntesis de los nucleótidos púricos, indicando la secuencia de incorporación de los distintos átomos que los integran.

— un aminoácido: la glicina
— fragmentos monocarbonados: formiato y CO_2.

Se obtiene así, en primer lugar, el *ácido inosínico (IMP),* que posteriormente, puede convertirse en *adenílico (AMP)* o *guanílico (GMP).* Los nucleósidos monofosfato se fosforilan a nucleósidos trifosfato, como ya se explicó para el caso del ATP, y así pueden participar en la biosíntesis de RNA (Fig. 14.3). **(7.3)**

Además de las vías biosintéticas que acabamos de mencionar, se pueden sintetizar nucleótidos púricos a partir de las bases libres, procedentes de la degradación de ácidos nucleicos. La guanina o la adenina se pueden combinar con fosforilribosa para dar respectivamente GMP o AMP, siguiendo las llamadas *vías de recuperación.*

$$\text{Base libre} + \text{PRPP} \xrightarrow[\text{fosforribosiltransferasa}]{} \text{NMP}^* + \text{PP}_i$$

* *NMP* = Nucleósido monofosfato (la letra *N* representa aquí a cualquier base púrica o pirimidínica).

14.3.2. Nucleótidos pirimidínicos

Los nucleótidos pirimidínicos se sintetizan a partir del carbamilfosfato:

$$CO_2 + NH_3 \xrightarrow{2ATP \quad 2ADP + P_i} H_2N{-}\underset{\underset{O}{\|}}{C}{-}O{-}Ⓟ$$

carbamilfosfato

El carbamilfosfato se condensa con el aminoácido aspártico por acción de la *aspartato transcarbamilasa,* dando lugar, a través de distintos pasos, al *ácido orótico,* que es la primera base pirimidínica (fig. 14.4).

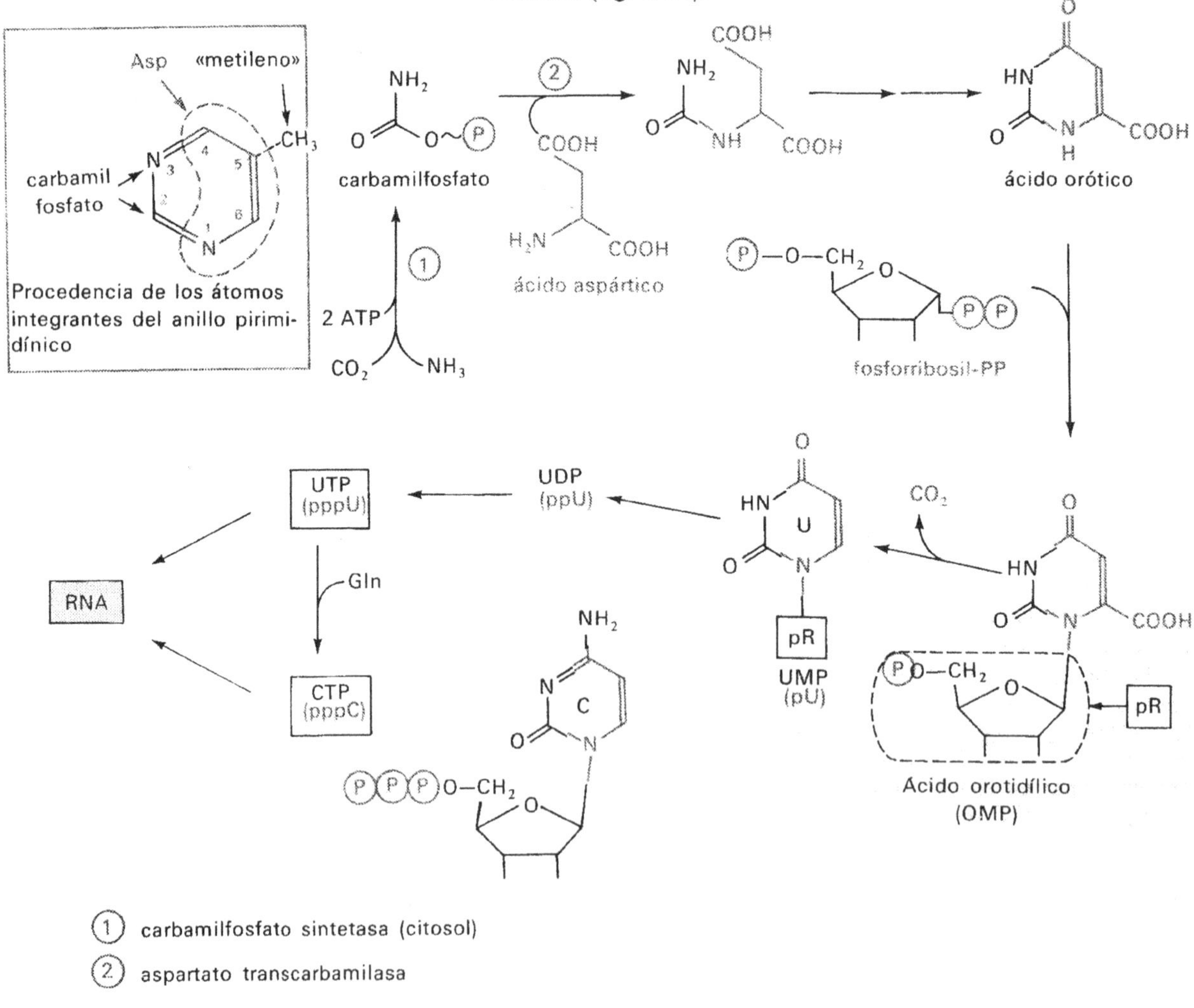

Figura 14.4
Representación esquemática de la biosíntesis de los nucleótidos pirimidínicos.

A su vez, el ácido orótico reacciona con fosforribosilpirofosfato (PRPP) para dar *ácido orotidílico* (OMP). El OMP origina, sucesivamente, *uridílico (UMP), UTP y CTP.* Los dos últimos compuestos participan en la síntesis del RNA (fig. 14.4).

14.3.3. **Desoxinucleótidos**

Existe un enzima capaz de reducir la ribosa a 2-desoxirribosa en los nucleósidos difosfato. De esta manera, el ADP, GDP, UDP y CDP originan los respectivos desoxiderivados: *dADP, dGDP, dUDP* y *dCDP.*

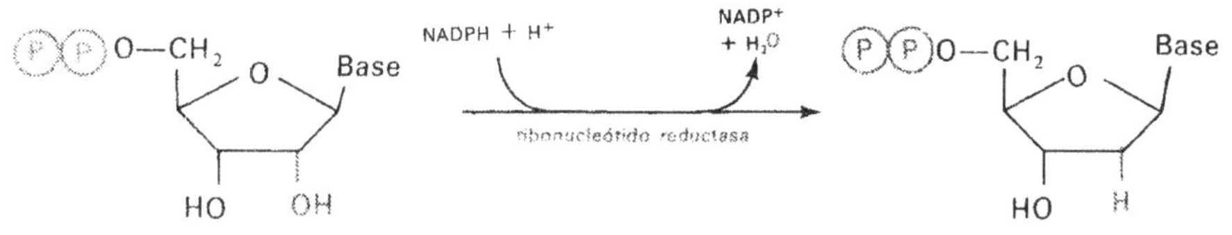

ribonucleósido difosfato desoxirribonucleósido difosfato

El dUDP así obtenido se hidroliza a *dUMP,* y éste se metila para dar *dTMP*. Recuérdese que el DNA no contiene uracilo, sino timina.

El *dATP, dGTP, dTTP* y *dCTP* son los nucleótidos precursores del DNA (Fig. 14.5).

14.4. PATOLOGÍA DE LAS VÍAS BIOSINTÉTICAS

Como ocurría en el caso de las vías degradativas, se pueden presentar enfermedades debidas a alteraciones de las vías metabólicas biosintéticas por intoxicaciones, carencia de factores vitamínicos esenciales o alteraciones enzimáticas.

Un ejemplo típico de tóxico que afecta a vías biosintéticas es el plomo, cuya acción sobre el enzima *δ-aminolevulinato deshidratasa* produce una *anemia* ya que hemos considerado con amplitud (Aplicaciones 14.1).

Numerosas vías biosintéticas pueden verse afectadas por la carencia de cofactores específicos que en un principio deben ser suministrados por la dieta. Así, en ocasiones se produce un *déficit de ácidos grasos poliinsaturados,* necesarios para el transporte de colesterol y para la síntesis de prostaglandinas. La carencia de *hierro*, por escasez de ingestión, o de absorción, o por exceso de eliminación, o por insuficiencia de transporte, conduce a las *anemias ferropénicas.* La exposición insuficiente a la luz solar origina avitaminosis D, con fijación inadecuada de calcio; esto determina *raquitismo* en los niños, y *osteomalacia* en los adultos (caso de las mujeres beduinas, que sólo exponen la zona de los ojos a la luz solar).

Diversos enzimas propios de las vías biosintéticas pueden estar ausentes o inactivos en diferentes enfermedades. Por ejemplo, la carencia de algunos enzimas del metabolismo del glucógeno

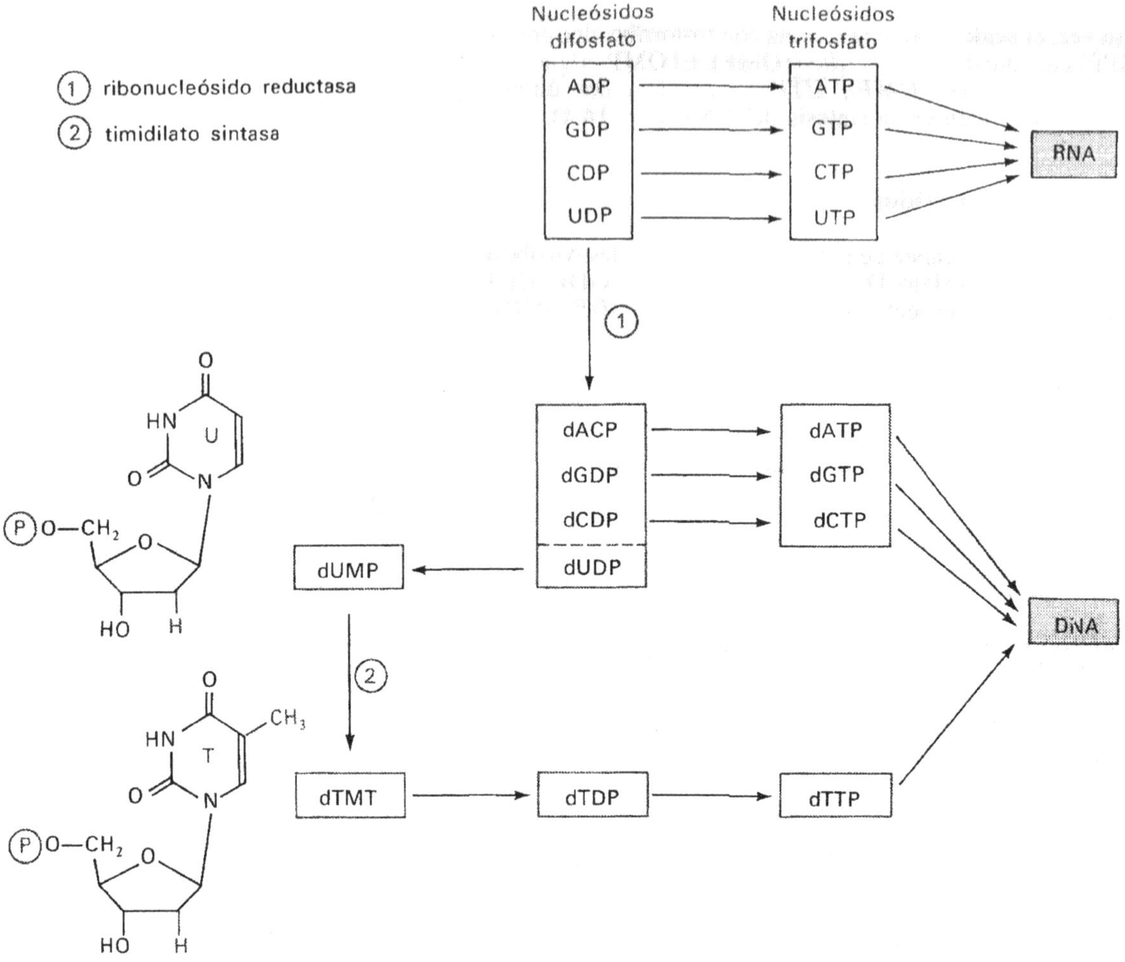

Figura 14.5
Principales reacciones de interconversión de los nucleótidos que van a formar el RNA y el DNA.

origina la acumulación excesiva de moléculas de glucógeno más o menos modificadas. El caso más frecuente es la *enfermedad de Von Gierke*, por carencia de *glucosa-6-fosfatasa* hepática y renal. La carencia del *receptor de lipoproteínas de baja densidad* (LDL), que transportan colesterol a las diversas células, impide la entrada de colesterol en estas células y produce un aumento de colesterol circulante en sangre, con tendencia a depositarse en las paredes de los vasos (*aterosclerosis*). Algunos de los numerosos enzimas implicados en la biosíntesis de hormonas esteroideas, a partir de colesterol, pueden hallarse ausentes, con lo que se originan diversos transtornos endocrinos; el más común es el déficit de *21-*
(13.7) *hidroxilasa,* (enzima que permite el paso de progesterona a corticoides), que origina uno de los llamados *síndromes adrenogenitales*. La producción excesiva de porfirinas, por problemas en la regulación de los enzimas implicados, se conoce como *porfiria*. En algunos casos (*porfiria aguda intermitente*) la enfermedad se

desencadena por el consumo de fármacos, como barbitúricos o estrógenos. Por último, la vía de recuperación de purinas falta en el llamado *síndrome de Lesch-Nyhan,* que cursa con graves transtornos neurológicos (retraso mental y automutilaciones).

14.5. REGULACIÓN E INTEGRACIÓN METABÓLICA

El metabolismo es un conjunto ordenado de reacciones químicas. Si repasamos las diversas vías metabólicas que hemos descrito en los capítulos 11 a 14, podemos tener la impresión errónea de que cada una de las reacciones químicas, o cada una de las vías metabólicas, funciona con independencia de las demás. Nada más lejos de la realidad:

- la actividad de cada una de las vías metabólicas está cuidadosamente **regulada**,
- la actividad de las diversas vías se halla **integrada** en lo que llamamos el *metabolismo corporal.*

14.5.1. Necesidad de la regulación

La regulación de los procesos metabólicos es necesaria por diversas razones, entre las que citaremos:

- Las células necesitan un aporte constante de determinados metabolitos: glucosa, aminoácidos, etc. Para ello se requiere mantener constante el nivel de estos metabolitos en sangre. A su vez, esto implica que cuando dichos metabolitos abundan deben ser almacenados, y cuando escasean, las reservas han de ser movilizadas. Por ejemplo, después de una comida rica en azúcares, aparece en la sangre una gran cantidad de *glucosa*, que el hígado convierte en *glucógeno*. Al cabo de unas horas de ayuno, el nivel de glucosa en sangre tendería a bajar, debido al consumo celular, pero se mantiene constante porque el hígado va degradando al ritmo adecuado las reservas de glucógeno. Así pues, el mantenimiento de una glucemia constante se logra, entre otros medios, por la regulación de las vías biosintética y degradativa del glucógeno.
- La evolución ha seleccionado aquellos seres vivos que desperdician menos energía. No todas las macromoléculas (proteínas, RNA, ...) que puede sintetizar una célula son necesarias en igual cantidad y en cualquier circunstancia. Los seres vivos mejor adaptados, entre los que se cuenta el hombre, disponen de mecanismos para sintetizar en cada momento sólo las biomoléculas imprescindibles, y en la proporción más adecuada. Se consigue así reducir al mínimo los procesos —energéticamente muy costosos— de la síntesis de macromoléculas.
- En los seres vivos coexisten vías metabólicas biosintéticas y degradativas para las mismas moléculas. Si ambos tipos de vías funcionaran a la vez y a la misma velocidad, se produciría un consumo de energía sin producción de ningún trabajo útil (como un camión que unos operarios van descargando, al tiempo que otros cargan con la misma mercancía y a la misma velocidad). Los seres vivos disponen de sistemas integradores que hacen que las vías metabólicas resulten en la práctica *unidireccionales*, funcionando tan sólo en el sentido más conveniente para cada caso.

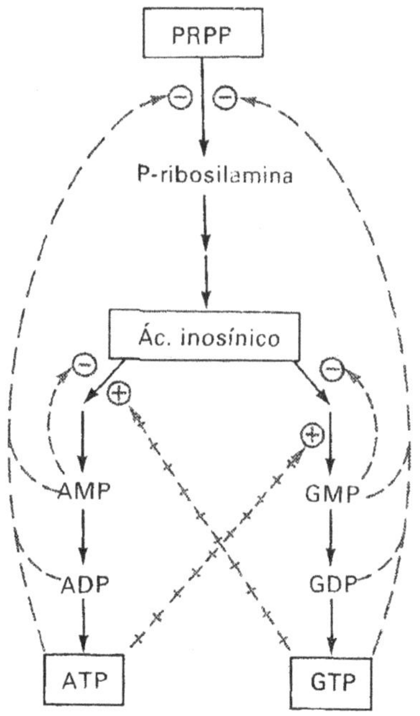

Figura 14.6
Los productos finales de la síntesis de purinas inhiben la vía de su propia síntesis y activan la síntesis de la vía complementaria, es decir, el ATP activa la síntesis de GTP y éste la de ATP.

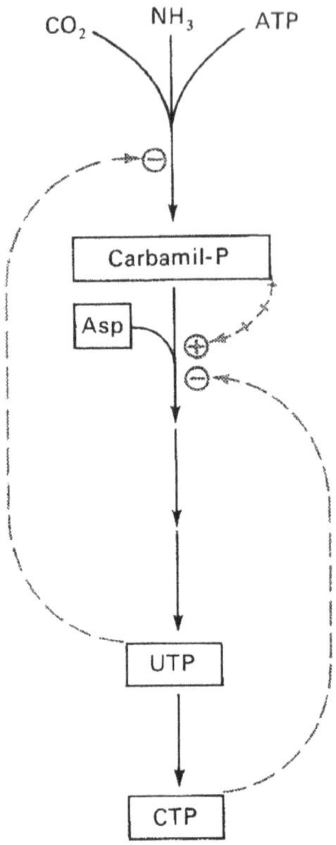

Figura 14.7
Principales puntos de regulación de la síntesis de pirimidinas.

14.5.2. Características generales de la regulación metabólica

Aunque los sistemas de regulación son casi tan variados como los propios procesos que se desea regular, podemos distinguir algunas características comunes a todos ellos. Entre las principales destacaremos:

— La regulación metabólica se ejerce, sobre todo, a través de la actividad de los enzimas.

— Cada vía suele tener un enzima especialmente sensible a la regulación (*enzima clave* o *enzima marcapasos*). Por ejemplo, el enzima clave de la glicolisis anaerobia es la *fosfofructoquinasa*, y el de la vía de las pentosas fosfato es la *glucosa-6-fosfato deshidrogenasa*.

— El enzima clave suele catalizar una de las reacciones iniciales de la vía metabólica que regula. Así ocurre en los dos ejemplos que hemos citado en el párrafo anterior. Con frecuencia hay también enzimas marcapasos en las reacciones que siguen a la bifurcación de una vía (ej. biosíntesis de nucleótidos púricos, ver Fig. 14.6).

— En general, el sustrato inicial activa su correspondiente vía metabólica, mientras que el producto final tiende a inhibirla. Así, la *aspartato transcarbamilasa*, el enzima clave de la biosíntesis de nucleótidos pirimidínicos, se activa por su sustrato carbamilfosfato, y se inhibe por el producto final CTP (fig. 14.7).

— Los enzimas clave de las vías metabólicas suelen ser
(9.4.5) **enzimas alostéricos**. Así, tanto la *fosfofructoquinasa* como la *aspartato transcarbamilasa* son enzimas alostéricos típicos.

14.6. NIVELES DE REGULACIÓN

La regulación metabólica se ejerce en el hombre a tres niveles: *molecular, celular* y *somático*. Los niveles de regulación van unidos al nivel de evolución del organismo: las bacterias (procariotas) sólo disponen del nivel molecular; los eucariotas sencillos (levaduras, protozoos), al poseer compartimentación intracelular, pueden regular también su metabolismo a este nivel; finalmente, los seres pluricelulares, como el hombre, utilizan los tres niveles citados (fig. 14.8).

14.6.1. Nivel molecular

Las moléculas susceptibles de regulación a nivel molecular son los **enzimas** (cap. 9).

a) La velocidad de los enzimas michaelianos depende (de manera no lineal, como ya vimos) de la presencia de sustratos y cofactores. La zona en que la velocidad de reacción es más sensible a la concentración de sustrato se sitúa en torno a la constante de Michaelis, Km; a su vez, es frecuente que la Km de un enzima sea del mismo orden de magnitud que la concentración fisiológica del sustrato. Además, un exceso de producto final puede invertir el sentido de la reacción: así los esposos Cori lograron sintetizar
(13.1.2) glucógeno con glucosa-1-fosfato y glucógeno fosforilasa (al revés del sentido ordinario).

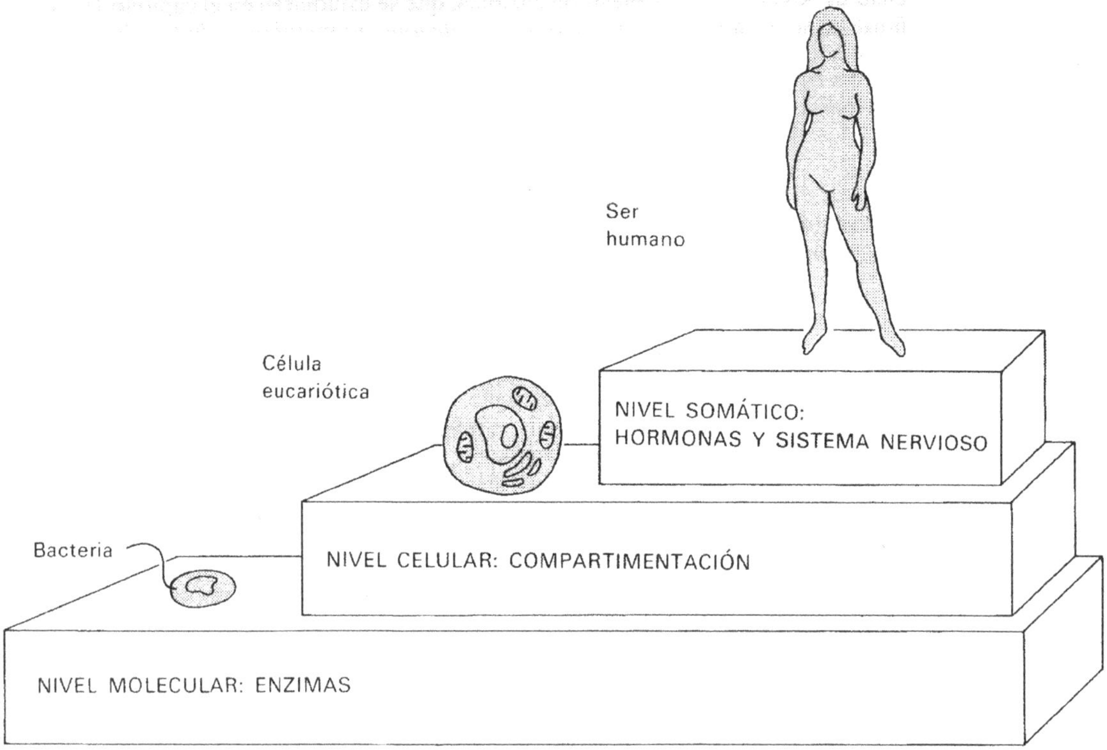

Figura 14.8
Niveles de regulación metabólica en los diferentes seres vivos.

b) Por otra parte, los enzimas alostéricos disponen de mecanismos adicionales de control. Así, en la ya mencionada fosfofructoquinasa, se requiere ATP como sustrato a bajas concentraciones; sin embargo, un exceso de ATP (indicativo de que la glicólisis no es necesaria) inhibe alostéricamente el enzima. **(9.4.5)**

c) Algunos enzimas pueden modificar covalentemente a otros enzimas, regulando la actividad de estos últimos. Esta modificación se produce en general por fosforilación/desfosforilación o adenilación/desadenilación (enzimas interconvertibles). La ventaja de este mecanismo es que se puede acumular gran cantidad de enzima inactivo, y hacer que entre en funcionamiento en un breve lapso de tiempo. Así por ejemplo, la glucógeno fosforilasa se presenta en dos formas: **a**, más activa, y **b**, menos activa. La forma *b* se transforma en *a* por fosforilación cuando se presenta una situación que requiera la degradación rápida de glucógeno. Cuando dicha necesidad desaparece, el enzima se convierte de nuevo a la forma *b*. **(Fig. 9.6)** **(13.1.2)** **(Fig. 13.2)**

d) Los niveles celulares de muchos enzimas, es decir, el número de moléculas de dichos enzimas disponibles en la célula en un momento dado, depende de la velocidad de síntesis de estos enzimas. Existen mecanismos de **inducción** y **represión** de la síntesis de enzimas, que se estudiarán en el capítulo 16. *A menudo el producto inicial de una vía metabólica induce la síntesis de los correspondientes enzimas, mientras que el producto final la reprime*. Por ejemplo, el grupo *hemo* reprime la síntesis del enzima clave de su propia vía biosintética, la *δ-aminolevulinato sintasa*.

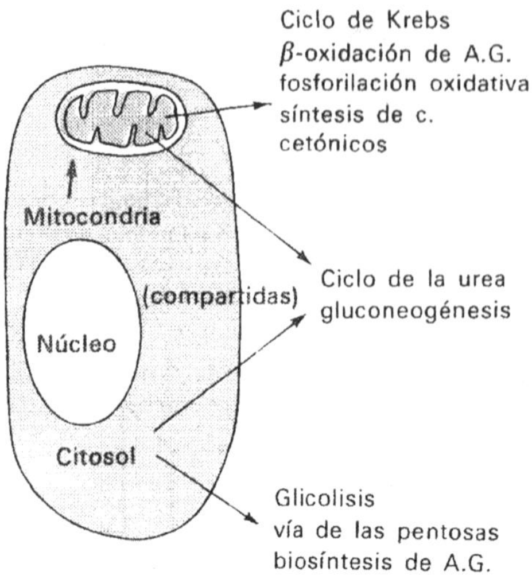

Figura 14.9
Localización subcelular de las vías del metabolismo intermediario.

14.6.2. Nivel celular

(12.5.3)

La regulación a nivel celular requiere la existencia de compartimientos intracelulares, como los que determina la existencia de orgánulos subcelulares. Ésto sólo ocurre en las células eucarióticas, donde hay vías metabólicas que tienen lugar en el citosol, otras en la mitocondria, otras en el retículo endoplásmico, etc. En estas células, las vías degradativas y **biosintéticas tienen lugar en distintos compartimentos** (Fig. 14.9): así, por ejemplo, la *β*-oxidación de los ácidos grasos es mitocondrial, mientras que su biosíntesis es citosólica. Esta compartimentación requiere que las membranas subcelulares tengan una permeabilidad muy selectiva. La compartimentación subcelular permite también que dos reacciones idénticas, integradas en vías metabólicas diferentes, se hallen catalizadas por dos enzimas distintos, con diferentes propiedades cinéticas y regulatorias: es el caso de las dos glicerol fosfato deshidrogenasas, una citosólica y la otra mitocondrial, que utilizan distintos cofactores.

14.6.3. Nivel somático

Los seres pluricelulares, como el hombre, requieren la existencia de *sistemas de integración* que permitan la acción concertada de todas las células, órganos y sistemas de su organismo. Los principales sistemas de integración pluricelular son dos, el **hormonal** y el **nervioso**

Las hormonas *son mensajeros químicos, sintetizados por tejidos especializados* (glándulas endocrinas, o de secreción interna). Estas moléculas mensajeras se vierten a la sangre y así son transportadas hasta llegar a su objetivo específico, el *órgano-blanco* u *órgano-diana*. A su llegada a las células del órgano-diana las hormonas activan o inhiben específicamente determinadas vías metabólicas. En el capítulo 20 describiremos con más detalle las principales hormonas y su mecanismo de acción.

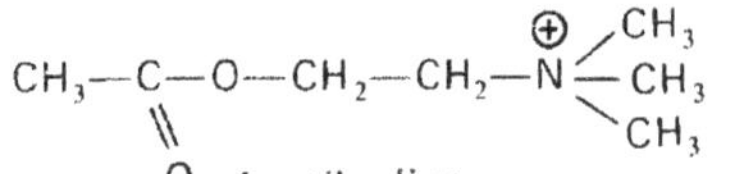

Acetilcolina

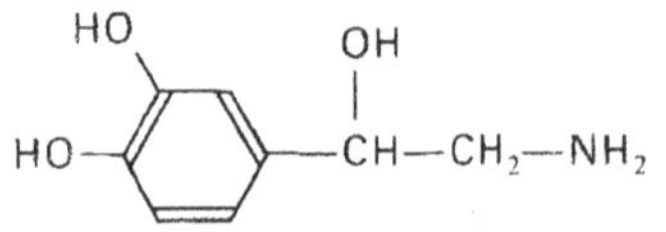

Noradrenalina

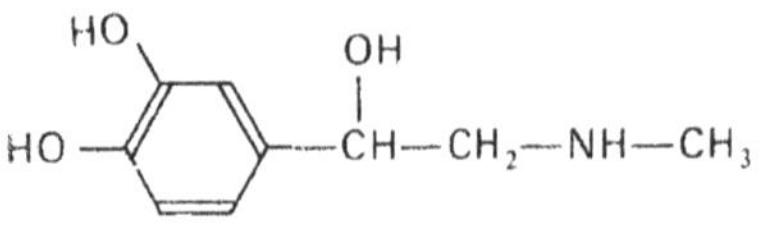

Adrenalina

El sistema nervioso está formado principalmente por las células de un tejido especializado (*neuronas*) y sus prolongaciones (*dendritas y axones*), que forman una tupida y fina red que se extiende por todo el organismo. A impulsos, conscientes o inconscientes, del sistema nervioso central (encéfalo y médula espinal) los axones periféricos liberan determinadas sustancias, neurotransmisores, que directa o indirectamente (por ejemplo, por medio de un aumento del flujo de sangre a través de un órgano) modifican la actividad metabólica de un grupo de células. Entre los principales *neurotransmisores* citaremos la *acetilcolina*, la *adrenalina* y la *noradrenalina*. Los detalles de la bioquímica del impulso nervioso se estudiarán en el capítulo 21.

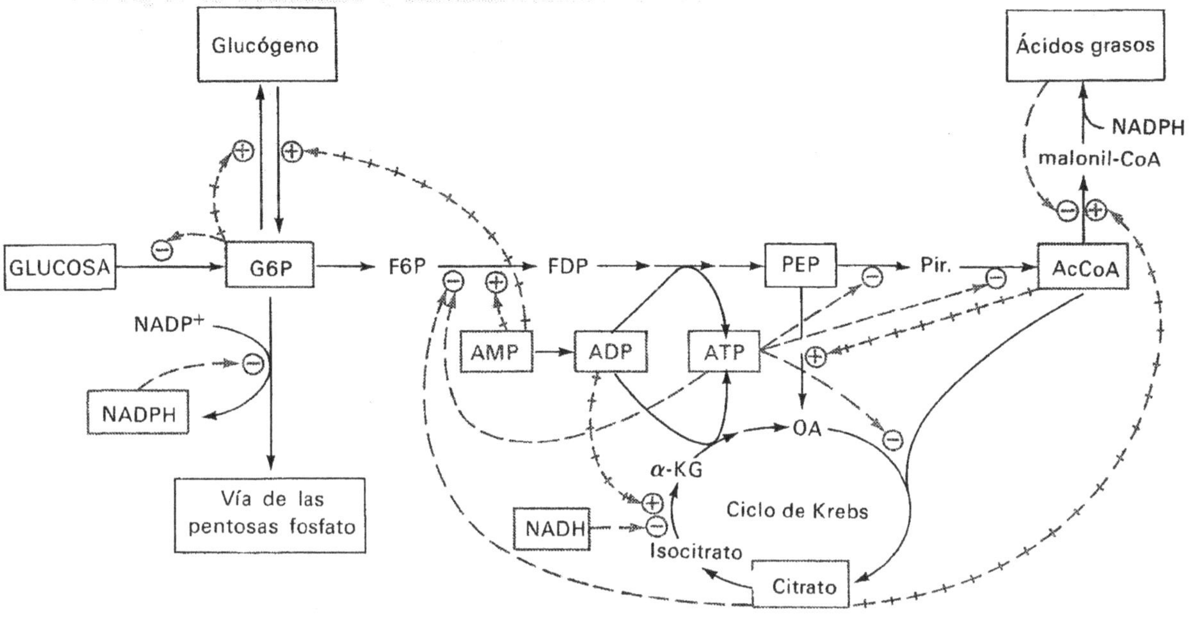

Figura 14.10
Principales reacciones enzimáticas, implicadas en las vías metabólicas de la glucosa, susceptibles de regulación. Se observa que el ATP, producto final de la glicolisis y del ciclo de Krebs, inhibe ambas vías. El AMP activa la degradación del glucógeno y la propia glicolisis. El ADP activa el ciclo de Krebs. Algunos sustratos, por ej., G6P, pueden inhibir la vía que los produce y activar la que los metaboliza. Por último el citrato frena la glicolisis y activa la síntesis de ácidos grasos.

14.7. ALGUNOS EJEMPLOS DE REGULACIÓN METABÓLICA EN EL HOMBRE

En el hombre, como en muchos otros seres vivos, se encuentran todos los mecanismos regulatorios citados.

14.7.1. Regulación de la glicolisis y la gluconeogénesis

La oxidación de la glucosa a CO_2 es una de las principales fuentes de energía. También es muy importante la gluconeogénesis, o conversión de moléculas de tres o cuatro carbonos en glucosa. Así pues, no debe extrañar que las vías metabólicas de la glicolisis y la gluconeogénesis se hallen cuidadosamente reguladas. En la figura 14.10 se esquematizan los principales puntos de regulación de las diferentes vías que puede seguir la glucosa. En este esquema se encuentran ejemplos de regulación a nivel molecular y celular. Obsérvese que el *ATP* y el *AMP* intervienen, con efectos antagónicos, en la regulación de numerosos enzimas; el *ATP*, sinónimo de «*bienestar energético*» frena las vías degradativas e impulsa las biosintéticas; lo contrario ocurre con el *AMP*, indicador de *déficit energético*.

14.7.2. Almacenamiento y utilización de la glucosa

La existencia de órganos diferenciados se acompaña de un cierto grado de especialización metabólica. Un ejemplo de esto lo constituyen los mecanismos de almacenamiento y utilización de la glucosa. La glucosa procedente de la digestión de los alimentos se canaliza por el sistema porta hacia el hígado, y allí se almacena en forma de glucógeno. Por el contrario, después de un período de ayuno, el hígado puede liberar glucosa a la sangre, porque, al contrario de otros órganos, posee *glucosa-6-fosfatasa*. La glucosa (pero no la glucosa-6-fosfato) atraviesa con facilidad la membrana del hepatocito. De esta manera, el hígado es el principal responsable del mantenimiento de un nivel constante de glucosa en sangre.

Los diversos órganos utilizan la glucosa con fines más o menos específicos (Fig. 14.11). Así en el músculo, la glucosa se utiliza para producir energía (contracción muscular) o se almacena en

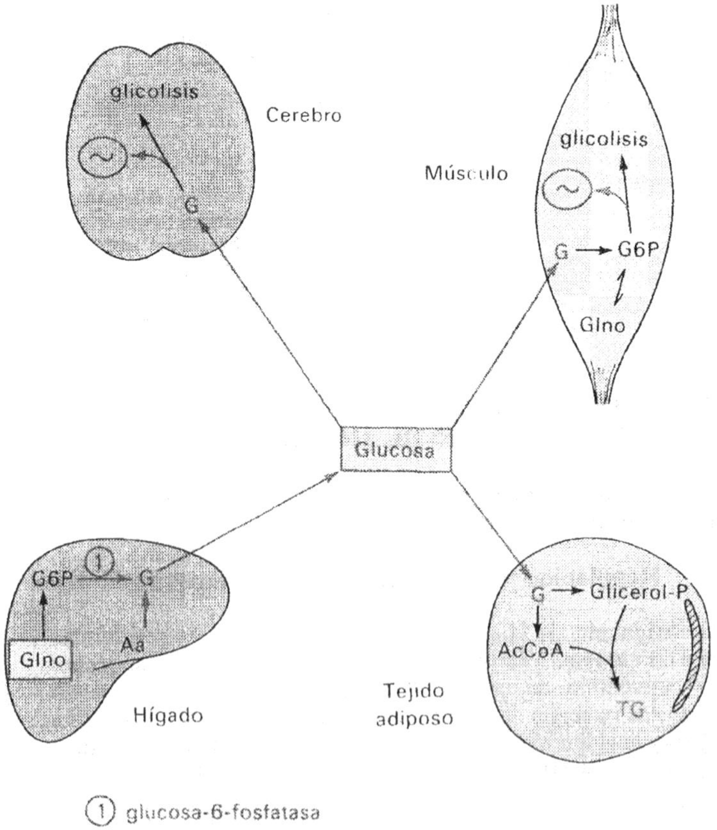

Figura 14.11
El glucógeno hepático y el catabolismo de aminoácidos glucogénicos suministran glucosa para los distintos órganos y tejidos. Existen mecanismos de regulación a nivel somático, como son la posesión o carencia de determinados enzimas (por ej., glucosa-6-fosfatasa).

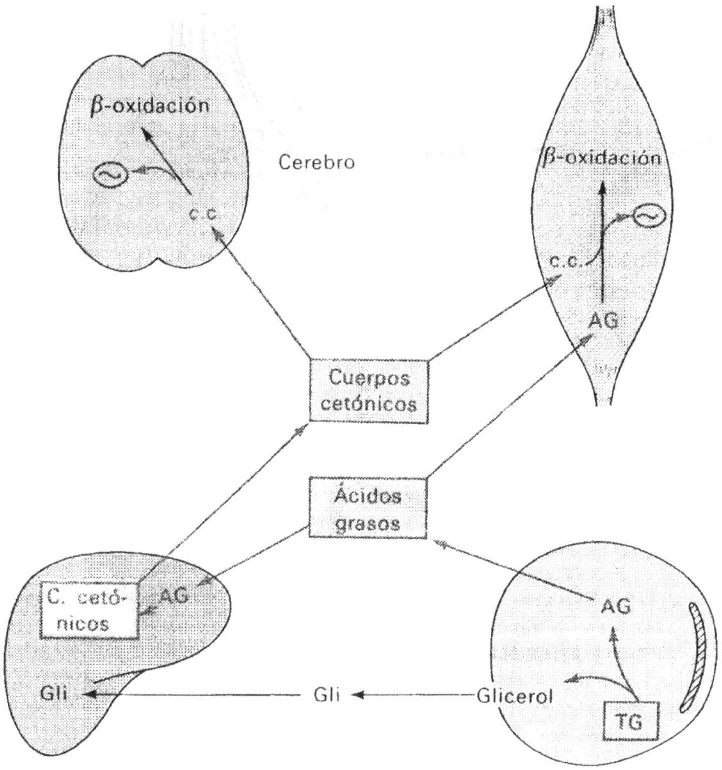

Figura 14.12
Liberación de lípidos por el tejido adiposo y utilización de los ácidos grasos (AG) o los cuerpos cetónicos (c.c.) por los diversos órganos y tejidos.

forma de glucógeno para el consumo de la propia célula; el cerebro es el principal órgano consumidor de glucosa,* porque la precisa para mantener los potenciales eléctricos en las neuronas; por fin, el tejido adiposo convierte la glucosa en glicerol-3-fosfato y ácidos grasos, que son los integrantes de las grasas de reserva.

14.7.3. **Utilización de grasas y cuerpos cetónicos**

Cuando la glucemia (concentración de glucosa en sangre) desciende por debajo de un nivel crítico, el tejido adiposo, estimulado por las hormonas adrenalina, somatotropina y ACTH, **(13.5)** hidroliza triglicéridos liberando glicerol y ácidos grasos. El tejido adiposo carece de *glicerol quinasa* (Fig. 11.4), por lo cual la hidrólisis de los triglicéridos es prácticamente irreversible (al no poder reutilizar el glicerol convirtiéndolo en glicerol-3-fosfato). Los ácidos grasos pueden ser utilizados, siguiendo la vía de la β-oxidación por el hígado o por el músculo (figura 14.12); el glicerol, en el hígado, se utiliza en la gluconeogénesis.

* En ayuno prolongado —por ej., tres días— el cerebro consume las dos terceras partes de la glucosa que el hígado produce y vierte en la sangre. Este consumo alcanza los 100 g de glucosa al día.

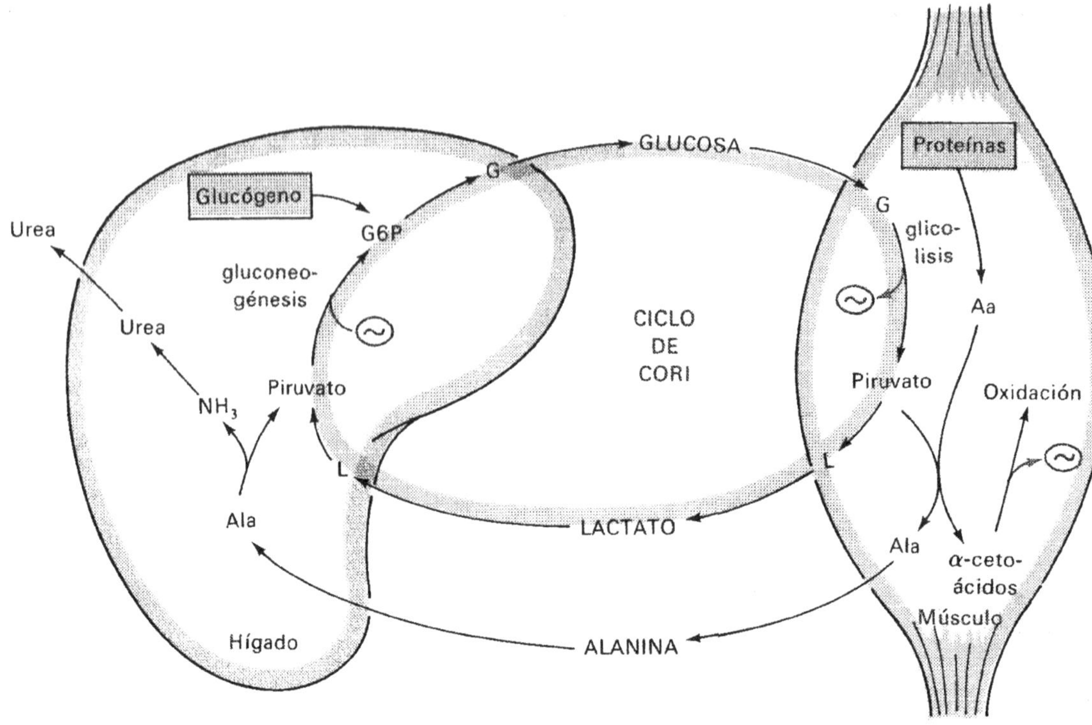

Figura 14.13
Intercambio de metabolitos entre el músculo y el hígado. El músculo activo consume glucosa y proteínas propias. El hígado reconvierte la alanina y el lactato en glucosa, al tiempo que elimina el amoníaco en forma de urea.

Como ya vimos (§ 12.2) la degradación de ácidos grasos en el hígado, en ausencia de glucosa, facilita la formación de cuerpos cetónicos, ya que no existen suficientes intermediarios del ciclo de Krebs para oxidar el acetil-CoA. El hígado no es capaz de utilizar estos cuerpos cetónicos, pero sí el músculo y el cerebro, entre otros tejidos periféricos, porque poseen el enzima *succinil: cetoácido CoA transferasa* (Fig. 12.3).

14.7.4. **Utilización de aminoácidos en músculo e hígado**

En el músculo se da una importante degradación de proteínas, con la consiguiente utilización de los aminoácidos. Ésta tiene lugar previa separación del grupo amino y el esqueleto carbonado del aminoácido (§ 11.8.1). La molécula carbonada se oxida, en último término, en el ciclo de Krebs, y el grupo amino se une a un piruvato para formar *alanina* (Fig. 14.13). La alanina viaja por la sangre hasta el hígado, donde se desdobla: el grupo amino se convierte en urea y el piruvato se reutiliza en la gluconeogénesis. La glucosa así resultante puede pasar de nuevo al músculo, cerrándose de este modo un proceso cíclico (representado en la figura 14.13). En momentos de actividad muscular intensa, la glicolisis predomina, con mucho, sobre la vía oxidativa. En estas circunstancias el piruvato muscular se transforma en *lactato* que va a la sangre. Ésta lo transporta al hígado y allí se convierte nuevamente en glucosa. Con la llegada de este azúcar al músculo se cierra un nuevo proceso cíclico, conocido como *ciclo de Cori*.

CUESTIONES Y PROBLEMAS

14.1. Señalar la respuesta correcta (*a*, *b*, ó *c*).
Los *aminoácidos no esenciales* se llaman así porque:
a) no entran en las proteínas humanas.
b) se pueden sintetizar a partir de los aminoácidos esenciales.
c) no suelen estar presentes en nuestras células.

14.2. Determinar cuántas moléculas de δ-aminolevulinato intervienen en la biosíntesis de una porfirina.

14.3. En el uroporfirinógeno III se integran átomos de carbono procedentes de la glicina y del succinil-CoA. Señalar de cuál de estas sustancias proceden:
a) las cadenas laterales de «propiónico» o «acético».
b) las unidades monocarbonadas que conectan los pirroles entre sí.
c) los propios anillos pirrólicos.

14.4. El hierro del hemo forma un *quelato* con los nitrógenos de los cuatro pirroles. Indicar de qué molécula proceden estos nitrógenos.

14.5. De acuerdo con la figura 14.3, señalar el orden con que se incorporan los 9 átomos del anillo púrico a la ribosa-5-fosfato para formar el ácido inosínico.

14.6. Averiguar la procedencia de los grupos amino de la adenina y de la guanina.

14.7. Señalar la procedencia de todos los átomos de *C* y de *N* de la base citosina.

14.8. Entre los múltiples nucleótidos posibles hay cuatro que integran normalmente el RNA y otros cuatro que integran el DNA. Enumerarlos e indicar en qué aspectos difieren ambos grupos de nucleótidos.

14.9. Los pacientes con déficit del enzima *21-hidroxilasa* no pueden convertir la progesterona en hormonas corticoides. Las niñas con este síndrome manifiestan precocidad sexual y caracteres masculinizantes, y los niños, hipertrofia de genitales. En ambos casos, hay un exceso de progesterona. De acuerdo con la figura 13.15, deducir en qué se transforma esta progesterona excesiva.

14.10. De acuerdo con la figura 14.6, sobre regulación de síntesis de purinas, deducir qué ocurriría en estos cuatro supuestos:
a) hay exceso de ATP y déficit de GTP.
b) hay déficit de ATP y exceso de GTP.
c) hay exceso de ambos nucleótidos.
d) hay déficit de ambos.

14.11. De acuerdo con la figura 14.7, señalar qué ocurriría si se presentase:
a) exceso de UTP y déficit de CTP.
b) exceso de CTP.
c) exceso de UTP y de CTP.

14.12. Un exceso de AMP en el citosol —indicador de déficit energético— actúa sobre la *fosfofructoquinasa* acelerando la glicolisis y sobre la *fructosa difosfatasa* frenando la gluconeogénesis. Indicar si esta regulación se considera:
a) a nivel molecular.
b) a nivel celular.
c) a nivel somático.

14.13. La mitocondria —que es la principal fuente del ATP celular— sintetiza este nucleótido mediante la fosforilación (endoergónica) de ADP:

$$ADP + P_i \rightarrow ATP + H_2O \text{ (consumo de energía)}$$

Cada vez que sale un ATP de la mitocondria al citosol, el enzima *ATP/ADP translocasa* de la membrana mitocondrial, exige la entrada de un ADP en la mitocondria. Indicar si este proceso supone una regulación:
a) a nivel molecular,
b) a nivel celular,
c) a nivel somático.

14.14. El tejido adiposo almacena triglicéridos a los que hidroliza constantemente. El glicerol así liberado no puede reconvertirse en glicerol-3-fosfato para la nueva síntesis de triglicéridos. Sólo la llegada de glucosa —procedente del hígado— permite a las células adiposas sintetizar el glicerol-3-fosfato, mediante la glicolisis, y con él sus lípidos de reserva. Indicar si esta dependencia del tejido adiposo respecto al hígado corresponde a una regulación:
a) a nivel molecular,
b) a nivel celular,
c) a nivel somático.

14.15. El glucógeno, tanto hepático como muscular, se fosforila y produce glucosa-6-fosfato para la glicolisis. El hígado puede liberar glucosa a la sangre y el músculo, no. Indicar a qué se debe esta peculiaridad del músculo y qué beneficios le reporta.

14.16. El cerebro —cuya actividad metabólica no puede detenerse— es incapaz de oxidar los ácidos grasos de la sangre, pero oxida muy bien los cuerpos cetónicos. Cuando la glucosa escasea, el hígado fabrica cuerpos cetónicos, que no puede utilizar, y los envía a la sangre. Señalar qué ventaja supone para el cerebro esta limitación del hígado.

14.17. El ciclo de Cori supone un consumo de ATP en el hígado y una liberación de ATP en el músculo. Calcular la pérdida mínima de ATP por glucosa transportada en el ciclo y razonar por qué se produce, si es energéticamente desfavorable.

PARTE **IV**

TRANSMISIÓN DE LA INFORMACIÓN GENÉTICA

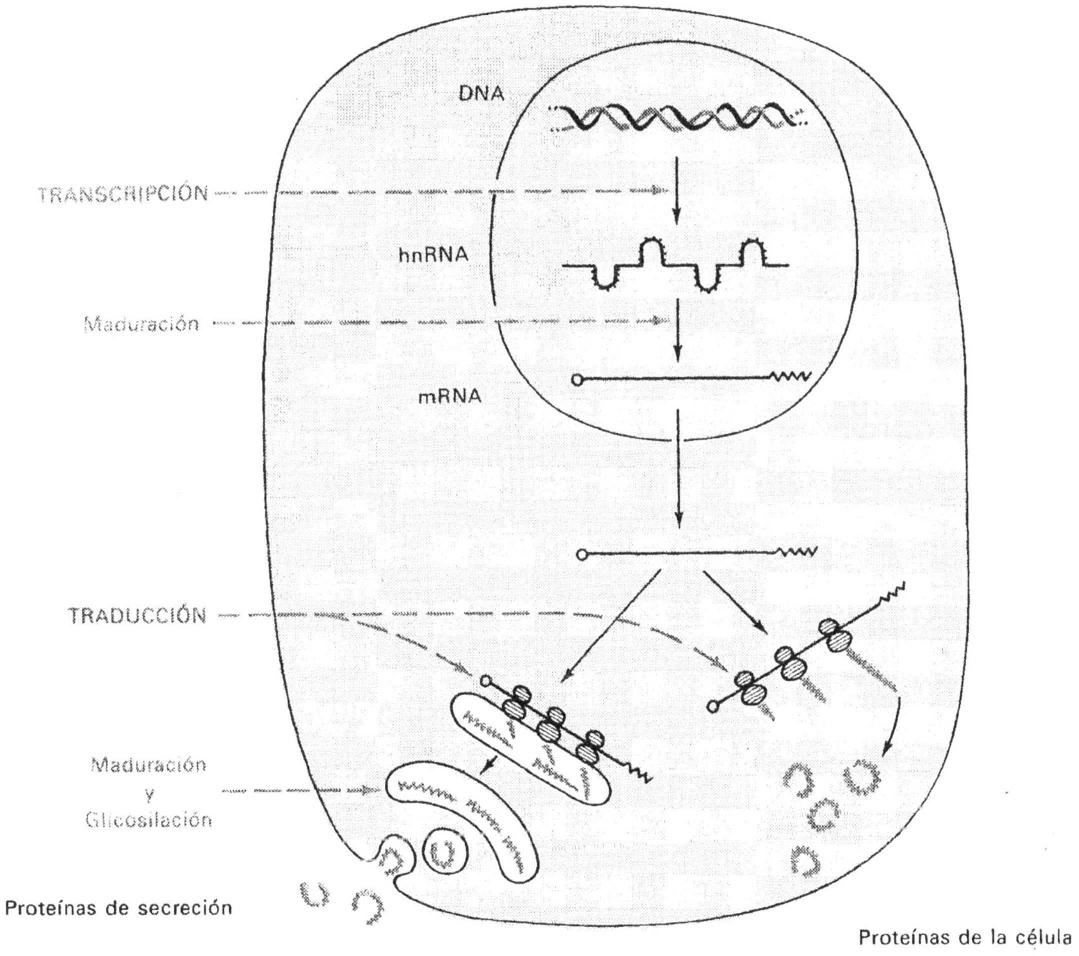

CAPÍTULO **15**

BIOSÍNTESIS DE DNA Y RNA

15.1. INTRODUCCIÓN

En DNA es la molécula que contiene la *información genética*, es decir, los datos que permiten que los hijos se parezcan a sus progenitores (por ejemplo, haciendo que pertenezcan a la misma especie). Como ya sabemos, el DNA tiene una estructura de polinucleótido en doble helicoide (7.5.1). En los seres eucarióticos el DNA forma parte de los cromosomas nucleares (8.3), aunque también se hallen pequeñas cantidades de DNA en mitocondrias y cloroplastos.

Normalmente, la información contenida en el DNA se transfiere al RNA, y de éste a las proteínas. En este capítulo y el siguiente describiremos:

- la biosíntesis de DNA (**replicación**) y RNA (**transcripción**) (Capítulo 15).
- la biosíntesis de proteínas (**traducción**) (Capítulo 16).
- la regulación de estos procesos (Capítulo 16).

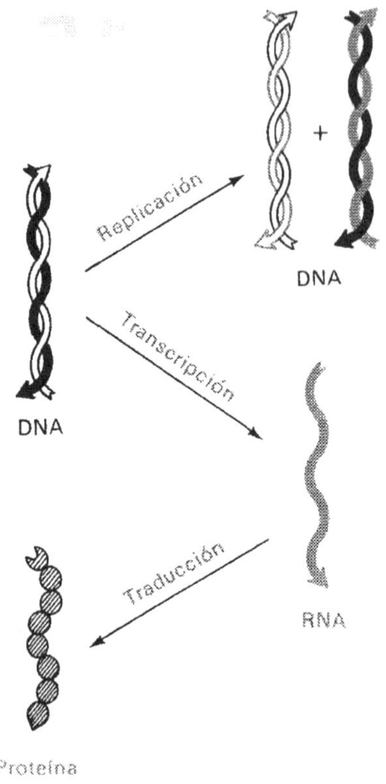

En el capítulo 17 incluiremos la genética molecular propia de las bacterias y los virus. Los **virus** son partículas de DNA o RNA, asociados con proteínas, que pueden infectar determinadas células y utilizar la maquinaria genética de las mismas para la replicación de partículas víricas.

15.2. REPLICACIÓN DEL DNA: CONCEPTO Y PROPIEDADES

La **replicación** es el proceso mediante el cual, a partir de una molécula de DNA en doble helicoide, se **sintetizan** dos idénticas. La molécula «*progenitora*» (o *parental*) sirve de molde para las moléculas «*hijas*». La replicación tiene lugar necesariamente cada vez que se divide una célula, ya que las dos células hijas han de tener exactamente la misma dotación genética que la progenitora. Se comprende, pues, que el proceso de replicación debe llevarse a cabo con la máxima exactitud.

La replicación del DNA tiene tres propiedades importantes:

- es semiconservadora,
- es bidireccional,
- es multifocal (en eucariotas).

a) Considerando que se trata de replicar una estructura de dos hebras, como el DNA, caben en principio tres posibilidades, representadas en la figura 15.1: la replicación conservadora, la

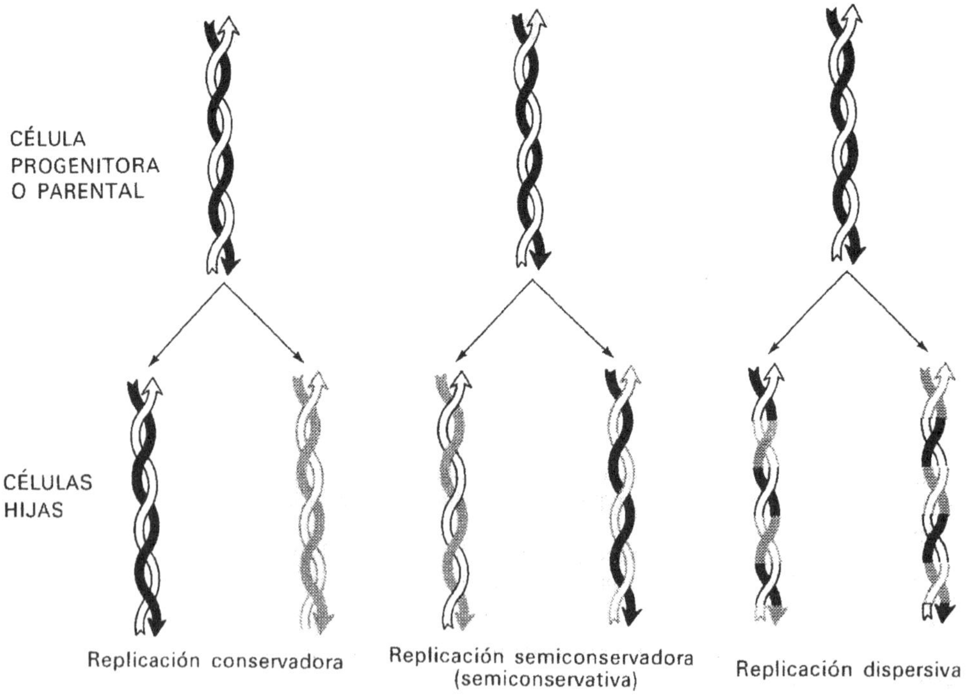

Figura 15.1
Posibilidades de replicación del DNA. La experiencia demuestra que la replicación real es semiconservadora. Los fragmentos de DNA en negro corresponden a la célula progenitora y los fragmentos en rojo son los recién sintetizados.

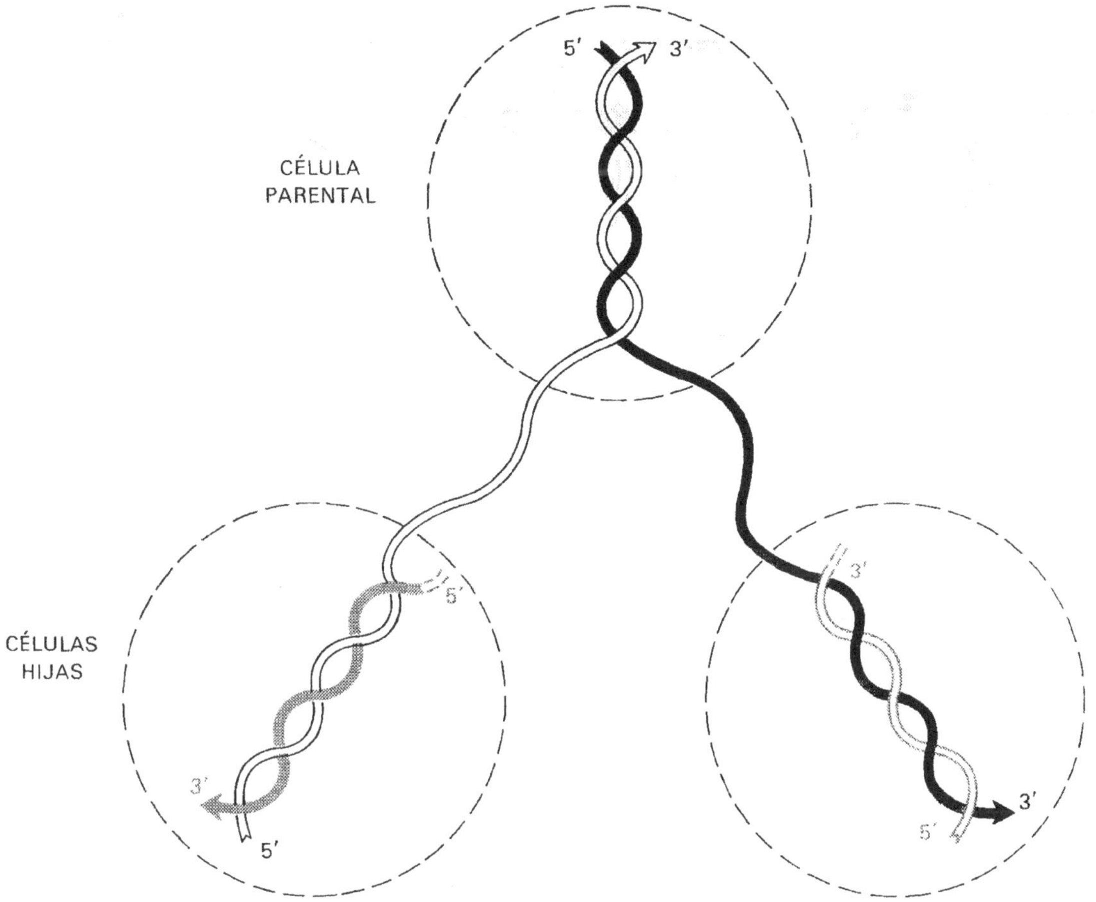

Figura 15.2
Esquema del mecanismo de distribución del DNA parental entre las dos células hijas.

semiconservadora y la dispersiva. Diversos experimentos han demostrado, en todos los casos estudiados, que la replicación del DNA en la naturaleza es **semiconservadora**, es decir, que las dos hebras de la molécula progenitora se separan y sirven cada una de molde para su complementaria. Cada una de las células hijas recibe una hebra parental y otra recién sintetizada (Fig. 15.2).

b) Al separarse las dos hebras complementarias de la molécula progenitora, una queda en dirección 3′ → 5′ y la otra en dirección 5′ → 3′, ya que son *antiparalelas* (Fig. 15.3). Se ha comprobado que, a partir del punto u *horquilla de replicación*, ambas hebras se replican a la vez, lo que indica que el proceso de replicación aparentemente es *bidireccional*.

c) Como sabemos, las moléculas de DNA, sobre todo en los seres eucarióticos, son enormemente largas (cada célula humana

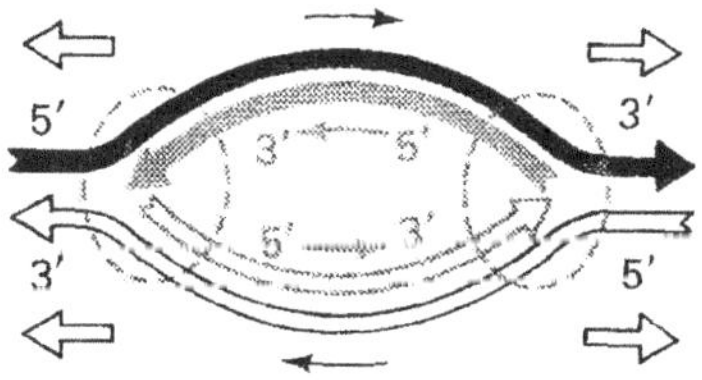

Direcciones de desplazamiento de las horquillas de replicación

Figura 15.3
Aparición de un «ojal» en el DNA y formación de dos horquillas de replicación que se alejan una de la otra.

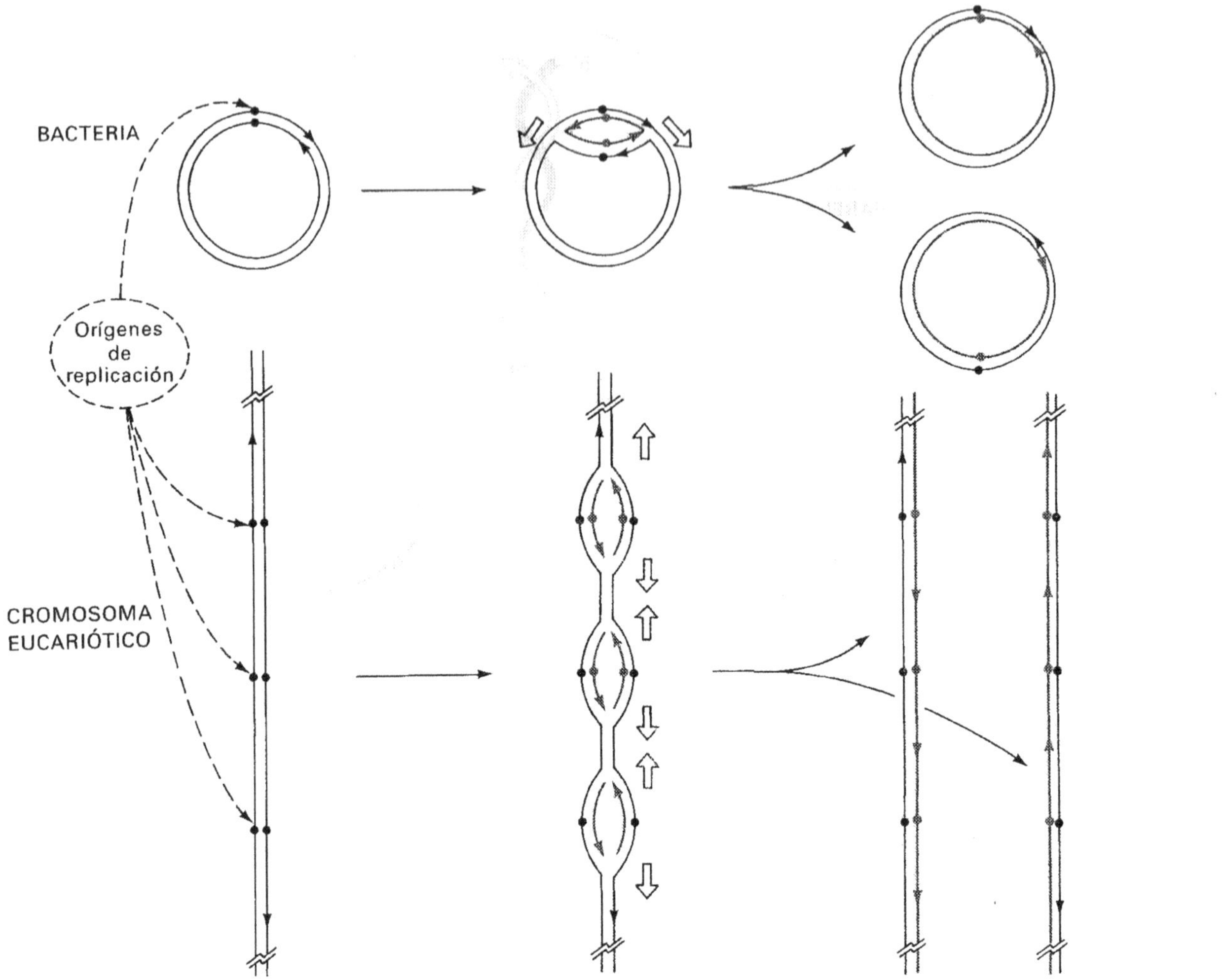

Figura 15.4
En las bacterias, a partir de un origen, se forman dos horquillas de replicación que se separan, hasta duplicar el DNA. En eucariotas, a partir de muchos orígenes, se forman horquillas que acaban fundiéndose y creando dos cromosomas idénticos al parental.

contiene casi 2 m de DNA). En consecuencia, la replicación en eucariotas, para poder llevarse a cabo en un tiempo razonable, ha de ser *multifocal*, es decir, empezar por muchos puntos a la vez. Se ha comprobado que en cada cromosoma (molécula de DNA) humano en división existen simultáneamente varios miles de puntos u horquillas de replicación. En la figura 15.4 se compara la replicación *monofocal* de un DNA bacteriano con la replicación *multifocal* de un cromosoma eucariótico.

15.2.1. **Reacción de la DNA polimerasa**

Uno de los principales enzimas implicados en la replicación del DNA es la *DNA polimerasa*. Todas las células contienen varios

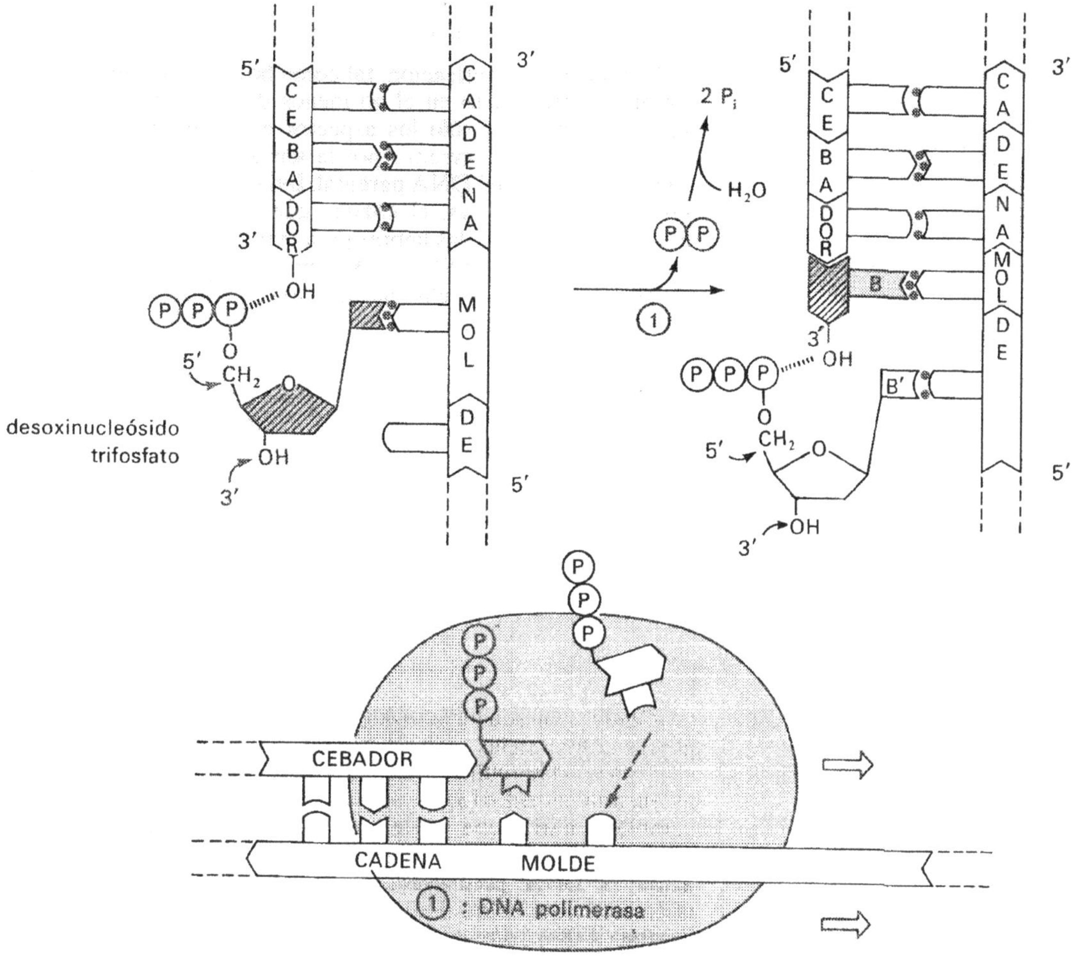

Figura 15.5
Síntesis de una hebra de DNA por la DNA polimerasa. Se requiere un DNA molde y un cebador (DNA o RNA).

tipos de DNA polimerasa. Su acción consiste en la síntesis de una hebra de DNA a partir de una hebra molde, una hebra más corta cebadora (de DNA o RNA) y desoxinucleósidos trifosfato (Fig. 15.5). Los desoxinucleótidos se van añadiendo uno a uno al extremo 3′ de la hebra cebadora de modo que resulten complementarios de los correspondientes desoxinucleótidos de la hebra molde.

$$\underset{\text{hebra en crecimiento (cebadora)}}{(\text{DNA})_n} + \text{dNuTP} \xrightarrow[\text{DNA polimerasa}]{\text{hebra molde}} (\text{DNA})_{n+1} + \text{PP}_i$$

La posterior hidrólisis del PP_i resultante desplaza hacia la derecha el sentido de esta reacción.

15.2.2. **Etapas de la replicación**

El proceso de replicación, tal como hoy lo conocemos, es muy complejo. Intervienen en él no menos de 20 proteínas distintas. Aquí describiremos sólo los aspectos más importantes.

La replicación comienza por la separación de las dos hebras complementarias del DNA parental. Intervienen aquí por lo menos tres tipos de proteínas: el enzima que desenrolla (*helicasa*), la proteína que se une a las hebras para mantenerlas desemparejadas (*proteína enlazante SS**) y el enzima que, por medio de diversos cortes y soldaduras, elimina las tensiones producidas por el desenrollamiento (*girasa*).

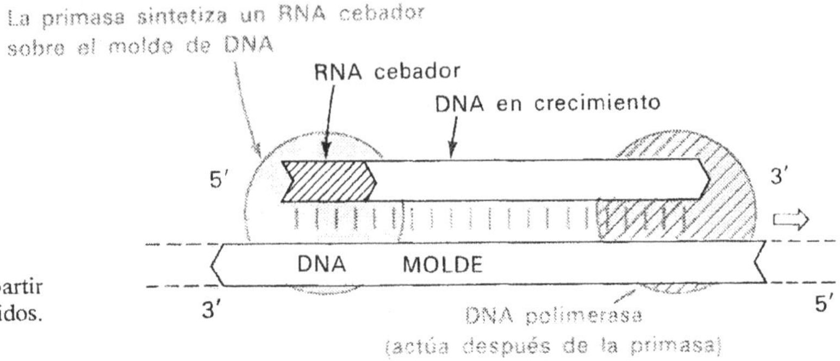

Figura 15.6
Comienzo de la síntesis de DNA, a partir de un cebador RNA, de pocos nucleótidos.

Como consecuencia del desenrollamiento se obtienen dos hebras antiparalelas separadas. Una de ellas tiene la dirección 3′ → 5′ hacia la horquilla. Sobre esta hebra, tomándola como molde, un enzima iniciador (*primasa*) sintetiza una corta cadena de RNA complementario, que actúa como *hebra cebadora* (Fig. 15.6). Sobre la hebra 3′ → 5′, y a partir del extremo 3′ del RNA cebador, actúa la DNA polimerasa, de manera continua e indefinida mientras exista hebra desemparejada. De este modo se origina la llamada *hebra guía* que crece hacia la horquilla sin dificultades. Obsérvese que la hebra cebadora inicial para la reacción de la DNA polimerasa es un RNA; sin embargo, en los pasos posteriores, la propia hebra de DNA en crecimiento (hebra guía) actúa como cebadora.

La otra hebra resultante del desemparejado del DNA progenitor tiene la dirección 5′ → 3′ hacia la horquilla de replicación. En este caso la *DNA polimerasa* actúa alejándose de la horquilla (Fig. 15.7). Como consecuencia, sólo puede actuar de manera discontinua, a medida que van quedando desenrollados nuevos fragmentos de la hebra 5′ → 3′. Para cada fragmento, la *primasa* sintetiza un RNA cebador, a partir del cual actúa la *DNA polimerasa*, sintetizando una hebra de DNA de unos 1000 a 2000 nucleótidos (en eucariotas, menos). Como consecuencia de la acción de la primasa y la DNA polimerasa quedan emparejados con la hebra 5′ → 3′ fragmentos sueltos de DNA llamados *fragmentos de Okazaki*. El proceso se completa hidrolizando el RNA cebador, rellenando los huecos resultantes con una DNA polimerasa, y soldando todos los fragmentos así obtenidos por una ligasa. La reacción de la *DNA ligasa* consiste en la creacción de un

* SS, del inglés «*single strand*» (hebra desemparejada).

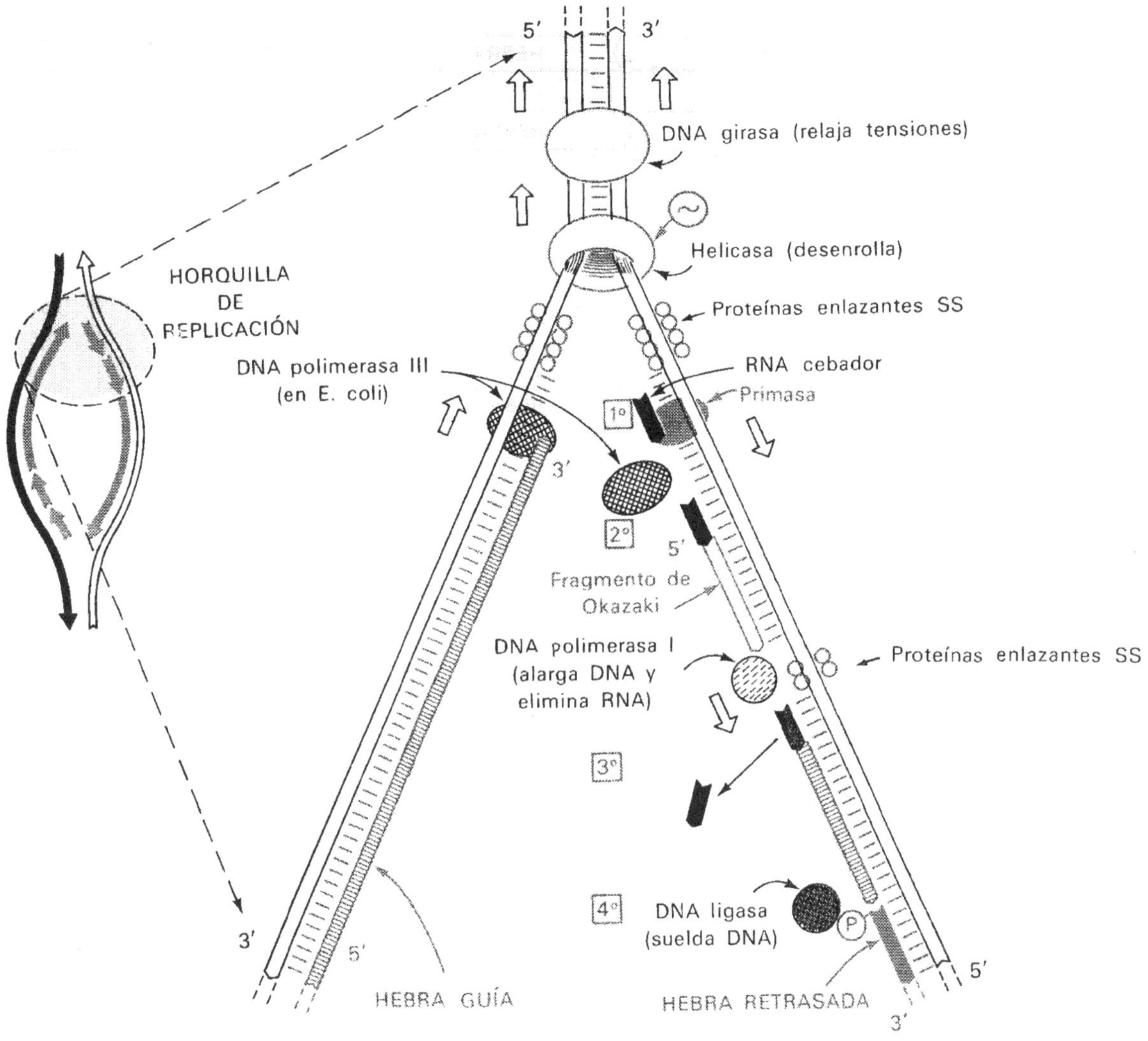

Figura 15.7
Principales reacciones bioquímicas que tienen lugar en la horquilla de replicación. La síntesis de la hebra guía transcurre de modo continuo mediante la DNA polimerasa. En cambio la síntesis de la hebra retrasada es discontinua: requiere la acción secuencial de la primasa, de las polimerasas III y I y de la ligasa (1.º, 2.º, 3.º y 4.º).

enlace fosfodiéster con hidrólisis de ATP (Fig. 15.8). Esta hebra discontinua, complementaria de la hebra 5' → 3', se denomina *hebra retrasada* (Fig. 15.7). Se va sintetizando a saltos hacia atrás, es decir, hacia la horquilla.

15.2.3. **Prevención y corrección de errores**

Además de poseer la acción catalítica ya mencionada, las DNA polimerasas son capaces de comprobar si el último nucleóti-

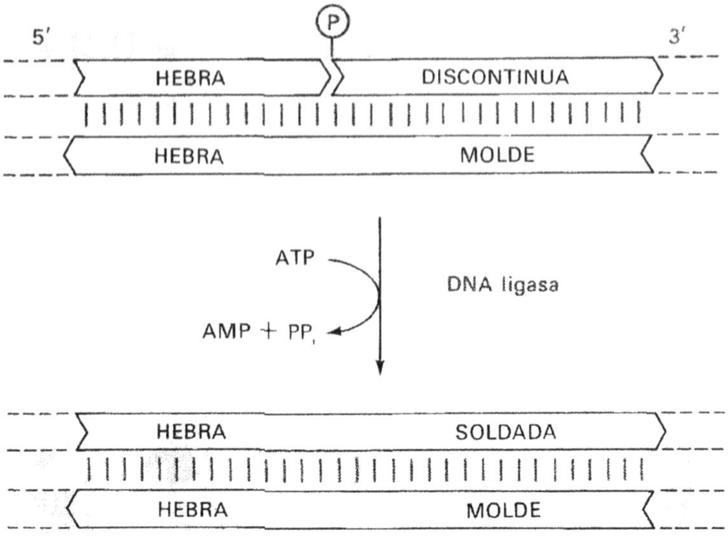

Figura 15.8
Acción de la DNA ligasa creando una soldadura en la hebra discontinua.

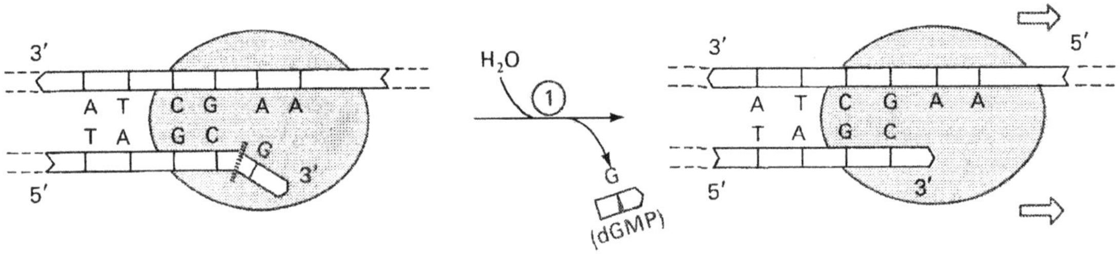

① DNA polimerasa exonucleasa (3' → 5')
(en E. coli, las DNA polimerasas I, II y III)

Figura 15.9
Mecanismo de corrección de errores hidrolizando el último nucleótido mal colocado (hidrólisis 3' → 5').

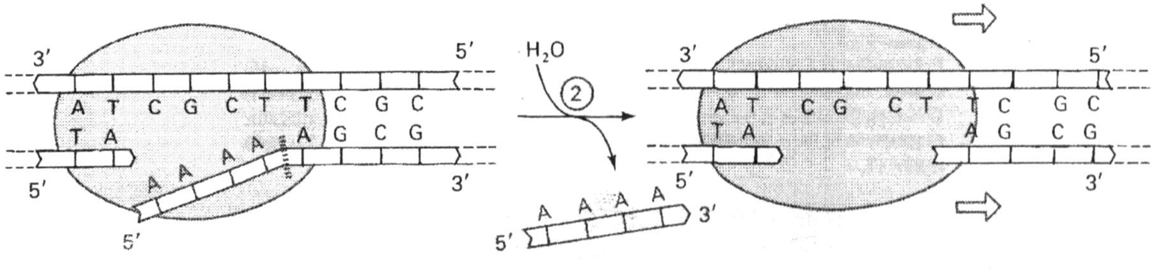

② DNA polimerasa exonucleasa (5' → 3')

(en E. coli, la DNA polimerasa I)

Figura 15.10
Mecanismo de corrección de errores, o eliminación del RNA cebador, por la DNA polimerasa exonucleasa (5' → 3').

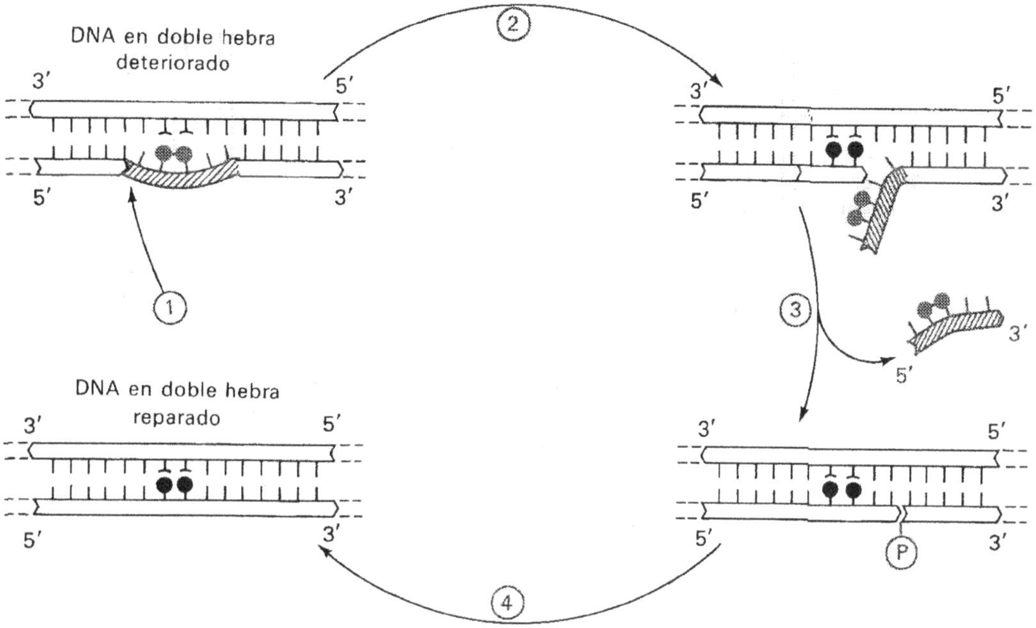

(1) Escisión por la endonucleasa

(2) Replicación por la DNA polimerasa

(3) Escisión por la exonucleasa (DNA polimerasa I en E. coli)

(4) Soldadura por la ligasa

Figura 15.11
Mecanismo enzimático de reparación de errores en un DNA de doble hebra.

do añadido a la cadena queda correctamente emparejado con el molde. De no ser así, el propio enzima, actuando como *exonucleasa*, hidroliza dicho nucleótido (hidrólisis 3' → 5') (Fig. 15.9).

También puede ocurrir que la DNA polimerasa, al llegar al extremo 5' de un fragmento ya sintetizado (por ejemplo un fragmento de Okazaki), encuentre una secuencia de nucleótidos incorrectamente emparejada. La *DNA polimerasa exonucleasa* elimina esta secuencia por medio de hidrólisis 5' → 3' (Fig. 15.10).

Incluso en cadenas de DNA totalmente sintetizadas pueden encontrarse bases erróneas o alteradas (por radiaciones, agentes químicos, etc.) Estos errores pueden ser corregidos por la acción combinada de los enzimas *endonucleasa, DNA polimerasa (exonucleasa)* y *DNA ligasa* (Fig. 15.11).

Estos mecanismos de prevención y corrección de errores garantizan en alto grado la fidelidad en la transmisión y el mantenimiento del mensaje genético. Aún así, existe la rara posibilidad de aparición de errores que, en lugar de corregirse, se consoliden y perpetúen por la replicación. De este tipo de errores (*mutaciones*) hablaremos en el siguiente apartado.

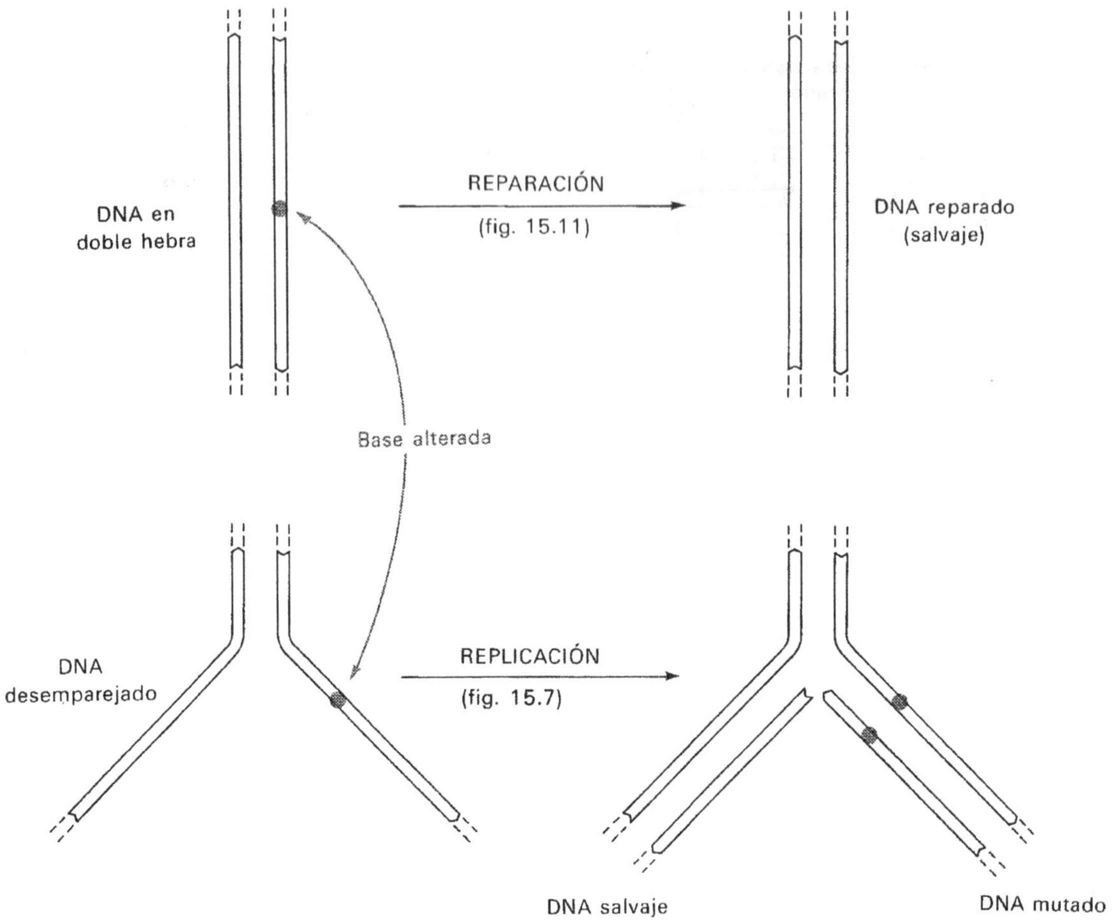

Figura 15.12
La alteración de una base es susceptible de reparación, si el DNA está en doble hebra; pero si, mientras existe la base alterada, el DNA se replica, la alteración puede perpetuarse en el DNA de una de las células hijas. Se dice que ésta sufre una mutación.

Ejemplos de «**mutaciones**» en el texto de los periódicos.

Sustitución (*Sol de España*)
Homenaje al Alcalde de Nerja. Hizo el ofrecimiento del acto el *abobado* y teniente de alcalde... (*abogado*).

Inserción (*Nueva España*)
Jacqueline y Aristóteles negaron el supuesto estado de *ingravidez* de la señora... (*gravidez*).

Deleción (*Diario de Ávila*)
También se celebraron corridas de *novios* en Cieza, Valencia, Sevilla... (*novillos*).

(De E. Acevedo. *El Despiste Nacional.* Magisterio Español. Madrid, 1972).

15.2.4. Mutaciones génicas

Una **mutación** es la alteración permanente de una molécula de DNA. La mutación ocurre cuando se produce un cambio en la estructura de una hebra de DNA mientras está desemparejada, de modo que al actuar como molde se genera una hebra complementaria que incluye dicho cambio (Fig. 15.12). Este cambio puede transmitirse a la descendencia de la célula portadora de la mutación.

Las mutaciones pueden producirse por **sustitución, inserción** o **deleción** (*supresión*) de una base (Fig. 15.13).

Las mutaciones tienen interés porque, al alterar la dotación genética de una línea celular, pueden cambiar las características morfológicas y funcionales de los individuos. Este proceso,

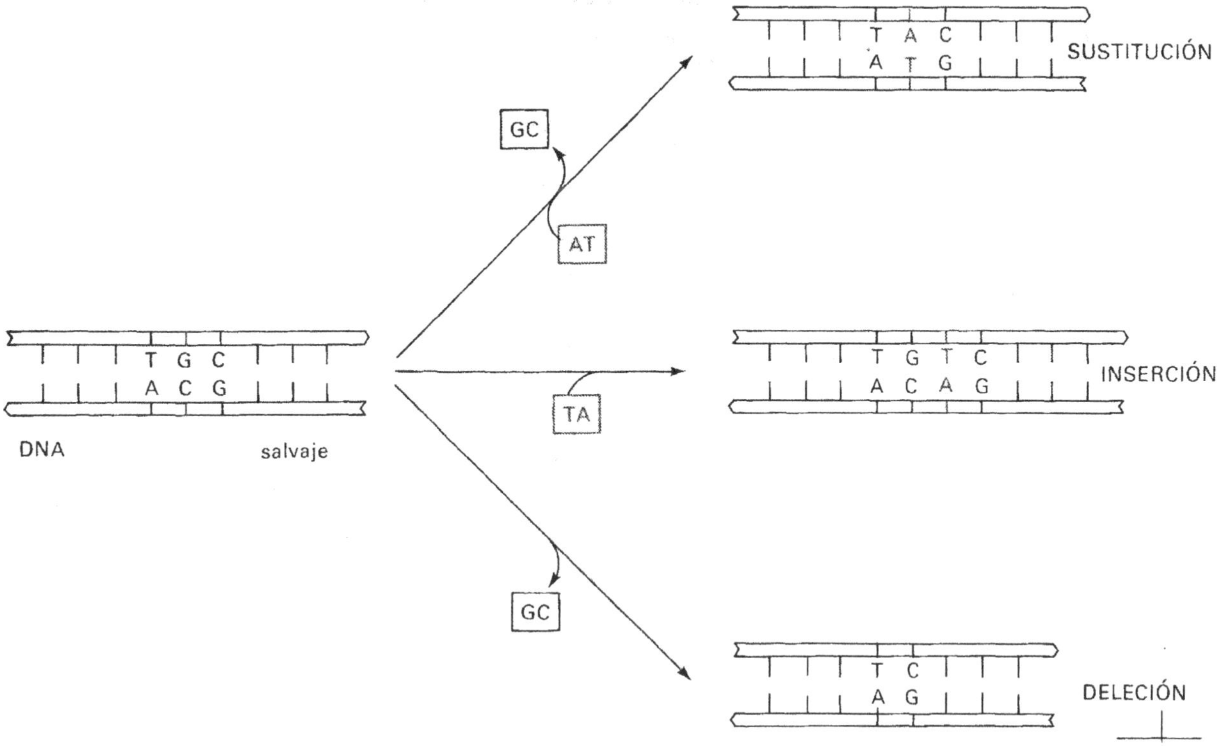

Figura 15.13
Tipos de mutaciones. El DNA puede experimentar en sus bases: cambio (sustitución), aumento (inserción) o pérdida (deleción).

combinado con la selección natural, es el origen de la *evolución de las especies.*

Muchas mutaciones tienen lugar espontáneamente, debido a errores en el emparejamiento de bases o al desigual reparto de la dotación genética entre las células hijas. Sin embargo, se conoce la existencia de agentes mutagénicos, que aumentan sensiblemente la frecuencia de las mutaciones. Estos agentes pueden ser de naturaleza física o química. Los **mutágenos físicos** más eficaces son la *radiación ultravioleta* y las *radiaciones ionizantes* (por ejemplo, *rayos X* e *isótopos radioactivos*). Los **mutágenos químicos** son muy numerosos; se incluyen entre ellos los *derivados del antraceno* y otros agentes cancerígenos del humo del tabaco.

COMPLEMENTOS 15.1

MECANISMOS DE MUTAGÉNESIS

Aunque las mutaciones se presentan de forma espontánea, los agentes mutagénicos incrementan su número de modo sistemá-

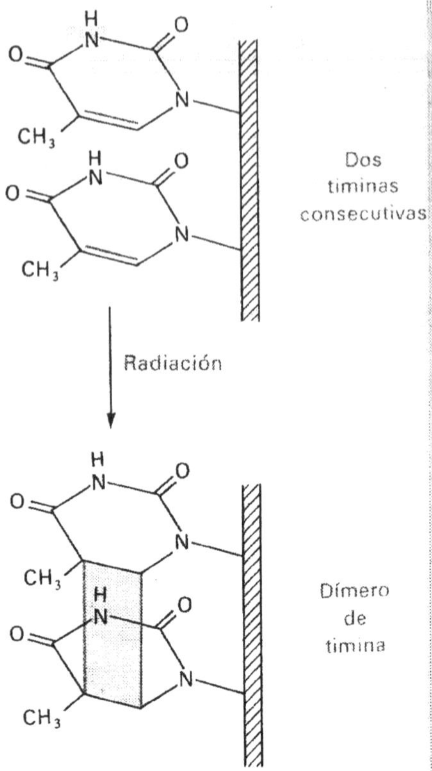

tico. Entre estos agentes, recordaremos:

- *mutágenos físicos* (luz ultravioleta, rayos X, isótopos radioactivos, ...).
- *mutágenos químicos* (ácido nitroso, agentes metilantes, análogos de bases, ...)
- *mutágenos biológicos* (enzimas alterados).

Los **agentes físicos**, unas veces, *tautomerizan* las bases permitiendo que emparejen de manera equivocada; también pueden *condensar* o *soldar* dos bases pirimidínicas consecutivas originando un dímero que distorsiona la estructura del DNA. La eliminación de este dímero está descrita en la figura 15.11. La radiación puede *romper* o *soldar* grandes fragmentos de DNA, lesionando los cromosomas de forma incluso visible al microscopio.

Los **agentes químicos** pueden convertir unas bases en otras; así el *ácido nitroso* sustituye grupos amino por hidroxilo.

$$\underset{\text{(citosina)}}{\text{Base} - NH_2} + \underset{\text{ac. nitroso}}{HNO_2} \rightarrow H_2O + N_2 + \underset{\text{(uracilo)}}{\text{Base} - OH}$$

Los *análogos de bases*, como el bromouracilo o la aminopurina, se comportan como bases ambiguas o intermedias. El bromouracilo puede emparejar con adenina o con guanina. Otras moléculas orgánicas, como la acridina, se intercalan entre las bases del DNA y facilitan inserciones o deleciones.

Entre los **agentes biológicos** se conocen *DNA polimerasas* (en *E. coli*) que cometen frecuentes errores de emparejamiento y en el síndrome «*xeroderma pigmentosum*»* la carencia de una *endonucleasa*, que debería cortar el DNA distorsionado por los dímeros de pirimidina, es responsable de graves lesiones en la piel, cuando se recibe luz solar o ultravioleta.Estas lesiones degeneran en un cáncer de piel que suele producir la muerte antes de cumplir los 30 años de edad.

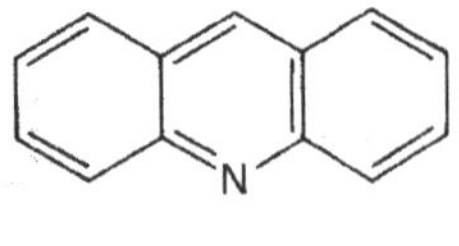

Acridina

APLICACIONES 15.1

UTILIZACIÓN PRÁCTICA DE LOS AGENTES MUTAGÉNICOS

Los agentes mutagénicos producen lesiones en cualquier tipo de celula —procariótica o eucariótica— lesiones que van desde la muerte inmediata, a la detención del crecimiento o a producción de alteraciones cromosómicas perceptibles al cabo de muchos años.

Los **mutágenos físicos** (rayos X, radiación γ, ...) se utilizan para producir la muerte celular o la detención del crecimiento en diversos casos:

a) *Tratamiento de tumores localizados* (benignos o malignos), como ciertos carcinomas, angiomas, verrugas, etc.

b) *Esterilización del material quirúrgico o clínico* (instrumental, gasas, jeringas, ...). Por su poder de penetración son

* Piel seca y ennegrecida.

especialmente útiles los rayos γ o los neutrones de un reactor nuclear.

c) *Conservación de diversos materiales biológicos*, con un mínimo de alteraciones químicas. En general es preferible la irradiación con neutrones o rayos γ a la cocción (por la pérdida de vitaminas) o a la adición de conservantes químicos (por la contaminación que suponen). La fruta, el pescado, la carne fresca, las patatas, las semillas, los botes de conserva, ... pueden estabilizarse mediante la irradiación adecuada. Calibrando las *dosis** se pueden conseguir diversos efectos biológicos. Así,

2-10 sieverts matan a los mamíferos (incluído el hombre),
20 sieverts evitan brotes en las patatas,
120 sieverts matan la triquina del jamón,
200 sieverts esterilizan a los insectos,
1 000 sieverts pasteurizan la leche,
3 000 sieverts matan a los insectos,
10 000 sieverts matan a bacterias y hongos,
100 000 sieverts destruyen a los virus,
1 millón de sieverts destruyen los enzimas y otras moléculas biológicas.

Igualmente los *mutágenos químicos*, entre ellos los análogos de bases (*fluorouracilo*), se utilizan ampliamente:

a) como *agentes antimitóticos* para detener el crecimiento de tumores difusos, aunque lesionan tejidos sanos (caída de cabello, trastornos intestinales, ...);

b) para *producción de cáncer experimental*. Así la *dietilnitrosamina* produce cáncer de hígado a las ratas de laboratorio.

Medición de la capacidad cancerígena de múltiples sustancias. La sustancia potencialmente peligrosa se añade a un medio de cultivo con *Salmonella tiphimurium* y le induce mutaciones fáciles de detectar. Cuantas más mutaciones se produzcan, tanto más peligrosa es la sustancia.

15.3. TRANSCRIPCIÓN. CONCEPTO Y PROPIEDADES

La **transcripción** es el proceso mediante el cual, a partir de una molécula de DNA en doble helicoide, se sintetiza una molécula de RNA, complementaria de una de las hebras de DNA. La transcripción produce en último término los diferentes tipos de RNA celular: *mensajero, transferente* y *ribosómico*. Recuérdese que, a su vez, el RNA mensajero (mRNA) determina la secuencia de aminoácidos de las proteínas.

La síntesis de RNA por transcripción tiene tres propiedades importantes:

- es selectiva
- es monocatenaria
- es reiterativa

* La **dosis** de radiación puede definirse como la energía captada por una masa determinada de materia orgánica. La unidad es el *sievert* que corresponde a 1 joule de rayos γ por kg de tejido.

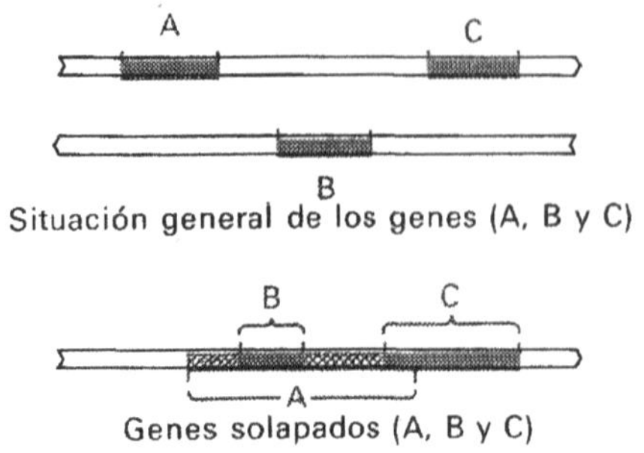

a) A diferencia de la replicación, cuyo objeto era obtener copias idénticas de la totalidad del DNA, la transcripción es **selectiva**, es decir, sólo se sintetiza RNA a partir de ciertas regiones (*genes*) del DNA. Hay zonas del DNA que no contienen información para ser transcrita, otras que se transcriben sólo en las células de un determinado tejido (por ejemplo, el gen de la hemoglobina sólo se transcribe en los reticulocitos), y otras cuya transcripción depende del estado fisiológico de la célula (en general, sólo se transcriben los genes que codifican los enzimas necesarios para cada situación).

b) También a diferencia de la replicación, sólo se transcribe una de las cadenas de DNA; la complementaria no suele contener información. Hay genes contenidos en una de las hebras, y genes que se sitúan en la otra. En algunos fragmentos de DNA vírico o mitocondrial se encuentran genes superpuestos o solapados. Incluso a veces, un gen está dentro de otro gen.

c) La transcripción es **reiterativa**. Es decir, una misma región de DNA puede estar siendo transcrita simultáneamente por varias RNA polimerasas, con lo que se obtienen múltiples copias (*«figuras en pluma»*, o *«en helecho»*) (fig. 15.14).

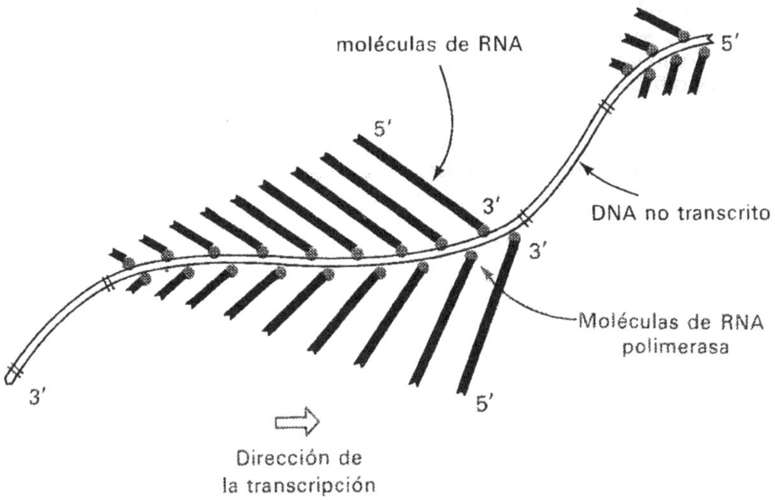

Figura 15.14
Representación esquemática de una «figura en pluma». Numerosas moléculas de RNA polimerasa transcriben consecutivamente el mismo segmento de DNA.

15.3.1. Reacción de la RNA polimerasa dependiente de DNA

El enzima responsable de la transcripción del DNA para dar RNA es la *RNA polimerasa*. Las células eucarióticas contienen tres tipos de RNA polimerasa, con funciones especializadas, y las procarióticas sólo uno. La reacción elemental catalizada por este enzima consiste en la síntesis de una hebra de RNA, a partir de

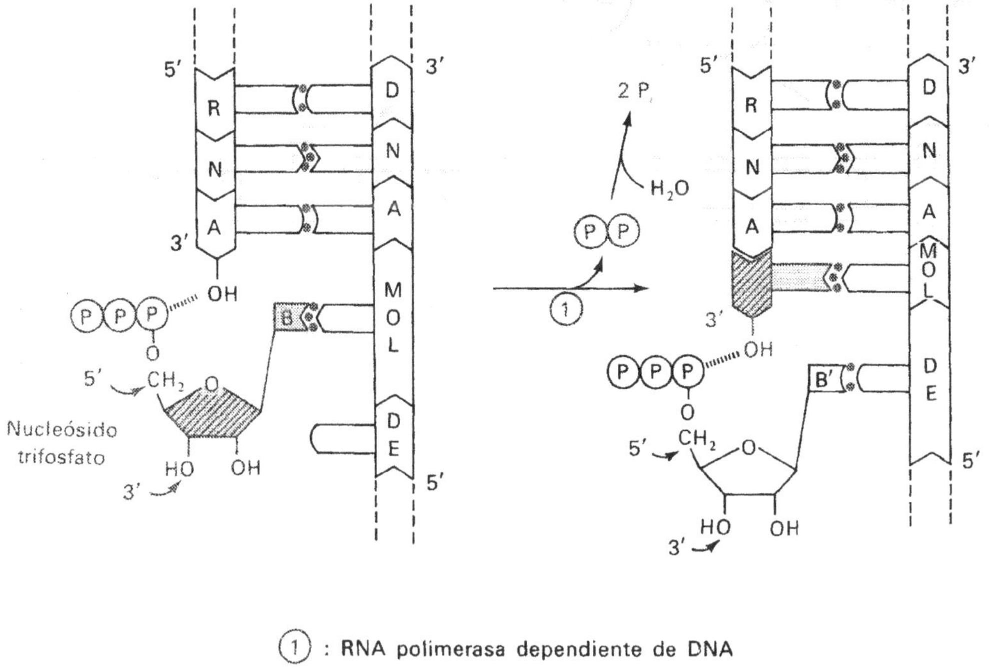

Figura 15.15
Formación de RNA por la RNA polimerasa. Los nucleótidos se incorporan, uno a uno, en el extremo 3', de acuerdo con la secuencia de bases del DNA molde.

nucleósidos trifosfato, sobre una hebra molde de DNA. La secuencia de los nucleótidos del RNA que se forma resulta completamentaria de la del DNA molde.

$$\underset{\text{hebra en crecimiento}}{(\text{RNA})_n} + \text{NuTP} \xrightarrow[\text{RNA polimerasa}]{\text{DNA molde}} (\text{RNA})_{n+1} + \text{PP}_i$$

La RNA polimerasa no utiliza ninguna molécula cebadora. También aquí la hidrolisis del PP_i por una pirofosfatasa desplaza el equilibrio en el sentido de la síntesis de RNA (fig. 15.15).

15.3.2. **Etapas de la transcripción**

En la transcripción se distinguen cuatro etapas: *iniciación, elongación, terminación* y *maduración.*

A menos en los procariotas, la **iniciación** se da tan solo en una región especial del DNA, conocida como *región promotora*. A ella se une específicamente la llamada *proteína σ* (*sigma*), o factor de iniciación. A continuación la RNA polimerasa reconoce el complejo σ —DNA e inicia la transcripción. El primer nucleótido suele ser ATP o GTP, y conserva los tres grupos fosfato en posición 5' (Fig. 15.16).

pppApBpB'pB"p...
extremo 5' de un RNA transcrito

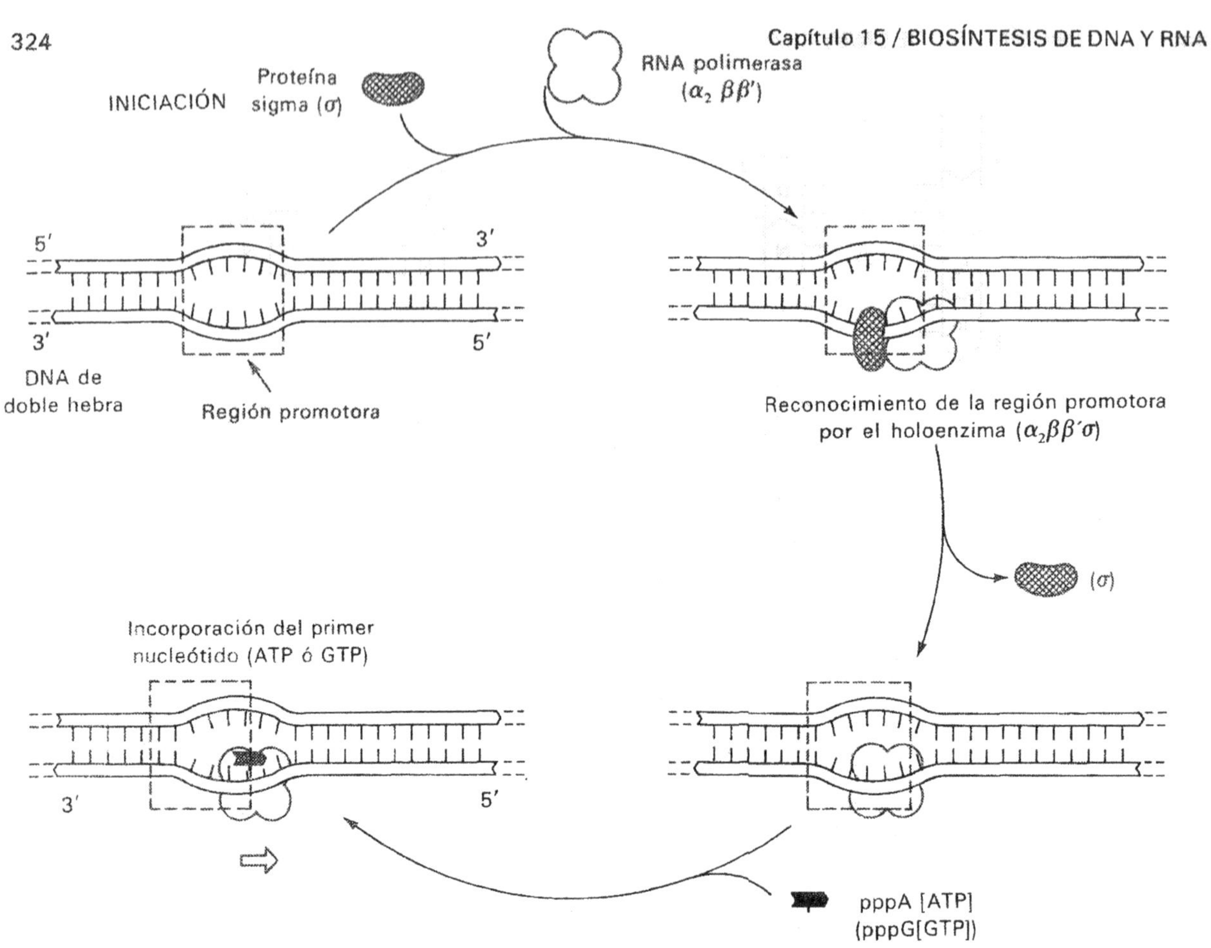

Figura 15.16
Iniciación de la síntesis de RNA. La RNA polimerasa, con ayuda de la proteína sigma, reconoce la región promotora del DNA y comienza la incorporación de nucleótidos complementarios a una de las hebras. La RNA polimerasa mantiene desemparejado un segmento del DNA.

La fase de **elongación** consiste en la incorporación, uno a uno, de los nucleótidos adecuados, según la reacción descrita en § 15.3.1. Tan pronto una *RNA polimerasa* ha recorrido un cierto trecho de DNA, otra molécula del mismo enzima puede formar un nuevo complejo de iniciación para transcribir el mismo gen. El resultado son las «figuras en pluma» antes citadas.

La transcripción continúa hasta que la RNA polimerasa encuentra una región de DNA que contiene la llamada «*secuencia de terminación*». La **terminación** de la transcripción requiere un nuevo factor proteico, la *proteína* ρ (*ro*). Las fases de iniciación, elongación y terminación se dan también en la transcripción eucariótica, aunque los detalles no son bien conocidos por el momento. En la figura 15.17 se representan las fases de elongación y terminación de una cadena de RNA.

El producto inmediato de la transcripción se llama *transcrito primario*, y antes de convertirse en rRNA, mRNA o tRNA sufre

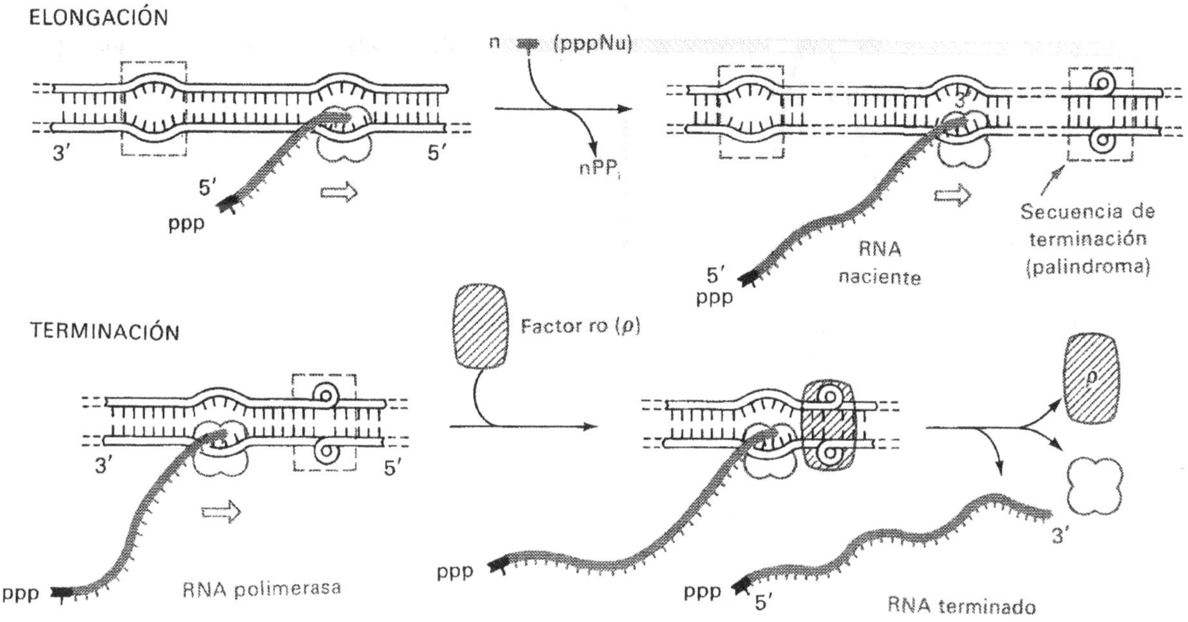

Figura 15.17
Elongación y terminación de la síntesis de RNA. La RNA polimerasa se desliza sobre el DNA, desenrollando un segmento e incorporando nucleótidos a la cadena naciente de RNA. Al llegar a una secuencia de terminación —palindrómica—, si se ha fijado el factor ρ, el RNA se libera, terminando así su síntesis.

una serie de procesos, conocidos colectivamente como **maduración.** La maduración no es igual en procariotas que en eucariotas.

En procariotas los mRNA se transcriben como tales, es decir, no maduran. Cada mRNA procariótico puede contener información para sintetizar consecutivamente varios polipéptidos (*mRNA poligénicos*). Por otra parte, el transcrito primario que va a originar tRNA y rRNA sufre una serie de reacciones de *metilación de bases* y eliminación específica de ciertos fragments del RNA (Fig. 15.18). Al extremo 3' de todos los tRNA se añade la secuencia terminal —C—C—A.

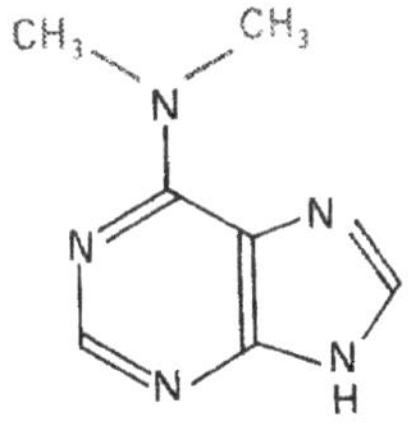

Dimetiladenina
(base metilada)

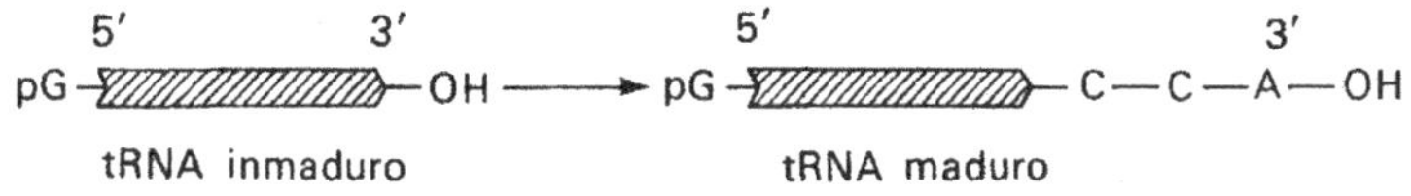

En eucariotas la maduración de los rRNA y tRNA es semejante a la de los procariotas. Sin embargo en los eucariotas también se da maduración del mRNA. El transcrito primario del mRNA eucariótico constituye el llamado *RNA heterogéneo nuclear* (*hn RNA*). Para la conversión de hnRNA en mRNA se requieren cuatro procesos: *hidrólisis* de secuencias inicial y terminal, *eliminación* de secuencias intermedias no traducibles

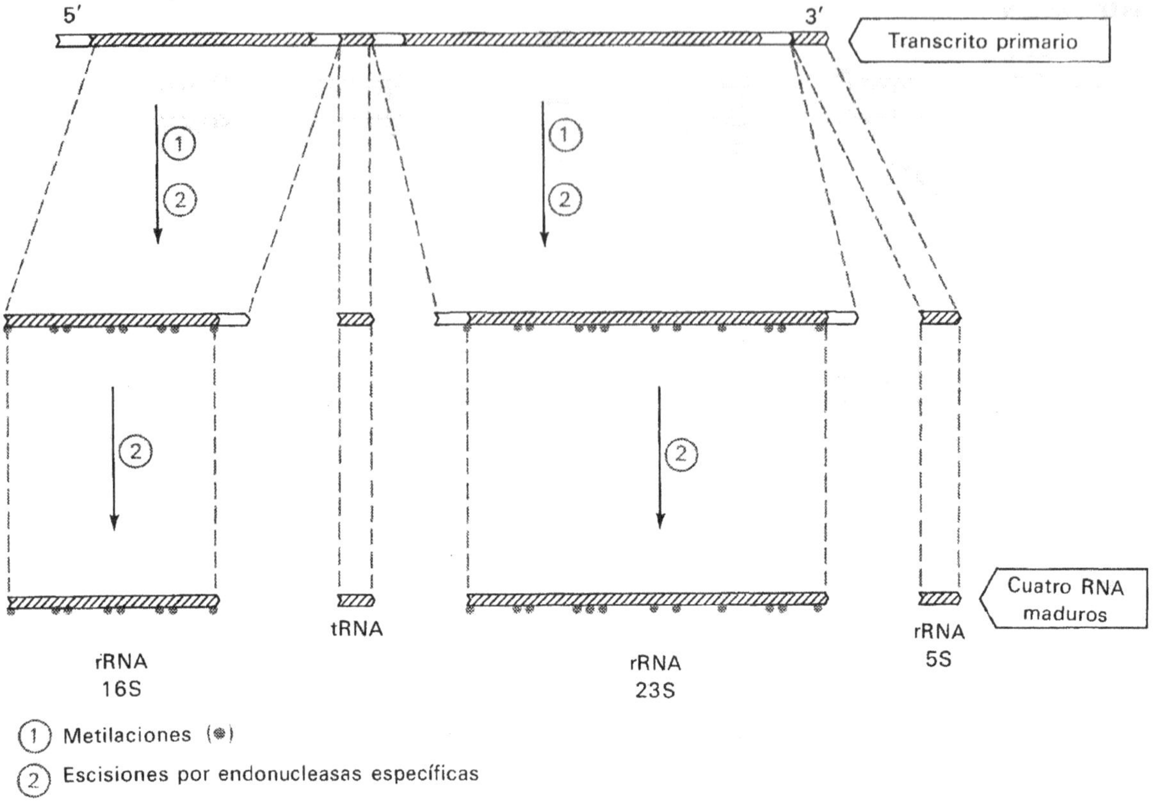

Figura 15.18
Maduración de un transcrito primario —de procariotas— para dar origen a tres RNA ribosómicos y un RNA de transferencia. En eucariotas las reacciones son semejantes, metilándose además muchas ribosas, en posición 2′.

(*intrones*), *adición* de una corta secuencia en el extremo 5′ (*casquete**), y *adición de una «cola»* de poli A en el extremo 3′. Tras la maduración, el mRNA, que en eucariotas codifica una sola proteína (*mRNA monogénico*), abandona el espacio nuclear y queda listo para la traducción en el citoplasma (fig. 15.19).

COMPLEMENTOS 15.2

ANTIBIÓTICOS QUE INTERFIEREN LA REPLICACIÓN Y LA TRANSCRIPCIÓN

Existen algunas sustancias, de origen biológico o químico, que interfieren de manera específica los procesos celulares de replicación o transcripción. Respecto a la **replicación,** aparte de los agentes mutagénicos ya citados, merecen recordarse como inhibidores, la *cloraquina* y la *mitomicina C*.

* en inglés «*cap*».

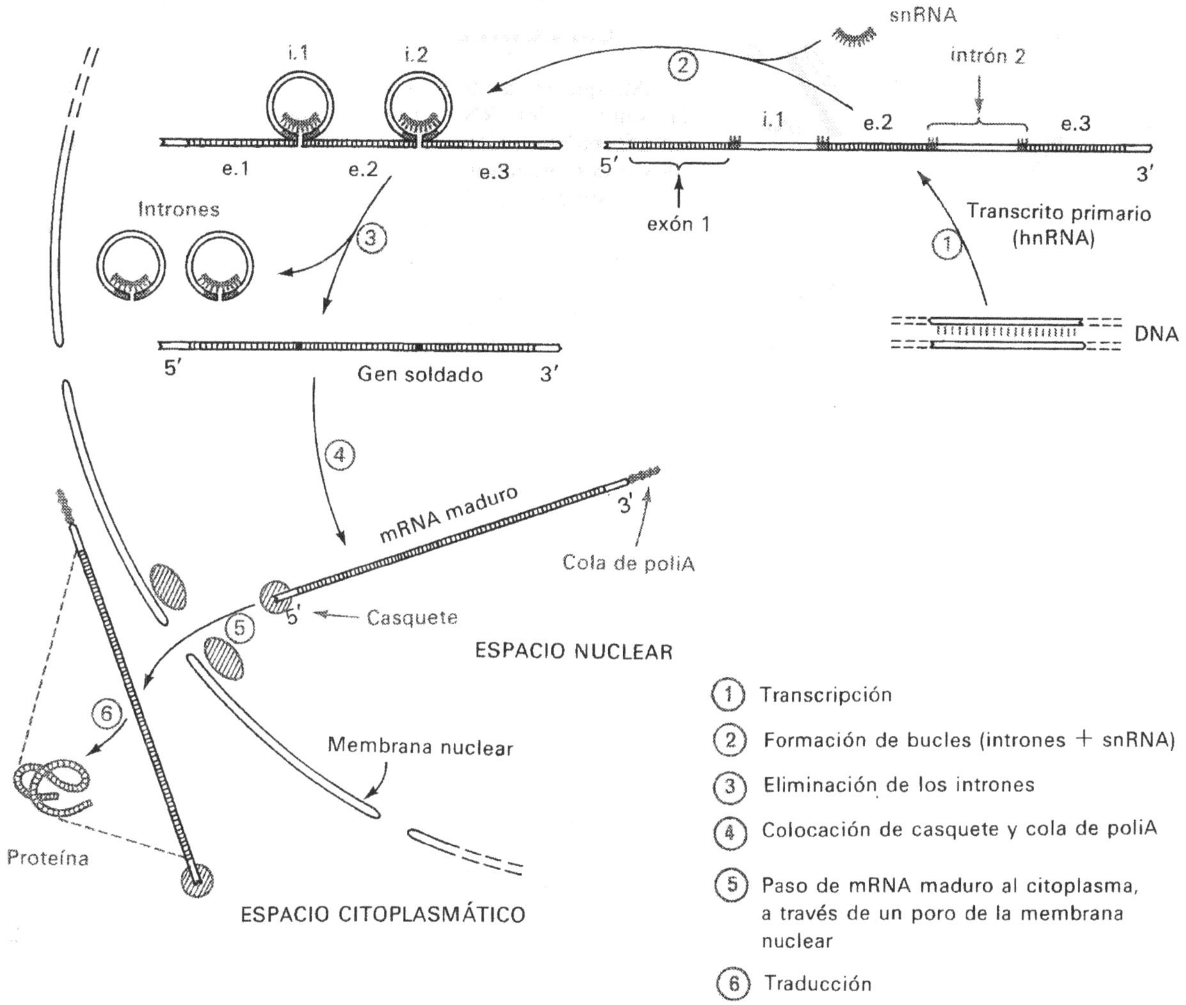

Figura 15.19
Síntesis y maduración de un mRNA en eucariotas. La transcripción y maduración ocurren en el núcleo celular y la traducción en el citoplasma.

En cuanto a la **transcripción**, se conocen diversas formas de actuación de algunos antibióticos: la *rifampicina*, por ejemplo, se une a la RNA polimerasa e impide la iniciación de la transcripción. La *α-amanitina* (poderoso veneno de la seta *Amanita phalloides*) bloquea específicamente a la RNA polimerasa de eucariotas responsable de la síntesis de los RNA mensajeros. Por último, la *actinomicina D* actúa como una horquilla que se intercala en la doble hebra de DNA (véase margen) e impide el proceso de elongación. Este antibiótico se utiliza asiduamente en los laboratorios de bioquímica para controlar el metabolismo de células o tejidos.

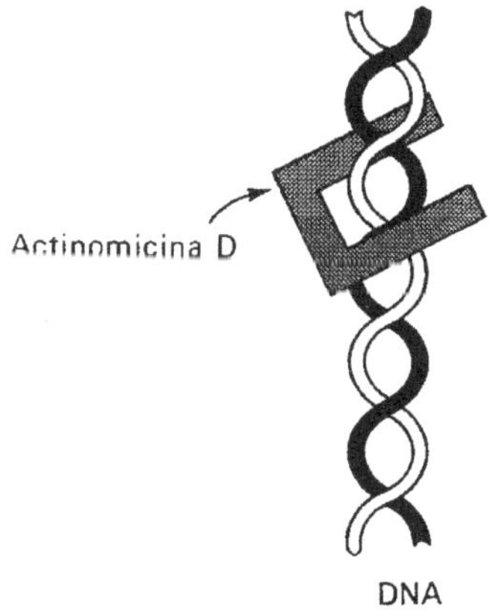

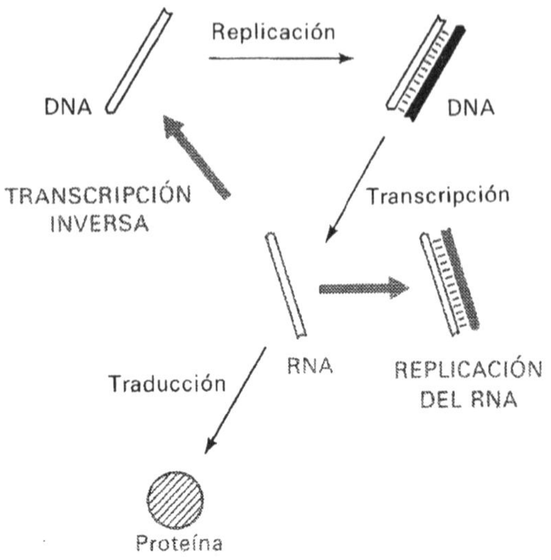

15.4. SÍNTESIS DE DNA Y RNA POR MECANISMOS ESPECIALES.

Aunque en casi todos los seres vivos, la replicación del DNA y la síntesis del RNA tienen lugar en las formas descritas anteriormente, existen algunos casos particulares que mencionamos a continuación:

a) Síntesis de DNA por la *transcriptasa inversa*. Este enzima, especial de algunos virus con RNA, permite sintetizar DNA con dNuTP tomando como molde el RNA del virus.

b) Síntesis de RNA por la *RNA replicasa*. Este enzima, también de origen vírico, utiliza NuTP y su molde es la propia hebra de RNA, de la que se forma una hebra complementaria.

c) Síntesis de RNA sin molde. En bacterias se ha encontrado una RNA polimerasa (de Ochoa) que utiliza NuDP y puede fabricar un RNA sin secuencia definida. Ha sido utilizada con éxito para la obtención de mensajeros sintéticos, con los nucleótidos ordenados al azar.

$$\text{n NuDP} \underset{\text{RNA polimerasa}}{\rightleftharpoons} (\text{RNA})_n + \text{nP}_i$$

Probablemente funcionando hacia la izquierda el enzima permite lisar las cadenas viejas de RNA celular utilizando P_i, con lo que se obtienen los nucleótidos libres a nivel difosfato. Esto supone una notable economía para la célula.

CUESTIONES Y PROBLEMAS

15.1. A la síntesis de una cadena de DNA, sobre otra cadena molde de DNA, se le llama *replicación* y no, *duplicacion*. ¿Por qué?

15.2. Indicar cuál es la diferencia entre cadenas paralelas y antiparalelas.

15.3. En la replicación y transcripción a partir de nucleósidos trifosfato se incorporan mononucleótidos a la hebra naciente. ¿Por qué la **s** se convierte en **t**?

15.4. Siempre que se dibujan dos cadenas antiparalelas de DNA o RNA se marcan unos puntos o trazos entre ambas ¿qué representan estos trazos?

15.5. Nombrar el enzima que sintetiza los fragmentos de Okazaki, en *E. coli* (ver figura 15.7).

15.6. En una célula hepática hay unas 800 mitocondrias que se reproducen con independencia del núcleo celular. ¿Cómo se supone que se repartirán entre las células hijas durante la mitosis?
a) de forma conservadora (todas las mitocondrias viejas a una célula hija);
b) de forma semiconservadora (la mitad de viejas y de jóvenes exactamente a cada hija);
c) de forma dispersiva (repartiéndose al azar).

15.7. Si todas las cadenas de ácido nucleico se sintetizan en la dirección 5' → → 3', señalar en qué dirección debe ser recorrido por la polimerasa el molde respectivo.

15.8. En las películas de ciencia-ficción, los agentes mutagénicos dan origen a insectos o arácnidos gigantescos. Razonar por qué esto no es posible que ocurra.

15.9. Ordenar de mayor a menor sensibilidad a la radiación, los siguientes sujetos:

mosca, virus de la gripe, hombre, Salmonella tiphimurium, insulina.

15.10. Si los agentes mutagénicos son capaces de producir un cáncer, por qué también sirven para curarlo o frenarlo.

15.11. En los eucariotas, los genes que sirven para sintetizar RNA ribosómicos están repetidos más veces que los genes que sirven para sintetizar RNA mensajeros. ¿Qué ventajas ofrece esta repetición del mismo gen?

15.12. El mRNA (con ribosa) tiene una vida mucho más efímera que el DNA (con desoxirribosa). En eucariotas, el rRNA metila muchas ribosas en posión 2'. Razonar qué efectos puede tener esta metilación sobre la vida de los rRNA.

15.13. En cada horquilla de replicación, la síntesis de la hebra retrasada requiere mayor número de enzimas que la síntesis de la hebra guía. Enumerar estos enzimas suplementarios.

15.14. La activación de un nucleósido monofosfato a nucleósido trifosfato requiere el consumo de dos ATP:

$$\text{NuMP} \xrightarrow[\text{ATP}]{} \text{NuDP} \xrightarrow[\text{ATP}]{} \text{NuTP}$$

Para la síntesis de una hebra de DNA de 1000 nucleótidos se dispone del conjunto de nucleótidos integrantes (dAMP, dGMP, dCMP y dTMP). Calcular cuántos ATPs se consumirán, como mínimo, en la biosíntesis de este DNA.

15.15. Una hebra de RNA de 1000 nucleótidos se desintegra totalmente con la RNA polimerasa de Ochoa:

$$\text{RNA} + 1000\ P_i \rightarrow \Sigma\text{ADP, GDP, CDP, UDP (1000 en total)}$$

Calcular cuántos ATPs se requerirían para reconstruirla.

CAPÍTULO **16**

BIOSÍNTESIS DE PROTEÍNAS Y SU REGULACIÓN

16.1. TRADUCCIÓN: CONCEPTO Y PROPIEDADES

La **traducción** es el proceso mediante el cual, a partir de un mRNA, se sintetiza una proteína. La secuencia de bases del mRNA contiene la información necesaria para determinar la secuencia de aminoácidos de la proteína.

El término traducción alude a un cambio de lenguaje. En efecto, el mRNA está escrito en un lenguaje de cuatro signos (las *cuatro bases* A, U, G, C), mientras que la proteína contiene un lenguaje de 20 signos (los *20 aminoácidos codificables*). Cada aminoácido está codificado por un grupo de tres bases, llamado *triplete*. La biosíntesis de proteínas es un proceso extremadamente complejo; las etapas más importantes tienen lugar en los ribosomas, y la totalidad del proceso llega a requerir, en las células eucarióticas, hasta trescientas macromoléculas distintas.

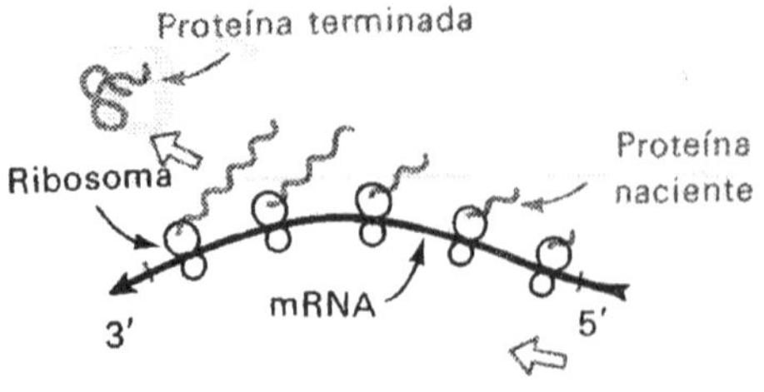

Representación muy esquemática de la biosíntesis de una proteína.

La traducción del mRNA tiene las siguientes propiedades:

- es unidireccional
- es reiterativa
- es selectiva
- requiere un intérprete o adaptador.

a) En la biosíntesis de proteínas el mRNA se traduce *unidireccionalmente*, del extremo 5′ al 3′.

b) Un mismo mRNA puede estar siendo traducido simultáneamente por varios ribosomas, que lo recorren uno tras otro, originando los *polirribosomas*. Cada ribosoma sintetiza un ejemplar de la proteína. Por esto, la traducción es *reiterativa*.

c) Además, la traducción es *selectiva*. No todo el mRNA se traduce: se descartan los extremos inicial y final, y, en los mRNA poligénicos, también fragmentos intermedios.

d) Por la naturaleza misma del proceso (cambio de lenguaje) la traducción requiere una molécula que actúe de *intérprete* o *adaptador:* esta molécula es el *RNA transferente* (*tRNA*).

16.2. ETAPAS DE LA BIOSÍNTESIS DE PROTEÍNAS

La biosíntesis de proteínas comprende cinco etapas principales: *la activación de los aminoácidos, la iniciación, elongación y*

Tabla 16.1

Requerimientos mínimos para las diferentes etapas de la síntesis de proteínas

Etapa	Proceso que tiene lugar	Compuestos que se necesitan
1.ª	Activación de los aminoácidos	Los 20 aminoácidos codificables (tabla 6.1), 20 enzimas aminoaciltransferente sintetasas (enzimas «emparejadores»), más de 20 tRNAs, ATP + Mg^{++}
2.ª	Iniciación de la cadena peptídica	mRNA adecuado metionil-tRNA de iniciación (en procariotas, formilado), triplete AUG + señales de iniciación, factores de iniciación (proteínas), GTP + Mg^{++}
3.ª	Elongación	Complejo de iniciación (ribosoma completo y funcional), Aa-tRNA adecuados (según los tripletes del mRNA), factores de elongación (proteínas), GTP + Mg^{++}
4.ª	Terminación	Triplete de terminación (UAA, UAG o UGA), factores de terminación o liberación, ATP + Mg^{++}
5.ª	Maduración de la proteína	Enzimas específicos para hidrolizar determinados péptidos, modificar algunos aminoácidos, asociar o unir grupos prostéticos, etc.

terminación del péptido, y la maduración de la proteína. De éstas, las cuatro primeras corresponden estrictamente a la traducción. El proceso en su conjunto es muy similar en procariotas y en eucariotas. En la tabla 16.1 se resumen los componentes específicos de cada fase de la síntesis proteica.

16.2.1. Activación de los aminoácidos

La activación de los aminoácidos consiste en unirlos a su transferente específico. Existen tantos tRNA diferentes como aminoácidos. El tRNA específico para el aminoácido X se representa $tRNA^X$. También hay enzimas específicos, *aminoacil-tRNA sintetasas*, capaces de unir un tRNA con su aminoácido propio (enzimas «emparejadores»).

$$tRNA^X + \text{aminoácido X} \xrightarrow[\text{aminoacil-tRNA sintetasa X}]{\text{ATP} \quad \text{AMP + PP}_i} X \sim tRNA^X$$

Como se ve en esta ecuación, la unión de cada aminoácido con su transferente supone un consumo de energía en forma de ATP. Una vez más, la hidrólisis posterior del PP_i ayuda a desplazar la reacción hacia la derecha. El aminoácido se une al extremo 3′ del tRNA.

La especificidad de la reacción de activación, es decir, la unión correcta de cada aminoácido con su tRNA, es esencial para la fidelidad de la traducción, porque en ninguno de los pasos posteriores

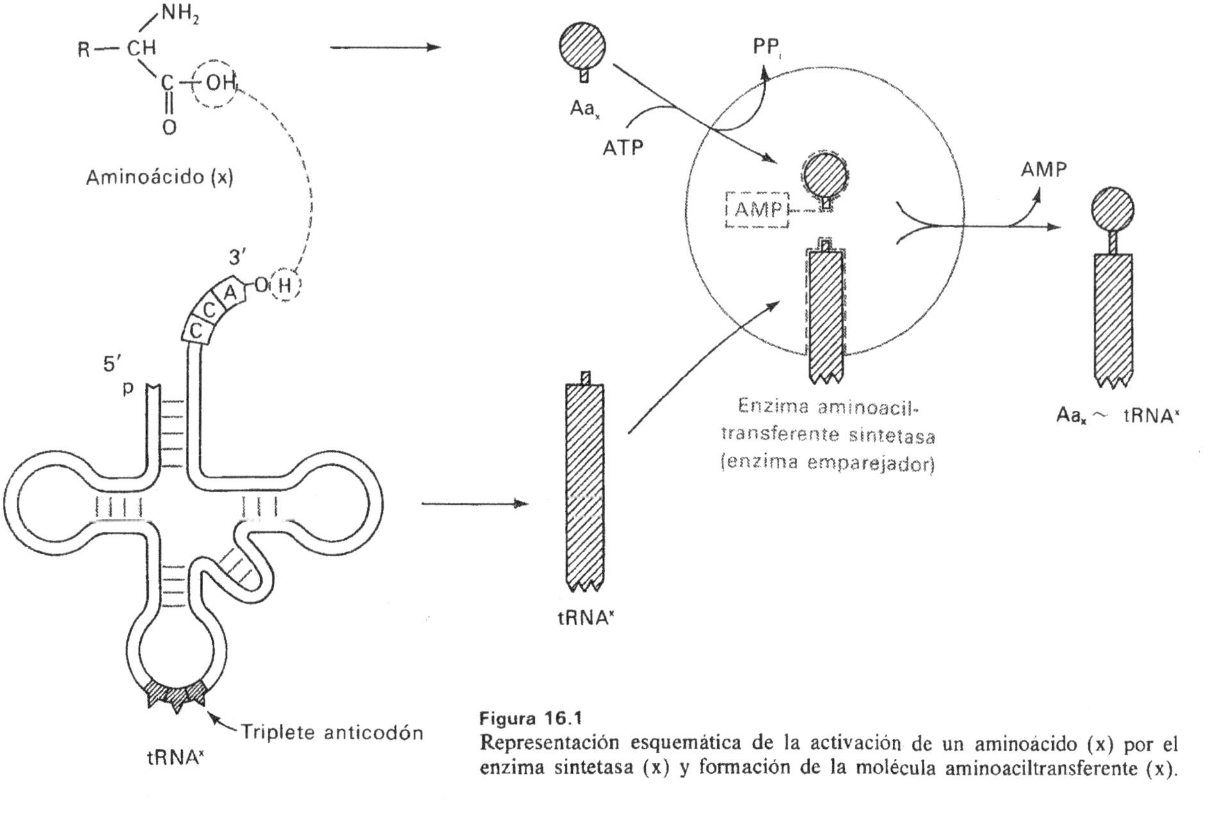

Figura 16.1
Representación esquemática de la activación de un aminoácido (x) por el enzima sintetasa (x) y formación de la molécula aminoaciltransferente (x).

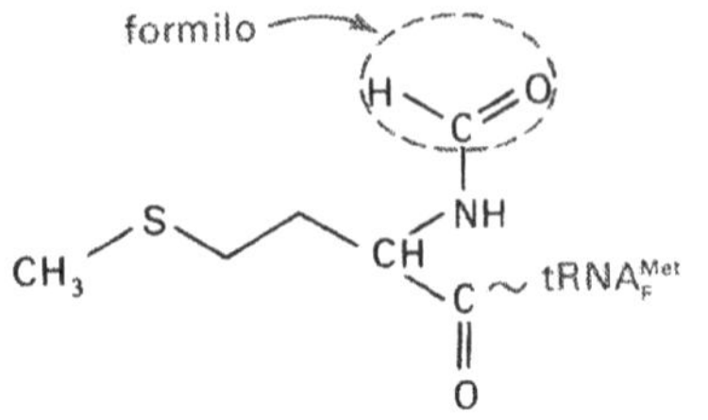

Formilmetionil-transferente

(8.2.4)

se vuelve a controlar la identidad del aminoácido. La lectura del mensaje, en forma de triplete de bases (*codón*) del mRNA, la lleva a cabo el tRNA, merced a un triplete complementario (*anticodón*) (Fig. 16.1). Las aminoacil-tRNA sintetasas son, por tanto, enzimas altamente específicos. Algunos de ellos son, como las DNA polimerasas, capaces de corregir sus propios errores. Si se inicia la activación de un aminoácido equivocado, el proceso se invierte y el aminoácido se libera de nuevo.

16.2.2. **Iniciación**

La biosíntesis de un péptido comienza por el extremo amino terminal, es decir, por el aminoácido que quedará con el grupo amino libre.

Para el proceso de iniciación se requiere:

— Un ribosoma separado en sus subunidades mayor y menor.

— Un mRNA que contenga las secuencias de nucleótidos específicas para la iniciación: una para emparejarlo con el RNA ribosómico y otra para emparejarlo con el $tRNA_i^{Met}$. Esta última secuencia suele ser el *codón AUG*.

— Un $tRNA_i^{Met}$, ya que el primer aminoácido de la cadena siempre es *Met*. En procariotas esta primera metionina está formilada (fMet).

— Unas proteínas llamadas factores de iniciación (IF).

— GTP como fuente de energía libre.

Todos estos elementos se combinan, siguiendo una secuencia determinada (ligeramente distinta en procariotas y en eucariotas) para dar el llamado compejo de iniciación (Fig. 16.2), que comprende el ribosoma completo, el mRNA y el Met-$tRNA_i^{Met}$.

16.2.3. **Elongación**

A partir de la metionina, en el extremo amínico, el péptido va creciendo hacia su extremo carboxílico en el proceso llamado *elongación*, al tiempo que el ribosoma va avanzando en la lectura del mensajero a partir del triplete de iniciación AUG.

Para el proceso de elongación se require:

— Un complejo de iniciación.

— La colección completa de tRNA unidos a sus correspondientes aminoácidos.

— Unas proteínas llamadas factores de elongación (EF).

— GTP como fuente de energía libre.

Cada paso de elongación se puede describir resumidamente como sigue: El ribosoma contiene, entre otros, dos centros activos, donde se unen respectivamente el nuevo aminoacil-tRNA (*lugar A*) y el péptido en crecimiento, también unido a un tRNA (*lugar P*) (Fig. 16.3). En el complejo de iniciación, el lugar P contiene el Met-$tRNA_i^{Met}$, y el lugar A está vacío.

Las tres bases situadas en el mRNA inmediatamente a continuación del AUG constituyen el *segundo codón*. Este codón queda situado frente al lugar A. Existe una correlación estricta entre los codones y los aminoácidos, como veremos más adelante en este mismo capítulo. Así, en el lugar A se introduce un aminoacil-tRNA cuyo anticodón sea complementario del segundo codón del mRNA. La unión del aminoacil-tRNA al lugar A requiere la

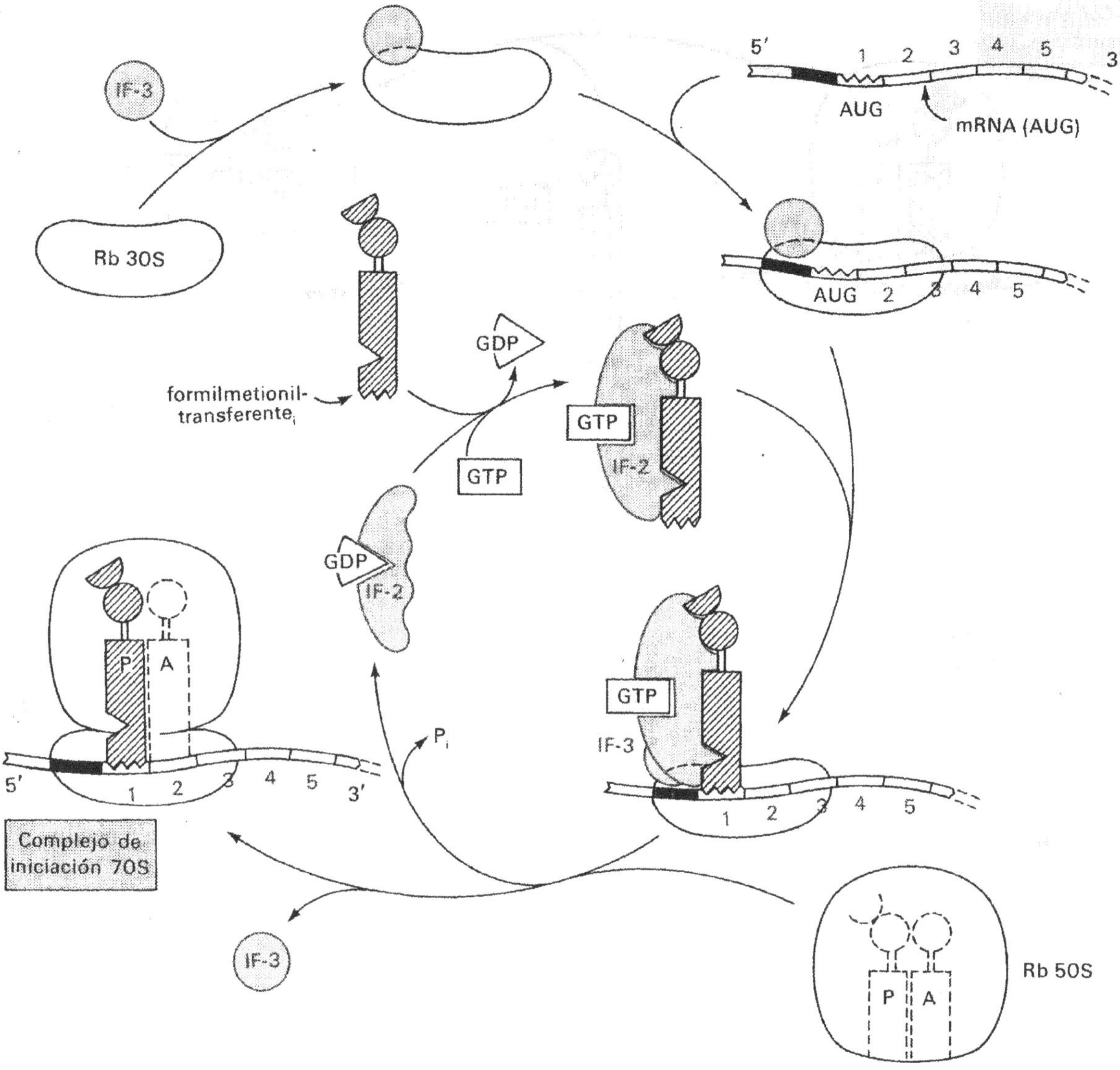

Figura 16.2
Formación del complejo de iniciación 70S en procariotas. El f-Met-tRNA$_i$ ocupa el lugar P; el lugar A está vacío. En eucariotas hay algunas diferencias: la metionina está sin formilar, y el Met-tRNA$_i$ se une al Rb 40S antes de hacerlo el mRNA.

participación de los factores de elongación y la hidrólisis de GTP (Fig. 16.3).

Una vez ocupados los lugares A y P, una *peptidiltransferasa*, que forma parte de la subunidad mayor del ribosoma, transfiere el péptido en crecimiento (en el primer ciclo de elongación, la metionina) al aminoácido recién incorporado al lugar A. La transferen-

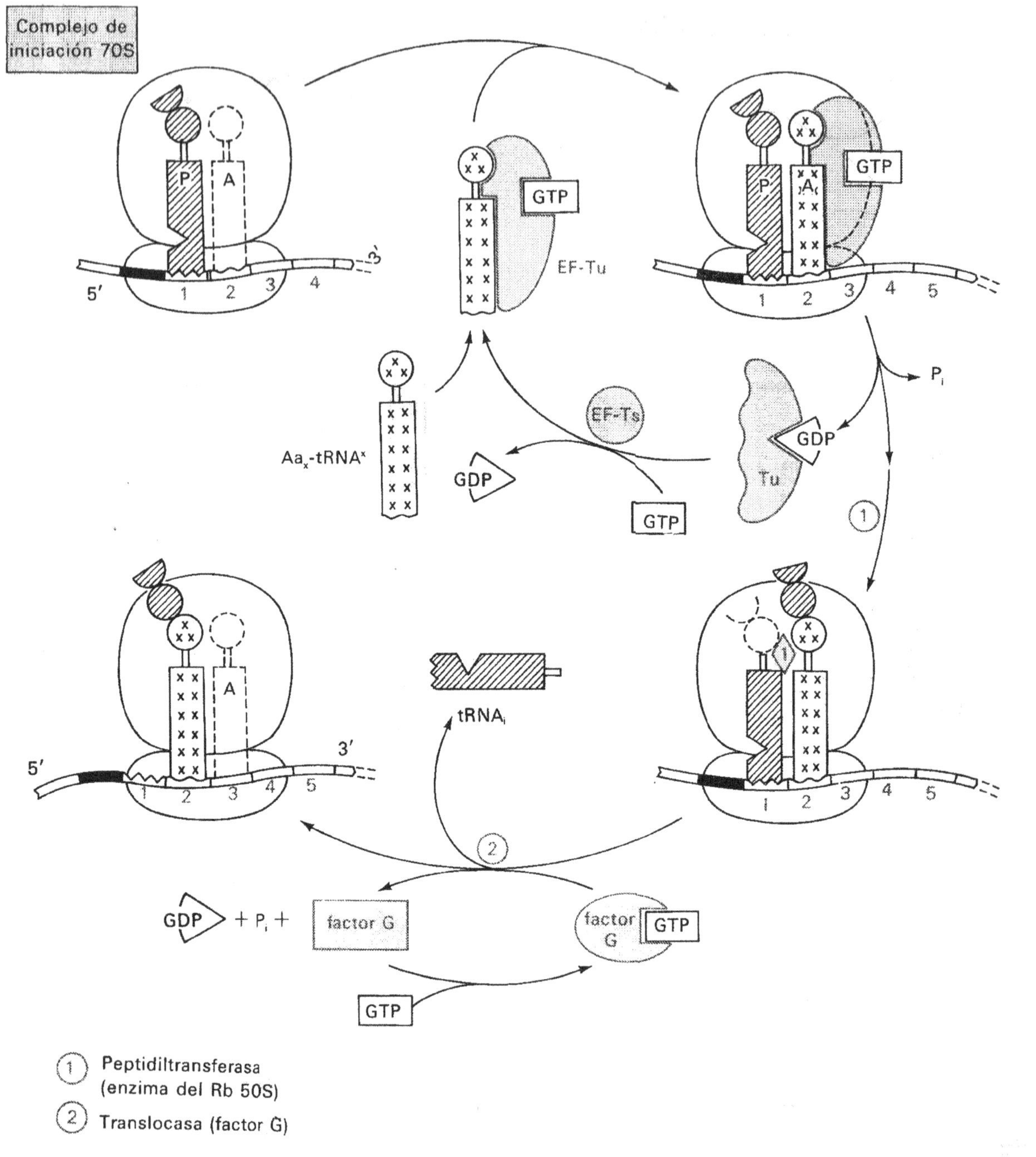

Figura 16.3.
Primer ciclo de elongación en procariotas. El aminoaciltransferente adecuado se incorpora al lugar A. La peptidiltransferasa del ribosoma transfiere el péptido naciente y la translocasa desplaza el mensajero la distancia de un triplete hacia el extremo 3′. En eucariotas Ts y Tu son una sola proteína.

cia supone la creación de un enlace peptídico entre el extremo carboxilo del péptido en formación y el extremo amino del último aminoácido (Fig. 16.3).

Por último, el tRNA descargado que ocupaba el lugar P se libera y el ribosoma se desliza sobre el mensajero a lo largo de tres bases en dirección 5′ → 3′. En consecuencia, el peptidil-tRNA queda ubicado en el lugar P, y el lugar A queda vacío, dispuesto para iniciar el siguiente paso de elongación. El proceso de *translocación* del ribosoma requiere la presencia de una *translocasa* o *factor G*, y la hidrólisis de GTP (Fig. 16.3).

El ciclo de elongación, tal como acabamos de describir, se repite para cada uno de los aminoácidos de la proteína. Por este procedimiento se va sintetizando la cadena proteica con una secuencia de aminoácidos (estructura primaria) acorde con la secuencia de bases del mensajero. En cada ciclo de elongación se utilizan dos enlaces de fosfato de alta energía, en forma de GTP.

16.2.4. **Terminación**

Existen tres codones a los cuales no corresponde ningún transferente: UAA, UAG y UGA. Son los llamados *codones sin sentido* o *de terminación* («*stop*»). Cuando en el lugar A del ribosoma se sitúa uno de estos tres codones, el crecimiento del péptido no puede continuar ya que ningún transferente los reconoce como propios. En este caso, el lugar A es ocupado por una proteína, el *factor de terminación* («*releasing factor*», *RF*) que posibilita la hidrólisis del peptidil-tRNA del lugar P. Se separan así del ribosoma tanto el péptido concluído como el tRNA descargado (Fig. 16.4).

16.2.5. **Maduración**

El péptido así sintetizado sufre una serie de procesos de **maduración** hasta convertirse en una proteína funcional. Entre ellos citaremos:

— Desformilación del extremo amino (en el caso de las proteínas procarióticas) y otras modificaciones de los extremos amino y carboxilo.

— Pérdida de determinadas secuencias, en general de unas decenas de aminoácidos, por medio de peptidasas específicas. Este es uno de los pasos para la conversión de zimógenos en enzimas y prohormonas en hormonas. **(9.4.6)**

— Modificación de las cadenas laterales de ciertos aminoácidos, por fosforilación, carboxilación, metilación, hidroxilación, etc.

— Unión de grupos prostéticos, como azúcares (glicoproteínas), lípidos (lipoproteínas), hemo (hemoproteínas), etc.

Además de estas modificaciones químicas, el péptido recién sintetizado sufre una serie de procesos físico-químicos no menos importantes, tales como plegamientos, formación de enlaces intramoleculares (puentes disulfuro, puentes de H, enlaces hidrofóbicos, enlaces salinos) y asociación con otros péptidos, que van fijando las estructuras secundaria, terciaria y cuaternaria de las proteínas. **(Tabla 6.2)**

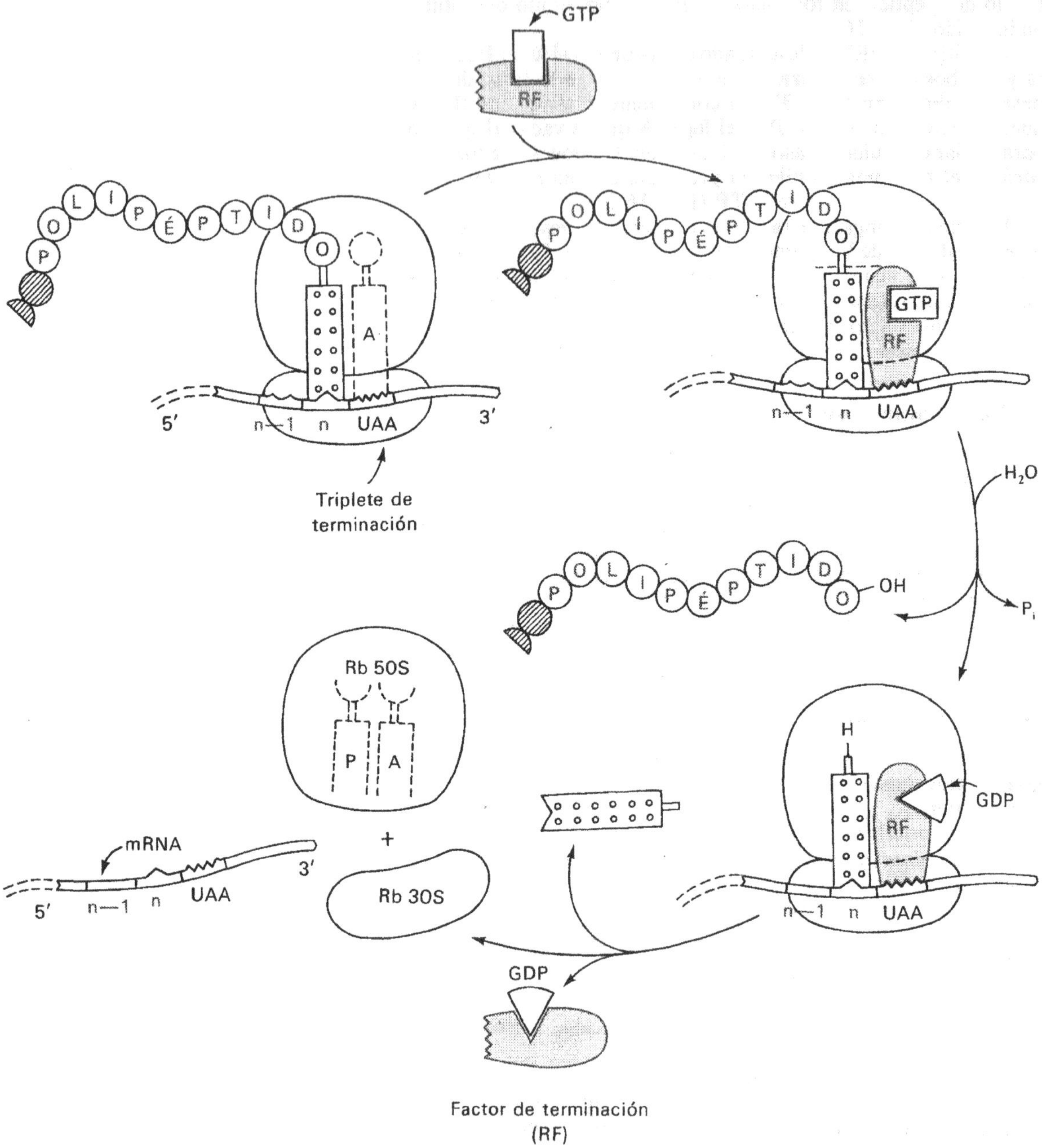

Figura 16.4
Terminación de la síntesis proteica. Un factor de terminación (RF) reconoce los tripletes de terminación y facilita la hidrólisis del polipéptido recién formado. El sistema se desintegra. En eucariotas hay un solo RF (en procariotas, 2) y las subunidades ribosomales son mayores (60S + 40S).

COMPLEMENTOS 16.1.

ANTIBIÓTICOS QUE INTERFIEREN LA SÍNTESIS DE PROTEÍNAS

Numerosos antibióticos interfieren de manera específica la biosíntesis de proteínas, en distintos puntos y en diferentes seres vivos (procariotas o eucariotas). Algunos antibióticos, como el cloramfenicol, utilizados ampliamente en la clínica, han visto restringida su aplicabilidad, al descubrirse que pueden dañar gravemente la biosíntesis mitocondrial y originar una anemia aplástica. En la tabla 16-2 se recogen algunos antibióticos, señalando sus acciones específicas.

Tabla 16.2
Antibióticos que inhiben la síntesis de proteínas

Antibiótico	Acción	Organismos sensibles
Estreptomicina	Se une al Rb 30S. Inhibe la iniciación y provoca errores de lectura de tripletes	Procariotas
Tetraciclinas	Inhiben la iniciación	Procariotas
Cloramfenicol	Inhibe la peptidiltransferasa del Rb 50S	Procariotas
Cicloheximida	Inhibe la peptidiltransferasa del Rb 60S	Eucariotas
Eritromicina	Se une al Rb 50S e inhibe la translocación	Procariotas
Puromicina	Provoca terminación prematura del péptido	Procariotas y eucariotas

16.3. PROTEÍNAS DE SECRECIÓN

En las células eucarióticas se distinguen las *proteínas de utilización intracelular* y las *proteínas de secreción*, que son vertidas al medio extracelular. Entre las proteínas de secreción se cuentan los *enzimas digestivos, anticuerpos (inmunoglobulinas), numerosas hormonas, etc. Las proteínas de uso intracelular son sintetizadas por los ribosomas libres en el citosol, y las de secreción, por los ribosomas unidos al retículo endoplásmico*.

En el extremo amino de estas proteínas de secreción hay un péptido hidrofóbico, que se introduce, a través de la membrana del retículo, hacia las cisternas del mismo (Fig. 16.5). Así, la proteína inmadura queda almacenada en la luz del retículo. En el interior del retículo y del aparato de Golgi tienen lugar diversas fases de la maduración, principalmente la adición de grupos prostéticos. También, a través de las vesículas del Golgi, la proteína se vierte al

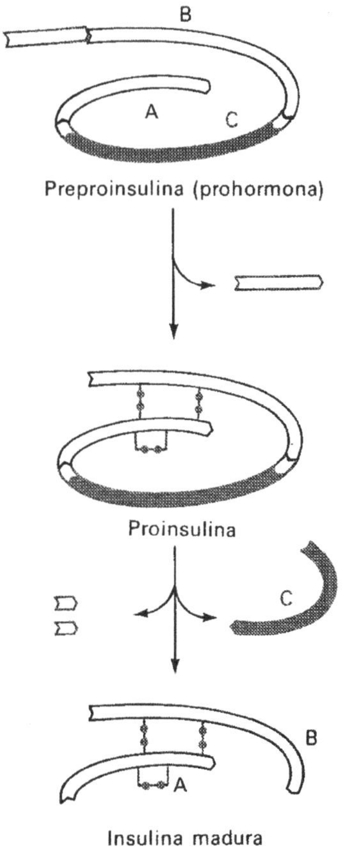

Proceso de maduración de la hormona insulina

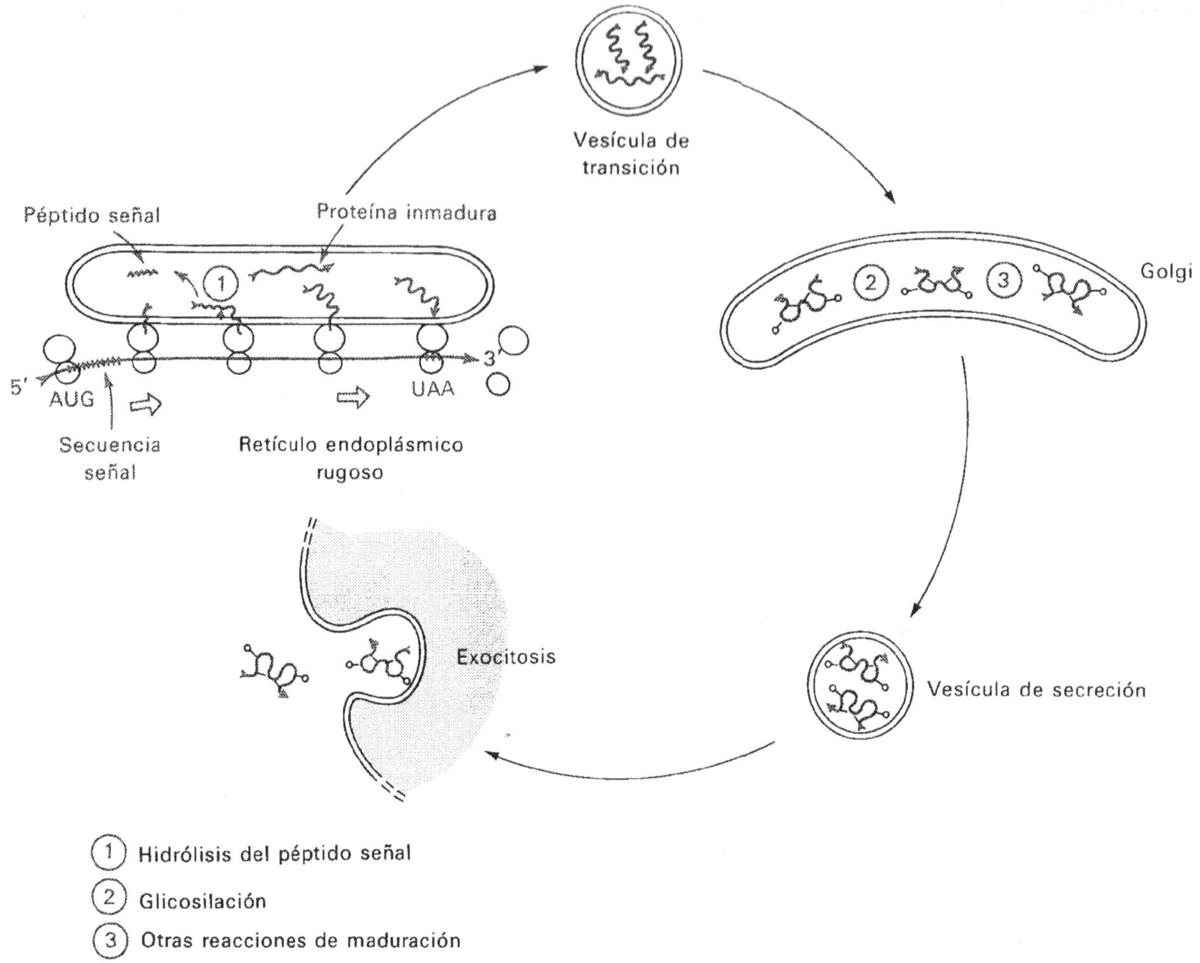

Figura 16.5
Síntesis y maduración de las proteínas de secreción. En la figura 8.9 se representan los distintos compartimentos celulares aquí esquematizados.

espacio extracelular. A menudo los últimos pasos de la maduración ocurren después de la secreción.

16.4. CÓDIGO GENÉTICO

Se llama **código genético** *al conjunto de correlaciones entre cada triplete de bases del mRNA (codón) y el correspondiente aminoácido de la proteína.* La historia, compleja y fascinante, de su desciframiento se resume en la sección de Complementos 16.2. El código se presenta en forma de tabla, en la figura 16.6.

Entre las características principales del código genético cita-

1.ª Base ↓ \ 2.ª Base →	U	C	A	G	3.ª Base ↓
U	Phe Leu	Ser	Tyr s.s.	Cys s.s. / Trp	Pi (U, C) Pu (A/G)
C	Leu	Pro	His Gln	Arg	Pi Pu
A	Ile / Met	Thr	Asn Lys	Ser Arg	Pi Pu (A/G)
G	Val	Ala	Asp Glu	Gly	Pi Pu

Figura 16.6

Código genético. A cada triplete (3 bases consecutivas del mRNA) le corresponde un aminoácido. Sin embargo, un aminoácido puede estar codificado por varios tripletes distintos. Por ej., CCU, CCC, CCA y CCG codifican Prolina. UGG codifica triptófano y AUG, metionina. Los demás aminoácidos están codificados por 2, 3, 4 ó 6 tripletes diferentes. s.s. (sin sentido) significa triplete de terminación.

remos:

— *El código es prácticamente universal.* En todos los organismos estudiados (eucariotas, procariotas y virus) se observa la misma correspondencia entre tripletes y aminoácidos.*

— Como ya adelantamos, *el código incluye un triplete de iniciación (AUG) para la metionina, y tres tripletes de terminación.*

— *El código contiene varios tripletes para la mayoría de los aminoácidos.* Se dice que el lenguaje del código está *degenerado:* hay 61 tripletes que sólo pueden codificar 20 aminoácidos.

— En general, *la tercera base del triplete es la menos importante.* De entre las pirimidínicas, U y C en tercera posición son equivalentes; entre las púricas, A y G en tercera posición son también equivalentes salvo en los casos de *Met* e *Ile*, y *Trp* y *terminación*.

— A pesar de estar degenerado, *el código no es ambiguo:* cada triplete codifica un solo aminoácido.

Los aminoácidos de estructura química similar se codifican por tripletes parecidos; GAPi = *Asp*, GAPu = *Glu*. En general basta mutar una base para que en la proteína se sustituya un aminoacido por otro similar. Esto ha facilitado la evolución de los seres vivos.

— La degeneración del código se debe a que *un mismo tRNA puede emparejar con varios codones que sólo difieren en la*

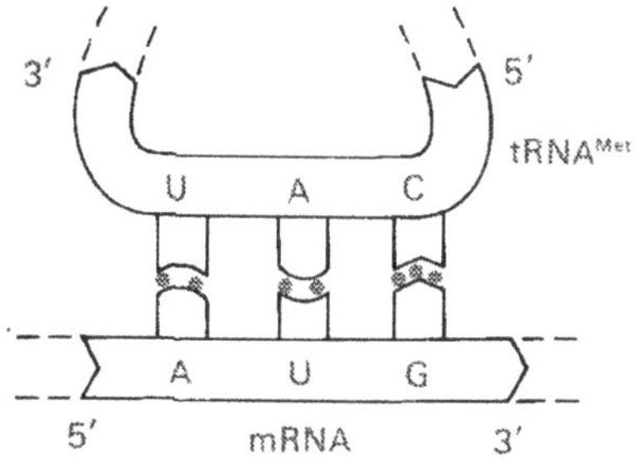

Emparejamiento codón-anticodón

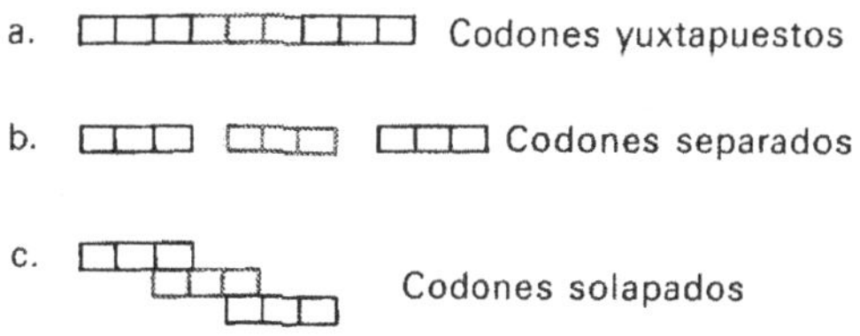

Cada cuadrado corresponde a una base.
Sólo se da la posibilidad a.

* Recientemente se han descubierto pequeñas variaciones en el código para la síntesis de proteínas en mitocondrias y cloroplastos.

tercera base. Así pues, no hay 61 tRNA, sino poco más de una veintena.

— *Los tripletes aparecen yuxtapuestos en el mensajero*, desde el de iniciación hasta el de terminación, sin solapamientos ni huecos.

COMPLEMENTOS 16.2

BREVE HISTORIA DEL DESCUBRIMIENTO DEL CÓDIGO GENÉTICO

El descubrimiento del código genético ha sido uno de los logros más espectaculares de la bioquímica moderna. Se consiguió entre los años 1961 y 1966.

Por teoría combinatoria se dedujo que eran necesarias 3 bases para codificar un aminoácido. En efecto, con cuatro bases distintas (U, C, A, G), tomadas de una en una, sólo se podrían codificar cuatro aminoácidos; tomadas de dos en dos, se codificarían 16 ($4^2 = 16$); y de tres en tres 64 ($4^3 = 64$). Así sobraban codones ya que solamente existen 20 aminoácidos codificables.

a) Niremberg (con el enzima de Ochoa) preparó mRNA sintéticos con una sola base. Así obtuvo poli U (UUUUUUUUUU...). Con este mensajero sintetizó un polipéptido formado por Phe (poliPhe). El primer codón descifrado era pues: UUU → Phe. Análogamente se obtuvo

poli A → poliLys (AAA)
poli C → poliPro (CCC)

b) Ochoa preparó mensajeros sintéticos con dos bases, por ej., U:C, en proporción 9:1. Obtuvo en el péptido: 81% Phe, 9% Ser, 9% Leu, 1% Pro.

c) Khorana utilizó mensajeros secuenciados. Por ejemplo:

$$(UC)_n \rightarrow \text{poli (Ser-Leu)}$$

Así dedujo: UCU → Ser
CUC → Leu

d) Con trinucleótidos secuenciados y ribosomas funcionales se fijaba un solo aminoácido. Por ej.,: pUpGpU → Cys (UGU). De esta manera se obtuvo el código completo.

e) Por mutaciones en proteínas conocidas, por ej., hemoglobina, se confirmó la validez de estos resultados. En efecto, la sustitución de una base por otra explicaba el cambio observado de un aminoácido concreto.

Glu (GAA) → Val (GUA)
Glu (GAA) → Lys (AAA)
Glu (GAA) → Gly (GGA)

f) Por último, se descubrieron secuencias de nucleótidos en mRNAs de virus, y se determinó la secuencia de aminoácidos de la proteína que codificaban. Así se confirmó el carácter universal del código genético.

Por ejemplo:	1	2	3	4		129	130
Virus R17: (5′)	—AUG—	—CGA—	—GCU—	—UUU—	....	—UAC—	—UAA—
Proteína capsular:	fMet	—Arg—	—Ala—	—Phe—	....	—Tyr—	ss
	1	2	3	4		129	

16.5. SÍNTESIS NO RIBOSÓMICA DE PÉPTIDOS

Algunas secuencias peptídicas breves se pueden sintetizar sin el concurso de la maquinaria ribosómica. Los más importantes son los pequeños péptidos de carácter catalítico o antibiótico (*glutatión, gramicidina, valinomicina*) y las secuencias peptídicas de las paredes bacterianas. En estos casos, hay enzimas que reconocen aminoácidos concretos, los activan y los ensamblan siguiendo una secuencia determinada.

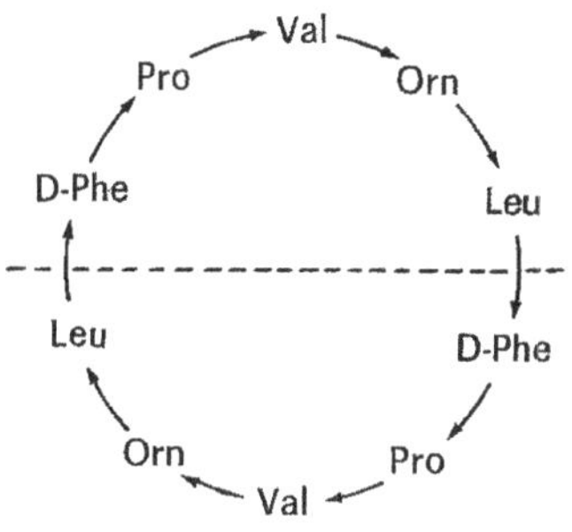

Gramicidina
(péptido cíclico)

16.6. REGULACIÓN DE LA BIOSÍNTESIS DE PROTEÍNAS

En todas las células existen multitud de proteínas diferentes. Sin embargo, no todas ellas se encuentran en la misma concentración: por ejemplo, en *E. coli* los enzimas de la glicolisis anaerobia se hallan presentes en millares de copias por cada célula, y sin embargo sólo existen unas pocas moléculas de los enzimas específicos del metabolismo de la arabinosa. Además, la concentración de cada proteína varía con el ciclo celular, con los nutrientes del medio, etc.; así, al pasar el gusano de la seda *Bombyx mori* de larva a crisálida, la concentración de fibroína, la proteína estructural de la seda, aumenta espectacularmente (de cero a unos mil millones de moléculas por célula). No cabe duda de que existe un eficaz mecanismo regulador de la biosíntesis de proteínas.

16.6.1 Regulación en procariotas: modelo operón

Como las células procarióticas tienen vida independiente, cada una de ellas debe ser capaz de regular cuidadosamente la síntesis de todas las proteínas necesarias. La inmensa mayoría de las proteínas celulares tiene misión enzimática. Se distinguen los **enzimas constitutivos**, de uso habitual y que existen a concentraciones más o menos constantes, y los **enzimas inducibles**, que se utilizan esporádicamente y sólo se sintetizan cuando se van a utilizar. Los virus bacterianos siguen un sistema regulador similar con el que logran la síntesis y el ensamblaje ordenado de sus componentes.

El proceso de **inducción** de la síntesis de enzimas se conoce ya con bastante detalle. En el DNA bacteriano, los genes correspondientes a los enzimas de una misma vía metabólica se hallan yuxtapuestos, contituyendo *una unidad estructural y funcional,* el **operón**. Todos los enzimas de un operón se inducen o reprimen simultáneamente. El operón contiene genes estructurales, que codifican enzimas, genes reguladores, que codifican proteínas reguladoras y centros de control, centro operador y centro promotor (Fig. 16.7).

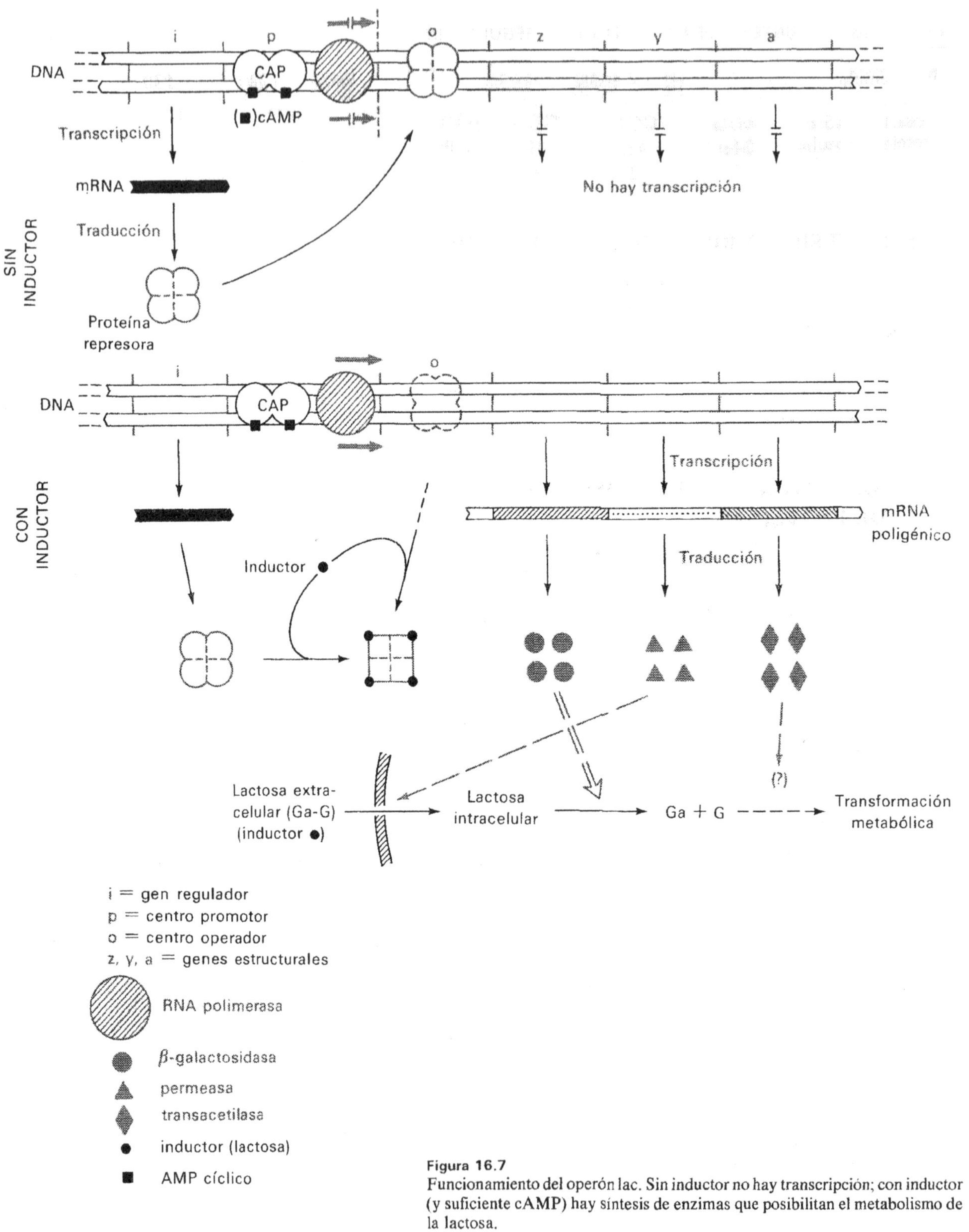

Figura 16.7
Funcionamiento del operón lac. Sin inductor no hay transcripción; con inductor (y suficiente cAMP) hay síntesis de enzimas que posibilitan el metabolismo de la lactosa.

El primer operón cuya estructura se conoció fue el llamado *operón lac* de *E. coli,* que debe su nombre a que contiene los enzimas necesarios para metabolizar la *lactosa:* sus enzimas sólo se sintetizan en cantidad apreciable cuando la bacteria necesita consumir lactosa.

Aunque no todos los operones funcionan de la misma manera, es frecuente que se adapten al siguiente esquema: el gen regulador sintetiza una proteína, el *represor,* que muestra una afinidad especial por el *centro operador* del operón. Cuando el represor está unido al centro operador, el DNA del operón no se puede transcribir, y por tanto no se sintetizan enzimas. Algunas moléculas son capaces de unirse a la proteína represora específica, modificando su conformación y separándola del centro operador;

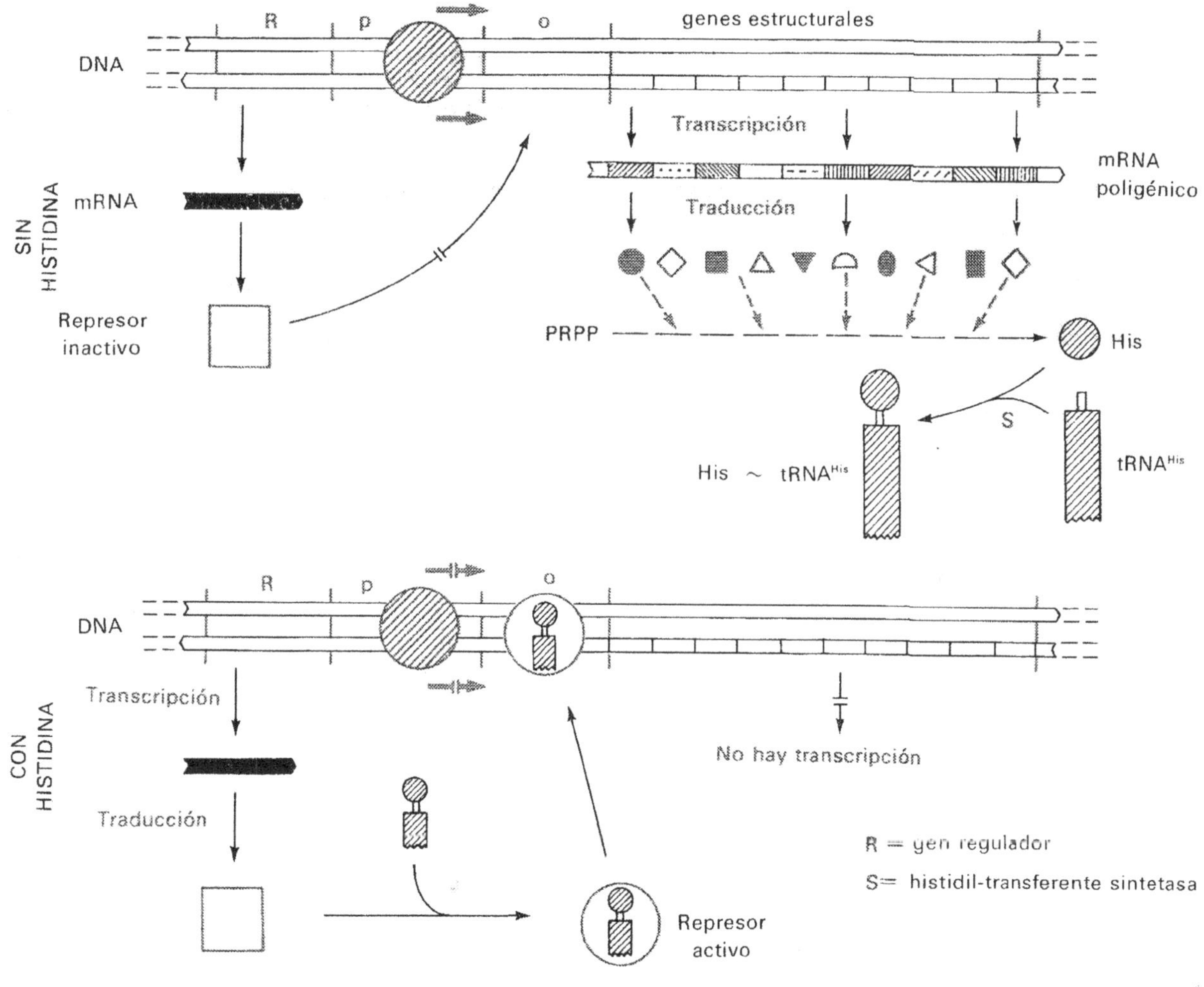

Figura 16.8
Funcionamiento del operón his. Los genes estructurales se transcriben cuando no hay histidina. En presencia de histidil-transferente el represor inactivo se activa y se fija en el centro operador, inhibiendo la transcripción. Las abreviaturas p, o, ..., significan lo mismo que en la figura anterior.

así por ejemplo la lactosa se une al represor del operón lac. Al separarse el represor del centro operador se posibilita la transcripción. Junto al centro operador existe un centro promotor (Fig. 16.7) al que se pueden unir dos tipos de moléculas: la proteína
(7.3) CAP (**a**ctivadora de genes **c**atabólicos), en presencia de cAMP, y la RNA polimerasa, responsable de la transcripción. Para que se sinteticen los enzimas se requiere que el centro promotor esté ocupado por las dos moléculas citadas —CAP y polimerasa— y que el centro regulador esté vacío. Sólo así la RNA polimerasa transcribe los genes estructurales. La proteína CAP es propia de los operones catabólicos; junto con el cAMP actúa como sensor del nivel de glucosa. Cuando falta glucosa, aumenta el nivel de cAMP y se posiblita la transcripción de genes para la utilización de otros sustratos.

Hay operones cuyos enzimas corresponden a una vía biosintética, por ejemplo, de un aminoácido. En este caso, el mecanismo de regulación es ligeramente distinto. El represor no es capaz de unirse por sí solo al centro operador, en cambio, cuando abunda el producto final de la vía (p. ej., aminoácido), éste se une al represor y juntos **reprimen** el operón (Fig. 16.8), ya que, en presencia del producto final, su síntesis resulta superflua.

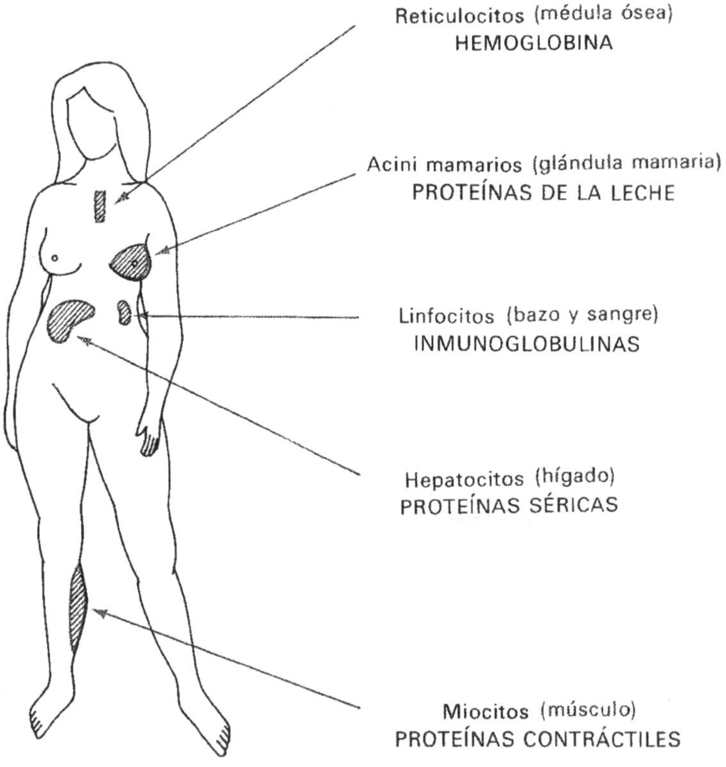

Figura 16.9
Principales lugares de síntesis de proteínas corporales específicas.

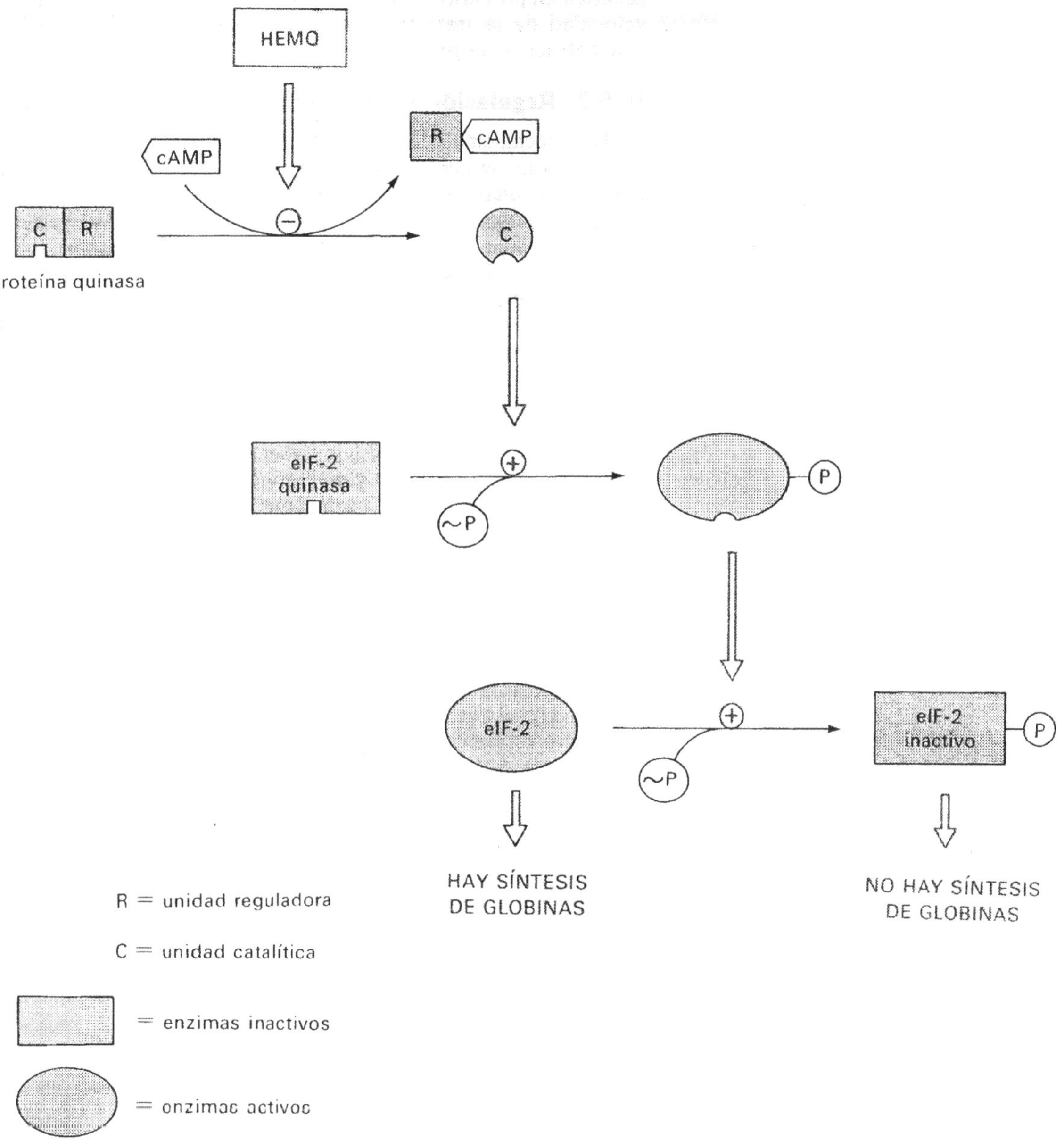

Figura 16.10
Ejemplo de regulación en eucariotas. El AMP cíclico, en ausencia de hemo, desencadena una cascada de reacciones (semejante a la descrita en la figura 13.2) que acaba inactivando al factor de iniciación eIF-2, con lo que se suspende la síntesis de globinas. En presencia de hemo libre, la cascada se inhibe y las globinas siguen sintetizándose.

Existe todavía un nivel más fino de regulación de la expresión genética en procariotas. Existe un *centro atenuador*, que regula la velocidad de la transcripción de los genes anabólicos según la concentración de producto final.

16.6.2. **Regulación en eucariotas.**

Los mecanismos de la regulación de biosíntesis de proteínas en eucariotas no se conocen con tanto detalle. Mencionaremos aquí tan sólo algunas de sus características:

a) *En eucariotas, la transcripción y la traducción ocurren en distintos compartimentos celulares* (núcleo y citoplasma), lo cual ofrece nuevas posibilidades de control.

b) *Hay genes reiterados* (repetidos) de los que existen cientos de copias en el genoma de cada célula. Esto permite la transcripción simultánea de muchos RNA y la posterior síntesis proteica.

c) En ocasiones puede replicarse sólo un pequeño fragmento de DNA, con lo que un determinado gen puede aparecer multiplicado millares de veces (*amplificación génica*).

d) Los mRNA eucarióticos son *monogénicos*, y su vida media puede oscilar entre minutos y días, con las consecuencias obvias en cuanto a posibilidades de traducción.

e) En los seres pluricelulares cada célula posee el genoma completo, aunque sólo se expresa una parte de él, distinta para cada tejido u órgano. Así los *reticulocitos* de la médula ósea (que luego se convertirán en glóbulos rojos) se caracterizan por sintetizar hemoglobina, los *linfocitos* por producir anticuerpos (inmunoglobulinas) y las *células musculares* por la síntesis de proteínas contráctiles (Fig. 16.9).

f) Al igual que en las células procarióticas, hay sustancias que *inducen o reprimen específicamente* la transcripción de determinados genes. Así, la hormona progesterona actúa sobre el DNA de las células del oviducto de gallina, estimulando la producción de ovoalbúmina. Otras muchas hormonas esteroideas actúan de manera parecida a nivel nuclear (Cap. 20). Por su parte, el grupo hemo permite la síntesis de globinas en el reticulocito, al bloquear una cascada enzimática cuyo efecto final era detener la síntesis proteica; en ausencia de hemo dejan de fabricarse globinas (Fig. 16.10).

CUESTIONES Y PROBLEMAS

16.1. Explicar qué significa un mensajero poligénico.

16.2. Por acción de las aminoacil-transferente sintetasas, cada aminoácido —a través de su grupo carboxilo— se une al hidroxilo 3' de la última ribosa de su transferente propio. Indicar el nombre de este enlace químico.

16.3. Explicar por qué han de existir, por lo menos, 20 sintetasas diferentes.

16.4. Calcular cuántos enlaces ricos en energía se consumen en la activación de un aminoácido a aminoacil-transferente.

16.5. A la vista de las figuras 16.1, 16.2, 16.3 y 16.4, calcular el número de enlaces ricos en energía (ATP o GTP) necesarios para sintetizar una proteína de 200 aminoácidos.

16.6. Los enzimas proteolíticos digestivos (pepsina, tripsina, quimotripsina, ...) se secretan en forma de zimógenos inactivos. Indicar por qué la maduración de estas proteínas no puede ocurrir dentro de la célula que las produce.

16.7. Utilizando el código genético de la figura 16.6, averiguar la secuencia de aminoácidos, correspondientes a los siguientes mRNA sintéticos:

UAUAUAUA......... (un solo tipo de péptido)
UACUACUAC........ (tres tipos de péptido)
$(UACU)_n$........... (un solo tipo de péptido)

16.8. Deducir la proteína que corresponde al siguiente mensajero:

(5')...-AUG-UCU-CAA-GUU-GGG-UUC- ...-CCC-UAA-UGA-...(3')
1 4 7 10 13 16 448 451

16.9. Calcular el número total de aminoácidos de la proteína anterior.

16.10. En el mensajero del problema 16.8 se inserta una base U entre las posiciones 7 y 8. Detallar qué aminoácidos quedarán igual, cuáles cambiarán y qué ocurrirá con los codones de terminación.

16.11. En el ejemplo anterior, además de insertar una U entre las bases 7 y 8, se elimina la G en posición 15. Averiguar qué le ocurre a la proteína en su conjunto.

16.12. Se sabe que un fragmento de gen estructural tiene la siguiente secuencia:

(3')...-TTT-AAA-ATA-GTC-CTA-...(5')

Deducir la proteína que codifica.

16.13. Los tRNA emparejan con los codones del mRNA mediante su triplete anticodón. Cuando varios codones corresponden al mismo aminoácido, el tRNA de éste, para emparejar con todos, suele utilizar una tercera base ambigua, de acuerdo con la tabla anexa:

	mRNA (codón)	*tRNA* (anticodón)
1.ª y 2.ª bases	U	A
	C	G
	A	U
	G	C
3.ª base	pirimidina	G
	púrica	U
	cualquiera	I (hipoxantina)

De acuerdo con estos datos averiguar cuales serían los anticodones de los tRNA correspondientes a *Phe, Glu, His* y *Lys*.

16.14. Averiguar análogamente los anticodones de los $tRNA^{Gly}$ y $tRNA^{Thr}$.

16.15. Cuando la bacteria *E. coli* vive en un medio carente de triptófano, sintetiza este aminoácido. Al añadir triptófano al medio, deja de sintetizarlo. ¿Cómo se llama este tipo de regulación?

16.16. El mismo *E. coli*, alimentado con lactosa, fabrica los enzimas necesarios para su metabolismo. Al añadir glucosa al medio deja de fabricarlos, aunque haya lactosa. Deducir:

a) tipo de regulación
b) por qué la glucosa impide la utilización de la lactosa.

CAPÍTULO **17**

GENÉTICA MOLECULAR, BACTERIAS Y VIRUS

17.1. INTRODUCCIÓN

La **genética** es la ciencia de la herencia, es decir, la que estudia los caracteres transmisibles a los descendientes, y sus mecanismos de transmisión. La genética nació en el siglo XIX con los estudios de Mendel* sobre la herencia del color y la forma en guisantes y otras plantas. Como ha ocurrido con otras ramas de la biología, en el siglo XX se ha llegado a comprender la genética a nivel molecular. En los dos capítulos anteriores se ha podido comprobar el detalle con el que hoy se conocen los mecanismos moleculares de la herencia y las causas y efectos de las mutaciones.

* Gregor Mendel (1822-1884) fue un monje austriaco, profesor de botánica y de matemáticas en el Brünn Realschule. Publicó sus trabajos sobre la transmisión de los caracteres hereditarios en 1865 y 1869, sin que fueran conocidos por sus coetáneos. Cuando De Vries, en 1900, redescubrió las leyes de Mendel, éste alcanzó la fama merecida, aunque fuera después de muerto. Mendel es el padre de la genética moderna.

Pero los estudios más recientes han demostrado la posibilidad real de influir sobre la herencia, modificando la dotación genética de una célula. Las técnicas que permiten la manipulación de genes constituyen la llamada **ingeniería genética**. La ingeniería genética, como, en general, toda la biología molecular, se ha desarrollado utilizando como herramientas de trabajo las bacterias y los virus. En este capítulo comenzaremos por revisar brevemente la genética molecular de las bacterias y virus, y pasaremos a continuación a describir las técnicas más importantes para el manejo de genes. La aplicación directa de la ingeniería genética al genoma humano se halla aún en sus inicios, pero es previsible una extraordinaria expansión de este campo en las próximas décadas. De momento, ya se han podido aplicar estas técnicas a un mejor estudio de la resistencia a antibióticos de las bacterias, así como a la síntesis biológica de hormonas humanas (insulina, somatostatina, ...).

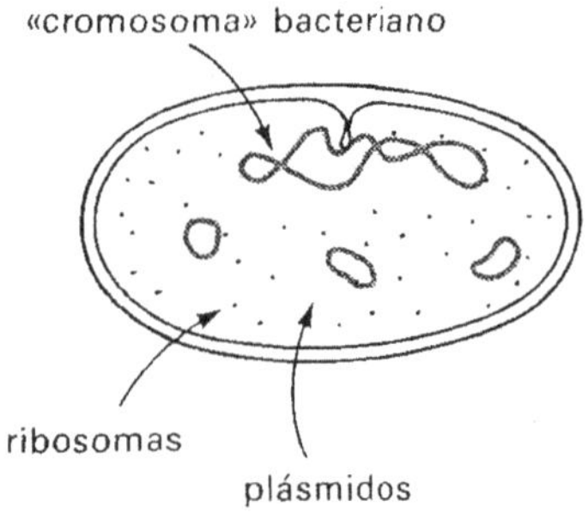

17.2. GENÉTICA DE LAS BACTERIAS

La incidencia de las bacterias sobre la vida humana es múltiple y variada: las bacterias y los humanos comparten unos mismos habitats, las bacterias se encargan del reciclaje de numerosas moléculas orgánicas e inorgánicas, son responsables de la fijación de nitrógeno atmosférico, y permiten así la vida de las plantas, contribuyen a la formación de numerosos alimentos, y son causa de enfermedades. La estructura de la célula bacteriana ha sido estudiada en el capítulo 8. Aquí nos detendremos en los aspectos relacionados con la genética.

17.2.1. Cromosoma bacteriano

El genoma bacteriano consta de una molécula principal de DNA y, a veces, una o varias moléculas menores, llamadas plásmidos. La molécula principal es el llamado *cromosoma bacteriano.* Consiste en un DNA en doble helicoide, cerrado en forma de anillo (*DNA circular*). Este DNA está superenrollado: en la forma totalmente desplegada su longitud superaría en varios cientos de veces la longitud total de la bacteria. A diferencia del cromosoma eucariótico, no contiene histonas, y no está separado del citoplasma por una membrana, sino anclado por un punto a la membrana plasmática de la bacteria (*mesosoma*). En la actualidad se conocen con detalle los mapas genéticos de algunas bacterias, sobre todo de *Escherichia coli*. Se llama **mapa genético** a la descripción de la situación de cada gen dentro de una molécula de DNA. La figura 17.1 muestra un esquema del mapa genético de *E. coli.*

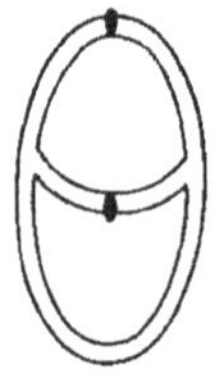

figura en θ

En la reproducción de las bacterias, este cromosoma experimenta la replicación, según los mecanismos ya estudiados, de modo que cada una de las células hijas recibe una copia idéntica del cromosoma parental. Como en el cromosoma eucariótico, la replicación bacteriana es bidireccional, pero en este caso sólo hay un punto de iniciación, del que parten dos horquillas de replicación: *figuras en θ* (*zeta*).

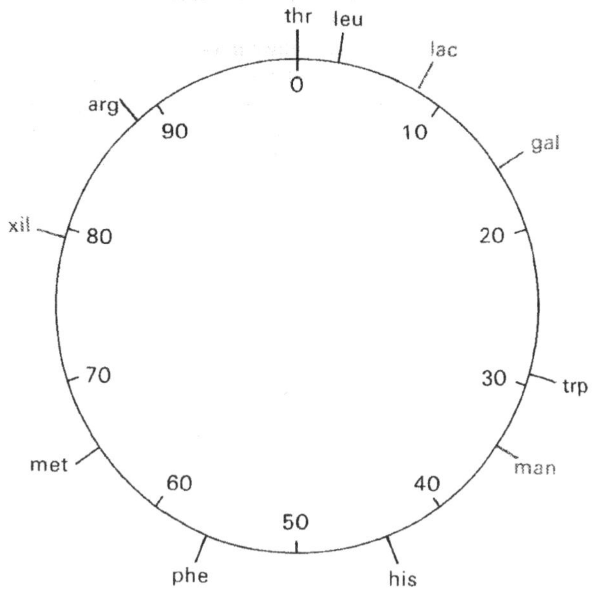

Figura 17.1
Mapa genético parcial de la bacteria E. coli. Los operones implicados en la síntesis de un metabolito (thr, trp, his, phe, etc.) o en la utilización de un sustrato (lac, gal, man, xil, etc.) se representan por tres letras minúsculas y están situados en un punto concreto del cromosoma circular de la bacteria.

17.2.2. Plásmidos

Algunas bacterias contienen, además del DNA principal, pequeñas moléculas de DNA circular en doble helicoide, dispersas en el citoplasma, llamadas plásmidos. Los plásmidos contienen genes que no son siempre imprescindibles para la bacteria, como son los genes productores de determinadas toxinas, o los que causan inactivación de antibióticos (genes de *resistencia* a antibióticos). Algunos plásmidos conocidos por transportar genes de resistencia a antibióticos se llaman *factores R.* Los plásmidos se replican siguiendo el mismo mecanismo que el DNA principal y, generalmente, lo hacen una vez por cada ciclo celular bacteriano, de modo que las bacterias hijas conservan el mismo número de plásmidos que la progenitora. También pueden los plásmidos invadir el citoplasma de otras células, incluso de distinta especie, y ser transmitidos a la nueva progenie. Así, la resistencia a antibióticos puede hacerse «*contagiosa*», y una especie bacteriana sensible a un antibiótico puede convertirse en resistente por captación del plásmido adecuado. Como es natural, este hecho tiene importantes consecuencias en la terapéutica con antibióticos. Más adelante veremos cómo los plásmidos tienen también interés como transportadores de genes en las técnicas de ingeniería genética.

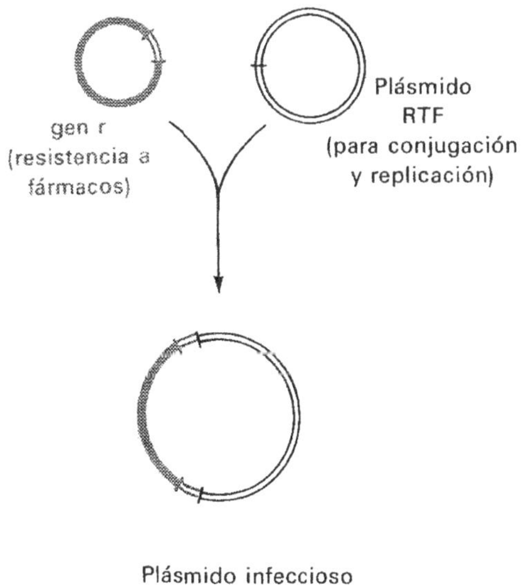

Plásmido infeccioso
de resistencia a fármacos

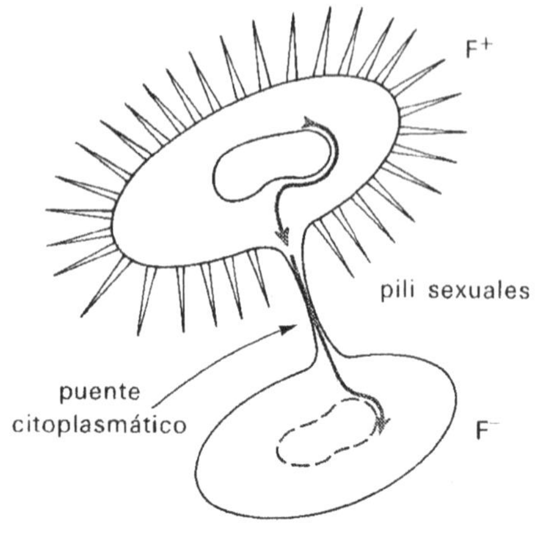

Figura 17.2
Esquema de la conjugación bacteriana.

17.2.3. Conjugación

La conjugación es la transferencia de material genético de una célula a otra. Las bacterias donadora y receptora se suelen llamar «macho» y «hembra». La bacteria macho posee en su superficie unos apéndices, conocidos como *pili sexuales*; la bacteria hembra posee receptores para unirse a los *pili*. La conjugación tiene lugar entre dos bacterias unidas por un *pilus*, a través del cual se forma un puente citoplasmático.

Se ha comprobado que las bacterias macho poseen un plásmido especial, el llamado *factor F*, que contiene, entre otros, los genes que codifican los *pili*. Las bacterias «machos» se llaman, más propiamente, $\mathbf{F^+}$, y las hembras $\mathbf{F^-}$. Durante la conjugación, el DNA se va replicando, al tiempo que una de las hebras se introduce en la célula receptora (Fig. 17.2). También se suele replicar y transmitir el factor F, con lo que la célula receptora pasa de ser F^- a ser F^+. Como resultado de la conjugación, se obtiene una célula diploide, es decir, que tiene todo o parte de su genoma duplicado.

COMPLEMENTOS 17.1

MITOCONDRIAS Y CLOROPLASTOS

Las mitocondrias y cloroplastos son orgánulos intracelulares (Cap. 8); las primeras, comunes a todas las células eucarióticas y los segundos, específicos de las células vegetales. La genética de ambos orgánulos es muy peculiar. En efecto, tanto las mitocondrias como los cloroplastos poseen su propio DNA (duplex circular), sintetizan sus propios rRNA, tRNA y mRNA y también parte de sus proteínas. Tanto sus lípidos de membrana, como sus enzimas específicos (superóxido dismutasa), como la naturaleza de sus ribosomas o la manera de sintetizar sus proteínas, etc... obligan a relacionar a estos orgánulos con las bacterias.

Es cierto que un buen número de proteínas mitocondriales son codificadas por genes nucleares, pero también es verdad que algunos genes esenciales permanecen en el DNA mitocondrial. Investigaciones recientes han demostrado que el código genético de las mitocondrias se ha ido alterando y esto explicaría el que estos genes ya no puedan trasladarse al núcleo; de modo que la mitocondria no tiene más remedio que conservar toda su maquinaria genética para continuar sintetizando estas proteínas.

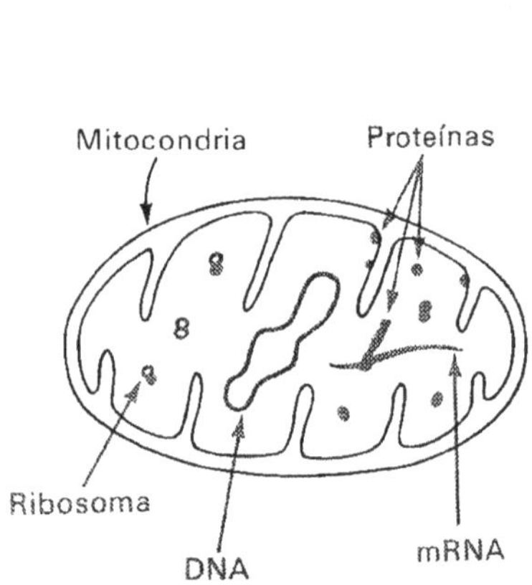

La biología actual considera a las mitocondrias como descendientes de bacterias fotosintéticas purpúreas que fueron captadas por un eucariota primitivo, el cual estableció con ellas una relación de endosimbiosis: la mitocondria recibe cuanto necesita del citosol celular y, a cambio, aporta el abundante ATP que obtiene por la vía aerobia que le es propia. Los cloroplastos, análogamente, proceden de cianobacterias que fueron captadas por una célula vegetal primitiva, a la que aportan la glucosa que obtienen por fotosíntesis.

Como resultado práctico de estos hechos, por su importante proyección clínica, comentaremos el uso y el abuso de los antibióticos. Los antibióticos que interfieren la síntesis de proteínas en bacterias —cloramfenicol, estreptomicina, tetraciclinas, ...— también pueden inhibir esta síntesis en las mitocondrias. Con tratamientos prologandos se pueden ocasionar transtornos muy graves para el sujeto. En cambio la penicilina, que impide formar la pared celular de las bacterias, es totalmente inocua para las mitocondrias, ya que éstas carecen de pared, al vivir dentro de otra célula «huésped».

17.3. GENÉTICA DE LOS VIRUS

Los virus son estructuras supramoleculares compuestas por un ácido nucleico (DNA o RNA) y proteínas específicas, capaces de autorreplicarse utilizando la maquinaria genética de una célula huésped. *Se llama célula huésped a la que da cobijo al virus, o a cualquier parásito*. Hay virus que infectan células animales, otros atacan las células vegetales, y otros, las bacterianas; estos últimos se llaman *bacteriófagos*, y, abreviadamente, *fagos*. La mayoría de nuestros conocimientos sobre la replicación y genética de los virus proceden de los llamados T2 y T4, dos fagos que infectan *E. coli*. **(8.2.4)**

Las proteínas víricas se hallan formando una envoltura llamada *cápsula* o *cápside*. La complejidad de esta cápsula oscila mucho: el virus del mosaico del tabaco tiene una sola proteína repetida 2130 veces, mientras que el fago T4 de *E. coli* posee docenas de proteínas distintas en su cápsula. Las proteínas de la cápsula tienen función estructural y, a veces, catalítica, como las que facilitan el ensamblaje del virus a partir de sus subunidades; otras son enzimas que ayudan a la infección celular, o a la replicación del virus.

Los virus contienen un solo tipo de ácido nucleico, DNA o RNA, nunca los dos. Este ácido nucleico puede ser circular o lineal, de una hebra o de dos. La tabla 17.1 muestra ejemplos de todos estos casos.

La replicación de los virus exige necesariamente la infección de una célula huésped adecuada, es decir, la introducción de su ácido nucleico en el citoplasma celular. En ocasiones penetran también algunos de los enzimas propios del virus. El resultado de la

Tabla 17.1

Algunos virus típicos

Nombre del virus	Ác. nucleico	Número de filamentos	Número de genes del virus	Tipo de húesped
Fago φX174	DNA	1	5	bacteria
Fago T4	DNA	2	160	bacteria
Viruela	DNA	2	240	animal
Fago Qβ	RNA	1	4	bacteria
Mosaico del tabaco	RNA	1	6	vegetal
Polio	RNA	1	8	animal
Gripe	RNA	1	12	animal
Reovirus	RNA	2	22	animal

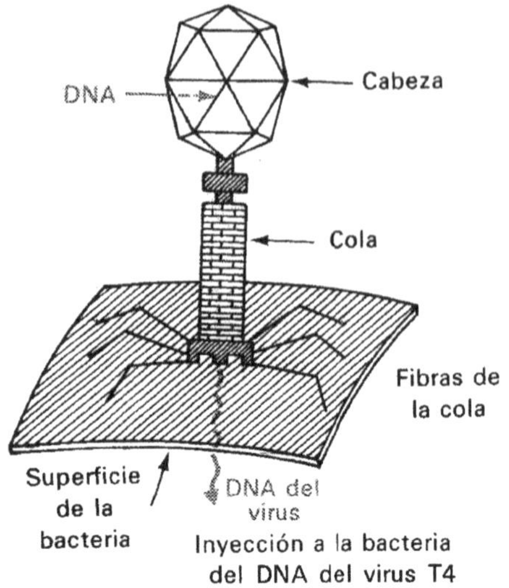

infección es la paralización de la actividad biosintética propia de la célula, y la utilización de los sistemas enzimáticos celulares para la biosíntesis de proteínas y ácidos nucleicos víricos. En el caso de las células procarióticas, un solo mRNA vírico puede traducirse y dar origen a diversas proteínas (*mRNA poligénico*). En las células eucarióticas todos los mRNA son *monogénicos*, y los virus han de adaptarse a esta circunstancia, o bien transcribiendo tantos mRNA como proteínas sintetizan, o bien transcribiendo un «*supermensajero*», que se traducirá en una proteína larga, que al madurar se escinde en diversas proteínas funcionales. Tras ser sintetizadas en numerosas copias, las proteínas y ácidos nucleicos del virus se autoensamblan, y las partículas víricas o *viriones* así formados, se liberan al exterior. El autoensamblaje de las partículas víricas se lleva a cabo siguiendo una pauta muy precisa. Cada paso sólo se inicia si los anteriores han tenido lugar (Fig. 17.3). El *ciclo lítico** es de corta duración, de unos veinte minutos en algunos fagos, y como el número de genes víricos suele ser muy pequeño, los virus son un material excelente para estudios genéticos.

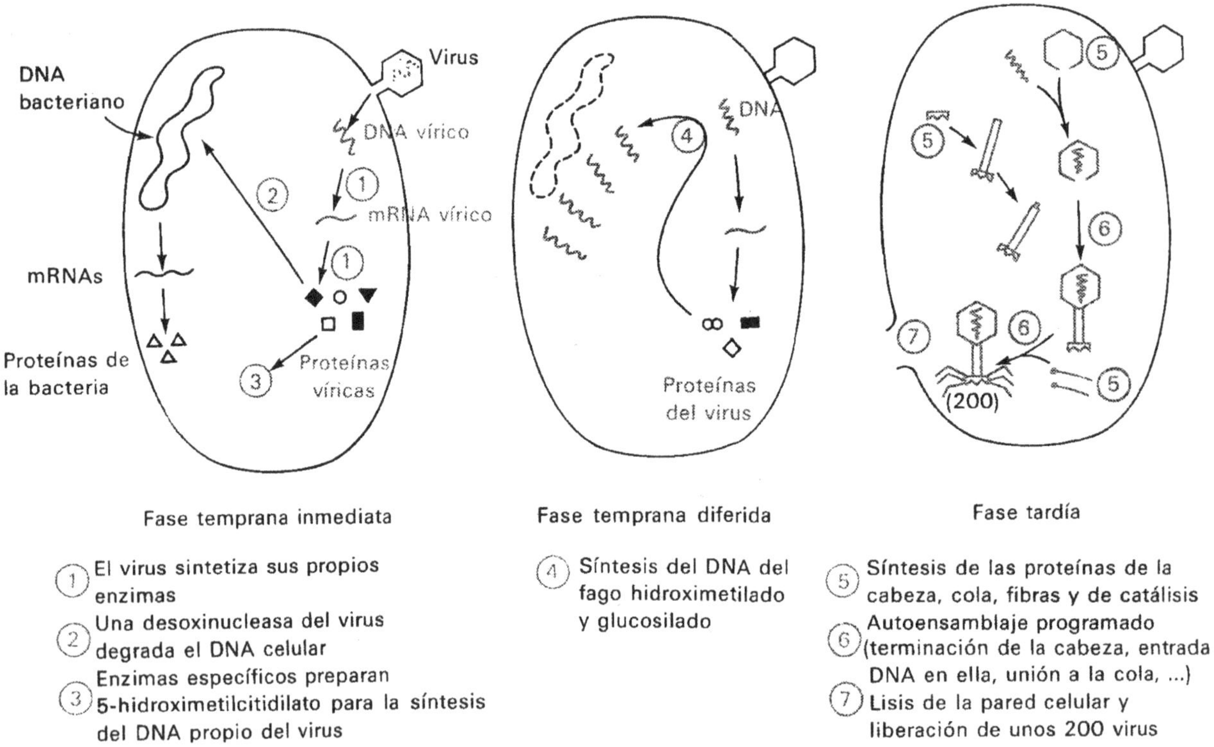

Figura 17.3
Desarrollo, esquemático y aproximado, del ciclo lítico del fago T4. La secuencia de las distintas reacciones está perfectamente establecida y concatenada.

* Se considera como *ciclo lítico* el tiempo transcurrido desde la infección de la célula huésped hasta su destrucción o lisis por acción del virus.

17.3.1. Replicación del genoma vírico

La replicación de los ácidos nucleicos de un virus sigue vías distintas según que su genoma esté formado por DNA o por RNA. En el caso de virus DNA, el DNA sirve de molde para la replicación y para la transcripción, al igual que en el caso de las células. Así se replica por ejemplo, el fago λ (lambda) de *E. coli*.

En el caso de virus RNA, la situación es más compleja puesto que no hay un DNA que pueda servir de molde. Al infectar una célula, un virus RNA persigue dos objetivos: multiplicar su genoma y producir un mRNA para sintetizar sus proteínas. El mRNA puede ser el propio gen vírico o una cadena complementaria de éste. Por convenio, se considera al *mRNA como «hebra positiva»* (+) y a su complementaria, (−). Se conocen cuatro casos distintos:

a) *Virus cuyo genoma es RNA (+).* Por medio de una RNA replicasa fabrican una hebra RNA (−) y sobre ésta, la misma replicasa produce numerosas copias del genoma (y mRNA) RNA (+). (Fig. 17.4). Así se replica, por ejemplo, el virus de la *poliomielitis*.

b) *Virus cuyo genoma es RNA (−).* Una RNA replicasa fabrica copias de mRNA sobre el molde del genoma, y sobre estas copias de RNA (+) se sintetizan, a su vez, nuevas moléculas del genoma (Fig. 17.4). Un virus típico de este grupo es el de la *rabia*.

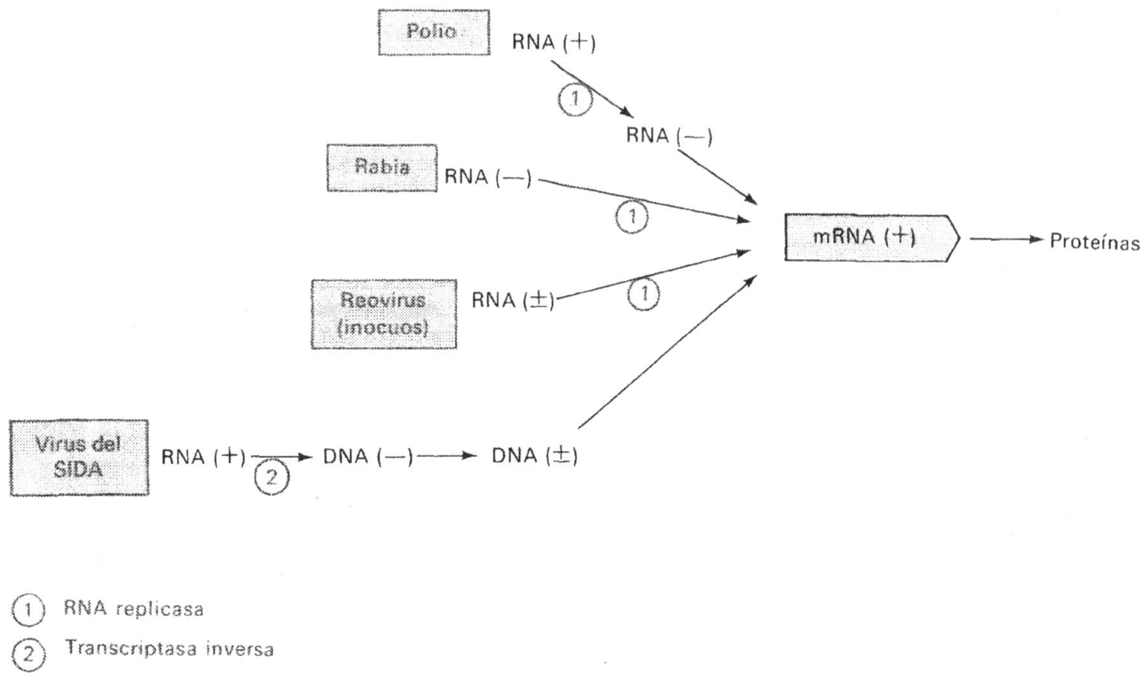

Figura 17.4
Tipos de expresión genética de diferentes virus animales con RNA. Se requieren dos enzimas especiales: la RNA replicasa y la transcriptasa inversa.

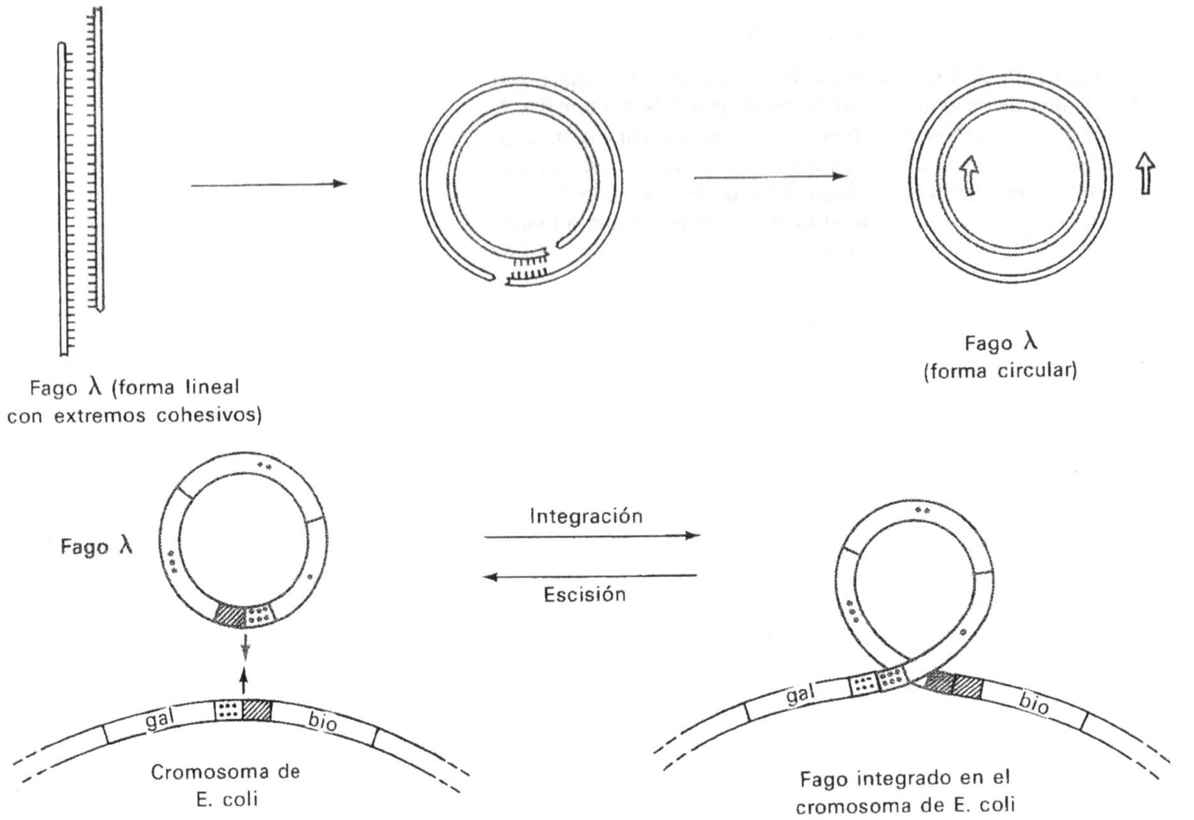

Figura 17-5
El fago λ, en su forma circular, puede incorporarse al cromosoma bacteriano (vía lisogénica). De este modo la bacteria, al reproducirse, replica también al fago.

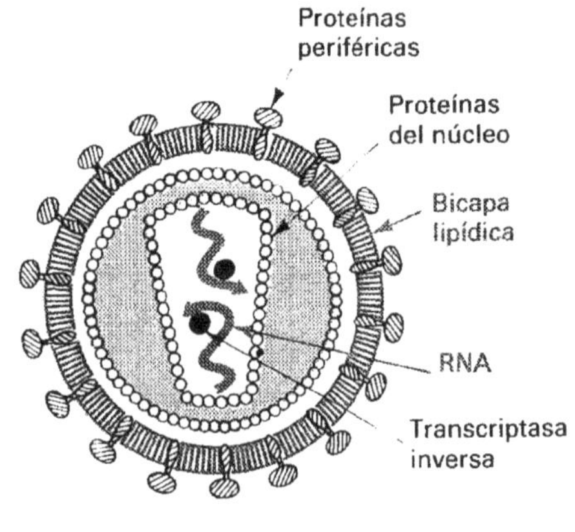

VIRUS CAUSANTE DEL SIDA

c) *Virus con RNA de doble hebra* (±). *Sobre la hebra* (−) de este duplex, la replicasa sintetiza el RNA (+). A esta clase pertenecen los *reovirus*, que no parecen ser patógenos.

d) *Retrovirus*. También son RNA (+), pero poseen una *transcriptasa inversa*, que sintetiza un DNA duplex sobre el molde de RNA (+). Este DNA se transcribe por los mecanismos habituales para dar un mRNA. Dentro de este grupo merecen reseñarse *los virus responsables del SIDA* y del sarcoma de Rous* (o *sarcoma aviar*).

17.3.2. Lisogenia

No siempre, tras la infección, se produce de inmediato un ciclo lítico, tal y como hemos descrito. Algunos fagos DNA, de los que es ejemplo clásico el fago λ de *E. coli,* son capaces de introducir su genoma en el cromosoma bacteriano, y replicarse al ritmo normal del DNA de la bacteria. Ésta puede dividirse durante muchas generaciones portando el genoma vírico incorporado en el suyo propio, sin que la actividad vírica se manifieste. Este fenómeno se conoce como **lisogenia** (Fig. 17.5). El virus incorporado sólo

* SIDA: síndrome de inmunodeficiencia adquirida.

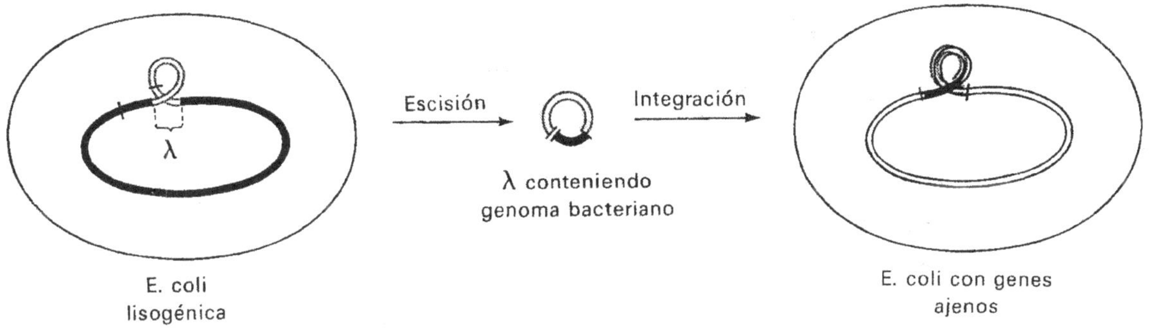

Figura 17.6
Mecanismo de transmisión genética a través de un fago lisogénico.

sintetiza una proteína, que reprime tanto la multiplicación del propio virus, como la infección de la célula por otros viriones. Aglunos factores pueden determinar que esta represión desaparezca y el virus comience un ciclo lítico.

Los fagos lisogénicos incorporan su genoma a puntos específicos del cromosoma bacteriano. Puede ocurrir que, al comenzar un ciclo lítico y liberarse del DNA huésped, el fago arrastre un fragmento de este DNA, con uno o más genes. Estos genes se replican con el resto de los del fago, y se transmiten a las células infectadas por los nuevos viriones. Así, *la lisogenia actúa como un mecanismo de transmisión genética* (Fig. 17.6).

Un fenómeno similar a la lisogenia ocurre en eucariotas con virus DNA y retrovirus, que insertan su genoma (o, en el caso de retrovirus, el DNA resultante de la transcripción inversa) en un cromosoma de la célula huésped. También en este caso el DNA vírico puede permanecer latente durante mucho tiempo (años en el caso del hombre). Se sospecha que algunos de estos genes víricos latentes puedan ser causa de cáncer.

17.3.3. Defensa contra los virus

Las células se defienden de la infección vírica por diversos mecanismos. Ya hemos visto cómo, en el caso de las células procarióticas, un fago lisogénico incorporado al genoma bacteriano protege contra la infección y multiplicación de otros viriones semejantes. Además, las bacterias poseen enzimas, llamados *endonucleasas de restricción* que reconocen y destruyen las cadenas de DNA ajenas a la bacteria. Estos enzimas reconocen secuencias *palindrómicas* (con simetría binaria) y escinden el correspondiente DNA en sus dos cadenas, o bien a la altura de una misma pareja de bases, o bien dejando libres dos cortas secuencias complementarias (*extremos cohesivos*). El DNA bacteriano no es atacado por las endonucleasas de restricción porque las bases situadas en los puntos sensibles se modifican tras la replicación, generalmente por metilación. Las endonucleasas de restricción han encontrado un gran campo de aplicaciones en la ingeniería genética, como veremos en seguida. En la actualidad se han aislado y comercializado numerosas endonucleasas de restricción, cuya acción se conoce con todo detalle (Tabla 17.2).

Tabla 17.2
Algunas endonucleasas de restricción (escinden el DNA por la línea de puntos)

Nombre*	Secuencia de DNA
Eco RI	(5') G AATT C (3') C TTAA G
Apa I	(5') G GGCC C (3') C CCGG G
Taq I	(5') T GC A (3') A CG T
Hae III	(5') GG CC (3') CC GG
Hpa I	(5') GTT AAC (3') CAA TTG
Sma I	(5') CCC GGG (3') GGG CCC

* Las letras del enzima corresponden a la bacteria que lo posee (por ej., Hae = H. aegyptius).

(7.5.2)

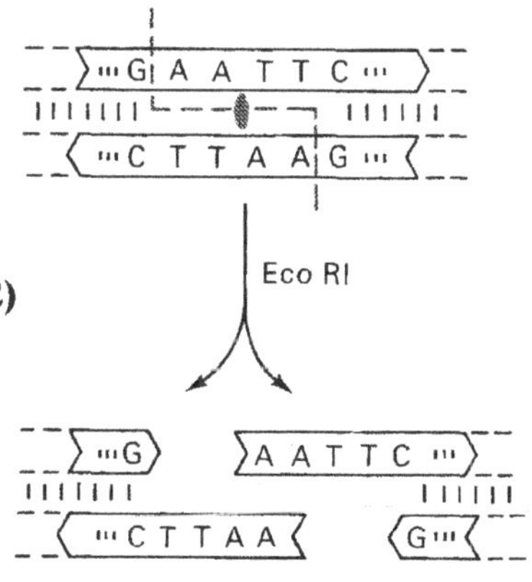

Rotura de un DNA de doble hebra por una endonucleasa de restricción de E. coli (Eco).

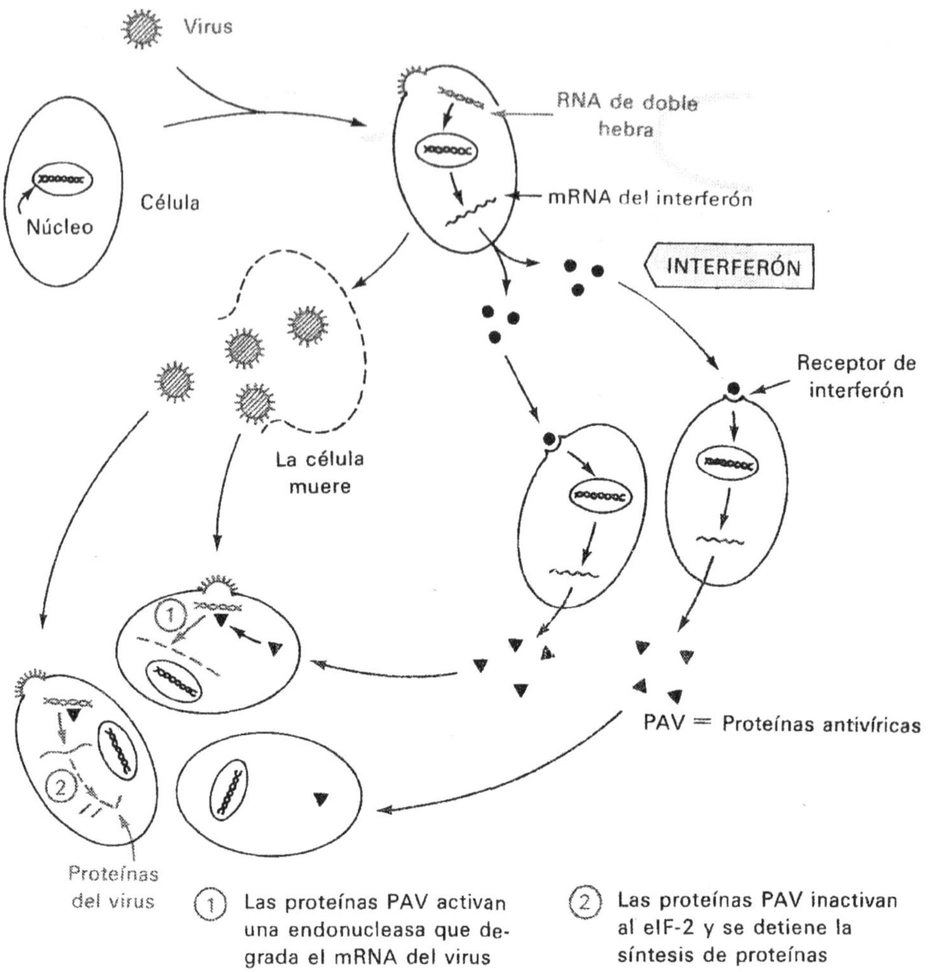

Figura 17.7
Síntesis del interferón y mecanismos de su acción protectora frente a la invasión de virus.

Las células eucarióticas disponen de otros mecanismos para la defensa antivírica. En células de vertebrados, la infección por virus provoca la síntesis de unas pequeñas proteínas llamadas **interferones**. Los interferones se liberan de la célula infectada y se fijan a la membrana plasmática de otras células, estimulando la síntesis de enzimas que, en presencia del RNA vírico, inhiben la síntesis proteica e hidrolizan dicho RNA. Así, el interferón protege a las células contra la infección vírica (Fig. 17.7).

Otro mecanismo de defensa, al menos en el caso de los mamíferos, es la *hipertemia* (fiebre), que aumenta la posibilidad de error o imprecisión en la biosíntesis de ácidos nucleicos y proteínas. Como es natural, esto afecta especialmente a aquellas estructuras del organismo en replicación más activa, esto es, a los virus. El remedio casero (y eficacísimo) de «sudar la gripe» tiene este fundamento.

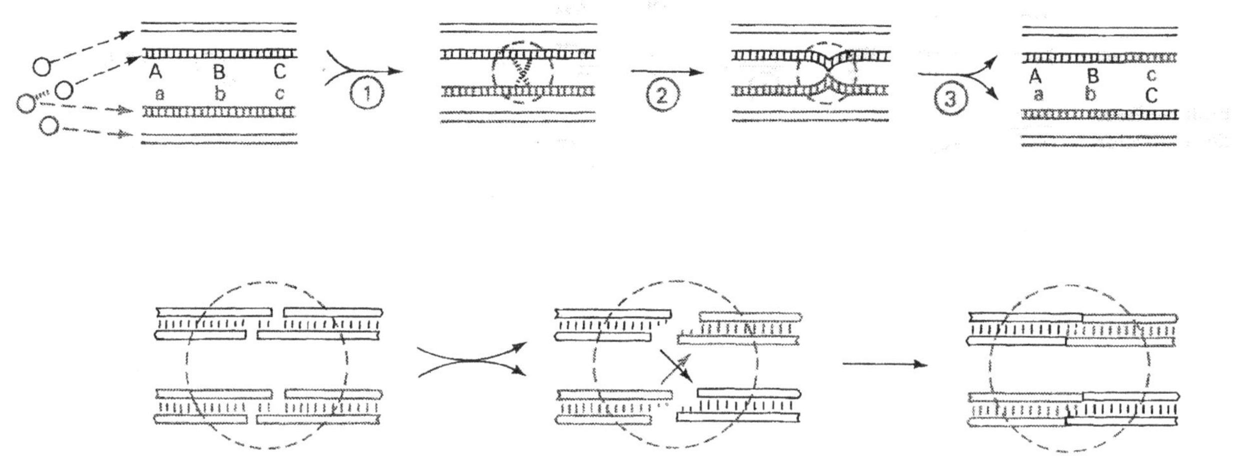

(1) Emparejamiento de los cromosomas, enfrentando los genes homólogos

(2) Crossing-over (rotura, rellenado y soldadura de las hebras)

(3) Separación de los nuevos cromosomas

Figura 17.8
Proceso de la recombinación genética y su interpretación molecular simplificada.

17.4. RECOMBINACIÓN GENÉTICA

La *recombinación* consiste en la creación de nuevas moléculas de DNA, tanto en eucariotas como en procariotas, por intercambio de secuencias más o menos largas entre dos moléculas preexistentes. La recombinación es especialmente frecuente en presencia de dos cromosomas o moléculas de DNA homólogas, es decir, las que contienen genes semejantes en la misma posición. Los seres que se reproducen sexualmente poseen una dotación genetica «duplicada» (*diploide*), pues poseen parejas de cromosomas homólogos, de procedencia paterna y materna respectivamente. Entre estas parejas, se dan numerosos procesos de recombinación durante la formación de los gemetos o células germinales, en la *meiosis.** En estos casos, la recombinación se observa al microscopio óptico como *sobrecruzamiento* o *entrecruzamiento* («*crossing-over*») de cromosomas. La ventaja definitiva de la reproducción sexual se debe a la facilidad de obtención de nuevos genomas por recombinación.

A escala molecular, la recombinación requiere: a) la hidrólisis de los duplex de DNA homólogos, b) el emparejamiento de hebras terminales, c) la reposición de las bases adecuadas en los «huecos», por la DNA polimerasa I, y d) la soldadura de las hebras por la DNA ligasa (Fig. 17.8).

* *Meiosis:* proceso especial de división celular en el que se forman los gametos o células sexuales. En la especie humana cada célula somática tiene 46 cromosomas, en cambio las células gaméticas —óvulo o espermatozoide— sólo tienen 23.

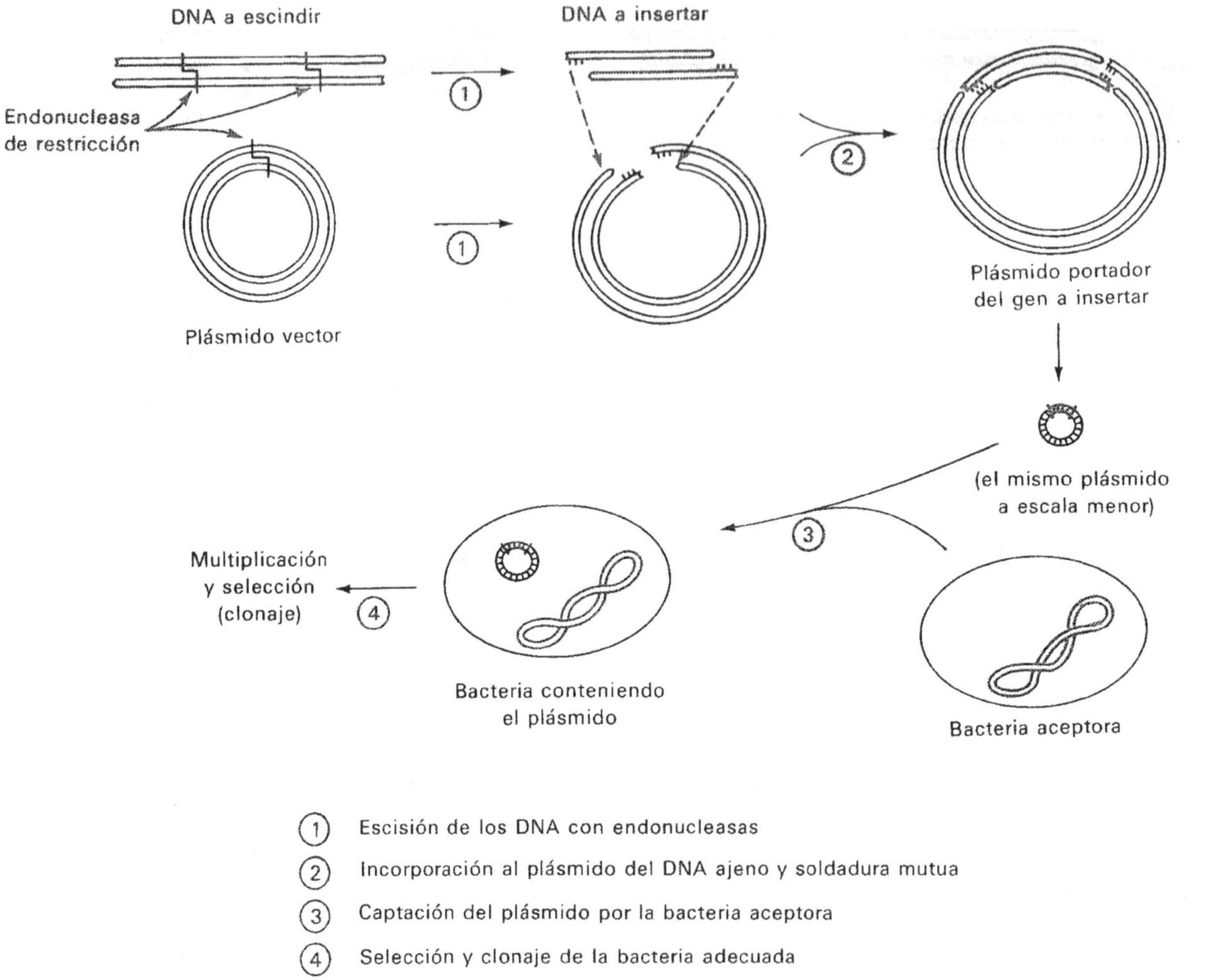

Figura 17.9
Mecanismo de incorporación de un gen a una batería, a través de un plásmido.

17.5. CLONAJE DE GENES

Se llama *clonaje** a la técnica que tiene por objeto replicar y expresar selectivamente un gen determinado, incluso en una célula distinta de la original. El ejemplo típico (en estos momentos en vía

* *Clonaje:* de la palabra *clon,* que se aplicó originalmente al conjunto de células que procedían, por divisiones sucesivas, de una sola.

de realización) consistiría en replicar y expresar el gen humano de la insulina en una bacteria: se lograría así obtener insulina humana en condiciones muy económicas, a partir de cultivos bacterianos.

El clonaje de genes requiere, por lo menos, cuatro etapas:

— Aislamiento del gen deseado.
— Introducción del gen en un DNA vector.
— Incorporación del DNA vector a una bacteria.
— Crecimiento de la bacteria y selección de las células portadoras del gen (Fig. 17.9).

a) Existen diversas técnicas para aislar un determinado gen. Con frecuencia se recurre a hidrolizar selectivamente un DNA por medio de endonucleasas de restricción, de modo que el gen desea-

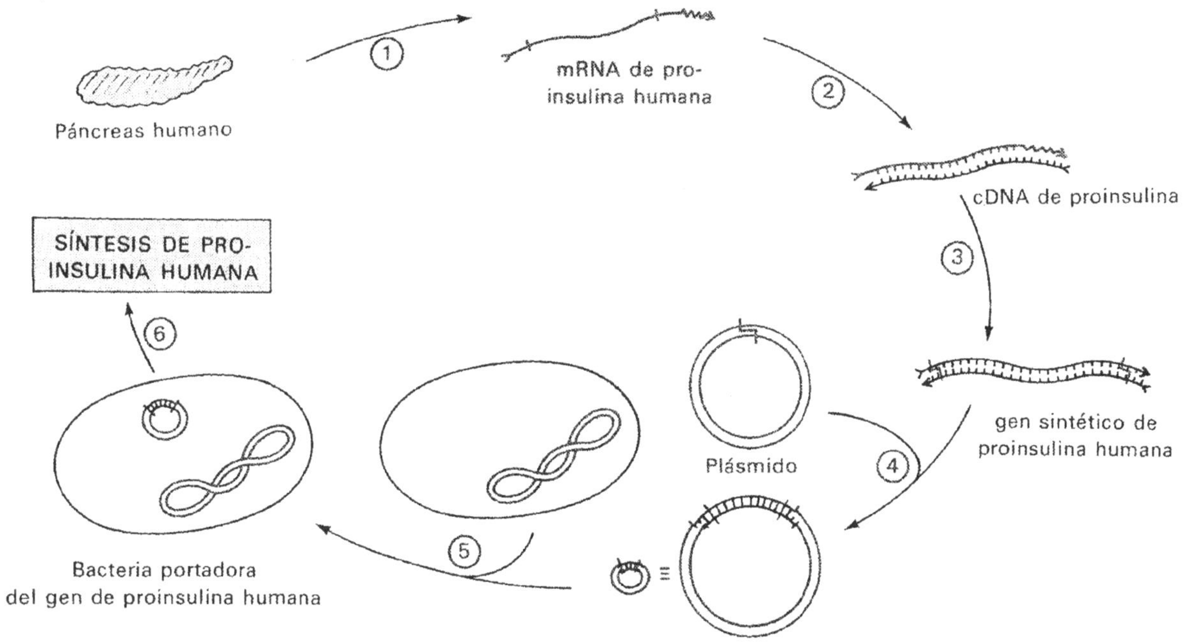

(1) Aislamiento del mRNA de proinsulina
(2) Transcripción inversa (RNA → DNA)
(3) Replicación del DNA
(4) Escisión del DNA (con una endonucleasa) e incorporación del gen a un plásmido vector
(5) Introducción del plásmido portador del gen en una bacteria
(6) Multiplicación de la bacteria y síntesis de proinsulina humana

Figura 17.10
Proceso de ingeniería genética para conseguir que una bacteria sintetice proinsulina humana.

do se halle en uno de los fragmentos resultantes. Otras veces resulta más fácil aislar el mRNA propio del gen, y sintetizar el DNA complementario por medio de una transcriptasa inversa de origen vírico (Fig. 17.10). En ocasiones la reactivación de un fago lisogénico puede conllevar la replicación de un gen bacteriano específico (Fig. 17.6).

b) El gen aislado puede ser incorporado directamente por una bacteria, pero el proceso es mucho más eficiente si el gen se inserta en una de las moléculas de DNA llamadas vectores, originando así DNA híbridos. Estas moléculas son captadas con especial facili-
(17.2.2) dad por la bacteria. Los principales tipos de vectores son los
(17.2.3) plásmidos y los fagos.

Para introducir el gen seleccionado en un DNA vector, se recurre a escindir este último con la misma endonucleasa de restricción con que se escindió el genoma original. Así, los extremos cohesivos del gen aislado resultan complementarios de los del DNA vector. Existen otros procedimientos para la obtención de DNA híbridos, que no vamos a detallar.

c) El DNA vector se incorpora a la bacteria por infección, en el caso de fagos, o por captación, en el caso de plásmidos. El primer procedimiento es más eficiente, pero el segundo facilita la selección de las bacterias portadoras del gen a clonar, como veremos a continuación.

d) Después de ser tratadas las bacterias con el DNA vector, el gen seleccionado se multiplica a la vez que la bacteria (si el vector es un plásmido) o el fago (si el vector es un fago). Es preciso, sin embargo seleccionar las bacterias portadoras del gen en cuestión. Existen diversas técnicas, pero una muy frecuente es utilizar como DNA vector, plásmidos con genes de resistencia a antibióticos. Se cultivan las bacterias en presencia de dichos antibióticos, y, naturalmente, sólo sobreviven las portadoras del plásmido.

COMPLEMENTOS 17.2

ALGUNAS ENFERMEDADES HUMANAS TRANSMITIDAS POR BACTERIAS

Enfermedad	Agente	Patogénesis
1. **Por vía digestiva**		
Fiebre tifoidea	*Salmonella typhi*	Las bacterias se multiplican en el tubo digestivo e invaden el resto del organismo, en especial, pulmones, médula ósea y bazo.
Fiebres entéricas	*Salmonella typhimurium* y otras	Desde el tubo digestivo invaden todo el cuerpo. Son más benignas que las tifoideas.
Cólera	*Vibrio cholerae*	Se multiplica en el intestino delgado, produce una toxina que provoca la pérdida masiva de agua y electrolitos, terminando en shock.
Disentería bacteriana	*Shigella dysenteriae*	Lesiona el íleon y colon. Produce calambres abdominales, diarrea y fiebre.

Enfermedad	Agente	Patogénesis
2. Por heridas		
Tétanos	*Clostridium tetani*	Se halla en el suelo y heces de animales. Se desarrolla en condiciones anaerobias, cuando la herida está necrosada. Produce una neurotoxina que actúa sobre la médula espinal.
Gangrena gaseosa	*Clostridium perfringens* y otras	En condiciones anaerobias produce hidrógeno gaseoso por fermentación. Libera muchas toxinas.
3. Por contacto directo		
Brucelosis	*Brucella melitensis* y otras	Infectan al ganado y al hombre. Se multiplican dentro de las células fagocíticas. Pueden originar la «fiebre ondulante».
Gonorrea	*Neisseria gonorrhoeae* (gonococo)	Se transmite por contacto sexual. Se desarrolla en el aparato genito-urinario. Puede contagiarse al recién nacido durante el parto.
Sífilis	*Treponema pallidum*	Se transmite por contacto sexual (o al feto durante el embarazo). Las lesiones primarias son genitales. Las secundarias y terciarias se generalizan con el tiempo.
4. Por exhalación de gotitas		
Difteria	*Corynebacterium diphtheriae*	Se aloja en la garganta y vías respiratorias superiores. La inflamación local es responsable de la «seudomembrana diftérica» que bloquea el paso del aire.
Tuberculosis	*Mycobacterium tuberculosis*	Lesiona principalmente los pulmones en los que forma nódulos o tubérculos.
Meningitis meningocócica	*Neisseria meningitidis* (meningococo)	Aunque habitan en la nasofaringe del 25% de la población, ocasionalmente difunden, a través de la sangre, hasta las meninges lesionándolas.
Infecciones estreptocócicas	*Streptococcus pyogenes*	Se aloja en la faringe. Si la cepa contiene un fago determinado, forma una toxina responsable de la escarlatina. La bacteria puede producir también fiebre puerperal, celulitis e irisipelas.
Neumonía neumocócica	*Streptococcus pneumoniae* (neumococo)	La mitad de la población adulta los lleva en la garganta. Invaden los pulmones cuando fallan las defensas (por ej., en infecciones víricas).
Otras infecciones respiratorias	*Hemophilus influenzae*	Causa afecciones respiratorias en niños.
	Bordetella pertussis	Causa la tos ferina.
5. Por picadura de animales		
Peste	*Pasteurella pestis*	*Vector: pulga; reservorio principal: rata.*

COMPLEMENTOS 17.3
ALGUNAS ENFERMEDADES HUMANAS TRANSMITIDAS POR VIRUS

Enfermedad	Tipo de virus	Patogénesis
1. Por contacto directo o exhalación de gotitas		
Viruela	DNA	Enfermedad muy grave en personas no vacunadas.
Varicela	DNA	Neumonía, a veces con encefalitis.
Sarampión	RNA	Sarampión, a veces con encefalomielitis.
Poliomielitis	RNA	Parálisis infantil.
Paperas	DNA	Parotiditis epidémica.
Gripes	RNA	Diversas cepas originan síntomas similares.
Catarro común	RNA	Resfriado.
Hepatitis	DNA	Hepatitis epidémica o por inyecciones parenterales.
2. Por contacto sexual o transfusión sanguínea		
SIDA	RNA	Inmunodeficiencia
3. Por mordedura de animal		
Rabia	RNA	Vector y reservorio: perro. Suele ser mortal en el hombre.

CUESTIONES Y PROBLEMAS

17.1. Enumerar las diferencias y analogías entre un plásmido y un fago.

17.2. Indicar si la simbiosis célula eucariótica-mitocondria es anterior o posterior a la simbiosis célula eucariótica-cloroplasto.

17.3. Los virus DNA no requieren ninguna nucleótido polimerasa especial. En cambio los virus RNA sí la requieren. Indicar sobre qué molde se fabricará este enzima especial.

17.4. Deducir que ventajas biológicas puede suponer a una bacteria la incorporación de un fago lisogénico.

17.5. Por conjugación, una bacteria (F^-) recibe material genético de otra (F^+). ¿Qué ventajas biológicas puede suponer para la primera?

17.6. Para unir el gen de la insulina a un plásmido se suele sintetizar un DNA complementario (cDNA) del mRNA de la insulina. Sugerir cuáles serán las diferencias más notables entre este gen sintético y el verdadero gen de la insulina (consúltese Cap. 15).

17.7. ¿Por qué se prefiere sintetizar proinsulina en vez de insulina directamente (consúltese Cap. 16).

17.8. Además del interferón y de la fiebre, se considera una buena defensa contra los virus, de la gripe por ejemplo, el coñac. Por otra parte, se sabe que el alcohol induce errores en los emparejamientos de los ácidos nucleicos, sobretodo en la síntesis de proteínas. Señalar qué efectos tendría el coñac sobre la reproducción de los virus de la gripe.

17.9. ¿Por qué las endonucleasas de restricción de una bacteria logran escindir el DNA ajeno y no escinden el propio?

17.10. Si consideramos a la ingeniería genética como una «cirugía molecular» ¿a qué instrumentos asimilaríamos las endonucleasas de restricción?

PARTE V

FISIOLOGÍA MOLECULAR

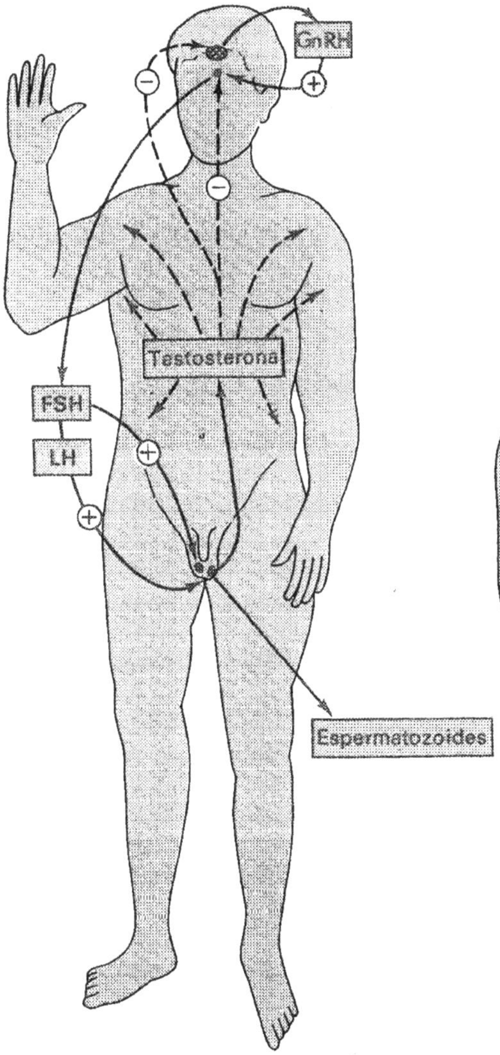

REGULACIÓN DE LA SECRECIÓN
DE HORMONAS SEXUALES

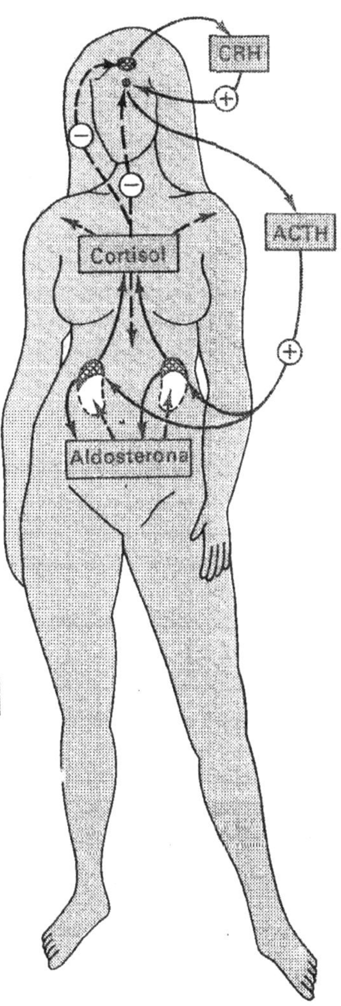

REGULACIÓN DE LA SECRECIÓN
DE HORMONAS DE LA CORTEZA
SUPRARRENAL

CAPÍTULO **18**

NUTRICIÓN, DIGESTIÓN Y ABSORCIÓN DE LOS ALIMENTOS

18.1. INTRODUCCIÓN A LA NUTRICIÓN

El objetivo de éste y los siguientes capítulos es presentar los fenómenos bioquímicos implicados en las funciones más importantes del cuerpo humano. Comenzaremos por describir los procesos de adquisición e incorporación de alimentos (*nutrición*), sus transformaciones químicas en el tubo digestivo (*digestión*) y su *absorción* a través del epitelio intestinal.

El hombre necesita ingerir alimentos para mantener constantes sus características vitales: peso, temperatura, composición del medio interno, etc. Dentro de este objetivo global de la nutrición se distinguen tres finalidades principales de los alimentos:

- *Finalidad energética,* u obtención de sustratos oxidables para las vías metabólicas degradativas acopladas a la síntesis de ATP (ver parte III).
- *Finalidad plástica,* o adquisición de monómeros para la biosíntesis de las moléculas propias del organismo (ver partes III y IV).
- *Finalidad catalítica,* o captación de vitaminas (precursoras de coenzimas) y oligoelementos (cofactores) imprescindibles para la actividad enzimática.

Nótese que un mismo alimento puede cumplir varias de estas funciones. Así, la glucosa procedente de la digestión del pan puede
(11.2.1) utilizarse con fines energéticos (glicolisis) o plásticos (formación
(13.6) de glicolípidos o glicoproteínas). También el agua tiene fines plásticos, puesto que mantiene la forma de las células y tejidos, además de su finalidad propia, que es servir de vehículo a todos los demás alimentos. Por último, citaremos el ejemplo de los ácidos grasos poliinsaturados, que pueden ser utilizados con fines energéti-
(11.7) cos (β-oxidación), plásticos (biosíntesis de fosfolípidos de mem-
(13.6) brana) o catalíticos (biosíntesis de prostaglandinas). De lo expuesto se deduce:

a) La necesidad de *consumir alimentos variados,* ya que es muy raro que uno solo de ellos cumpla correctamente las tres funciones. Una excepción a esta regla la constituye la leche materna para el recién nacido.

b) La necesidad de consumir los distintos alimentos en *proporciones adecuadas;* por ejemplo, el requerimiento de vitaminas es muy inferior al de sustratos oxidables.

c) La necesidad de *adaptar la alimentación a las circuntancias personales* (edad, sexo, raza, salud, tipo de trabajo, etc.). Un ejemplo bien conocido es la necesidad suplementaria de Ca^{++} durante el embarazo.

La ciencia de la nutrición tiene como objetivo el establecimiento de una dieta equilibrada para cada individuo. Se entiende por **dieta** la composición cualitativa y cuantitativa de los alimentos que se ingieren regularmente. Una dieta equilibrada es la que se ajusta exactamente a las necesidades del organismo, sin ocasionar carencias ni excedentes.

En el capítulo dedicado a la nutrición humana, no es posible omitir una característica propia de la especie, que es la tendencia a consumir alimentos *cocinados.* La cocción supone una serie de procesos físico-químicos que hacen más digeribles los almidones (harina, arroz, patatas), por aumento de hidratación, y las proteínas, por desnaturalización. Los almidones hidratados y las proteínas desnaturalizadas son más fácilmente atacables por los correspondientes enzimas degradativos de la digestión. Sin embargo, el calentamiento de los alimentos tiene inconvenientes, sobre todo por la destrucción de algunas vitaminas (A, C, ...). En consecuencia, una dieta equilibrada debe incluir algunos alimentos crudos: frutas, hortalizas en ensalada, etc.

18.2. COMPOSICIÓN QUÍMICA DE LOS ALIMENTOS

Desde un punto de vista dietético, en la composición química de los alimentos se consideran:

a) Agua, que confiere peso y volumen.
b) Sales minerales, imprescindibles para mantener los equilibrios iónicos.
c) Azúcares, casi siempre en forma de almidón.
d) Grasas, de gran contenido energético pero dependientes de los azúcares para su correcto metabolismo.
e) Proteínas, con funciones eminentemente plásticas.
f) Vitaminas y oligoelementos, con finalidades catalíticas.

Los ácidos nucleicos tienen escaso interés dietético porque se hallan en casi todos los alimentos, aunque en pequeña proporción. Su valor calórico es muy bajo y todos sus componentes orgánicos pueden ser sintetizados por el hombre.

18.2.1. Agua

El agua cumple todas las funciones que se derivan de sus propiedades físico-químicas mencionadas en el capítulo 2. Es el alimento más abundante de cualquier dieta, y se debe consumir no sólo en forma de comida, sino también de bebida. El hombre debe ingerir alrededor de 2 a 2,5 l de agua al día, y la ingesta de 1 litro en forma de agua pura es la mejor profilaxis* de los trastornos renales. La mayor parte de esta agua se elimina por transpiración (a través de la piel), espiración (a través del aparato respiratorio), por las heces y por vía renal (en forma de orina). En consecuencia, el hombre adulto, que puede resistir semanas sin ingerir alimentos, no tolera la carencia de agua durante más de dos días.

18.2.2. Sales minerales

El organismo utiliza aniones y cationes principalmente con los siguientes objetivos:

a) $PO_4^{\equiv}$ y Ca^{++} para elaborar las estructuras osificadas, sobre todo en forma de hidroxiapatito $(PO_4)_3Ca_5(OH)$.
b) Na^+, K^+ y Cl^-, entre otros, para la regulación osmótica de los medios hídricos, el mantenimiento de los potenciales de membrana y la transmisión de los impulsos nerviosos (cap. 21).
c) Otros muchos, en menor cantidad (*oligoelementos*), para desempeñar funciones catalíticas. Estos elementos se consideran junto con las vitaminas.

Las sales minerales se incorporan en la dieta a través del agua, la leche y numerosos alimentos (frutas, carnes y pescados). Los derivados lácteos son especialmente ricos en Ca^{++}, y las verduras, en K^+ y Mg^{++}.

* Profilaxis = prevención.

18.2.3. **Azúcares**

Los azúcares constituyen la principal fuente de energía en la dieta humana. El azúcar más importante desde este punto de vista
(4.2.4) es el *almidón,* sustancia de reserva en los vegetales. Las diferentes culturas utilizan sus fuentes de almidón características: así el pan en la Europa mediterránea, la patata en los países nórdicos y el arroz en el Extremo Oriente. Además de almidón se ingiere glucógeno al consumir alimentos cárnicos (hígado), y azúcares sencillos (glucosa, fructosa, sacarosa, lactosa, ...) con las frutas, dulces o leche.

Como veremos en la digestión, todos los azúcares se incorporan en forma de monosacáridos. Debido a las posibilidades de interconversión mutua de los azúcares, ningún monosacárido en
(11.5) concreto resulta imprescindible. Sin embargo, en una dieta equili-
(13.3) brada, más de la mitad del aporte energético corre a cargo de los azúcares. También debemos considerar en la dieta, la ingestión de
(4.2.4) *celulosa,* el azúcar más abundante de la biosfera. Este azúcar resulta indigerible para el hombre que, al contrario de los animales herbívoros, carece de las β-glucosidasas necesarias para su hidrólisis. A pesar de no ser digerible, la celulosa no es un componente inútil de la dieta, sino que proporciona la masa conveniente para activar el peristaltismo intestinal y favorecer la evacuación regular de las heces. En nuestras sociedades civilizadas es frecuente la insuficiente ingestión de celulosa, lo que ocasiona estreñimientos, hemorroides y, probablemente, algunos tipos de cáncer de colon.

18.2.4. **Grasas**

A diferencia de los azúcares, la proporción de las grasas en la dieta puede variar entre amplísimos límites, según hábitos alimentarios o situaciones personales. Así, en la dieta de los países asiáticos el consumo de grasas no alcanza la mitad que en los Estados Unidos; hay dietas de adelgazamiento casi desprovistas de grasas, y regímenes para convalecientes o trabajadores con gran esfuerzo físico muy ricos en ellas.

Otra diferencia con los azúcares es que sí existen lípidos esenciales: como ya estudiamos en la parte III, el hombre no puede
(13.4.4) sintetizar ácido linoleico, y en consecuencia debe incluir en la dieta ácidos grasos poliinsaturados. También hay lípidos esenciales de naturaleza vitamínica, como los carotenos (provitaminas A) y calciferoles (vitaminas D).

18.2.5. **Proteínas**

También el consumo de proteínas en la dieta varía ampliamente según los hábitos culturales y la situación económica. En general, el aumento del nivel de vida coincide con un mayor consumo de proteínas en detrimento de los hidratos de carbono.

Ninguna proteína es imprescindible como tal, ya que todas ellas se hidrolizan en la digestión hasta aminoácidos y pequeños péptidos; el hombre sintetiza sus propias proteínas a partir de los aminoácidos libres. Sí existen, como ya se comentó, nueve aminoácidos esenciales, *Val, Leu, Ile, Met, Trp, Thr, Phe, His, Lys* y, en ocasiones, *Arg,* por su insuficiente velocidad de síntesis. **(Cap. 16)**

El valor alimenticio de una proteína depende de dos factores: su digestibilidad y su contenido en aminoácidos esenciales. Por ejemplo, la queratina del pelo es indigerible, y por lo tanto de nulo valor biológico, aunque contenga todos los aminoácidos esenciales. Por otra parte, proteínas muy digeribles de origen vegetal, como las procedentes de legumbres o cereales, carecen de algunos aminoácidos esenciales (*Trp, Lys* o *Met*); estas proteínas pueden utilizarse con fines energéticos, pero no sirven para fines plásticos si no se complementan adecuadamente con proteínas animales. En efecto, la biosíntesis de las proteínas propias requiere la presencia simultánea de todos los aminoácidos, y basta la carencia de uno de ellos para que la síntesis se detenga. En consecuencia, la carencia de aminoácidos esenciales origina retrasos en el crecimiento y desarrollo.

Desde el punto de vista energético, las proteínas y los azúcares se complementan. Un ejemplo típico lo constituye la dieta de los esquimales, constituida casi exclusivamente por grasas y proteínas; los azúcares propios se obtienen sobre todo por gluconeogénesis a partir de los aminoácidos. **(13.3)**

18.2.6. **Vitaminas y oligoelementos**

Las vitaminas son moléculas orgánicas que el hombre no puede sintetizar, y que resultan imprescindibles para un normal crecimiento, desarrollo y reproducción. Casi todas se utilizan para sintetizar coenzimas (Cap. 9). Se suelen dividir, de acuerdo con su naturaleza química y con su procedencia, en **vitaminas liposolubles** (A, D, E, K) e **hidrosolubles** (C, complejo B). En la tabla 18.1 se puede ver una relación de las distintas vitaminas, con su estructura, fuentes naturales y *síndromes carenciales (avitaminosis).*

Los oligoelementos son elementos químicos que forman parte del organismo en pequeña proporción, pero que resultan indispensables para la vida. Suelen tener finalidad catalítica, al actuar como grupos prostéticos de proteínas específicas (*Fe* en mioglobina, hemoglobina y citocromos; *Cu* en citocromo *c* oxidasa; *Zn* en DNA y RNA polimerasas; ...). Además de estos tres oligoelementos podemos mencionar: *Co* (en la vitamina B_{12}), *I* (en las hormonas tiroideas), *Se* en una peroxidasa, *Mo,* en otros enzimas,... Se han descrito más de 20 elementos químicos necesarios en la dieta humana; así, por ejemplo, el flúor —altamente venenoso— se integra en el hidroxiapatito $[(PO_4)_3Ca_5(OH, F)]$ y de este modo protege los dientes contra las bacterias que producen la *caries.*

18.3. ASPECTOS ENERGÉTICOS DE LA NUTRICIÓN

Como ya hemos visto, una de las finalidades importantes de la dieta es suministrar energía al organismo. Existen técnicas para

Tabla 18.1

Estructuras y funciones de las vitaminas

VITAMINAS LIPOSOLUBLES

Nombres	*Sinónimos*	*Estructuras*
Vitaminas A		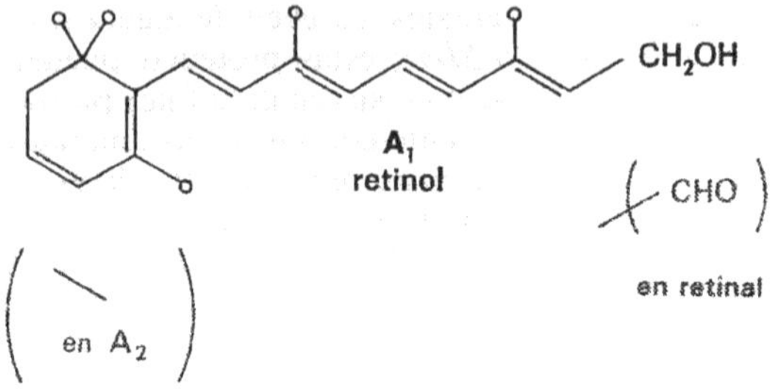
A_1 (alcohol)	retinol	
A_1 (aldehído)	retinal	
A_2	3-deshidrorretinol	
Vitaminas D	calciferoles	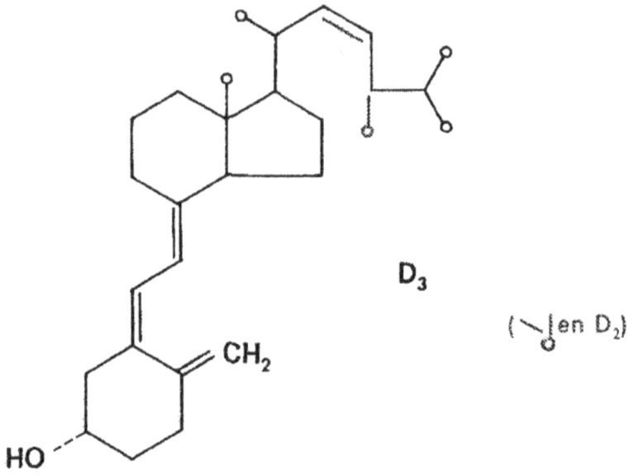
D_2	ergocalciferol	
D_3	colecalciferol	
Vitaminas E	tocoferoles α, β, γ, δ	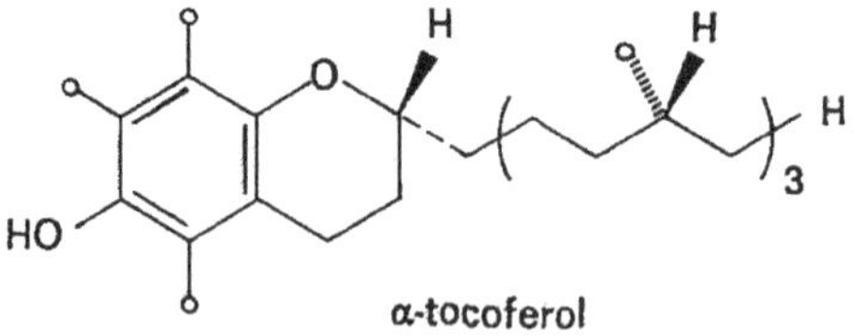 α-tocoferol
Vitaminas K	filoquinonas	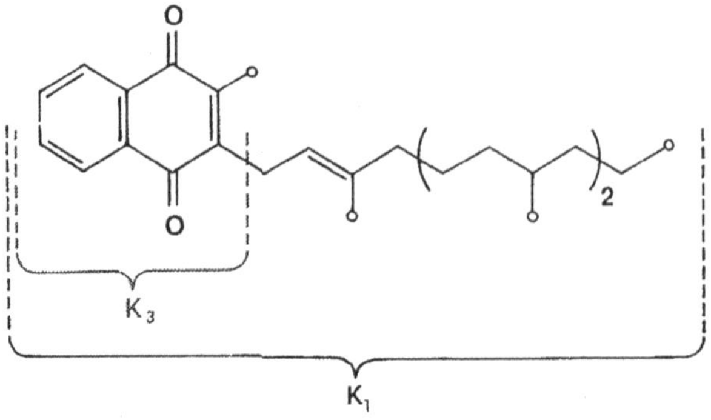
K_1	filoquinona	
K_2	menaquinona	
K_3	menadiona	

Principales fuentes naturales	Funciones fisiológicas	Síndromes carenciales
Carotenos de hortalizas (zanahoria, tomate, ...), huevos, hígado, leche, aceites de hígado de pescado.	Mantenimiento de la integridad del tejido epitelial. Intervienen en la estabilidad de membranas celulares y en el proceso de la visión.	Xeroftalmía, ceguera nocturna, conjuntivitis, baja resistencia a la infección.
Aceites de hígado de pescado, huevos, mantequilla, leche. Luz ultravioleta sobre el 7-deshidrocolesterol de la piel.	Favorecen la absorción de Ca^{2+} y fosfato por el intestino. Regulan el metabolismo de estos iones, a través de una sustancia derivada de naturaleza hormonal.	Raquitismo en niños, osteomalacia en adultos.
Aceites vegetales, semillas, huevos, carne, hígado, pescado.	Actúan como antioxidantes de lípidos insaturados, protegen a las membranas lipídicas de la peroxidación.	Esterilidad (ratas), abortos y distrofias musculares (conejo y rata).
En vegetales verdes (K_1), en tejidos animales y producida por bacterias intestinales (K_2) y de origen sintético (K_3).	Participa en la coagulación sanguínea afectando a la síntesis de protrombina.	Hemorragias por disminución de la trombina en sangre.

VITAMINAS HIDROSOLUBLES

Nombres	*Sinónimos*	*Estructuras*
Vitamina C	ácido ascórbico	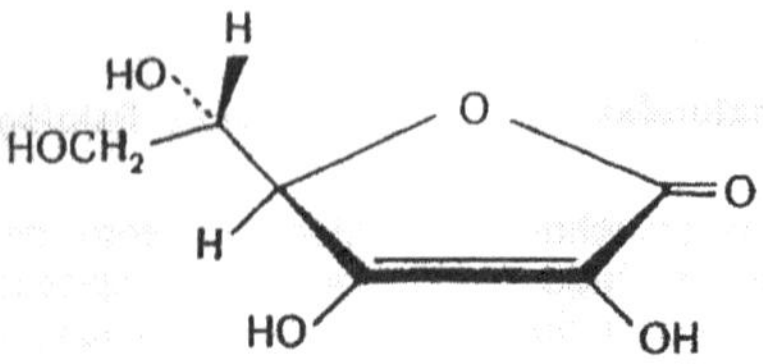
Vitamina B_1	tiamina	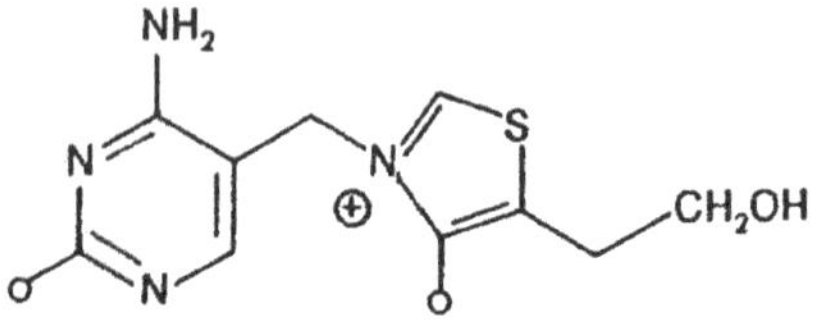
Vitamina B_2	riboflavina	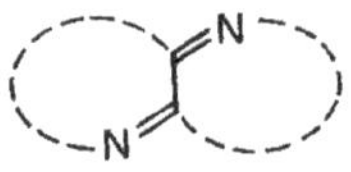
Vitamina B_6	piridoxina (piridoxol)	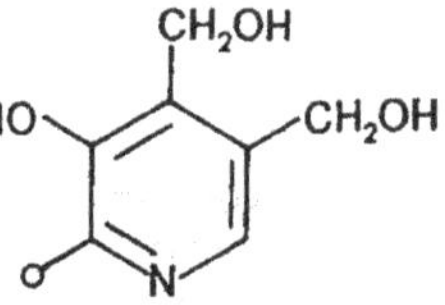
Vitamina B_{12}	cobalamina	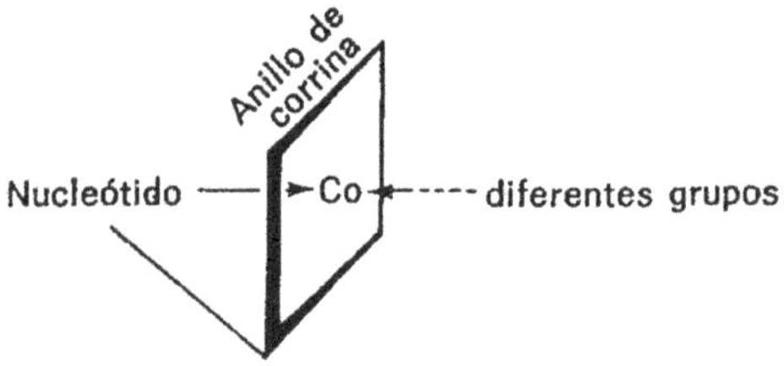
Nicotinamida	niacinamida	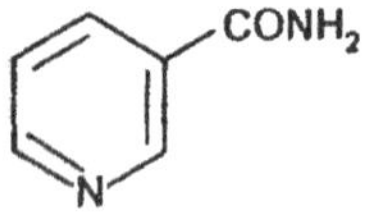
Ácido pantoténico	—	$HOCH_2-C(CH_3)_2-CHOH-CO-NH-CH_2-CH_2-COOH$
Ácido fólico	ác. pteroilglutámico	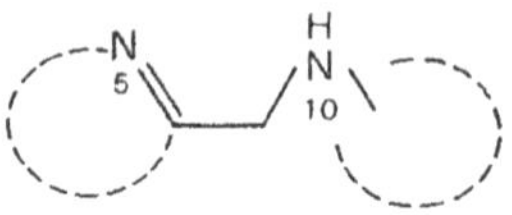
Biotina	—	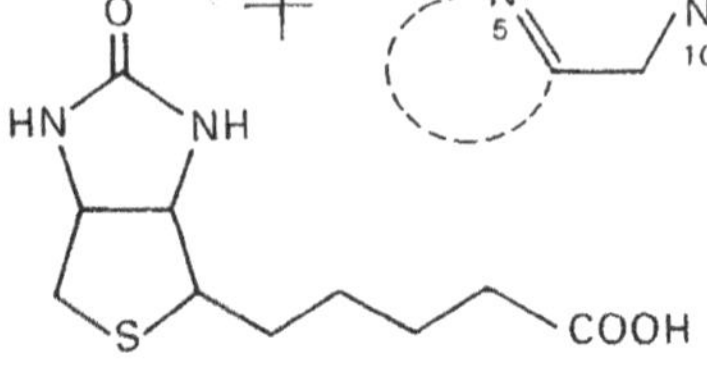

Principales fuentes naturales	Funciones fisiológicas	Síndromes carenciales
Frutas y hortalizas (limones, naranjas, manzanas, tomates, lechuga, ...).	Necesaria para la formación del tejido conjuntivo. Funciones de óxido-reducción.	Escorbuto en primates y cobayas (fragilidad en capilares con tendencia a hemorragias).
Cereales, legumbres, hígado, músculo, ...	Como TPP actúa en reacciones de descarboxilación y transferencia de «aldehído activo».	Beriberi y trastornos neurológicos periféricos.
Ampliamente distribuida en vegetales y animales: hígado, leche, ...	Forma coenzimas de óxido-reducción: FAD y FMN.	Lesiones en lengua, labios, ojos y dermatitis.
Ampliamente distribuida en vegetales y animales: carne, verdura, ...	Como piridoxal fosfato (PLP) actúa en variadas reacciones del metabolismo de aminoácidos.	Dermatitis en ratas y diferentes síntomas carenciales.
Hígado, huevos, leche (carecen de ella los vegetales).	Reacciones de transferencia de H y de metilos.	Anemia perniciosa.
En todos los tejidos animales y vegetales (cereales, hígado, leche, ...).	Como NAD^+ y $NADP^+$ participa en reacciones de óxido-reducción.	Pelagra (diarrea, dermatitis, depresión).
Distribución universal.	Forma coenzima A.	Dermatitis en aves, acromotriquia en ratas.
Levaduras, hígado, verduras verdes, legumbres, ...	Interviene en hematopoyesis. Reacciones del metabolismo de fragmentos monocarbonados.	Anemia hipercrómica, leucopenia y trombocitopenia.
Verduras, carne, yema de huevo, hígado, levadura.	Como coenzima, interviene en reacciones de carboxilación.	Dermatitis, trastornos musculares.

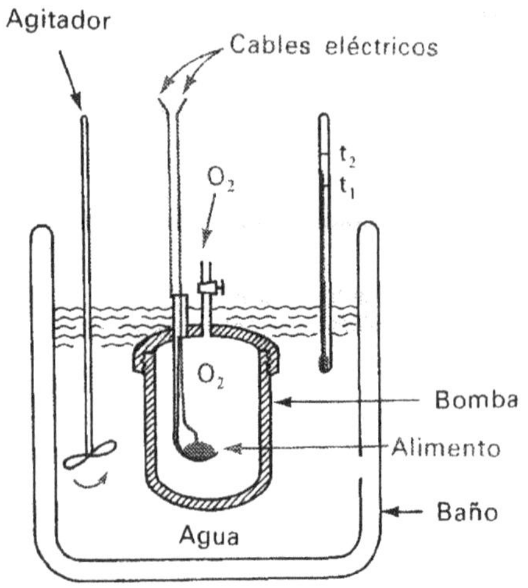

Figura 18.1
Esquema del funcionamiento de una bomba calorimetrica. Con una chispa se inicia la combustión del alimento y se produce una liberación de calor que se traduce en una elevación de la temperatura del agua.

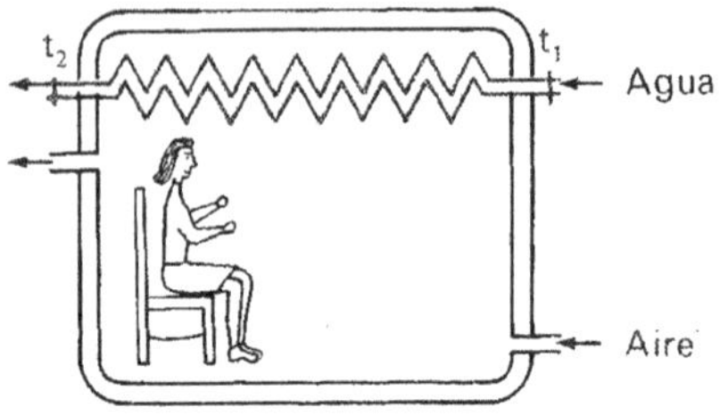

Calorimetría directa: Se registran volúmenes y composición del aire a la entrada y salida y cantidad y elevación de temperatura del agua circulante.

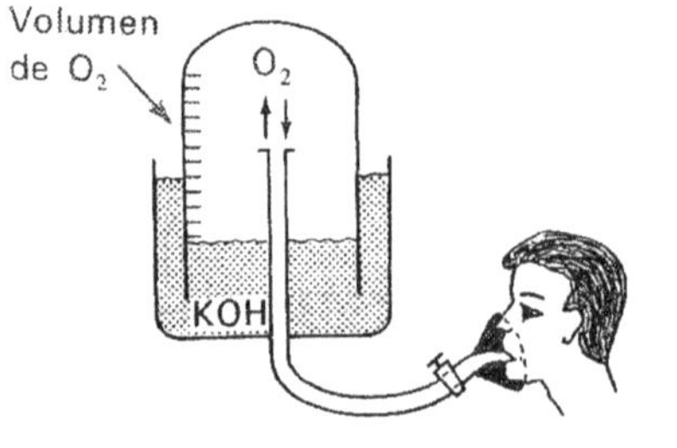

Calorimetría indirecta: El KOH fija el CO_2 y se mide el consumo de oxígeno por la disminución del volumen gaseoso de la campana.

Figura 18.2
Esquema del funcionamiento de la calorimetría directa e indirecta.

medir la cantidad de energía proporcionada por cada alimento, tanto *in vitro* como *in vivo*.

18.3.1. Métodos calorimétricos

El procedimiento *in vitro* consiste en introducir una cantidad conocida de alimento en una cámara herméticamente cerrada (*bomba calorimétrica*) en atmósfera de oxígeno, y producir su combustión. La bomba se halla sumergida en un baño de agua (Fig. 18.1) y del aumento de temperatura del agua se deduce el calor desprendido. El calor se mide en **calorías** (*cal*); una caloría es el calor necesario para elevar la temperatura de un gramo de agua en 1°C. En nutrición se emplea con frecuencia la *kilocaloría* (*kcal*); sin embargo, la unidad internacional es el *julio* (*J*) (1 J = 0,24 *cal*).

Cada tipo de alimento (azúcares, grasas, proteínas) libera una cantidad de calor más o menos constante. Los azúcares suelen proporcionar unas **4,2 kcal/g**, las grasas, **9,5 kcal/g** y las proteínas, **5,6 kcal/g**.

Los estudios realizados en la bomba calorimétrica tienen aplicación fisiológica porque también en el organismo los alimentos sufren una oxidación, igualmente completa aunque más gradual (ver parte III). La única discrepancia se observa en el nitrógeno proteico, que en la bomba se oxida a ácido nítrico (HNO_3) y en el organismo no pasa de NH_3 o urea. En todos los demás casos (azúcares, grasas y cadenas carbonadas de aminoácidos) la cantidad de energía liberada *in vitro* e *in vivo* es la misma.

También existen métodos para medir el calor liberado durante el proceso oxidativo de los alimentos en el organismo. Se distinguen los métodos llamados **directo** e **indirecto.** El procedimiento directo requiere introducir al sujeto en un recinto especial (*calorímetro humano*) registrando O_2 consumido, CO_2 y NH_3 liberados, y calor producido (Fig. 18.2). A partir del NH_3 (urinario) se calcula la proteína consumida, y de la relación CO_2/O_2, como veremos luego, se deduce la proporción grasas/azúcares que se han oxidado. Se puede estimar así el calor producido por los distintos tipos de alimentos utilizados por el organismo. A efectos prácticos, se pueden realizar medidas similares con alguna menor precisión, siguiendo el método de la *calorimetría indirecta,* que es el habitual en la clínica (Fig. 18.2). En este procedimiento se mide el oxígeno consumido en un tiempo fijo (6-8 min); multiplicando los litros de O_2 consumidos por el factor 4,825 kcal/l O_2 se obtiene fácilmente una estimación de las calorías liberadas durante este tiempo. El factor citado se ha obtenido a partir de numerosas medidas de calorimetría directa, y se ha comprobado que el error del método indirecto no sobrepasa el 2%.

Comparando los distintos valores energéticos obtenidos *in vitro* e *in vivo* se observan ligeras discrepancias; los valores *in vivo* son ligeramente inferiores. Existen al menos tres razones que explican la diferencia:

a) la no oxidación del NH_3 en el organismo,
b) la asimilación incompleta de los alimentos ingeridos (parte se elimina por las heces),

c) la oxidación incompleta de los alimentos absorbidos (por la orina se eliminan aminoácidos y otros compuestos orgánicos).

En la tabla 18.2 se exponen comparativamente las cifras obtenidas *in vitro* e *in vivo*. En el último caso se distingue entre alimentos en el tubo digestivo, que han de ser digeridos y absorbidos, y sustancias de reserva que se consumen (glucógeno hepático, grasa del tejido adiposo y proteínas musculares).

Tabla 18.2

Valores medios de la energía liberada por los alimentos (en kcal/g)

	Oxidación en la bomba calorimétrica	Metabolismo de las reservas corporales	Alimentos en el tubo digestivo
Azúcares	4,2	4,1	**4**
Grasas	9,5	9,3	**9**
Proteínas	5,6	4,3	**4**

18.3.2. Cociente respiratorio

Se denomina *cociente respiratorio* (CR) al cociente entre el volumen de CO_2 espirado y el volumen de O_2 consumido:

$$CR = \frac{\text{vol } CO_2}{\text{vol } O_2} = \frac{\text{n.º de moles de } CO_2{}^*}{\text{n.º de moles de } O_2}$$

El cociente respiratorio es importante porque nos permite deducir la proporción de azúcares y lípidos que el organismo consume. En efecto, el CR para los azúcares es 1,0:

$$\underset{\text{(un azúcar)}}{C_6H_{12}O_6} + 6\,O_2 \rightarrow 6\,CO_2 + 6\,H_2O$$

$$CR = \frac{6\,CO_2}{6\,O_2} = 1,0$$

Análogamente, para una grasa:

$$\underset{\text{(una grasa)}}{C_{16}H_{32}O_2} + 23\,O_2 \rightarrow 16\,CO_2 + 16\,H_2O$$

$$CR = \frac{16\,CO_2}{23\,O_2} = 0,70$$

Así pues, dejando aparte el consumo de proteínas, que se deduce del nitrógeno urinario, un CR = 1,0 indica que se están oxidando azúcares; un CR $\simeq$ 0,70 es signo de oxidación de grasas, y valores intermedios entre 0,70 y 1,0 señalan la oxidación simul-

* **A igualdad de presión y temperatura, existe una proporcionalidad entre volumen** (v) ocupado por cualquier gas y el número (n) de moles que contiene, es decir:

$$\frac{v}{v'} = \frac{n}{n'}$$

tánea de glícidos y lípidos, en proporciones calculables por la ley de las mezclas. Así, por ejemplo, un CR = 0,82 (ver tabla 18.3) indica que el 40% de las calorías se deben a azúcares, y el 60% a lípidos.

Tabla 18.3
Relación entre el cociente respiratorio y el tipo de alimento metabolizado

CR	Azúcares	Grasas	kcal/l O_2
0,70	0	100	4,686
0,75	15,6	84,4	4,739
0,80	33,4	66,6	4,801
0,82	40,3	59,7	4,825
0,85	50,7	49,3	4,862
0,90	67,5	32,5	4,924
0,95	84,0	16,0	4,985
1,00	100	0	5,047

Finalmente, el CR de las proteínas resulta ser próximo a 0,82.

$$\underset{\text{(un aminoácido)}}{C_5H_{11}NO_2} + 6\,O_2 \rightarrow NH_3 + 5\,CO_2 + 4\,H_2O$$

$$CR = \frac{5\,CO_2}{6\,O_2} = 0{,}83$$

18.3.3. **Significado del cociente respiratorio**

Ya hemos mencionado que el CR nos informa sobre el tipo de sustrato que se está oxidando. Pero, además, el CR informa de las interconversiones de unos sustratos en otros. Por ejemplo, si se consumen exclusivamente azúcares, y parte de éstos se convierten en grasas (dietas de engorde basadas en carbohidratos), el CR puede subir por encima de la unidad (CR > 1). Esto se debe a que los azúcares contienen en su composición más oxígeno que las grasas (abreviadamente, «CH_2O»—azúcar—frente a «CH_2»:grasa) y con ello se ahorra la incorporación de oxígeno respiratorio.

En el caso opuesto, CR puede ser inferior a 0,7 cuando se convierten proteínas en azúcares (gluconeogénesis a partir de aminoácidos). Esto ocurre en la *diabetes* y en estados de *ayuno prolongado*.

18.3.4. **Metabolismo basal**

Se llama *metabolismo basal* (MB) a la cantidad de energía que consume el organismo en condiciones de reposo físico y mental, para mantener las funciones vitales: respiración, circulación sanguínea, tono muscular, temperatura corporal, etc. El metabolismo basal se suele expresar en kcal/m^2 · h, aunque en la clínica se utiliza a menudo la variación en % sobre un valor medio considera-

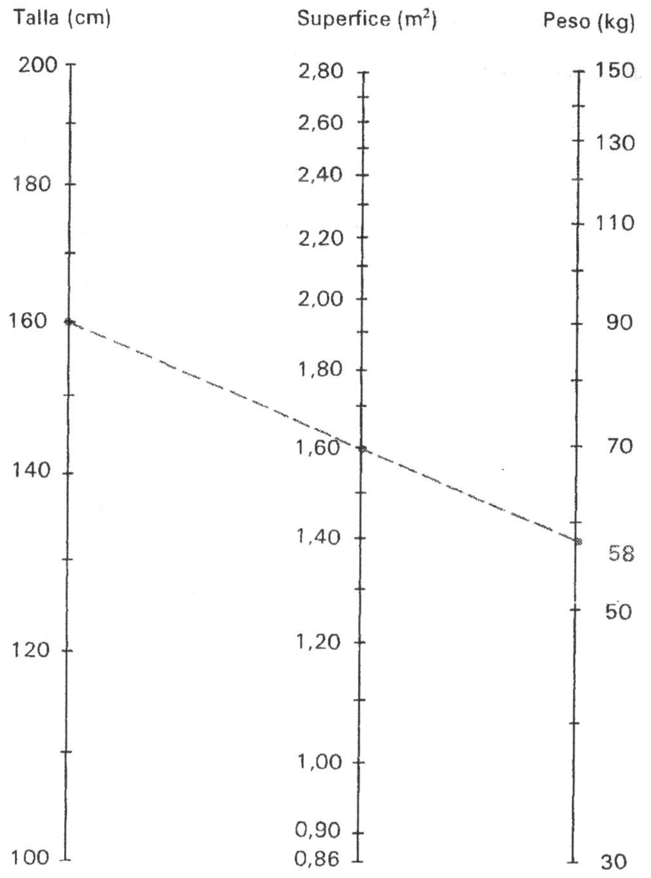

Figura 18.3
Nomograma para determinar la superficie corporal en adultos. Por ejemplo, una joven que mide 1,60 m de estatura y pesa 58 kg tiene una superficie corporal de 1,60 m² (señalado en rojo).

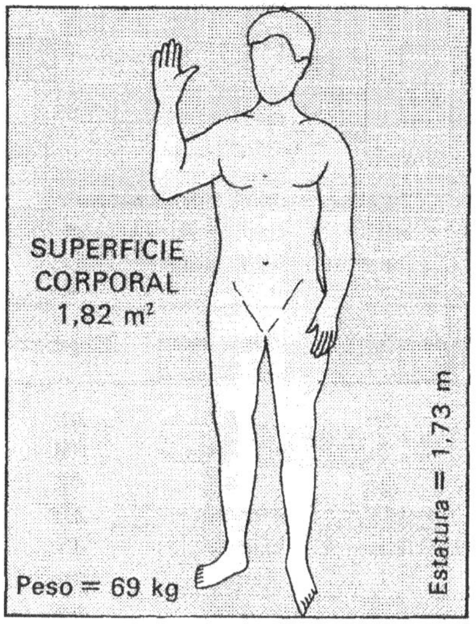

La superficie corporal aumenta con la estatura y con el peso.

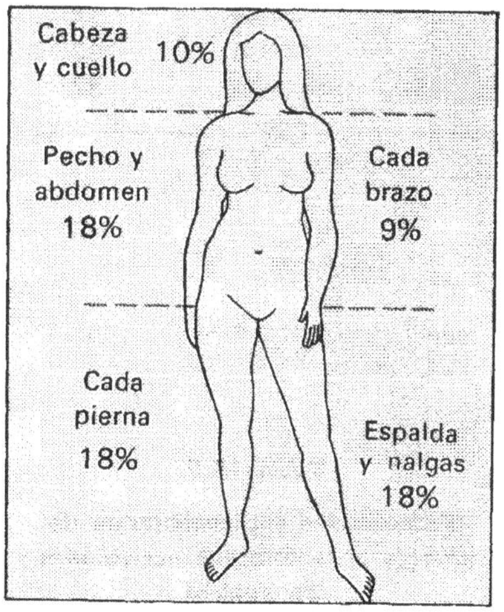

Distribución aproximada de la superficie corporal entre los diferentes miembros del cuerpo.

do normal. Este valor medio es de 40 kcal/m² · h para varones jóvenes. Un valor de +20% supone 48 kcal/m² · h, y uno de −10% **equivale a 36 kcal/m² · h. Valores incluidos entre +15 y −15%** se consideran normales.

El metabolismo basal se obtiene por calorimetría indirecta, es decir, midiendo solamente el oxígeno consumido en un tiempo determinado, y calculando a partir de este dato el consumo energético en kcal/h, como hemos explicado. La medida se debe hacer por la mañana, con el sujeto en ayunas y en reposo. La superficie corporal (en m²) está relacionada a la vez con el peso y con la estatura del individuo, y se obtiene a partir de estos dos datos con una tabla o *nomograma* adecuado (Fig. 18.3).

Ejemplo: Una joven de 20 años que mide 1,60 m de estatura y pesa 58 kg, consume 1,194 l de O_2 en 6 minutos, en condiciones basales.

Tabla 18.4

Valores del metabolismo basal según la edad y el sexo del individuo (en kcal/$m^2 \cdot h$)

Edad (años)	Varones	Mujeres
5	52	52
7	49	48
9	46	44
11	44	43
13	43	41
15	43	39
17	42	37
19	40	36
21	39	36
25	38	35
29	37	35
35	37	35
45	36	34
55	35	33
65	34	32

Tabla 18.5

Necesidades suplementarias de energía para diversas actividades (en kcal/h)

Actividad	Varón	Mujer
Muy ligera: leer, escribir, conducir, ...	35	20
Ligera: pasear, lavar, jugar al golf, ...	100	80
Moderada: ciclismo, bailar, correr, ...	200	170
Pesada: serrar, nadar, jugar al futbol, ...	500	400

Calcular su metabolismo basal.

$$\text{En una hora consumiría: } 1{,}194 \text{ l} \times \frac{60 \text{ min/h}}{6 \text{ min}} = 11{,}94 \text{ l } O_2\text{/h}$$

Como cada litro de O_2 produce 4,825 kcal, tenemos:

$$11{,}94 \text{ l } O_2\text{/h} \times 4{,}285 \text{ kcal/l } O_2 = 57{,}6 \text{ kcal/h}$$

La superficie corporal es, según el nomograma (Fig. 18.3), de 1,60 m^2. En consecuencia:

$$\text{MB} = \frac{57{,}6 \text{ kcal/h}}{1{,}60 \text{ m}^2} = \mathbf{36} \text{ kcal/m}^2 \cdot \text{h.}$$

El metabolismo basal varía:

a) *Con la edad.* En niños de hasta 5 años el valor promedio es de 52 kcal/$m^2 \cdot$ h, y disminuye progresivamente hasta cifras en torno a 33 kcal/$m^2 \cdot$ h en ancianos (tabla 18.4).
b) *Con el sexo.* En mujeres púberes los valores medios son del 7 al 10% inferiores a los correspondientes del varón (tabla 18.4).
c) *Con el clima.* En climas fríos es mayor y en climas cálidos, más bajo.
d) *Con la raza* y *hábitos alimentarios.*
e) *Con diversas situaciones patológicas.* Así, por ejemplo, el metabolismo basal aumenta en un 13% en cada grado de fiebre. Igualmente, el metabolismo basal depende en gran manera de la *función tiroidea,* hasta un ±40%; en consecuencia, el metabolismo basal se utiliza en la clínica para el diagnóstico de la función tiroidea.

18.3.5. Requerimientos energéticos del organismo

Los requerimientos energéticos diarios del organismo se obtienen por la adición de tres sumandos:

Requerimientos energéticos =
= metabolismo basal + actividad + acción dinámica específica

a) *Metabolismo basal,* o energía necesaria para mantener la vida vegetativa. Se obtiene, como se ha indicado anteriormente, multiplicando las cifras de la tabla 18.4 (expuestas en kcal/$m^2 \cdot$ hora) por la superficie corporal y por las 24 horas del día.
b) *Actividad.* Los requerimientos energéticos varían muchísimo en los distintos momentos del día, según el esfuerzo físico que se esté realizando, desde unas 30 kcal/h para estar sentado hasta unas 1 000 kcal/h para subir escaleras. Para estimar el requerimiento energético de un individuo debido a la actividad es necesario evaluar de forma aproximada las horas que dedica a cada quehacer, y sumar los distintos consumos energéticos de acuerdo con la tabla adjunta (tabla 18.5).
c) *Acción dinámica específica* (ADE) de los alimentos. Es el aporte energético necesario para digerir, absorber y metabolizar los alimentos. En una dieta equilibrada, la ADE supone un

suplemento de un 6% sobre la suma: metabolismo basal + actividad. La ADE es más elevada cuanta mayor proporción de proteínas se ingieren en la dieta.

A modo de ejemplo, calcularemos los requerimientos energéticos de una enfermera de 21 años, que mide 1,60 m y pesa 54 kg, y reparte su jornada laboral de la siguiente forma: duerme o descansa, 8 h; trabaja profesionalmente, 7 h; anda o pasea, 2 h; realiza actividades moderadas, 1 h; lee, estudia o escucha música, 6 h.

Del nomograma deducimos que su superficie corporal es de 1,56 m² (Fig. 18.3) y de la tabla 18.4 que su MB es de 36 kcal/m² · h. Así obtenemos:

$$MB = 36\ kcal/m^2 \cdot h \times 1{,}56\ m^2 \times 24\ h/día = 1\ 348\ kcal/día$$

Suplemento para las actividades físicas:

	Δ kcal/h (t. 18.5)	n.º de h	Δ kcal/día
Sueño o descanso	0	8	0
Trabajo profesional	80	7	560
Paseo	80	2	160
Actividades moderadas	170	1	170
Lectura, estudio, ...	20	6	120
		24	1010

ADE: 6% de (1 348 + 1 010) = 142
Metabolismo total = 1 348 + 1 010 + 142 = 2 500 kcal/día.

En la práctica se omiten, para los individuos normales, todos esos cálculos y se recomienda un aporte calórico estándar que se recoge en la tabla 18.6. Este aporte resulta algo inferior al que se calcula a partir de los datos mencionados.

Tabla 18.6
Estatura y peso normales y requerimientos energéticos para las diferentes edades

	Edad (años)	Estatura (m)	Peso (kg)	Requerimientos energéticos (kcal/día)
Niños	0,5	0,60	6	650
	1	0,71	9	970
	2	0,90	13	1300
	5	1.12	20	1700
	8	1,31	28	2400
Varones	12	1,55	44	2700
	16	1,71	65	2800
	20	1,73	69	2900
	24-50	1,73	70	2700
Mujeres	12	1,56	46	2200
	16	1,60	54	2100
	20	1,60	54	2100
	24-50	1,60	55	2000
Durante el embarazo, añadir				300
Durante la lactancia, añadir				500

18.4 REQUERIMIENTOS NITROGENADOS

A diferencia de los glícidos y los lípidos, las proteínas no se almacenan en forma de sustancias de reserva. Así pues, además del requerimiento energético —que puede ser atendido con azúcares, grasas o proteínas— hay una necesidad específica de ingerir proteínas en la dieta, con fines plásticos. En efecto, hay un continuo proceso de degradación de proteínas celulares, y no todo el nitrógeno de los aminoácidos se reutiliza, sino que parte se elimina por la orina (urea, amoníaco, ácido úrico, ...). En consecuencia, se requiere una ingesta diaria de unos 60 g de proteína. En estos 60 g deben estar incluidos los nueve aminoácidos esenciales, por lo menos a razón de 1-2 g de cada uno. Si la fuente de proteínas fuera pobre en aminoácidos esenciales (p. ej., proteínas vegetales) la ingesta proteica total debe incrementarse en un 50%.

18.5. DIETA RECOMENDADA

A partir de los datos expuestos en los apartados anteriores, podemos resumir algunas características que ha de cumplir una dieta equilibrada.

En primer lugar se ha de determinar el aporte energético diario requerido. Esto se puede obtener a partir de los datos concretos de cada individuo, como se ha expuesto en 18.3.5, o, de forma genérica, de acuerdo con la tabla 18.6.

A continuación, las calorías a ingerir se distribuyen entre glícidos, lípidos y proteínas, teniendo también en cuenta el requeri-

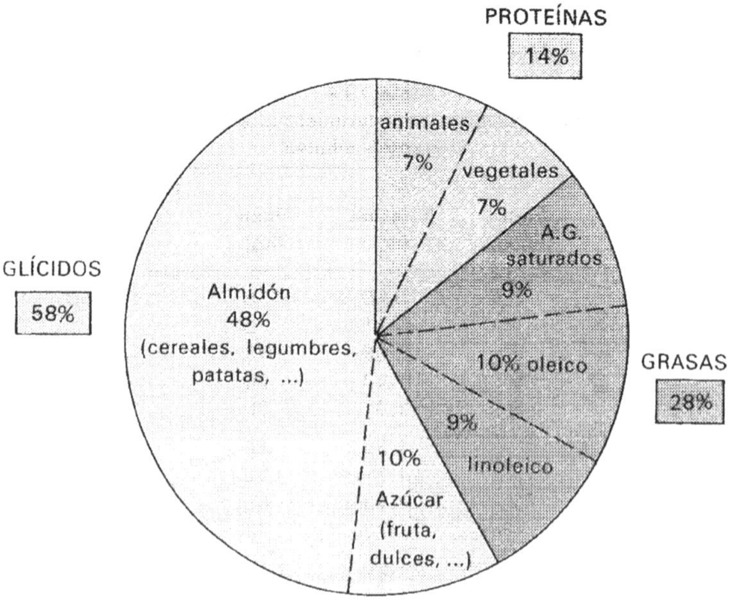

Figura 18.4
Distribución equilibrada de los requerimientos energéticos entre azúcares, grasas y proteínas. Cuando se precisan más calorías se suele aumentar la proporción de grasas.

miento nitrogenado. Una buena distribución para el adulto es 58, 28 y 14% respectivamente (Fig. 18.4). Aparte de satisfacer las necesidades calóricas, los alimentos elegidos deberán aportar vitaminas, sales minerales, oligoelementos y ácidos grasos esenciales, en proporciones adecuadas. Se pueden realizar múltiples combinaciones que cubran de forma satisfactoria estas necesidades vitales. Un ejemplo de dieta equilibrada de unas 2 600 kcal se detalla en la tabla 18.7. En la figura 18.5 agrupamos los principales tipos de alimentos —vegetales y animales— que deben integrar una dieta equilibrada.

Figura 18.5
Principales alimentos que deben entrar en una dieta equilibrada. Algunos de ellos (frutas, ciertas hortalizas, ...) han de tomarse crudos.

Tabla 18.7

Ejemplo de dieta equilibrada para suministrar unas 2600 kcal/día*

	kcal	g azúcares	g grasas	g proteínas
Desayuno				
Café con leche (200 g de leche)	130	9,6	8,0	6,6
Azúcar (15 g)	60	15	—	—
Pan (80 g)	208	41,6	1,6	6,8
Mermelada (40 g)	111	28,3	0,1	0,2
	509	94,5	9,7	13,6
Comida				
1.er plato: ensalada mixta				
Lechuga (50 g)	9	1,5	0,1	0,6
Tomate (100 g)	23	4	0,3	1
Espárragos (50 g)	11	2,1	0,1	1
Aceitunas (30 g)	40	1,2	4,1	0,5
Un huevo duro (50 g)	79	0,4	5,7	6,4
Aceite de oliva (10 g)	88	—	10	—
Pan (100 g)	260	52	2	8,5
	510	61,2	22,3	18,0
2.º plato: paella de pollo				
Arroz (100 g)	363	79,3	0,5	8,2
Pollo (100 g)	185	—	11	20
Pimientos (40 g)	10	2,1	0,1	0,5
Mantequilla (20 g)	143	0,1	16,2	0,1
	701	81,5	27,8	28,8
Postre: manzanas (150 g)	88	22	0,6	0,5
Cena				
1.er plato: puré de verduras				
Espinacas (80 g)	18	3,1	0,2	2
Cebolla (50 g)	20	4,5	0,4	0,7
Patata (100 g)	85	19,1	0,1	2
Aceite de girasol (10 g)	88	—	10	—
	211	26,7	10,7	4,7
2.º plato: merluza frita				
Merluza (100 g)	102	0,6	1,2	22
Harina (20 g)	74	15,1	0,2	2,2
Aceite de girasol (10 g)	88	—	10	—
Pan (80 g)	208	41,6	1,6	6,8
	471	57,3	13,0	31,0
Postre: zumo de naranja (100 g)	49	12,8	0,1	0,6
con azúcar (10 g)	40	10	—	—

kcalorías totales (según tablas)		**g de cada alimento**		**kcal de cada alimento**		**%**
Desayuno	509	Azúcares	366	(× 4)	1464	56
Comida	1299	Grasas	84,2	(× 9)	758	29
Cena	772	Proteínas	97,2	(× 4)	389	15
	2580	g alimentos energéticos =	547,4		2611**	100

* Los datos de cada alimento se han tomado de la tabla 6 del Apéndice.

** La aparente discrepancia se debe a que atribuimos a los monosacáridos y disacáridos 4 kcal/g y en realidad no alcanzan esta cifra.

COMPLEMENTOS 18-1

DIETAS ESPECIALES

Aparte de la dieta equilibrada, ya descrita, en algunos casos se requieren dietas con características peculiares. Vamos a describir brevemente las más representativas:

— **Dieta vegetariana.** Determinadas personas rechazan la carne y el pescado como posibles alimentos. En los casos no estrictos, las necesidades proteicas se satisfacen con derivados lácteos (queso, yogur, leche, ...) y con huevos. En los casos de *dieta vegetariana estricta,* hay que incrementar el consumo de proteínas en un 50% y diversificarlo al máximo. La pobreza en aminoácidos esenciales del maíz (le falta *Lys*) y de las legumbres (les falta *Trp*) se subsanan ingiriéndolos juntos, como lo hacen los indios americanos. En general se deben consumir semillas (nueces, almendras, avellanas, ...) para satisfacer tanto las necesidades proteicas como las calóricas. Más difícil resulta suministrar a los vegetarianos las vitaminas D_3 (colecalciferol) y B_{12} (cobalamina), de genuino origen animal. La primera pueden sintetizarla tomando el sol o baños de luz ultravioleta, o bien sustituirla por la ingestión de harinas irradiadas (que contengan D_2). La segunda no tienen más opción que adicionarla artificialmente a la dieta o tomarla en forma de comprimidos o inyectables. Que el hombre es por naturaleza omnívoro, resulta además evidente, si consideramos los cuatro caninos de nuestra dentición, especialmente diseñados para desgarrar la carne.

— **Dietas de adelgazamiento.** Un exceso de ingestión de calorías —tanto en forma de azúcares o grasas, como proteínas— suele incrementar de forma excesiva la cantidad de grasa de reserva (*obesidad*). Prescindiendo de los casos en que la obesidad se deba a anomalías metabólicas u hormonales, puede reducirse la grasa acumulada en exceso, disminuyendo la ingestión calórica por debajo de las necesidades reales del organismo, es decir, obligándole a oxidar sus propias reservas. Existen múltiples fórmulas de adelgazamiento. Primeramente, es obvio que, incrementando el ejercicio físico, subirá el metabolismo total y se consumirán las grasas almacenadas. También se puede *dificultar la absorción* de los alimentos que se ingieren (dietas laxantes o irritantes del tubo digestivo). En general, lo más sensato es administrar *dietas deficitarias en calorías* procurando, eso sí, que contengan en proporciones debidas: vitaminas, oligoelementos, aminoácidos esenciales, etc. En estas dietas suele incrementarse la ingesta de celulosa (ensalada, verduras) y se reduce la de almidón (féculas) y de grasas (aceites y mantecas).

— **Dietas de engorde o de recuperación.** En determinadas situaciones hay que orientar y programar la dieta para que subsane deficiencias concretas; por ejemplo, en quemados graves que pueden tomar alimento, se recetan dietas hipercalóricas, hiperproteicas e hiperhídricas. En convalecientes de enfermedades largas se suelen administrar dietas hipercalóricas y bien surtidas de vitaminas, etc.

APLICACIONES 18.1

ENFERMEDADES DEBIDAS A DIETAS INADECUADAS

Son muchas las enfermedades cuyo origen se debe a dietas inadecuadas. Algunas ya se han mencionado: *obesidad* —por excesiva ingesta calórica— que aumenta la propensión a infarto; *diferentes síndromes carenciales* de distintas vitaminas, ya expuestos en la tabla 18.1 (*beri-beri, escorbuto, raquitismo, ...*), que siguen siendo problemas de actualidad; *deficiencias de oligoelementos* (*anemia ferropénica, bocio coloidal* por falta de iodo, ...); *hipervitaminosis*, sobretodo de *A* y *D*, por excesivo suministro; *fluorosis dental*, por exceso de flúor, etc. Vamos a referirnos aquí con algún detalle a dos casos concretos de déficit calórico y proteico, debidos a dietas inadecuadas: el *marasmo* y el *kwashiorkor*.

El marasmo (del griego: agotamiento, desgaste) se caracteriza por un enflaquecimiento extremo en niños producido por un déficit calórico crónico. En el destete, al sustituir la leche materna por alimentos principalmente vegetales, se produce desnutrición que suele manifestarse por debilidad extrema, anemia, detención del crecimiento, y puede complicarse con deficiencias múltiples. Se corrige con una dieta más rica en proteínas animales.

El *kwashiorkor* (enfermedad del niño desplazado) tiene un origen y sintomatología semejantes aunque es más grave. El niño destetado debe nutrirse de proteínas vegetales de exiguo valor biológico, lo que determina la insuficiencia de proteínas propias. Se retrasa su crecimiento, degeneran el páncreas, hígado y riñones, y la falta de albúmina plasmática ocasiona edemas generalizados. La mortalidad es elevada; si el niño sobrevive suele arrastrar lesiones cerebrales irreversibles que dejan como secuela un retraso mental permanente.

18.6. QUÍMICA DE LA DIGESTIÓN

La digestión es un conjunto de procesos mecánicos y químicos destinado a desmenuzar los alimentos y degradar sus biopolímeros a monómeros; éstos son absorbidos e incorporados a la circulación sanguínea. Algunos alimentos (agua, sales, vitaminas, monosacáridos, ...) no sufren digestión, sino que se absorben directamente. El **aparato digestivo** consta de un *tubo digestivo* y sus *glándulas anejas* (Fig. 18.6).

La digestión se puede considerar en tres tramos del tubo digestivo: boca, estómago e intestino delgado. En la boca se produce la trituración mecánica e insalivación; en el estómago tiene lugar un ataque químico importante, a pH ácido, y en el intestino se completa la hidrólisis y se realiza la absorción de los monómeros resultantes. En el intestino grueso se deshidratan y fermentan los residuos alimenticios, que se eliminarán en forma de heces. Los diversos procesos de la digestión se regulan por mecanismos de control nervioso y hormonal.

18.6.1. Digestión de los glícidos

Los principales glícidos digeribles de la dieta son los almidones y los disacáridos (sacarosa, lactosa). En la boca se inicia la di-

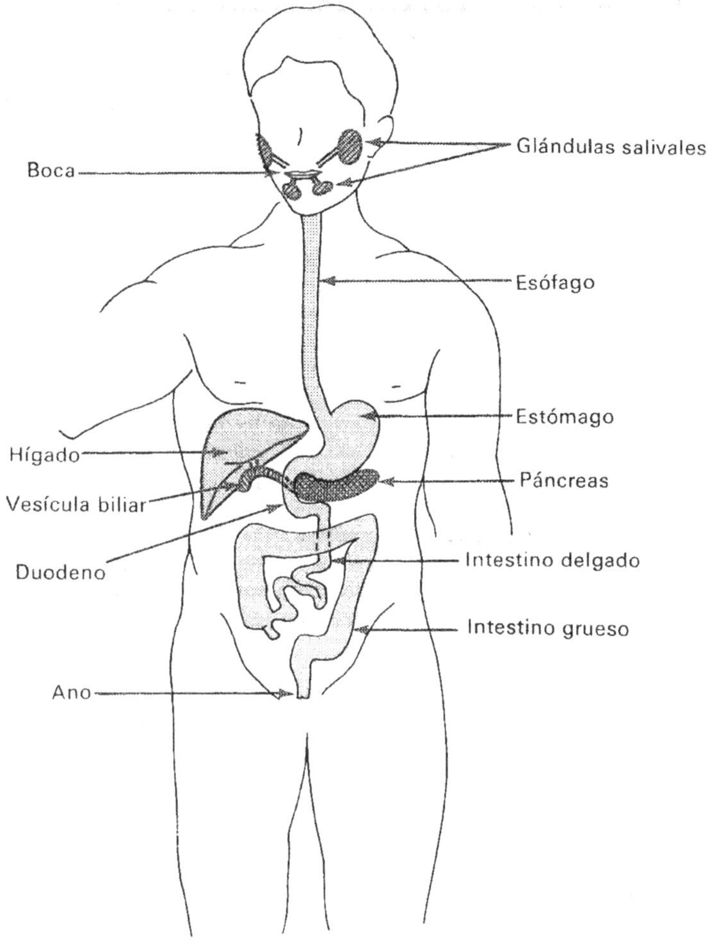

Figura 18.6
Estructura esquemática del aparato digestivo. El tubo digestivo está representado en gris y las glándulas anejas, en rojo.

gestión de los almidones, por medio de la amilasa salival, secretada sobre todo por las glándulas parótidas. Como resultado de esta digestión, los almidones se fragmentan para dar oligosacáridos (dextrinas), maltosa y algo de glucosa. Sin embargo, la parte más importante de la digestión de los azúcares tiene lugar en el intestino delgado, por acción de la *amilasa* pancreática, que completa la acción iniciada en la boca, convirtiendo los almidones en disacáridos (maltosa e isomaltosa). Todos los disacáridos, tanto los procedentes del almidón como los ingeridos en la dieta (sacarosa y lactosa), se hidrolizan a monosacáridos, por medio de enzimas específicos (*sacarasa, lactasa, maltasas*) localizados en el ribete en cepillo de las células del epitelio intestinal. Los monosacáridos

(4.2)

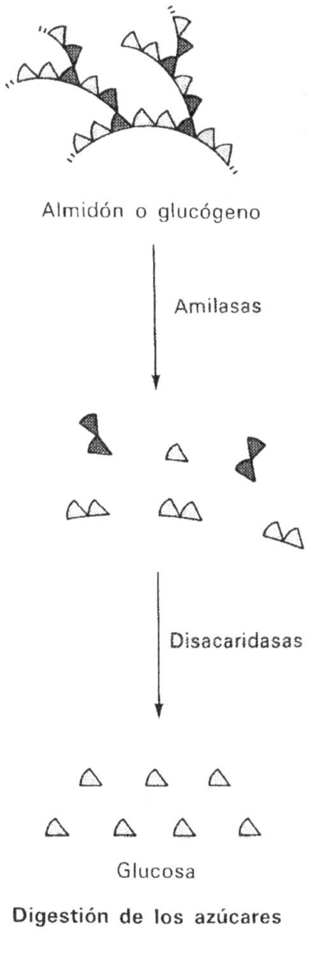

Digestión de los azúcares

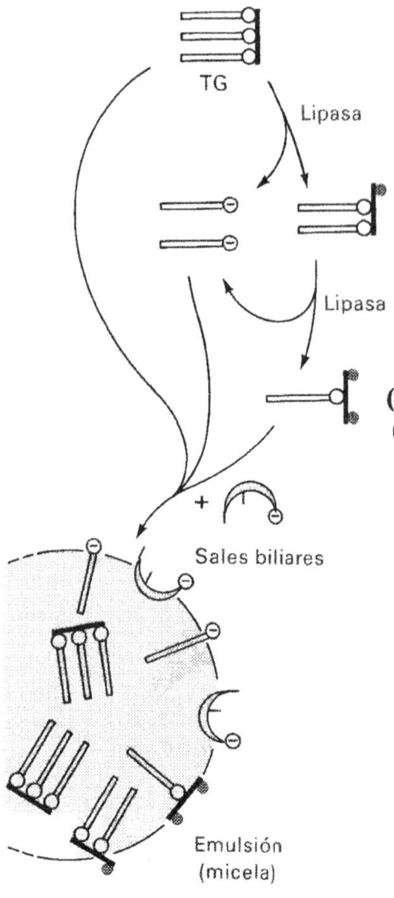

Digestión y emulsión de las grasas

resultantes pueden ser absorbidos directamente por estas células. En ciertas poblaciones (Asia, África) numerosos adultos carecen de *lactasa,* lo que origina la enfermedad conocida como *intolerancia a la lactosa.* La enfermedad se caracteriza por diarreas y fermentaciones intestinales anómalas cada vez que se ingiere leche.

18.6.2. **Digestión de los lípidos**

Aunque se conoce una *lipasa* gástrica, la práctica totalidad de las grasas se digiere en el intestino delgado, merced a la *lipasa* pancreática. Este enzima se secreta en forma de prolipasa, y se activa **por la acción combinada de las sales biliares (glicocolatos, tauro-** colatos) y de una proteína específica, la *colipasa.* **(5.2.4)**

(13.7) La acción de la lipasa consiste en hidrolizar uno o dos de los ácidos grasos unidos a un glicerol, con lo que se obtiene una mezcla de jabones (sales de ácidos grasos), sales biliares, y diversos glicéridos. Esta mezcla forma una emulsión, gracias a las propiedades surfactantes de sus componentes, y las microgotas de esta emulsión se absorben directamente, para pasar al sistema linfático. Así pues, la hidrólisis de las grasas en la digestión no es completa. En casos de insuficiente secreción pancreática u obstrucción de las vías biliares aparecen en las heces grasas sin digerir (*esteatorrea*).

18.6.3. **Digestión de las proteínas**

La digestión de las proteínas se inicia en el estómago, por la acción combinada del ácido clorhídrico, secretado por las *células parietales,* que las desnaturaliza por completo, y la *pepsina,* secretada por las *células principales,* que es una potente endopeptidasa. El pH óptimo de la pepsina es cercano al que existe en el estómago, es decir, entre 1,0 y 1,5. En realidad, las células principales no segregan pepsina, sino su zimógeno, el *pepsinógeno.* Éste se convierte en pepsina en la cavidad gástrica por la acción del HCl (a) y también de forma autocatalítica (b): **(9.4.1)** **(9.4.6)**

(a) Pepsinógeno $\xrightarrow{\text{HCl}}$ **Pepsina** + péptido residual

(b) Pepsinógeno $\xrightarrow{\text{Pepsina}}$ **Pepsina** + péptido residual

En el estómago, las proteínas se convierten principalmente en oligopéptidos. La hidrólisis total de éstos tiene lugar en el intestino delgado, por acción de cuatro enzimas de origen pancreático: *tripsina, quimotripsina, carboxipeptidasa* y *elastasa.* Todos ellos son secretados como zimógenos inactivos, que se activan en el duodeno (primer tramo del intestino delgado).* La *enteroquinasa* que

* La secreción de enzimas digestivos en forma de zimógenos impide que los órganos que los sintetizan se autodigieran. En la *pancreatitis aguda,* las proteasas se activan dentro del propio páncreas, provocando su autodestrucción y, con frecuencia, la muerte.

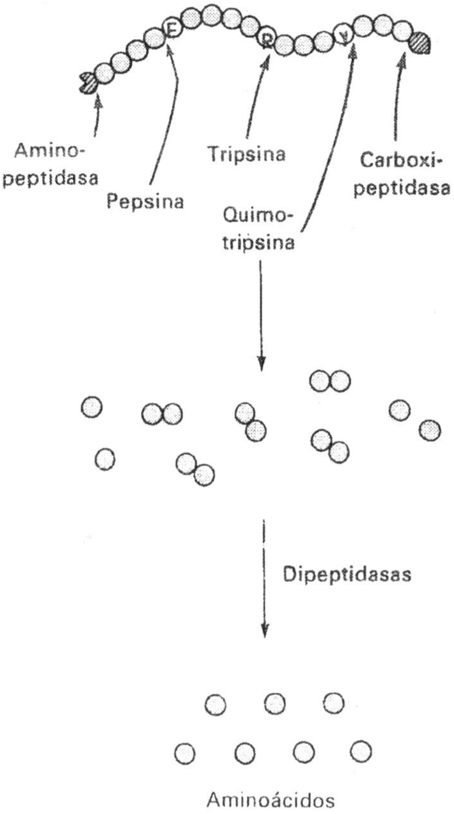

Digestión de las proteínas

secretan las células intestinales, convierte el tripsinógeno en *tripsina*, y ésta activa a todos los zimógenos, tripsinógeno incluido.

Tripsinógeno —Enteroquinasa→ **Tripsina** + péptido residual

Tripsinógeno —Tripsina→ **Tripsina** + péptido residual

Quimotripsinógeno —Tripsina→ **Quimotripsina** + péptidos residuales

Procarboxipeptidasa —Tripsina→ **Carboxipeptidasa** + péptido residual

Proelastasa —Tripsina→ **Elastasa** + péptido residual

Los pH óptimos de estos enzimas se hallan en la zona ligeramente alcalina (7-8); también el pH del intestino delgado es alcalino, debido a la absorción activa de hidrogeniones y a la secreción pancreática de bicarbonato.

Por acción de estos enzimas, las proteínas se convierten en oligopéptidos, dipéptidos y aminoácidos libres. La hidrólisis de los

Especificidad de las endopeptidasas digestivas

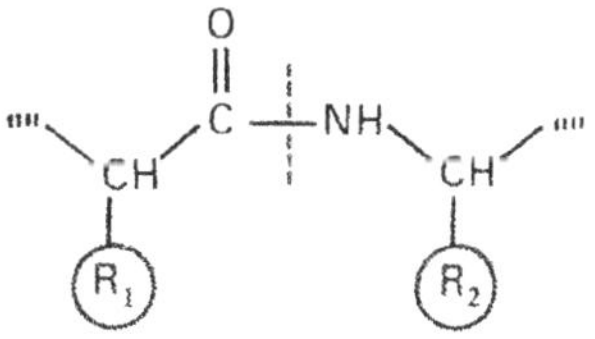

Pepsina	R_2	Phe, Tyr, Trp
Quimotripsina	R_1	Phe, Tyr, Trp
Tripsina	R_1	Arg, Lys

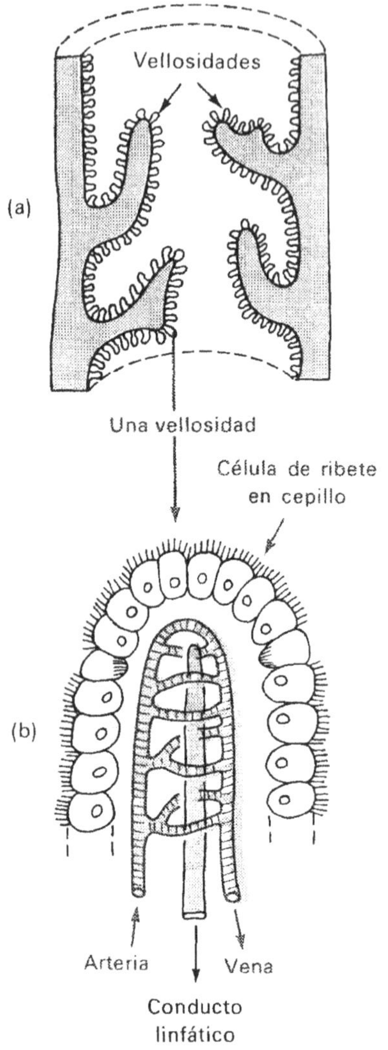

Figura 18.7
(a) Representación esquemática de un corte de intestino delgado mostrando las vellosidades. (b) Detalle de una vellosidad con las células de ribete en cepillo, ribete formado a su vez por las microvellosidades celulares.

péptidos se completa por acción de las *peptidasas intestinales:* aminopeptidasas y dipeptidasas. Las células del epitelio intestinal son las encargadas de absorber los aminoácidos así liberados. Existen casos de incapacidad de digerir algunas proteínas; así los enfermos de *celiaquia* no pueden hidrolizar la gliadina del trigo, y además esta proteína altera las células del ribete en cepillo, produciendo *malabsorción.*

18.6.4. Digestión de los ácidos nucleicos

La digestión de los ácidos nucleicos tiene lugar en el intestino delgado gracias a las *endonucleasas* de origen pancreático: DNasa y RNasa. Los nucleótidos resultantes se hidrolizan por *fosfoesterasas* de origen intestinal. A su vez, los nucleósidos son absorbidos directamente por las células epiteliales del intestino que los transforman en base libre y pentosa fosfato.

18.7. ABSORCIÓN DE LOS ALIMENTOS

Los alimentos se absorben al pasar de la luz del tubo digestivo a las células que forman sus paredes, y de allí, a los líquidos corporales (sangre y linfa). La absorción se realiza *a través de la membrana plasmática* de las células de ribete en cepillo (Fig. 18.7).

18.7.1. Mecanismos del transporte a través de membranas

Hay tres mecanismos principales por los cuales las sustancias químicas atraviesan las membranas biológicas: difusión pasiva, difusión facilitada y transporte activo.

a) *Difusión pasiva.* Se debe al movimiento al azar de las moléculas de soluto en el seno del agua; este movimiento tiende a igualar las concentraciones de soluto a ambos lados de la membrana. La consecuencia es que la difusión pasiva significa el movimiento *neto* de soluto del compartimento donde su concentración es mayor a aquél donde su concentración es menor.

El flujo de difusión depende del área de la superficie de contacto, de la diferencia de concentraciones a ambos lados de la membrana (Fig. 18.8), y de la naturaleza de la sustancia (las más lipofílicas difunden mejor). El intestino humano presenta una enorme superficie de contacto (unos 200 m^2 en el adulto) merced a las numerosas invaginaciones y repliegues (Fig. 18.7), lo que permite entender la importancia de la difusión pasiva en los procesos de absorción intestinal.

Los principales alimentos absorbidos por difusión pasiva son el agua, el etanol y las pentosas. También se absorben por difusión pasiva la inmensa mayoría de los fármacos, aprovechando que son moléculas lipofílicas.

b) *Difusión facilitada.* Requiere la presencia de proteínas transportadoras específicas. Éstas suelen ser proteínas integrales de la membrana, que actúan a modo de enzimas, con un centro activo que capta el soluto a un lado de la membrana y lo libera en el lado opuesto. En consecuencia, la cinética de la difusión facili-

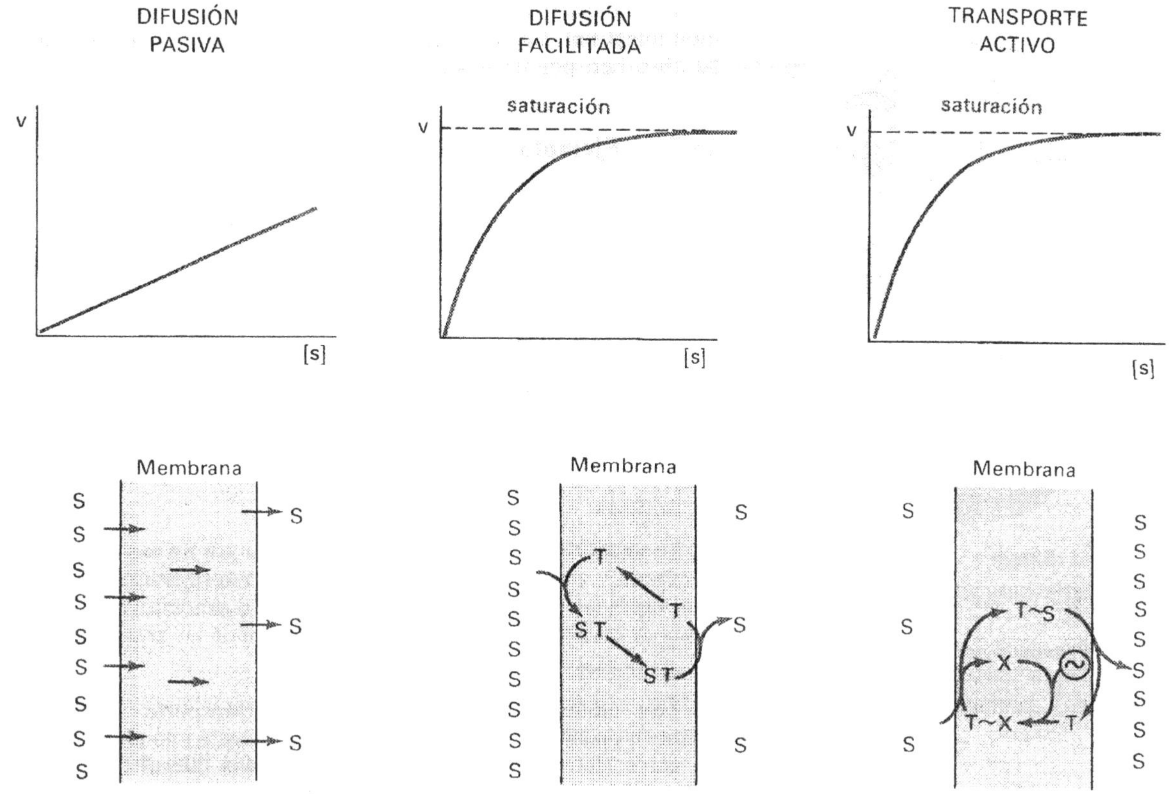

Figura 18.8
Representación esquemática de los distintos tipos de difusión y transporte de solutos a través de membranas. Símbolos utilizados: [s] = concentración de soluto, v = velocidad, T = transportador y ⊝ = energía.

tada, a diferencia de la difusión pasiva, obedece a ecuaciones parecidas a las de la cinética enzimática (Fig. 18.8); el sistema presenta **(9.5)** *saturación.* Además, como en el caso de los enzimas, los sustratos transportables son específicos de cada transportador: la difusión facilitada es *selectiva*.

El paso de solutos por difusión facilitada también se produce a favor de gradiente, es decir, del compartimento de mayor concentración al de menor. En el caso de la absorción intestinal, la difusión facilitada tiene menos importancia que los otros dos mecanismos. El azúcar fructosa pasa, con mayor facilidad que las pentosas, por un mecanismo propio asimilable a difusión facilitada.

c) *Transporte activo.* También requiere proteínas transportadoras específicas, y presenta cinética de saturación. Su característica peculiar es que consume energía, bien en forma de ATP o en forma de gradiente iónico. La energía consumida permite transportar solutos contra gradiente, es decir, del compartimento más diluido al más concentrado.

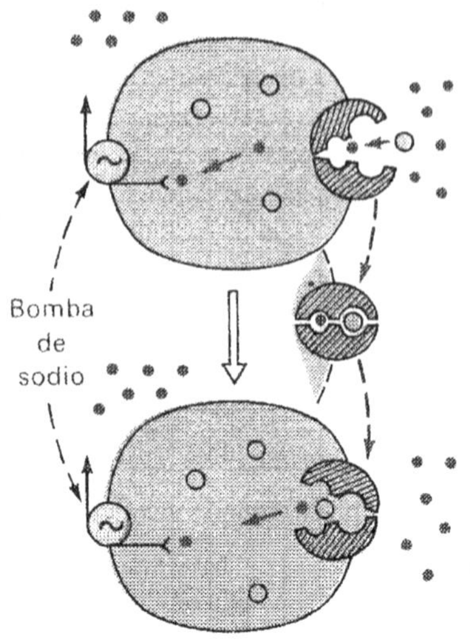

(8.3.2)

Transporte activo de la glucosa acoplado al Na^+ (simporte).

El transporte activo es el mecanismo más importante de absorción intestinal. La glucosa, la galactosa, y todos los aminoácidos, se absorben por transporte activo.

18.7.2. Ejemplos de absorción intestinal

Aunque algunos alimentos pueden ser absorbidos a través de otras mucosas (p. ej., alcohol y Fe^{++} en el estómago), la inmensa mayoría de los alimentos se absorben casi exclusivamente en el intestino delgado.

a) *Monosacáridos*

Ya hemos dicho que las pentosas (ribosa, arabinosa, ...) se absorben por difusión pasiva. En cambio, las dos hexosas más importantes (glucosa y galactosa) se absorben por transporte activo. Una proteína específica cataliza el transporte combinado (***simporte***) de hexosa y sodio, utilizando la energía del transporte de sodio.

b) *Lípidos*

La absorción de los lípidos no tiene lugar por un mecanismo de transporte o difusión, sino por captación de microgotas de la emulsión lipídica, en el proceso conocido como *pinocitosis.* Existen casos de esteatorrea debidos a malabsorción de las grasas (*sprúe*).

c) *Aminoácidos*

Los aminoácidos se absorben por transporte activo. Se conocen cinco transportadores específicos, cada uno de ellos para un grupo de aminoácidos: neutros de cadena lateral corta (Gly, Ala, ...); neutros de cadena lateral larga (Val, Leu, ...); ácidos (Glu, Asp); básicos (Lys, Arg), y N-sustituidos (Pro, sarcosina, ...).

d) *Nucleósidos*

Los nucleósidos se absorben por transporte activo. El propio transportador cataliza la fosforolisis del nucleósido, de manera que en el citoplasma aparecen ribosa fosfato y base libre.

$$\underset{\text{(Nucleósido)}}{\text{Ribosa-Base}} \xrightarrow{+\text{ Pi}} \text{R5P} + \text{Base libre}$$

CUESTIONES Y PROBLEMAS

18.1. Al comer una manzana, algunas de sus sustancias integrantes cumplirán funciones energéticas, plásticas o catalíticas. Enumerar dos de sus componentes a los que se pueda asignar función energética, dos con función plástica y dos con función catalítica.

18.2. Se dice que el huevo es un alimento completo. Esto se comprueba porque, si se incubase, daría lugar a un pollito vivo y sano. Enumerar los componentes del huevo que lo hacen un alimento completo.

18.3. El hígado es muy buen alimento porque, aparte de proteínas ricas en aminoácidos esenciales y lípidos ricos en ácidos grasos poliinsaturados, contiene prácticamente todas las vitaminas necesarias. Además, el hígado suele contener un compuesto que escasea en los alimentos de origen animal. Averiguar de qué compuesto se trata.

18.4. Se dice que la vitamina D no es necesaria en la dieta, si se toman suficientes baños de sol. Razonar esta afirmación.

18.5. Los vegetarianos a ultranza aseguran poder prescindir por completo de alimentos de origen animal. Indicar cómo podrán subsanar las deficiencias de vitaminas B_{12}, D_3 y algunos aminoácidos esenciales que ocasionan las dietas vegetarianas.

18.6. La vitamina C sólo es necesaria a los primates, cobayas y murciélagos frugívoros. Los demás mamíferos la sintetizan. ¿Pueden inferirse de este dato las características dietéticas de nuestros antecesores biológicos?

18.7. El pan es un buen acompañante de otros alimentos: queso, jamón, nueces, huevo frito,... Indicar en qué aspecto los complementa.

18.8. La leche materna tiene más azúcares, grasas y vitamina C que la leche de vaca. En cambio, tiene menos proteínas. ¿Por qué cada una de estas leches resulta la más adecuada, respectivamente, para el niño o el ternero recién nacidos?

18.9. Calcular las kcal/hora que libera un individuo, si al respirar oxígeno puro, consume 2 l de este gas en 10 minutos.

18.10. Calcular el cociente respiratorio (CR) en la oxidación biológica **completa de: glicerol ($C_3H_8O_3$), etanol (C_2H_6O), ácido oleico ($C_{18}H_{34}O_2$) y leucina ($C_6H_{13}NO_2$). Comprobar si los resultados de estas cuatro sustancias permiten englobarlas en azúcares, lípidos o proteínas.**

18.11. Las levaduras —en condiciones anaerobias— transforman la glucosa en etanol y CO_2. Escribir la reacción y calcular su CR. Razonar por qué se obtiene este valor tan desorbitado.

18.12. Durante un régimen de engorde, se pueden metabolizar, p. ej., seis moléculas de glucosa para formar una de ácido palmítico ($C_{16}H_{32}O_2$), oxidando el resto a CO_2 y H_2O. Escribir la reacción y calcular su CR.

18.13. Durante la gluconeogénesis, se pueden transformar dos moléculas de valina ($C_5H_{11}NO_2$) en una de glucosa, más NH_3, CO_2 y H_2O. Escribir la reacción y calcular su CR.

18.14. Un estudiante de Medicina, de 20 años de edad, mide 1,73 m y pesa 70 kg. Consume 1,3 l de O_2 en 6 minutos. Calcular su metabolismo basal (MB) y expresarlo en kcal/m² · h y en % sobre las cifras normales.

18.15. Calcular los requerimientos energéticos totales de una mujer de 45 años, que mide 1,60 m y pesa 55 kg, si reparte su jornada diaria entre las siguientes ocupaciones: duerme o descansa, 8 h; trabaja en una librería, 7 h; anda o pasea, 2,5 h; realiza actividades moderadas, 0,5 h; está en el hogar, 6 h.

18.16. En la tabla 18.7 se pone un ejemplo de dieta equilibrada. Señalar en ella qué alimentos aportarán las vitaminas termolábiles (C, A, ...).

18.17. En la misma tabla 18.7, señalar qué alimentos aportarán los aminoácidos esenciales y los ácidos grasos poliinsaturados.

18.18. La proporción de ácidos grasos saturados (tipo palmítico): monoinsaturados (tipo oleico): poliinsaturados (tipo linoleico), en las diferentes grasas y aceites es la siguiente (en %).

Ácidos grasos:	*Saturados*	*Monoinsaturados*	*Poliinsaturados*
Grasa humana	36	53	11
Grasa de buey	47	50	3
Aceite de girasol	10	24	66
Aceite de oliva	13	80	7

Con estos datos, razonar por qué recomendamos consumir aceites de girasol y de oliva en una dieta equilibrada.

18.19. Se dice vulgarmente que el vino aporta «*calorías vacías*». Analizar el sentido de esta expresión con referencia a la utilidad del etanol respecto a las necesidades energéticas y plásticas del organismo.

18.20. Preparar libremente una dieta equilibrada que suministre unas 2 400 kcal.

18.21. Enumerar los enzimas digestivos necesarios para digerir una rebanada de pan.

18.22. Resulta más apetecible comer músculo (carne) que el tejido conjuntivo que lo rodea. Si ambos se pueden digerir bien, qué ventajas fisiológicas tiene el músculo sobre el conjuntivo.

18.23. El páncreas y la sangre tienen un péptido inhibidor de la tripsina que la bloquea con enorme eficacia. Razonar qué interés fisiológico puede tener este péptido.

18.24. Algunos venenos de serpiente contienen fosfolipasas que hemolizan la sangre. Si se administran por vía digestiva resultan inofensivos. Indicar a qué se debe esta propiedad.

18.25. ¿Qué componentes de los jugos digestivos son necesarios para digerir el aceite o la mantequilla?

18.26. Los aceites se digieren mejor que las grasas sólidas. Señalar la relación entre punto de fusión de una grasa y su digestibilidad.

18.27. El alcohol de la dieta difunde mejor que el agua, a través de las membranas biológicas. Indicar por qué motivos esta difusión es tan fácil.

18.28. En las pruebas médico-legales se puede determinar etanol en la sangre, en la saliva o en la orina, si ha transcurrido un tiempo prudencial desde la ingesta (unas 2 horas). Razonar por qué el etanol se halla presente en todos los líquidos corporales en proporciones análogas.

18.29. A pesar de su mayor tamaño molecular, la glucosa y la galactosa se absorben mejor que las pentosas. Señalar a qué puede deberse este fenómeno.

18.30. Un individuo que ingiere, diariamente, 1 g del aminoácido esencial A y 1 g del aminoácido B no sufre déficit de A. En cambio, si manteniendo el consumo de 1 g de A, incrementa la ingesta de B hasta 50 g, experimenta el síndrome de deficiencia de A. Esta deficiencia se suprime al evitar el exceso de B o al dar 10 g de A. ¿Cómo puede explicarse este fenómeno?

PRÁCTICAS DE LABORATORIO

18.1. Determinación de agua en un alimento

Para determinar el contenido de agua de un alimento, se pesa en fresco y después de desecado en estufa. La pérdida de peso corresponde al agua evaporada.

En un pesafiltros de vidrio o en un papel de estaño, previamente pesado (P_1), se toma un poco del alimento a investigar, p. ej., alrededor de un gramo de merluza fresca, y se pesa con precisión (P_2). Se calienta en estufa a 100 °C durante unas 4 horas. Se enfría en un desecador y se pesa nuevamente (P_3).

Así obtenemos: $P_2 - P_3$ = peso del agua; $P_2 - P_1$ = peso de la merluza.

La fórmula $\dfrac{P_2 - P_3}{P_2 - P_1} \times 100$ nos da el % de agua de la merluza.

18.2. Reconocimiento de vitamina A en la mantequilla

La vitamina A_1 se reconoce porque desarrolla un color azul con el reactivo de Carr-Price (tricloruro de antimonio, Cl_3Sb, en cloroformo a saturación).

Se toma un gramo de mantequilla y se disuelve en 20 ml de cloroformo. Se forma una disolución amarillenta. Se toman en un tubo de ensayo 2 ml de esta disolución y se les añade 0,5 ml del reactivo de Carr-Price. Se produce un intenso color azul que desaparece en unos minutos. Se repite el ensayo con margarina disuelta también en cloroformo y suelen obtenerse valores mucho menores. (La vitamina A_2 —del hígado de peces de río— hubiese dado color verde.)

18.3. Reconocimiento de riboflavina en la leche

La riboflavina —vitamina hidrosoluble— da con la luz ultravioleta una fluorescencia amarilla.

En un tubo de ensayo se toman 10 ml de leche fresca y se observa, en una habitación oscura, a la luz de una lámpara ultravioleta. Se verá una intensa fluorescencia amarilla. Se repite el ensayo con leche pasada (varios días a temperatura ambiente) o con yogur. La intensidad de coloración será menor.

(*Nota.* No se repiten prácticas de azúcares, grasas o proteínas en alimentos porque están descritas en los capítulos 4, 5 y 6).

CAPÍTULO **19**

SANGRE

19.1. INTRODUCCIÓN

Los alimentos absorbidos en el tubo digestivo deben ser distribuidos a todas las células del organismo, y para ello se incorporan a la circulación sanguínea: unos directamente (azúcares y amino-

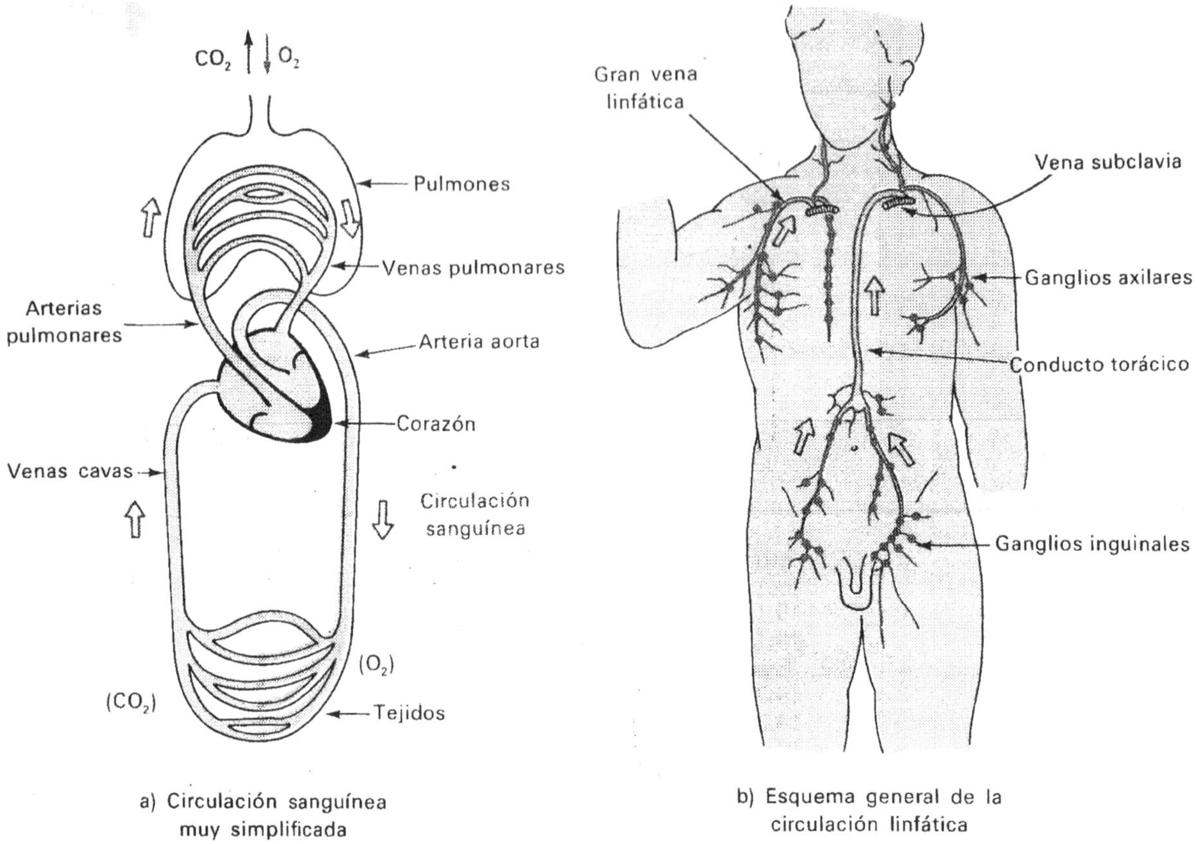

Figura 19.1
Representaciones esquemáticas de las circulaciones sanguínea y linfática. La linfa desemboca en el sistema venoso a través del conducto torácico y la gran vena linfática, que van a parar a las venas subclavias izquierda y derecha, respectivamente.

ácidos) y otros a través de la linfa (grasas). La figura 19.1 muestra un esquema de la circulación sanguínea y del sistema linfático. Además de distribuir los alimentos, la sangre desempeña otras funciones, como la de transportar los gases respiratorios, O_2 y CO_2, recoger las sustancias de desecho (urea, bilirrubina, ...) para su eliminación, permitir una temperatura corporal homogénea, y otras muchas, que se verán a lo largo de este capítulo.

La sangre está formada por diversos tipos de células sanguíneas dispersas en un medio líquido, el *plasma.* La sangre circula a través de un sistema cerrado, formado por el corazón y las redes arterial y venosa. La sangre se pone en contacto con las restantes células de organismo a través del *líquido intersticial,* o fluido que baña todas las células no sanguíneas. La entrada y salida de los componentes sanguíneos al líquido intersticial se produce a través de los *capilares.* El ser humano adulto contiene unos 3 l de plasma, unos 11 l de líquido intersticial y unos 35 l de agua en el interior de las células.

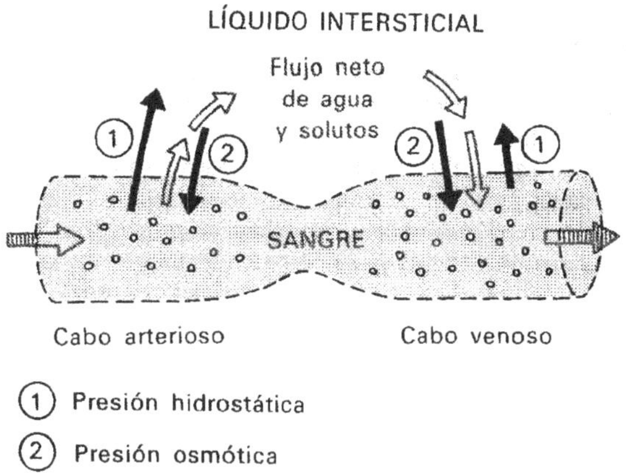

Figura 19.2
Difusión de agua entre la sangre y el líquido intersticial a nivel de los capilares. (°) representa las proteínas plasmáticas.

La fuerza impulsora de la circulación sanguínea es la diferencia de presiones hidrostáticas generada por el corazón. La presión hidrostática es mayor en las arterias que en las venas. Por otra parte, el intercambio de agua y de solutos entre plasma y líquido intersticial en los capilares se debe a que la presión hidrostática (que tiende a expulsar líquido al exterior del capilar) está casi exactamente contrarrestada por la presión osmótica de la sangre (que tiende a absorber líquido). En los cabos arteriosos de los capilares, la presión hidrostática es ligeramente mayor que la osmótica, y hay salida de líquido; en los cabos venosos, ocurre exactamente lo contrario (Fig. 19.2). Recordemos que el origen de la presión osmótica de la sangre es su riqueza en proteínas (albúminas y globulinas) que no atraviesan la pared capilar. **(2.2.3)**

19.1.1. Células sanguíneas

Entre los componentes de la sangre se distinguen las diversas células y las moléculas suspendidas en el plasma. Los principales tipos de células son los eritrocitos, hematíes o glóbulos rojos, los leucocitos o glóbulos blancos, y las plaquetas (tabla 19.1).

Tabla 19.1
Hemograma normal en el adulto

	Varón	Mujer
Hematíes	4,4-5,4 millones/mm^3	4-5 millones/mm^3
Hemoglobina	14-16 g/100 ml	12-15 g/100 ml
Hematocrito	40-50%	38-47%
Reticulocitos	0,2-2%	
Leucocitos	4 000-10 000/mm^3	
Polinucleares neutrófilos	50-75%	
Eosinófilos	1-2%	
Basófilos	<1%	
Linfocitos	20-40%	
Monocitos	2-10%	
Plaquetas	150 000-400 000/mm^3	

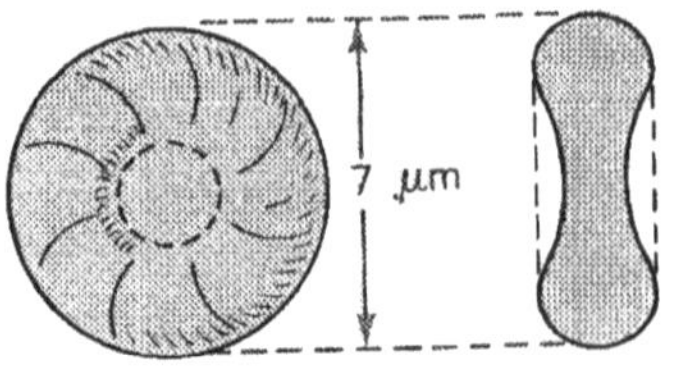

Eritrocito de frente y de perfil

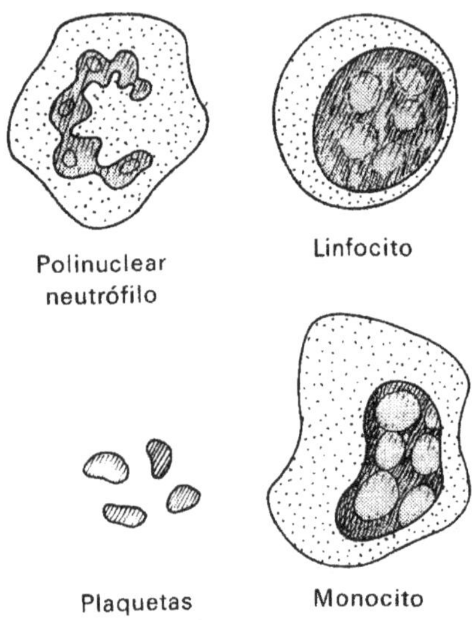

Ejemplos de algunas células sanguíneas

Los **eritrocitos** o **hematíes** son células sin núcleo, de forma característica (lente bicóncava) y unos 7 µm de diámetro. Son las células más abundantes de la sangre y se originan en la médula ósea, a partir de los eritroblastos. En el proceso de maduración van perdiendo los orgánulos intracelulares hasta casi convertirse en puros reservorios de hemoglobina. La misión fundamental de los eritrocitos consiste en el transporte de gases respiratorios, O_2 y CO_2. En diversas circunstancias patológicas, el número de hematíes desciende por debajo de las cifras normales (*anemia*). (Ver Complementos 19.1.)

Los **leucocitos** son un conjunto heterogéneo de células (tabla 19.1), que se originan en la médula ósea y en los ganglios linfáticos. El tipo más abundante son los llamados colectivamente *granulocitos* (polinucleares neutrófilos, eosinófilos y basófilos), que, junto con los *monocitos,* se encargan de fagocitar cuerpos extraños, como bacterias. El otro grupo importante es el de los *linfocitos,* que son las células responsables de la *inmunidad.* La proporción de granulocitos y monocitos aumenta considerablemente en los procesos infecciosos: ejemplo típico es la *apendicitis aguda.* También se dan variaciones en el número de leucocitos en las *leucemias.*

Las **plaquetas** o trombocitos (tabla 19.1) son fragmentos celulares derivados de los megacariocitos de la médula ósea. Las plaquetas desempeñan un papel fundamental en la *hemostasia* o taponamiento de vasos sangrantes. La carencia o disfunción de las plaquetas origina las *púrpuras,* que son lesiones de la piel o mucosas debidas a extravasación de sangre al exterior de los capilares.

COMPLEMENTOS 19.1

ANEMIAS

Se entiende por **anemia** la deficiencia de glóbulos rojos. Esta deficiencia puede ser fruto de una destrucción demasiado rápida, o de una síntesis insuficiente o excesivamente lenta. Las anemias pueden tener su origen en múltiples causas. Aquí enumeraremos algunas.

— *Anemia por pérdidas de sangre.* Las pérdidas de sangre, en gran cantidad, o en forma continuada, pueden originar un déficit de hierro y una síntesis insuficiente de hematíes. Así se produce una *anemia hipocrómica o ferropénica.*

— *Anemia aplástica.* La excesiva exposición a los rayos X, a la radiación γ, o el tratamiento con ciertos fármacos, pueden lesionar gravemente a la médula ósea, que es la encargada de la producción de los eritrocitos, derivándose una anemia aplástica.

— *Anemia perniciosa.* La insuficiencia de vitamina B_{12} —por gastrectomía total, sprúe, régimen vegetariano riguroso, etc.— puede dar origen a insuficiente maduración de los glóbulos rojos, que resultan excesivamente frágiles, y, en consecuencia, se presenta un cuadro anémico característico.

— *Anemias hemolíticas.* Se deben a la excesiva fragilidad de los hematíes, debida muchas veces a causas de origen genético. Aunque su velocidad de formación es normal, su vida resulta excesivamente corta. Así, en la *esferocitosis* los hematíes tienen forma esférica —en vez de lente bicóncava— y se rompen fácilmente al circular por capilares muy estrechos. En la *anemia falciforme*, un defecto de la hemoglobina (hemoglobina S, tabla 19.3) le permite cristalizar dentro del hematíe en haces de fibras, que deforman esta célula, dándole un aspecto de hoz, y acaban rompiéndola. En diversos tipos de *talasemia*, se forman moléculas de hemoglobina anormales (β_4, γ_4, ...), de lo que se deriva una especial fragilidad de los eritrocitos. En la *eritroblastosis fetal*, el feto, Rh positivo, sufre la destrucción de sus hematíes por acción de las aglutininas de la madre, Rh negativo (19.6). También pueden producirse anemias hemolíticas en otros muchos casos, tales como transfusiones, paludismo, sensibilidad a primaquina, autoinmunidad, etc.

19.1.2. **Plasma**

El plasma es un medio acuoso que contiene, disueltas o en suspensión, numerosísimas sustancias: sales minerales, metabolitos intermediarios (glucosa, aminoácidos, lactato, urea, creatinina, ...), vitaminas, hormonas (Cap. 20) y proteínas (tabla 19.2).

Tabla 19.2

Concentraciones normales de diversos solutos en el plasma humano

Proteínas	(g/l)	**Solutos orgánicos**	(mg/l)
Albúmina	35-45	Urea	200-300
α_1-globulinas	2-3	Aminoácidos	350-650
α_2-globulinas	4-8	Ácido úrico	20-60
β-globulinas	6-9	Creatinina	7-12
γ-globulinas	9-15	Glucosa	700-900
Fibrinógeno	30	Fructosa	60-80
Protrombina	1	Cuerpos cetónicos	10-40
Haptoglobina	0,6-1,4	Lactato	80-170
Transferrina	2-4	Citrato	15-30
		Vitamina B_{12}	0,0003

Lípidos (unidos a las α y β-globulinas) (g/l)		**Cationes** (mEq/l)*		**Aniones** (mEq/l)*	
Lípidos totales	3-7	Na^+	140	Cl^-	102
Triglicéridos	0,8-2,4	K^+	4	HCO_3^-	26
Colesterol (libre y esterificado)	1,3-2,6	Ca^{++}	5	Fosfatos	2
Fosfolípidos	1,6-3	Mg^{++}	2	Sulfatos	0,4
		Otros (NH_4^+, ...)	1	Proteinatos y otros	21,6
			152		152

* La concentración en mEq/l se obtiene multiplicando la milimolaridad por la valencia o carga eléctrica del ion.

(6.6.2) Las proteínas plasmáticas se separan a menudo en la clínica por electroforesis en acetato de celulosa, con lo que se pueden distinguir albúmina, α_1, α_2, β, y γ-globulinas. Esto no supone cinco proteínas únicas, sino numerosas moléculas heterogéneas que, por electroforesis, se separan en estos cinco grupos. Por ejemplo, el grupo de las β-globulinas incluye proteínas tan dispares como la transferrina, las β-lipoproteínas y algunos anticuerpos.

Entre las proteínas plasmáticas purificadas que tienen una función destacada, señalaremos:

— *Albúmina* (M = 66 000); es la proteína más abundante del plasma y, en consecuencia, la principal responsable de la presión osmótica de la sangre. También actúa como transportador inespecífico de numerosas sustancias (bilirrubina, ácidos grasos, medicamentos, ...).

(T.6.3) — *Lipoproteínas,* de estructura variada; por electroforesis se separan entre las α y β-globulinas. Los diversos tipos transportan lípidos específicos, como ya se comentó en el capítulo 6.

— *Inmunoglobulinas,* o anticuerpos; casi todas β y γ-globulinas, responsables de la inmunidad humoral.

— *Transferrina* (M = 75 000), una β-globulina específica para el transporte del hierro.

— *Haptoglobina,* proteína que se une a la hemoglobina liberada por ***hemolisis*** (ruptura de hematíes). El complejo hemoglobina-haptoglobina se fija en las células retículo-endoteliales de hígado y bazo para su degradación.

— *Proteínas de la coagulación.* Se conocen al menos diez proteínas plasmáticas que, junto con otros factores (Ca^{++} y fosfolípidos), son indispensables en el proceso de la coagulación sanguínea. El papel de cada una de estas proteínas se detallará mas adelante (19.7).

19.1.3. Relaciones de la sangre con otros medios

Para cumplir sus funciones, la sangre necesita estar en contacto con otros medios corporales, con los que intercambia nutrientes y productos de desecho. Estos otros medios, algunos de los cuales ya han sido mencionados, son los siguientes:

— **Quilo,*** o producto de la digestión, tal y como se encuentra en el intestino delgado. Los nutrientes pasan del quilo a la sangre a
(18.7) través del epitelio intestinal, por el proceso de *absorción* (Fig. 19.3).

— **Linfa,** o fluido acuoso que procede del drenaje del líquido intersticial. Contiene leucocitos, algunas proteínas y moléculas pequeñas, y las grasas absorbidas en el intestino delgado. El sistema vascular linfático desemboca, a través del *conducto torácico,* en el sistema venoso (Figs. 19.1*b* y 19.3).

— **Líquido cefalorraquídeo.** Es el líquido que baña el sistema nervioso central (encéfalo y médula espinal). Entre la sangre y el líquido cefalorraquídeo existe la llamada *barrera hematoencefálica,* constituida por las células de la *glía,* que sólo permite la difu-

* En la bibliografía anglosajona se denomina *quilo* (*chyle*) a la linfa procedente del tubo digestivo.

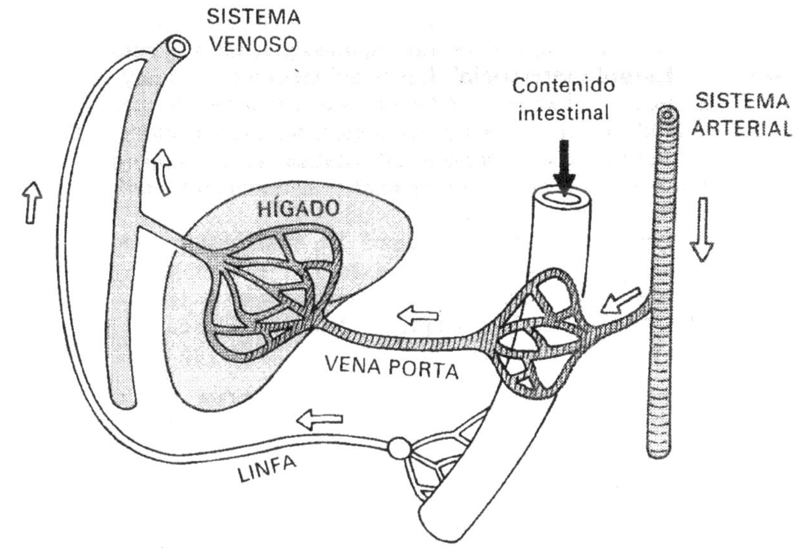

Figura 19.3
Relaciones de la sangre con el tubo digestivo. Los azúcares y aminoácidos se incorporan por medio de la vena porta, a través del hígado, y las grasas, por medio del sistema linfático.

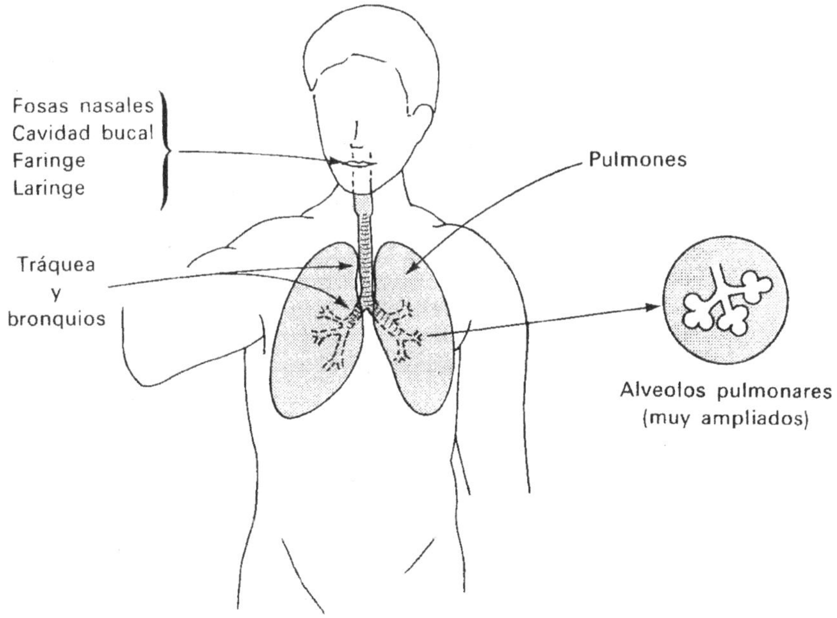

Figura 19.4
Estructura esquemática del aparato respiratorio. El aire inspirado, a través de la boca o de las fosas nasales, contacta con la sangre a nivel de los alveolos pulmonares.

sión de solutos muy específicos. A través de esta barrera, la sangre suministra al líquido cefalorraquídeo glucosa y aminoácidos.

— **Líquido intersticial.** Las relaciones entre sangre y líquido intersticial ya han sido comentadas al comienzo del párrafo 19.1. Cuando, en una situación patológica, la presión osmótica de la sangre desciende o la presión hidrostática venosa aumenta, el agua extravasada al líquido intersticial se acumula en los tejidos, dando lugar a *edemas*.

— **Aire**. La sangre se relaciona con el aire en los pulmones, cediendo CO_2 y captando O_2 (Fig. 19.4). Los intercambios gaseosos de la sangre se comentan con detalle en el § 19.2.

— **Orina.** Parte de la sangre da lugar a la orina en el riñón. También este aspecto se estudiará con más detalle, en el párrafo 19.3.

19.2. TRANSPORTE DE GASES POR LA SANGRE

Las células del organismo requieren oxígeno para las oxidaciones aerobias y liberan anhídrido carbónico. La sangre es la encargada de transportar estos gases e intercambiarlos con el aire y los tejidos. El oxígeno es muy poco soluble en agua (unos 5 ml/l) y por ello la sangre lo transporta unido a una proteína especializada, la *hemoglobina* de los hematíes. Gracias a la hemoglobina, la sangre transporta 250 ml de oxígeno por litro. El CO_2 es mucho más soluble y se transporta de tres maneras principales: CO_2 disuelto en plasma y hematíes (6%), en forma de bicarbonato, HCO_3^- (70%), y CO_2 unido a la hemoglobina (24%).

Para llegar al interior del hematíe, el oxígeno atmosférico debe atravesar una serie de membranas: el epitelio alveolar, el endotelio capilar y la membrana del hematíe. Para abandonar la sangre, el CO_2 debe seguir el mismo camino, en sentido inverso, hasta la luz del alveolo. Estos movimientos de gases se realizan por difusión. Recuérdese que la difusión siempre tiene lugar del compartimento más concentrado* al más diluido: en la sangre venosa hay mayor concentración de CO_2 que en el alveolo, y en el alveolo hay mayor presión parcial de oxígeno que en la sangre. En los tejidos ocurre lo contrario. El oxígeno llega a las células difundiendo a través del endotelio capilar, y el CO_2 producido en las células llega a la sangre difundiendo en sentido inverso. Como es lógico, la presión parcial de O_2 en el cabo arterioso del capilar es superior a la del tejido, mientras que la presión parcial de CO_2 en el capilar es menor que la del tejido.

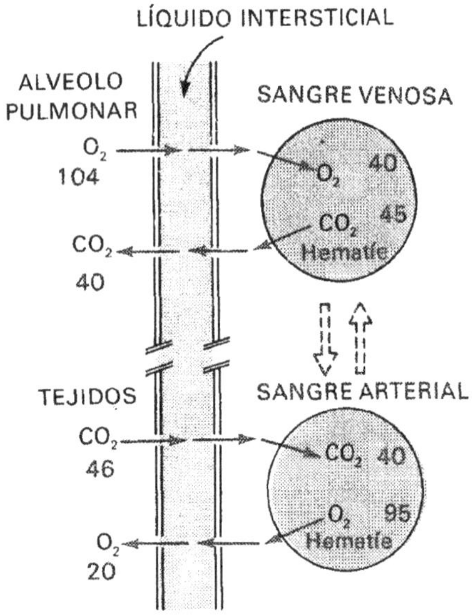

Intercambios gaseosos de la sangre con el aire alveolar y los tejidos (los números en rojo indican las presiones parciales de cada gas en mm Hg)

19.2.1. Estructura de la hemoglobina

La hemoglobina, que da el color rojo a la sangre, es el principal componente de los hematíes: la tercera parte de su masa. Es una proteína cuya estructura se conoce con todo detalle. Está compuesta por cuatro monómeros, iguales dos a dos. Cada monómero consiste en una cadena polipeptídica que engloba un grupo prostético hemo. Se conocen varios tipos de hemoglobina que difieren en los polipéptidos que los integran. La hemoglobina más abundante

* En el caso particular de los gases, en un medio acuoso, la concentración es proporcional a la presión parcial, c = kp (k = coeficiente de proporcionalidad). Si se compara un medio acuoso con otro gaseoso (por ejemplo, sangre y aire alveolar), es más correcto hablar de presiones parciales que de concentraciones.

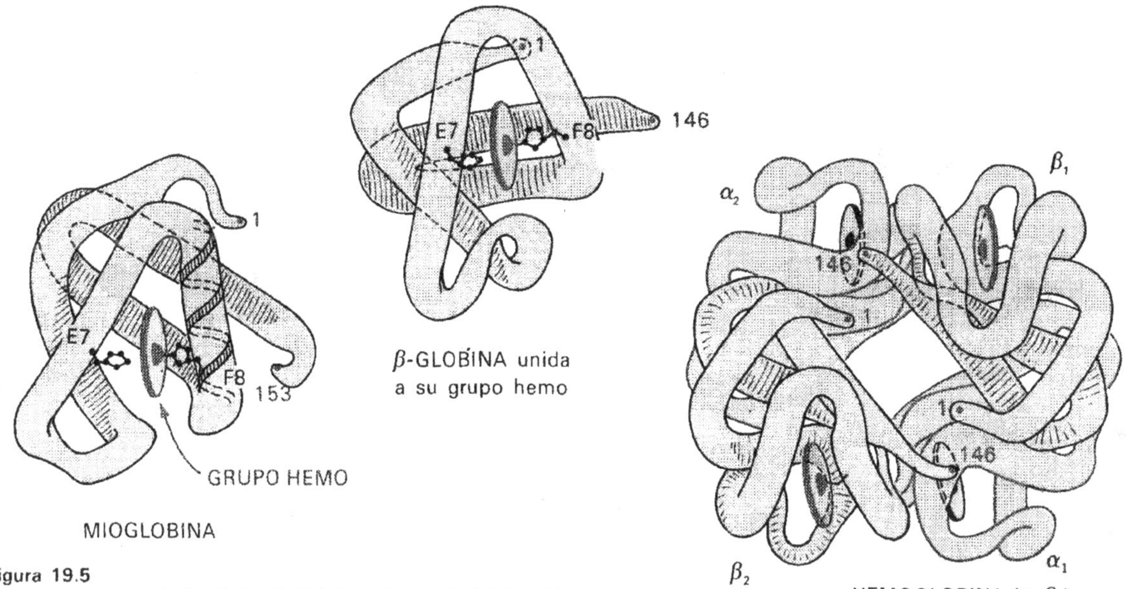

Figura 19.5
Las estructuras terciarias de la mioglobina y de una β-globina aislada son muy semejantes. La hemoglobina A está formada por dos globinas tipo α y dos globinas tipo beta ($\alpha_2\beta_2$). Su estructura cuaternaria configura un hueco central que disminuye al oxigenarse la molécula (ver texto).

en el adulto es la llamada *A* (o A_1) que consta de dos cadenas α y dos cadenas β ($\alpha_2\beta_2$). Cada cadena α tiene 141 aminoácidos, y cada cadena β, 146. Un 2% de la hemoglobina adulta es del tipo A_2, con dos cadenas α y dos cadenas δ ($\alpha_2\delta_2$). Las cadenas δ difieren de las β tan sólo en unos cuantos aminoácidos. A lo largo del desarrollo embrionario y fetal se van sintetizando diversos tipos de hemoglobina. Por ejemplo, en la etapa que precede al parto predomina la hemoglobina *F* ($\alpha_2\gamma_2$); la diferencia entre las cadenas γ y β también se limita a unos pocos aminoácidos. En condiciones fisiológicas, la hemoglobina *F* tiene mayor afinidad por el oxígeno que la hemoglobina *A*; esto permite que el feto pueda captar oxígeno de la sangre materna, a través de la placenta (Fig. 19.8*a*).

Cada grupo hemo se halla situado en una cavidad apolar que forma la cadena polipeptídica (Fig. 19.5). Los aminoácidos apolares de esta cavidad interaccionan con el anillo de la protoporfirina por fuerzas hidrofóbicas. Además, el hierro ferroso (Fe^{++}) del hemo forma un *complejo de coordinación* octaédrico, una de cuyas valencias le permite enlazar covalentemente con una determinada histidina (*His proximal*) del polipéptido. La sexta valencia de coordinación queda libre para unir el oxígeno (Fig. 19.6).

Se conocen múltiples casos de hemoglobinas anormales; sólo algunas de ellas originan cuadros clínicos, bien por inestabilidad de la propia molécula, por una anómala afinidad por el O_2, o por problemas de solubilidad dentro del hematíe, que ocasionan la destrucción prematura de esta célula. La tabla 19.3 recoge varios ejemplos de los distintos casos. El síndrome más conocido lo constituye la denomina *anemia falciforme* (hematíes en forma de hoz), ocasionada por la sustitución del *Glu* (β^6) por *Val*. La hemoglo-

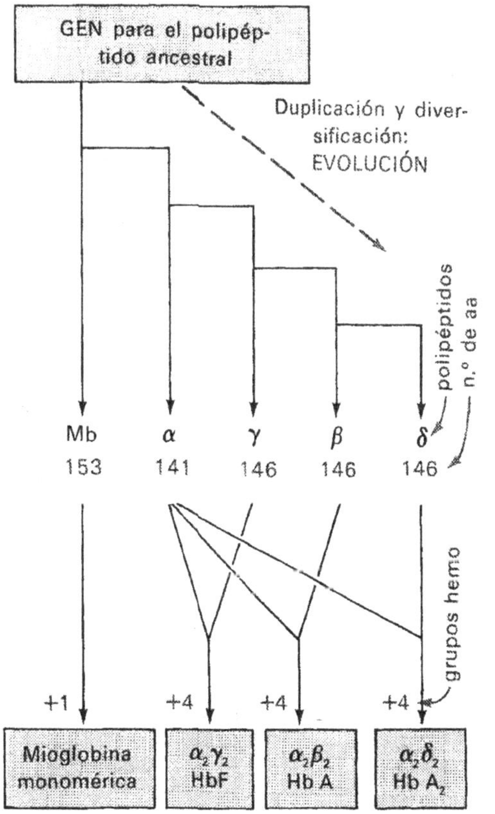

Origen y formación de las hemoglobinas principales

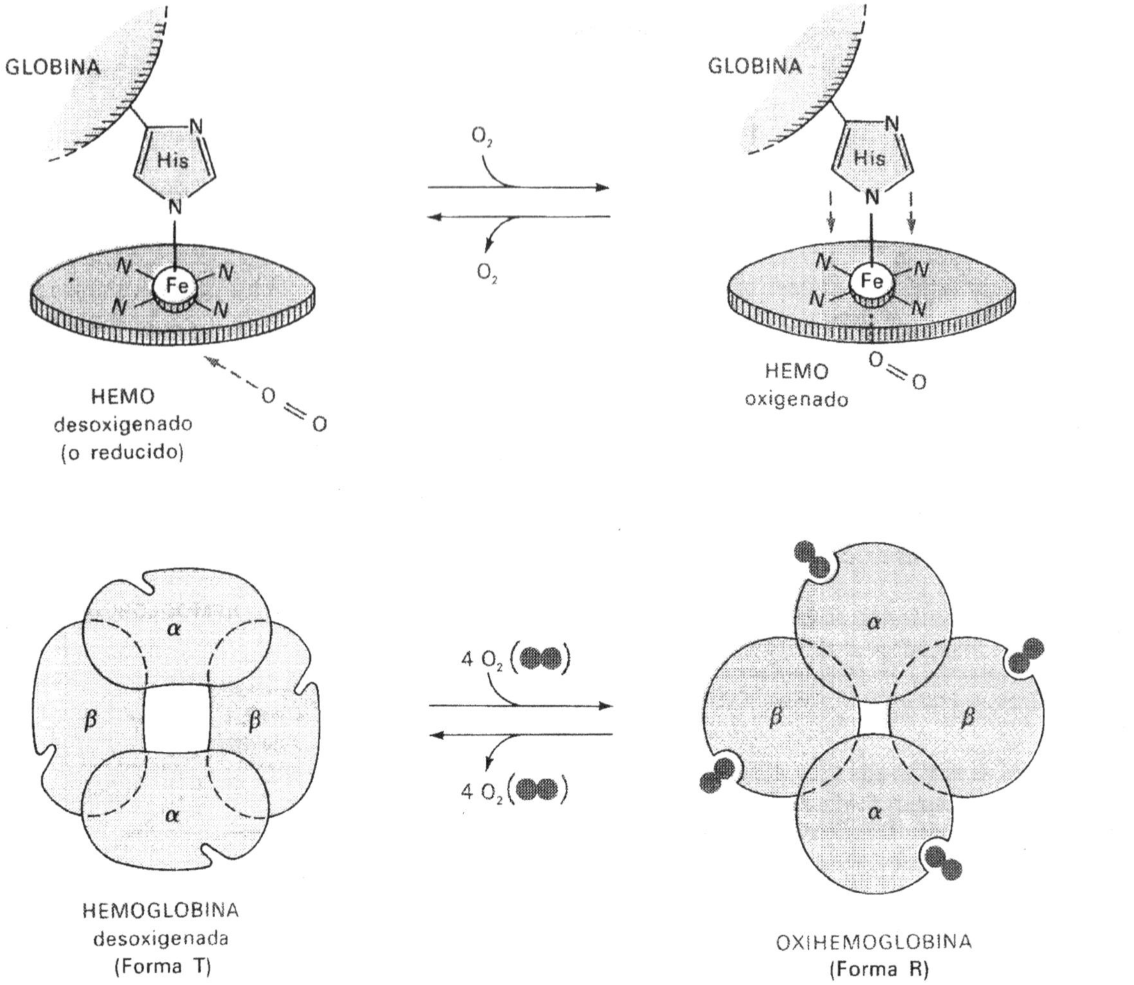

Figura 19.6
Representaciones esquemáticas de la fijación y liberación de oxígeno por el hemo de la hemoglobina. El O_2 ocupa la sexta valencia de coordinación del Fe. La oxihemoglobina corresponde a la forma R y la hemoglobina reducida a la forma T. Para ver las fórmulas con más detalle, consúltense las figuras 14.2 y 19.5.

bina S desoxigenada es insoluble y forma unas fibrillas que hemolizan los hematíes.

19.2.2. Unión del O_2 a la hemoglobina

(A.14.1) El O_2 se une a la sexta valencia del Fe del grupo hemo. La hemoglobina unida al O_2 se denomina oxihemoglobina. Cada molécula de hemoglobina puede unirse a cuatro moléculas de oxígeno (8 átomos), una molécula de O_2 por cada grupo hemo. Naturalmente, la unión hemo-oxígeno es reversible, de modo que cuando la concentración (o presión parcial) de O_2 es elevada, el gas se une a la

Tabla 19.3
Algunos tipos de hemoglobinas anormales y sus consecuencias clínicas

	Hbna anormal	Fórmula	Efectos bioquímicos	Consecuencias clínicas
1. *Por déficit de cadenas α*	H	β_4	Falta cooperatividad en el transporte de O_2	anemia
	Bart	γ_4	Falta cooperatividad en el trasporte de O_2	anemia
2. *Por cadenas α muy largas*	Constant Spring	$\alpha_2^{CS}\beta_2$	172 aa. en vez de 141, inestable	anemia
3. *Por deleciones en cadenas β*	Gun-Hill	$\alpha_2\beta_2^{GH}$	Faltan 5 aa. en cadenas β, que no transportan hemo	anemia
4. *Por soldaduras β-δ*	Lepore	$\alpha_2(\beta\text{-}\delta)_2$	Hay varias clases de cadenas híbridas β-δ	anemia
5. *Por sustitución de un solo aa**	S (falciforme)	$\alpha_2\beta_2^S$	Glu (β^6) → Val desoxihemoglobina insoluble, que cristaliza en fibras	hematíes en forma de hoz, hemolisis, anemia
	M_{Boston}	$\alpha_2^M\beta_2$	His (α^{58}) → Tyr Fe férrico, no transporta O_2	anemia
	$M_{Saskatoon}$	$\alpha_2\beta_2^M$	His (β^{63}) → Tyr Fe férrico, no transporta O_2	anemia
	Kempsey	$\alpha_2\beta_2^{Ke}$	Asp (β^{91}) → Asn excesiva afinidad por O_2	no libera bastante O_2
	Kansas	$\alpha_2\beta_2^{Ka}$	Asn (β^{94}) → Thr escasa afinidad por O_2	no transporta bastante O_2

* Se conocen además varios centenares de mutaciones de un aminoácido por otro que resultan prácticamente inocuas. Una persona, de cada 300, es portadora de una hemoglobina anómala.

hemoglobina hasta saturarla. Cuando la presión parcial de O_2 (P_{O_2}) desciente, el gas se libera. A cada P_{O_2} corresponde un *grado de saturación* de la hemoglobina, como se indica en la figura 19.7.

La curva de la figura 19.7 tiene forma de S. Se dice que la unión del O_2 sigue una *cinética sigmoidea* (de la letra griega *sigma*, equivalente a la *ese* latina). Esto significa que en una zona determinada (sombreada en la figura), pequeños cambios de P_{O_2} inducen grandes cambios en la saturación. Esta circunstancia es del mayor interés fisiológico porque facilita que la hemoglobina se cargue de O_2 en el pulmón ($P_{O_2} \simeq$ 100 mm Hg*) y lo libere en los tejidos ($P_{O_2} \simeq$ 25 mm Hg).

La forma sigmoidea de la curva de saturación (Fig. 19.7) es el resultado de la interacción entre las cuatro subunidades de la hemoglobina. Si estuvieran separadas, cada una de ellas seguiría

* La presión atmosférica es de 760 mm Hg, por lo tanto, una presión parcial de 100 mm Hg equivale a (100/760) = 0,13 atm. La P_{O_2} del aire atmosférico es de 160 mm Hg, es decir, de 0,21 atm.

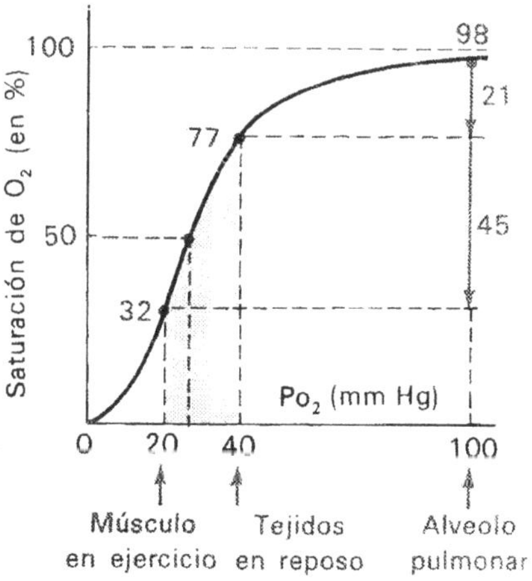

Figura 19.7
Curva de saturación de la hemoglobina. Al pasar de los pulmones a los tejidos, la hemoglobina libera oxígeno. Durante el ejercicio violento, se puede triplicar la cantidad de O_2 liberado (66% en vez de 21%, en este ejemplo).

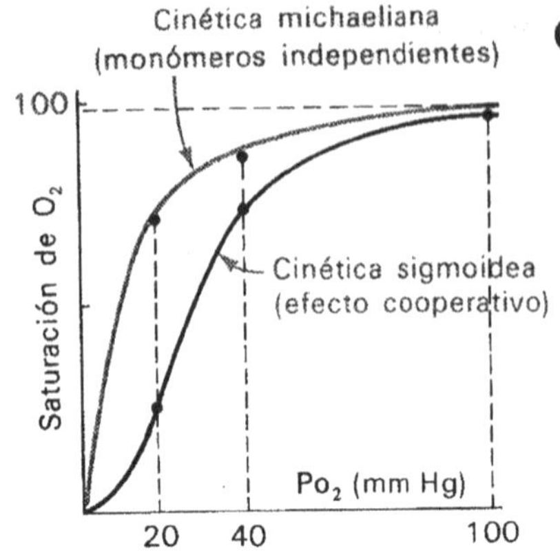

(9.5) una *cinética hiperbólica,* como los enzimas michaelianos. En cambio, en la hemoglobina, cuando una subunidad fija O_2, se favorece la fijación en las otras tres, y lo contrario ocurre cuando una subunidad libera O_2 (*efecto cooperativo*). Se asigna a la hemoglobina desoxigenada (o reducida) la forma **T** (tensa) y a la oxigenada la forma **R** (relajada) (Fig. 19.6), como se estudió para los enzimas en el capítulo 9 (9.4.5).

La curva de saturación de O_2 puede modificarse por diversos factores: 2,3-difosfoglicerato, H^+, CO_2 y temperatura, entre otros.

El **2,3-difosfoglicerato (DPG),** un intermediario de la glicolisis anaerobia en los hematíes, se une a la hemoglobina no oxigenada, en una oquedad central entre las cuatro subunidades. Esta unión produce en la hemoglobina una disposición espacial que dificulta la entrada de oxígeno. Sólo cuando la P_{O_2} es elevada el O_2 desplaza al DPG, y se une a la hemoglobina:

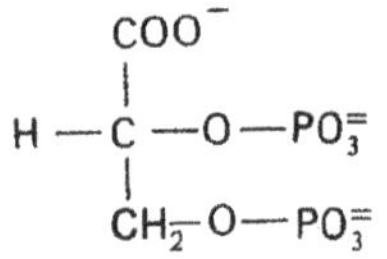

2,3-difosfoglicerato
(DPG)

$$Hb \cdot DPG + 4\,O_2 \rightleftharpoons Hb(O_2)_4 + DPG$$

El resultado de este equilibrio es que, es presencia de DPG, la curva de saturación, dibujada al margen, se desplaza hacia la derecha, es decir, que se favorece la liberación de O_2.

El DPG se une mejor a la hemoglobina *A* que a la *F*. Ésta es la razón que permite a la sangre materna liberar el oxígeno que fijará la sangre fetal.

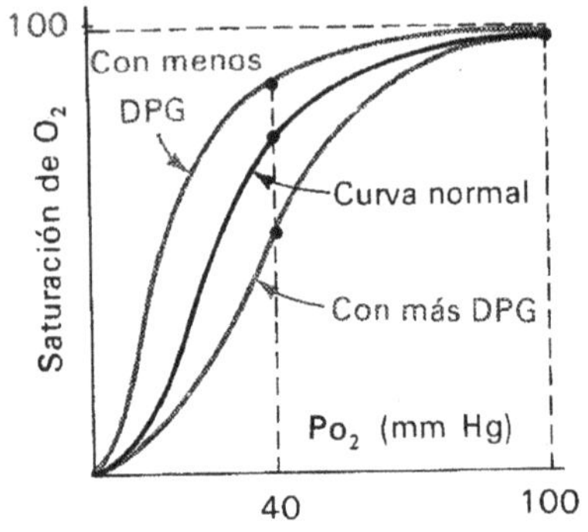

En las dificultades respiratorias, bien por insuficiente ventilación (*asma, enfisema, ...*) o por falta de P_{O_2} (aclimatación a la altura) se produce, además de un aumento en el número de hematíes (*poliglobulia*), un aumento en la concentración de DPG. Así se consigue una mejor liberación de O_2, aunque la cantidad transportada sea menor, y por tanto disminuya la posibilidad de realizar esfuerzos físicos.

El nivel de DPG en los eritrocitos decrece cuando la sangre se almacena en los *bancos de sangre.* Para reducir esta pérdida se añade a la sangre inosina. Sin embargo, en las transfusiones masivas, es preciso recurrir a sangre muy fresca para que mantenga niveles normales de DPG. En los casos en que el volumen de sangre transferido es relativamente pequeño, los bajos niveles de DPG en los hematíes transfundidos no constituyen problema, pues se recuperan en 24 horas.

Otro factor que modifica la afinidad de la hemoglobina por el O_2 en el **pH**. La forma oxigenada de la hemoglobina tiene carácter ácido más acentuado que la forma desoxigenada:

$$Hb\,H + O_2 \rightleftharpoons Hb\,O_2^- + H^+$$

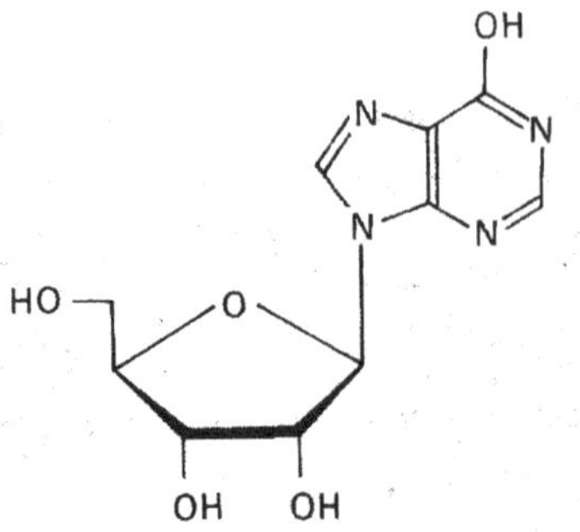

Inosina

En consecuencia, la presencia de cualquier ácido (fuente de H^+) en la sangre desplaza el equilibrio hacia la izquierda, liberando oxígeno. La producción de ácidos tiene lugar comúnmente en los tejidos, como consecuencia del catabolismo: en la degradación aerobia se produce CO_2 (que reacciona con el agua para dar ácido carbónico, H_2CO_3) y en la anerobia, ácidos orgánicos, como el láctico. Cuando la glucosa escasea se produce ácido acetacético. Todos estos ácidos favorecen la liberación de O_2 en los tejidos, es decir, facilitan la acción fisiológica de la hemoglobina. Inversa-

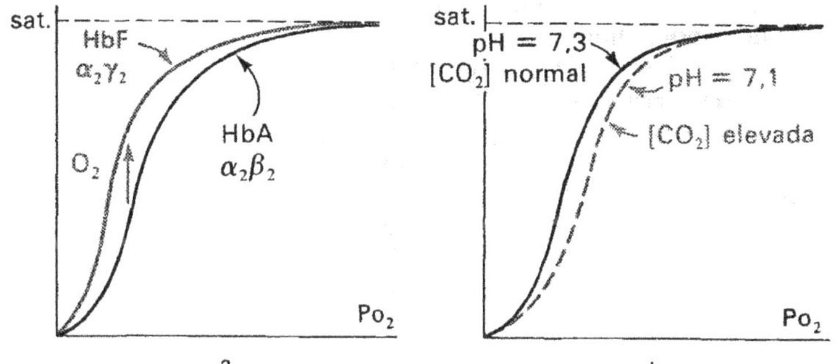

a.

La HbA cede oxígeno a la Hb fetal en la placenta, cuando los niveles de DPG son normales.

b.

Cuando aumenta la acidez, o la concentración de CO_2, se libera más O_2.

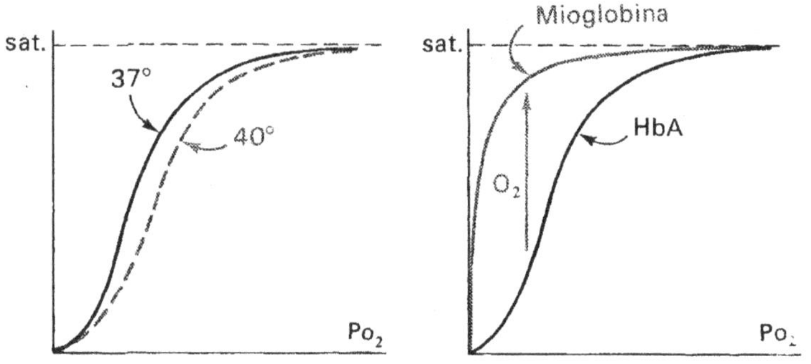

c.

A mayor temperatura se produce mayor liberación de O_2.

d.

La HbA libera O_2 que la mioglobina retiene hasta presiones de O_2 extraordinariamente bajas.

Figura 19.8
Representaciones gráficas de diversos efectos sobre la disociación de las oxihemoglobinas (véase texto).

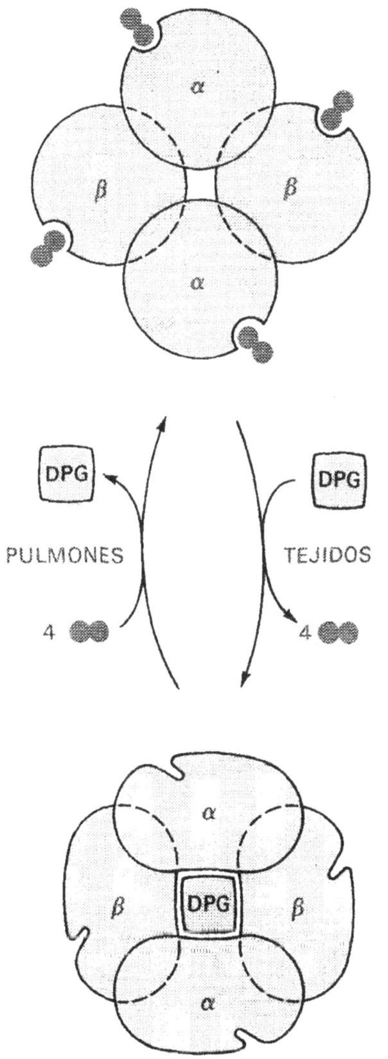

El DPG facilita la liberación de O_2 en los tejidos, al estabilizar la forma T (hemoglobina desoxigenada).

mente, en los pulmones se libera CO_2 (el CO_2 y el H_2CO_3 son fácilmente interconvertibles, como veremos enseguida), con lo cual dismunuye la acidez y se desplaza hacia la derecha el equilibrio anterior: se favorece la oxigenación de la hemoglobina. El efecto de los iones H^+ sobre la hemoglobina se denomina *efecto Bohr.*

El CO_2, además de actuar como cualquier otro ácido (en su forma H_2CO_3) tiene una acción específica sobre la hemoglobina. Reacciona químicamente y de forma reversible con el grupo $-NH_2$ terminal de las cadenas α, principalmente.

$$\underset{\text{Hemoglobina (HbH)}}{R - NH_2} + CO_2 \rightleftharpoons \underset{\text{Carbaminohemoglobina (HbCO}_2\text{H)}}{R - NH - COOH}$$

La carbaminohemoglobina también tiene menor afinidad por el O_2 que la hemoglobina. Así pues, se potencia la acción antagonista de CO_2 y H^+ frente al O_2 (Fig. 19.9).

La temperatura, por último, también modifica la curva de saturación de la hemoglobina. A mayor temperatura, mayor liberación de O_2. En estados febriles las células aumentan su metabolismo, y por tanto su necesidad de consumo de O_2. La *hipertermia* proporciona el aporte supletorio de O_2 a los tejidos por la hemoglobina, no sólo porque la liberación de O_2 es mayor, sino porque aumenta el flujo sanguíneo, por la *taquicardia,** y la saturación de la sangre es más completa, por la *hiperpnea.***

COMPLEMENTOS 19.2

UNIÓN DEL ÓXIDO DE CARBONO A LA HEMOGLOBINA

El **óxido de carbono*** (CO) es un gas muy tóxico que se produce en las combustiones incompletas (motores de automóvil, cigarrillos, braseros, estufas de butano, ...). Bioquímicamente se une al hierro de la hemoglobina al igual que el oxígeno, pero con mucha mayor afinidad (es unas 210 veces más afín que el O_2). Esto supone que, si respiramos en una atmósfera normal (con un 21% de O_2), contaminada con un 0,1% de CO, nuestra hemoglobina se uniría por igual a cada uno de estos dos gases. Como las formas T y R de la hemoglobina son interconvertibles y las uniones del O_2 y del CO al hierro son cooperativas («*todo o nada*»), la presencia de un 0,1% de CO ocasionaría la muerte. En efecto, en el equilibrio,

$$\underset{\text{forma T}}{Hb(CO)(O_2)_3} \rightleftharpoons \underset{\text{forma R}}{Hb} + CO + 3\,O_2$$

la presencia del CO desplaza fuertemente la reacción hacia la izquierda, impidiendo la liberación de O_2 en los tejidos. Además, el CO interfiere la respiración celular, al unirse a determinados citocromos (cuando su átomo de hierro está en forma ferrosa), paralizando así la fosforilación oxidativa. El *cianuro* (CN^-) y la *azida* (N_3^-) son también muy venenosos porque se unen a esos mismos citocromos, cuando el hierro está en forma férrica. En casos de ingestión de cianuro o inhalación de ácido cianhídrico (HCN), para evitar que este tóxico llegue a las células, se procura oxidar parte de la hemoglobina sanguínea ($Fe^{++} \rightarrow Fe^{+++}$), para que retenga el CN^- y dé tiempo para la degradación biológica de este veneno.

Es interesante resaltar que fisiológicamente se produce una molécula de CO en el paso de las porfirinas a bilirrubina, lo cual hace que el 1% de nuestra hemoglobina circulante esté permanentemente unida al CO (Fig. 11.12).

* También se denomina **monóxido de carbono**.

$$\underset{\text{Hemoglobina}}{Hb} + 4CO \rightarrow \underset{\text{Carboxihemoglobina}}{Hb(CO)_4}$$

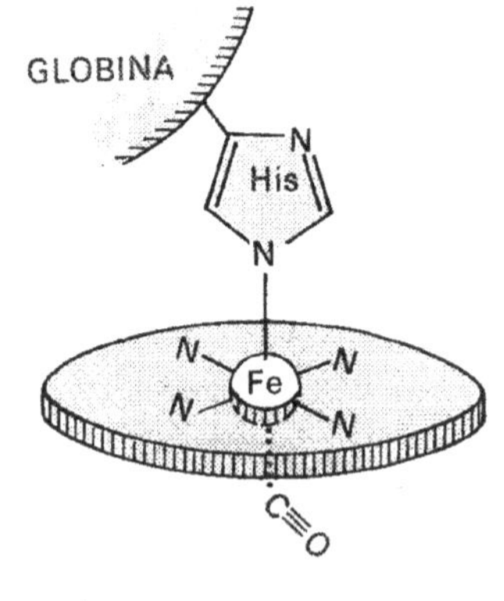

(12.4)

Carboxihemoglobina

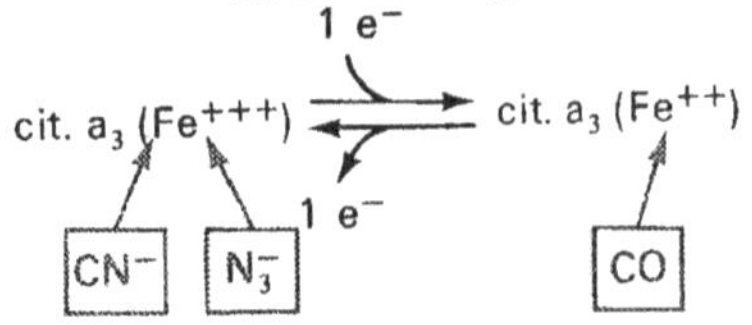

* *Taquicardia:* aumento de la frecuencia de las pulsaciones cardiacas.
** *Hiperpnea:* aumento de la amplitud de los movimientos respiratorios.

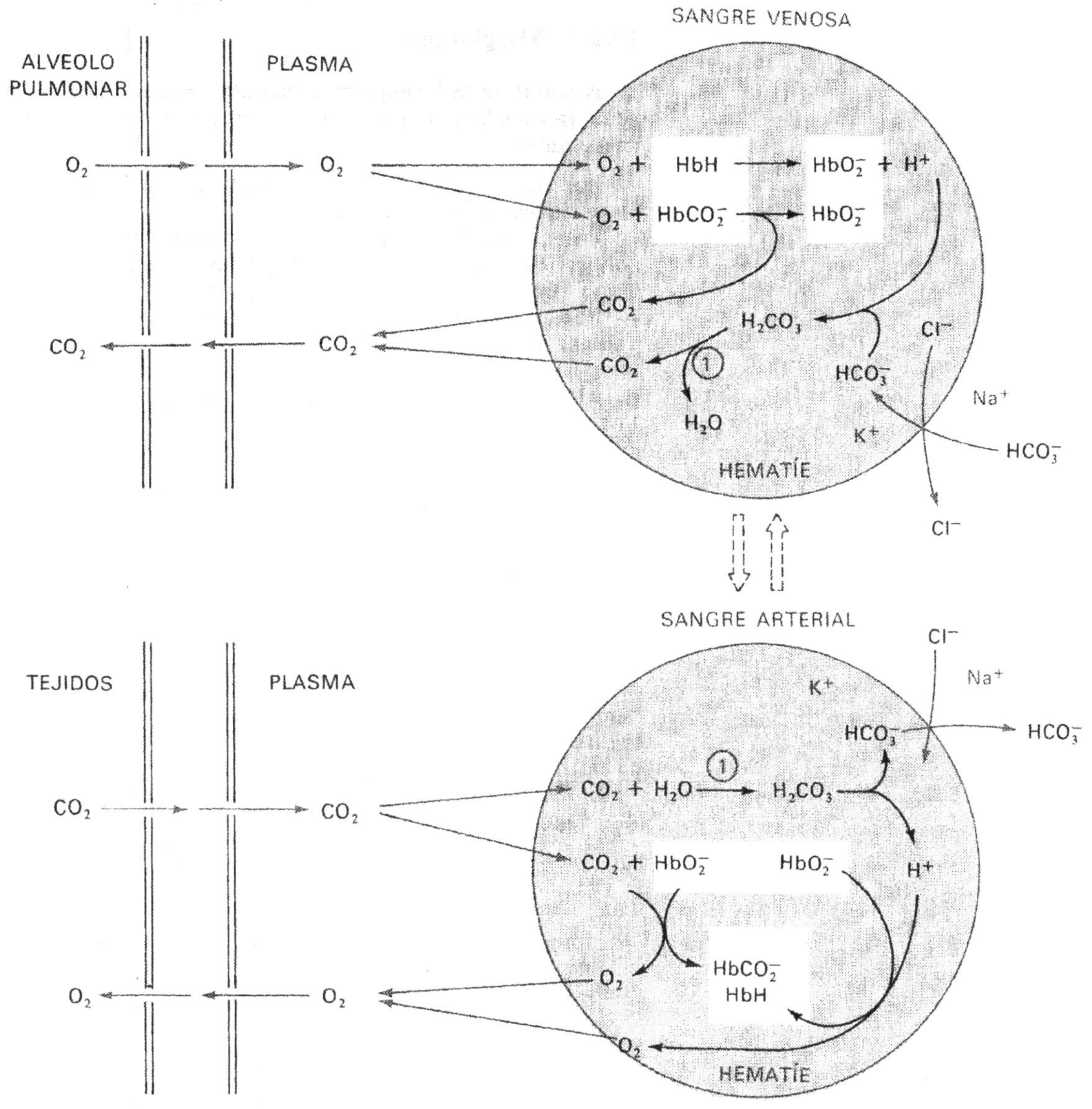

Símbolos utilizados

: Anhidrasa carbónica

HbH: hemoglobina desoxigenada

HbO_2^-: oxihemoglobinato

$HbCO_2^-$: carbaminohemoglobinato

→ : reacciones químicas

→ : difusión de moléculas o iones

Figura 19.9
Reacciones químicas vinculadas al transporte de O_2 y CO_2 por la sangre. Tanto en el alveolo pulmonar como en los tejidos, el exceso de uno de los gases facilita la eliminación del otro.

19.2.3. Mioglobina

Además de la hemoglobina hay otra proteína fijadora de oxígeno, la mioglobina. Sin embargo, entre ellas existen diferencias importantes:

— Por su *localización,* pues la mioglobina se halla fija en el interior de las células musculares.
— Por su *estructura,* pues la mioglobina contiene una sola cadena polipeptídica, ligeramente mayor que las de la hemoglobina, y un grupo hemo: la mioglobina es monomérica (Fig. 19.5).
— Por su *cinética de unión al* O_2 que, como consecuencia de la estructura monomérica, es *hiperbólica* (michaeliana) (Fig. 19.8*d*).
— Por su *función,* que, en lugar de transportar O_2, consiste en almacenarlo, para liberarlo en las situaciones de extrema necesidad. Los mamíferos buceadores (ballena, cachalote, ...) tienen mucha más mioglobina que los terrestres, y por ello su carne es característicamente oscura.

19.2.4. Transporte de CO_2

El CO_2 es mucho más soluble que el O_2 tanto en agua como en lípidos. Por esta razón, el anhídrido carbónico difunde con facilidad en los medios acuosos (líquido intersticial, plasma y citosol del hematíe) y a través de las membranas (epitelio alveolar, endotelio capilar y membranas citoplasmáticas). En consecuencia, basta una pequeña diferencia de presión parcial, P_{CO_2}, para producir un flujo neto de CO_2 en cualquier sentido.

El CO_2 no sólo se disuelve en el agua, sino que reacciona con ella, según las conocidas ecuaciones

$$CO_2 + H_2O \leftrightharpoons H_2CO_3$$
$$H_2CO_3 \leftrightharpoons HCO_3^- + H^+$$

Los amortiguadores de la sangre consumen los hidrogeniones producidos y desplazan ambos equilibrios hacia la derecha.

La reacción de formación de H_2CO_3 es espontánea, pero no lo suficientemente rápida para que tenga lugar en el tiempo de contacto de los eritrocitos con el aire o con los tejidos. Los hematíes tienen un enzima específico, la *anhidrasa carbónica,* que cataliza la reacción en ambos sentidos. De este modo el equilibrio se alcanza mucho más aprisa, en décimas de segundo. El ion bicarbonato, HCO_3^-, formado en los hematíes, mediante estas reacciones, difunde al plasma, de modo que se transporta por ambos medios: 2/3 por el plasma y 1/3 por los hematíes (Fig. 19.9).

El CO_2 se une a la sangre en los tejidos porque la hemoglobina desoxigenada tiene mayor afinidad por él (19.2.2) y porque, al ser la hemoglobina desoxigenada un ácido muy débil, capta hidrogeniones del medio. De este modo se favorece la disociación del H_2CO_3, el cual repone los hidrogeniones y da lugar a HCO_3^-. Así la sangre transporta CO_2 en forma de carbaminohemoglobina y en forma de bicarbonato. Lo contrario ocurre en el pulmón. La abundancia de O_2 favorece la formación de oxihemoglobina, lo cual supone la liberación del CO_2 de la carbaminohemoglobina, y, al ser la oxihemoglobina un ácido bastante fuerte, cede H^+ al HCO_3^-, que se reconvierte en H_2CO_3 y se elimina en forma de CO_2. En resumen,

$$\underset{\text{oxihemoglobinato}}{HbO_2^-} + CO_2 + H_2O \underset{\text{pulmón}}{\overset{\text{Tejidos}}{\rightleftarrows}} \underset{\text{hemoglobina desoxigenada}}{HbH} + O_2 + HCO_3^-$$

19.3. FILTRACIÓN RENAL

En el metabolismo se producen otras sustancias de desecho, aparte del CO_2, como son la urea, la bilirrubina, la creatinina (derivada de la fosfocreatina del músculo), el ácido úrico, etc. La sangre se libera de estas sustancias de desecho eliminándolas en forma de *orina;* este líquido se produce, a partir de la sangre, en el riñón. Al eliminar una serie de sustancias de manera selectiva, el riñón actúa como uno de los grandes reguladores de la constancia del medio interno, pues es capaz de modificar su composición, pH y osmolalidad.

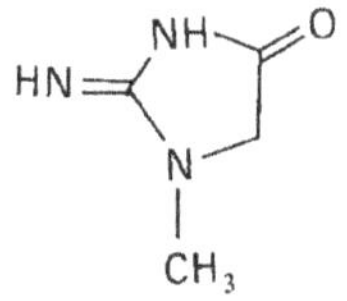

Creatinina

El aparato excretor humano se representa en la figura 19.10. Desde el punto de vista funcional, la unidad de filtración renal es la **nefrona.** La nefrona consta del *glomérulo* y el *túbulo.* El glomérulo renal es un conglomerado de *capilares arteriales.* El túbulo renal consta de la *cápsula de Bowman,* saco membranoso que envuelve al glomérulo, y que se continúa por un conducto con tres tramos diferenciados: *túbulo contorneado proximal, asa de Henle*

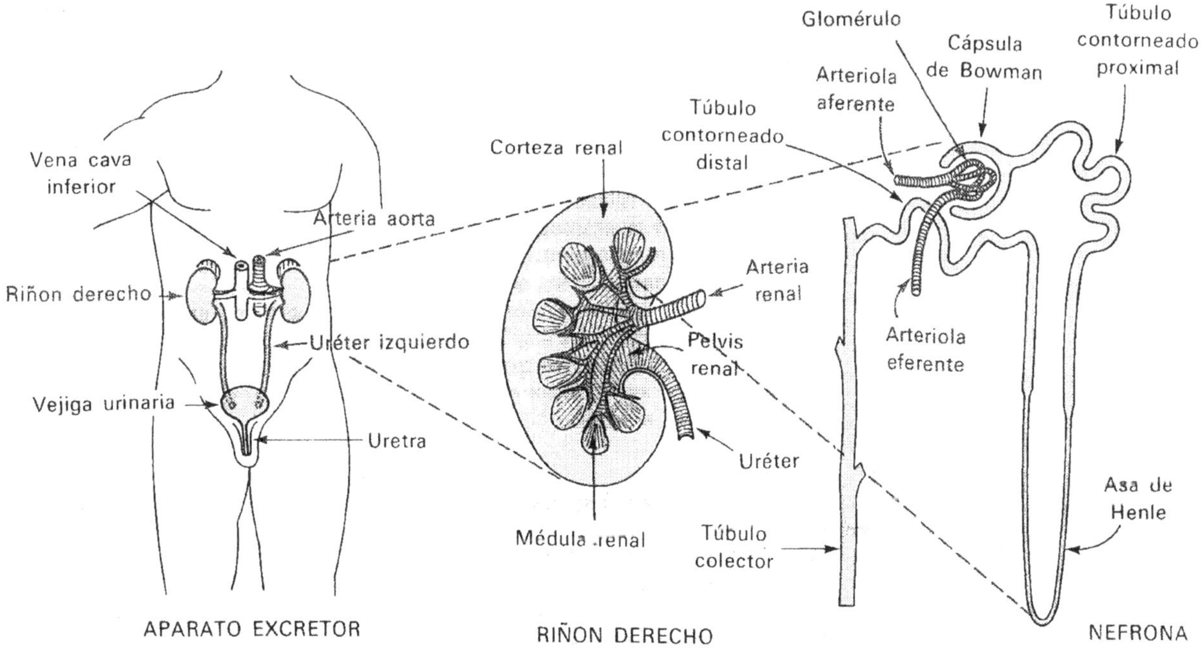

Figura 19.10
Representación esquemática del aparato excretor en el hombre. Con mayor detalle se representa un corte de riñón y los diferentes tramos de la unidad de filtración renal o *nefrona.*

y *túbulo contorneado distal.* Los túbulos distales de las diversas nefronas confluyen en los *túbulos colectores.*

19.3.1. **Filtrado glomerular**

La sangre que circula por los capilares del glomérulo sufre un proceso de ultrafiltración; en este proceso, impulsado por la presión hidrostática de la sangre, salen de los capilares agua y solutos (iónicos y moleculares) de pequeño tamaño: Na^+, K^+, Cl^-, HCO_3^-, glucosa, urea, aminoácidos, etc. El conjunto extravasado, llamado *filtrado glomerular,* pasa al interior de la cápsula de Bowman (ver figuras). El filtrado glomerular contiene, en condiciones fisiológicas, todas las sustancias de desecho eliminables por la orina y muchas moléculas que no interesa eliminar, como la glucosa. En cambio, el filtrado glomerular normalmente no contiene proteínas plasmáticas ni células.

Un adulto normal produce unos 125 ml/min de filtrado glomerular. Si todo este volumen se eliminase en forma de orina, en seis horas se habría perdido toda el agua corporal. Esto no ocurre así porque hay un proceso de reabsorción selectiva de agua y solutos utilizables, de tal manera que la producción de orina concentrada es tan sólo de 1 ml/min. La reabsorción tiene lugar en los tramos siguientes de la nefrona.

19.3.2. **Reabsorción en el túbulo proximal**

En el túbulo contorneado proximal se reabsorbe el 80% del volumen del filtrado glomerular. La reabsorción se produce por transporte activo de solutos reutilizables; Na^+, glucosa y aminoácidos principalmente.

La glucosa y el sodio penetran en las células del túbulo por
(18.7.1) transporte activo (simporte) aprovechando que la concentración de Na^+ en el filtrado, como en la sangre, es muy superior a la de las células. Los aminoácidos tienen otros sistemas de transporte activo. La reabsorción de agua se produce por razones osmóticas, acompañando a los solutos.

Cuando los niveles de glucosa en sangre son excesivamente altos (superiores a 4 g/l) los transportadores de la glucosa en el túbulo proximal *se saturan,* y parte de la glucosa no se reabsorbe. Aparece así glucosa en la orina (*glucosuria*). Es el caso de la *diabetes mellitus*.

19.3.3. **Reabsorción en el asa de Henle**

En el asa de Henle se regula sobre todo la concentración final de iones en la orina. Hay que distinguir el tramo descendente del ascendente. Sólo en el último se dán procesos de transporte activo, y comenzaremos nuestra explicación por este tramo.

En el tramo ascendente del asa de Henle se expulsa por transporte activo Na^+ y Cl^-. Este tramo es impermeable al agua y, como consecuencia, el medio extratubular se hace más concentrado en sal, y atrae, por difusión pasiva, el agua del tramo des-

cendente. De este modo, al final del asa de Henle, el filtrado glomerular ha reducido su volumen hasta un 15% del inicial, pero gran parte del Na^+ y del Cl^- que contenía se ha reabsorbido, con lo que el filtrado es hipotónico (aproximadamente, 100 miliosmolal) con respecto al plasma y al medio intersticial (aproximadamente, **(2.2.1)**
300 miliosmolales).

19.3.4. **Reabsorción en el túbulo distal y túbulo colector**

En el túbulo distal se modula la concentración definitiva de Na^+ en la orina, según las necesidades metabólicas de este catión, de cuya importancia ya hemos hablado. En el túbulo distal hay **(1.2.2)**
proteínas específicas para el transporte activo de sodio, susceptibles de regulación por la hormona *aldosterona* (ver Cap. 20). La reabsorción de agua en el túbulo distal ocurre por difusión pasiva, hasta que el filtrado se hace isotónico con el medio intersticial.

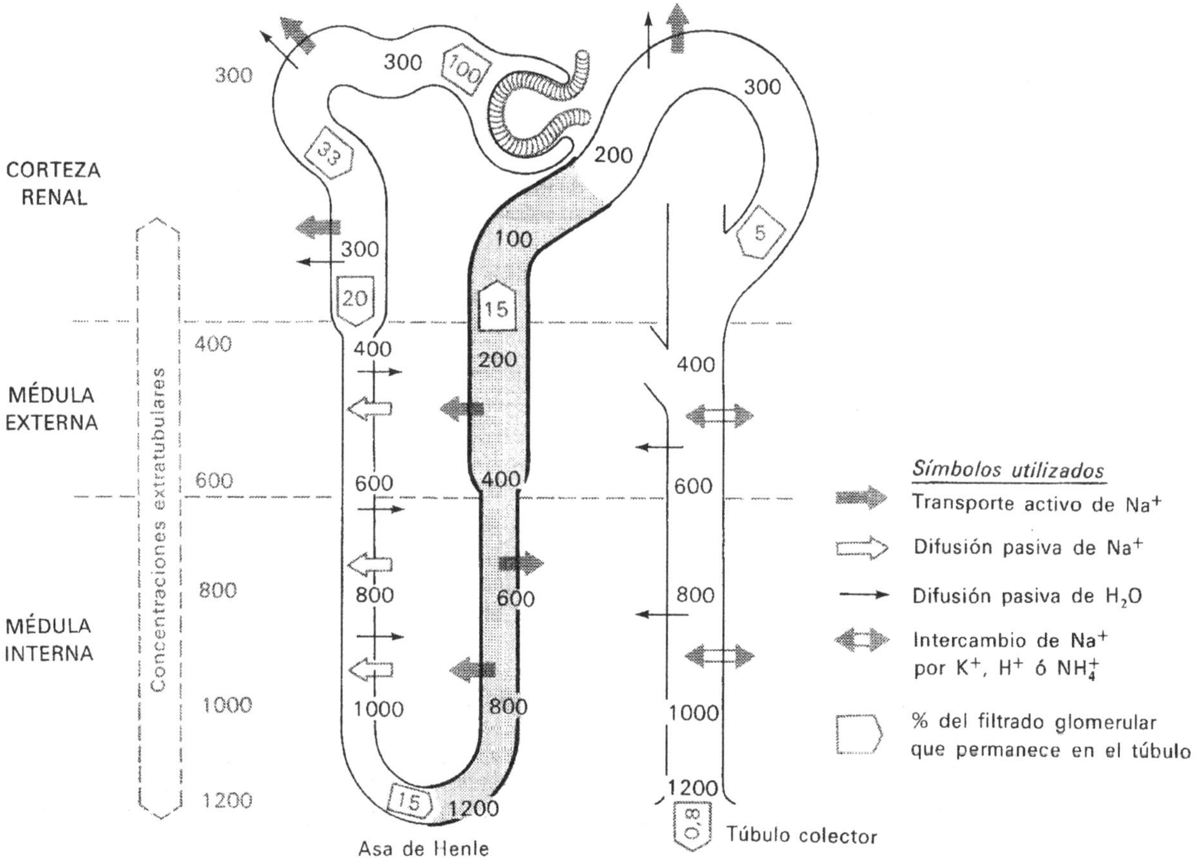

Figura 19.11
Intercambios hídricos e iónicos durante la elaboración de la orina. Las concentraciones (en miliosmoles/kg) representadas en rojo corresponden al espacio extratubular, y las representadas en negro, al contenido tubular. El tramo sombreado es impermeable al agua.

La pared de los túbulos colectores es casi impermeable al Na^+; su permeabilidad al agua está regulada por la hormona *adiuretina* o *vasopresina* (ver Cap. 20). Los túbulos colectores atraviesan una zona hipertónica, originada por el asa de Henle, con lo cual el agua puede abandonar el túbulo, según las necesidades fisiológicas controladas por la adiuretina, y adquirir así la orina su concentración y volumen definitivos. Éste suele ser de 1 ml/min, lo que equivale a eliminar solamente el 0,8% del agua filtrada en el glomérulo (Fig. 19.11). La insuficiencia patológica de adiuretina origina orinas muy abundantes y diluidas (*diabetes insípida*).

Otra función importantísima de los túbulos colectores es el intercambio de los iones Na^+, por K^+, NH_4^+ ó H^+, lo que permite el ajuste fino de la composición salina y el pH del medio interno.

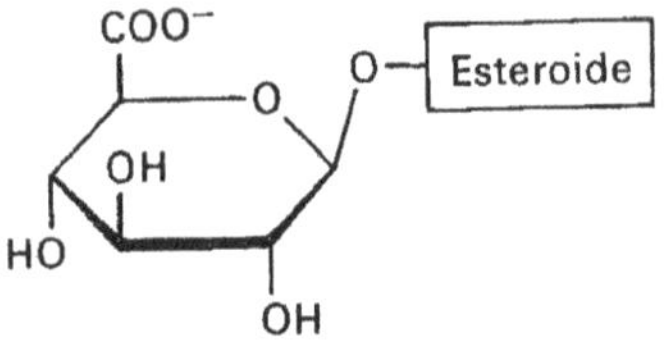

Glucurónido de una sustancia esteroidea

19.3.5. Eliminación urinaria de sustancias nocivas: destoxificación

Las sustancias tóxicas, tanto producidas por el metabolismo (histamina, bilirrubina, hormonas esteroideas, ...) como procedentes de la dieta (colorantes, fenoles, ...) o de tratamientos farmacológicos (aspirina, sulfamidas, ...), deben eliminarse sistemáticamente por la orina. El hígado y el riñón juegan un papel importante en la *destoxificación.* En el hígado de producen una serie de reacciones (oxidación, reducción, esterificación, metilación, ...) que tienden a disminuir la actividad metabólica de estas sustancias y aumentar su solubilidad en agua, lo que facilita su eliminación por la orina.

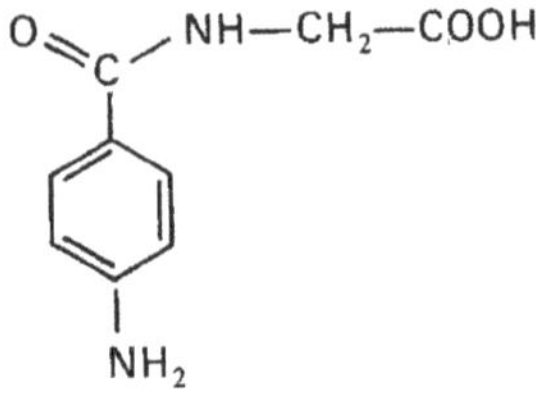

ác. p-aminohipúrico

Una de las reacciones más importantes, del hígado y del riñón, es la formación de derivados del ácido glucurónico (*glucurónidos*) de muchas moléculas liposolubles.

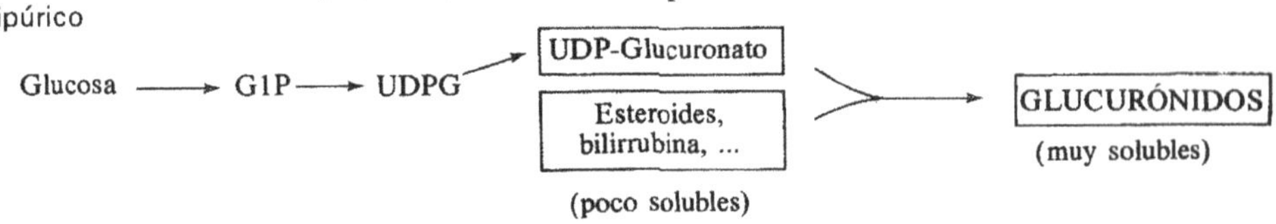

Además de la *filtración glomerular,* que permite transferir los tóxicos de la sangre a la orina, puede producirse una *excreción tubular* (p. ej., ácido p-aminohipúrico) con lo que se consigue una eliminación más efectiva que la de la propia urea o creatinina.*

19.4. AMORTIGUADORES DE LA SANGRE

La sangre es un intermediario entre las células (y su líquido insterticial) y el medio externo (aire, orina, ...). Como tal intermediario, una de sus funciones es regular el pH del medio interno, captando y eliminando el exceso de H^+ o de OH^- que se produz-

* En la clínica se utilizan las pruebas de *depuración* o *aclaramiento* («*clearance*») de ciertas sustancias (urea, inulina . ...) para medir la eficacia de la función renal.

$$\text{Vol. sangre depurada/min.} = \text{Vol. orina/min.} \times \frac{\text{conc. de la sust. en orina}}{\text{conc. de la sust. en sangre}}$$

can en los tejidos. Para cumplir esta misión, la sangre dispone de una serie de eficaces *amortiguadores,* que fueron descritos con cierto detalle en el capítulo 2: HbH/HbO_2^-, proteínas plasmáticas, CO_2/HCO_3^- y $H_2PO_4^-/HPO_4^=$. (2.4.3)

De estos amortiguadores, el más importante cuantitativamente es la hemoglobina, no sólo por su enorme concentración (150 g/l de sangre), sino porque, al cambiar su pK por la oxigenación, facilita la eliminación de CO_2 en los alveolos pulmonares (efecto Bohr). (19.2.4)

Todos los amortiguadores de la sangre funcionan de manera coordinada: no se puede alterar la proporción sal/ácido de uno solo de ellos (*principio isohídrico*).

$$[H^+] = K_1 \cdot \frac{[Acido_1]}{[Sal_1]} = K_2 \cdot \frac{[Acido_2]}{[Sal_2]} = K_3 \cdot \frac{[Acido_3]}{[Sal_3]} = \ldots$$

Esta coordinación consigue que las variaciones de pH sanguíneo, y por tanto intracelular, sean mínimas: desviaciones de unas décimas en torno al valor fisiológico de 7,36 pueden poner en peligro la vida del sujeto.

Los amortiguadores sanguíneos que acabamos de citar, responden casi instantáneamente a una variación de pH, y consiguen *neutralizarla.* Sin embargo, no basta con esto, y la sangre necesita *eliminar* el exceso de ácidos o de álcalis (la *acidosis* es mucho más frecuente que la *alcalosis,* porque en el metabolismo se producen sobre todo ácidos orgánicos). Para ello se dispone de dos mecanismos: la *vía pulmonar,* que actúa al cabo de unos minutos de establecer la situación de *acidosis* o *alcalosis,* y la *vía renal,* que sólo actúa al cabo de varias horas. El pulmón actúa regulando la concentración de CO_2 en la sangre: aumentando la ventilación,* disminuye la concentración de gas carbónico; reduciendo la ventilación, se retiene más CO_2. El control de la ventilación depende de receptores situados en el sistema nervioso central.

El control renal del pH se basa en la capacidad del túbulo colector para intercambiar hidrogeniones por otros iones (K^+, NH_4^+). Así se consigue que el pH de la sangre permanezcla invariable, mientras que el de la orina puede oscilar entre 4,6 y 8.

19.5. INMUNOGLOBULINAS

El sistema inmunitario es un mecanismo de defensa del organismo, que le permite reaccionar frente a la presencia de moléculas o células extrañas. El sistema inmunitario consta de células inmunocompetentes y de moléculas especializadas. El sistema defensivo basado en la respuesta celular se llama *inmunidad celular,* y trata de conseguir la lisis de la célula o cuerpo extraño; las células encargadas de esta respuesta son los *linfocitos T.* El sistema defensivo basado en la respuesta molecular se llama *inmunidad humoral,* y corre a cargo de las *inmunoglobulinas,* proteínas del plasma secretadas por células (plasmocitos) derivadas de *linfocitos B.* En este apartado nos referiremos a la inmunidad humoral, porque su base molecular es mucho mejor conocida.

* Ventilación: volumen de aire espirado en la unidad de tiempo.

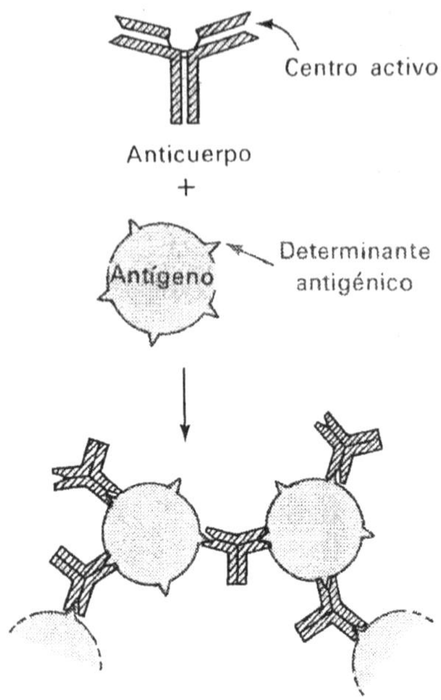

Reacción antígeno-anticuerpo

(6.1)
(8.2.1)

19.5.1. Antígenos y anticuerpos

Se llama *antígeno* a cualquier molécula capaz de provocar en el organismo la respuesta inmune. Son antígenos habituales los polisacáridos, proteínas o ácidos nucleicos que el ser vivo no reconoce como propios. De toda la molécula antigénica sólo una pequeña región, o *determinante antigénico,* evoca la respuesta inmune.

Anticuerpos son las proteínas (inmunoglobulinas) capaces de reconocer los determinantes antigénicos y unirse a ellos. Cada anticuerpo tiene por lo menos dos centros idénticos, con los cuales puede unirse a otros tantos antígenos. A su vez, es frecuente que el antígeno tenga múltiples determinantes antigénicos. El resultado es que la reacción *antígeno-anticuerpo* da origen a una malla tridimensional proteica insoluble, que precipita y se degrada metabólicamente.

19.5.2. Estructura de las inmunoglobulinas

Existen cinco tipos de inmunoglobulinas (*Ig*), conocidas respectivamente por las iniciales *G, A, M, D* y *E* (tabla 19.4). Como ejemplo representativo describiremos la estructura de las *inmunoglobulinas G* (IgG). Las otras cuatro son semejantes; la A y la M son oligómeros, en los que la estructura fundamental se repite varias veces.

Las *inmunoglobulinas G* constan de cuatro cadenas polipeptídicas, iguales dos a dos; dos cadenas ligeras, L, y dos cadenas pesadas, H(*heavy* = pesado), es decir, L_2H_2. A diferencia de otras proteínas con estructura cuaternaria, en las inmunoglobulinas las uniones entre las distintas cadenas incluyen siempre *puentes disulfuro,* lo que proporciona a las moléculas una especial resistencia a la disociación. En las cadenas ligeras se distinguen dos *dominios* o zonas globulares, y, en las pesadas, cuatro (Fig. 19.12). Como cada dominio tiene una masa molecular de unos 12,5 kdal, las cadenas ligeras tienen una masa de 25 kdal, y las pesadas, de 50. Así pues, la masa molecular total de la IgG (L_2H_2) será de 150 kdal.

Tabla 19.4

Características de las inmunoglobulinas

Clase	IgA	IgD	IgE	IgG	IgM
Masa (kdal)	150-500	175	190	150	900
Cadena pesada (H)	α	δ	ε	γ	μ
Cadena ligera (L)	λ,κ	λ,κ	λ,κ	λ,κ	λ,κ
Estructura de la molécula*	$(\alpha_2\lambda_2)_n$ / $(\alpha_2\kappa_2)_n$	$\delta_2\lambda_2$ / $\varepsilon_2\kappa_2$	$\varepsilon_2\lambda_2$ / $\gamma_2\kappa_2$	$\gamma_2\lambda_2$ / $\gamma_2\kappa_2$	$(\mu_2\lambda_2)_5$ / $(\mu_2\kappa_2)_5$
Concentración en suero (g/l)	2	0,05	0,0005	12	1

* n = 1, 2 ó 3.

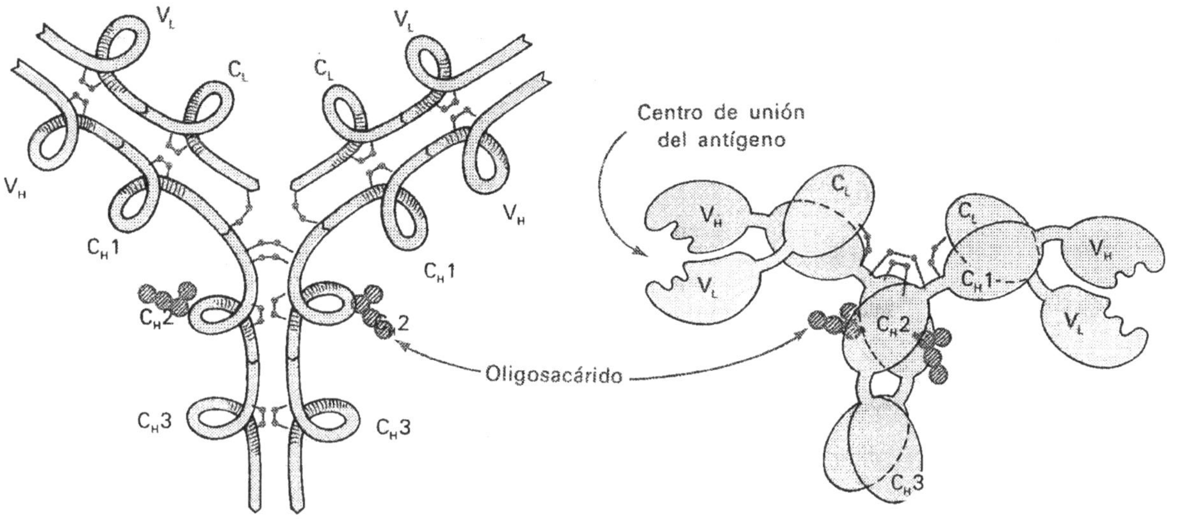

Figura 19.12
Distintas maneras de esquematizar la estructura de una *inmunoglobulina G.* Cada cadena ligera consta de dos dominios globulares: *variable* (V_L) y *constante* (C_L). Cada cadena pesada consta de cuatro dominios: *uno variable* (V_H) y *tres constantes* (C_H1, C_H2 y C_H3).La molécula tiene forma de Y, de brazos flexibles. Los puentes disulfuro (—S—S—) se representan en rojo.

Los dominios situados en la región N-terminal, tanto en la cadena ligera como en la pesada, constituyen el centro activo de la Ig, que le permite reconocer y enlazar un antígeno específico. Estos dominios N-terminales presentan una gran variabilidad estructural, lo que permite hacer frente a la inmensa cantidad de posibles antígenos. El resto de la molécula presenta escasa variabilidad. En la región constante de las cadenas pesadas hay un grupo prostético de naturaleza glicídica (Fig. 19.12).

19.5.3. **Secreción de inmunoglobulinas**

La entrada de un antígeno determina en el organismo la producción de inmunoglobulinas específicas, capaces de unirse a él. El tipo de inmunoglobulina predominante varía en función del tiempo transcurrido desde la exposición al antígeno. La primera Ig que aparece es la *IgM,* pero al cabo de unas dos semanas se establece el predominio de la *IgG.*

¿Cómo se estimula la producción de inmunoglobulinas específicas? En el zigoto existen unos pocos centenares de genes para la síntesis de inmunoglobulinas. A lo largo del desarrollo embrionario, las células que se han *diferenciado* para la síntesis de Ig (linfoblastos), se diversifican, por *recombinación* de su material genético y por *mutación* en las llamadas *regiones hipervariables.* Se pueden obtener así millones de linfocitos, cada uno con una dotación genética propia, que le permite sintetizar una Ig específica.

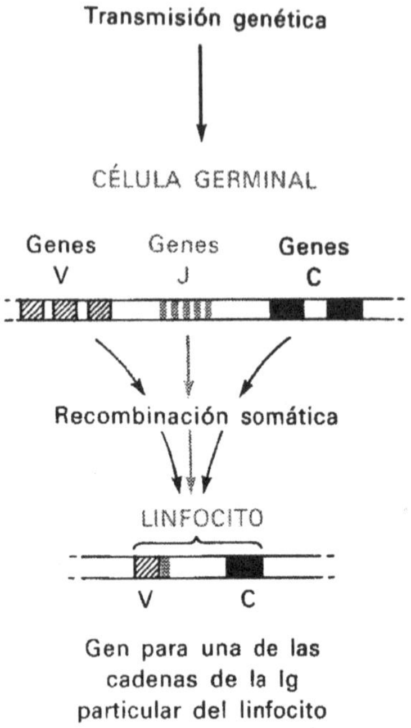

En efecto, cada una de las cadenas, ligeras o pesadas, se sintetiza a partir de, al menos, tres genes distintos, que se transcriben para dar un mRNA único. Estos genes son los llamados *V* (para la región variable), *C* (para la región constante) y *J* (juntura, para la unión de ambas). A su vez, estos genes se pueden unir de diferentes maneras. En concreto, para las cadenas ligeras existen unos 400 genes V, 5 genes J y dos genes C; la unión V-J puede tener lugar de tres formas distintas. Por lo tanto, se pueden obtener:

$$400 \times 5 \times 2 \times 3 = 12\,000$$

tipos de cadenas ligeras distintas. En las cadenas pesadas la diversidad es aún mayor. Como en cada Ig se combinan un tipo de cadena ligera con un tipo de cadena pesada, las posibilidades totales son mayores que:

$$12\,000 \times 12\,000 = 144 \text{ millones de inmunoglobulinas distintas,}$$

cada una de ellas sintetizada por un determinado linfocito o grupo de linfocitos.

Durante el desarrollo embrionario y fetal las macromoléculas propias del organismo en crecimiento (proteínas, ácidos nucleicos, ...) van entrando en contacto con los linfocitos jóvenes. Los linfocitos que fabrican una Ig contra las proteínas del propio organismo mueren (Fig. 19.13). Como resultado, en el recién nacido sólo sobreviven los linfocitos que fabrican anticuerpos frente a sustancias extrañas, pero no frente a las propias.

En la vida extrauterina (infantil y adulta) cada linfocito lleva adheridas a su superficie algunas moléculas de su Ig específica. En contacto con el antígeno adecuado, se forma una malla antígeno-anticuerpo en la membrana del linfocito, dando lugar al «*casquete*». El linfocito fagocita el casquete y «rejuvenece» transformándose en inmunoblasto. Esta célula se multiplica, originando toda una descendencia de células idénticas (un *clon* de células), que sintetizan grandes cantidades de la misma Ig (Fig. 19.14). Este clon no desaparece, sino que persiste durante toda la vida del individuo. Un segundo contacto con el mismo antígeno induce una respuesta mayor y más rápida (*memoria inmunitaria*).

Finalmente, señalaremos que un antígeno no suele estimular a un solo linfocito, sino a varios, con lo que se forman varias Ig distintas, todas ellas capaces de reaccionar con el antígeno, de manera parecida pero no idéntica.

19.5.4. **Implicaciones clínicas de las inmunoglobulinas**

La autotolerancia con las proteínas propias permite transplantar los tejidos de un lugar a otro del mismo organismo, como es el caso de los *autoinjertos de piel.* Al tener también las mismas proteínas se pueden transplantar órganos entre gemelos univitelinos, sin problemas de *rechazo.* No ocurre lo mismo cuando se transplantan órganos entre personas extrañas (*transplantes de corazón, de riñón,* etc.), en cuyo caso hay que recurrir a fármacos supresores de la respuesta inmunitaria. Hay casos patológicos en que linfocitos maduros tratan como antígenos a las macromoléculas propias; es el caso de las enfermedades *autoinmunes* (ej., *lupus eritematoso diseminado*).

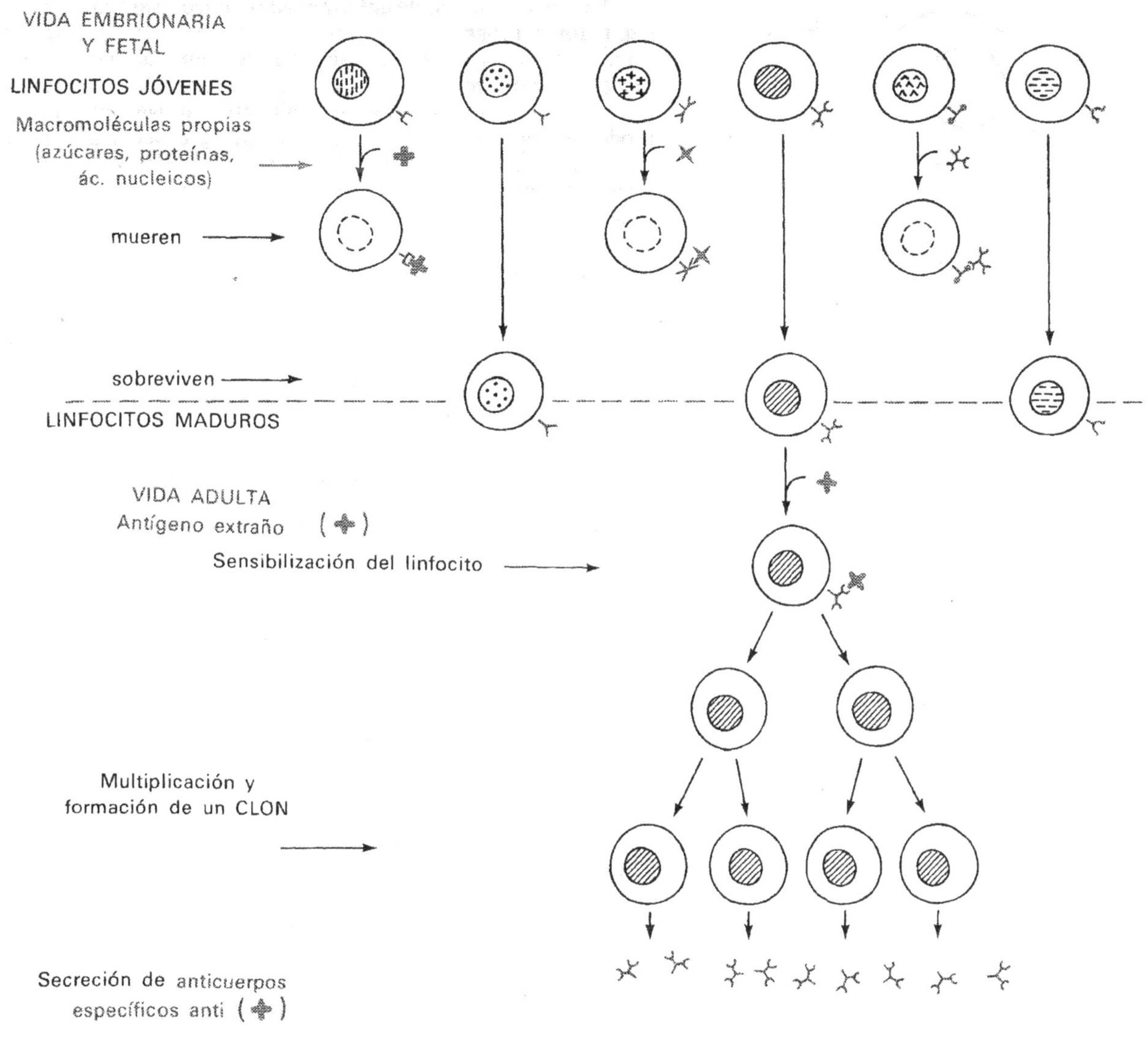

Figura 19.13
Mecanismo propuesto para explicar que el ser vivo es autotolerante para sus propias macromoléculas y presenta una respuesta inmune frente a las extrañas.

A veces se recurre, para tratar una enfermedad infecciosa, particularmente vírica, a la inyección de *sueros* (o *gammaglobulinas*) que contienen anticuerpos contra este agente patógeno (ej., *suero antitetánico, gamma-globulina antiparotiditis,* etc.). Estos sueros se obtienen inmunizando animales (caballo, oveja) con el virus deseado, y purificando parcialmente las Ig a partir de su plasma. Las Ig de estos animales son muy similares a las humanas, y no actúan, a su vez, como antígenos.

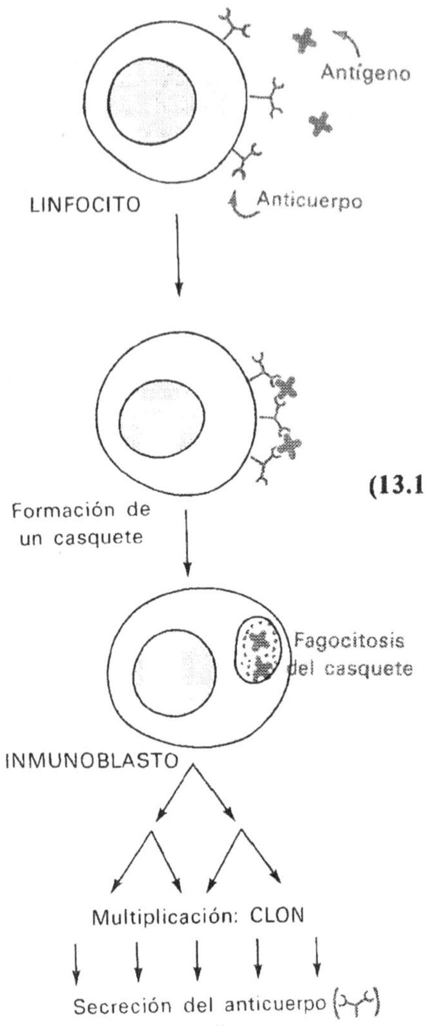

Figura 19.14
Fases en el reconocimiento de un antígeno y formación de un clon que secreta las inmunoglobulinas específicas frente a él.

Para la *prevención* de enfermedades infecciosas (*viruela, difteria, tétanos, tuberculosis,* y muchas más) se recurre a la administración de *vacunas.* Éstas consisten en gérmenes desnaturalizados, por el calor u otros tratamientos, que han perdido su poder patógeno, pero conservan sus determinantes antigénicos. De este modo, la vacuna estimula la síntesis de Ig específicas contra el agente patógeno, y la memoria inmunitaria del organismo mantiene una defensa permanente contra posibles infecciones futuras por dicho agente.

19.5.5. **Complemento**

La respuesta inmune frente a los antígenos puede potenciarse mediante la acción de un grupo de globulinas del suero que constituyen el llamado *sistema del complemento.* Este sistema se activa por una serie de reacciones en cascada —semejantes a las que se estudiaron en la glucogenolisis o a las que se verán en la coagulación sanguínea (19.7)— y produce dos efectos principales: a) una alteración irreversible de las membranas biológicas que acarrea la ruptura de las células y b) una activación de propiedades inmunológicas especiales. **(13.1.2)**

Cuando una célula —por ejemplo, una bacteria— es portadora de un antígeno en su superficie y éste retiene anticuerpos específicos (*IgG* o *IgM*), se activa el sistema del complemento y se fijan varias proteínas de este sistema en la membrana celular, provocando la lisis, y con ello la muerte de la bacteria. Además de la actuación directa del complemento, a través de sus enzimas líticos, se le asignan intervenciones diferentes, tales como la de facilitar la fagocitosis, atraer a los leucocitos neutrófilos y macrófagos por quimiotaxis, desencadenar respuestas inflamatorias, etc.

APLICACIONES 19.1

RADIOINMUNOENSAYO

La exquisita afinidad de los anticuerpos por sus antígenos respectivos ha permitido desarrolar un método analítico extraordinariamente sensible y específico: el **radioinmunoensayo (RIA)**. Mediante esta técnica se pueden determinar sustancias bioquímicas en concentraciones ínfimas, sin ninguna purificación previa, por ejemplo, en suero o en orina. Así se analizan hormonas peptídicas (insulina), esteroideas (cortisol) y derivadas de aminoácidos (T_3), vitaminas (B_{12}), fármacos (morfina), nucleótidos (AMP cíclico), etc.

Para realizar esta técnica se precisa inocular previamente la sustancia que se desea determinar, por ej., una hormona, a un conejo o cobaya, para que actúe en él como antígeno (Ag) y así obtener los anticuerpos específicos (Ig) que produzca el animal. También se requiere disponer de la sustancia a medir marcada radioactivamente (Ag*). La esencia del análisis consiste en mezclar una cantidad conocida de Ag* radioactiva con una cantidad problema de Ag° *fría* (= no radioactiva) y medir la proporción de

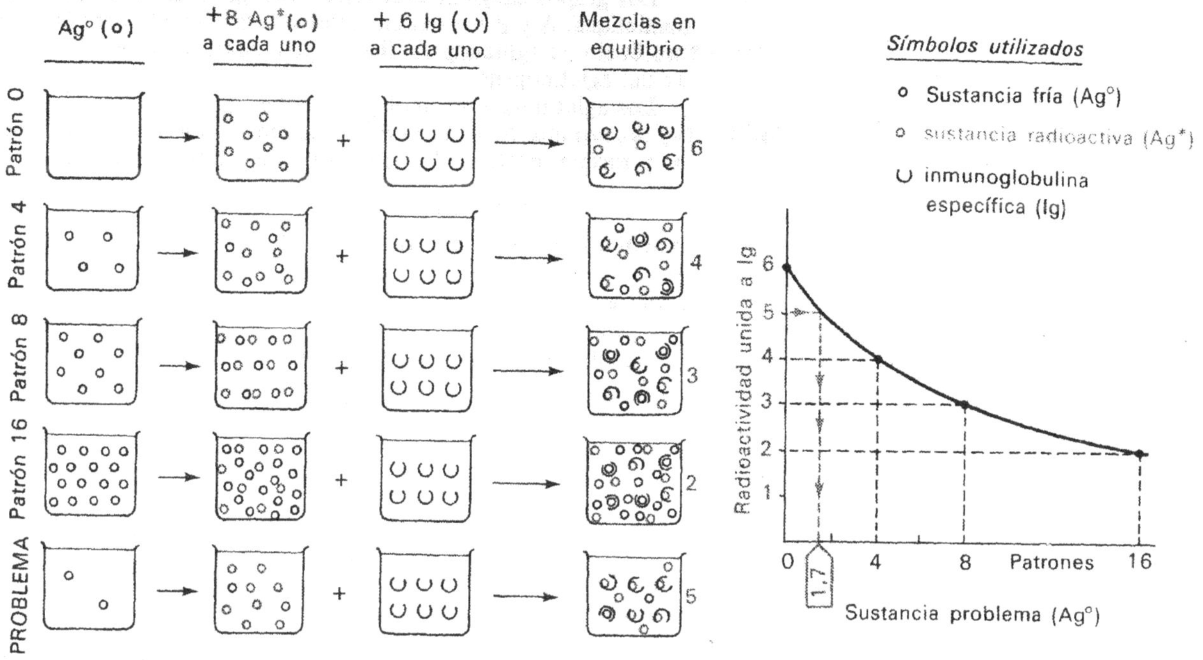

Figura 19.15
Explicación de la técnica del radioinmunoensayo (RIA). Los números en rojo representan —en unidades arbitrarias— la radioactividad fijada a la inmunoglobulina específica. La concentración del problema se obtiene, por interpolación gráfica, en la curva de la derecha.

ambas que retiene una dosis fija de Ig específica. Se producen los equilibrios:

$$Ag^* + Ig \rightleftharpoons Ig - Ag^*$$
$$Ag^\circ + Ig \rightleftharpoons Ig - Ag^\circ$$

La cantidad de sustancia radioactiva fijada a Ig guardará una relación inversa con la cantidad de sustancia problema presente en la mezcla. Las mediciones de radioactividad, empleando mezclas patrones conocidas, permiten trazar un gráfico, que sirve para conocer la concentración exacta de sustancia problema. En la figura 19.15 se representa en esquema la técnica a seguir y la interpretación de los resultados.

19.6. GRUPOS SANGUÍNEOS

Los hematíes pueden contener en su superficie celular determinados antígenos (*aglutinógenos*). Hay dos aglutinógenos principales, llamados respectivamente *A* y *B*, y otros secundarios, como los *M, N, P* y *Rh.* El grupo sanguíneo de un sujeto viene determinado por el tipo de aglutinógeno presente en la superficie de sus eritrocitos. Así, atendiendo sólo a los aglutinógenos A y B, se pueden distinguir cuatro tipos de sangre: *A, B, AB* y *O*.

Los grupos sanguíneos se transmiten genéticamente de forma mendeliana. A y B son equipotentes y dominantes* sobre O; Rh+ (presencia de aglutinógeno Rh) es dominante sobre Rh− (ausencia del aglutinógeno).

Los aglutinógenos son oligosacáridos, que contienen N-acetil-
(4.2) D-glucosamina, N-acetil-D-galactosamina, L-fucosa, y D-galactosa, y forman parte de las glicoproteínas de la membrana.

Tabla 19.5

Características de los grupos sanguíneos A, B, O

Grupo sanguíneo	Aglutinógenos de los hematíes (antígeno)	Aglutininas del suero (anticuerpos)	Distribución media en la población (%)
A (AA, AO)	A	anti-B (β)	41
B (BB, BO)	B	anti-A (α)	9
O (cero: OO)	—	anti-A y anti-B (α y β)	47
AB (AB)	A y B	—	3

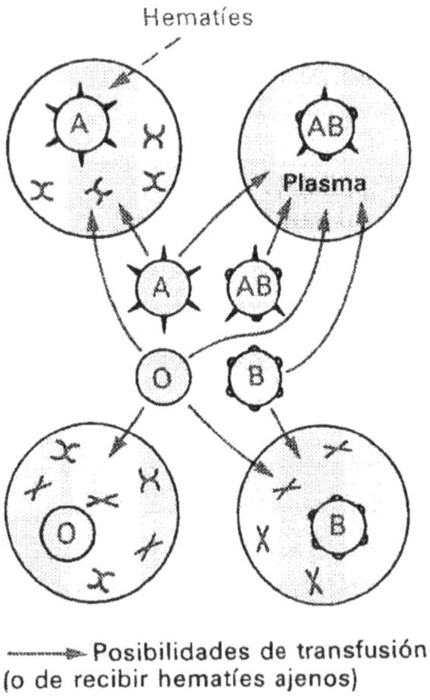

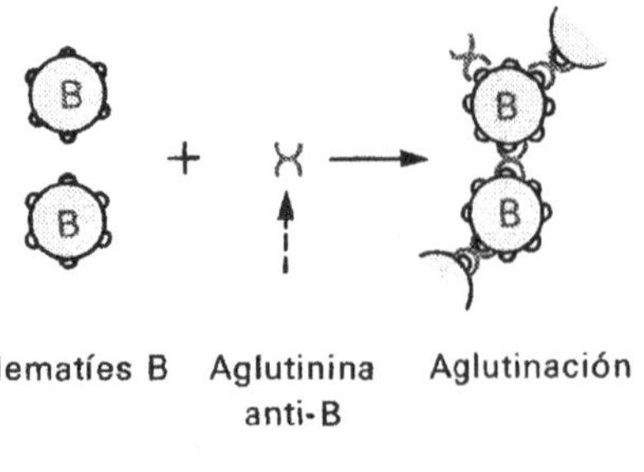

Estos aglutinógenos reaccionan con inmunoglobulinas específicas (*aglutininas*), provocando la aglutinación de los eritrocitos —de ahí su nombre— y posteriormente su lisis. Se conocen dos aglutininas principales: alfa o anti-A, y beta o anti-B. También hay aglutininas anti-Rh, anti-M, anti-N, etc. El plasma no contiene aglutininas contra sus propios aglutinógenos (ver tabla 19.5).

Esto tiene consecuencias obvias para la transfusión sanguínea: no se pueden transfundir eritrocitos con un determinado aglutinógeno a personas que posean en su plasma la aglutinina complementaria. De ahí que el grupo O se considere donante universal, ya que sus hematíes no tienen aglutinógenos; al revés, el grupo AB se considera receptor universal porque su plasma no contiene aglutininas. Sin embargo, como no sólo se inyectan hematíes, sino también plasma, para grandes transfusiones, la sangre debe ser exactamente del mismo grupo.

También los grupos sanguíneos (y grupos similares en otros líquidos fisiológicos, como saliva, semen, ...) tienen interés en *medicina legal,* no sólo para probar la participación de un sujeto en un acto, sino para descartarla. Así, no resulta fácil probar que un individuo de grupo sanguíneo A sea hijo de otro de grupo AB; en cambio, se puede descartar de inmediato que un individuo de grupo O sea hijo de dicho AB.

19.7. HEMOSTASIA, COAGULACIÓN Y FIBRINOLISIS

La ruptura de un vaso sanguíneo produce la salida de sangre o *hemorragia* durante cierto tiempo. La hemorragia desencadena una serie de procesos reparadores. En primer lugar, las plaquetas,

* En genética, un gen *dominante* es el que se expresa en los individuos híbridos o heterozigóticos (p. ej., un individuo AO es fenotípicamente igual a otro AA); el gen *recesivo* sólo se expresa en individuos homozigóticos (p. ej., OO).

Tabla 19.6

Factores de la coagulación sanguínea

Factores	Sinónimos	Forma activa	Vía en que actúa	Función de la forma activa
Factor Hageman	XII	XII_a	Intrínseca	Activa al XI
Antecedente plasmático de la protrombina	XI, PTA	XI_a	Intrínseca	Activa al IX
Factor Christmas	IX	IX_a	Intrínseca }	Son necesarios ambos para activar al X
Factor antihemofílico*	VIII, globulina antihemofílica	VIII′	Intrínseca }	
Factor tisular	III	—	Extrínseca }	Son necesarios ambos para activar al X
Proconvertina	VII	VII′	Extrínseca }	
Factor Stuart	X	X_a	Común	Activa al II
Proacelerina	V	V′	Común	Estimula la activación del II
Protrombina	II	Trombina	Común	Activa al fibrinógeno
Fibrinógeno	I	Fibrina	Común	Forma el coágulo de FIBRINA
Factor estabilizante de la fibrina	XIII	XIII_a	Común	Estabiliza a la fibrina formando enlaces cruzados

* El factor antihemofílico está ausente en los enfermos de hemofilia clásica, entre los que se encuentran numerosos descendientes de la reina Victoria.

al contacto con una superficie distinta del endotelio del vaso, se agregan hasta formar una especie de tapón, al tiempo que segregan sustancias vasoconstrictoras. De esta manera se produce la contención de la hemorragia, o *hemostasia.* A continuación, el tapón plaquetario se consolida para formar el llamado *trombo,* al constituirse una malla tridimensional de *fibrina.* Ésta es una proteína insoluble que procede de la polimerización del *fibrinógeno* (proteína soluble del plasma); el proceso se conoce como *coagulación sanguínea.* Por último, cuando las paredes del vaso se han reparado, se desencadena el mecanismo de la *fibrinolisis,* que digiere el trombo y restablece la circulación por el vaso. **(8.2.1)**

Desde el punto de vista bioquímico, el proceso más interesante es la conversión del fibrinógeno en fibrina. Éste es un mecanismo cuidadosamente regulado por una serie de enzimas que actúan *en cascada,* como en el caso de la glucogenolisis. Un mecanismo en cascada permite la rápida formación del coágulo en caso de necesidad; la regulación cuidadosa es imprescindible por las consecuencias, a menudo letales, que tiene la formación de trombos en puntos inadecuados (*trombosis cerebral, coronaria,* etc.). **(13.1.3)**

La coagulación sanguínea está catalizada por una docena de «*factores de la coagulación*», de naturaleza diversa, como se muestra en la tabla 19.6. El proceso puede comenzar o bien *por contacto* de la sangre con una superficie extraña (*vía intrínseca*) o *por la mezcla* de la sangre con sustancias de tejidos traumatizados

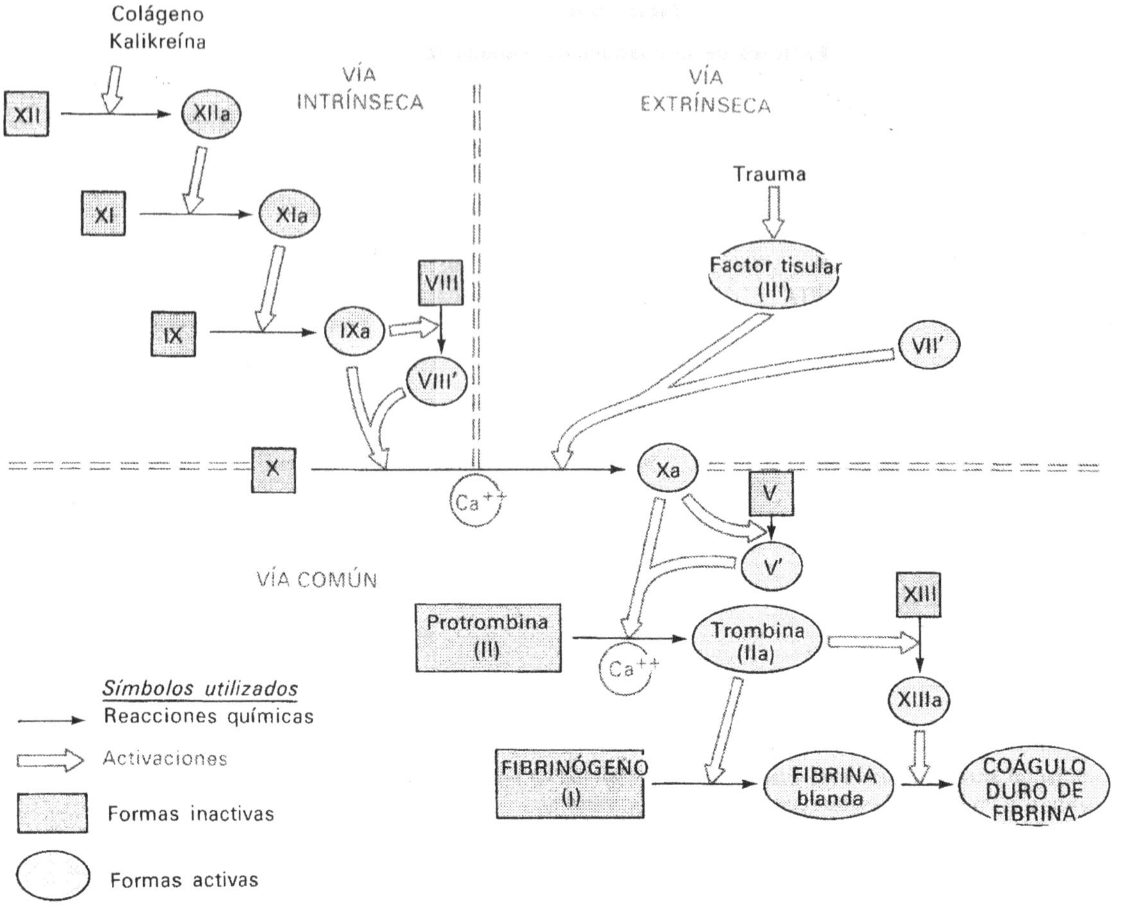

Figura 19.16
Esquema de la cascada de reacciones que culmina en la coagulación de la sangre. Las vías intrínseca y extrínseca confluyen en una vía común.

(*vía extrínseca*). Las vías intrínseca y extrínseca confluyen, a partir de un punto, en una *vía común* de la coagulación.

En la *vía intrínseca,* el primer proceso es la activación del factor XII, al contacto con una superficie extraña. Esta activación consiste en un cambio de conformación, que confiere al factor XII propiedades proteolíticas. El factor XII activado (XII_a) activa al XI, y éste, a su vez, al IX, siempre por mecanismos proteolíticos (Fig. 19.16).

La activación del factor IX a IX_a es una etapa importante en la cascada. Además del factor XI, se requiere para esta activación la presencia de Ca^{++}, fosfolípidos y factor VIII. Este factor VIII es el que falta en la *hemofilia.* El factor IX_a forma un complejo con el factor VIII y este complejo activa al factor X. La activación del factor X forma ya parte de la vía común.

El factor X_a, junto con el factor V, activa el factor II o *protrombina,* convirtiéndolo en trombina. La trombina es un enzima proteolítico que hidroliza ciertos péptidos del fibrinógeno (factor I), haciéndolo menos soluble. El fibrinógeno tiende entonces a

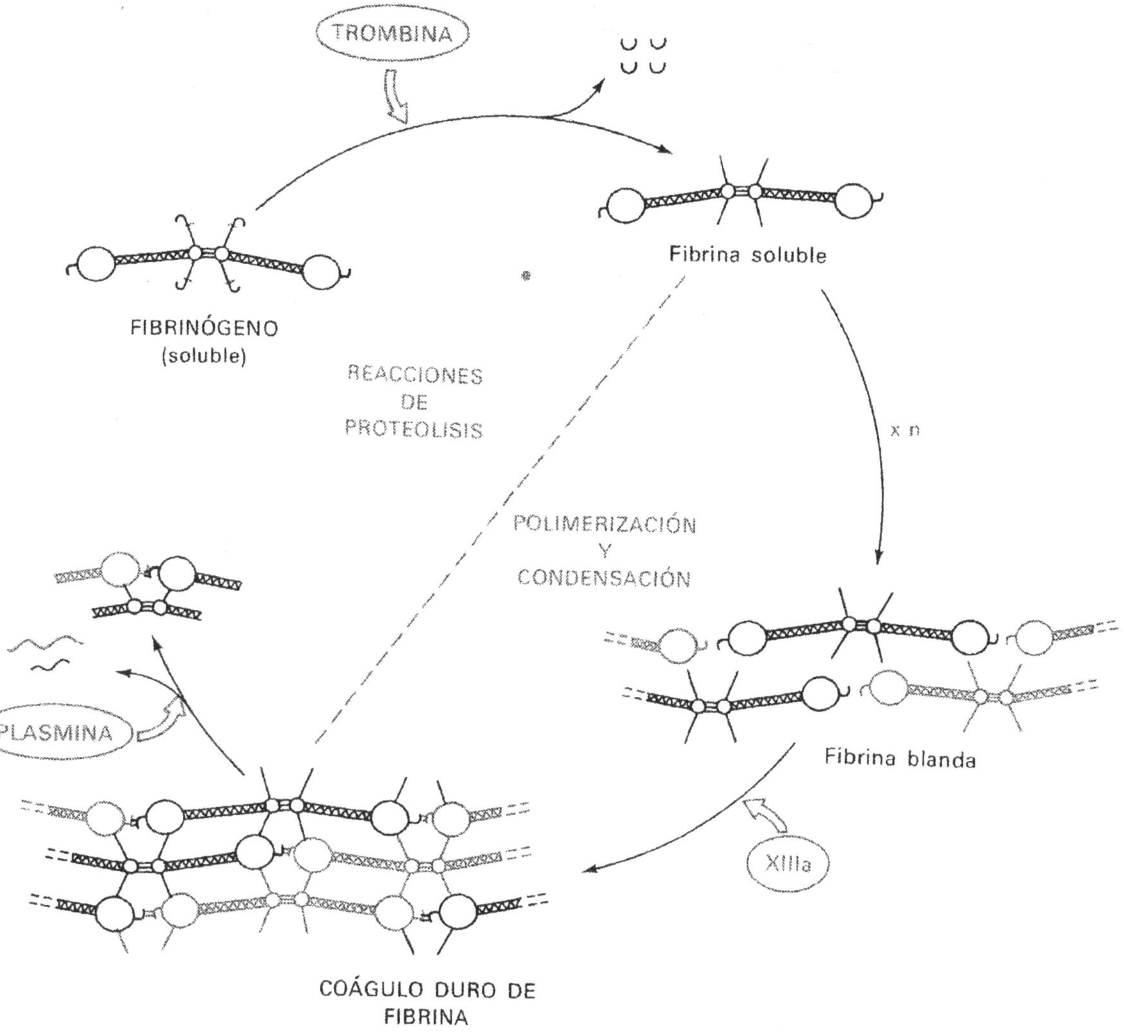

Figura 19.17
Secuencia de reacciones que sufre el fibrinógeno plasmático soluble para transformarse en el coágulo insoluble de fibrina. La plasmina activa destruye este coágulo mediante reacciones proteolíticas.

polimerizar, en forma de malla tridimensional, dando origen al *coágulo blando* (fibrina soluble). El último paso está catalizado por una transamidasa, el factor XIII, que se halla tanto en plaquetas como en el plasma. Este factor cataliza la formación de enlaces cruzados entre las cadenas paralelas de fibrina soluble, con lo que se produce la retracción del coágulo blando y se forma el *coágulo duro* definitivo (Fig. 19.17).

En la vía extrínseca un *factor tisular* mal conocido (quizá una lipoproteína) interviene junto con el factor VII en la activación del factor X.

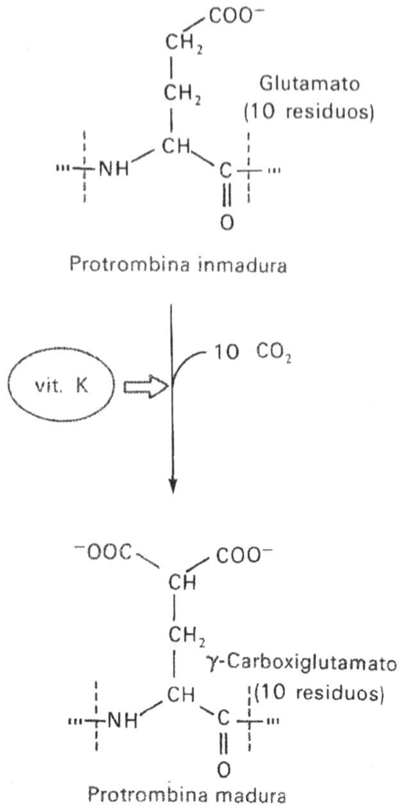

Se sabe que la vitamina K (18.2.6) es indispensable para la coagulación sanguínea. Esto se debe a que la vitamina K interviene en la «*maduración* » de la protrombina. Éste es un proceso enzimático por el cual diez residuos de glutamato de la protrombina inmadura se convierten en otros tantos carboxiglutamatos.

La fibrinolisis es el resultado de la acción de un enzima proteolítico, la *plasmina.* La plasmina se produce por activación de un precursor, el plasminógeno. La activación del plasminógeno parece ser debida a otro enzima, la *uroquinasa,* así llamada por haberse aislado de la orina. En la actualidad se investiga activamente sobre la posible aplicación terapéutica de la uroquinasa en la retunelización de los vasos coronarios ocluidos por trombos (infarto de miocardio).

CUESTIONES Y PROBLEMAS

19.1. La difusión de agua entre los capilares sanguíneos y el líquido intersticial depende de la presión hidrostática de la sangre y de su presión osmótica. Razonar: (*a*) por qué la presión hidrostática es mayor en el cabo arterioso que en el cabo venoso del capilar y (*b*) por qué la presión osmótica de la sangre es mayor que la del líquido intersticial.

19.2. Señalar en qué lugares del organismo se originan principalmente las células sanguíneas.

19.3. Al describir las células de la sangre, se afirma que los hematíes maduros y las plaquetas no son verdaderas células. ¿Por qué razón?

19.4. Averiguar qué ventajas fisiológicas se derivan de que el hematíe tenga forma de lente bicóncava en vez de esférica.

19.5. Ordenar secuencialmente los medios biológicos —sangre, líquido intersticial, células, alveolos, ...— a través de los que difundirán el O_2 y el CO_2 respiratorios, poniendo entre paréntesis las presiones parciales aproximadas de cada gas en cada medio.

19.6. Relacionar las funciones fisiológicas de la mioglobina y de la hemoglobina con el número de grupos hemo por molécula.

19.7. De acuerdo con la figura 19.7, un individuo en reposo sólo utiliza una pequeña parte del O_2 transportado por la hemoglobina (~ 21%). Al realizar ejercicios físicos intensos crece notablemente la demanda celular de O_2. Relacionar el aumento de consumo de O_2 con la forma de la curva de saturación de la hemoglobina.

19.8. Razonar qué ocurriría si la hemoglobina fetal (HbF) se uniera al DPG con mayor afinidad que la hemoglobina materna (HbA).

19.9. Cuando el O_2 escasea, el músculo metaboliza la glucosa por la vía anaerobia, transformándola en ácido láctico. Señalar qué efecto producirá el ácido láctico sobre la liberación de O_2 por la hemoglobina.

19.10. El delfín, la foca y sobretodo el cachalote resisten mucho más que el hombre nadando bajo el agua. Durante la inmersión, sus músculos requieren bastante O_2 para metabolizar la glucosa. Indicar cómo lo obtienen.

19.11. La sangre conservada durante mucho tiempo no es adecuada para transfusiones masivas, porque, aunque transporta mucho O_2, no lo libera en los tejidos del receptor. ¿Cuál es la principal diferencia bioquímica entre la sangre fresca y la sangre envasada?

19.12. Los pobladores de los Andes o del Himalaya tienen más hemoglobina que los habitantes de las tierras bajas. ¿Qué otra sustancia tienen en mayor concentración y por qué razón?

19.13. El cianuro y el óxido de carbono se unen a los citocromos y bloquean el transporte electrónico de la mitocondria. Sin embargo, el CN^- es más tóxico que el CO. Razonar a qué se debe esta mayor toxicidad.

19.14. Si un individuo pierde por hemorragia tanta hemoglobina que sólo transporta el 60% del O_2 posible, vive normalmente. En cambio, si un individuo normal transporta este mismo 60% de O_2 y el 40% restante de su capacidad de transporte se dedica al CO, este hombre muere por falta de oxigenación de los tejidos. Cómo se explica que transportando la misma cantidad de O_2, en el segundo caso no se puede utilizar este gas en los tejidos.

19.15. El ion bicarbonato (HCO_3^-) que transporta el plasma sanguíneo se forma dentro del hematíe. Por qué no se puede formar apenas en el plasma y se forma tan fácilmente dentro del glóbulo rojo (a partir de CO_2 y agua).

19.16. El filtrado glomerular tiene las mismas concentraciones de solutos que el plasma sanguíneo (exceptuando proteínas). Sin embargo, las concentraciones en la orina son muy diferentes:

Soluto	*Relación aproximada de concentraciones orina/plasma*
Glucosa	<0,05
Na^+	1
K^+	15
Urea	70
Creatinina	70
Amonio	100

Explicar los mecanismos responsables de la concentración final de cada soluto en la orina.

19.17. Después de un ejercicio físico muy intenso, se realizan inspiraciones rápidas y profundas. Indicar cuál es la causa bioquímica y cuáles son los efectos de esta manera de respirar.

19.18. El óxido de carbono se une a la hemoglobina de forma reversible. Cuando respiramos CO, éste produce dolor de cabeza, náuseas, sueño, y las mucosas toman un color rojo cereza. ¿Qué debemos hacer al percibir algunos de estos síntomas, cuando trabajamos, por ej., junto a un brasero?

19.19. Los inmunosueros y las vacunas combaten eficazmente muchas enfermedades virásicas. Atendiendo a sus diferentes mecanismos de acción, señalar de cuáles de estos tratamientos cabe esperar efectos más duraderos.

19.20. ¿Por qué los pacientes con órganos transplantados —corazón, riñón— deben ser especialmente protegidos contra enfermedades infecciosas?

19.21. Con ayuda del esquema de la figura 19.14, averiguar las concentraciones de hormona (Ag°) de dos sueros *A* y *B*, si, en el gráfico, *A* permite que la radioactividad fijada al anticuerpo Ig sea 1/2 de la máxima y *B* 1/6 de la máxima.

19.22. Una mujer cuyo grupo sanguíneo es A, pero cuya madre era O, se casa con un varón de grupo B. Averiguar si puede tener un hijo del grupo O.

19.23. Un varón del grupo O se casa con una mujer AB. ¿A qué grupos pertenecerán sus hijos y con qué probabilidades?

19.24. Una mujer Rh(−), casada con un varón Rh(+), tiene el primer hijo Rh(−). El segundo y tercer hijos no le plantean problemas de eritroblastosis fetal; en cambio el cuarto hijo presenta estos problemas. ¿Qué se debe pensar del grupo sanguíneo Rh de los tres hijos menores?

19.25. La hemofilia clásica —o carencia del factor VIII— se presenta como carácter recesivo ligado al sexo. Las hembras homozigóticas, $X_h X_h$, no son viables. Un varón hemofílico se casa con una mujer normal. Determinar cómo afectará la hemofilia a sus descendientes varones y hembras.

19.26. Una de las hijas del matrimonio anterior (19.25) se casa con un varón hemofílico. Razonar cómo serán sus descendientes.

19.27. Algunos raticidas contienen sustancias antagonistas de la vitamina K —dicumarol, warfarina— por lo que su consumo continuado produce la muerte por síndromes hemorrágicos. Averiguar qué factor de la coagulación se ve afectado por estas sustancias.

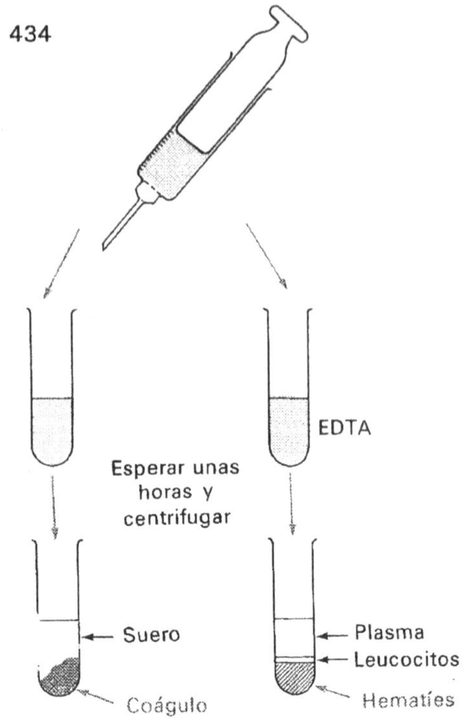

PRÁCTICAS DE LABORATORIO

19.1. Obtención de suero y plasma sanguíneos

Se toma una jeringa limpia, se moja interiormente con silicona líquida y se escurre bien. Con una aguja estéril se pincha en vena —según la técnica habitual— y se obtienen 6 ml de sangre. Se añaden 2,5 ml de la sangre recién extraída a cada uno de dos tubos de centrífuga cilíndricos de 10 ml de capacidad. El primero está vacío y el segundo contiene 3 mg de EDTA (etilendiaminotetraacetato: un quelante del ion Ca^{++}). Se agitan suavemente y en el primer tubo la sangre deberá coagularse; en el segundo, no. La coagulación se advierte por la consistencia gelatinosa que se produce en unos minutos y porque, al día siguiente, el coágulo se ha retraído y queda bañado en un líquido amarillo transparente: el **suero.** También, al día siguiente, de la sangre del segundo tubo han precipitado los hematíes, leucocitos, y plaquetas, quedando un líquido amarillo sobrenadante: el **plasma.** El plasma contiene disuelto el fibrinógeno, el suero no. Centrifugando ambos tubos se podrá separar respectivamente suero o plasma, con fines analíticos.

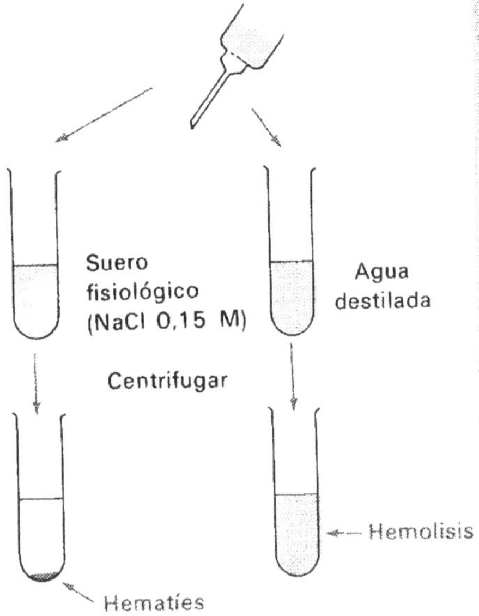

19.2. Comprobación de la hemolisis

Los hematíes en contacto con medios hipotónicos, por ej., agua destilada, sufren **hemolisis** y la hemoglobina difunde al medio extracelular. Con la jeringa de la práctica anterior se vierten dos gotas de sangre recién extraída en otros dos tubos de centrífuga que contienen respectivamente 4 ml de disolución de NaCl 0,15 M (suero fisiológico) o 4 ml de agua destilada. Se agitan suavemente y se observa en ambos un intenso color rojo. Se centrifugan durante 5 minutos y en el primero sedimentan los hematíes, quedando el líquido transparente e incoloro; en cambio, en el segundo, la hemoglobina se ha liberado y colorea uniformemente de rojo la disolución acuosa: la sangre se ha hemolizado.

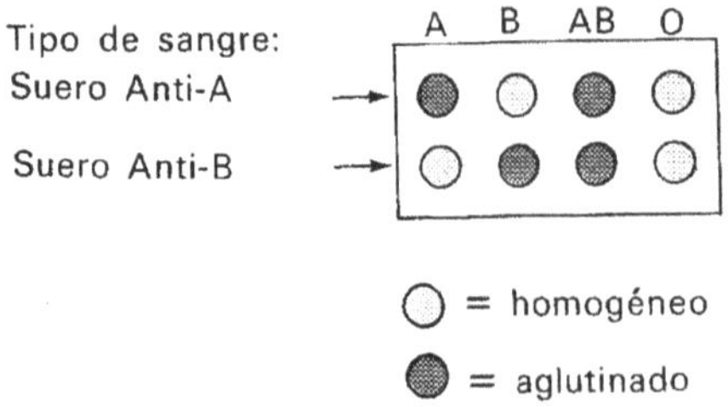

19.3. Determinación del grupo sanguíneo

Se requiere una placa de vidrio con pocillos excavados, o algo equivalente, y sueros estándar conteniendo aglutininas anti-A o anti-B. Se colocan en dos pocillos, dos gotas de sangre extraída en la práctica 19.1, según la figura al margen. Se añaden al primero unas gotas de suero conteniendo aglutininas anti-A y al segundo anti-B. Se mezcla bien y se presentará aglutinación o precipitación según el tipo sanguíneo de que se trate. Esta determinación es muy importante para las transfusiones sanguíneas y para determinadas pruebas médico-legales.

CAPÍTULO **20**

HORMONAS

20.1. DEFINICIÓN. INTERÉS BIOLÓGICO

Las hormonas son sustancias secretadas por un órgano o tejido especializado que se vierten a la sangre y, a través de ella, alcanzan un *órgano* o *tejido blanco,** en el que ejercen un efecto específico. Los órganos especializados en la secreción de hormonas se llaman **glándulas endocrinas** (Fig. 20.1). Así, por ejemplo, la corteza de las *glándulas suprarrenales,* en respuesta a bajos niveles de Na^+, secreta la hormona *aldosterona,* que, transportada por la sangre, llega hasta el túbulo renal, donde estimula específicamente la reabsorción del ion sodio por transporte activo. **(19.3.4)**

Existen numerosas hormonas (más de 70 han sido identificadas en el hombre); desde el punto de vista químico, casi todas son péptidos, esteroides o derivados de aminoácidos. La tabla 20.1 recoge las principales hormonas del cuerpo humano, junto con el tejido que las secreta, la naturaleza química y los principales efectos fisiológicos que producen.

* También llamado «*tejido diana*».

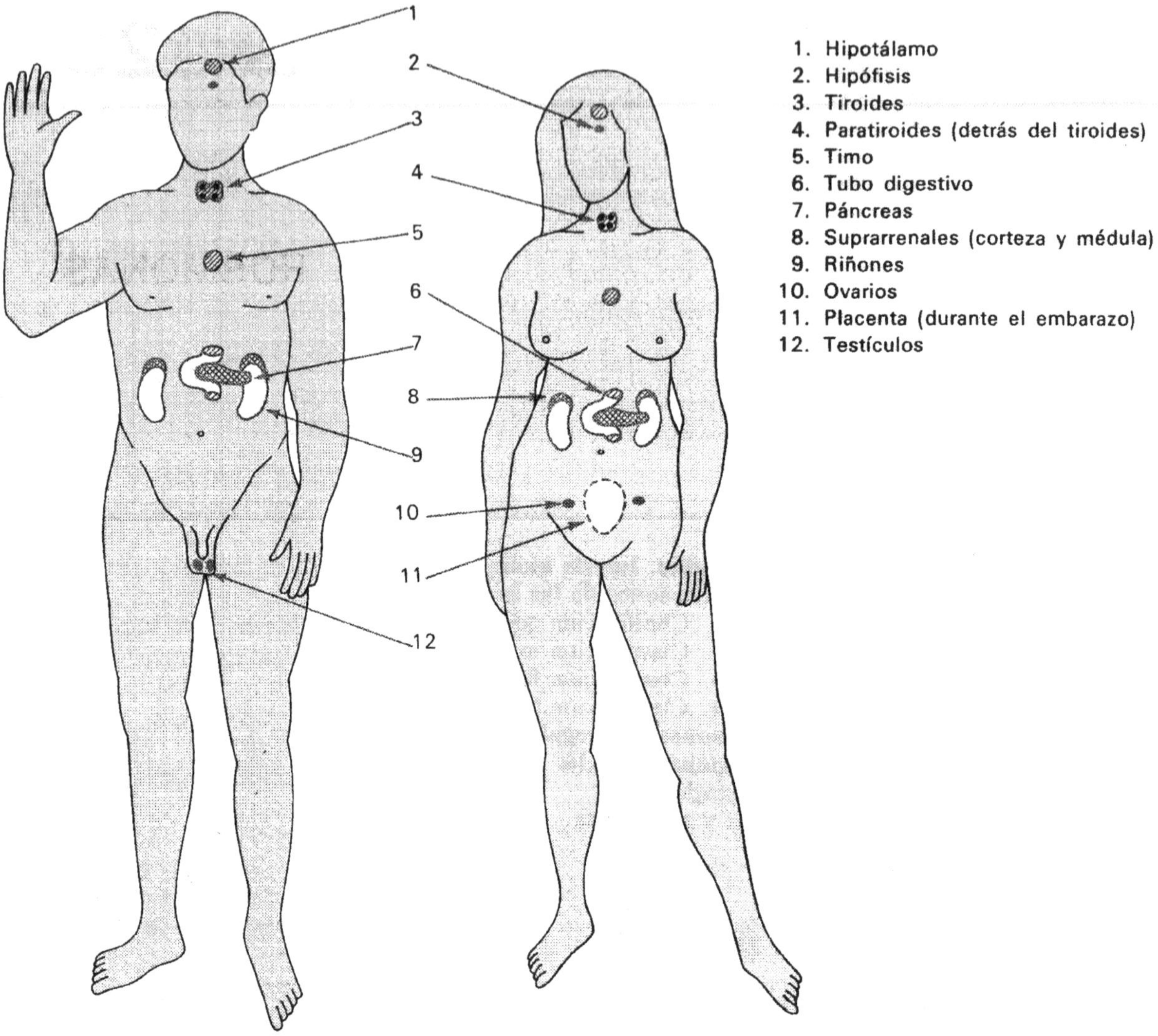

Figura 20.1
Localización en el cuerpo humano de los principales órganos y tejidos secretores de hormonas.

Tabla 20.1
Principales hormonas que actúan en el hombre

Glándula o tejido secretor	Nombre de la hormona (sinónimos y abreviaturas)	Estructura* química	Funciones fisiológicas
Glándula pineal (en el cerebro)	Melanotonina	Daa	Regula los ritmos circadianos
Hipotálamo (en el cerebro)			
a) Hormonas liberadoras (o liberinas, RH)	Corticoliberina (C·RH)	P (41 aa)	Estimula la secreción de TSH, GH y prolactina.

Tabla 20.1 (continuación)
Principales hormonas que actúan en el hombre

Glándula o tejido secretor	Nombre de la hormona (sinónimos y abreviaturas)	Estructura* química	Funciones fisiológicas
	Gonadoliberina (Gn · RH)	P (10 aa)	Estimula la secreción de FSH y de LH.
	Prolactoliberina	P	Estimula la secreción de prolactina.
	Somatoliberina (GH · RH)	P	Estimula la secreción de GH.
	Tiroliberina (T · RH)	P (3 aa)	Estimula la secreción de TSH.
b) Hormonas inhibidoras (o estatinas, RIH)	Prolactostatina	P	Inhibe la secreción de prolactina.
	Somatostatina (GH · RIH)	P (14 aa)	Inhibe la secreción de GH.
c) Hormonas que van a la hipófisis posterior	Vasopresina (antidiuretina, ADH)	P (9 aa)	Regula equilibrio hídrico y presión sanguínea.
	Oxitocina	P (9 aa)	Contracción del útero y secreción de leche.
Hipófisis anterior hormonas trópicas, o estimulantes (tropinas)	Melanotropinas (MSH)	α P (13 aa) β P (18 aa) γ P (12 aa)	Determinan la pigmentación de la piel.
	Corticotropina (ACTH)	P (39 aa)	Estimula la síntesis de glucocorticoides.
	Lipotropinas (LPH)	β P (91 aa) γ P (58 aa)	Liberación de ácidos grasos en los adipocitos.
	Endorfinas	β P (31 aa)	Opiáceo (regula el dolor).
	Somatotropina (GH)	Pr (191 aa)	Efectos anabolizantes, liberación de factores de crecimiento.
	Prolactina (LTH)	Pr (198 aa)	Estimula la producción de leche.
	H. foliculoestimulante (FSH)	Pr ($\alpha\beta$)	En testículo: estimula la espermatogénesis. En ovario: desarrollo del folículo y síntesis de estrógenos.
	H. luteinizante (LH)	Pr ($\alpha\beta$)	En testículo: desarrollo de las cél. intersticiales, síntesis de andrógenos. En ovario: formación del cuerpo lúteo y síntesis de progesterona.
	Tirotropina (TSH)	Pr ($\alpha\beta$)	Estimula la síntesis de hormonas tiroideas.
Tiroides	Triiodotironina (T_3)	Daa	Estimulan el metabolismo basal y muchas reacciones celulares.
	Tiroxina (T_4)	Daa	
	Calcitonina	P (32 aa)	Regula el metabolismo de Ca^{++} y P_i.
Paratiroides	H. paratiroidea	P (84 aa)	Regula el metabolismo de Ca^{++} y P_i.
Tubo digestivo	Gastrina	P (17 aa)	Estimula la secreción de HCl gástrico y de jugos pancreáticos.
	Secretina	P (27 aa)	Regula la secreción pancreática.
	Pancreozimina (colecistoquinina)	P (33 aa)	Estimula la secreción de enzimas digestivos y el vaciado de la vesícula biliar.
	Péptido intestinal vasoactivo (VIP)	P (28 aa)	Relajación gastrointestinal, inhibe la secreción de jugo gástrico.
	Péptido inhibidor gástrico (GIP)	P (43 aa)	Inhibe la secreción gástrica.
	Somatostatina	P (14 aa)	Inhibe la secreción de gastrina y de glucagón.

Tabla 20.1 (continuación)
Principales hormonas que actúan en el hombre

Glándula o tejido secretor	Nombre de la hormona (sinónimos y abreviaturas)	Estructura* química	Funciones fisiológicas
Páncreas	Insulina (cel. B)	P (51 aa)	Estimula el consumo de glucosa, la lipogénesis y es anabolizante.
	Glucagón (cel. A)	P (29 aa)	Glucogenolisis, liberación de lípidos.
	Polipéptido pancreático (cel. F)	P (36 aa)	Glucogenolisis, regulación gastrointestinal.
	Somatostatina (Cel. D)	P (14 aa)	Inhibe a la somatatropina; libera glucagón.
Corteza suprarrenal	Glucocorticoides	E (cortisol)	Favorecen la síntesis proteica; antiinflamatorios.
	Mineralcorticoides	E (aldosterona)	Reabsorción de sodio, regulan balance iónico.
	Andrógenos	E	(véase testículo)
Médula suprarrenal	Adrenalina	Daa	Contracción musculatura lisa y corazón; glucogenolisis y liberación de ácidos grasos.
	Noradrenalina	Daa	Contracción de arteriolas, liberación de lípidos.
Testículo	Andrógenos	E (testosterona)	Maduración y función de órganos sexuales masculinos. Espermatogénesis.
Ovario	Estrógenos	E (estradiol)	Maduración y función de órganos sexuales femeninos. Desarrollo del folículo.
	Gestágenos	E (progesterona)	Secreción de la mucosa uterina; implantación del óvulo fecundado, mantenimiento del embarazo.
Placenta	Estrógenos	E (estriol)	Mantenimiento del embarazo.
	Gestágenos	E (progesterona)	
	Gonadotropina coriónica (CG)	Pr ($\alpha\beta$)	Semejante a LH y FSH.
	Somatotropina coriónica (CS) (lactógeno placentario)	Pr (191 aa)	Semejante a prolactina y a GH.
	Relaxina	P (22 aa) P (32 aa)	Relajación de tono muscular y de la sínfisis pubiana.
Hígado	Angiotensina (madurada por renina renal)	P (8 aa)	Responsable de la hipertensión esencial.
	Factores de crecimiento análogos a insulina	P	Maduración de cartílagos y crecimiento de las células del mesénquima.
Riñón	1,25-dihidroxicolecalciferol	DE	Absorción de Ca^{++}; formación de hueso.
	Eritropoyetina	Pr	Estimula síntesis de glóbulos rojos.
Timo	Timosina	Pr	Producción de linfocitos T.

* Abreviaturas de esta tabla: **H** = hormona; **R** = liberación «releasing»; **Pr** = proteína; **P** = péptido; **aa** = aminoácido; **Daa** = derivado de aminoácido; **E** = esteroide; **DE** = derivado de esteroide.

Los niveles o concentraciones de hormonas en sangre suelen ser muy bajos ($10^{-5}-10^{-10}$ g/l) y se hallan cuidadosamente regulados, de modo que siempre actúan con la intensidad requerida en cada momento.* A pesar de las bajas concentraciones, las hormonas afectan profundamente el metabolismo de las células diana porque desencadenan en ellas procesos de amplificación, como, por ejemplo, la ya estudiada *cascada glucogenolítica* que se produce en la célula hepática por efecto de las hormonas *adrenalina* o *glucagón*. **(13.1.3)**

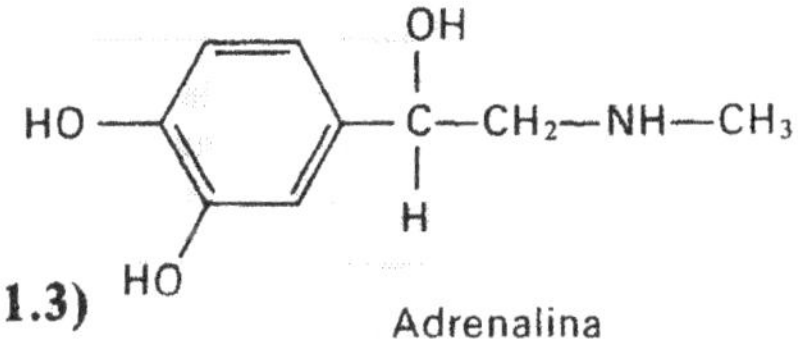

Adrenalina

En consecuencia, las hormonas tienen un interés biológico especial, porque permiten la regulación metabólica a un nivel superior a los ya estudiados (molecular y celular). **(14.6)** La regulación hormonal es característica del metabolismo de los seres pluricelulares y permite las interacciones metabólicas entre tejidos diferentes y a menudo alejados. La *diferenciación celular,* que da origen a los distintos tejidos y órganos de los seres superiores, es posible porque existe una integración del metabolismo de las diferentes células por medio de las hormonas y del sistema nervioso (el control nervioso se estudiará en el capítulo 21).

La **endocrinología** es la ciencia que estudia las acciones hormonales y sus anomalías. Desde el punto de vista clínico, se conocen numerosas alteraciones, por exceso o por defecto, en los niveles de producción de determinadas hormonas (ver Tabla 20.2). Así, por ejemplo, las formas más frecuentes de *diabetes mellitus* se deben a un déficit de *insulina* (hormona pancreática) y se compensan mediante la administración periódica de la hormona por vía parenteral. Por el contrario, la *enfermedad de Graves-Basedow* (bocio hiperplástico difuso) se caracteriza por una hipersecreción de hormonas tiroideas y requiere la supresión de parte del tejido responsable por medios quirúrgicos o mediante citostáticos.**

20.2. CLASIFICACIONES DE LAS HORMONAS

Las hormonas se pueden clasificar atendiendo a diferentes criterios: estructura química, localización del tejido secretor, función fisiológica y mecanismo de acción a nivel bioquímico (Tabla 20.1).

20.2.1. Clasificación química

Desde el punto de vista químico, las hormonas que actúan en vertebrados pueden ser (Fig. 20.2 y 20.3):

a) **Péptidos,** de muy distinta complejidad, desde glicoproteínas como la TSH (hormona tiroestimulante), pasando por proteínas simples, como la GH (hormona de crecimiento, «*growth hormone*»), hasta polipéptidos (glucagón, 29 aminoácidos) y oligopéptidos (vasopresina, 9 aminoácidos).

b) **Derivados de aminoácidos** como la triiodotironina del tiroides o la adrenalina de la médula suprarrenal.

c) **Lípidos,** como las hormonas esteroideas (aldosterona), el 1,25-dihidroxicolecalciferol y las prostaglandinas.

* Recordemos que el análisis hormonal más preciso suele realizarse con la técnica del *radioinmunoensayo* (Aplicaciones 19.1).

** Los fármacos citostáticos son los que detienen el crecimiento celular.

Tabla 20.2
Algunas endocrinopatías típicas

Glándula endocrina afectada	Hormonas alteradas	Nombre del síndrome	Niveles hormonales	Principales consecuencias fisiológicas
Hipófisis	Somatropina (GH)	Enanismo hipofisario	déficit	Estatura baja, retraso en el crecimiento.
		Gigantismo	exceso juvenil	Estatura elevada (a veces con diabetes).
		Acromegalia	exceso tardío	Hipertrofia de huesos cortos: mandíbula, manos, ...
	Antidiuretina (de hipotálamo)	Diabetes insípida	déficit	Poliuria (20-30 l orina/día).
Corteza suprarrenal	Aldosterona Cortisol	Enf. de Addison	déficit	Pérdida de Na^+ por la orina, pigmentación de la piel (muerte por shock). Falta glucogénesis (hipoglucemia).
		Enf. de Cushing	exceso	Obesidad, hiperglicemia (diabetes), cara de luna llena.
	Andrógenos	Síndrome adrenogenital	déficit de corticoides y exceso de horm. sexuales	Masculinización y precocidad sexual (y otros efectos).
Tiroides	T_3 y T_4	Tirotoxicosis	exceso	Exoftalmía, bocio, metabolismo basal elevado.
		Enf. de Graves-Basedow	exceso	Metab. basal elevado, bocio.
		Mixedema	déficit (por falta de iodo)	Bocio; MB bajo.
		Cretinismo	déficit en infancia	Retraso mental y de crecimiento.
Páncreas	Insulina	Diabetes mellitus	déficit	Hiperglucemia, glucosuria, cetosis.
		Hiperinsulinismo	exceso (tumor)	Hipoglucemia crónica.
Paratiroides	Parathormona	Hipoparatiroidismo	déficit	Hipocalcemia (tetania).
		Hiperparatiroidismo	exceso (tumor)	Desintegración del tejido óseo.
Testículo	Andrógenos	Hipogonadismo	déficit	Atenuación de caracteres masculinos.
		Hipergonadismo	exceso (tumor)	Hipertrofia de caracteres masculinos.
Ovario	Estrógenos	Hipogonadismo	déficit	Amenorrea, ciclos anovulatorios.
		Hipergonadismo	exceso (tumor)	Hemorragias irregulares.

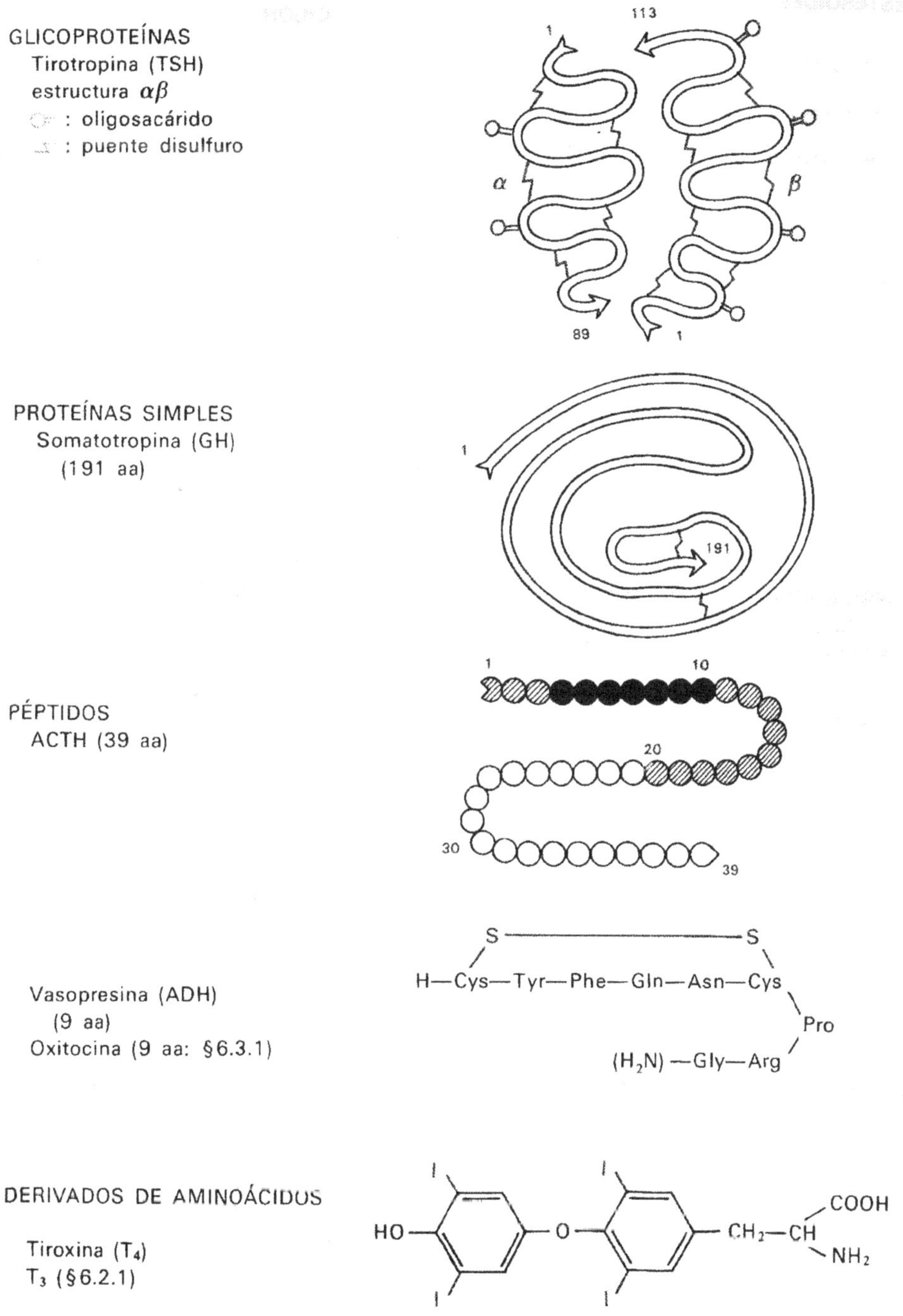

Figura 20.2
Estructura química de algunas hormonas características de tipo peptídico o derivado de aminoácido.

ESTEROIDES

Progesterona (C_{21}) (§13.7)

Cortisol (C_{21}) (§13.7)

Aldosterona (C_{21}) ------→

Testosterona (C_{19}) (§13.7)

Estradiol (C_{18}) (§13.7)

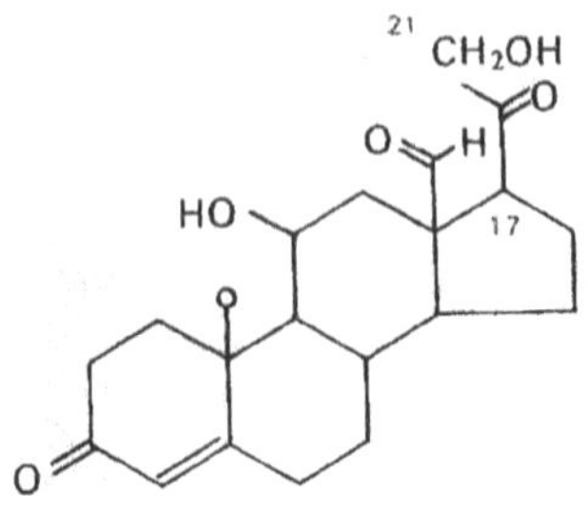

Estriol (C_{18}) --------→

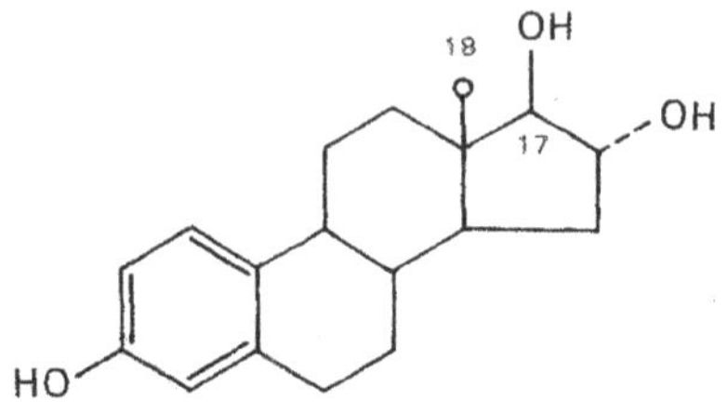

DERIVADOS DE ESTEROIDES
1,25-dihidroxicole-
calciferol (C_{27})

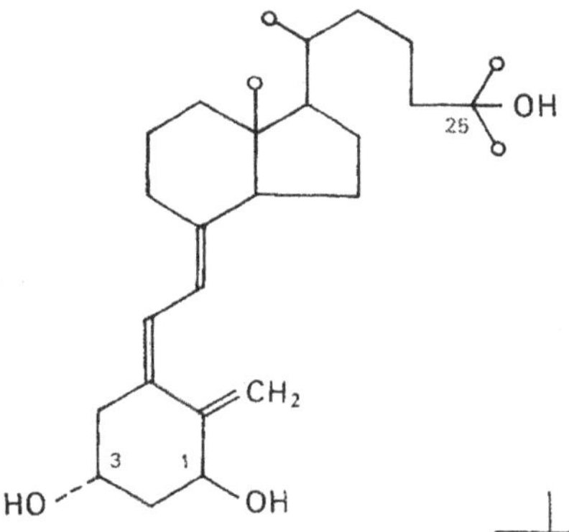

PROSTAGLANDINAS
PGE_2

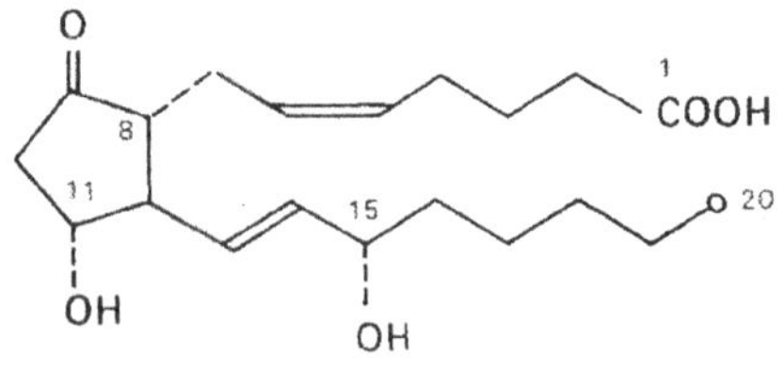

Figura 20.3
Estructura química de algunas hormonas de tipo lipídico.

20.2.2. Clasificación topográfica

Como ya hemos dicho, muchas hormonas se sintetizan en glándulas especializadas, de manera exclusiva o casi exclusiva (Fig. 20.1). En otros casos el tejido secretor no presenta una localización individualizada, sino que se halla difuso en uno o más órganos no propiamente endocrinos; éste es el caso de las hormonas gastrointestinales —gastrina, secretina— que se secretan en células repartidas en diversos tramos del tubo digestivo.

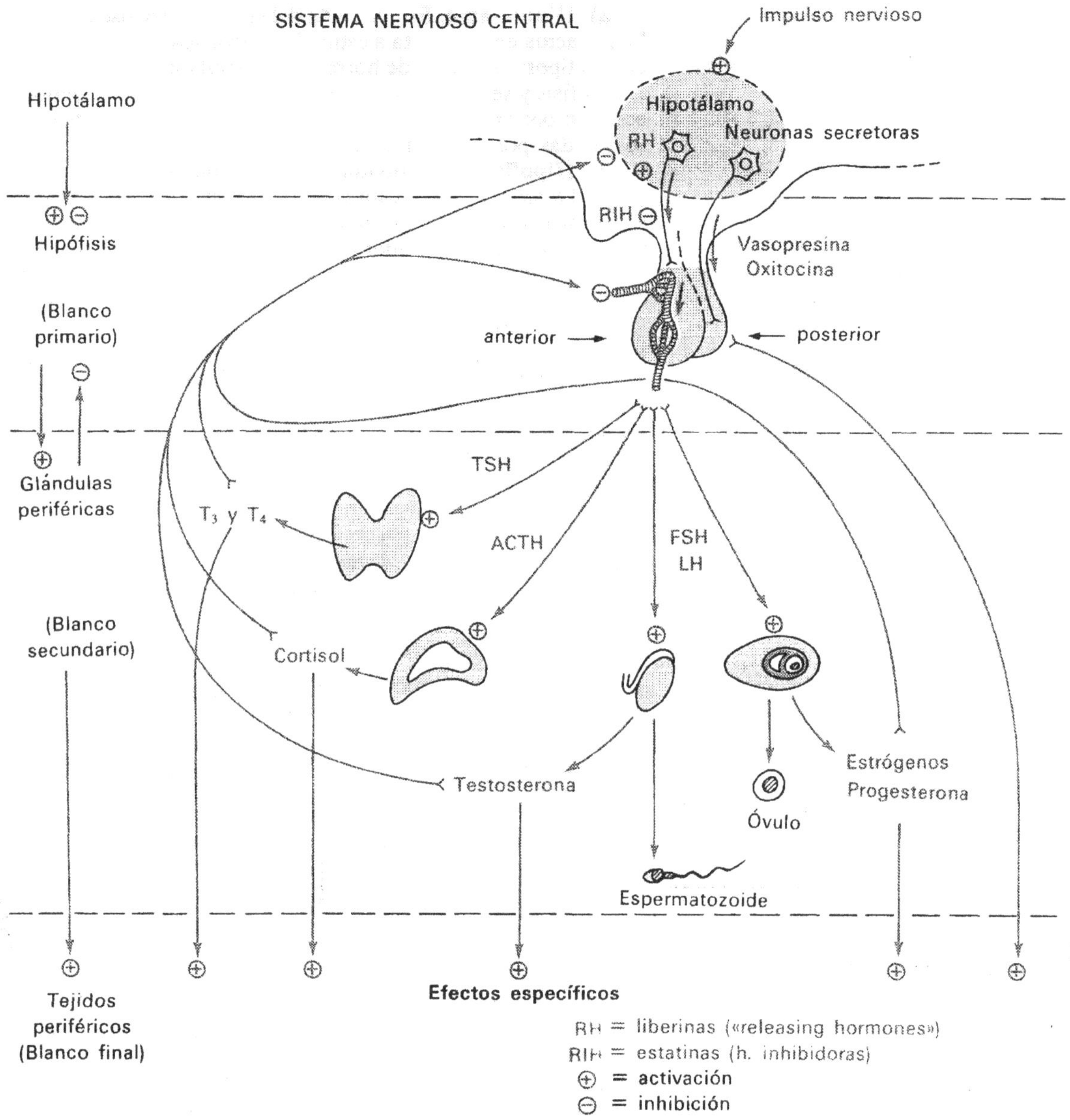

Figura 20.4
Relaciones hormonales entre el eje hipotálamo-hipófisis y las glándulas periféricas. En general, las hormonas hipofisarias activan a las glándulas periféricas, y las hormonas secretadas por éstas, por un mecanismo «*feed-back*» negativo, inhiben a la hipófisis. Los dibujos de las diferentes glándulas no han sido realizados a la misma escala.

Las hormonas secretadas por glándulas endocrinas se pueden clasificar según la glándula que las produce. No todas las glándulas endocrinas tienen la misma importancia, pues algunas de ellas actúan reguladas por otras. Pueden distinguirse tres niveles (Fig. 20.4 y Tabla 20.1):

a) **Hipotálamo.** Es una parte del sistema nervioso central, por lo que actúa en respuesta a estímulos nerviosos. Sus funciones son de dos tipos: secreción de hormonas estimulantes o inhibidoras de la hipófisis y secreción de hormonas (vasopresina y oxitocina) que emigran por vía nerviosa al lóbulo posterior de la hipófisis y son secretadas por esta glándula.

b) **Hipófisis.** Está dividida en dos lóbulos: anterior y posterior. El *lóbulo anterior* está conectado con el hipotálamo por vía sanguínea (Fig. 20.4) y su funcionamiento depende de las hormonas hipotalámicas liberadoras e inhibidoras. La hipófisis anterior secreta hormonas estimulantes de las glándulas periféricas (corticotropina, tirotropina, ...). El *lóbulo posterior* de la hipófisis acumula la vasopresina y oxitocina llegadas del hipotálamo a través de los axones de neuronas secretoras y las libera a la sangre.

c) **Glándulas periféricas.** Son numerosas, y su actividad depende generalmente de la hipófisis. Entre ellas podemos citar el *tiroides,* las *glándulas suprarrenales* y las *gonadas* (*testículos* y *ovarios*). Las hormonas secretadas por las glándulas periféricas actúan sobre los tejidos blanco definitivos, ejerciendo sus acciones específicas.

20.2.3. Clasificación fisiológica

Las hormonas pueden también clasificarse atendiendo a las principales funciones orgánicas que modulan. Así, hay hormonas relacionadas especialmente con:

- *crecimiento y desarrollo:* GH (hormona de crecimiento), triiodotironina, ...
- *procesos digestivos:* gastrina, secretina, pancreozimina, ...
- *metabolismo intermediario:* insulina, glucagón, cortisol, ...
- *filtración renal:* aldosterona, vasopresina, ...
- *sexo y reproducción:* testosterona, estradiol, progesterona, ...
- *neurotransmisión:* endorfinas, noradrenalina, ...

20.2.4. Clasificación bioquímica

Desde el punto de vista bioquímico, las hormonas pueden clasificarse atendiendo a su mecanismo de acción a escala molecular. Las hormonas cuyo mecanismo de acción se conoce pertenecen a uno de estos dos grupos:

a) **Hormonas que actúan a nivel de membrana.** Numerosas hormonas interaccionan con proteínas específicas (*receptores*) en la membrana plasmática de las células blanco y modifican algunas propiedades de la membrana, como permeabilidad, actividad de algún enzima intrínseco, etc. La *insulina* facilita el paso de glucosa al interior de las células; el *glucagón* activa el enzima adenilato ciclasa de la membrana del hepatocito, etc. Estas modificaciones a nivel de membrana determinan cambios en el metabolismo de las células sensibles a la hormona, como veremos en Complementos 20.1.

b) **Hormonas que actúan a nivel nuclear.** Otro gran grupo de hormonas, generalmente de tipo lipídico, atraviesan la membrana celular y llegan a alcanzar el DNA nuclear, modificando la expresión genética. Por acción de la hormona se activan determinados genes y se sintetizan proteínas específicas. Las hormonas esteroi-

Tabla 20.3

Clasificación bioquímica de las hormonas

Hormonas que actúan a nivel membrana
a) *Activando la adenilato ciclasa*
ACTH
Calcitonina
FSH
Glucagón
MSH
H. paratiroidea
Secretina
TSH
Vasopresina
Adrenalina
b) *Inhibiendo la adenilato ciclasa*
Angiotensina
Catecolaminas (actuando sobre receptores α_2).
c) *No afectando la adenilato ciclasa*
GH
Insulina
Oxitocina
Prolactina
Somatostatina

Hormonas que actúan a nivel nuclear	Gen que estimulan (o inhiben: ↓)	Órgano blanco
a) *Glucocorticoides* (cortisol)	Triptófano oxigenasa	hígado
	Fosfoenolpiruvato carboxiquinasa	riñón
	Proopiomelanocortina (↓)	hipófisis
b) *Estrógenos* (estradiol)	Transferrina	hígado
	G6P-deshidrogenasa	útero
c) *Gestágenos* (progesterona)	Uteroglobina	útero
d) *Andrógenos* (testosterona)	β-glucuronidasa	riñón
	aldolasa	próstata
e) *1,25-dihidroxicolecalciferol*	proteína enlazante de Ca^{++}	intestino
f) *Hs. tiroideas* (T_3)	carbamilfosfato sintasa	hígado
	GH	hipófisis
	Prolactina (↓)	hipófisis
	glicerofosfato deshidrogenasa	hígado (mitoc.)
	enzima málico	hígado

deas y la triiodotironina actúan principalmente a nivel nuclear (Tabla 20.3).

COMPLEMENTOS 20.1

MECANISMO DE ACCIÓN DE LAS HORMONAS

El conocimiento detallado del mecanismo de acción de las hormonas, recientemente descubierto, tiene suficiente importancia para ser tratado en párrafo aparte. Nos referiremos por separado a los dos mecanismo principales que acabamos de citar en 20.2.4.

Hormonas que modifican la actividad adenilato ciclasa

La mayoría de las hormonas que actúan a nivel de membrana lo hacen modificando la actividad de una proteína intrínseca de la propia membrana, la *adenilato ciclasa.* Este mecanismo se conoce hoy con detalle (Fig. 20.5). El sistema comprende, por lo general:

— Un *receptor,* específico para la hormona, casi siempre de tipo proteico.

— La llamada *proteína G,* otra proteína intrínseca de la membrana, que se activa por unión de GTP, en presencia de la hormona.

— La *adenilato ciclasa,* enzima que cataliza la conversión de ATP en cAMP (3',5'-AMP cíclico).

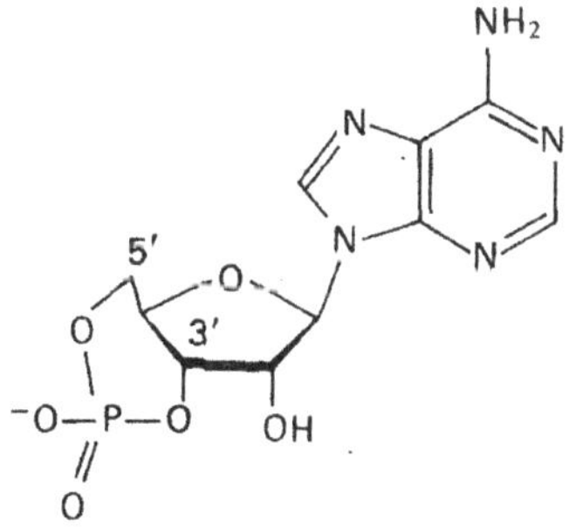

AMP cíclico (cAMP)

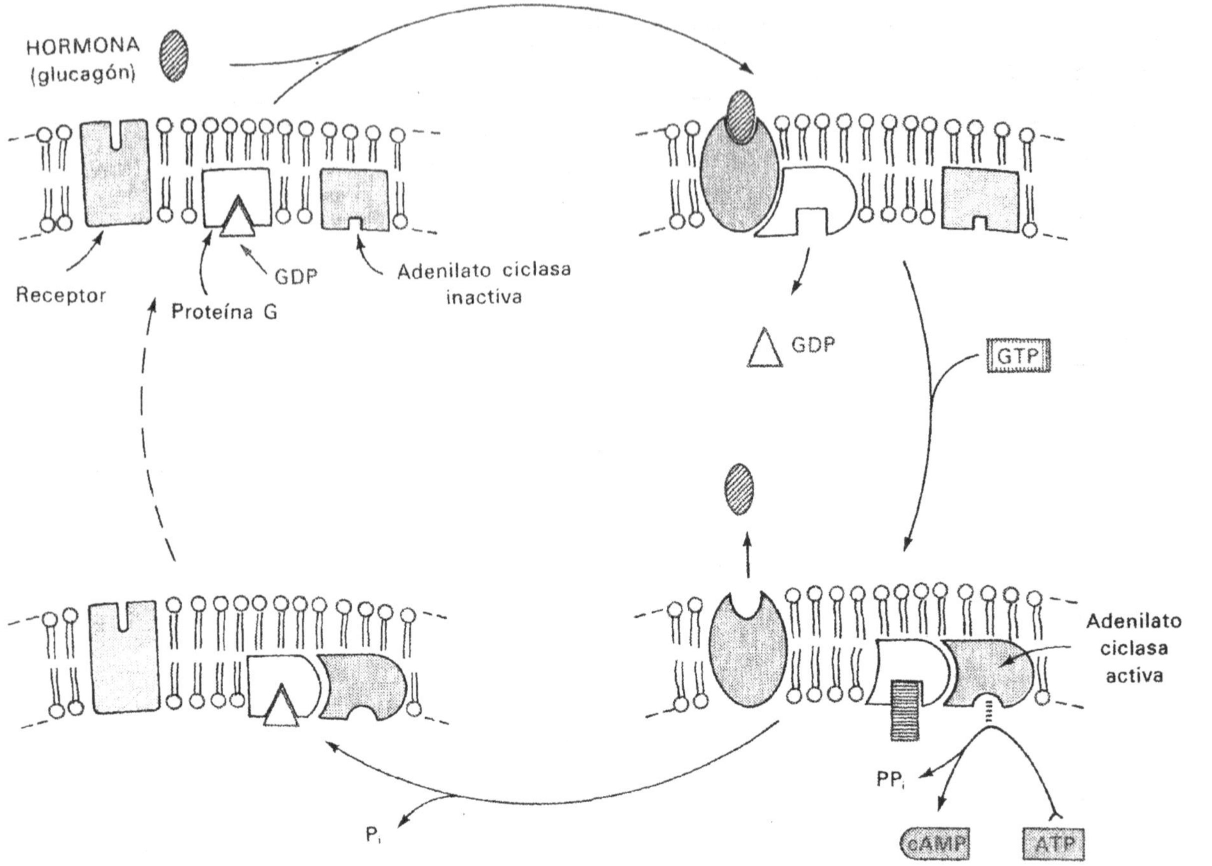

Figura 20.5
Activación de la adenilato ciclasa de membrana por acción de una hormona adecuada. En este esquema se ha añadido, al representado en la figura 13.2, el papel de la proteína G. Esta proteína se altera, como veremos enseguida, por la toxina colérica.

La hormona, casi siempre peptídica, no penetra en la célula blanco, sino que se une al receptor. Evidentemente, sólo las células blanco poseen receptores específicos para la hormona a la cual son sensibles. El complejo hormona-receptor activa a la proteína G, que a su vez se une a GTP. El complejo proteína G-GTP es un modulador positivo de la adenilato ciclasa. En consecuencia, el efecto de la hormona consiste en activar la adenilato ciclasa, y así aumentar la concentración intracelular de cAMP.

El cAMP, un nucleótido relativamente estable, difunde fácilmente, debido a su pequeño tamaño, y transmite la señal recibida de la hormona. Se dice por esto que el cAMP es el *segundo mensajero* de la hormona. Numerosas hormonas utilizan cAMP como segundo mensajero (Tabla 20.3). Se conocen otros segundos mensajeros, implicados en diferentes procesos de regulación, como el *cGMP* y el *ion calcio.*

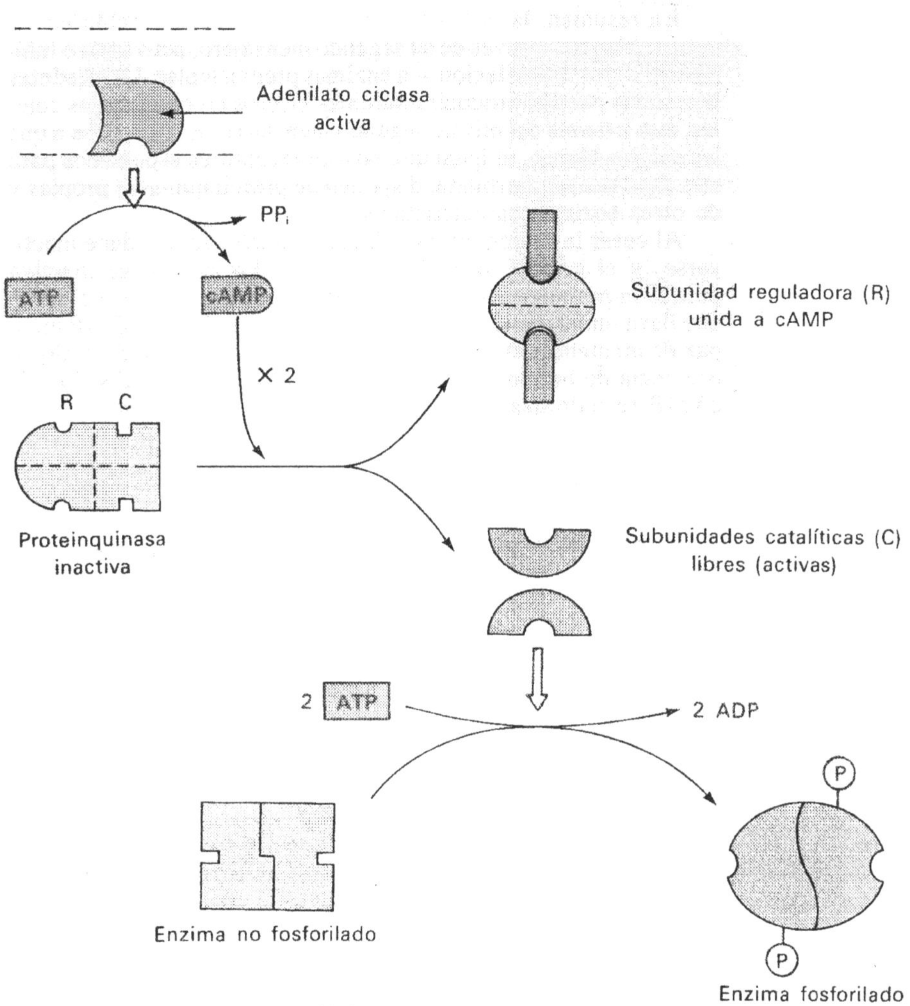

Figura 20.6
Acción del cAMP —segundo mensajero— sobre las proteinquinasas intracelulares, activándolas.

El cAMP actúa activando proteinquinasas específicas. Éstas se unen al nucleótido a través de sus subunidades reguladoras, con lo que quedan libres las subunidades catalíticas, que pueden entonces fosforilar diversas proteínas (Fig. 20.6 y 13.2). Las proteínas así fosforiladas suelen ser enzimas que se activan o inhiben, según su naturaleza.

$$\text{(E)}-OH + ATP \xrightarrow[\text{activa}]{\text{proteinquinasa}} \text{(E)}-O-PO_3^{=} + ADP$$

En general, los enzimas degradativos se activan por fosforilación (como ocurre con la *lipasa* del tejido adiposo: figura 13.11) y lo contrario sucede con los enzima biosintéticos (*glucógeno sintasa:* figura 13.2).

En resumen, la hormona —primer mensajero— actúa en las células blanco, a través de su segundo mensajero, activando o inhibiendo —por fosforilación— a enzimas preexistentes. Las distintas hormonas pueden producir diferentes efectos en otras tantas células, aun a través del mismo segundo mensajero. Esto se debe a que las células blanco, al igual que poseen receptores específicos para una determinada hormona, disponen de proteinquinasas propias y de otros enzimas característicos.

Al cesar la acción hormonal, la *adenilato ciclasa* debe inactivarse, y el cAMP formado, destruirse. La ciclasa se inactiva porque la proteína G tiene actividad *GTPasa*, e hidroliza el GTP que lleva unido, dando lugar a un complejo proteína G-GDP incapaz de mantener activada la adenilato ciclasa (Fig. 20.5). Sólo en presencia de hormona vuelve la proteína G a unirse al GTP. El cAMP se hidroliza por una *fosfodiesterasa* específica:

$$cAMP + H_2O \xrightarrow[\text{fosfodiesterasa}]{} 5'\text{-}AMP$$

La actividad fosfodiesterásica puede ser modulada por sustancias muy variadas. La inhiben, potenciando el efecto del cAMP,

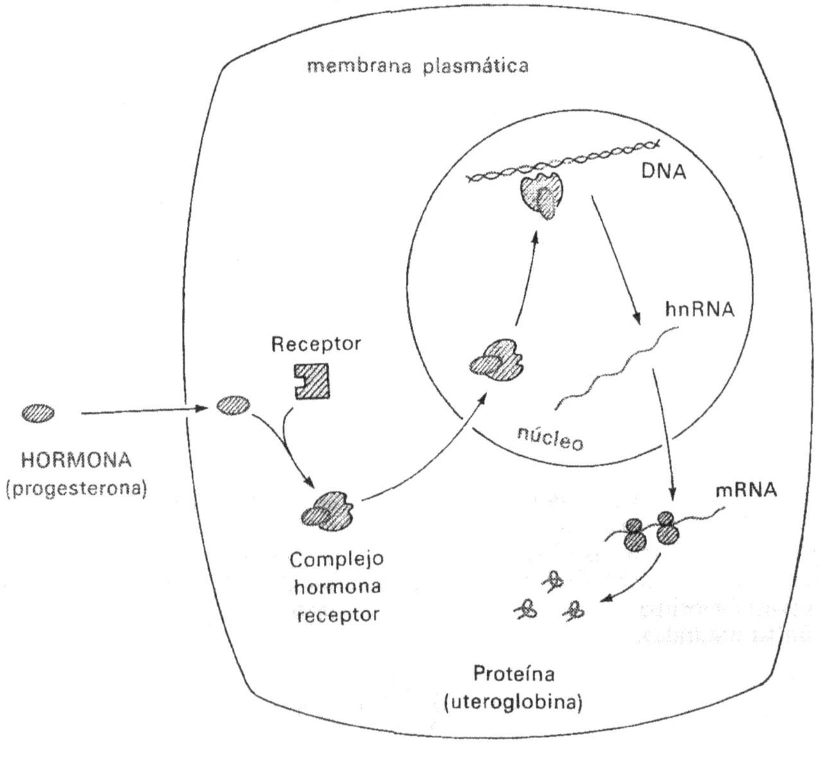

Figura 20.7
Mecanismo de la acción hormonal a nivel nuclear. La hormona penetra en la célula, se une a un receptor específico y se fijan al DNA, activando un gen determinado e incrementando la síntesis de la proteína correspondiente.

algunas *prostaglandinas* y los alcaloides de la xantina (cafeína, teofilina). Por el contrario, el Ca^{++} unido a la *calmodulina* (una proteína de 17 kdal que actúa con frecuencia como transportador intracelular de Ca^{++}) activa la fosfodiesterasa.

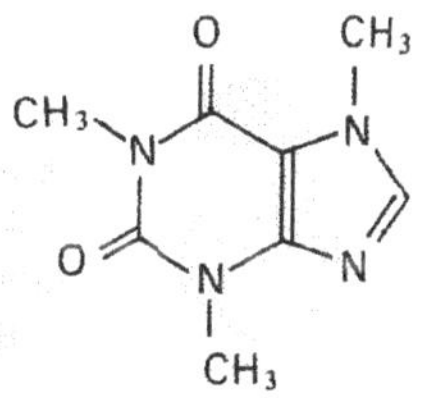

Cafeína
(trimetilxantina)

Hormonas que actúan a nivel nuclear

Las hormonas de naturaleza apolar, después de atravesar la membrana plasmática, se unen en el citosol a proteínas receptoras específicas (Fig. 20.7 y Tabla 20.3). El complejo hormona-proteína receptora penetra en el núcleo y activa (rara vez, inhibe) determinados genes, propios de cada hormona. Así se aumenta (o disminuye) la biosíntesis, y la concentración intracelular, de las proteínas correspondientes.

APLICACIONES 20.1

CÓLERA

El cólera es una enfermedad muy grave, producida por la bacteria *Vibrio cholerae*, y que se manifiesta por una diarrea continua que puede ocasionar la muerte en pocas horas, por deshidratación y shock. La sustancia responsable del síndrome diarreico es una proteína —la *toxina colérica*— que actúa a través de la *adenilato ciclasa* de las células del epitelio intestinal (Fig. 20.8).

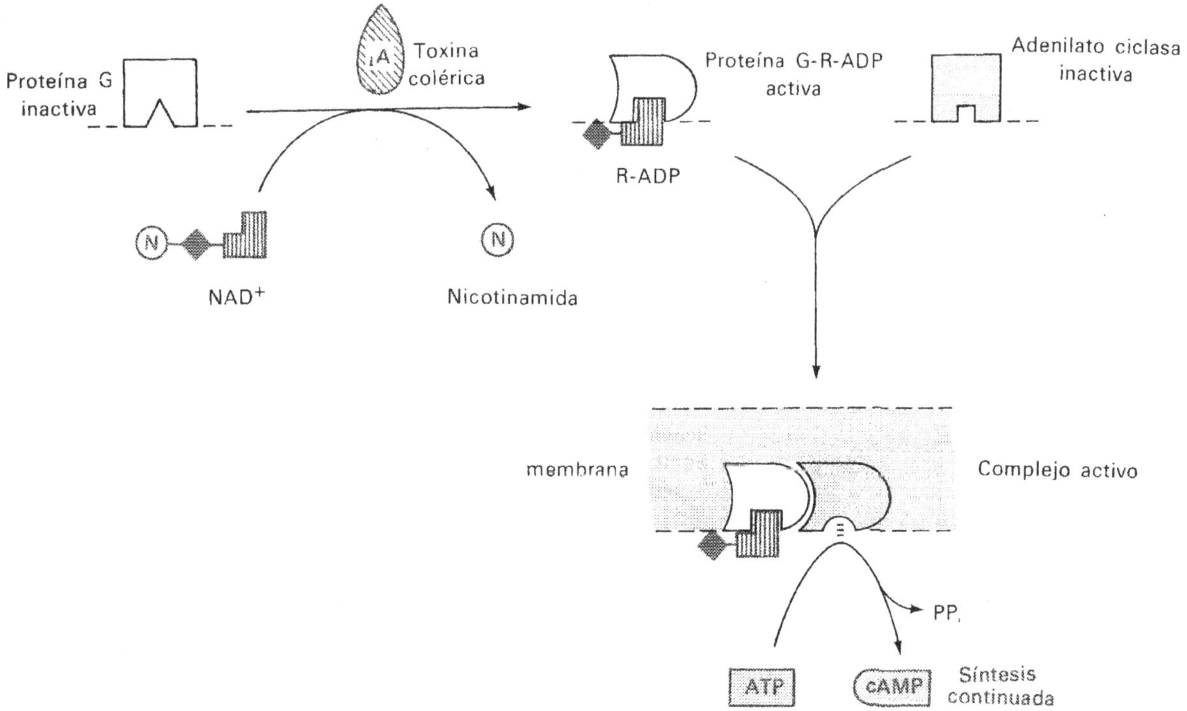

Figura 20.8
Mecanismo de actuación de la toxina colérica en las células del epitelio intestinal.

Estructura química de la toxina colérica

Como resultado de una interacción entre las subunidades B de la toxina y el gangliósido GM_1 de la membrana celular, la subunidad A_1 (colerágeno) penetra en la membrana plasmática y cataliza la reacción:

Proteína G + NAD^+ (inactiva) $\xrightarrow[\text{de la toxina}]{\text{subunidad } A_1}$ Proteína G—ribosil—ADP + Nicotinamida (activa)

La proteína G activada (de forma permanente) activa a su vez a la adenilato ciclasa de la membrana y ésta convierte el ATP en cAMP, de forma continuada. La función del cAMP en las células del epitelio intestinal consiste en el transporte activo de Na^+ a la luz del intestino; el ion sodio se acompaña de abundante agua y así se explica la diarrea colérica.

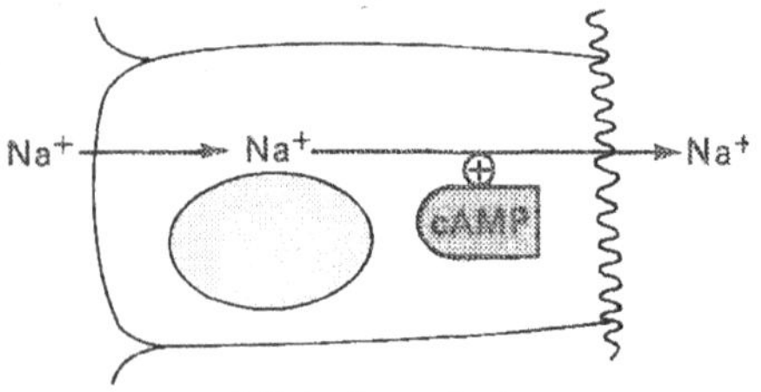

Célula intestinal

20.3. HORMONAS QUE REGULAN LA GLUCEMIA

Todas las células de nuestro organismo requieren, para su correcta nutrición, un aporte continuado de glucosa. Como la sangre es la responsable de este aporte, de ahí que sea muy importante regular su nivel de glucosa (*glucemia*) en todo momento. En efecto, este nivel oscila entre 1,2 g glucosa/litro de plasma, después de las comidas, y 0,8 g/l, después del ayuno nocturno. Esta regulación requiere la acción concertada y armoniosa de varias hormonas, procedentes al menos de cinco glándulas endocrinas.

La glucosa sanguínea tiene dos orígenes principales: la *dieta*, que aporta azúcares y aminoácidos glucogénicos, y las *reservas endógenas: glucógeno* (hepático y muscular) y *proteínas* musculares. Así podemos distinguir dos situaciones distintas (Fig. 20.9).

A. *Después de la comida.* La digestión de los alimentos está sometida a control hormonal: la *gastrina, secretina, pancreozimina,* etc., ... estimulan la secreción de los jugos adecuados, en el momento preciso (Tabla 20.1). Pero además el tubo digestivo secreta otras hormonas (*glucagón intestinal, somatostatina*) que van a

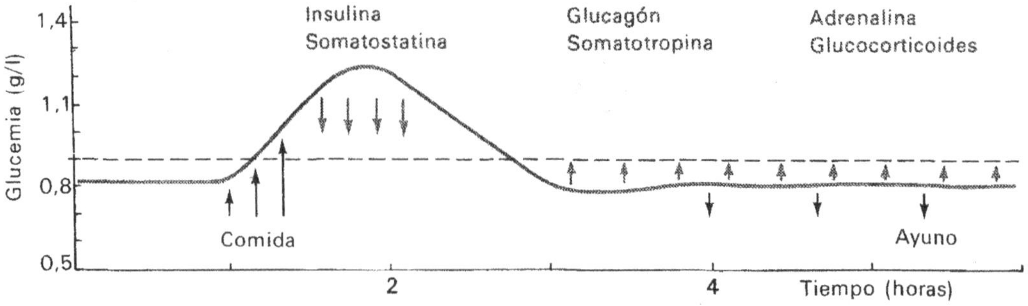

Figura 20.9
Representación esquemática de la regulación hormonal de la glucemia.

influir positivamente en las regulación posterior de la glucemia. En efecto, la presencia de glucosa en exceso y la estimulación producida por el glucagón determinan la secreción pancreática de *insulina.*

La *insulina,* que actúa por un mecanismo aún no esclarecido, ejerce efectos espectaculares sobre el metabolismo de la glucosa:

— favorece la entrada de glucosa en las células hepáticas, musculares y adiposas.
— favorece la síntesis de glucógeno en hígado y músculo y de grasas en el tejido adiposo,
— con todo ello hace descender los niveles de glucosa en sangre, y
— favorece la síntesis de proteínas.

La *somatostatina,* secretada por el tubo digestivo, páncreas e hipotálamo, inhibe la secreción de somatotropina y otras hormonas hipofisarias y regula los niveles de insulina y de glucagón.

Como resultado final, estas hormonas son *hipoglucemizantes* y permiten almacenar reservas en forma de glucógeno (músculo e hígado), grasas (tejido adiposo) y proteínas (músculo).

B. *En ayunas.* La glucosa sanguínea debe obtenerse del glucógeno (hepático principalmente) y de la gluconeogénesis (a partir de proteínas musculares). Esto se consigue por la acción de varias hormonas.

El *glucagón,* secretado por el páncreas y tubo digestivo, estimula, a través del cAMP como segundo mensajero, la glucogenolisis del hígado, pero no del músculo. Así consigue elevar la glucemia de forma lenta y duradera. Activa también la lipasa de los adipocitos y favorece la liberación de ácidos grasos. En cambio, inhibe la glicolisis de glucosa a lactato.

La *adrenalina,* secretada por la médula suprarrenal en situaciones de stress, tiene efectos más agudos:

— facilita la rápida glucogenolisis en hígado y en músculo (también a través del cAMP),
— estimula la lipasa de los adipocitos y favorece la liberación de ácidos grasos,
— inhibe la captación de glucosa sanguínea por el músculo, que consume con preferencia ácidos grasos,
— inhibe la secreción de insulina y favorece la de glucagón,
— estimula la glicolisis, la actividad cardiaca y aumenta la presión sanguínea.

La *somatotropina hipofisaria* (*GH*), aparte de estimular el crecimiento óseo y muscular, es hiperglucemizante y su secreción excesiva puede inhibir la secreción de insulina hasta instaurar un cuadro diabético.

Mediante control nervioso se secreta, además de adrenalina, *corticoliberina hipotalámica* (*C · RH*) que a su vez activa la secreción hipofisaria de *ACTH* y ésta estimula la corteza suprarrenal para producir *glucocorticoides.*

El *cortisol* y los otros glucocorticoides tienen efectos opuestos en gran medida a los de la insulina:

— estimulan la gluconeogénesis a partir de proteínas,
— disminuyen la utilización de glucosa en tejidos periféricos; por ello,

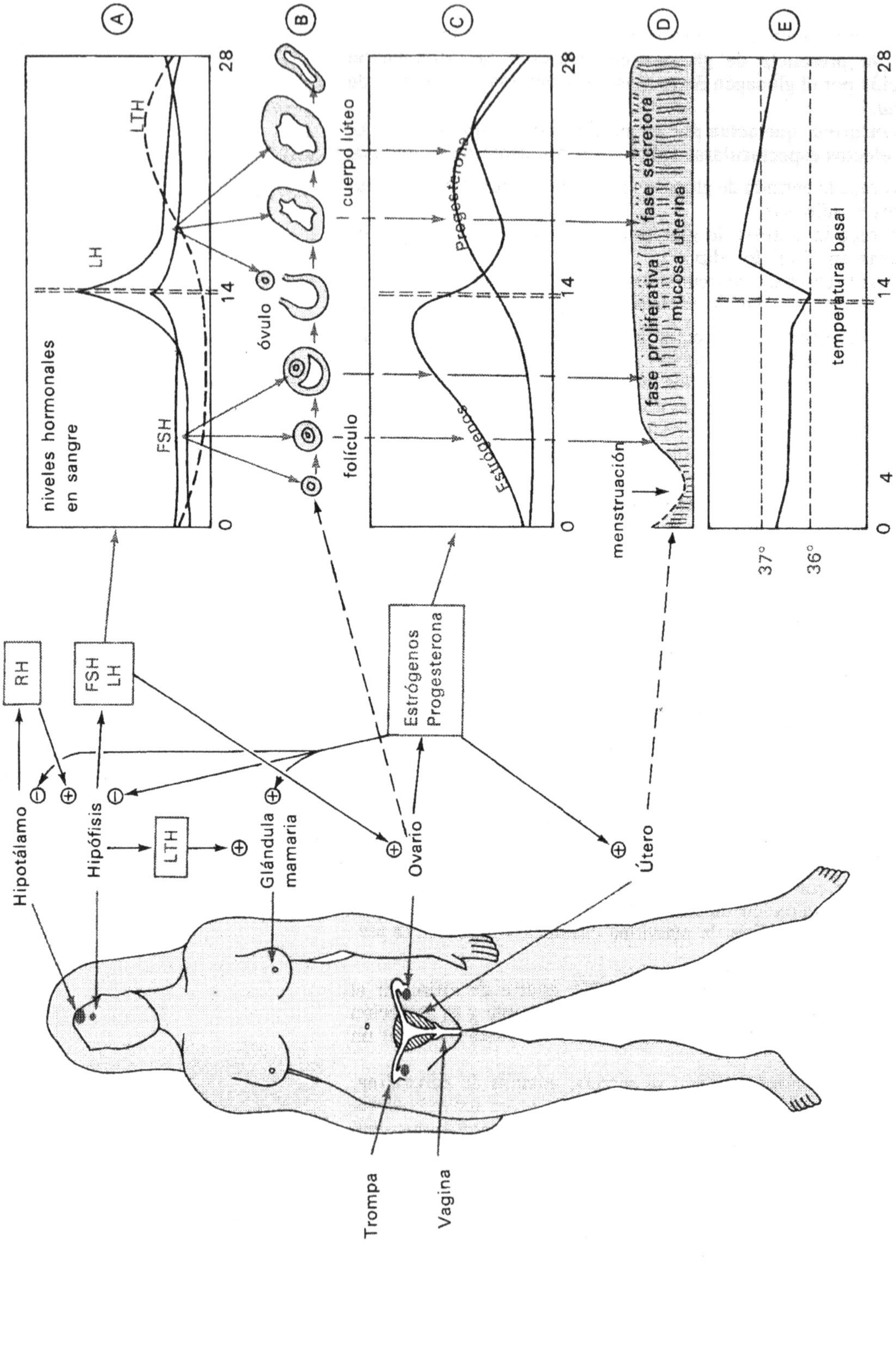

Figura 20.10
Principales modificaciones periódicas del ciclo ovárico.

— aumentan el nivel de glucosa en sangre y favorecen la síntesis de glucógeno en el hígado,
— estimulan la oxidación de los ácidos grasos y la cetogénesis.

La acción conjunta de estas hormonas permite mantener la glucemia en niveles superiores a 0,5 g/l, incluso después de 30 ó 60 días de ayuno absoluto. Estos niveles son indispensables para mantener la actividad cerebral.

20.4. HORMONAS SEXUALES

Las hormonas sexuales proporcionan otro ejemplo interesante y bien conocido de regulación concertada de fenómenos fisiológicos complejos. El factor de liberación del hipotálamo, *gonadoliberina* (Gn · RH), hormona de naturaleza peptídica, estimula a la hipófisis anterior para la secreción de las hormonas glicoproteicas *folículo estimulante* (*FSH*) y *luteinizante* (*LH*), que se vierten al torrente sanguíneo y llegan a las gonadas (Fig. 20.4). La respuesta gonadal depende del sexo.

En el *hombre,* la FSH estimula la formación y maduración de los espermatozoides y la LH favorece la secreción de *testosterona* por las células intersticiales del testículo. La testosterona es un esteroide (ver Tabla 20.1) de efectos virilizantes; estimula el desarrollo músculo-esquelético y los caracteres sexuales masculinos. A su vez la testosterona controla, por un sistema *feed-back* negativo, la secreción de las hormonas hipotálamo-hipofisarias que estimulan el testículo.

En la *mujer* se secretan las mismas hormonas hipotalámicas e hipofisarias, sólo que sus niveles no son constantes, sino que experimentan variaciones cíclicas, con un periodo aproximado de 28 días (Fig. 20.10-A). La FSH estimula en la mujer el crecimiento y maduración del óvulo (uno por ciclo) y la producción de *estrógenos* (Tabla 20.1) por parte del ovario. Los estrógenos son hormonas feminizantes: son responsables de los caracteres sexuales femeninos y en especial del desarrollo de las mamas. La hormona LH presenta un aumento brusco a la mitad del ciclo (día 14). Este aumento provoca la dehiscencia del folículo maduro y la *ovulación,* que coincide con un aumento de la temperatura basal (Fig. 20.10-A, B, C, E). El folículo, tras la ovulación, estimulado también por la LH, da origen al *cuerpo lúteo,* que secreta *progesterona* durante la segunta mitad del ciclo (Fig. 20.10-B, C). Tanto los estrógenos como la progesterona tienen la capacidad de inhibir el eje hipotálamo-hipófisis.

La acción combinada de los estrógenos y la progesterona modifica periódicamente la mucosa uterina (Fig. 20.10-D). En la primera mitad del ciclo, la preponderancia de estrógenos hace que el epitelio uterino resulte engrosado (*fase proliferativa*). En la segunda mitad, el predominio de la progesterona aumenta la vascularización del epitelio y favorece la secreción de sustancias que facilitarían la implantación del óvulo fecundado (*fase secretora*). Si no hay fecundación, el cuerpo lúteo degenera, y la caída de niveles hormonales en la cuarta semana restringe la irrigación de la mucosa uterina; esto determina el desprendimiento y eliminación de di-

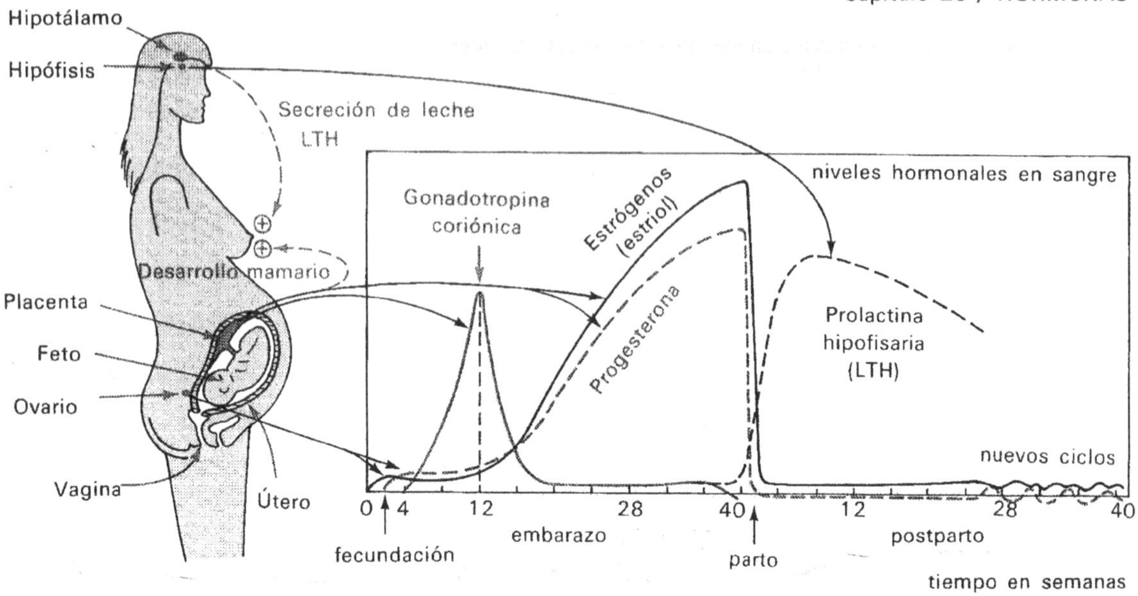

Figura 20.11
Secreciones hormonales durante el embarazo y la lactancia.

cha mucosa con la consabida hemorragia (*menstruación*). Así concluye un ciclo y da comienzo el siguiente.

Cuando hay fecundación, el cuerpo lúteo no degenera, y sigue secretando progesterona. El óvulo fecundado (en la fase de *blastocisto*) se implanta en la mucosa uterina, nutriéndose de sus secreciones. El desarrollo embrionario incluye la formación de un órgano, la *placenta* que, entre otras cosas, secreta hormonas análogas a las hipofisarias y sexuales: *gonadotropina coriónica* (similar a LH y FSH), *somatotropina coriónica* o *lactógeno placentario* (similar a GH y prolactina) (Tabla 20.1), estrógenos y progesterona. Los niveles de estas dos últimas hormonas aumentan extraordinariamente durante el embarazo, y decaen bruscamente al final del mismo (Fig. 20.11). La eliminación de la placenta en el alumbramiento desinhibe la secreción de prolactina hipofisaria, y esta hormona actúa sobre las glándulas mamarias, desarrolladas por el efecto de estrógenos y progesterona, permitiendo la producción de leche.

La succión del pezón materno por el recién nacido estimula la secreción hipofisaria de *oxitocina* que tiene dos efectos principales: favorecer la secreción láctea y contraer la musculatura uterina para reducir el tamaño de este órgano, volviéndolo progresivamente a la normalidad.

APLICACIONES 20.2

ANTICONCEPTIVOS ORALES

Hemos constatado en 20.4 que la secreción de estrógenos y progesterona por parte del ovario inhibía, por efecto *«feed-back negativo»*, la secreción de las hormonas hipotalámicas (Gn·*RH*) e

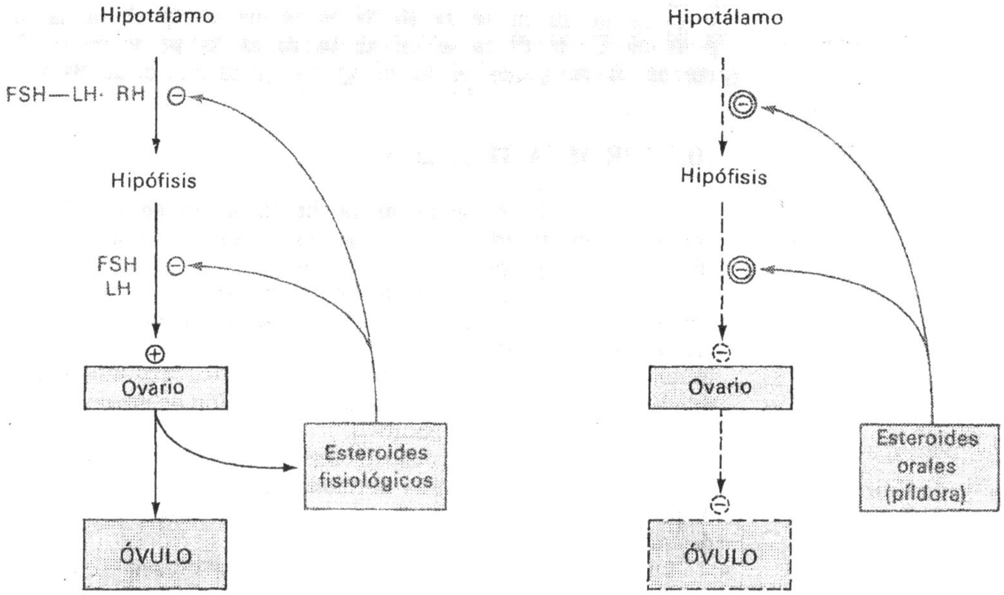

Figura 20.12
Ciclo menstrual normal y alteraciones producidas por la píldora.

hipofisarias (*FSH* y *LH*) responsables del desarrollo de las distintas fases del ciclo menstrual.

Los *anticonceptivos orales* (*píldora*) son sustancias hormonales, análogas a los estrógenos y progesterona, que pretenden esta misma inhibición de la hipófisis, a fin de reprimir la periódica maduración de los óvulos, o gametos femeninos. Al administrar regularmente estas sustancias hormonales se origina un falso ciclo menstrual, al tiempo que se mantiene a la hipófisis incapacitada para provocar la ovulación. De ahí se deriva una esterilidad temporal de la mujer, mientras dure la ingestión de los anticonceptivos (Fig. 20.12). Aunque no es propósito de este libro desarrollar con amplitud el tema, sí debemos resaltar varios aspectos importantes:

a) Las hormonas orales no suelen ser idénticas a las fisiológicas ya que el hígado las metabolizaría con excesiva rapidez; suelen incluir modificaciones químicas para prolongar su efecto.

b) Las dosis de esteroides, capaces de inhibir eficazmente a la hipófisis, son obviamente superiores a las fisiológicas, por lo que se presentan problemas colaterales en la mujer que los ingiere.

c) Entre las complicaciones más comprobadas que se derivan de la ingestión de anticonceptivos orales figuran la elevada incidencia de trombosis cerebral y pulmonar, hipertensión, activación del cáncer de mama y de la diabetes, obesidad, náuseas, transtornos psíquicos y malformaciones congénitas del feto, si se produce fecundación.

d) Aparte del efecto anticonceptivo (al inhibir la ovulación), si se reduce la dosis de hormona oral, puede haber ovulación y entonces se producen efectos abortivos, ya que se imposibilita la implantación, al modificarse la motilidad de las trompas y alterarse la mucosa uterina, que resulta incapaz de anidar el blastocisto.

20.5. PROSTAGLANDINAS

Las prostaglandinas son sustancias lipídicas derivadas de ácidos grasos poliinsaturados de 20 carbonos, como el araquidónico (Fig. 20.3). Se producen en muchos tejidos —su nombre alude a que fueron descubiertas primeramente en la próstata— y poseen potentes acciones biológicas, a menudo dispares e incluso antagónicas. Así, la PGE_2* es broncodilatadora y la $PGF_{2\alpha}$, broncoconstrictora. La PGE_2 induce eficazmente el parto, pero utilizada al principio del embarazo (por reducir la secreción de progesterona) resulta ser un poderoso abortivo.

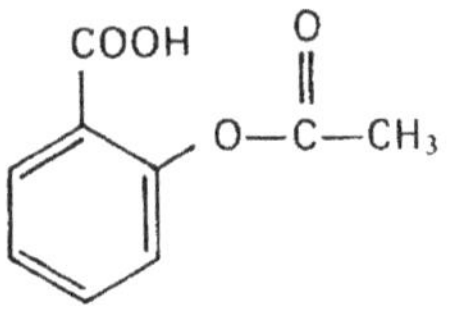

Aspirina
(ác. acetilsalicílico)

Con carácter general, puede decirse que actúan como moduladoras de la acción de otras hormonas en determinados tejidos. Algunas inhiben la síntesis de *cAMP* y otras activan su degradación.

Intervienen en la *transmisión del dolor* y favorecen la *inflamación.* Precisamente el efecto farmacológico de la *aspirina* (ácido acetilsalicílico) —analgésico y antiinflamatorio— se debe a que bloquea un enzima implicado en la síntesis de prostaglandinas.

CUESTIONES Y PROBLEMAS

20.1. Clasificar a cada una de las siguientes hormonas según:
a) naturaleza química, b) glándula secretora y c) acción fisiológica

1. Androsterona
2. Oxitocina
3. Glucagón
4. T_3
5. Hormona luteinizante
6. Adrenalina
7. Parathormona
8. Corticosterona

20.2. La extirpación de la hipófisis posterior produce diabetes insípida temporal; en cambio, la destrucción de una determinada zona del hipotálamo puede producir diabetes insípida permanente. Razonarlo.

20.3. Las hormonas hipofisarias ACTH, MSH, lipotropina, etc., se secretan conjuntamente en forma de un largo polipétido precursor. Explicar por qué en la enfermedad de Addison (Tabla 20.2) la piel del paciente se vuelve oscura.

20.4. En la acromegalia los cartílagos de los huesos largos se sueldan y estos huesos no pueden crecer más; en cambio, los huesos cortos siguen creciendo de forma excesiva. A qué anomalía hormonal se debe este síndrome.

* Las iniciales PG son la abreviatura de protaglandina, las letras E, F, A, B, ... son indicativas de los sustituyentes del anillo pentagonal de la molécula, la letra α se refiere a la posición espacial de alguno de estos sustituyentes y el número 1, 2, 3, ... se refiere a los dobles enlaces entre carbonos ajenos al anillo.

20.5. El tiroides puede hipertrofiarse (bocio) tanto por exceso de funcionamiento, como por falta de iodo. Qué criterio analítico permitiría diferenciar ambos tipos de bocio.

20.6. La hormona paratiroidea estimula al riñón para que reabsorba Ca^{++} de la orina y para que sintetice 1,25-dihidroxicolecalciferol. Esta última hormona facilita la absorción de Ca^{++} a nivel del intestino y del tejido óseo. Señalar una hormona de tiroides que se oponga a estos efectos hipercalcemizantes.

20.7. Cuando a un diabético se le inyecta insulina, a la vez se le debe suministrar glucosa. Razonar por qué, si la cantidad de insulina inyectada es excesiva o actúa con demasiada rapidez, el enfermo puede desmayarse o incluso morirse (coma insulínico).

20.8. La pancreozimina también se llama colecistoquinina. Este segundo nombre alude a que provoca la contracción del colédoco, facilitando el vaciamiento de la vesícula biliar. A qué efecto aludirá el primer nombre.

20.9. La adrenalina es la hormona del stress. El frío, dolor, miedo, angustia, trauma, ... provocan la secreción de adrenalina. Señalar dos efectos inmediatos e importantes de esta hormona para hacer frente al stress.

20.10. En el síndrome de Cushing, aunque el abdomen está dilatado y la cara hinchada, las extremidades son muy flacas, porque se ha perdido masa muscular. Analizar a qué hormona puede deberse esta destrucción de las proteínas musculares.

20.11. La progesterona favorece el desarrollo de la mucosa uterina manteniéndola en fase secretora. En el embarazo esto debe conseguirse a niveles máximos. Señalar cuál es la principal fuente de progesterona durante esta etapa.

20.12. La relaxina es una hormona de la placenta que relaja el tono muscular y las articulaciones de la pelvis. Qué efectos puede tener la relaxina para favorecer el parto.

20.13. Al poco tiempo de que el lactante succiona uno de los pezones maternos, la mama no succionada empieza a escurrir leche. A qué hormona se debe este efecto.

20.14. Se dice que los anticonceptivos orales son subsidiariamente abortivos. Analizar la diferencia de ambos conceptos.

20.15. En la inflamación se produce hipertermia, enrojecimiento, hinchazón y dolor. La aspirina atenúa estos síntomas. Explicar por qué mecanismo.

CAPÍTULO 21

FENÓMENOS BIOELÉCTRICOS

21.1. INTRODUCCIÓN Y PLAN DE ESTUDIO

En todas las células existe una diferencia de potencial entre las caras interna y externa de la membrana plasmática. Esta diferencia de potencial se llama *potencial de reposo* y tiene un valor cercano a −70 mV (negativo en el interior de la célula). El potencial de reposo se debe a la desigual distribución de iones a uno y otro lado de la membrana: siempre *hay un ligerísimo exceso* de cationes en el exterior de la célula.*

* El exceso de cationes es imperceptible por análisis químico: es del orden de uno por millón. Esta pequeña descompensación iónica es suficiente para crear el potencial de reposo, porque la *capacidad eléctrica* de la membrana es baja (ver textos de Física elemental).

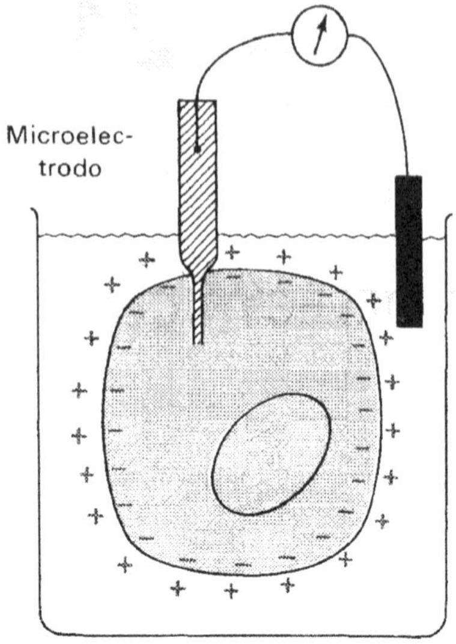

Dispositivo para medir el potencial de reposo de una célula.

En algunas células, llamadas *células excitables,* el potencial de membrana puede apartarse temporalmente del valor de reposo, como respuesta a un estímulo puntual. Se produce así un *potencial de acción* localizado, con un valor en torno a +30 mV, positivo en el interior, que puede transmitirse a lo largo de la membrana y pasar de una célula a otra. La transmisión del potencial de acción constituye el *impulso nervioso.*

En este capítulo estudiaremos sucesivamente:

a) Las bases moleculares del potencial de reposo y el potencial de acción.
b) Las sustancias que transmiten el impulso nervioso de una célula a otra y determinan la aparición de un potencial de acción en la segunda de ellas (neurotransmisores).
c) El mecanismo de la generación de potenciales de acción por estímulos sensoriales (luz, sonido, presión, temperatura, sabor, ...), deteniéndonos en los dos primeros.
d) La producción de trabajo mecánico en respuesta a un estímulo nervioso (contracción muscular).

21.2. POTENCIAL DE REPOSO

Como hemos dicho, el origen del potencial de reposo es un ligero exceso de cationes, no compensados por aniones, en el exterior de las células. Este exceso, que se mantiene constante con el tiempo, es el resultado de dos procesos antagónicos en equilibrio dinámico:

(18.7) a) La acción de la *bomba de sodio,* una ATPasa que transporta activamente (contra gradiente) Na^+ al exterior y K^+ al interior de la célula, con consumo de energía en forma de ATP. Todas las células poseen una bomba de sodio que siempre es una proteína intrínseca de la membrana plasmática (Fig. 21.1-A).

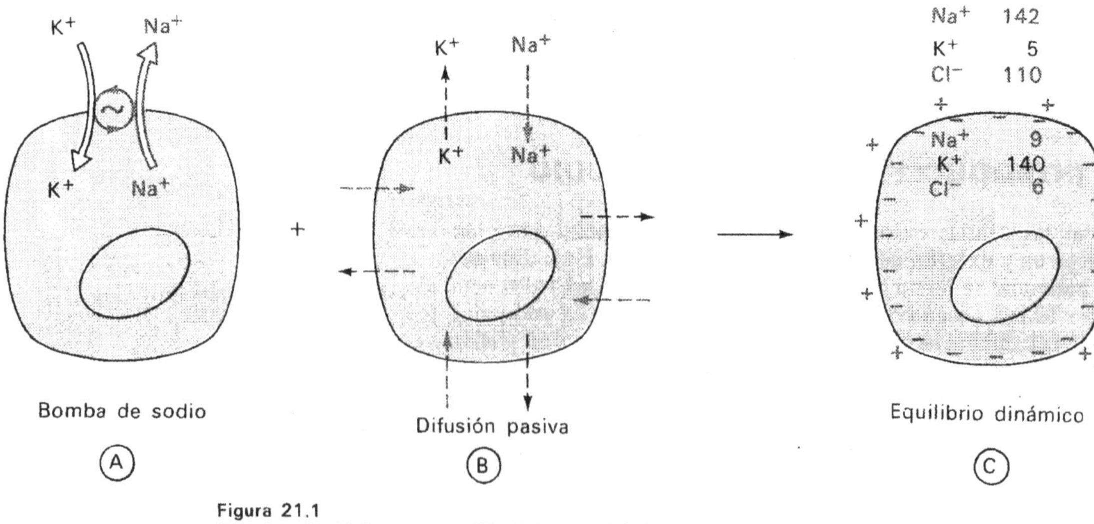

Figura 21.1
Distribución iónica responsable del potencial de reposo (C) originada por la acción conjunta de la bomba de sodio (A) y la difusión pasiva (B).

b) La *difusión pasiva,* en sentido contrario, de los iones Na^+ y K^+, aprovechando los gradientes de concentración generados por la bomba de sodio (Fig. 21.1-B).

La actuación simultánea de ambos procesos determina la distribución iónica, en el equilibrio dinámico, que es responsable del potencial de reposo (Fig. 21.1-C).

COMPLEMENTOS 21.1

EL POTENCIAL DE REPOSO COMO POTENCIAL DE DIFUSIÓN

En términos físicos, el potencial de reposo es un *potencial de difusión,* calculable a partir de las concentraciones de iones en el equilibrio, mediante la ecuación de Goldman, Hodgkin y Katz.

$$\Delta V = -61 \log \frac{[Na^+]_d \cdot P_{Na} + [K^+]_d \cdot P_K + [Cl^-]_f \cdot P_{Cl}}{[Na^+]_f \cdot P_{Na} + [K^+]_f \cdot P_K + [Cl^-]_d \cdot P_{Cl}}$$

donde ΔV es el potencial de reposo medido en milivoltios a 37°C, los subíndices d y f se refieren a las concentraciones iónicas dentro y fuera de la célula. P es el coeficiente de permeabilidad propio de cada ion.

Aunque en rigor deberían considerarse en esta ecuación todos los aniones y cationes presentes, sólo el Na^+, K^+ y Cl^- se hallan en concentración suficiente, o tienen coeficientes de permeabilidad, P,* suficientemente altos para ser tenidos en cuenta.

* Considerando el coeficiente de permeabilidad del K^+ igual a 1,00, el del Na^+ vale 0,04, y el del Cl^-, 0,45.

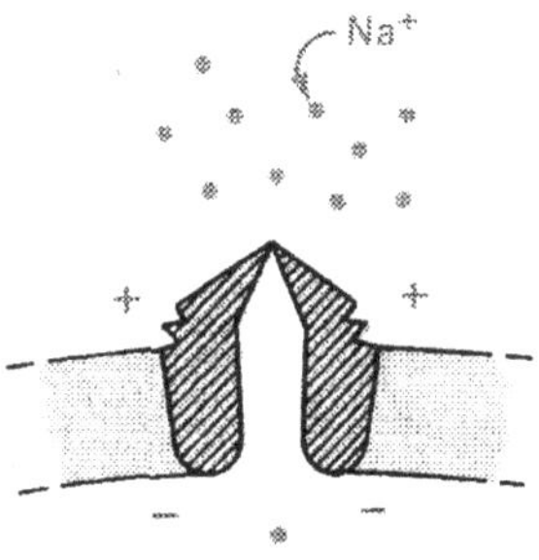

Conducto de sodio cerrado

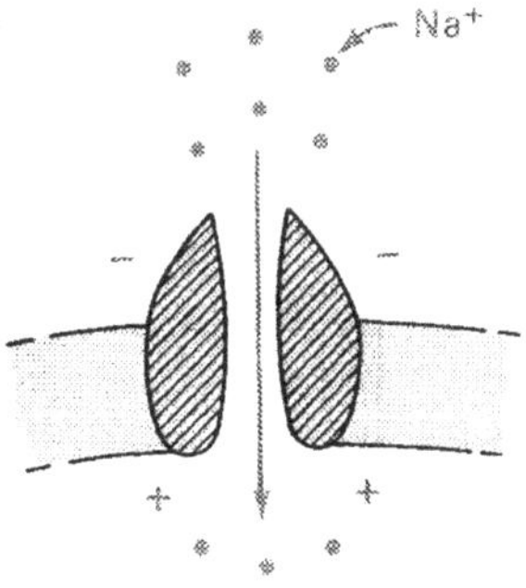

Conducto de sodio abierto

21.3. POTENCIAL DE ACCIÓN

El potencial de acción se produce cuando, por efecto de un estímulo apropiado, como los que luego describiremos, se modifica la permeabilidad iónica de la membrana de una célula excitable.

El efecto del estímulo consiste en abrir en la membrana una serie de *conductos* específicos para el Na^+*. Sólo las células excitables poseen este tipo de conductos. Éstos son proteínas intrínsecas de la membrana, que pueden adoptar dos conformaciones, permeable e impermeable. Al quedar abiertos los conductos de Na^+, y debido al fuerte gradiente de concentración generado por la bomba de sodio, hay una brusca entrada de Na^+ en la célula. Como resultado se produce un exceso local de cargas positivas en el interior de la célula, y no en el exterior, como ocurría en la situación de reposo. En consecuencia, la diferencia de potencial entre ambas caras de la membrana cambia de signo, y pasa de −70 mV (negativo dentro) a +30 mV (positivo dentro) (Fig.

* También se les llama «*canales*» cuando se traduce la palabra inglesa «*channel*» de forma excesivamente literal.

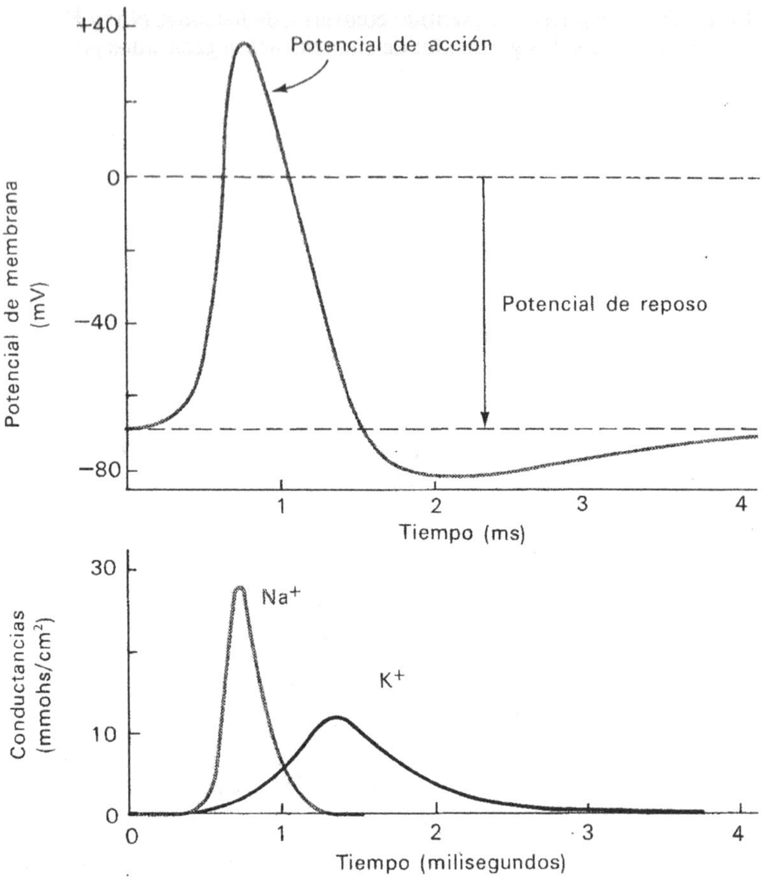

Figura 21.2
Potenciales de reposo y de acción en la membrana de una neurona. El potencial de acción se debe a un aumento temporal (de 1 a 2 ms) de la conductancia a los iones Na^+ y K^+, lo que les permite atravesar la membrana, modificando el potencial eléctrico de la célula.

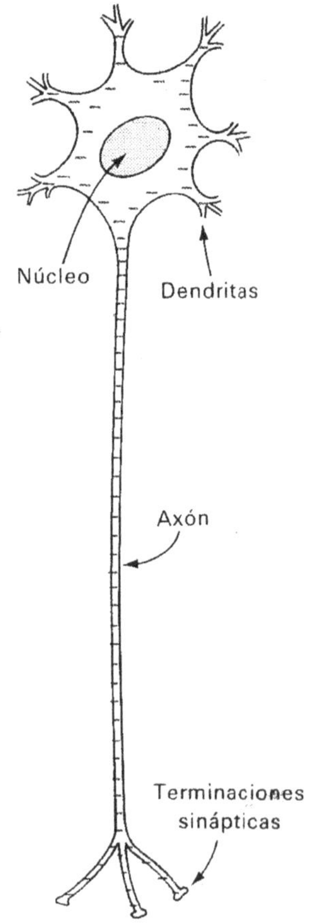

Estructura esquemática de una neurona

21.2). En términos fisiológicos, se dice que la membrana en reposo está *polarizada* y con el potencial de acción se *despolariza.*

El potencial de acción generado en un punto de la membrana se transmite en seguida en todas direcciones. Esto se debe a un fenómeno de «*feed-back positivo*», según el cual la despolarización determina la apertura de los conductos de sodio vecinos. En las neuronas, al tener un estructura fibrilar, la despolarización se propaga a lo largo de la fibra, originando el *impulso nervioso.*

Los conductos de Na^+ no permanecen abiertos, sino que se cierran espontáneamente al cabo de un breve tiempo (1 ms). Simultáneamente se abren conductos específicos para el K^+, que también son característicos de las células excitables. Al abrirse estos conductos, y a favor del gradiente de K^+ creado por la bomba de Na^+ (recuérdese que la bomba saca Na^+ al tiempo que introduce K^+ en la célula), hay una salida rápida de K^+, que restaura el potencial de reposo (Fig. 21.2). Al cabo de este proceso

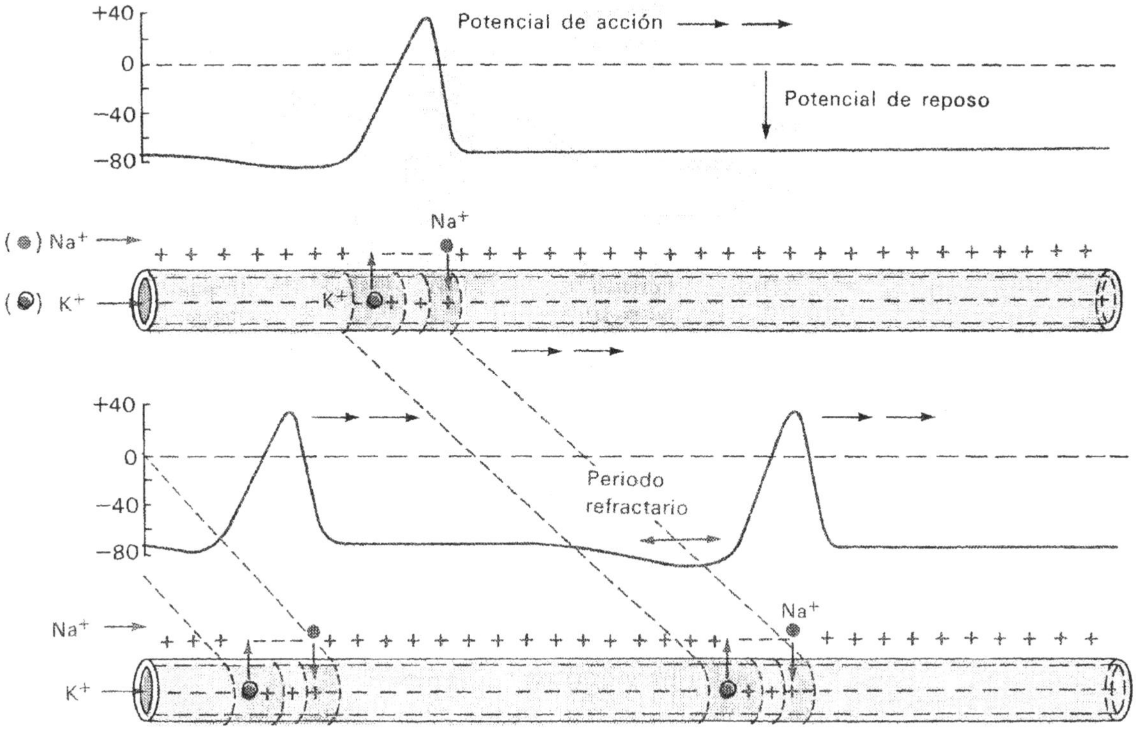

Figura 21.3
Propagación de un impulso nervioso a lo largo de una fibra axónica. El potencial de acción, representado en la figura 21.2, recorre la fibra de izquierda a derecha. Transcurrido un tiempo, superior al período refractario, otro impulso nervioso puede recorrer la misma fibra. Las zonas de la membrana axónica permeables a los iones Na^+ o K^+ se representan en color rosa.

también los conductos de K^+ se cierran espontáneamente. Debemos insistir en que bastan pequeñísimos cambios en las concentraciones locales de iones para producir los cambios observados en el potencial de membrana; las concentraciones iónicas globales permanecen prácticamente inalteradas.

Hemos dicho antes que al avanzar el potencial de acción a lo largo de una fibra origina un impulso nervioso; este impulso no puede retroceder porque los conductos que se acaban de cerrar son incapaces de abrirse durante un cierto tiempo que se conoce como *periodo refractario.* Gracias al periodo refractario se pueden propagar diferentes impulsos a lo largo de una misma fibra nerviosa, con intervalos de unos pocos milisegundos entre cada uno de ellos (Fig. 21.3).

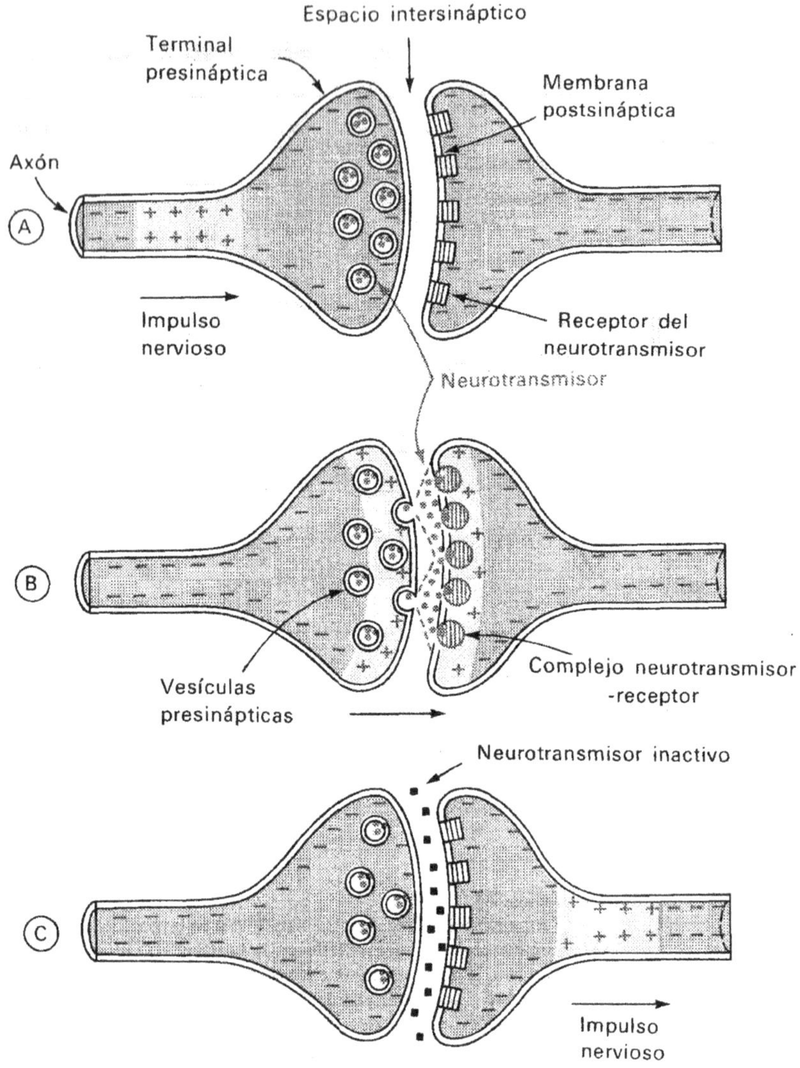

Figura 21.4
Mecanismo de la transmisión del impulso nervioso a través de una sinapsis. Al despolarizarse la membrana presináptica, algunas vesículas se fusionan con ella, liberando el neurotransmisor que se une a su receptor específico. La despolarización se propaga así a la segunda célula.

21.4. SINAPSIS Y NEUROTRANSMISORES

La transmisión del impulso nervioso (potencial de acción) de una célula excitable a otra tiene lugar por medio de la *sinapsis*. Los mediadores químicos de la sinapsis son pequeñas moléculas especializadas, llamadas *neurotransmisores*.

21.4.1. Sinapsis

La estructura de las conexiones entre células excitables (es decir, entre célula sensorial y neurona, o entre dos neuronas, o entre neurona y célula muscular) se conoce con detalle gracias a la microscopía electrónica. En cada una de estas conexiones o sinapsis se distinguen tres componentes (Fig. 21.4-A):

— La *terminación presináptica,* limitada por la membrana presináptica y que contiene las vesículas sinápticas, cargadas de neurotransmisor.
— El *espacio intersináptico* (o hendidura sináptica).
— La *membrana postsináptica*, de la que forman parte los receptores del neurotransmisor.

El mecanismo molecular de la sinapsis es el siguiente. Al llegar el impulso nervioso, la membrana presináptica se despolariza. Por mecanismos poco conocidos, esta despolarización determina la fusión de las membranas de algunas vesículas presinápticas con la membrana plasmática (Fig. 21.4-B). Se produce así la salida del neurotransmisor al espacio intersináptico, en un proceso similar a la *exocitosis*. Las moléculas del neurotransmisor difunden a través de este espacio, hasta alcanzar la membrana postsináptica, donde se unen a receptores específicos. La unión del neurotransmisor al receptor determina un potencial de acción en la membrana postsináptica; la despolarización se propaga inmediatamente a toda la membrana de la segunda célula (Fig. 21.4-C).

(8.3.2)

Es importante tener en cuenta que una misma neurona, debido a sus múltiples ramificaciones (axón y dendritas) puede establecer sinapsis con otras muchas, y a su vez puede recibir conexiones de múltiples células.

21.4.2. Neurotransmisores

Se conocen numerosos mediadores químicos de la sinapsis, o neurotransmisores. Existe una correlación entre el tipo de neuronas que intervienen en una sinapsis y el neurotransmisor implicado. Así, en el *sistema nervioso simpático* los principales neurotransmisores son la *adrenalina* y *noradrenalina,* mientras que el *sistema parasimpático* utiliza *acetilcolina*. En la Tabla 21.1 y figura 21.5 se resumen las vías biosintéticas de los neurotransmisores más importantes. La adrenalina y noradrenalina se sintetizan a partir de tirosina; el paso limitante de la vía es la primera reacción, consistente en la hidroxilación del anillo aromático de la tirosina para dar 3,4-dihidroxifenilalanina (DOPA). La acetilcolina se forma por reacción de la colina con acetil-CoA, catalizada por la acetilcolina sintasa. El gamma-aminobutirato (GABA) se obtiene por descarboxilación del glutamato.

El neurotransmisor mejor estudiado desde el punto de vista de su mecanismo de acción es la acetilcolina. Al ser liberada al espacio intersináptico, la acetilcolina difunde hasta unirse a sus receptores de la membrana postsináptica. Estos receptores son proteínas bien caracterizadas que, tras unirse a la acetilcolina, permiten la apertura de conductos para cationes en la misma

Tabla 21.1

Neurotransmisores más importantes

Neurotransmisor	Sustancia precursora
Acetilcolina	Ser
Noradrenalina*	Tyr
Adrenalina*	Tyr
Dopamina*	Tyr
Glutamato	—
GABA	Glu
Glicina	—
Histamina	His
Serotonina	Trp
Encefalinas	Péptido
Pancreozimina	Péptido
Somatostatina	Péptido

* Conocidas conjuntamente como catecolaminas.

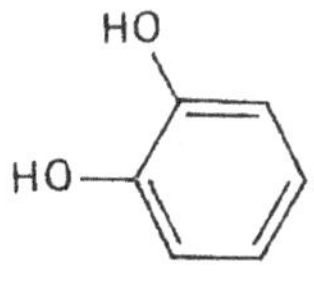

Catecol

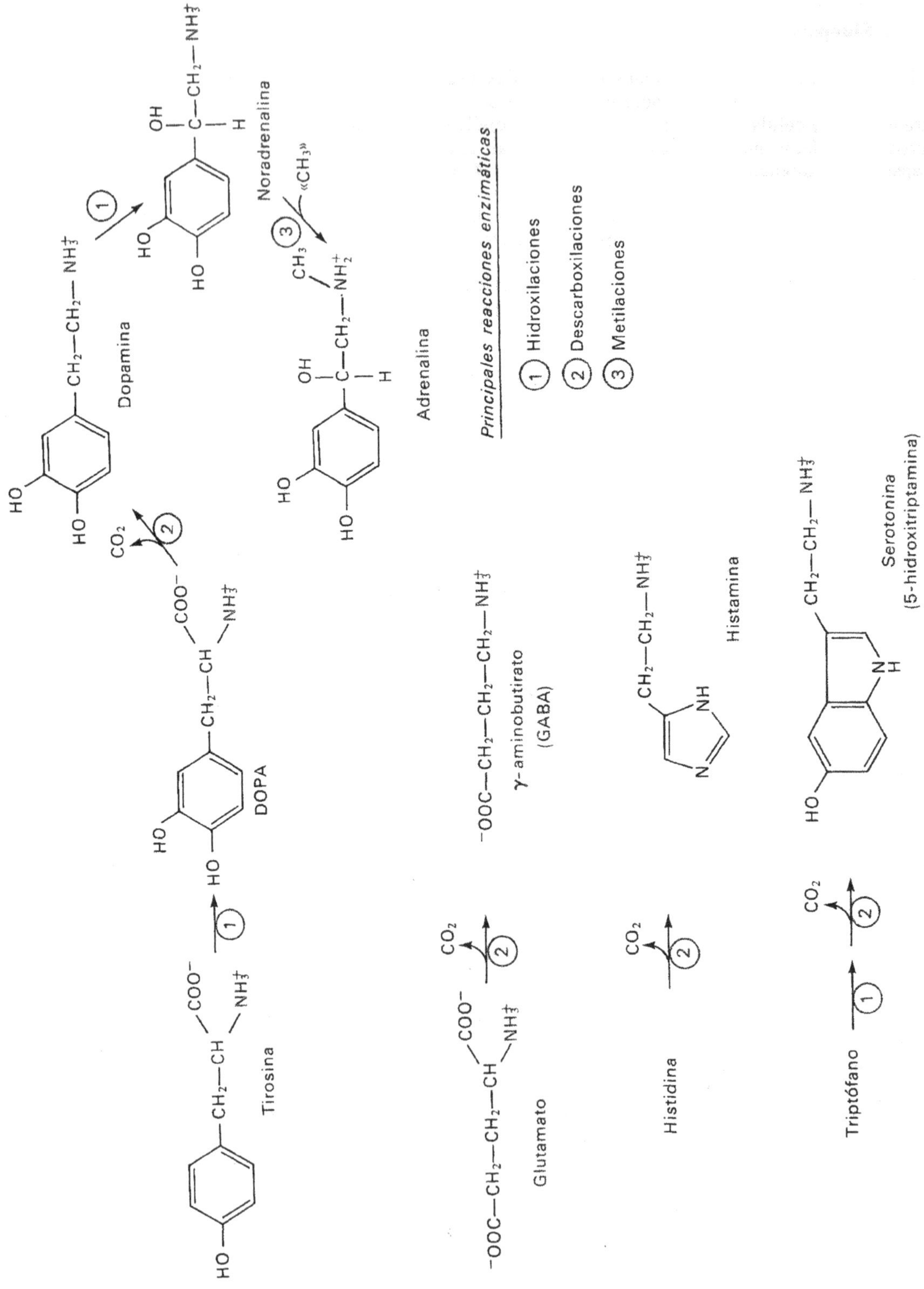

Figura 21.5
Fórmulas de algunos neutrotransmisores (cuyos nombres figuran en rojo) y reacciones implicadas en su biosíntesis.

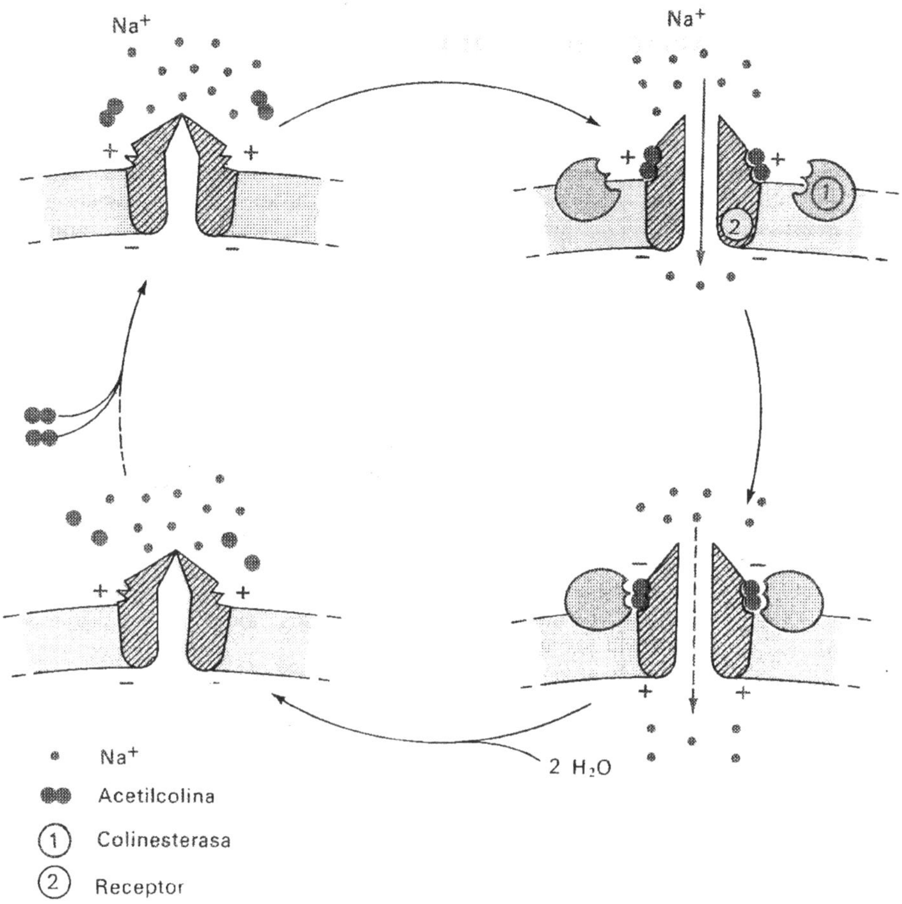

Figura 21.6
Acción de la acetilcolina sobre la membrana postsináptica. En este esquema se representa la unión del neurotransmisor a la proteina receptora, abriéndose un conducto para cationes. La hidrólisis de la acetilcolina permite cerrar de nuevo el conducto.

membrana (Fig. 21.6). Estos conductos son permeables tanto al Na^+ como al K^+, pero el potencial negativo en el interior de la membrana favorece la entrada de Na^+, con lo que la membrana se despolariza. La unión acetilcolina-receptor es reversible; al soltarse, el neurotransmisor es hidrolizado, y por lo tanto inactivado, por una acetilcolinerasa, que también se halla en la membrana postsináptica:

$$\underset{\text{Acetilcolina}}{CH_3{-}C({=}O){-}O{-}CH_2{-}CH_2{-}\overset{+}{N}(CH_3)_3} + \underset{\text{Agua}}{H_2O} \xrightarrow[\text{esterasa}]{\text{acetilcolin-}} \underset{\text{ác. acético}}{CH_3{-}COOH} + \underset{\text{colina}}{HO{-}CH_2{-}CH_2{-}\overset{+}{N}(CH_3)_3}$$

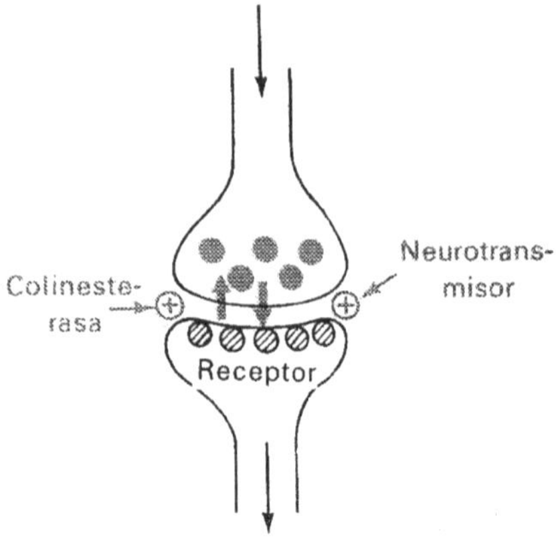

Transmisión nerviosa en una sinapsis colinérgica

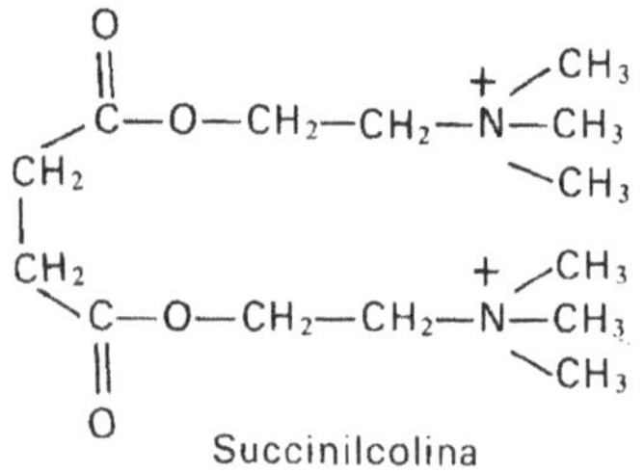

Succinilcolina

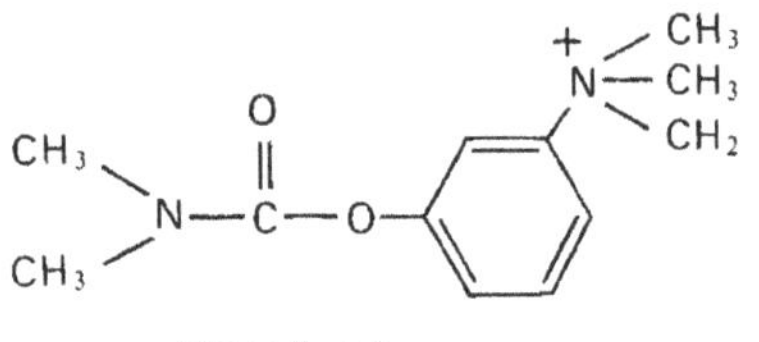

Neostigmina

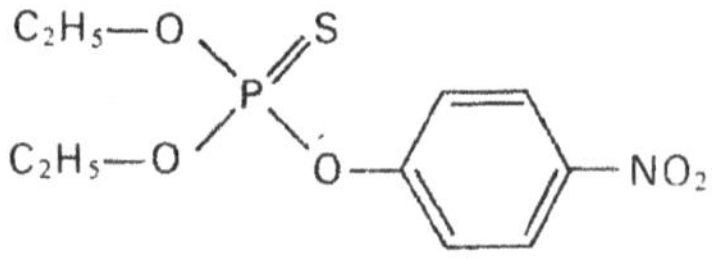

Paratión

APLICACIONES 21.1

FÁRMACOS QUE ACTÚAN EN LA TRANSMISIÓN COLINÉRGICA

Es frecuente en la clínica tener que actuar sobre las transmisiones sinápticas. Se sabe, por ejemplo, que la alcalosis actúa como excitante (convulsiones) y la acidosis como inhibidor (coma). En principio, el suministro de determinados neurotransmisores o sus análogos estructurales puede potenciar la transmisión (la adrenalina o la noradrenalina son estimulantes cardiacos).

En el caso de las sinapsis colinérgicas existen también fármacos que actúan sobre el *receptor* o sobre el enzima *colinesterasa*.

a) *Acción sobre el receptor*. Los alcaloides del curare (*tubocurarina*) o la *cobratoxina* se unen al receptor de acetilcolina, compitiendo con este neurotransmisor, y de esta manera impiden la despolarización de la placa motriz. La consecuencia es una parálisis muscular. En cambio la *succinilcolina* y otros fármacos también se unen al receptor —de forma análoga a como lo hace la acetilcolina— pero su acción es más duradera. En este caso, aumentan la permeabilidad al sodio y dejan la placa motriz despolarizada. La succinilcolina se utiliza como relajante durante la anestesia quirúrgica.

En la *myasthenia gravis* (*enfermedad autoinmune* caracterizada por escasez de receptores activos) se produce debilidad muscular y fatiga. Se puede mejorar la transmisión neuromuscular, debilitada por la falta de receptores, prolongando la acción de la acetilcolina, es decir, frenando el enzima que la destruye (colinesterasa).

b) *Acción sobre la colinesterasa*. Algunos alcaloides (*fisostigmina*) y ciertos fármacos inhiben la acción hidrolítica de este enzima, con lo que potencian la transmisión colinérgica. De este modo, la *neostigmina* se utiliza para combatir el *glaucoma* (caracterizado por una hipertensión ocular).

Otros inhibidores alteran la colinesterasa de forma más permanente, como los compuestos órganofosforados, que sirven como gases nerviosos (en la guerra química) o como insecticidas (*paratión*) de uso agrícola.

21.5. FENÓMENOS BIOELÉCTRICOS PRODUCIDOS POR ESTÍMULOS SENSORIALES

Todos los receptores sensoriales contienen células especializadas en detectar estímulos específicos (calor, frío, presión, luz, sonido, sustancias químicas,...) y convertirlos en impulsos nerviosos. Estos impulsos son transmitidos al sistema nervioso central por las correspondientes vías nerviosas, e interpretados como sensaciones tactiles, visuales, auditivas, olfativas, gustativas, etc. Desde el punto de vista bioquímico los dos mecanismos más conocidos son los de la audición y la visión.

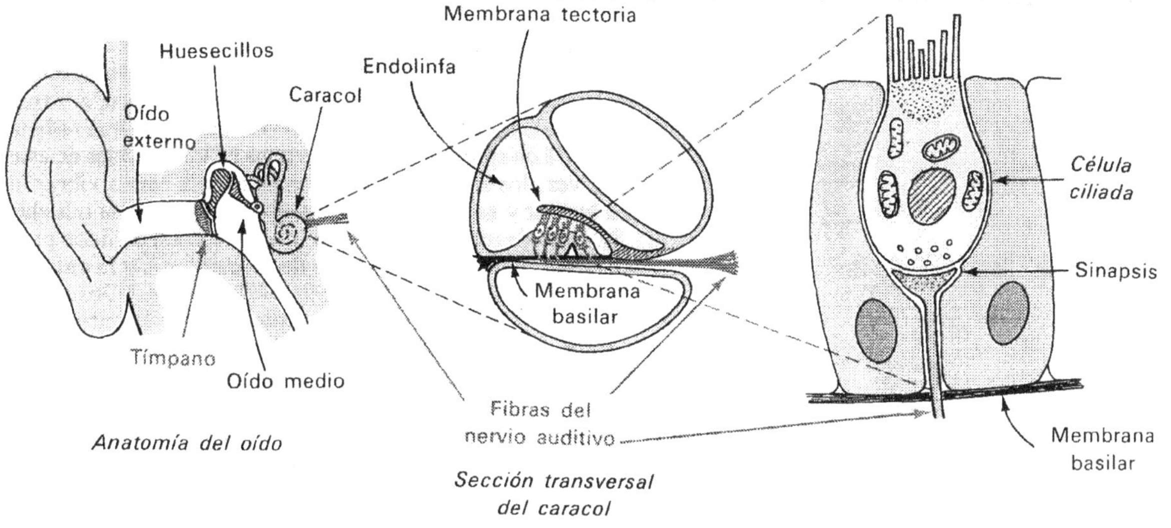

Figura 21.7
Estructura del oído humano y localización de las células ciliadas. Las vibraciones acústicas, transmitidas por el tímpano y los huesecillos, desplazan la endolinfa que rellena el caracol. Este desplazamiento hace vibrar la membrana basilar que, a su vez, desplaza el penacho de cilios de las células ciliadas.

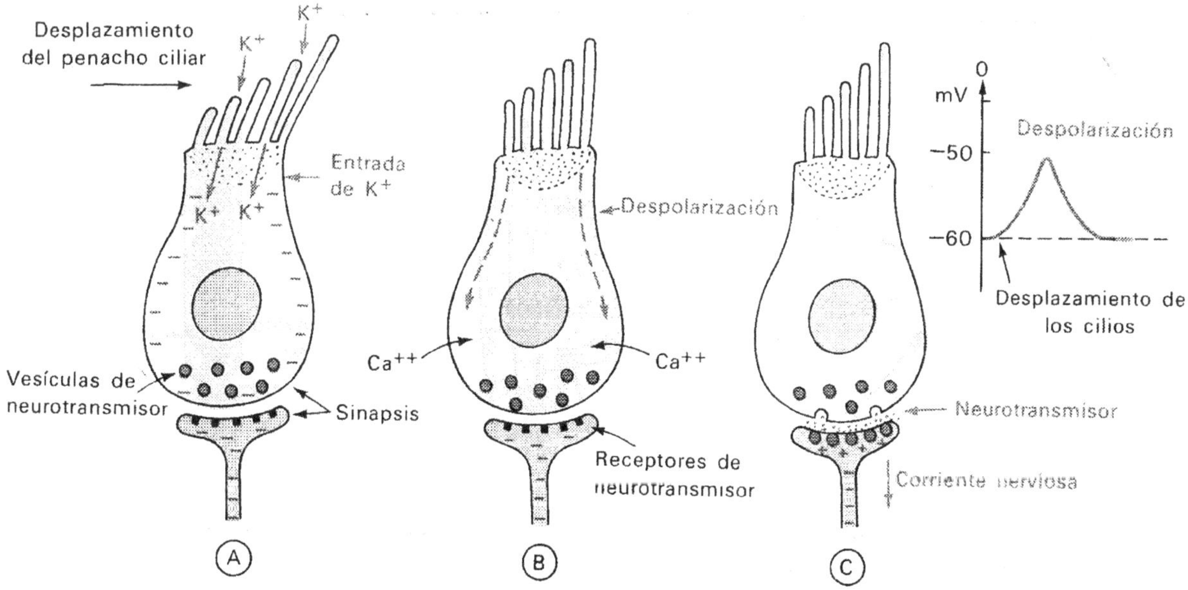

Figura 21.8
Transducción del movimiento del penacho ciliar en impulso nervioso. La entrada de K^+, por apertura de los conductos de cationes de la membrana (A), despolariza la célula y permite la entrada de Ca^{++} (B); las vesículas presinápticas liberan el neurotransmisor y se origina en la neurona postsináptica una corriente nerviosa (C).

21.5.1. Audición

La transducción del impulso auditivo en impulso nervioso se lleva a cabo en las *células ciliadas* que tapizan las cavidades del oído interno (Fig. 21.7). Las ondas sonoras se transmiten, a través del tímpano y de la cadena de huesecillos, a la endolinfa que rellena el oído interno. Los sonidos se convierten así en vibraciones de este fluido. A su vez, los movimientos de la endolinfa hacen vibrar la membrana basilar y se desplaza el penacho de las células ciliadas (Fig. 21.8). Este desplazamiento abre conductos específicos para el K^+, que es el catión más abundante de la endolinfa, y la entrada de K^+ produce la despolarización de la célula ciliada. (Obsérvese que, en este caso, la despolarización se produce por la entrada de K^+, y no de Na^+, como es habitual.) A su vez, esta despolarización permite la apertura de conductos para el Ca^{++} en la base de la célula, y la entrada de Ca^{++} cataliza la fusión de vesículas sinápticas con la membrana plasmática de la célula, en contacto con una neurona. De este modo, la onda sonora ha dado origen, en una neurona, a un potencial de acción que será transmitido al cerebro.

21.5.2. Visión

Las células especializadas en la transducción de impulsos luminosos en impulsos nerviosos son los bastones y los conos de la retina. Los conos permiten distinguir colores, pero la detección de

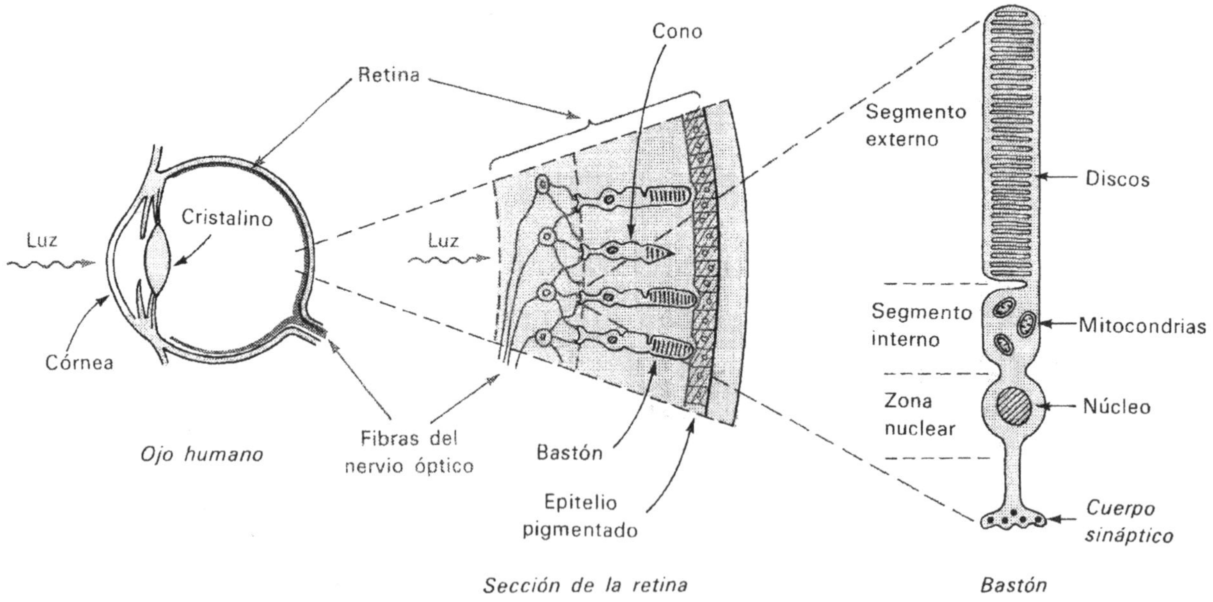

Figura 21.9
Estructura del ojo humano y localización de los bastones de la retina. La radiación lumínica atraviesa el globo ocular, es reflejada por el epitelio pigmentado y absorbida por los bastones o por los conos.

la señal luminosa propiamente dicha corresponde a los bastones.* Los bastones de la retina constan de: segmento externo, segmento interno, zona nuclear y cuerpo sináptico (Fig. 21.9), este último en contacto con una neurona sensitiva.

El *segmento externo* da la forma característica a la célula, y contiene un millar de *discos* o sacos aplanados, llenos de Ca^{++}. En la membrana de estos sacos se encuentra el pigmento fotosensible (11-*cis*-retinal, derivado de la vitamina A) como grupo prostético de la proteína rodopsina. El *segmento interno* contiene la bomba de sodio responsable del potencial de reposo.

La llegada de un fotón al 11-*cis*-retinal hace que este cambie de configuración, de *cis* a *trans*, y, a su vez, esto cambia la conformación de la rodopsina. El proceso, que tiene varios pasos intermedios, se completa en una fracción de segundo. Como consecuencia del cambio conformacional de la rodopsina, se altera la permeabilidad del disco que ha captado el fotón, y hay una liberación de Ca^{++} al citosol (Fig. 21.10). El Ca^{++} liberado disminuye la permeabilidad de la membrana plasmática al Na^+, con lo que la entrada de este ion por difusión pasiva desciende. Como el bombeo de Na^+ al medio extracelular, a nivel del segmento interno, permanece constante, la disminución de la con-

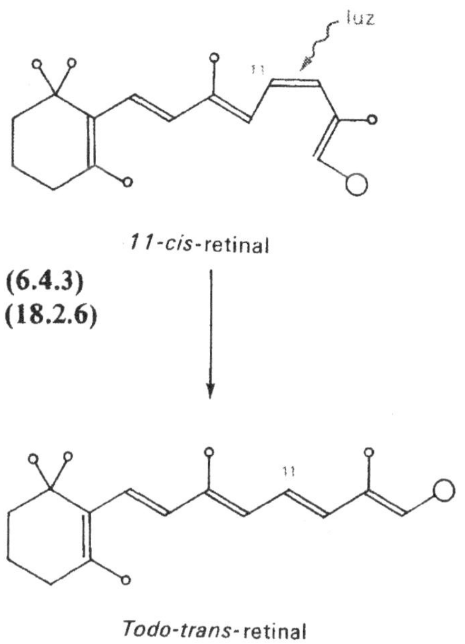

* El ojo más sensible a la luz que al [illegible]r: «de noche todos los gatos son pardos».

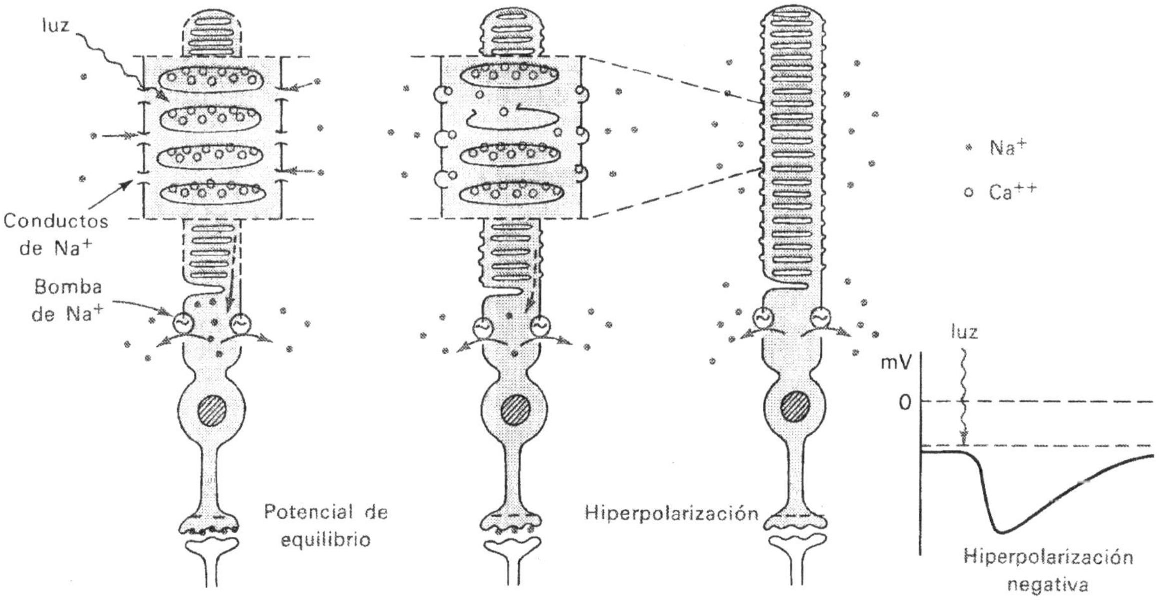

Figura 21.10
Transducción de la energía lumínica en impulso nervioso. Por intermedio de la rodopsina, la luz libera el Ca^{++} de los discos (también destruye el cGMP celular) y se cierran los conductos para el Na^+. El bastón se hiperpolariza y, a través de la sinapsis, esta información se transmite al cerebro.

centración intracelular de Na^+ hace que el potencial de membrana sea más negativo dentro, es decir, que la célula se *hiperpolariza*. Esta hiperpolarización se transmite al cuerpo sináptico, y origina un impulso nervioso en la neurona de la zona visual. (Otros datos experimentales apuntan al papel del *GMP* cíclico, *cGMP*, como mediador intracelular del estímulo luminoso).

21.6. CONTRACCIÓN MUSCULAR

En los ejemplos anteriores se han estudiado diversos casos de transducción de estímulos sensoriales en impulsos nerviosos (potenciales de acción). Otro tipo muy importante de fenómenos bioeléctricos son aquellos en los que el impulso nervioso se transduce en trabajo mecánico. El más conocido de estos fenómenos es la *contracción muscular*. En las líneas que siguen describiremos los aspectos moleculares de la contracción muscular, limitándonos al caso, mejor comprendido, del músculo estriado.

21.6.1. Estímulo nervioso de la contracción

La señal que desencadena la contracción muscular es un estímulo nervioso colinérgico, que llega a la célula muscular por medio de una sinapsis especializada, llamada *unión neuromuscular* o *placa motriz*. El nervio motor, a la llegada del impulso nervioso, libera acetilcolina en la placa motriz. El neurotransmisor alcanza receptores específicos en la membrana plasmática de la célula muscular (Fig. 21.11), la cual se despolariza. La membrana plasmática de estas células (*sarcolema*) presenta invaginaciones regularmente dispuestas hacia el interior del citoplasma. Estas

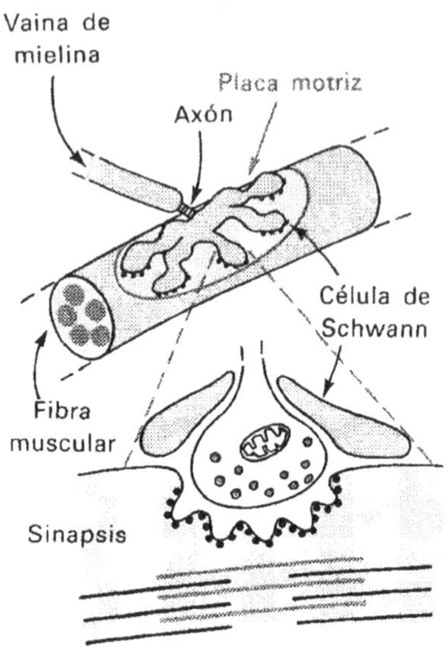

Figura 21.11
Esquema de la placa motriz o unión neuromuscular.

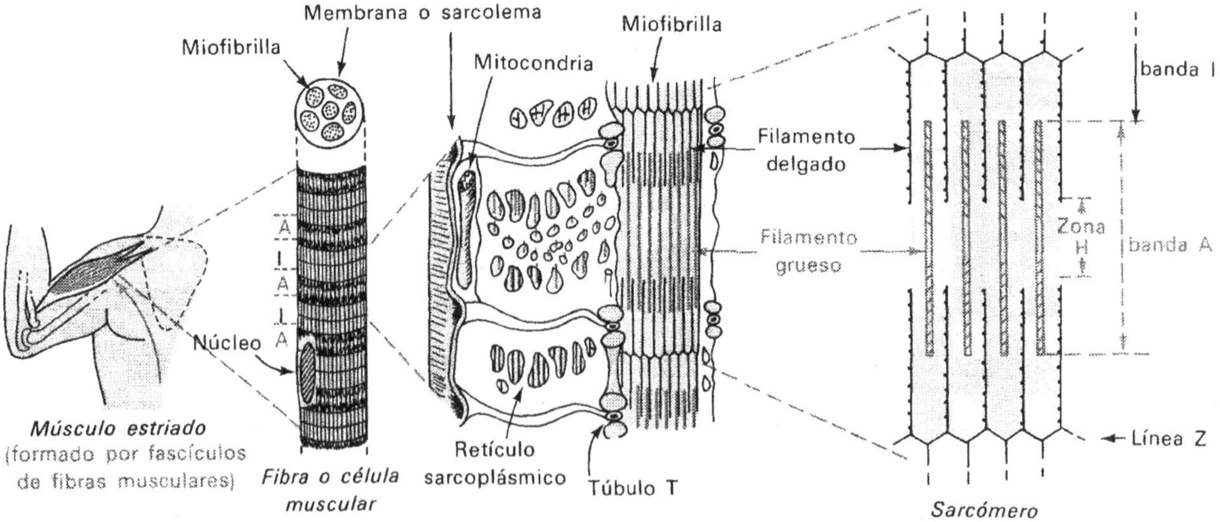

Figura 21.12
Localización y estructura de una fibra muscular. Cada fibra tiene varios haces de miofibrillas y cada una de éstas consta de una secuencia repetitiva de sarcómeros.

invaginaciones (*túbulos transversos*) están en íntimo contacto con el retículo endoplásmico de las células (que aquí se llama *retículo sarcoplásmico*) (Fig. 21.12). De esta manera, la despolarización de la membrana plasmática se propaga por el retículo sarcoplásmico, y produce en éste la apertura de conductos de Ca^{++}. El retículo sarcoplásmico en reposo está cargado de Ca^{++}, y este ion se libera bruscamente con la despolarización de la membrana. El Ca^{++} es el segundo mensajero de la contracción muscular.

21.6.2. Estructura de las miofibrillas

La mayor parte del citoplasma de las células o fibras musculares está ocupado por haces de miofibrillas. La unidad estructural y funcional de las miofibrillas es el *sarcómero*. La repetición de sarcómeros es lo que da el aspecto estriado a la fibra muscular.

Un sarcómero es una estructura cilíndrica, de cuyos extremos parten hacia el interior unas estructuras proteicas llamadas *filamentos delgados*. En la parte central del sarcómero existe un haz de *filamentos gruesos*, también de naturaleza proteica, que se intercalan regularmente entre los filamentos delgados, de modo que cada filamento grueso está rodeado por seis filamentos delgados, y cada filamento delgado separa dos o tres filamentos gruesos (Fig. 21.13.).

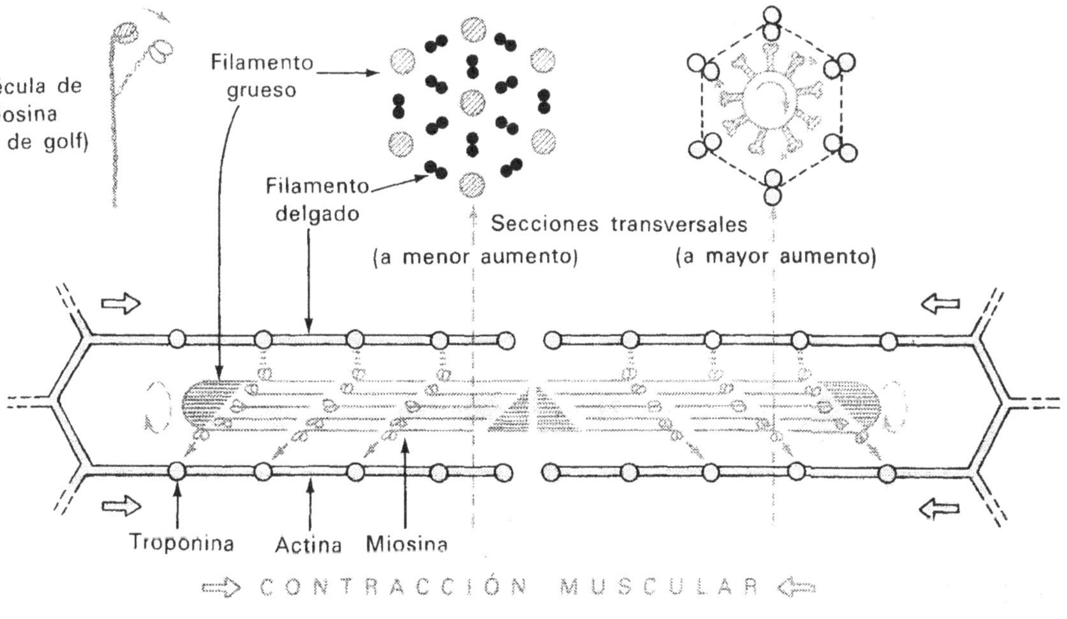

Figura 21.13
La unidad estructural y funcional del sarcómero está constituida por un filamento grueso rodeado de una especie de jaula cilíndrica construida por seis filamentos delgados paralelos. Aquí se representan una sección longitudinal y dos secciones transversales, a diferentes escalas. Es muy probable que la contracción se produzca por giro del filamento grueso dentro de la jaula, a modo de «torniquete tensor».

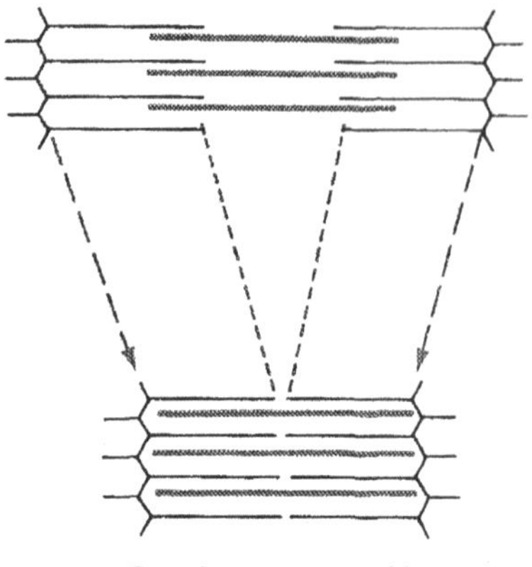

El filamento delgado tiene aspecto de cuerda de nudos: el equivalente de la «cuerda» es un polímero de la proteína *actina*, y los «nudos», dispuestos a intervalos regulares, están constituidos por la proteína globular *troponina* (Figs. 21.13 y 14).

El filamente grueso consta fundamentalmente de unas 400 moléculas de *miosina*, formando un haz compacto. La miosina es una proteína en forma de «palo de golf», cuya cabeza puede apartarse elásticamente del haz de miosinas que forman el filamento grueso (Fig. 21.13).

21.6.3. **Mecanismo de la contracción**

La contracción muscular se produce por la interacción de las proteínas actina y miosina, de modo que los filamentos delgados se deslizan entre los gruesos, y el sarcómero se acorta longitudinalmente (ver margen). La energía necesaria para la contracción se obtiene de la hidrólisis de ATP, y la interacción actina-miosina es posible por las distintas afinidades de la miosina hacia diferentes ligandos. En efecto, la afinidad de la miosina es máxima por el ATP, menor por la actina y mínima por el ADP + P_i. En consecuencia, en presencia de ATP, la miosina se une a él. Pero la miosina tiene actividad ATPasa, con lo que el ATP es hidrolizado,

$$ATP + H_2O \xrightarrow{ATPasa} ADP + P_i$$

y la miosina queda unida a ADP y P_i. Como la afinidad por la actina es mayor, la actina desplaza al ADP + P_i y se une a la miosina. El complejo actina-miosina permanece unido hasta que llega un nuevo ATP, que desplaza la actina y comienza otro ciclo (Fig. 21.15). Debe notarse que, en los sucesivos ciclos de reacción, la misma cabeza de miosina se une a actinas diferentes, cada vez más cercanas al extremo del sarcómero. Como resultado de esto, el sarcómero se acorta, al tiempo que el ATP se hidroliza.

En situación de reposo, la actina no puede interaccionar con la miosina porque el centro activo de la actina está ocluido por la troponina. El Ca^{++}, al ser liberado del retículo sarcoplásmico, se une específicamente a la troponina, produciendo en ella un cambio de conformación, de modo que el centro activo de la actina queda al descubierto. La contracción se mantiene mientras dura la presencia de Ca^{++} y ATP (Fig. 21.14).

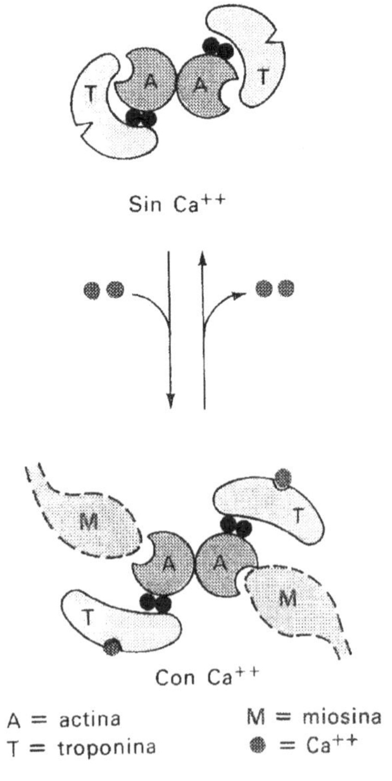

Figura 21.14
El Ca^{++} se une a la troponina, cambia su conformación y posibilita la unión de la actina y la miosina.

21.6.4. **Relajación**

Cuando cesa el impulso nervioso, la acetilcolina se hidroliza, y la membrana plasmática y el retículo sarcoplásmico se repolarizan. El Ca^{++} del citosol se bombea activamente al interior del retículo por medio del enzima conocido como «*bomba de calcio*», que consume ATP (*ATPasa dependiente de* Ca^{++}). En el interior del retículo sarcoplásmico, el Ca^{++} se almacena unido a una proteína específica, la *calsecuestrina*.

Al faltar el Ca^{++} en el citosol, la troponina vuelve a adoptar la conformación primera, haciendo la actina inaccesible a la miosina. Al cesar la interacción actina-miosina, el músculo se relaja (Fig. 21.16).

Nótese que el ATP no sólo se consume durante la contracción (interacción actina-miosina), sino también durante la relajación

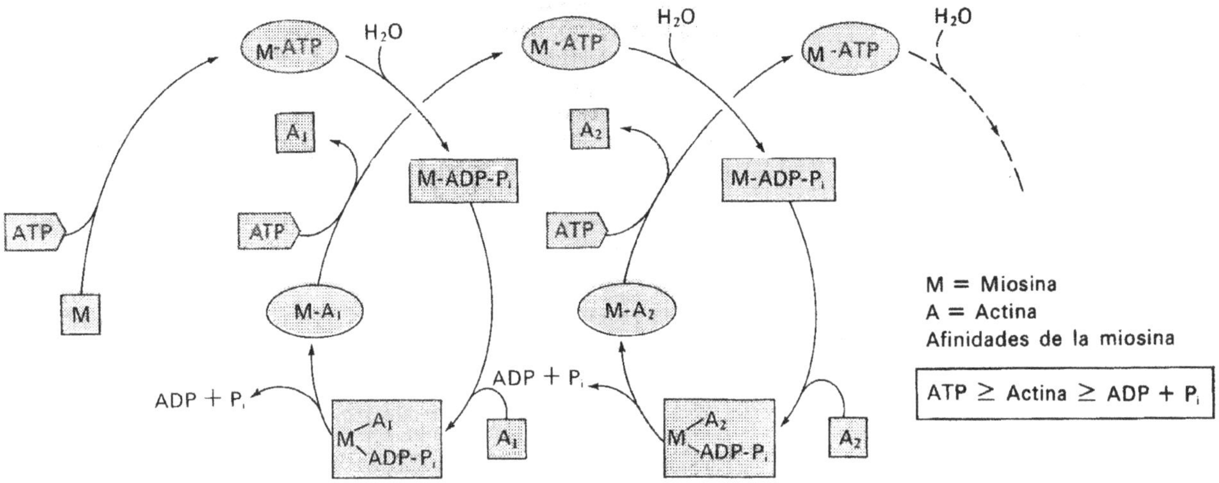

Figura 21.15
Reacciones químicas de la contracción muscular. Una cabeza de miosina (M) va enlazando con diferentes moléculas de actina (A_1, A_2,...) consumiendo en cada ciclo una molécula de ATP.

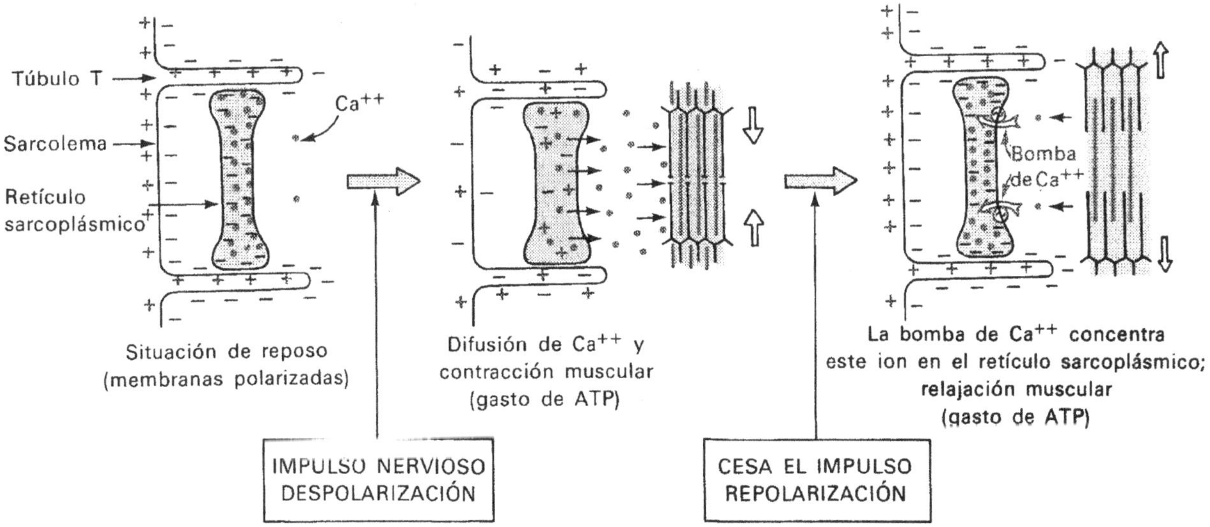

Figura 21.16
El impulso nervioso despolariza las membranas de la célula muscular (sarcolema y retículo sarcoplásmico) facilitando la liberación del Ca^{++} que retenía la calsecuestrina. El Ca^{++} y el ATP son indispensables para la contracción muscular. Al cesar el impulso nervioso, la bomba de Ca^{++} retira este ion de la miofibrilla y el músculo se relaja.

(transporte activo de Ca^{++} al retículo sarcoplásmico). Aproximadamente dos tercios del ATP total se requieren para la contracción y un tercio, para la relajación. Cuando se realiza un esfuerzo muscular excesivo, puede agotarse el ATP, de modo que la bomba de Ca^{++} no pueda seguir funcionando, y el Ca^{++} permanece en el citosol; el resultado es una contracción muscular permanente y dolorosa (*calambre*). De la misma manera, poco después de la muerte del individuo, se agota el ATP muscular, el Ca^{++} difunde pasivamente del retículo al citosol, las moléculas de miosina se unen a las de actina y se instaura una rigidez duradera del músculo (*rigor mortis*).

CUESTIONES Y PROBLEMAS

21.1. Señalar cuáles son las diferencias bioquímicas entre una célula excitable y otra no excitable.

21.2. Cómo se llama la transmisión de un potencial de acción.

21.3. Con los datos matemáticos de Complementos 21.1, averiguar el potencial de reposo de la célula representada en la figura 21.1-C.

21.4. ¿Cuál es la diferencia conceptual entre «*canal*» y «*conducto*»?

21.5. Enumerar los elementos morfológicos y las sustancias bioquímicas principales que integran una sinapsis.

21.6. Citar un neurotransmisor que sea aa. no proteico, dos que sean aa. proteicos y tres que sean derivados de aa.

21.7. El *sarín* es un gas nervioso que reacciona químicamente con la colinesterasa de las sinapsis colinérgicas. Indicar el nivel de acetilcolina en estas sinapsis.

21.8. El caracol del oído interno permite discriminar entre sonidos agudos y graves. Por otra parte, las fibras transversales rígidas de la membrana basilar tienen una longitud diferente, según la región del caracol en la que están alojadas. ¿Qué fenómeno físico determinará que unas fibras de la membrana basilar vibren con mucha mayor amplitud que otras, con un determinado sonido.

21.9. En la retina, hay tres tipos de células cónicas cuyas proteínas, *opsinas*, presentan los máximos de absorción en las zonas roja, verde y azul del espectro visible. La mayoría de las personas daltónicas no perciben el color verde. Relacionar esta anomalía visual con la estructura de sus conos.

21.10. En las micrografías de fibras musculares estriadas aparecen bandas A (anisótropas) y bandas I (isótropas). Las bandas A corresponden a los filamentos gruesos. A la vista de la figura 21.13, indicar por qué razón serán anisótropas.

21.11. Los filamentos gruesos, formados por miosinas empaquetadas, presentan una zona central cuya superficie es lisa o desnuda. ¿Qué le falta a esta zona central del filamente grueso?

21.12. En el filamento delgado las moléculas de troponina forman «nudos» regularmente repartidos a lo largo de la «cuerda» constituida por la actina. Se sabe que estas troponinas se unen a una proteína fibrosa (tropomiosina) cuya longitud coincide con la distancia de nudo a nudo. Razonar cual es la función más evidente de la tropomiosina.

21.13. El músculo estriado acumula glucógeno y creatina fosfato. Relacionar esta característica metabólica con la contracción muscular.

21.14. El músculo carece del enzima glucosa-6-fosfatasa. Por esta razón el glucógeno muscular no puede originar glucosa libre. ¿Qué ventaja metabólica le supone esta carencia?

21.15. La fibra muscular tiene abundantes mitocondrias. ¿Qué relación guardan con la contracción muscular?

21.16. El Ca^{++} liberado en el impulso nervioso, no sólo es necesario para la interacción actina-miosina, sino también para activar el enzima *fosforilasa b quinasa*. Averiguar qué reacciones importantes dependen de este enzima.

21.17. La fatiga o cansancio de un músculo suele producirse por agotamiento de sus reservas de ATP. En otros casos (*fatiga neuromuscular*), la recepción de repetidas señales nerviosas, a razón de unos 150 impulsos por segundo, agota la liberación de neurotransmisor. ¿De qué neurotransmisor se trata?

APÉNDICES

A. **Abreviaturas en Bioquímica**
B. **Tablas y constantes**
   1. Números y masas atómicas de los elementos químicos
   2. Alfabeto griego
   3. Equivalencias matemáticas y físicas más usuales
   4. Fórmulas y masas moleculares de biomoléculas
   5. Componentes recomendados en una dieta equilibrada
   6. Composición de algunos alimentos
   7. Reactivos usuales de laboratorio
C. **Enfermedades y síntomas clínicos** citados en este libro y referidos a los capítulos correspondientes.
D. **Respuestas a los problemas**
E. **Bibliografía**
F. **Índice alfabético**

APÉNDICE A

ABREVIATURAS EN BIOQUÍMICA

A	Adenina, adenosina
Ac	Acetilo
Ac-CoA	Acetilcoenzima A
ACP	Proteína portadora de acilo
ACTH	Hormona adrenocorticotropa
AG	Ácido graso
Ala	Alanina
AMP, ADP, ATP	Adenosín-5'-mono, di, trifosfato
cAMP	Adenosín-3',5'-monofosfato cíclico (AMP cíclico)
Arg	Arginina
Asn	Asparragina
Asp	Aspartato (ácido aspártico)
ATPasa	Adenosintrifosfatasa
C	Citosina, citidina
c	cíclico
Cer	Cerámido
cit	Citocromo
CMP, CDP, CTP	Citidín-5'-mono, di, trifosfato
CoA	Coenzima A (CoA-SH)
CoQ	Coenzima Q (ubiquinona)
Cys	Cisteína
d	desoxi
DNA	Ácido desoxirribonucleico
DNasa	Desoxirribonucleasa
DNP	2,4-dinitrofenilo
EC	Comisión de Enzimas
EDTA	Etilendiaminotetraacetato
F	Fructosa
$FAD(H_2)$	Flavinadenindinucleótido (reducido)
Fd	Ferredoxina
FDNB	Fluorodinitrobenceno
FH_4	Ácido tetrahidrofólico (THF)
fMet	Formilmetionina
$FMN(H_2)$	Flavinmononucleótido (reducido)
FP	Flavoproteína

G	Guanina, guanosina, Glucosa (Glc)
Ga, Ga6P	Galactosa (Gal), galactosa-6-fosfato
Gln	Glutamina
Glu	Glutamato (ácido glutámico)
Gly	Glicina o glicocola
GM_3	Gangliósido GM_3
GMP, GDP, GTP	Guanosín-5′-mono, di, trifosfato
cGMP	GMP cíclico
G3P	3-fosfogliceraldehído
G6P, G1P	Glucosa-6-fosfato, glucosa-1-fosfato
GSH, GSSG	Glutatión reducido, oxidado
Hb, HbO_2, HbCO	Hemoglobina, Hb oxigenada, carboxi-Hb
His	Histidina
hnRNA	RNA heterogéneo nuclear
I	Inosina (hipoxantina-ribosa)
IMP, IDP, ITP	Inosín-5′-mono, di, trifosfato
IgG	Inmunoglobina G
Ile	Isoleucina
Km	Constante de Michaelis
LDH	Lactato deshidrogenasa
Leu	Leucina
Lys	Lisina
Mb, MbO_2	Mioglobina, Mb oxigenada
MDH	Malato deshidrogenasa (MaDH)
Met	Metionina
mRNA	RNA mensajero
mtRNA	RNA mitocondrial
NAD^+, (NADH)	Nicotinadenindinucleótido (forma reducida)
$NADP^+$, (NADPH)	Nicotinadenindinucleótido fosfato (forma reducida)
NAGa	N-Acetilgalactosamina
NANA	Ácido N-Acetilneuramínico
nRNA	RNA nuclear
Nu (NuMP, ...)	Nucleósido en general (Nucleósido monofosfato, ...)
OA	Oxalacetato
OMP, ...	Orotidil-5′-monofosfato, ...
P_i	Fosfato inorgánico
PABA	Ácido p-aminobenzoico
PEP	Fosfoenolpiruvato
3PG	3-fosfoglicerato
pNu	5′-fosfonucleósido
PGE	Prostaglandina E
Phe	Fenilalanina
PLP	Piridoxalfosfato
PP_i	Pirofosfato inorgánico
Pro	Prolina
pRPP	Fosforribosil-pirofosfato
Q	Transportador electrónico en fotosíntesis
R, Rib	Ribosa
RNA	Ácido ribonucleico
RNasa	Ribonucleasa
rRNA	RNA ribosomal
Ru	Ribulosa
S	Unidades Svedberg
Ser	Serina
T	Timina, timidina
Thr	Treonina
TMP, TDP, TTP	Timidín-5′-mono, di, trifosfato
TMV	Virus del mosaico del tabaco

TPP	Tiamina pirofosfato
Tris	Tris (hidroximetil) aminometano
tRNA	RNA de transferencia
Trp	Triptófano
Tyr	Tirosina
U	Uracilo, uridina
UDPG	Uridindifosfoglucosa
UDPGa	Uridindifosfogalactosa
UMP, UDP, UTP	Uridin-5'-mono, di, trifosfato
UV	Radiación ultravioleta
V	Velocidad máxima
Val	Valina
Xi	Xilulosa
XMP, ...	Xantina monofosfato, ...

APÉNDICE B

TABLAS Y CONSTANTES

1. NÚMEROS Y MASAS ATÓMICAS DE LOS ELEMENTOS QUÍMICOS

Elemento	*Símbolo*	*Número atómico*	*Masa atómica*	*Elemento*	*Símbolo*	*Número atómico*	*Masa atómica*
Actinio	Ac	89	227	Litio	Li	3	6,9
Aluminio	Al	13	27	Lutecio	Lu	71	175
Americio	Am	95	(243)	Magnesio	Mg	12	24,3
Antimonio	Sb	51	121,8	Manganeso	Mn	25	54,9
Argón	Ar	18	39,9	Mendelevio	Md	101	(256)
Arsénico	As	33	74,9	Mercurio	Hg	80	200,6
Astato	At	85	(210)	Molibdeno	Mo	42	96
Azufre	S	16	32,1	Neodimio	Nd	60	144,3
Bario	Ba	56	137,4	Neón	Ne	10	20,2
Berilio	Be	4	9	Neptunio	Np	93	237
Berkelio	Bk	97	(247)	Niobio	Nb	41	92,9
Bismuto	Bi	83	209	Níquel	Ni	28	58,7
Boro	B	5	10,8	Nitrógeno	N	7	14
Bromo	Br	35	79,9	Nobelio	No	102	(254)
Cadmio	Cd	48	112,4	Oro	Au	79	197,2
Calcio	Ca	20	40,1	Osmio	Os	76	190,2
Californio	Cf	98	(251)	Oxígeno	O	8	16
Carbono	C	6	12	Paladio	Pd	46	106,7
Cerio	Ce	58	140,1	Plata	Ag	47	107,9
Cesio	Cs	55	132,9	Platino	Pt	78	195,2
Cinc	Zn	30	65,4	Plomo	Pb	82	207,2
Circonio	Zr	40	91,2	Plutonio	Pu	94	(244)
Cloro	Cl	17	35,5	Polonio	Po	84	210
Cobalto	Co	27	58,9	Potasio	K	19	39,1
Cobre	Cu	29	63,5	Praseodimio	Pr	59	140,9
Cromo	Cr	24	52	Promecio	Pm	61	(145)
Curio	Cm	96	248	Protactinio	Pa	91	231
Disprosio	Du	66	162,5	Radio	Ra	88	226,1
Einstenio	Es	99	(254)	Radón	Rn	86	222

Elemento	*Símbolo*	*Número atómico*	*Masa atómica*	*Elemento*	*Símbolo*	*Número atómico*	*Masa atómica*
Erbio	Er	68	167,2	Renio	Re	75	186,3
Escandio	Sc	21	45	Rodio	Rh	45	102,9
Estaño	Sn	50	118,7	Rubidio	Rb	37	85,5
Estroncio	Sr	38		Rutenio	Ru	44	101,7
Europio	Eu	63	152	Samario	Sm	62	150,4
Fermio	Fm	100	(253)	Selenio	Se	34	79
Fluor	F	9	19	Silicio	Si	14	28,1
Fósforo	P	15	31	Sodio	Na	11	23
Francio	Fr	87	(223)	Talio	Tl	81	204,4
Gadolinio	Gd	64	156,9	Tantalio	Ta	73	180,9
Galio	Ga	31	69,7	Tecnecio	Tc	43	98,9
Germanio	Ge	32	72,6	Teluro	Te	52	127,6
Hafnio	Hf	72	178,6	Terbio	Tb	65	159,2
Helio	He	2	4	Titanio	Ti	22	47,9
Hidrógeno	H	1	1	Torio	Th	90	232,1
Hierro	Fe	26	55,9	Tulio	Tm	69	169,4
Holmio	Ho	67	164,9	Uranio	U	92	238,1
Indio	In	49	114,8	Vanadio	V	23	51
Iodo	I	53	126,9	Wolframio	W	74	183,9
Iridio	Ir	77	193,1	Xenón	Xe	54	131,3
Kripton	Kr	36	83,8	Yterbio	Yb	70	173
Lantano	La	57	138,9	Ytrio	Y	39	88,9
Laurencio	Lw	103	(259)				

2. ALFABETO GRIEGO

Símbolo	*Nombre*	*Equivalencia* (pronunciación española)
Α, α	alfa	a
Β, β	beta	b
Γ, γ	gamma	g (suave)
Δ, δ	delta	d
Ε, ε	épsilon	e (breve)
Ζ, ζ	dseta	ds
Η, η	eta	e (larga)
Θ, θ, ϑ	zeta	z
Ι, ι	iota	i
Κ, κ	cappa	k
Λ, λ	lambda	l
Μ, μ	my (u francesa)	m
Ν, ν	ny (u francesa)	n
Ξ, ξ	xi	x (cs)
Ο, ο	ómicron	o (breve)
Π, π	pi	p
Ρ, ρ	ro	r
Σ, σ, ς	sigma	s
Τ, τ	tau	t
Υ, υ	ypsilon (u francesa)	y (u francesa)
Φ, φ	fi	f
Χ, χ	ji	j
Ψ, ψ	psi	ps
Ω, ω	omega	o (larga)

3. EQUIVALENCIAS MATEMÁTICAS Y FÍSICAS MÁS USUALES

Múltiplos y submúltiplos

M	mega	10^6	π	= 3,1416
k	kilo	10^3	e	= 2,7183
m	mili	10^{-3}	ln 10	= 2,303
μ	micro	10^{-6}	log N	= ln N/ln 10
n	nano	10^{-9}	π radianes	= 180°
p	pico	10^{-12}	$\sqrt{2}$	= 1,414

1 cal	= 4,18 J
1 Faraday	= 96 485 culombios
1 Angström	= 10^{-10} m
$6,02 \cdot 10^{23}$ daltons	= 1 g
1 curio	= $3,7 \cdot 10^{10}$ desintegraciones/seg

4. FÓRMULAS Y MASAS MOLECULARES DE BIOMOLÉCULAS

	Molécula	*Fórmula*	*Masa*
Inorgánicas	Agua	H_2O	18
	Amoniaco	NH_3	17
	Oxígeno	O_2	32
	Nitrógeno	N_2	28
	Dióxido de C	CO_2	44
	Sulfuro de H	SH_2	34
	Ácido fosfórico	H_3PO_4	98
	Ácido sulfúrico	H_2SO_4	98
	Urea	CH_4N_2O	60
Orgánicas	Ácido acético	$C_2H_4O_2$	60
	Ácido láctico	$C_3H_6O_3$	90,1
	Ácido butírico	$C_4H_8O_2$	88,1
	Taurina	$C_2H_7NO_3S$	125,2
	Ácido cítrico	$C_6H_8O_7H_2O$	210,2
	Ácido succínico	$C_4H_6O_4$	118,1
Glícidos	Triosas	$(CH_2O)_3$	90
	Glicerol	$C_3H_8O_3$	92
	Tetrosas	$(CH_2O)_4$	120
	Pentosas	$(CH_2O)_5$	150
	Desoxirribosa	$C_5H_{10}O_4$	134
	Ribitol	$C_5H_{12}O_5$	152
	Hexosas	$(CH_2O)_6$	180
	Inositol	$C_6H_{12}O_6$	180
	Disacáridos	$C_{12}H_{22}O_{11}$	342
	Polisacáridos	$(C_5H_{10}O_5)_n$	162·n
Lípidos	Ácido láurico	$C_{12}H_{24}O_2$	200,3
	Ácido mirístico	$C_{14}H_{28}O_2$	228,4
	Ácido palmítico	$C_{16}H_{32}O_2$	256,4
	Ácido esteárico	$C_{18}H_{36}O_2$	284,5
	Ácido oleico	$C_{18}H_{34}O_2$	282,5
	Ácido linoleico	$C_{18}H_{32}O_2$	280,4
	Tributirina	$C_{15}H_{26}O_6$	302,4
	Trilaurina	$C_{39}H_{74}O_6$	639
	Trimiristina	$C_{45}H_{86}O_6$	723,2
	Tripalmitina	$C_{51}H_{98}O_6$	807,3
	Triestearina	$C_{57}H_{110}O_6$	891,5
	Trioleína	$C_{57}H_{104}O_6$	885,4
	Colesterol	$C_{27}H_{46}O$	386,6
	Ácido cólico	$C_{24}H_{40}O_5 \cdot H_2O$	426,6

Lípidos	Esfingenina	$C_{18}H_{37}NO_2$	299,5
	Bilirrubina	$C_{33}H_{36}N_4O_6$	584,7
	Hemo	$C_{34}H_{32}N_4O_4Fe$	616,5
Aminoácidos codificables	Alanina	$C_3H_7NO_2$	89
	Arginina	$C_6H_{14}N_4O_2$	174
	Ácido aspártico	$C_4H_7NO_4$	133
	Asparragina	$C_4H_8N_2O_3 \cdot H_2O$	150
	Cisteína	$C_3H_7NO_2S$	121
	Fenilalanina	$C_9H_{11}NO_2$	165
	Glicina	$C_2H_5NO_2$	75
	Ácido glutámico	$C_5H_9NO_4$	147
	Glutamina	$C_5H_{10}N_2O_3$	146
	Histidina	$C_6H_9N_3O_2$	155
	Isoleucina y leucina	$C_6H_{13}NO_2$	131
	Lisina	$C_6H_{14}N_2O_2$	146
	Metionina	$C_5H_{11}NO_2S$	149
	Prolina	$C_5H_9NO_2$	115
	Serina	$C_3H_7NO_3$	105
	Tirosina	$C_9H_{11}NO_3$	181
	Treonina	$C_4H_9NO_3$	119
	Triptófano	$C_{11}H_{12}N_2O_2$	204
	Valina	$C_5H_{11}NO_2$	117
Bases nitrogenadas	Pirimidina	$C_4H_4N_2$	80
	Purina	$C_5H_4N_4$	120
	Uracilo	$C_4H_4N_2O_2$	112
	Timina	$C_5H_6N_2O_2$	126
	Citosina	$C_4H_5N_3O$	111
	Adenina	$C_5H_5N_5$	135
	Guanina	$C_5H_5N_5O$	151
	Ácido úrico	$C_5H_4N_4O_3$	168

5. COMPONENTES RECOMENDADOS EN UNA DIETA EQUILIBRADA

			Vitaminas liposolubles			Vitaminas hidrosolubles							Iones inorgánicos					
	Edad (años)	Proteínas (g)	A (mg)	E (mg)	D (μg)	C (mg)	B_1 (mg)	B_2 (mg)	Nicotinamida (mg)	B_6 (mg)	Ácido fólico (mg)	B_{12} (μg)	Ca (mg)	P (mg)	Mg (mg)	Fe (mg)	Zn (mg)	I (mg)
Niños	0,5	13	0,42	3	10	35	0.3	0.4	6	0.3	0,03	0.5	360	240	50	10	3	0.04
	1	20	0.40	4	10	40	0.5	0.6	8	0.6	0,05	1,5	540	360	70	15	5	0,05
	2	23	0,40	5	10	45	0,7	0.8	9	0,9	0,10	2,0	800	800	150	15	10	0,07
	5	30	0,50	6	10	45	0.9	1,0	11	1.3	0,20	2,5	800	800	200	10	10	0,09
	8	34	0,70	7	10	45	1,2	1.4	16	1,6	0,30	3,0	800	800	250	10	10	0,12
Varones	12	45	1,00	8	10	50	1.4	1.6	18	1,8	0,40	3,0	1200	1200	350	18	15	0,15
	16	56	1,00	10	10	60	1.4	1.7	18	2,0	0,40	3,0	1200	1200	400	18	15	0,15
	20	56	1,00	10	7.5	60	1.5	1.7	19	2.2	0.40	3,0	800	800	350	10	15	0,15
	24-50	56	1,00	10	5	60	1,4	1.6	18	2.2	0,40	3,0	800	800	350	10	15	0,15
Mujeres	12	46	0,80	8	10	50	1.1	1.3	15	1,8	0.40	3,0	1200	1200	300	18	15	0,15
	16	46	0,80	8	10	60	1.1	1,3	14	2,0	0,40	3,0	1200	1200	300	18	15	0,15
	20	44	0.80	8	7,5	60	1.1	1.3	14	2,0	0,40	3,0	800	800	300	18	15	0,15
	24-50	44	0,80	8	5	60	1,0	1,2	13	2.0	0,40	3,0	800	800	300	18	15	0,15
	Durante el embarazo, añadir	+30	+0,20	+ 2	+ 5	+20	+0.4	+0.3	+ 2	+0,6	+0.40	+1,0	+400	+400	+150	+45	+5	+0,03
	Durante la lactancia, añadir	+20	+0.40	+ 3	+ 5	+40	+0,5	+0,5	+ 5	+0,5	+0,40	+1,0	+400	+400	+150	+45	+10	+0,05

6. COMPOSICIÓN DE ALGUNOS ALIMENTOS (EN %)

Alimentos	Azúcares	Grasas	Proteínas	kcal/100 g
Frutos				
Aceitunas	4,0	13,5	1,5	132
Almendras	19,6	54,1	18,6	596
Avellanas	18,0	60,9	12,7	671
Cerezas	14,6	0,4	1,1	60
Fresas	8,1	0,6	0,8	37
Limones	8,7	0,6	0,9	32
Manzanas	15,0	0,4	0,3	58
Melocotones	11,8	0,2	0,8	47
Naranjas	11,3	0,2	0,9	45
Nueces	15,6	64,4	15,0	654
Plátanos	24,0	0,4	1,3	94
Hortalizas				
Cebolla	9,0	0,9	1,4	40
Col	5,7	0,1	1,6	25
Espárrago	4,1	0,2	2,1	21
Espinaca	3,9	0,3	2,2	22
Guisante	17,0	0,4	6,7	90
Judía blanca	62,1	1,5	22,0	350
Lechuga	2,9	0,2	1,2	18
Patata cruda	19,1	0,1	2,0	85
Pimientos verdes	5,2	0,2	1,2	24
Tomate	4,0	0,3	1,0	23
Cereales y derivados				
Arroz	79,3	0,5	8,2	363
Avena	67,8	7,5	13,0	385
Harina de trigo (blanca)	75,5	1,1	10,8	370
Pan blanco	52,0	2,0	8,5	260
Varios				
Aceite oliva	—	100,0	—	884
Huevos	0,7	11,5	12,8	158
Mantequilla	0,4	81,0	0,6	716
Mermelada	70,8	0,3	0,5	278
Miel	79,5	—	0,3	294
Productos lácteos				
Leche materna	6,5	8,3	2,0	62
Leche de vaca	4,8	4,0	3,3	65
Leche en polvo	38,0	26,7	25,8	496
Queso	1,0	33,0	22,0	390

Alimentos	Azúcares	Grasas	Proteínas	kcal/100 g
Carnes y derivados				
Cerdo, jamón	0	31,0	15,2	344
Ternera, chuleta	0	9,0	19,5	164
Pollo	0	11,0	20,0	185
Salchichón	0	36,8	23,9	427
Pescados				
Merluza	0,6	1,2	22,0	102
Salmón	0	12,3	22,0	203
Trucha	0	2,1	19,2	96

7. REACTIVOS USUALES DEL LABORATORIO

Nombre	*Fórmula*	*Masa molecular*	*% en peso*	*Densidad*	*Molaridad*	*Normalidad*
Ácido acético glacial	$C_2H_4O_2$	60,0	99,5	1,05	17,4	17,4
Ácido clorhídrico	HCl	36,5	36	1,18	12	12
Ácido nítrico	HNO_3	63,0	65	1,40	14	14
Ácido perclórico	$HClO_4$	100,5	60	1,54	9,2	9,2
Ácido sulfúrico	H_2SO_4	98,1	96	1,84	18	36
Agua oxigenada	H_2O_2	34,0	3	—	0,9	(10 vol.)
Alcohol de 96°	C_2H_6O	46,0	94	0,81	16,7	—
Amoniaco	NH_3	17,0	15	0,94	8,3	8,3

APÉNDICE C

ENFERMEDADES Y SÍNTOMAS CLÍNICOS

citados en este libro y referidos a los capítulos correspondientes

Abreviaturas:

C = Complementos	T = Tablas
A = Aplicaciones	Pra = Prácticas
P = Problemas	F = Figuras

APÉNDICE **D**

RESPUESTAS A LOS PROBLEMAS

Capítulo 1

1.1. Están hablando de la Bioquímica.
1.2 ^{18}O tiene 10 y ^{16}O, 8.
1.3. ^{14}C tiene 6 protones y 8 neutrones; ^{14}N tiene 7 protones y 7 neutrones. Ambos tienen igual masa nuclear.
1.4. El elemento oxígeno se representa por el átomo (O) y la sustancia oxígeno por la molécula (O_2), integrada por dos átomos.
1.5. N_2: 28 (14 × 2); CO_2: 44 (12 + 2 · 16).
1.6. D_2O pesa 20 dal, luego D pesa 2 dal. Como H pesa 1 dal, D difiere de H en que tiene un neutrón y H no lo tiene.
1.7. En ambos casos hay 6,022 · 10^{23} moléculas, porque se trata de un mol.
1.8. 60 dal.
1.9. Nitrógeno: *gas* — albúmina: *proteína*
sulfato: *anión* — glucógeno: *azúcar*
aceite: *lípido* — ác. láctico: *metabolito intermediario*
1.10. *a) iónico; b) covalente; c) covalente e iónico.*
1.11.

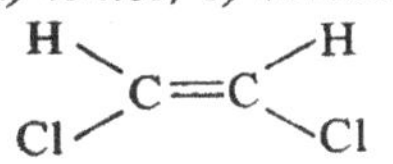

cis

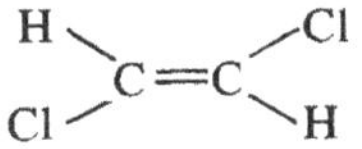

trans

1.12.

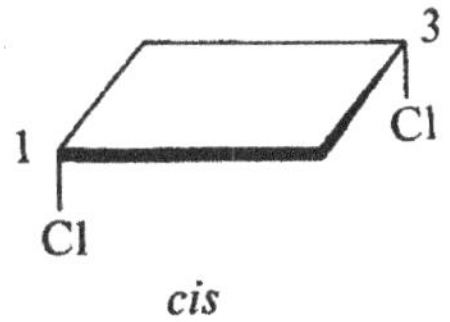

cis

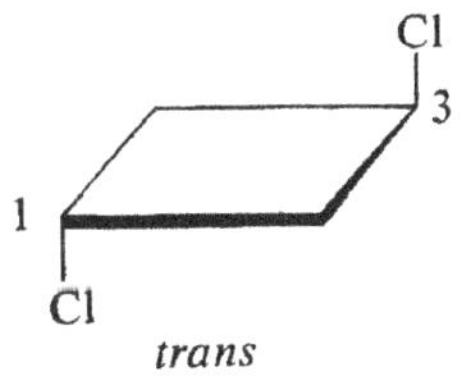

trans

1.13.

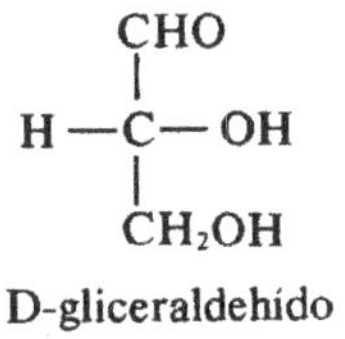

D-gliceraldehído

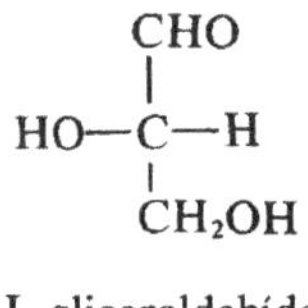

L-gliceraldehído

De las fórmulas no se puede prever el poder rotatorio; se determina con el polarímetro.

1.14. Por convención, un isómero *D* tiene el sustituyente del C asimétrico a la derecha del espectador. La cadena carbonada debe estar escrita en sentido vertical, con el grupo más oxidado hacia arriba.

1.15. a) iónicas o electrostáticas
b) puentes de hidrógeno
c) fuerzas de Van der Waals
d) interacciones hidrofóbicas
e) electrostáticas entre cationes y aniones y polares con las moléculas de agua que los rodean.

1.16. M = 75; C = 32%; H = 6,7%; N = 18,7% y O = 42,7%.

Capítulo 2

2.1. Medusa, niño, hombre adulto, saltamontes.
2.2 Eter metílico, metanol, agua, peróxido de hidrógeno.
2.3. Moleculares: azúcar, urea.
Iónicas: cloruro de sodio, ác. clorhídrico, hidróxido de sodio.
2.4. Concentraciones: 27,6 g/100 ml; 0,807 molar; 0,975 molal.
2.5. $T_c = -5{,}58°C$; $T_e = 101{,}68°C$; $\pi_0 = 67{,}2$ atm.
2.6. 54 g de glucosa.
2.7. I) Pr^-: 30; Na^+: 40; Cl^-: 10 mM; II) Na^+: 20; Cl^-: 20 mM.
2.8. a) pH = 3; b) pH = 11.
2.9. $[H^+] = 10^{-3,9}$; pH = 3,9.
2.10. pH = 4,76.
2.11. 36 g de glucosa y 5,6 g de lactato; será 0,3 osmolal.
2.12. $[HCO_3^-]/[CO_2]$ igual a 20.

Capítulo 3

3.1. A: 5; B: 3; C: 4; E: 1; F: 7; G: 6.
3.2. 50 ml. Se pipetean 50 ml del ác. clorhídrico 2N y se vierten en un matraz aforado de 1 litro. Se añade agua destilada, mezclando bien y aforando a 1 litro.
3.3. a) agua del grifo (3 veces) y agua destilada (3 veces)
b) agua del grifo; mezcla crómica; agua del grifo (3 veces) y agua destilada (3 veces).
c) mezcla crómica caliente hasta eliminación completa de residuos; agua del grifo (3 veces) y agua destilada (3 veces).
3.4. a) 0,024 N; b) 0,000069 N. En (b) queda 350 veces más limpio que en (a).
3.5. 0,0964 N.
3.6. 0,05 N.
3.7. 2,25 μg de P.
3.8. Se traza el gráfico en papel milimetrado. Conc. problema = 52 mg/ml.
3.9. 70 000 A.
3.10. 25 m/s.
3.11. 10^{-4} pg.
3.12. $1{,}33 \cdot 10^{13}$ moléculas.
3.13. a) error del 10%; b) error del 5%; la segunda es más precisa.
3.14. El primero y el segundo, errores accidentales; el tercero, error sistemático.
3.15. Sistemático.

Capítulo 4

4.1. 1: E; 2: F; 3: G; 4: A; 5: H; 6: B; 7: D; 8: C.

4.2. 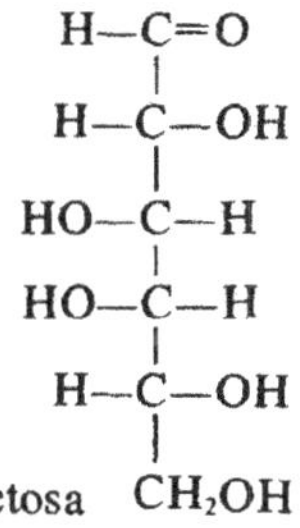

galactosa

4.3. 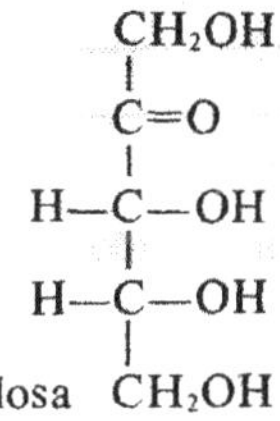

ribulosa

4.4. *b, e.*
4.5. *c, d, f.*
4.6. Serie D: *B, C* y *F*. Serie L: *A, D* y *E*.
4.7. α-D-galactopiranosa

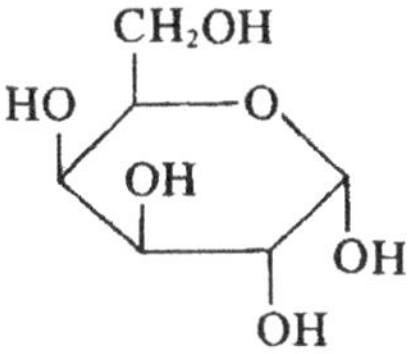

4.8. 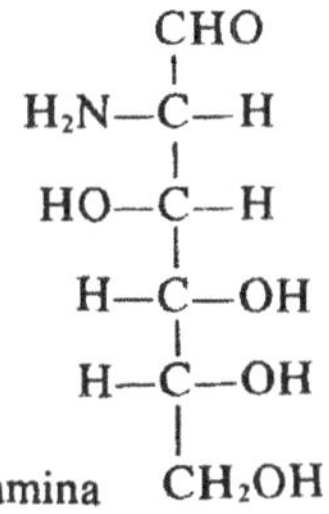

manosamina

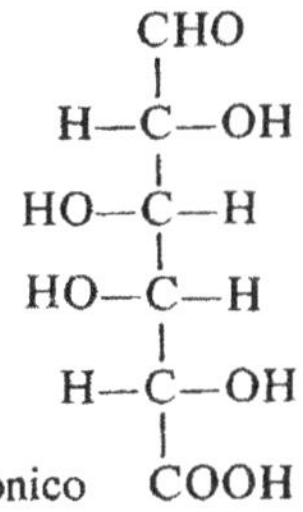

ác. galacturónico

4.9. La miel natural contiene sacarosa *digerida* por las abejas, es decir, ya hidrolizada. La miel adulterada tiene sacarosa añadida, y por tanto indigerible para estos individuos.
4.10. La orina del financiero contenía algún azúcar reductor, por ejemplo, una pentosa. El R. de Benedict da positivo y la glucosa oxidasa, negativo. La *pentosuria* es inocua y frecuente entre los judíos.

Capítulo 5

5.1. 1: H; 2: E; 3: F; 4: B; 5: G; 6: A; 7: C; 8: D.

5.2. ác. araquidónico 

5.3.

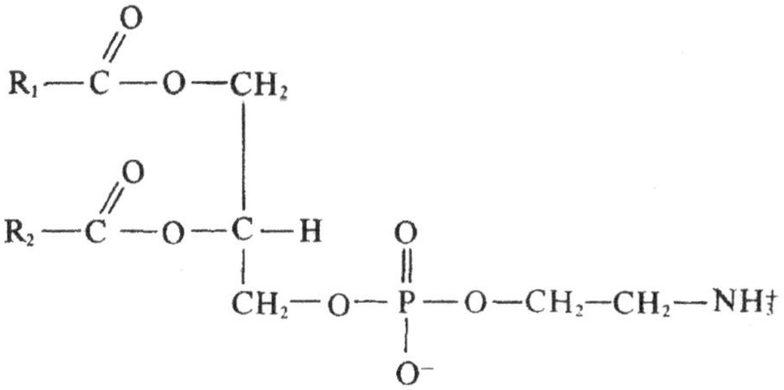

5.4. a:27; b:24; c:26; d:21; e:51; f:18.

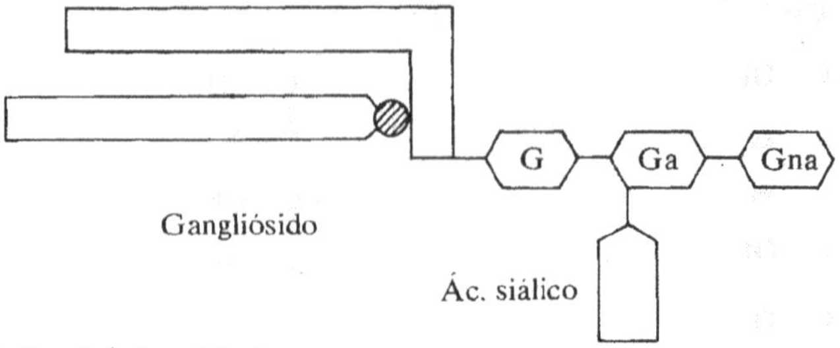

5.6. d < c < f < a < b < e.
5.7. *a, c* y *d.*
5.8. *b, c* y *e.*
5.9. 1: A, E; 2: C, D; 3: B, F; 4: C, E; 5: A, E; 6: C, D.
5.10. Cerámido. 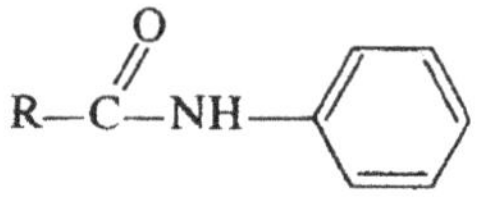 : amidas del «*síndrome tóxico*».
5.11. Falta superficie de contacto entre las grasas, sin emulsionar, y las lipasas hidrosolubles.
5.12. Facilita la emulsión del aceite, al situarse en la superficie de las gotas, haciéndolas hidrofílicas.

Capítulo 6

6.1. 1: B; 2: E; 3: G; 4: B; 5: H; 6: A; 7: F; 8: D.
6.2.

serina

6.3.

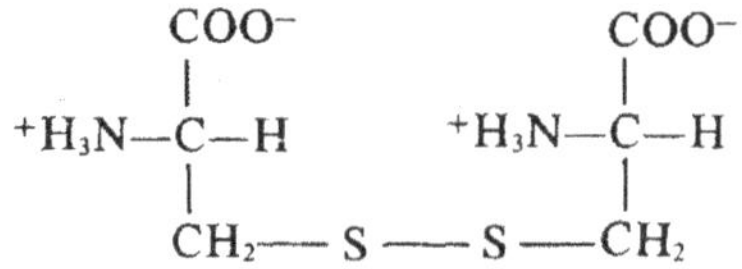

cistina

6.4. Al ser la madre fenilcetonúrica y el padre probable portador, el hijo tiene alto riesgo de resultar fenilcetonúrico. Se debe evitar la fenilalanina ya en la vida fetal.
6.5. Los puentes disulfuro de la insulina no corresponden a la configuración más estable. La estabilidad se perdió al pasar de proinsulina a insulina madura.
6.6. La mantequilla (lípido) funde y solidifica (procesos reversibles); la clara de huevo (proteína) se desnaturaliza al calentar (proceso irreversible).
6.7. Glubulares: 2, 5, 6, 7 y 9. Fibrosas: 1, 3, 4, 8 y 10.
6.8. El ácido láctico desnaturaliza las proteínas de la leche (caseína) que precipitan.
6.9. Ribonucleasa: 13,29 kdal; lisozima: 13,82 kdal. (En ambos casos se resta el agua eliminada al formar los enlaces peptídicos.)
6.10. La hemoglobina constará de cuatro subunidades semejantes a la mioglobina, cada una con su propio hemo. Cada subunidad tendría 143,5 aa. Como este n.º no es entero deben ser diferentes entre sí (α = 141 aa, β = 146 aa; la hemoglobina es $\alpha_2\beta_2$).
6.11. a: aspartato; b: alanina; c: lisina.
6.12. a: glicina; b: alanina; c: valina; d: leucina.
6.13. M = 481 kdal.
6.14. Coeficiente de sedimentación = 2S.

Capítulo 7

7.1. $5{,}3 \times 10^9$ pares de bases
7.2. 47 000 hebras de doble helicoide.
7.3. 5′-CTAGTCTAGATT-3′
7.4. 5′-CUAGUCUAGAUU-3′
7.5. a) Contiene RNA (U en vez de T).
b) Un solo filamento (A ≠ U, C ≠ G).
7.6. T = 23%; C = 27%; G = 27%.
7.7.
```
5′—A ⟍ AUCUGG ⟋ Tψ C
        • • • • • •        A
3′—G ⟋ UAGACC ⟍ UCA
```
7.8.
```
5′—AACGT—ACGTT—3′
   • • • • •  • • • • •
3′—TTGCA—TGCAA—5′
```
7.9. (C≡G) → (U=A) → (T=A).
7.10. (T=A) → (BU=G) → (C≡G).
7.11. Por mutaciones en los genes.
7.12. Los agentes físicos alcanzan selectivamente los tumores muy localizados; los agentes químicos son especialmente activos sobre las células jóvenes de tumores difusos.

Capítulo 8

8.1. a) en helicoide; b) limitada por el RNA; c) un collar de varias vueltas (las proteínas son las perlas y el RNA, el hilo que las ensarta).
8.2. Inmunoglobulina A:

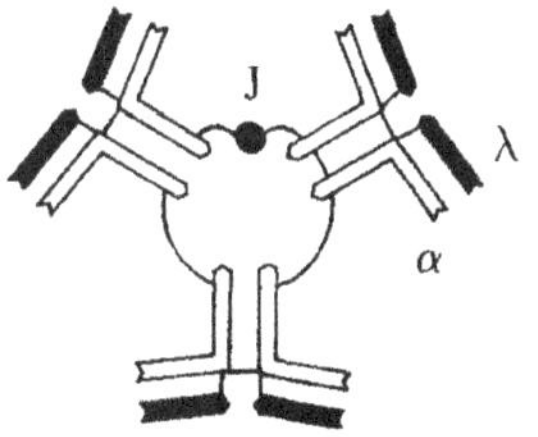

8.3. El extremo amino-terminal (con monosacáridos) el exterior, la región hidrofóbica, dentro de la membrana, y la región carboxílica (con cargas eléctricas), el interior de la célula.
8.4. 1000 veces mayor.
8.5. Analogías: ambas son unidades vitales, tienen membrana, citoplasma y DNA nuclear. Diferencias: las eucarióticas son mayores, tienen núcleo diferenciado y orgánulos en el citoplasma.
8.6. Analogías: ambas tienen núcleo diferenciado, cromosomas y orgánulos citoplasmáticos (mitocondrias, retículo, Golgi,...).
Diferencias: las células vegetales tienen pared, cloroplastos, vacuolas, etc.
8.7. Todos los datos son compatibles.
8.8. a) en el retículo; b) se guardará en vesículas de secreción.
8.9. a) sí; b) no.
8.10. Gram-negativas.
8.11. Hembra, tendrá 47 cromosomas.
8.12. a) varón; b) patológico; c) 48.

Capítulo 9

9.1. Glutamato: oxalacetato transaminasa (GOT) o aspartato aminotransferasa (AST).
9.2. Lactato + NAD^+ ⇌ Piruvato + NADH + H^+.

9.3. a: 5; b: 2; c: 6; d: 3; e: 4; f: 1.

9.4. a) En Europa los adultos consumen leche desde la prehistoria, y por selección natural se ha conservado la lactasa en los adultos. En Asia no se consume leche y el enzima se pierde después del destete. b) La lactosa no digerida sufre fermentaciones anómalas, produce trastornos y molestias intestinales y origina diarrea.

9.5. *Frío.* Ventajas: conserva vitaminas, no se alteran los alimentos por tiempo indefinido. Desventajas: requiere aparatos especiales y costosos (frigoríficos). La falta de corriente eléctrica puede producir deterioros en la conservación.
Cocción. Ventajas: desnaturaliza las proteínas, mata los microorganismos y, en medio aislado, permite guardar alimentos a temperatura ambiente (conservas hervidas). Desventajas: destruye algunas vitaminas (A, C, ...).
Aditivos químicos. Ventajas: conserva vitaminas.
Desventajas: suelen ser algo tóxicos.

9.6. 120 U (μmoles/min) ó 2μkat ($2 \cdot 10^{-6}$ kat).

9.7. 25 moléculas transformadas/centro activo · segundo.

9.8. a) no depende; b) actúa a la velocidad máxima; c) $K_M = 0{,}01$ mM.

9.9. a) sí depende; b) no actúa a la velocidad máxima; c) $K_M = 1$ M.

9.10. 8 μmoles/min.

9.11. El hemo es un falso enzima (seudoperoxidasa) porque, sin ser una proteína, cataliza la misma reacción que un enzima (peroxidasa).

9.12. La tripsina libre digeriría las proteínas del páncreas (*pancreatitis aguda*).

Capítulo 10

10.1. Los virus no intercambian energía con el entorno; no eliminan entropía a través de una membrana, ni se autorregeneran. Sólo se autorreplican utilizando la maquinaria de la célula huésped.

10.2. Anabólico.

10.3. Anabólico.

10.4. Catabólico.

10.5. Exoergónica ($\Delta G'^{\circ} = -23{,}9$ kcal/mol).

10.6. Ligeramente hacia la derecha ($\Delta G'^{\circ} = -0{,}9$ kcal/mol).

10.7. $K_{eq} = 20$.

10.8. Homogenizar el hígado; centrifugar a 8 500 × *g* durante 10 minutos y recoger el sobrenadante.

Capítulo 11

11.1. Hexoquinasa, fosfoglucosa isomerasa, fosfofructoquinasa, aldolasa, triosa fosfato isomerasa, gliceraldehído fosfato deshidrogenasa, fosfogliceratoquinasa, glicerato mutasa, enolasa, piruvatoquinasa y lactato deshidrogenasa.

11.2. Fructoquinasa, aldolasa, gliceraldehidoquinasa y triosa fosfato isomerasa.

11.3. Lactasa, hexoquinasa, galactoquinasa, uridiltransferasa, epimerasa, fosfoglucomutasa y glucosa fosfato isomerasa.

11.4. Glicerolquinasa, glicerol fosfato deshidrogenasa, fosfogliceratoquinasa, glicerato mutasa, enolasa, piruvatoquinasa y lactato deshidrogenasa.

11.5. Proceso intestinal: sacarasa (glucosa + fructosa), absorción.
Proceso hepático: hexoquinasa, fosfoglucosa isomerasa, glucosa-6-fosfatasa.

11.6. Hexoquinasa, glucosa-6-fosfato deshidrogenasa, lactonasa, 6-fosfogluconato deshidrogenasa e isomerasa.

11.7. Acil-CoA sintetasa, acil-CoA: carnitina transferasas (citosólica y mitocondrial).

11.8. El O_2 del aire transformaría el etanol en ác. acético (el vino en vinagre).

11.9. Ambos liberan CO_2 que esponja el bizcocho.

11.10. Asp + α-cetoglutarato → oxalacetato + Glu (transaminación).
Glu + NAD^+ + H_2O → α-cetoglutarato + NADH + H^+ + NH_3 (desaminación)
Asp + NAD^+ + H_2O → oxalacetato + NH_3 + NADH + H^+

11.11. La liberación de hemoglobina produce un color rojo oscuro; al transformarse en bilirrubina pasa a amarillento.
11.12. Amarilla (ictericia).
11.13. 15 millones de inyecciones al día.
11.14. Ácido úrico (puede originar cálculos renales, por ejemplo).

Capítulo 12

12.1. Citrato isomerasa, isocitrato deshidrogenasa, α-cetoglutarato deshidrogenasa, succinil-CoA sintetasa, succinato deshidrogenasa y fumarato hidratasa.
12.2. PEP carboxiquinasa, piruvatoquinasa, piruvato deshidrogenasa y todos los enzimas del ciclo de Krebs.
12.3. Ácidos grasos.
12.4. *Glu, Asp, Ala.*
12.5. Sustituye al paso 5 de la figura 12.1.
12.6. La urea se forma en la degradación de aminoácidos. En el ayuno se degradan proteínas corporales.
12.7. Insuficiente funcionamiento del ciclo de la urea.
12.8. El primero tendrá más urea por su mayor gluconeogénesis y más c. cetónicos por «quemar» más grasas.
12.9. Idéntica a la del cianuro.
12.10. Para que su hierro férrico fije el cianuro.
12.11. Desacoplará la fosforilación al disipar el gradiente iónico.
12.12. Aumentará.
12.13. 3.
12.14. 3.
12.15. 9.
12.16. La succinato deshidrogenasa. Ocupa el centro activo y no puede deshidrogenarse.
12.17. Los azúcares deben sustituir a las proteínas al máximo. Sólo se deben dar los mínimos de aa. esenciales.
12.18. 38 ó 18.

Capítulo 13

13.1. Si falta el enzima desramificante, el glucógeno tendrá muchas ramas cortas. Si falta G-6-Pasa, el glucógeno acumulado tendrá estructura normal. Por análisis químico, en cada ramificación se detectará una glucosa metilable sólo en *C2* y en *C3*.
13.2. Con disolución iodoiodurada dará color violáceo en vez de rojizo.
13.3. 2.
13.4. De glucosa a lactato se liberan 2 ATP; de glucógeno a lactato, 3, es decir, el 50% más.
13.5. Hacia la izquierda.
13.6. Cuatro (lactasa, galactoquinasa, uridiltransferasa y lactosa sintasa).
13.7. Se crearía energía. El ciclo *glucosa* → *lactato* → *glucosa* iría contra el primer principio de la termodinámica.
13.8. Gluconeogénesis.
13.9. En los carbonos impares (1, 3, 5, ...).
13.10. El ác. láctico marcado en C1 se convierte en glicerol fosfato también marcado en C1. Al descarboxilar el ác. pirúvico se va el C radioactivo y los ác. grasos aparecen sin marca.
13.11. Se consumen 1 ATP y 2 NADPH (equivalen a 7 ATPs). En la β-oxidación se liberan 1 $FADH_2$ y 1 NADH (equivalen a 5 ATPs).
13.12. Los ác. grasos poliinsaturados regulan la fluidez de las membranas biológicas y de los lípidos de reserva. Además son precursores de las prostaglandinas.
13.13. Acumularía el esfingolípido que no pudiera degradar (sufriría una *esfingolipidosis*).

13.14. 18 (Fig. 13.14).
13.15. Gestágenos C_{21}: metilo en C21. Andrógenos C_{19}: cetona en anillo A.
Corticoides C_{21}: hidroxilo en C21. Estrógenos C_{18}: anillo A fenólico.

Capítulo 14

14.1. b.
14.2. 8 (Fig. 14.2).
14.3. a) succinil-CoA; b) glicina; c) 3 C de Su-CoA y 1 C de la glicina.
14.4. De la glicina.
14.5. Orden: 9, 4-5-7, 8, 3, 6, 1 y 2.
14.6. *Asp* y *Glu*.
14.7. *Asp* (1, 6, 5 y 4), carbamilfosfato (2 y 3) y *Gln* (amino en 4).
14.8. RNA: AMP, GMP, CMP y UMP.
DNA: dAMP, dGMP, dCMP y dTMP.
Difieren en el azúcar (ribosa o desoxirribosa) y en una de las bases (uracilo o timina).
14.9. En andrógenos y estrógenos.
14.10. a) se sintetiza menos inosinato pero más GTP; b) se sintetiza menos inosinato pero más ATP; c) se sintetiza menos inosinato; d) se sintetiza más inosinato.
14.11. a) se sintetiza menos carbamilfosfato y más CTP; b) se sintetiza menos UTP y menos CTP; c) se sintetiza menos carbamilfosfato y menos CTP.
14.12. A nivel molecular.
14.13. A nivel celular.
14.14. A nivel somático.
14.15. El músculo carece de glucosa-6-fosfatasa. Su glucógeno sólo se utiliza en la glicolisis del propio músculo y así suministra ATP para la contracción.
14.16. Los cuerpos cetónicos producidos por el hígado se oxidan en el ciclo de Krebs de las células cerebrales produciendo ATP.
14.17. En cada ciclo se pierden 4 ATPs por molécula de glucosa. Se produce para aportar glucosa al músculo y para eliminar el amoníaco procedente de la degradación de proteínas musculares.

Capítulo 15

15.1. Una réplica del molde supone obtener una copia complementaria. Una duplicación supondría obtener una copia idéntica.
15.2. En las cadenas paralelas coinciden dirección y sentido (cabeza a cabeza y cola a cola); en las cadenas antiparalelas coincide la dirección, pero los sentidos son opuestos (cabeza a cola).
15.3. Cada nucleósido (base + azúcar) va unido a tres fosfatos; sólo se incorpora el más próximo al azúcar (nucleótido = nucleósido + fosfato).
15.4. Puentes de hidrógeno entre bases emparejadas.
15.5. DNA polimerasa III.
15.6. En forma dispersiva, al azar.
15.7. $3' \rightarrow 5'$.
15.8. Los agentes mutagénicos cambian la frecuencia de las mutaciones, no la naturaleza de éstas. La selección natural ha establecido (mediante mutaciones) el tamaño ideal de los insectos y arácnidos.
15.9. Hombre > mosca > *S. tiphimurium* > virus de la gripe > insulina.
15.10. Porque matan a las células jóvenes o en reproducción rápida.
15.11. Un gen repetido permite obtener numerosas copias simultáneas. Un gen para proteínas tiene dos posibilidades de reiteración (transcripción y traducción). Así, por ejemplo:
100 genes × 100 transcripciones → 10 000 ribosomas,
1 gen × 100 transcripciones × 100 traducciones → 10 000 proteínas.

15.12. El bloqueo del hidroxilo en C 2′ de la ribosa la hace menos atacable (como la dR). Los rRNA deben ser estables.
15.13. DNA polimerasa I y DNA ligasa (y más actuaciones de la primasa).
15.14. 2000 ATPs.
15.15. 1000 ATPs.

Capítulo 16

16.1. Que transcribe varios genes, es decir, que permite sintetizar varias proteínas.
16.2. Enlace éster.
16.3. Porque hay 20 aminoácidos diferentes, y cada sintetasa debe reconocer a su aminoácido específico.
16.4. Dos, porque un ATP degradado a AMP requiere, para su reactivación, dos enlaces ricos en energía.
16.5. Unos 800 enlaces.
16.6. Porque la digerirían y destruirían.
16.7. Poli(UA) → poli(Tyr-Ile).
poli(UAC) → poli Tyr(UAC) + poli Thr(ACU) + poli Leu(CUA).
poli(UACU) → poli(Tyr-Leu-Leu-Thr).
16.8. H-Met-Ser-Gln-Val-Gly-Phe-...-Pro-OH
1 2 3 4 5 6 150
16.9. 150 aa (450 nucleótidos: 3).
16.10. H-Met-Ser-Leu-Ser-Trp-Val-...-Leu-Met-...
1 2 3 4 5 6 151 152
Quedan igual los dos aa primeros, cambian todos los demas. Los codones de terminación dejan de serlo. Si no ha aparecido un codón de terminación entre el aa 6 y el 151, la proteína se alarga.
16.11. H-Met-Ser-Leu-Ser-Trp-Phe-...-Pro-OH
1 2 3 4 5 6 150
Sólo queda cambiada la secuencia entre la inserción y la deleción (aa 4 y 5), recuperándose el sentido primitivo del resto del mensajero.
16.12. ...-Lys-Phe-Tyr-Gln-Asp-...
16.13. $tRNA^{Phe}$: (3′)-AAG-(5′); $tRNA^{Glu}$: (3′)-CUU-(5′);
$tRNA^{His}$: (3′)-GUG-(5′); $tRNA^{Lys}$: (3′)-UUU-(5′).
16.14. $tRNA^{Gly}$: (3′)-CCI-(5′); $tRNA^{Thr}$: (3′)-UGI-(5′).
16.15. Represión.
16.16. a) Inducción,
b) porque el nivel de cAMP es mínimo y el operón *lac* no se induce.

Capítulo 17

17.1. Analogías: ambos son un DNA independiente del nuclear que se reproduce en el citoplasma.
Diferencias: el plásmido tiene pocos genes, útiles a la bacteria y se repoduce al ritmo de ella; no adopta una forma libre infecciosa. El fago tiene, en general, más genes. Se reproduce a mayor ritmo y destruye la bacteria que lo hospedó. Adopta forma libre infecciosa.
17.2. Anterior (las mitocondrias son universales en los eucariotas, los cloroplastos son específicos de los vegetales).
17.3. La RNA replicasa se sintetiza utilizando como mensajero el propio RNA del virus.
17.4. Defenderla contra nuevas invasiones del fago unido lisogénicamente. Accidentalmente aportarle nuevos genes útiles.
17.5. Recibir los genes de la F^+.
17.6. El gen sintético no tendrá intrones; será complementario del mensajero maduro.

17.7. La proinsulina es más estable y requiere un solo gen. La insulina requeriría dos genes y resultaría dificultoso ensamblar los péptidos A y B.
17.8. Induciría errores en la síntesis de las proteínas víricas, dificultando la reproducción del virus.
17.9. El DNA propio está defendido de la endonucleasa mediante metilaciones o modificaciones en los lugares reconocibles por ella.
17.10. A «bisturíes moleculares».

Capítulo 18

18.1. Función energética: glucosa y ác. málico;
función plástica: aminoácidos y ác. fosfórico;
función catalítica: vitamina C y Mg^{++}.
18.2. Proteínas (con todos los aminoácidos esenciales y glícidos), lípidos (con ác. grasos poliinsaturados), oligoelementos y vitaminas.
18.3. Glucógeno (fuente de azúcares).
18.4. La luz ultravioleta convierte el 7-deshidrocolesterol de la piel en vitamina D_3.
18.5. La vitamina B_{12} tomándola en comprimidos, la vit. D con luz ultravioleta y los aa esenciales incrementando y diversificando la ingesta proteica.
18.6. Debieron ser frugívoros o vegetarianos y vivir en ambientes tropicales (frutas y verduras disponibles todo el año).
18.7. Estos alimentos son ricos en proteínas y lípidos insaturados, pero pobres en azucares. El pan aporta el almidón (fuente de glucosa).
18.8. El ternero debe crecer muy deprisa: necesita proteínas y sales para su esqueleto. En cambio, sintetiza su vit. C. El niño necesita alimentar su cerebro (con glucosa) y debe ingerir vit. C (que no sintetiza).
18.9. 57,9 kcal/hora.
18.10. Glicerol = 0,86; etanol = 0,67; ác. oleico = 0,71; leucina = 0,80. Corresponden aproximadamente con azúcares (glicerol), grasas (etanol y ác. oleico) y proteínas (leucina).
18.11. $C_6H_{12}O_6 \rightarrow 2\ C_2H_6O + 2\ CO_2$ CR = 2/0 = infinito.
No consumen oxígeno; realmente no respiran.
18.12. $6\ C_6H_{12}O_6 + 13\ O_2 \rightarrow C_{16}H_{32}O_2 + 20\ CO_2 + 20\ H_2O$; CR = 1,54.
18.13. $2\ C_5H_{11}NO_2 + 6\ O_2 \rightarrow C_6H_{12}O_6 + 4\ CO_2 + 2\ H_2O + 2\ NH_3$; CR = 0,67.
18.14. MB = 34,1 kcal/m^2 · h; MB = −15%.
18.15. M Total = 1 281 (MB) + 685 (esfuerzo físico) + 118 (ADE) = 2 084 kcal/día.
18.16. Ensalada, manzanas y zumo de naranja.
18.17. Leche, huevo, pollo y merluza (ambas cosas); mantequilla y aceites (ác. grasos esenciales).
18.18. El aceite de oliva es más agradable pero pobre en poliinsaturados. El de girasol es más insípido, pero más barato y rico en poliinsaturados.
18.19. El alcohol se oxida bien en un hígado sano (aporta calorías), pero no tiene funciones plásticas: el acetil-CoA no puede dar glucosa, ni proteínas.
18.20. Infinitas soluciones, según gustos personales.
18.21. Para el almidón: amilasas (salival y pancreática), maltasas e isomaltasa.
Para las proteínas: endopeptidasas (pepsina, tripsina,...) y dipeptidasas.
Para los lípidos (escasos): lipasa pancreática (+ sales biliares).
18.22. Es más rico en aa. esenciales. En el conjuntivo predominan: prolina, glicina e hidroxiprolina.
18.23. Evitar los efectos destructores de la tripsina libre.
18.24. Las fosfolipasas son proteínas digeribles y se hidrolizan en el tubo digestivo.
18.25. Las lipasas pancreáticas ayudadas por la colipasa y las sales biliares.
18.26. Los líquidos se emulsionan más fácilmente que los sólidos y se atacan mejor.
18.27. El alcohol es liposoluble y atraviesa las membranas biológicas. El agua lo hace sólo por los poros de estas membranas.

18.28. Por difusión pasiva el alcohol difunde a cualquier líquido corporal. Su concentración es aproximadamente proporcional a la cantidad de agua del líquido. Así, la orina tiene algo más alcohol que el plasma sanguíneo.
18.29. A un transporte activo específico (dependiente de Na^+).
18.30. Los aa. A y B utilizan el mismo transportador. Un exceso de B lo satura y se absorbe poco A. Esto se corrige aumentando la ingesta de A o disminuyendo la de B.

Capítulo 19

19.1. a) La sangre llega al cabo arterioso impulsada por la contracción del ventrículo izquierdo del corazón, y desde el cabo venoso retorna a la aurícula derecha que «la succiona».
b) la sangre tiene más proteínas que el líquido intersticial y retiene iones (presión coloidosmótica).
19.2. En la médula ósea (hematíes, leucocitos y plaquetas) y en los ganglios linfáticos (leucocitos).
19.3. Porque carecen de núcleo y por tanto de vida celular.
19.4. Es menos frágil, caben más en un volumen de sangre y se pueden adherir en pila de monedas.
19.5. Difusión de O_2: aire alveolar (104) → líq. intersticial pulmonar (101) → plasma (s. arterial) (98) → hematíe (95) → plasma (s. venosa) (90) → líq. intersticial tisular (60) → células (20).
Difusión de CO_2: células (46) → líq. intersticial tisular (46) → plasma (s. venosa) (45) → hematíe (45) → plasma (s. arterial) (44) → líq. intersticial pulmonar (42) → aire alveolar (40).
19.6. La Mb almacena O_2. Al tener un hemo presenta cinética hiperbólica y retiene el O_2 hasta presiones muy bajas (de 1 a 2 mmHg). La Hb transporta O_2. Al tener 4 hemos presenta cinética sigmoidea y libera críticamente O_2 a presiones moderadas (de 20 a 40 mmHg).
19.7. La pendiente máxima de la curva de disociación se sitúa entre 40 y 20 mmHg, que son las pr. parciales de tejidos en reposo y en ejercicio. Entre estos valores libera el 45% del O_2 total que puede transportar.
19.8. Se disociaría más y la difusión de O_2 sería inversa (del feto a la madre). El feto moriría por anoxia.
19.9. Favorece la liberación de O_2 y por tanto de la vía aerobia.
19.10. De la Mb. El cachalote tiene una concentración de Mb muscular 10 veces mayor que la del hombre.
19.11. La sangre conservada pierde DPG y la Hb se disocia menos.
19.12. Tienen más DGP. Su Hb libera más O_2 (aunque transporta menos).
19.13. El cianuro no es retenido por la Hb, el CO sí.
19.14. El CO estabiliza la forma R de la Hb y le impide liberar el O_2 que transporta.
19.15. Porque el plasma carece del enzima anhidrasa carbónica que acelera la reacción más de 200 veces.
19.16. Glucosa: la orina carece porque revierte al plasma por transporte activo.
Na^+: también revierte por transp. activo y se intercambia por otros iones.
K^+: se intercambia por Na^+.
Urea y creatinina: se reabsorben algo en el túbulo (difusión pasiva).
Amonio: se intercambia por Na^+ (el NH_3 es tóxico para el cerebro).
19.17. El CO_2 activa el centro respiratorio. Las inspiraciones rápidas y profundas facilitan (a) la eliminación de CO_2 y (b) el aporte de O_2 a los tejidos.
19.18. (a) Eliminar la presencia de CO, respirando aire puro; (b) si la intoxicación es grave respirar O_2 puro (o aire enriquecido en O_2).
19.19. Los sueros aportan las Ig ya sintetizadas (acción inmediata). Las vacunas activan nuestros linfocitos para que sinteticen Ig específicas. Como éstos permanecen vivos, la defensa es más duradera con las vacunas.

19.20. Porque se mantienen reprimidos los mecanismos de defensa inmunológica (para evitar el rechazo del transplante) y las infecciones se combaten peor.
19.21. A = 8; B = 40.
19.22. Sí. La mujer es AO; si el marido es BO, puede tener un hijo OO.
19.23. El 50% podrá ser A (AO) y el otro 50%, B (BO).
19.24. El segundo o tercer hijo serán Rh(+) y las aglutininas anti-Rh del plasma materno afectarán al cuarto hijo que es Rh(+).
19.25. Todos los hijos varones serán normales (XY) y todas las hembras, portadoras de hemofilia (XX_h).
19.26. Todas las hijas hembras serán portadoras (XX_h) y la mitad de los varones, hemofílicos (X_hY).
19.27. La protrombina que no puede madurar.

Capítulo 20

20.1. 1. Androsterona: E, testículo, sexo y reproducción.
2. Oxitocina: P, hipotálamo, contracción m. lisos.
3. Glucagón; P, páncreas, metabolismo de la glucosa.
4. T_3: D aa, tiroides, metabolismo energético.
5. H. luteinizante: glicoproteína, hipófisis, sexo y reproducción.
6. Adrenalina: D aa, médula suprarrenal, met. glucosa y transmisión nerviosa.
7. Parathormona: P, paratiroides, metabolismo del Ca^{++}.
8. Cortisona: E, corteza suprarrenal, metabolismo hidrosalino.

20.2. La hipófisis posterior almacena y libera la H.; el hipotálamo la sintetiza.
20.3. Al no sintetizar suficientes corticoides, se incrementa la secreción de ACTH y con ella la MSH, que activa los melanocitos.
20.4. A un exceso de GH después de la pubertad.
20.5. Medición de MB o de niveles de T_3 en sangre (por radioinmunoensayo).
20.6. La calcitonina.
20.7. Por el descenso brusco de la glucemia que afecta al cerebro (recibe insuficiente glucosa).
20.8. A que estimula la secreción de jugo pancreático rico en enzimas.
20.9. Aumentar la glucemia y activar las contracciones cardiacas.
20.10. Al cortisol (estimula la gluconeogénesis a partir de proteínas).
20.11. La placenta.
20.12. Permite ensanchar el conducto del parto.
20.13. A la oxitocina.
20.14. Los anticonceptivos evitan la fecundación (fusión de espermatozoide y óvulo) y los abortivos permiten la fecundación pero provocan la muerte del embrión o feto.
20.15. Evita la formación de prostaglandinas que potencian estos síntomas.

Capítulo 21

21.1. La célula excitable contiene conductos específicos para el Na^+ y para el K^+, lo que permite su despolarización.
21.2. Impulso nervioso.
21.3. −70 mV.
21.4. El conducto tiene sección circular, como una tubería; el canal, semicircular, como una acequia o una teja.
21.5. Elementos morfológicos: terminación presináptica (con vesículas y membranas), espacio intersináptico (también llamado hendidura sináptica) y membrana postsináptica.
Sustancias bioquímicas: neurotransmisor, receptor y enzimas que inactivan al neurotransmisor.

21.6. *GABA* (aa no proteico), *Glu, Gly* (aa proteicos), *noradrenalina, serotonina, histamina* (D aa).
21.7. Muy elevado.
21.8. La resonancia.
21.9. La opsina de los conos sensibles al verde no existe o no es funcional.
21.10. Porque las miosinas están orientadas en los filamentos gruesos de forma claramente asimétrica.
21.11. Le faltan cabezas de miosina.
21.12. Espaciar los nudos a distancias regulares (además tapa el centro activo de las actinas situadas entre nudos).
21.13. Ambas sustancias suministran ATP para la contracción.
21.14. Todo el glucógeno lo utiliza el propio músculo (al menos hasta ác. láctico).
21.15. Aportan ATP por la oxidación aerobia de azúcares, ác. grasos y cadenas carbonadas de aa.
21.16. Convierte la *fosforilasa b* en *fosforilasa a* y así activa la lisis del glucógeno, para aportar ATP.
21.17. De la acetilcolina.

BIBLIOGRAFÍA

ALBERTS, B. y col. *Biología molecular de la célula.* Omega, Barcelona, 1986.

BACHMANN, K. *Biología para Médicos.* Reverté, Barcelona, 1978.

BARROW, G. M. *Química Física (3.ª ed.).* Reverté, Barcelona, 1978.

CAMPBELL, P. N. y A. D. SMITH. *Biochemistry illustrated.* Churchill Livingstone, Edimburgo, 1982.

COOPER, T. G. *Instrumentos y técnicas de Bioquímica.* Reverté, Barcelona, 1984.

DARNELL, J. y col. *Biología celular y molecular.* Labor, Barcelona, 1988.

DE ROBERTIS, E. D. P. y E. M. F. DE ROBERTIS. *Fundamentos de Biología Celular y Molecular.* El Ateneo, Buenos Aires, 1982.

DEVLIN, T. M. *Bioquímica con correlaciones clínicas* (2.ª ed.). Reverté, Barcelona, 1988.

DÍAZ PEÑA, M. y A. ROIG MUNTANER. *Química Física.* Alhambra, Madrid, 1980.

FREIFELDER, D. *Molecular Biology.* Jones y Bartlett, Boston, 1987.

GUYTON, A. C. *Tratado de Fisiología Médica* (5.ª ed.). Interamericana, Madrid, 1980.

JIMENEZ VARGAS, J. y J. M. MACARULLA. *Fisicoquímica Fisiológica* (6.ª ed.). Interamericana, Madrid, 1984.

LEHNINGER, A. L. *Principles of Biochemistry.* Worth, N. Y. , 1982.

LEWIN, B. *Genes.* Reverté, Barcelona, 1989.

MACARULLA, J. M. y C. ABAD. *Esquemas de Bioquímica* (2.ª ed.). Reverté, Barcelona, 1982.

MACARULLA, J. M. y F. M. GOÑI. *Biomoléculas* (3.ª ed.). Reverté, Barcelona, 1988.

MACARULLA, J. M. y A. MARINO. *Bioquímica cuantitativa.* Reverté, Barcelona, 1989.

METZLER, D. E. *Bioquímica. Las reacciones de la célula viva. Omega, Barcelona, 1982.*

MONTGOMERY, R. y col. *Biochemistry. A case-oriented approach* (4.ª ed.). Mosby, San Luis, 1983.

OCHOA, S. y col. *Bioquímica y Biología molecular.* Salvat, Barcelona, 1986.

RAWN, J. D. *Biochemistry.* Harper, N. Y., 1989.

SANTIAGO, E. y F. M. GOÑI. *Fundamentos de Química Orgánica.* Eunsa, Pamplona, 1976.

SEGEL, I. H. *Biochemical Calculations.* Wiley, N. Y., 1976.

STRYER, L. *Bioquímica* (3.ª ed.). Reverté, Barcelona, 1988.

WILLIAMS, B. L. y K. WILSON. *Principios y Técnicas de Bioquímica Experimental.* Omega, Barcelona, 1981.

WOOD, W. B. y col. *Biochemistry. A Problems Approach.* Benjamin/Cumming, Menlo Park, 1981.

ZUBAY, G. *Biochemistry.* Addison-Wesley, Reading, Mass., 1989.

ÍNDICE ALFABÉTICO

Made in the USA
Coppell, TX
10 November 2026

11840739R00295